TRAITÉ

DE

CRISTALLOGRAPHIE

24 764. — PARIS, IMPRIMERIE A. LAHURE
9, Rue de Fleurus, 9

TRAITÉ

DE

CRISTALLOGRAPHIE

GÉOMÉTRIQUE ET PHYSIQUE

PAR

ERNEST MALLARD

INGÉNIEUR EN CHEF DES MINES, PROFESSEUR A L'ÉCOLE DES MINES

TOME SECOND

Avec 184 figures et 8 planches tirées en couleur

CRISTALLOGRAPHIE PHYSIQUE

PARIS

DUNOD, ÉDITEUR

LIBRAIRE DES CORPS DES PONTS ET CHAUSSÉES ET DES MINES

49, QUAI DES GRANDS-AUGUSTINS, 49

1884

PRÉFACE

DU SECOND VOLUME

Les développements auxquels m'a entraîné l'importance toujours croissante de l'optique cristallographique ne m'ont pas permis de compléter dans ce volume, comme je l'espérais, l'exposé de la science des cristaux. J'ai dû m'y borner à l'étude des modifications que subissent les divers phénomènes physiques lorsqu'ils ont pour siège la matière cristallisée.

La plupart de ces modifications sont susceptibles d'une représentation géométrique remarquable.

Lorsque, sous l'influence d'une certaine cause, il se produit dans un corps un phénomène physique suivant une direction déterminée, la cause restant la même en grandeur, mais variant en direction, la grandeur et la direction du phénomène varient en général à la fois. Si, sur chacune des directions de l'espace issues d'un même point, on porte une longueur proportionnelle à la grandeur du phénomène qui lui est propre, le lieu des extrémités des rayons vecteurs ainsi définis est un *ellipsoïde*.

Je me suis attaché à montrer que cette loi est générale ; qu'elle ne dépend ni de la nature du phénomène physique, ni même de la structure réticulaire des cristaux, mais qu'elle est une simple conséquence de l'homogénéité supposée de la substance, de la

PRÉFACE

DU SECOND VOLUME

Les développements auxquels m'a entraîné l'importance toujours croissante de l'optique cristallographique ne m'ont pas permis de compléter dans ce volume, comme je l'espérais, l'exposé de la science des cristaux. J'ai dû m'y borner à l'étude des modifications que subissent les divers phénomènes physiques lorsqu'ils ont pour siège la matière cristallisée.

La plupart de ces modifications sont susceptibles d'une représentation géométrique remarquable.

Lorsque, sous l'influence d'une certaine cause, il se produit dans un corps un phénomène physique suivant une direction déterminée, la cause restant la même en grandeur, mais variant en direction, la grandeur et la direction du phénomène varient en général à la fois. Si, sur chacune des directions de l'espace issues d'un même point, on porte une longueur proportionnelle à la grandeur du phénomène qui lui est propre, le lieu des extrémités des rayons vecteurs ainsi définis est un *ellipsoïde*.

Je me suis attaché à montrer que cette loi est générale ; qu'elle ne dépend ni de la nature du phénomène physique, ni même de la structure réticulaire des cristaux, mais qu'elle est une simple conséquence de l'homogénéité supposée de la substance, de la

TRAITÉ

DE

CRISTALLOGRAPHIE

GÉOMÉTRIQUE ET PHYSIQUE

PAR

ERNEST MALLARD

INGÉNIEUR EN CHEF DES MINES, PROFESSEUR A L'ÉCOLE DES MINES

TOME SECOND

Avec 184 figures et 8 planches tirées en couleur

CRISTALLOGRAPHIE PHYSIQUE

PARIS

DUNOD, ÉDITEUR

LIBRAIRE DES CORPS DES PONTS ET CHAUSSÉES ET DES MINES

49, QUAI DES GRANDS-AUGUSTINS, 49

1884

24 764. — PARIS, IMPRIMERIE A. LAHURE
9, Rue de Fleurus, 9

DEUXIÈME PARTIE

CRISTALLOGRAPHIE

PHYSIQUE

CHAPITRE PREMIER

SUR LES PROPRIÉTÉS PHYSIQUES DES MILIEUX CONTINUS PRINCIPES GÉNÉRAUX

Dans la première partie de cet ouvrage, on a étudié les conséquences géométriques, relatives à la forme extérieure des corps cristallisés, qui se déduisent rationnellement de la propriété de l'homogénéité. Dans cette seconde partie, on se propose, en restituant aux cristaux leur véritable caractère, de les considérer comme possédant tous les modes d'activité de la matière, et se manifestant à nous par un nombre considérable de phénomènes. Parmi ces phénomènes, on étudiera de préférence ceux qui sont plus ou moins profondément modifiés par la structure spéciale des corps cristallisés et dont les lois peuvent ainsi nous aider à pénétrer plus avant dans la connaissance de cette structure.

Mais avant d'aborder l'étude successive de ces phénomènes multiples et disparates, il est utile de chercher à dégager un certain nombre de continuité du phénomène dans l'espace, et de la proportionnalité de l'effet à la cause.

Dans l'état actuel de la science, aucune théorie ne permet de déduire, de la structure de l'édifice cristallin, la nature des modifications que cet édifice fait subir aux phénomènes physiques. Mais la cause et l'effet devant nécessairement être régis par la même symétrie, l'observation de ces modifications et de la symétrie qu'elles présentent, offre un moyen de déterminer la symétrie dont les cristaux sont doués.

Ce moyen vient s'ajouter à celui que nous offre déjà l'étude de la forme extérieure. Il a une portée moindre que ce dernier, puisque la morphologie cristalline ne se borne pas à déterminer la symétrie du cristal, mais nous fait connaître en outre, avec les paramètres cristallographiques, la forme même de la maille du réseau. En revanche, il se montre souvent, dans les limites où il est renfermé, plus délicat et plus précis, en même temps qu'il a l'avantage de pouvoir être appliqué aux fragments les plus informes et les plus petits de la substance.

Avec ce volume se termine l'exposé des procédés d'investigation dont l'observateur dispose pour l'étude des substances cristallisées qu'offre la nature ou que fabriquent les chimistes.

Un troisième et dernier volume sera consacré aux faits qui concernent la forme extérieure ainsi que la structure intérieure des cristaux, et dont ces divers procédés d'investigation ont enrichi la science. On aura ainsi à y parler de l'hémitropie, des groupements pseudo-symétriques, de l'isomorphisme, du dimorphisme, de la genèse des cristaux, etc.

principes généraux qui sont communs à beaucoup d'entre eux. On arrivera ainsi à constituer une sorte de théorie générale qui facilitera l'étude de chaque cas particulier.

La matière qui remplit un espace donné et constitue un corps ou milieu physique n'est pas continue. Cette discontinuité joue souvent un rôle considérable ; nous avons déjà vu (1re partie, chap. XVI) que c'est à elle que l'on doit rapporter la production des plans de clivage et même celle des plans cristallins. Il ne nous est donc point permis de méconnaître une particularité si essentielle pour le sujet qui nous occupe. Mais lorsqu'on ne se propose que l'étude de l'une des propriétés physiques d'un certain milieu, en faisant abstraction de toutes les autres, il arrive souvent qu'on peut regarder le milieu comme continu, ou, ce qui revient au même, lui en substituer un fictif qui, bien que continu, soit équivalent au milieu réel, relativement à la propriété particulière dont il s'agit. Cette propriété peut alors être représentée par un certain nombre de fonctions continues des coordonnées des points du milieu, et la théorie mathématique des fonctions continues fournit immédiatement d'importants théorèmes qui, se traduisant tous en lois physiques, rendent d'inappréciables services à l'observation.

Pour qu'un semblable artifice soit possible, trois conditions principales sont nécessaires :

1° Il faut que les propriétés de deux molécules très voisines puissent être représentées par des quantités très peu différentes l'une de l'autre ;

2° Il faut que le déplacement relatif des centres de gravité des molécules, produit par le phénomène dont il s'agit, soit exprimé par une fonction continue des coordonnées de ces centres. C'est ce qui aura toujours lieu pour un milieu solide déformé, mais non rompu ; c'est ce qui n'aura lieu, pour un milieu fluide, que lorsqu'on parviendra à éliminer les courants qui peuvent se produire dans la masse et en mêler irrégulièrement toutes les parties ;

3° Il faut qu'il soit permis de supposer chaque molécule réduite à son centre de gravité, sans avoir à tenir compte de la répartition de la matière autour de ce centre, c'est-à-dire de la forme de la molécule. S'il en était autrement, la fonction qui représente l'état physique du milieu reprendrait la même valeur, à un infiniment petit près, pour des points semblablement placés par rapport aux centres de gravité de deux molécules infiniment voisines, mais elle pourrait prendre des valeurs très dissemblables pour des points très voisins l'un de l'autre appartenant à la même molécule; elle serait donc périodique et non continue.

Supposons ces trois conditions remplies. L'état physique du milieu, c'est-à-dire celui du centre de gravité de chaque molécule étant déterminé, on peut, par interpolation, trouver une fonction continue des coordonnées de l'espace, dont les valeurs donnent, pour les coordonnées de chaque centre, l'état physique qui lui convient, et assignent encore des états physiques fictifs aux points géométriques intermédiaires. On pourra substituer ainsi au milieu discontinu un milieu continu, dont l'état physique en chaque point sera représenté par la fonction interpolaire. C'est ainsi que la température d'un milieu peut être représentée par une certaine fonction continue des coordonnées de l'espace, qui reproduit la température de chaque molécule, et assigne en outre à chaque point géométrique intermédiaire une température fictive.

Mais il ne faut pas oublier que tout cela devient impossible si la propriété physique considérée subit une variation finie en passant d'une molécule à une molécule infiniment voisine. Si, par exemple, il s'agit de chercher les lois qui président à la rupture d'un corps, il se produit, entre deux molécules séparées par le plan de rupture, des modifications considérables dans les actions qu'elles exercent l'une sur l'autre, et le corps réel ne se brisera pas nécessairement comme le ferait le milieu continu fictif qu'on lui substitue dans l'étude des phénomènes de déformation élastique qui précèdent la rupture.

Dans toutes les théories de la physique mathématique, on suppose que les conditions précédentes sont remplies et que le milieu réel peut être remplacé par un milieu fictif continu; c'est aussi l'hypothèse que nous allons admettre dans ce qui va suivre pour rechercher toutes les conséquences que l'on en peut tirer.

Avant de commencer cette étude, il est nécessaire de faire une remarque importante. Les propriétés physiques d'un milieu, en un certain point O, dépendent évidemment de la façon dont la matière est distribuée tout autour de O, mais on n'a jamais à tenir compte que de la portion de matière qui se trouve comprise dans l'intérieur d'une sphère extrêmement petite dont O est le centre. On sait, en effet, qu'un fragment d'un corps homogène, quelle qu'en soit la petitesse, possède, dès que les dimensions en sont sensibles, les mêmes propriétés physiques que le corps tout entier. C'est ainsi que la densité d'un fragment, si petit qu'il soit, est la même que celle du corps tout entier, lorsqu'il est homogène ; que les constantes élastiques d'un corps ne varient pas avec son volume, etc. On en conclut que des longueurs très petites physiquement, peuvent être néanmoins regardées comme très grandes, par rapport à la distance intermoléculaire.

Lorsque le corps est homogène, il possède en tous les points les mêmes propriétés. Lorsqu'il n'est pas homogène, les propriétés du corps varient en chaque point, et les propriétés du corps tout entier se déduisent, par une sommation, de celles qui appartiennent à chacun de ses points.

Théorie de l'ellipsoïde. — Dans un phénomène qui se produit au sein d'un certain milieu, on peut distinguer en général :

1° Le point O où il se produit ;

2° La ligne OA qui le représente en grandeur et en direction ;

3° La ligne OB qui représente, en grandeur et en direction, ce qu'on peut appeler la cause déterminante du phénomène.

Si l'on fait varier d'une manière continue la direction de OB, dont la grandeur doit être supposée constante, la grandeur et la direction de OA varient, et ces variations sont continues, puisque l'on suppose que tout varie d'une manière continue autour de O. Lorsque B décrit une sphère, A décrit une certaine surface, qu'il est très intéressant de déterminer, puisqu'elle représente en quelque sorte géométriquement les propriétés que possède le milieu, relativement au phénomène considéré.

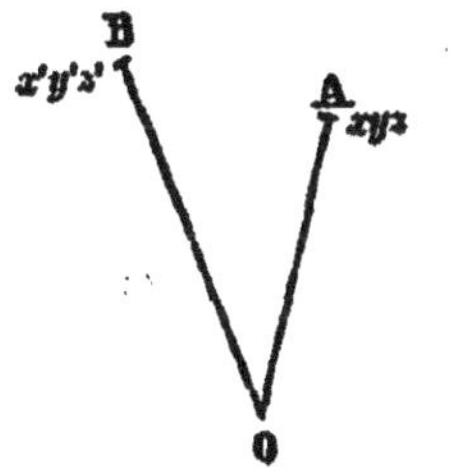

Fig. 1.

L'observation seule permet de déterminer complètement cette surface pour chaque phénomène et pour chaque milieu. Mais il est facile de démontrer que cette surface est toujours un certain ellipsoïde. Un ellipsoïde étant déterminé par six points, il suffira donc, en général, pour connaître le phénomène suivant toutes les directions imaginables, de six observations faites suivant des directions différentes.

On suppose qu'en un point O de l'intérieur du milieu, on mène la très-petite ligne OA (*fig.* 1), dont la direction et la grandeur dépendent non seulement de la structure du corps tout autour du point O, mais encore de la grandeur et de la direction de la petite droite OB. On suppose que OA varie avec OB d'une manière continue et s'annulle pour $OB = 0$. On convient d'appeler OA et OB les deux *droites correspondantes*.

Si l'on rapporte A et B à des axes rectangulaires ayant O pour origine, les coordonnées x, y, z de A, et x', y', z' de B, sont de très petites quantités; d'ailleurs les coordonnées x, y, z sont des fonctions continues de x', y', z' et réciproquement; on peut donc poser :

$$x = F_1(x', y', z') \quad y = F_2(x', y', z') \quad z = F_3(x', y', z').$$

Si l'on développe x, y, z suivant la série de Maclaurin, en remarquant que $x=0$, $y=0$, $z=0$, lorsque x', y', z' sont nuls à la fois et se bornant aux termes du premier degré en x', y', z', on aura :

$$(1) \left\{ \begin{aligned} x &= Ax' + By' + Cz', \\ y &= A'x' + B'y' + C'z', \\ z &= A''x' + B''y' + C''z', \end{aligned} \right.$$

équations du premier degré, dans lesquelles A, B, C, etc., sont des fonctions qui dépendent de la nature et de l'arrangement du milieu dans un très petit rayon autour de O, mais sont indépendantes de x', y', z'.

Les trois équations (1) peuvent se mettre facilement sous la forme :

$$(1') \left\{ \begin{aligned} x' &= A_1 x + B_1 y + C_1 z, \\ y' &= A'_1 x + B'_1 y + C'_1 z, \\ z' &= A''_1 x + B''_1 y + C''_1 z. \end{aligned} \right.$$

En ajoutant membre à membre ces trois équations élevées au carré, il vient :

$$(2)\ r'^2 = \left\{ \begin{aligned} & x^2 \Sigma A_1^2 \\ & + y^2 \Sigma B_1^2 \\ & + z^2 \Sigma C_1^2 \end{aligned} \right. + 2 \left\{ \begin{aligned} & xy\, \Sigma A_1 B_1 \\ & + xz\, \Sigma A_1 C_1 \\ & + yz\, \Sigma B_1 C_1 \end{aligned} \right.$$

en désignant par r' la longueur OB.

Cette équation représente un ellipsoïde, puisque les coefficients de x^2, y^2, z^2 sont essentiellement positifs. On en conclut donc que si, laissant constante la longueur de OB ou r', on donne successivement à la direction OB toutes les valeurs possibles, le point B décrit une sphère, tandis que le point A décrit un ellipsoïde.

Lorsque l'ellipsoïde est rapporté à ses axes, on a :

$$(2') \qquad \Sigma A_1 B_1 = 0, \quad \Sigma A_1 C_1 = 0, \quad \Sigma B_1 C_1 = 0.$$

Si l'on prend $OB = r' = 1$, x', y', z' deviennent les cosinus m', n', p'

des angles que OB fait avec les axes. Soient deux directions perpendiculaires (m'_1, n'_1, p'_1) et (m'_2, n'_2, p'_2), on a :

$$m'_1 m'_2 + n'_1 n'_2 + p'_1 p'_2 = 0 ;$$

et remplaçant les cosinus par leurs valeurs tirées des équations (1'), il vient, en tenant compte des équations (2') .

$$x_1 x_2 \Sigma A_1^2 + y_1 y_2 \Sigma B_1^2 + z_1 z_2 \Sigma C_1^2 = 0,$$

équation qui, si l'on y regarde x_1, y_1, z_1 comme des coordonnées variables, représente dans l'ellipsoïde le plan diamétral conjugué du diamètre (x_2, y_2, z_2).

Si donc on considère toutes les directions (m'_1, n'_1, p'_1) perpendiculaires à la direction (m'_2, n'_2, p'_2), les rayons vecteurs de l'ellipsoïde qui *correspondent* à toutes ces directions, seront compris dans le plan diamétral conjugué du rayon vecteur (x_2, y_2, z_2), qui *correspond* à la direction (m'_2, n'_2, p'_2).

Comme chaque rayon vecteur *correspond* à une direction unique (ces quantités étant liées par des relations linéaires), la proposition inverse est également vraie.

On en déduit que les trois axes de l'ellipsoïde ont pour *correspondantes* trois droites rectangulaires [1].

Avant d'aller plus loin, il est bon, pour donner plus de clarté à la théorie, de modifier les notations des coefficients qui entrent dans les équations (1).

Si l'on supose que le point B est situé sur l'axe des x, on a $y' = 0$ et $z' = 0$ et les équations (1) deviennent :

$$x = Ax', \qquad y = A'x', \qquad z = A''x'.$$

Les quantités A, A', A'' sont donc les coefficients qui, multipliés par x', donnent les projections, suivant les axes coordonnés, de la longueur OA, lorsque la droite correspondante est dirigée suivant la partie positive de l'axe des x. Il ne faut pas oublier que la grandeur de x' est dans l'espèce, la grandeur même de OB, qui est constante.

Le coefficient A se rapporte à la projection dirigée suivant l'axe des x, ou normale au plan perpendiculaire à la droite correspondante ; on lui

[1] J'emprunte la démonstration de ce théorème au beau mémoire sur l'élasticité publié par M. Peslin, dans les *Annales des mines*, 7e s., t. VIII (1875).

attribue la lettre $\mathcal{N}$, en ajoutant en indice la lettre x, qui indiquera suivant quel axe coordonné est dirigée la droite correspondante. Les deux autres coefficients A′ et A″ se rapportent aux projections parallèles ou *tangentielles* au plan normal à la droite correspondante ; on leur attribue la lettre $\mathcal{T}$, en ajoutant encore en indice la lettre x, qui indiquera toujours suivant quel axe coordonné est dirigée la droite correspondante. Pour distinguer l'un de l'autre les deux coefficients A′ et A″, on ajoute, comme second indice, la lettre y au coefficient relatif à la projection parallèle à l'axe des y, et la lettre z au coefficient relatif à la projection parallèle à l'axe des z.

En employant pour les autres coefficients un système de notations analogues, les équations (1) s'écriront ainsi qu'il suit :

$$(3)\quad \left\{\begin{aligned} x &= \mathcal{N}_x\, x' + \mathcal{T}_{yx}\, y' + \mathcal{T}_{zx}\, z', \\ y &= \mathcal{T}_{xy}\, x' + \mathcal{N}_y\, y' + \mathcal{T}_{zy}\, z', \\ z &= \mathcal{T}_{xz}\, x' + \mathcal{T}_{yz}\, y' + \mathcal{N}_z\, z'; \end{aligned}\right.$$

ou, en divisant tous les membres de ces équations par r' et appelant $\mathcal{X}$, $\mathcal{Y}$, $\mathcal{Z}$ les rapports de x, y, z à r', puis m', n', p' les cosinus des angles que fait la direction OB avec les axes :

$$(3')\quad \left\{\begin{aligned} \mathcal{X} &= m'\mathcal{N}_x + n'\mathcal{T}_{yx} + p'\mathcal{T}_{zx}, \\ \mathcal{Y} &= m'\mathcal{T}_{xy} + n'\mathcal{N}_y + p'\mathcal{T}_{zy}, \\ \mathcal{Z} &= m'\mathcal{T}_{zx} + n'\mathcal{T}_{zy} + p'\mathcal{N}_z. \end{aligned}\right.$$

Changement d'axes coordonnés. — Expressions générales des $\mathcal{N}$ et des $\mathcal{T}$ pour des directions quelconques. — Si l'on change d'axes coordonnés, et si l'on substitue aux axes rectangulaires x, y, z, d'autres axes rectangulaires ξ, η, ζ, en appelant (m_ξ, n_ξ, p_ξ), (m_η, n_η, p_η), $(m_\zeta, n_\zeta, p_\zeta)$ les cosinus des angles que font respectivement les trois nouveaux axes avec les anciens, on peut se demander quels sont les nouveaux coefficients $\mathcal{N}_\xi$, $\mathcal{T}_{\eta\xi}$, etc.

La direction des ξ correspond à une direction dont les trois composantes $\mathcal{X}$, $\mathcal{Y}$, $\mathcal{Z}$ sur les axes des x, y, z sont données par les équations (3′), lorsqu'on y remplace m', n', p' par m_ξ, n_ξ, p_ξ. Les trois composantes de cette même droite suivant les trois nouveaux axes sont :

$$\mathcal{N}_\xi, \quad \mathcal{T}_{\xi\eta}, \quad \mathcal{T}_{\xi\zeta},$$

et, pour les obtenir, il suffit de faire, suivant chacun des nouveaux axes, la somme des projections de $\mathcal{X}$, $\mathcal{Y}$, $\mathcal{Z}$. On aura donc :

$$(4)\quad N_\xi = m_\xi \mathcal{X} + n_\xi \mathcal{Y} + p_\xi \mathcal{Z} = \left\{ \begin{array}{l} m_\xi^2 \mathcal{N}_x + n_\xi^2 \mathcal{N}_y + p_\xi^2 \mathcal{N}_z \\ + n_\xi p_\xi (\mathcal{T}_{yz} + \mathcal{T}_{zy}) \\ + m_\xi p_\xi (\mathcal{T}_{xz} + \mathcal{T}_{zx}) \\ + m_\xi n_\xi (\mathcal{T}_{xy} + \mathcal{T}_{yx}). \end{array} \right.$$

$$(5)\quad T_{\xi\eta} = m_\eta \mathcal{X} + n_\eta \mathcal{Y} + p_\eta \mathcal{Z} = \left\{ \begin{array}{l} m_\xi m_\eta \mathcal{N}_x \\ + n_\xi n_\eta \mathcal{N}_y + \\ + p_\xi p_\eta \mathcal{N}_z \end{array} \right. \left\{ \begin{array}{l} m_\eta n_\xi \mathcal{T}_{yx} + m_\xi n_\eta \mathcal{T}_{xy} \\ + m_\eta p_\xi \mathcal{T}_{zx} + m_\xi p_\eta \mathcal{T}_{xz} \\ + n_\eta p_\xi \mathcal{T}_{zy} + n_\xi p_\eta \mathcal{T}_{yz}. \end{array} \right.$$

et des formules analogues pour les autres $\mathcal{N}$ et $\mathcal{T}$.

En faisant la somme $\mathcal{N}_\xi + \mathcal{N}_\eta + \mathcal{N}_\zeta$, on voit que chaque terme $(\mathcal{T}_{xy} + \mathcal{T}_{yx})$ est multiplié par un coefficient de la forme $m_\xi n_\xi + m_\eta n_\zeta + p_\zeta p_\eta$. Ce coefficient, comme il est aisé de le voir, représente le cosinus de l'angle xy et est par conséquent nul. On a ainsi :

$$\mathcal{N}_\xi + \mathcal{N}_\eta + \mathcal{N}_\zeta = \mathcal{N}_x + \mathcal{N}_y + \mathcal{N}_z.$$

La somme des trois $\mathcal{N}$ relatifs à des axes rectangulaires quelconques est donc constante.

En faisant la somme $\mathcal{T}_{\xi\eta} + \mathcal{T}_{\eta\xi}$, on trouve la formule suivante :

$$(6)\quad \mathcal{T}_{\xi\eta} + \mathcal{T}_{\eta\xi} = 2 \left\{ \begin{array}{l} m_\xi p_\eta \mathcal{N}_x \\ + n_\xi n_\eta \mathcal{N}_y + \\ + p_\xi p_\eta \mathcal{N}_z \end{array} \right. \left\{ \begin{array}{l} (m_\eta n_\xi + m_\xi n_\eta)(\mathcal{T}_{yx} + \mathcal{T}_{xy}) \\ + (m_\eta p_\xi + m_\xi p_\eta)(\mathcal{T}_{zx} + \mathcal{T}_{xz}) \\ + (n_\eta p_\xi + p_\eta n_\xi)(\mathcal{T}_{zy} + \mathcal{T}_{yz}). \end{array} \right.$$

Si l'on convient de porter sur la direction $(m_\xi, n_\xi\ p_\xi)$, une longueur ρ

égale à $\frac{1}{\sqrt{n_\xi}}$, n_ξ étant pris en valeur absolue, et si l'on appelle x, y, z les coordonnées de l'extrémité de cette longueur ρ, on aura, en portant dans l'équation (4) la valeur de m_ξ, n_ξ, p_ξ en fonction de x, y, z :

$$(7)\qquad 1 = x^2\mathcal{N}_x + y^2\mathcal{N}_y + z^2\mathcal{N}_z$$
$$+ xy(\mathcal{C}_{xy} + \mathcal{C}_{yx}) + xz(\mathcal{C}_{xz} + \mathcal{C}_{zx}) + yz(\mathcal{C}_{yz} + \mathcal{C}_{zy}),$$

ce qui est l'équation d'une surface du deuxième degré. Cette surface est un ellipsoïde lorsque $\mathcal{N}_x$, $\mathcal{N}_y$, $\mathcal{N}_z$ sont de même signe ; elle se compose de deux hyperboloïdes conjugués lorsque le signe de l'un des $\mathcal{N}$ est contraire à celui des deux autres. Dans ce dernier cas, le cône asymptotique commun aux deux hyperboloïdes contient toutes les directions pour lesquels le $\mathcal{N}$ correspondant est nul.

Les axes de la surface du second degré sont trois directions pour lesquelles $\mathcal{C}_{xy} + \mathcal{C}_{yx}$, $\mathcal{C}_{xz} + \mathcal{C}_{zx}$ et $\mathcal{C}_{yz} + \mathcal{C}_{zy}$ sont nuls.

Expressions symboliques des $\mathcal{N}$ et des $\mathcal{C}$. — On peut réunir dans une même formule symbolique les deux formules (4) et (5) en convenant d'écrire $\mathcal{N}_\xi = \mathcal{P}_{\xi\xi}$, $\mathcal{C}_{\xi\eta} = \mathcal{P}_{\xi\eta}$, et posant symboliquement :

$$\mathcal{P}_{\xi\xi} = \mathcal{P}_\xi \mathcal{P}_\xi, \quad \mathcal{C}_{\xi\eta} = \mathcal{P}_\xi \mathcal{P}_\eta,$$

sans qu'il soit permis, dans les seconds membres des équations, d'intervertir l'ordre des facteurs. On a alors :

$$\mathcal{X} = (m_\xi \mathcal{P}_x + n_\xi \mathcal{P}_y + p_\xi \mathcal{P}_z)\mathcal{P}_x = \mathrm{M}\mathcal{P}_x,$$
$$\mathcal{Y} = \mathrm{M}\mathcal{P}_y,$$
$$\mathcal{Z} = \mathrm{M}\mathcal{P}_z,$$

et :

$$\mathcal{P}_{\xi\eta} = m_\eta \mathcal{X} + n_\eta \mathcal{Y} + p_\eta \mathcal{Z} = \mathrm{M}(m_\eta \mathcal{P}_x + n_\eta \mathcal{P}_y + p_\eta \mathcal{P}_z),$$

formule dans laquelle ξ et η désignent des coordonnées quelconques qui peuvent être identiques entre elles.

On pose symboliquement :

$$(8) \qquad \mathscr{P}_\xi = \mathrm{M} = m_\xi \mathscr{P}_x + n_\xi \mathscr{P}_y + p_\xi \mathscr{P}_z.$$

Cette formule symbolique peut s'énoncer en disant que $\mathscr{P}_\xi$ est la somme des projections sur la direction ξ, d'un symbole dont les composantes sont $\mathscr{P}_x$, $\mathscr{P}_y$, $\mathscr{P}_z$.

La formule qui donne $\mathscr{P}_{\xi\eta}$ devient alors :

$$(9) \qquad \mathscr{P}_{\xi\eta} = \mathscr{P}_\xi . \mathscr{P}_\eta .$$

Cas particulier de l'égalité symétrique. — On a vu que toute la théorie précédente repose sur l'assimilation du milieu réel à un milieu fictif continu, ce qui n'est possible que lorsqu'on peut réduire les molécules à leurs centres de gravité. Pour que la théorie trouve son application, la forme des molécules, les modifications que ces molécules peuvent éprouver, doivent donc être sans influence sur le phénomène considéré. En un mot, si le milieu est un corps cristallisé, le phénomène ne doit dépendre que de la structure réticulaire.

On peut toujours regarder le point O comme coïncidant avec le centre de gravité d'une molécule, puisque la distance intermoléculaire est regardée comme très petite, relativement aux longueurs physiquement très courtes et qu'on regarde comme infiniment petites, telles que x', y', etc. Le point O peut donc être regardé comme un centre du milieu.

Si les modifications ou les actions quelconques qui mettent en jeu le phénomène considéré sont symétriques aussi par rapport à O, toutes les particularités de ce phénomène seront donc symétriques par rapport au même point. Dans ce cas particulier, auquel nous donnerons, avec Lamé (1), le nom *d'égalité symétrique,* tout devant être symétrique par rapport au point O pris pour origine, les deux directions d'une même droite devront jouir des mêmes propriétés et ne pouvoir être distinguées l'une de l'autre que par la position accidentelle que le corps occupe dans l'espace.

Pour voir les conséquences que l'on déduit de cette propriété de l'égalité symétrique, on remarque que, dans le cas général, les droites

[1] *Leçons sur la théorie analytique de la chaleur,* par G. Lamé (1861). P. 11.

correspondantes des trois axes de l'ellipsoïde sont rectangulaires entre elles. On pourra donc toujours trouver une certaine droite OP qui jouira de cette propriété qu'en faisant tourner dans un certain sens et d'un certain angle, l'ellipsoïde autour de cette droite, les axes de l'ellipsoïde viendront en coïncidence avec leurs droites correspondantes respectives. Les deux directions de cette droite OP ne sont donc pas identiques entre elles et peuvent être distinguées l'une de l'autre puisque, pour obtenir la coïncidence entre les axes de l'ellipsoïde et leurs droites correspondantes, il faudra tourner autour d'une de ces directions dans le sens direct et dans le sens rétrograde autour de la direction opposée.

On en conclut que l'existence d'une droite telle que OP est incompatible avec l'égalité symétrique, et que, dans le cas particulier de l'égalité symétrique, les axes de l'ellipsoïde doivent coïncider avec leurs droites correspondantes.

Si donc, le milieu étant supposé posséder l'égalité symétrique, on rapporte l'ellipsoïde à ses axes, les composantes tangentielles $\mathcal{T}$ sont toutes nulles, et les équations (3) se réduisent aux suivantes :

$$(10)\qquad \begin{cases} \mathcal{X} = m'\mathcal{N}_x, \\ \mathcal{Y} = n'\mathcal{T}_{yx}, \\ \mathcal{Z} = p'\mathcal{T}_{zx}. \end{cases}$$

Si l'on change d'axes coordonnés, pour rapporter l'ellipsoïde à trois axes rectangulaires quelconques, les formules (4) et (5) donnent :

$$\mathcal{N}_\xi = m_\xi^2 \mathcal{N}_x + n_\xi^2 \mathcal{N}_y + p_\xi^2 \mathcal{N}_z,$$

$$\mathcal{T}_{\xi\eta} = m_\xi m_\eta \mathcal{N}_x + n_\xi n_\eta \mathcal{N}_y + p_\xi p_\eta \mathcal{N}_z,$$

et il est aisé de voir que $\mathcal{T}_{\xi\eta} = \mathcal{T}_{\eta\xi}$. En appelant x, y, z les axes rectangulaires quelconques, et en posant, pour simplifier l'écriture,

$$\mathcal{T}_{xy} = \mathcal{T}_{yx} = \mathcal{T}_z, \quad \mathcal{T}_{zx} = \mathcal{T}_{xz} = \mathcal{T}_y, \quad \mathcal{T}_{yz} = \mathcal{T}_{zy} = \mathcal{T}_x,$$

les formules générales (3) deviennent donc, *dans le cas de l'égalité symétrique :*

$$(11)\quad \begin{cases} \mathscr{X} = m'\mathscr{N}_x + n'\mathscr{T}_z + p'\mathscr{T}_y, \\ \mathscr{Y} = m'\mathscr{T}_z + n'\mathscr{T}_y + p'\mathscr{T}_x, \\ \mathscr{Z} = m'\mathscr{T}_y + n'\mathscr{T}_x + p'\mathscr{N}_z. \end{cases}$$

Relations entre l'orientation des axes de l'ellipsoïde et celle des axes de symétrie de l'édifice cristallin. — Nous avons vu que les corps cristallins sont composés de molécules dont les centres de gravité forment un réseau à maille parallélipipédique. Nous avons recherché, dans la première partie de cet ouvrage, quels soient tous les modes de symétrie dont un pareil assemblage est susceptible, et nous avons ainsi classé tous les réseaux cristallins en sept systèmes caractérisés par des modes différents de symétrie ; chacun des systèmes comprenant plusieurs groupes qui diffèrent les uns des autres par la symétrie de la molécule. Nous avons montré enfin comment tous ces modes divers de symétrie se traduisent dans la forme cristalline, de sorte que, avec certaines réserves, il est généralement possible de remonter de la symétrie extérieure du cristal à la symétrie intérieure de l'édifice cristallin.

Cette symétrie doit nécessairement se traduire aussi dans tous les phénomènes physiques qui se produisent dans l'intérieur du corps. Supposons un édifice cristallin possédant un axe de symétrie binaire ; lorsqu'on aura fait tourner le corps de 180° autour de cet axe, les actions qu'il est susceptible d'exercer n'auront changé ni de place ni de direction, et tout se passera comme si le corps était demeuré immobile. Si l'on considère l'ellipsoïde qui définit la variation d'un certain phénomène physique autour d'un point O, et si *ce phénomène ne dépend que de la constitution intérieure du corps, et d'actions présentant la même symétrie que celle de l'édifice moléculaire,* l'ellipsoïde doit aussi avoir conservé en apparence la même position, et l'on est ainsi amené dans ce cas particulier aux conclusions très intéressantes qui suivent :

1° Un axe de symétrie binaire de l'édifice coïncide avec un axe de l'ellipsoïde ;

2° Un axe de symétrie d'un degré supérieur à 2, est nécessairement pour l'ellipsoïde un axe de révolution ;

3° Tout plan de symétrie de l'édifice cristallin est un plan principal de l'ellipsoïde.

Appliquons ces principes à chacun des divers systèmes cristallins.

Dans le système cubique, quelle que soit la mériédrie, il y a quatre axes de symétrie ternaire; l'ellipsoïde est donc de révolution autour de quatre axes différents, ce qui ne peut se faire qu'autant que l'ellipsoïde est une sphère. Il faut remarquer que cette conclusion s'applique comme toutes celles qui vont suivre, à *tous* les ellipsoïdes qui peuvent définir les propriétés physiques, susceptibles de rentrer dans la théorie précédente.

Dans les systèmes rhomboédrique, hexagonal et quadratique, il y a toujours un axe de symétrie supérieur à 2; tous les ellipsoïdes seront donc de révolution autour de cet axe que l'on appelle *axe principal*.

Dans le système orthorhombique, il y a ou trois axes de symétrie binaire rectangulaires, ou un axe de symétrie binaire et deux plans de symétrie perpendiculaires aux deux axes binaires que l'on peut regarder comme supprimés par l'hémiédrie. Les ellipsoïdes auront donc pour axes les axes de symétrie binaires, réels ou déficients, de l'édifice.

Dans le système clinorhombique il y a, un axe de symétrie binaire ou un plan de symétrie perpendiculaire à un axe déficient. Les ellipsoïdes ne seront donc plus assujettis qu'à avoir un de leurs axes dirigé suivant l'axe de symétrie réel ou déficient de l'édifice cristallin.

Dans le système anorthique, enfin, il n'y a plus aucune relation nécessaire entre la symétrie de l'édifice et celle de l'ellipsoïde.

On voit, d'après ce qui précède, quel intérêt prennent, au point de vue de la constitution intérieure du corps, les propriétés physiques auxquelles notre théorie peut s'appliquer, telles que l'élasticité, la dilatation, la conductibilité thermique, la conductibilité électrique, la propagation de la lumière, l'induction magnétique, etc., etc. Pour chacune de ces propriétés on pourra expérimentalement déterminer quel est l'ellipsoïde correspondant. Si la symétrie de l'édifice est bien réellement terbinaire par exemple, tous les ellipsoïdes auront les axes dirigés de la même façon.

Mais il pourra se faire que la symétrie, très voisine de la symétrie terbinaire par rapport aux manifestations d'une propriété physique telle que la forme cristalline, en diffère au contraire notablement par rapport aux manifestations d'une autre propriété physique, telle que la propagation de la lumière. L'observation pourra donc montrer des cristaux qu'il sera impossible de distinguer cristallographiquement de ceux qui sont orthorhombiques, et dans lesquels les phénomènes optiques feront connaître que cette symétrie n'est cependant

qu'approchée. On peut donc dire que la symétrie réelle d'un cristal ne peut être rigoureusement connue que lorsque les ellipsoïdes correspondant à toutes les propriétés physiques sont connus de position. Mais il est clair que, les réserves nécessaires étant faites pour des cas particuliers, tous les phénomènes physiques manifesteront, chacun à leur manière, la symétrie du milieu, et que l'on pourra ainsi, jusqu'à un certain point, conclure de l'une à l'autre.

Des observations optiques, thermiques ou magnétiques pourront donc, dans certains cas, indiquer le système cristallin d'un cristal aussi bien et même mieux que l'étude des formes cristallines.

Ellipsoïde. — Surface principale. — Surface inverse. — Revenons maintenant, toujours dans le cas de l'égalité symétrique, à l'étude de l'ellipsoïde défini par l'équation (2). Lorsqu'on le rapporte à ses axes, les équations (10) dans lesquelles on posera, pour simplifier l'écriture,

$$\mathcal{N}_x = A, \qquad \mathcal{N}_y = B, \qquad \mathcal{N}_z = C,$$

donnent aisément pour l'équation de la surface :

$$(12) \qquad \frac{x^2}{A^2} + \frac{y^2}{B^2} + \frac{z^2}{C^2} = 1.$$

C'est l'ellipsoïde proprement dit qu'on appellera ellipsoïde de déformation, d'élasticité, de conductibilité, etc., s'il sert à définir la déformation, la force élastique, la conductibilité calorifique, etc.

Si x_0, y_0, z_0 sont les coordonnées et ρ_0 le rayon vecteur d'un point A_0 de cet ellipsoïde, la direction OB à laquelle il correspond fait, d'après les équations (10) avec les axes coordonnés, des angles dont les cosinus m', n', p' ont les valeurs suivantes :

$$m' = \frac{x_0}{A}, \qquad n' = \frac{y_0}{B}, \qquad p' = \frac{z_0}{C}.$$

Le plan perpendiculaire à OB et passant par O a donc pour équation :

$$x\frac{x_0}{A} + y\frac{y_0}{B} + z\frac{z_0}{C} = 0,$$

et est par conséquent parallèle au plan tangent à une certaine surface du 2e degré, réelle ou imaginaire, dont l'équation est :

$$(13) \qquad \frac{x^2}{A} + \frac{y^2}{B} - \frac{z^2}{C} = 1,$$

en un point (x_1, y_1, z_1) réel ou imaginaire, situé sur le rayon vecteur OA_0, et pour lequel on a :

$$x_1 = kx_0, \qquad y_1 = ky_0, \qquad z_1 = kz_0;$$

k est un coefficient réel ou imaginaire dont on trouvera plus loin la valeur.

Les axes de la surface (13) ont la même direction que ceux de l'ellipsoïde (12). La longueur d'un axe de cette surface est égale à la racine carrée de l'axe de l'ellipsoïde ayant la même direction. La surface (13) est un ellipsoïde lorsque les $\mathcal{H}$ sont de même signe; un hyperboloïde ou plutôt deux hyperboloïdes conjugués, dont l'un est réel et l'autre imaginaire lorsque les $\mathcal{H}$ sont de signe différent. Le point (x_1, y_1, z_1) est réel lorsque la droite OA_0 rencontre l'hyperboloïde réel, il est imaginaire lorsqu'elle rencontre l'hyperboloïde imaginaire.

On appelle la surface (13) *surface principale.*

Désignant par m, n, p les cosinus des angles que fait avec les axes le rayon vecteur ρ_0, et U l'angle, variant de 0° à 180°, que fait la direction OA_0 avec la direction *correspondante* OB, on a :

$$\cos U = mm' + nn' + pp' = m\frac{x_0}{A} + n\frac{y_0}{B} + p\frac{z_0}{C} = \rho_0\left(\frac{m^2}{A} + \frac{n^2}{B} + \frac{p^2}{C}\right).$$

L'équation de la surface (11) pouvant être mise sous la forme :

$$\rho^2_1\left(\frac{m^2}{A} + \frac{n^2}{B} + \frac{p^2}{C}\right) = 1,$$

on trouve aisément :

$$(14) \qquad \cos U = \frac{\rho_0}{\rho_1^2},$$

en se rappelant toujours que ρ_0 est négatif lorsque ρ_1 est imaginaire.

On tire de là la valeur de k,

$$(15) \qquad k = \frac{\rho_1}{\rho_0} = \frac{1}{\sqrt{\rho_0 \cos U}},$$

k étant réel lorsque ρ_1 est réel, ou lorsque cos U est positif, et imaginaire dans le cas contraire.

Appelons r la longueur réelle ou imaginaire de la normale Oa (fig. 2)

menée au plan qui est tangent en A_1 à la surface (13), on aura :

$$(16) \qquad r = \rho_1 \cos U = \frac{\rho_0}{\rho_1} = \sqrt{\rho_0 \cos U} = \frac{1}{k}.$$

Prenons sur la direction OB (fig. 2) un point A′ (x', y', z'), réel ou imaginaire,

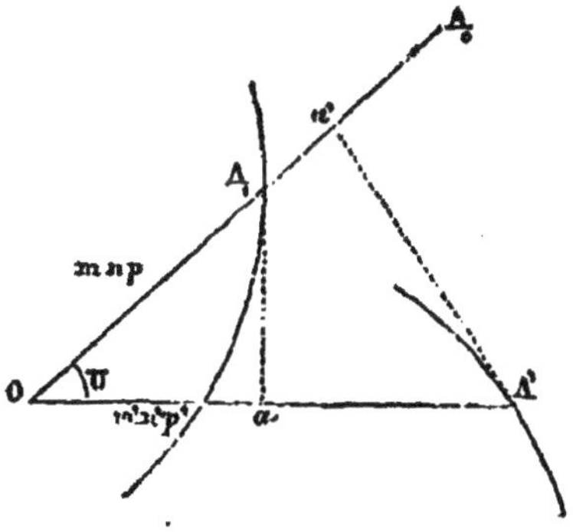

Fig. 2.

et tel que :

$$(17) \qquad OA' = \rho' = \frac{1}{r} = \frac{1}{\sqrt{\rho_0 \cos U}},$$

on a $m' = \frac{x_0}{A} = \frac{1}{k}\,\frac{x_1}{A}$, et des expressions analogues pour n' et p'; on en tire :

$$(18) \qquad \begin{cases} \dfrac{m'}{r} = \dfrac{x_1}{A} = x' \\ \dfrac{n'}{r} = \dfrac{y_1}{B} = y' \\ \dfrac{p'}{r} = \dfrac{z_1}{C} = z'. \end{cases}$$

Élevant au carré, multipliant les trois équations par A, B, C, et ajoutant membre à membre, il vient :

$$(19) \qquad Ax'^2 + By'^2 + Cz'^2 = \frac{x_1^2}{A} + \frac{y_1^2}{B} + \frac{z_1^2}{C} = 1.$$

Le lieu des points A′ est donc une surface du 2° degré qui est un ellipsoïde lorsque A, B, C sont de même signe; un hyperboloïde, ou plutôt deux hyperboloïdes conjugués, l'un réel et l'autre imaginaire, lorsque A, B, C sont de signe différent. Il est aisé de voir que cette surface n'est autre que celle qui, rapportée à trois axes rectangulaires quelconques est définie par l'équation (9), car $\rho_0 \cos U$ est le $\mathcal{N}$ correspondant à la direction $(m'n'p')$.

Les axes de la surface (19) sont dirigés comme ceux des surfaces (12) et (13). Elle est un ellipsoïde lorsque la surface principale (13) est un ellipsoïde, un hyperboloïde lorsque celle-ci est un hyperboloïde. On l'appelle *surface inverse;* la longueur d'un axe de cette surface est l'inverse de celle de l'axe de la surface principale qui a la même direction.

Le plan tangent à la surface inverse au point, réel ou imaginaire $(x'y'z')$, a pour équation, en remplaçant x', y', z' par $\frac{x_1}{A}, \frac{y_1}{B}, \frac{z_1}{C}$:

$$xx_1 + yy_1 + zz_1 = 1;$$

il est donc normal à la droite OA_1 allant de l'origine au point $(x_1y_1z_1)$.

D'ailleurs, si a' est le point où le plan tangent vient rencontrer OA, on a :

$$Oa' = \rho' \cos U,$$

et, à cause de $\rho' = \frac{1}{r} = \frac{1}{\sqrt{\rho_0 \cos U}}$,

$$(20) \qquad Oa' = \frac{\cos U}{\sqrt{\rho_0 \cos U}} = \sqrt{\frac{\cos U}{\rho_0}} = \frac{1}{\rho_1}.$$

Réflexions générales. — On verra dans les chapitres suivants que la théorie qui vient d'être exposée s'applique à l'étude d'un assez grand nombre de phénomènes physiques. On aurait pu, comme on le fait d'ordinaire, montrer, pour chaque phénomène particulier, déformation, élasticité, propagations calorifique et lumineuse, etc., comment s'introduit la considération de l'ellipsoïde. On a préféré en faire l'objet d'une théorie générale pouvant s'appliquer ensuite à tous les cas particuliers. Non seulement on a ainsi l'avantage d'abréger l'exposition, mais encore, ce qui est bien plus important, on arrive à donner une idée plus philosophique du rôle que joue l'ellipsoïde dans la physique mathématique.

Ce rôle me semble ne pouvoir être plus justement comparé qu'à celui de l'indicatrice dans l'étude des surfaces. L'existence d'une ellipse indicatrice est une simple conséquence de la continuité de la surface; elle ne donne aucun renseignement sur la vraie nature de celle-ci et sur les causes qui l'ont produite; elle n'a d'autre utilité que d'en faciliter l'étude. De même l'existence d'un ellipsoïde d'élasticité est une simple conséquence de l'hypothèse de la continuité du milieu, hypothèse qui n'est elle-même exacte que dans certaines limites. L'existence de cet ellipsoïde simplifie beaucoup l'étude des propriétés élastiques du milieu, mais elle est entièrement indépendante de la loi des actions intermoléculaires.

Si les limites dans lesquelles on doit se renfermer ici ne s'y opposaient, il serait aisé d'aller plus loin et de montrer que ce qu'on est convenu d'appeler *physique mathématique* n'est au fond que l'étude des propriétés mathématiques imposées aux phénomènes par la continuité supposée du milieu. Aussi, toutes les théories que l'on a coutume d'étudier séparément, comme celles de l'élasticité, de la chaleur, etc., sont-elles substantiellement identiques et ne diffèrent-elles guère que verbalement. Presque toute loi trouvée dans l'étude des phénomènes de propagation de la chaleur, par exemple, peut, lorsqu'on a dressé une correspondance convenable des termes, se transformer en une loi relative aux phénomènes élastiques et inversement.

Il m'a paru intéressant d'appuyer sur une vérité qui a été méconnue, même par de grands esprits. L'illustre Lamé, auquel la théorie de la chaleur et celle de l'élasticité doivent de si importants progrès, en attibuait les évidentes analogies à l'harmonie mystérieuse des lois qui régissent la matière, et cherchait même à en tirer une explication des formes cristallines des corps; oubliant, il me semble, qu'il n'est pas plus possible de deviner le mode d'activité de la matière que de le déduire des trois ou quatre concepts généraux qui forment le fond de toutes les spéculations mathématiques.

PHÉNOMÈNES QUI SE RAPPORTENT A LA COHÉSION

CHAPITRE II

ÉLASTICITÉ[1]

§ I. — DÉFORMATION DES SOLIDES

Si on soumet un corps solide à des forces extérieures, celui-ci subit une déformation, et lorsque cette déformation est devenue permanente, il s'est établi un certain équilibre entre les forces extérieures et les forces intérieures moléculaires qui ont subi à cet effet des modifications convenables sous l'influence de la déformation même. Si cette déformation est très petite, lorsque les forces extérieures sont supprimées, les forces intérieures reprennent leur première valeur et le corps reprend sa première forme. On dit alors que l'élasticité du corps est mise en jeu.

La déformation d'un corps quelconque, et plus particulièrement d'un corps cristallisé sous l'influence de forces extérieures est de deux natures : 1° Il y a déformation du système réticulaire formé par les centres de gravité des molécules ; 2° il y a déformation ou rotation de la molécule autour de son centre de gravité. Ces deux déformations sont évidemment liées l'une à l'autre, de telle façon que si la première est

1. Je me suis principalement aidé, dans la rédaction de ce chapitre, des beaux travaux de M. B. de Saint-Venant. [*Mémoires divers*, insérés dans le *Journal de mathématiques*, et *Notes et appendices* contenus dans la nouvelle édition de Navier (1864).]

donnée, la seconde l'est aussi. Mais tandis que la première déformation se traduit par des modifications observables dans la forme extérieure du corps, la seconde ne se traduit que par des modifications inobservables, d'une nature très complexe et très obscure, dans les propriétés physiques du corps. La relation qui lie ces deux déformations est d'ailleurs complètement inconnue.

Laissant de côté la déformation moléculaire, nous ne nous occuperons que de la déformation réticulaire au moyen de laquelle nous définirons la déformation complète du corps. La déformation réticulaire s'exprime par le déplacement qu'ont subi les nœuds. Ce déplacement est une fonction continue des coordonnées du nœud par rapport à des axes fixes. Cette fonction continue assigne des valeurs aux déplacements fictifs des points situés entre les nœuds, et l'on peut substituer au milieu discontinu un milieu fictif continu, dont le déplacement est exprimé par la fonction précédente.

Définition de la déformation réticulaire. — Ellipsoïde de déformation. — Supposons donc un corps solide ayant subi une déformation quelconque. Un point qui était primitivement en O et que l'on prend pour origine des coordonnées, est venu occuper la position O_1 et les projections de son déplacement sont u, v, w. Un point B très voisin de O, et dont les coordonnées sont x', y', z' (x', y', z' étant très petits), vient en B_1; et les projections du déplacement BB_1 sont $u + du$, $v + dv, w + dw$. Si l'on donne à tout le corps une translation

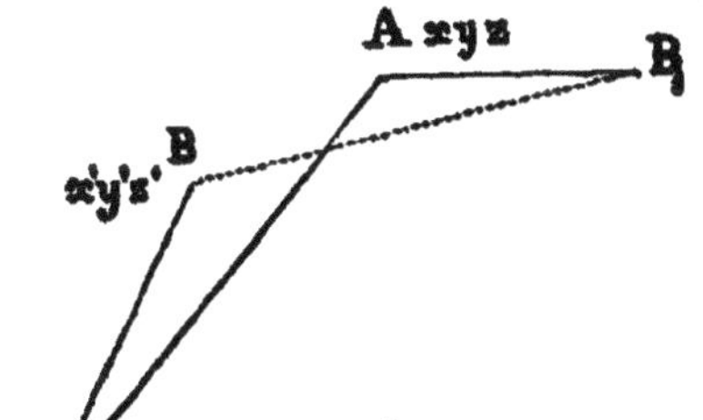

Fig. 3.

égale, parallèle et contraire au déplacement de O, le point B prend la position A (x, y, z) et le déplacement de B par rapport à O supposé fixe, a pour projections du, dv, dw. Il est évident que OA et OB se trouvent dans les relations convenables pour appliquer la théorie générale du chapitre précédent. Lorsque B décrit une sphère, A décrit donc un ellipsoïde, ou, en d'autres termes, si l'on considère la déformation d'un corps solide dans un très petit rayon autour d'un point O quelconque, les points qui se trouvaient avant la déformation sur une sphère décrite de O comme centre, se trouvent, après la déformation, sur un certain ellipsoïde. Il est clair d'ailleurs qu'on ne se trouve pas ici dans le cas de l'égalité symétrique, car, la déformation étant quelconque, on peut tordre le corps autour d'une certaine droite, ce qui donne aux deux directions de l'axe de la torsion des propriétés différentes.

On peut, dans l'espèce, établir immédiatement les relations linéaires qui lient les coordonnées x, y, z de A aux coordonnées x', y', z' de B. On a en effet :

$$x = x' + du = \left(1 + \frac{du}{dx}\right) x' + \frac{du}{dy} y' + \frac{du}{dz} z'$$

$$y = y' + dv = \frac{dv}{dx} x' + \left(1 + \frac{dv}{dy}\right) y' + \frac{dv}{dz} z'$$

$$z = z' + dw = \frac{dw}{dx} x' + \frac{dw}{dy} y' + \left(1 + \frac{dw}{dz}\right) z'.$$

En comparant ces équations avec les équations (3) du chapitre I (p. 7), on voit que :

$$\mathcal{N}_x = 1 + \frac{du}{dx}, \quad \mathcal{N}_y = 1 + \frac{du}{dy}, \quad \mathcal{N}_z = 1 + \frac{dv}{dz},$$

$$\mathcal{C}_{yx} = \frac{du}{dy}, \quad \mathcal{C}_{xy} = \frac{dv}{dx},$$

$$\mathcal{C}_{zx} = \frac{du}{dz}, \quad \mathcal{C}_{xz} = \frac{dw}{dx},$$

$$\mathcal{C}_{zy} = \frac{dv}{dz}, \quad \mathcal{C}_{yz} = \frac{dw}{dy}.$$

On suppose maintenant *très petites* toutes les différentielles partielles de u, v, w par rapport à x, y, z, et on va chercher quel est, dans ce cas particulier, la signification physique de ces divers coefficients.

Si l'on suppose que le point B (x', y', z') est pris sur l'axe des x, c'est-à-dire si l'on fait $y' = 0$ et $z' = 0$, les coordonnées du point A correspondant, que l'on désignera pour éviter la confusion par x_x, y_x, z_x, seront

$$x_x = x' \mathcal{N}_x, \quad y_x = x' \mathcal{C}_{xy}, \quad z_x = x' \mathcal{C}_{xz}.$$

La dilatation de l'unité de longueur suivant l'axe des x est, pour les points de l'axe des x,

$$\delta_x = \frac{x_x - x'}{x'} = \mathcal{N}_x - 1 = \frac{du}{dx},$$

ou :

$$\mathcal{N}_x = 1 + \delta_x.$$

On trouverait de même :

$$\mathcal{N}_y = 1 + \delta_y \quad \text{et} \quad \mathcal{N}_z = 1 + \delta_z.$$

Pour trouver la signification physique de $\mathcal{C}$ on remarque d'abord que :

$$\mathcal{C}_{xy} = \frac{y_x}{x'}.$$

Soit A_x (fig. 4) la projection, sur le plan des xy d'un point A *correspondant* d'un point pris sur l'axe des x. L'angle $x0A_x$ est très petit, puisque la distance qui sépare deux points correspondants A et B est un infiniment petit du deuxième ordre.

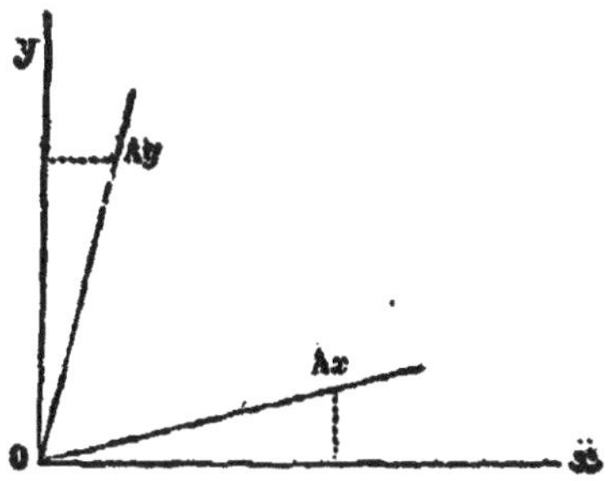

Fig. 4.

La distance de A_x à 0_x est $\mathcal{Y}$; on aura donc :

$$\text{angle } x0A_x = \frac{y_x}{x},$$

ou, puisque x et x' ne diffèrent que d'un infiniment petit du deuxième ordre,

$$\text{angle } x0A_x = \frac{y_x}{x'} = \mathcal{C}_{xy}.$$

Les angles seront positifs lorsqu'ils seront comptés des x positifs aux y positifs, négatifs dans le sens contraire.

Si l'on projette de même en A_y sur le plan des xy un point A correspondant à un point pris sur l'axe de y, on aura :

$$\text{angle } y0A_y = \frac{x_y}{y'} = \mathcal{C}_{xy}.$$

Les angles seront encore positifs lorsqu'ils seront comptés des y positifs aux x positifs et négatifs dans le sens contraire.

On a donc :

$$90^\circ - A_x0A_y = x0A_x + y0A_y.$$

La différence

$$\text{angle } x0y - \text{angle } A_x0A$$

est la *diminution* subie après la déformation par l'angle des axes coordonnés x et y. En appelant α_z cette diminution, on aura :

$$\alpha_z = x0A_x + y0A_y = \mathcal{C}_{xy} + \mathcal{C}_{xy} = \frac{du}{dy} + \frac{dv}{dx}.$$

Lorsque les axes seront rectangulaires, α_z pourra être considéré aussi comme la diminution du dièdre rectangle formé par les deux plans coordonnés xz et yz.

On aura de même pour les variations du dièdre dont les arêtes sont parallèles aux x et aux y

$$\alpha_y = \mathcal{C}_{xz} + \mathcal{C}_{zx} = \frac{du}{dz} + \frac{dw}{dx},$$

$$\alpha_x = \mathcal{C}_{zy} + \mathcal{C}_{zy} = \frac{dv}{dz} + \frac{dw}{dy}.$$

Les équations (4) et (6) du chapitre I (page 8) donnent immédiatement, en y introduisant les δ et les α :

$$(1) \qquad \delta_\xi = \begin{cases} m^2_\xi \, \delta_x + n^2_\xi \, \delta_y + p^2_\xi \, \delta_z \\ + n_\xi \, p_\xi \, \alpha_x + m_\xi \, p_\xi \, \alpha_y + m_\xi \, n_\xi \, \alpha_z. \end{cases}$$

$$(2) \qquad \alpha_\xi = 2 \begin{cases} m_\xi \, m_\eta \, \delta_x \\ + n_\xi \, n_\eta \, \delta_y \\ + p_\xi \, p_\eta \, \delta_z \end{cases} + \begin{cases} (m_\eta \, n_\xi + m_\xi \, n_\eta) \, \alpha_z \\ + (m_\eta \, p_\xi + m_\xi \, p_\eta) \, \alpha_y \\ + (n_\eta \, p_\xi + p_\eta \, n_\xi) \, \alpha_x. \end{cases}$$

L'équation (7) (page 9) devient :

$$1 = x^2 \, \delta_x + y^2 \, \delta_y + z^2 \, \delta_z + xy \, \alpha_z + xz \, \alpha_y + yz \, \alpha_x.$$

C'est l'équation d'une surface du second degré dont les rayons vecteurs sont égaux à $\frac{1}{\sqrt{\delta_\xi}}$. Cette surface est un ellipsoïde si les δ_x, δ_y, δ_z, sont positifs. Dans ce cas, toutes les dilatations sont donc positives. Si l'une des dilatations δ_x, δ_y, δ_z est d'un signe contraire à celui des deux autres, la surface se compose de deux hyperboloïdes conjugués. L'un correspond aux dilatations négatives, l'autre aux dilatations positives. Le cône asymptotique commun à ces deux hyperboloïdes comprend toutes les directions pour lesquelles la dilatation est nulle, et auxquelles ne correspondent que des déplacements tangentiels. Les 3 axes de ces hyperboloïdes conjugués sont les directions pour lesquelles les α sont nuls, c'est-à-dire que ce sont les droites auxquelles correspondent les axes de l'ellipsoïde de déformation.

La grandeur du petit volume $dxdydz$ est devenue, après la déformation, $dx(1+\delta_x).dy\ (1+\delta_y).\ dz(1+\delta_z)$. ou, à cause de la petitesse de δ, $dxdydz.\ (1+\delta_x+\delta_y+\delta_z)$, La somme $\delta_x+\delta_y+\delta_z=B$ est donc la dilatation de l'unité de volume. Cette somme est constante, quels que soient les axes coordonnés choisis, comme cela doit nécessairement être et comme il est facile de le déduire de la constance de $\mathcal{N}_x+\mathcal{N}_y+\mathcal{N}_z$ (page 8).

En employant le même genre de notations symboliques qu'à la page 9, on peut poser :

$$\delta_x=d_{xx}=d_x\,d_x,$$
$$\alpha_{xy}=2d_{xy}=2d_x\ d_y,$$

et les deux formules (1) et (2) sont représentées par la formule symbolique unique :

$$d_{\xi\eta}=(m_\xi\ d_x+n_\xi\ d_y+p_\xi\ d_z)\ (m_\eta\ d_x+n_\eta\ d_y+p_\eta\ d_z),$$

dans laquelle il est loisible d'intervertir l'ordre des facteurs, puisque $d_{xy}=d_{yx}$, et dans laquelle ξ et η représentent deux coordonnées quelconques qui peuvent être identiques.

En posant symboliquement :

$$d_\xi=m_\xi\ d_x+n_\xi\ d_y+p_\xi\ d_z,$$

on peut donc écrire :

$$d_{\xi\eta}=d_\xi\ d_\eta.$$

Conditions pour que six quantités puissent représenter les δ et les α caractéristiques d'une certaine déformation. — Les six quantités δ et α, fonctions de x, y, z, dépendant des différentielles partielles de trois quantités u, v, w, ne sont pas complètement arbitraires. Il doit donc y avoir entre les différentielles de ces six fonctions des relations exprimant qu'elles sont susceptibles de représenter la déformation d'un corps. Il est très aisé de trouver ces relations en éliminant, par la différentiation, u, v, w entre les six équations qui donnent les valeurs des δ et des α en fonction des différentielles partielles de u, v, w.

Si on porte dans l'expression de α_z les valeurs de u et v déduites de celles de δ_x et δ_y, on a :

$$\alpha_z = \frac{du}{dy} + \frac{dv}{dx} = \frac{d}{dy}\int \delta_x \, dx + \frac{d}{dx}\int \delta_y \, dy.$$

En différentiant deux fois par rapport à dx et dy, on a la première des trois équations ci-dessous, dont les deux autres s'obtiennent d'une manière analogue :

$$(3)\qquad \begin{cases} \dfrac{d^2\alpha_z}{dxdy} + \dfrac{d^2\delta_x}{dy^2} + \dfrac{d^2\delta_y}{dx^2}, \\ \dfrac{d^2\delta_y}{dydz} = \dfrac{d^2\delta_x}{d^2z} + \dfrac{d^2\delta_z}{dx^2}, \\ \dfrac{d^2\delta_x}{dydz} = \dfrac{d^2\delta_y}{dz^2} + \dfrac{d^2\delta_z}{dy^2}. \end{cases}$$

Si l'on prend les différentielles $\frac{d\alpha_z}{dz}$, $\frac{d\alpha_y}{dy}$, $\frac{d\alpha_x}{dx}$, on a :

$$\frac{d\alpha_z}{dz} = \frac{d^2u}{dz\,dy} + \frac{d^2v}{dz\,dx},$$

$$\frac{d\alpha_y}{dy} = \frac{d^2u}{dy\,dz} + \frac{d^2w}{dy\,dx},$$

$$\frac{d\alpha_x}{dx} = \frac{d^2v}{dx\,dz} + \frac{d^2w}{dx\,dy};$$

d'où l'on tire :

$$2\frac{d^2u}{dzdy} = \frac{d\alpha_z}{dz} + \frac{d\alpha_y}{dy} - \frac{d\alpha_x}{dx}.$$

En différentiant les deux membres de cette équation par rapport à dx, et remarquant que $\frac{d^3u}{dzdydx} = \frac{d^2\delta_x}{dydz}$, on obtient la première des trois équations ci-dessous, dont les deux autres s'obtiennent de la même façon :

$$(4)\quad \left\{\begin{aligned} 2\frac{d^2\delta_x}{dydz}&=\frac{d}{dx}\left(\frac{d\alpha_y}{dy}+\frac{d\alpha_z}{dz}-\frac{d\alpha_x}{dx}\right),\\ 2\frac{d^2\delta_y}{dxdz}&=\frac{d}{dy}\left(\frac{d\alpha_x}{dx}+\frac{d\alpha_z}{dz}-\frac{d\alpha_y}{dy}\right),\\ 2\frac{d^2\delta_z}{dxdy}&=\frac{d}{dz}\left(\frac{d\alpha_x}{dx}+\frac{d\alpha_y}{dy}-\frac{d\alpha_z}{dz}\right).\end{aligned}\right.$$

Les deux systèmes d'équations (3) et (4) expriment des conditions de compatibilité nécessaires, auxquelles doivent satisfaire, pour un corps quelconque déformé, les six fonctions δ et α représentant une déformation, très petite autour de chaque point.

§ II. — FORCES ÉLASTIQUES.

Ellipsoïde d'élasticité. — Si dans un solide déformé et en équilibre on considère un certain plan P (fig. 4) qui le divise en deux parties M et N, la suppression de la partie N troublerait l'équilibre qui ne pourrait être rétabli qu'en appliquant sur les divers points du plan P des forces convenables. Les forces qu'il faudra appliquer sur les points d'un petit élément de surface ω pris sur ce plan et contenant le point O, seront sensiblement parallèles et égales; elles donneront donc une résultante parallèle et égale à leur somme, c'est-à-dire proportionnelle à l'aire ω. Cette résultante F, divisée par ω, ou $\frac{F}{\omega}$ est ce que l'on appelle la *force élastique* exercée au point O. Si OA représente en grandeur et en direction $\frac{F}{\omega}$, et si l'on prend sur une normale au plan P, menée en O, une longueur OB représentant la grandeur de l'aire ω, le point A et le point B sont liés entre eux de la même manière que les points A et B du chapitre I. Lorsque B décrit une sphère, A décrit une ellipsoïde, ou, en d'autres termes, les forces élastiques exercées sur les divers plans qui se coupent en un même point, sont représentées en grandeur et en direction par les rayons vecteurs d'un certain ellipsoïde.

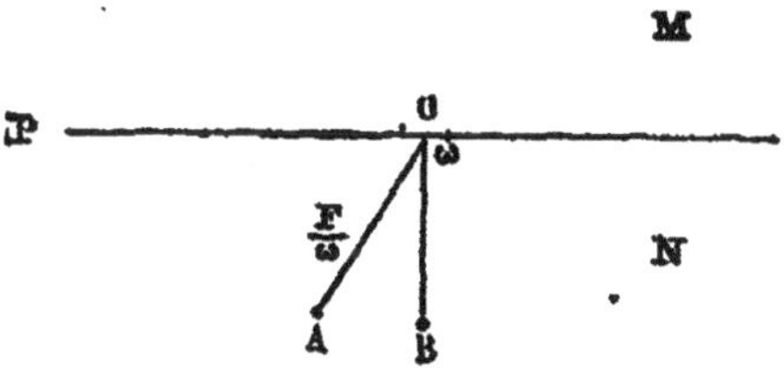

Fig. 4.

La définition qui vient d'être donnée de la force élastique est très simple, mais elle ne donne pas une idée nette des actions qui concourent à engendrer cette force. Dans un sujet aussi délicat et sur tous les points duquel les savants ne sont pas même entièrement d'accord, il importe de ne laisser dans l'esprit aucune ambiguïté, et il paraît nécessaire de scruter de plus près l'une des notions fondamentales qu'on rencontre au début de la théorie.

La force élastique, définie comme elle l'a été plus haut, est évidemment une certaine résultante des actions que les dernières parties du corps cristallin exercent mutuellement les unes sur les autres. Or on a vu qu'un corps cristallisé est nécessairement constitué par des molécules identiques entre elles et groupées de manière que les centres de gravité ou des points analogues quelconques de ces molécules forment un système réticulaire. Chaque molécule est formée à son tour d'un nombre fini ou infini de petites portions de matière qui peuvent ne pas être identiques entre elles, dont on peut toujours supposer les dimensions assez petites pour pouvoir être négligées, et que nous appellerons les atomes.

Lorsque le corps est en équilibre, il y a équilibre entre les centres de gravité des molécules, et il y a aussi équilibre dans l'intérieur de chaque molécule, entre les atomes qui la composent. Il faut ajouter que les centres de gravité des molécules sont nécessairement immobiles, car il serait impossible d'imaginer *pour un point* un mode vibratoire qui conservât au système réticulaire la symétrie accusée par les phénomènes de la cristallisation. On ne pourrait concevoir autre chose qu'une succession rapide de vibrations dans tous les sens qui annulerait l'influence de la symétrie de la molécule et ferait disparaître la cause même de la symétrie du réseau. Les atomes, dans l'intérieur de la molécule, peuvent au contraire vibrer, car il suffit, pour sauvegarder la symétrie, que des atomes identiques aient des vibrations identiques suivant les différents axes et les différents plans de symétrie de même nature.

Le système réticulaire et la molécule sont séparément en équilibre, mais l'équilibre de l'un est intimement lié à celui de l'autre. On peut donc se borner à étudier l'équilibre du système réticulaire ; c'est du reste le seul que l'on puisse étudier aisément, car les forces mécaniques extérieures, au moyen desquelles nous pouvons modifier la forme d'un corps, agissent exclusivement sur le système réticulaire, et n'ont sur la molécule qu'une action indirecte dont nous ignorons entièrement le mécanisme.

L'équilibre du système réticulaire est déterminé par les actions mutuelles des nœuds de ce système ; mais ces actions mutuelles, si on peut encore les considérer comme s'exerçant entre deux nœuds suivant la droite qui les joint, ne peuvent plus être regardées comme fonctions de la distance seule des deux nœuds, puisque, cette distance restant constante, les actions peuvent varier par suite de la déformation des molécules dont les nœuds sont les centres de gravité.

Si on mène par un point O quelconque de ce milieu, un plan P qui le sépare en deux portions M et N ; on prend dans le plan P, autour de O, une surface ω' infiniment petite, même par rapport à la distance qui sépare deux nœuds voisins. On prend dans la partie M du milieu un nœud quelconque m et dans la partie N un nœud n tel que la ligne mn traverse l'aire ω'. Par suite des actions élastiques que met en jeu la déformation supposée du milieu, le nœud n exerce sur le nœud m une force dirigée suivant mn, et fonction de la distance mn. Si l'on joint m à tous les nœuds de N tellement placés que la ligne qui les joint à m traverse ω', les forces exercées par ces nœuds sur m auront une résultante qui passera par m, et dont la direction traversera ω' en un certain point μ auquel on pourra la supposer appliquée. Si l'on substitue successivement à m, dans la construction précédente, tous les nœuds de M, susceptibles d'être sollicités par les actions émanant des nœuds de N, toutes les résultantes appliquées en ω' viendront se couper en des points infiniment peu distants les uns des autres, et pourront être considérées comme donnant une résultante unique R appliquée en ω'. Si l'on prend tout autour de ω' des aires égales, chacune de ces aires pourra être considérée comme sollicitée par une résultante égale et parallèle à R. Si donc on prend une aire ω infiniment petite au point de vue physique, mais très grande par rapport à ω', chacun des éléments ω' de cette surface est sollicité par une force R, et l'aire totale ω pourra être considérée comme sollicitée par une résultante parallèle à R, et dont la grandeur contient autant de fois R que ω renferme de fois ω', c'est-à-dire que ω est sollicité par une force représentée par ωF, F étant une certaine force fictive qui serait appliquée sur l'unité de surface du point P, au point O autour duquel a été tracée l'aire ω.

Si l'on prend sur une normale au plan P menée en O une longueur représentant ω, et si l'on prend sur la direction de la résultante ωF une longueur proportionnelle à F, ces deux longueurs sont bien, comme il a été déjà dit plus haut, dans les relations réciproques auxquelles s'applique la théorie générale du chapitre I. On se trouve d'ailleurs dans le cas de l'égalité symétrique, car, en vertu de l'égalité de l'action et de la réaction, les actions moléculaires, dont la force ωF est la résultante sont égales et contraires suivant les deux directions opposées d'une même droite.

Les équations (3′) du chapitre I donnent immédiatement, en y remplaçant, pour éviter la confusion, $\mathcal{X}$, $\mathcal{Y}$, $\mathcal{Z}$ par X, Y, Z et les $\mathcal{N}$ et $\mathcal{T}$ par N et T :

$$(3)\quad \left\{\begin{aligned} X &= m'N_x + n'T_z + p'T_y,\\ Y &= m'T_z + n'N_y + p'T_x,\\ Z &= m'T_y + n'T_x + p'N_z.\end{aligned}\right.$$

X, Y, Z sont les composantes de la force élastique F qui s'exerce sur le plan dont la normale fait avec les axes des angles ayant respectivement pour cosinus m', n', p' ; N_x, T_z, T_y sont les composantes, suivant les axes coordonnés des x, y, z de la force élastique qui s'exerce sur le plan des yz normal aux x ; T_z, N_y, T_x sont les composantes de la force élastique qui s'exerce sur le plan des zx normal aux y ; T_y, T_x, N_z sont les composantes de la force élastique qui s'exerce sur le plan des xy normal aux z.

L'égalité du coefficient de n' dans X, et du coefficient de m' dans Y, montre que la composante suivant les y de la force élastique qui s'exerce sur le plan normal aux x, est égale à la composante suivant les x de la force élastique qui s'exerce sur le plan normal aux y.

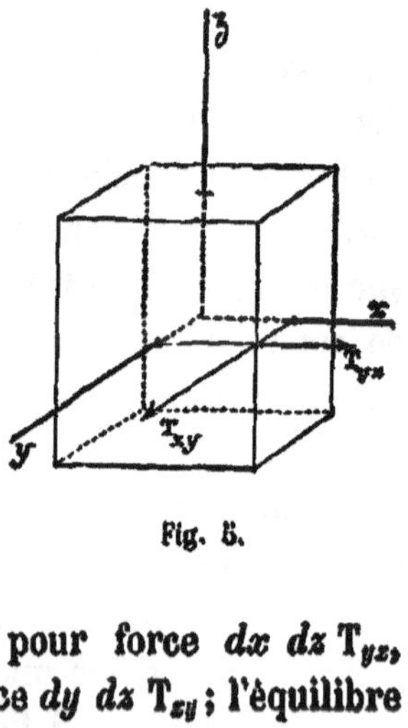

Fig. 5.

On démontrerait directement ce théorème en isolant dans le corps un petit prisme dont les arêtes dx, dy, dz seraient parallèles aux axes coordonnés. Ce prisme (*fig.* 5) est en équilibre sous l'action de forces élastiques qui s'exercent sur ses faces, et, autour de l'axe des z, il est sollicité à tourner par deux couples, l'un ayant pour bras de levier dy, et pour force $dx\,dz\,T_{yx}$, l'autre ayant pour bras de levier dx, et pour force $dy\,dz\,T_{xy}$; l'équilibre exige donc :

$$dy.dxdz\,T_{yx} = dx.dydz\,T_{xy},$$

ou :

$$T_{yx} = T_{xy}.$$

L'*ellipsoïde d'élasticité* étant rapporté à ses axes, a pour équation

$$\frac{x^2}{A^2}+\frac{y^2}{B^2}+\frac{z^2}{C^2}=1,$$

en appelant A, B, C les composantes normales des forces élastiques qui s'exercent sur les plans perpendiculaires aux axes de l'ellipsoïde.

On sait (voir pages 14 et suiv.) comment, au moyen de la surface principale dont l'équation est :

$$\frac{x^2}{A}+\frac{y^2}{B}+\frac{z^2}{C}=1,$$

on peut déterminer le plan sur lequel s'exerce une force élastique de direction donnée ou réciproquement. Lorsque A, B, C sont de même signe, c'est-à-dire lorsque les plans perpendiculaires aux axes de l'ellipsoïde, subissent des pressions normales de même sens, ou lorsque ces plans sont tous tirés ou tous pressés, la surface principale est un ellipsoïde. Dans le cas contraire ce sont deux hyperboloïdes conjugués. Les plans tangents au cône asymptotique commun à ces deux hyperboloïdes sont des plans sur lesquels ne s'exerce aucune composante normale.

Pour les composantes des forces élastiques qui s'exercent sur les trois plans d'un trièdre trirectangle dont les directions des arêtes sont désignées respectivement par ξ, η, ζ, les formules (4) et (5) du chapitre I (page 8) donnent immédiatement :

$$(4)\qquad N_\xi=\left\{\begin{array}{l} m^2_\xi N_x+n^2_\xi N_y+p^2_\xi N_z \\ +2m_\xi n_\xi T_z+2m_\xi p_\xi T_y+2n_\xi p_\xi T_x. \end{array}\right.$$

$$(5)\qquad T_\zeta=\left\{\begin{array}{l} m_\xi m_\eta N_x \\ +n_\xi n_\eta N_y \\ +p_\xi p_\eta N_z \end{array}\right. + \left\{\begin{array}{l} (m_\eta n_\xi+m_\xi n_\eta)\, T_z \\ +(m_\eta p_\xi+m_\xi p_\eta)\, T_y \\ +(n_\eta p_\xi+n_\xi p_\eta)\, T_x \end{array}\right.$$

§ III. — RELATIONS ENTRE LES FORCES ÉLASTIQUES ET LA DÉFORMATION

Coefficients élastiques. — On isole, par la pensée, dans l'intérieur du milieu, un petit prisme rectangle dont les arêtes infiniment petites dx, dy, dz sont, avant la déformation, parallèles aux axes coordonnés. Sur chaque face du prisme déformé on peut supposer appliquées les forces élastiques correspondantes sous l'action desquelles le prisme est en équilibre. La déformation du prisme est connue si l'on donne les longueurs très petites δ_x, δ_y, δ_z qui représentent les dilatations de l'unité de longueur suivant les axes coordonnés, et les angles très petits α_x, α_y, α_z dont ont varié les dièdres ayant dx, dy, dz pour arêtes respectives, pourvu qu'on y ajoute la petite rotation qu'il faut donner au milieu tout entier pour amener les axes de l'ellipsoïde de déformation en contact avec leurs droites correspondantes.

Ce dernier mouvement de rotation laissant aux molécules du corps leurs positions relatives ne développe aucune force élastique. On peut donc, lorsqu'il s'agit de déduire les forces élastiques de la déformation qui les engendre, négliger ce mouvement de rotation et considérer la déformation comme complètement définie par les δ et les α.

Si l'on ne considère que des déformations suffisamment petites, on peut regarder les forces élastiques comme proportionnelles à la déformation, et l'expression de chaque composante de la force élastique comme composée de 6 termes dont chacun est formé d'un facteur constant, ou ne dépendant que de la configuration du milieu au point considéré, qui multiplie une des 6 quantités δ_x, δ_y, δ_z, α_x, α_y, α_z.

Pour la symétrie des formules, on convient d'appeler :

A_x	le coefficient de	δ_x	dans	N_x,
A_y	—	δ_y	—	N_y,
A_z	—	δ_z	—	N_z,
B_{xy}	—	δ_y	—	N_x,
B_{yx}	—	δ_x	·	N_y
B_{zy}	—	δ_y	—	N_z
etc.		.		.
.		.		.

C_x, D_x, F_x	les coefficients respectifs de	α_x,	α_y,	α_z dans	N_x,
C_y, D_y, F_y	—	—		—	N_y
C_z, D_z, F_z	—	—		—	N_z
C'_x, C'_y, C'_z	les coefficients respectifs de	δ_x,	δ_y,	δ_z dans	T_x
D'_x, D'_y, D'_z	—	—	·	—	T_z
F'_x, F'_y, F'_z	—	—		—	T_y

$\mathcal{A}_x$	le coefficient de	α_x	dans	T_x
$\mathcal{A}_y$	—	α_y		T_y

$\mathcal{A}_z$ le coefficient de α_z dans T_z
$\mathcal{B}_{xy}$ — α_y — T_x
$\mathcal{B}_{yx}$ — α_x — T_y
$\mathcal{B}_{xz}$ — α_z — T_x
etc. . .
. . .

Les forces élastiques qui s'exercent sur tous les plans passant par l'origine des coordonnées étant connues lorsqu'on donne les 6 composantes N_x, N_y, N_z, T_x, T_y, T_z, et l'expression de chacune de ces composantes contenant 6 coefficients, il faudra, dans le cas général, donner 36 coefficients pour qu'on puisse déduire les forces élastiques de la déformation qui les engendre.

Réduction des 36 coefficients élastiques à 21. — Mais on peut faire voir, avec Green, qu'il n'y a, en réalité, que 21 coefficients distincts au plus.

Les forces élastiques qui s'exercent sur les faces d'un petit prisme rectangle dont les arêtes, parallèles aux axes coordonnés, sont égales à dx, dy, dz, ont produit, pendant une déformation très petite, un certain travail mécanique. Il est facile d'en trouver l'accroissement différentiel. En effet, à une variation $dx d\delta_x$ de la distance des deux faces du prisme sur lesquelles s'exerce la pression normale $dydz N_x$, correspond un travail $dxdydz N_x \delta_x = \varpi N_x \delta_x$, en désignant par ϖ le volume du prisme. A une rotation angulaire $d\mathcal{C}_{zy}$ du plan zx autour de l'axe des x, correspond un déplacement $dzd\mathcal{C}_{zy}$ du point d'application, une force $dxdy T_x$, et par conséquent un travail $dzdxdy T_x d\mathcal{C}_{zy} = \varpi T_x d\mathcal{C}_{zy}$. De même à un déplacement angulaire $d\mathcal{C}_{yz}$ du plan zy correspond un travail $\varpi T_x d\mathcal{C}_{zy}$, et la somme de ces travaux est égale à $\varpi T_x (d\mathcal{C}_{zy} + d\mathcal{C}_{yz} = \varpi T_x d\alpha_x$ (fig. 6).

L'expression de l'accroissement différentiel du travail, *rapporté à l'unité de volume*, est donc :

$$d\Phi = N_x d\delta_x + N_y d\delta_y + N_z d\delta_z + T_x \alpha_x + T_y d\alpha_y + T_z d\alpha_z.$$

Mais le travail total Φ dont $d\Phi$ est la différentielle ne peut être fonction que des δ et des α, c'est-à-dire qu'il dépend uniquement de de l'état initial et de l'état final du corps, et qu'il est indépendant des états intermédiaires. Il est facile de le démontrer.

On suppose que pendant la déformation le corps reste toujours en

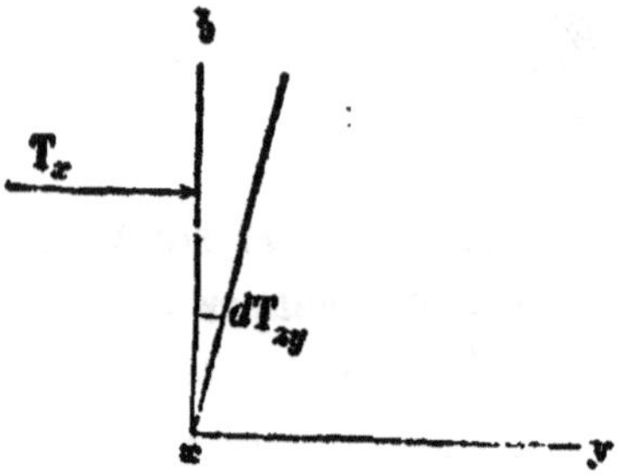

Fig. 6.

équilibre sous l'action antagoniste des forces extérieures et intérieures, et qu'en outre la température reste constante grâce à la présence d'un corps étranger qui fournit en entier à chaque instant la chaleur absorbée ou produite par la variation d'énergie intérieure. En passant de l'état initial indiqué par l'indice 0 à l'état final indiqué par l'indice 1, on a développé une quantité de travail égale à $\varpi(\Phi_1 - \Phi_0)$ (ϖ étant le volume du corps), et on a recueilli une quantité de chaleur égale à la différence $\varpi(U_1 - U_0)$ des énergies intérieures initiale et finale du corps. Si l'on ramène le corps à l'état initial en le faisant passer par une série de transformations différentes de celle qui a été réalisée d'abord, on devra fournir une quantité de chaleur précisément égale à $\varpi(U_1 - U_0)$, car l'énergie intérieure du corps ne dépend que de son organisation interne et de sa température. Quant au travail recueilli, il ne serait pas égal au travail dépensé dans la première série de déformations, si $\Phi_1 - \Phi_0$ ne dépendait pas uniquement des états initial et final ; mais cette hypothèse est inadmissible, car si elle était exacte, on aurait, à la suite des deux séries inverses de déformations qui ramènent toutes choses à l'état initial, créé ou détruit du travail, ce qui est impossible.

On déduit de ce théorème que, dans l'expression de $d\Phi$, les N et les T sont les dérivées partielles du premier ordre par rapport aux δ et aux α d'une même fonction Φ. Les 36 coefficients qui entrent dans les expressions des N et des T sont ainsi les dérivées partielles du second ordre, par rapport aux δ et aux α, de cette fonction Φ. Il y a donc, entre ces 36 coefficients, des relations du genre de celle-ci :

$\frac{d^2\Phi}{dxdy}=\frac{d^2\Phi}{dydx}$. Le nombre de ces relations est égal à celui des combinaisons deux à deux de six quantités, c'est-à-dire à quinze. Les 36 coefficients se réduisent donc à 21 coefficients distincts au plus.

Il est aisé, d'après ce qui précède, de former les expressions définitives des N et des T. On a en effet :

$$\frac{d\Phi}{d\delta_x}=T_x, \quad \frac{d^2\Phi}{d\delta_x d\delta_y}=B_{xy}; \quad \frac{d\Phi}{d\delta_y}=T_y, \quad \frac{d\Phi}{d\delta_y d\alpha_x}=B_{yx},$$

et par conséquent

$$B_{xy}=B_{yx}.$$

On aura évidemment de même :

$$B_{xz}=B_{zx} \quad \text{et} \quad B_{yz}=B_{zy}.$$

On a encore :

$$\frac{d\Phi}{d\alpha_x}=T_x, \quad \frac{d^2\Phi}{d\alpha_x d\delta_x}=C'_x; \quad \frac{d^2\Phi}{d\delta_x}=N_x, \quad \frac{d^2\Phi}{d\delta_x d\alpha_x}=C_x;$$

et par conséquent :

$$C_x=C'_x.$$

On démontrerait de même que

$$D_x=D'_x, \quad F_x=F'_x, \quad C_y=C'_y, \text{ etc.}$$

On a enfin :

$$\frac{d\Phi}{d\delta_x}=N_x, \quad \frac{d^2\Phi}{d\delta_x d\delta_y}=\mathscr{B}_{xy}; \quad \frac{d\Phi}{d\alpha_y}=N_y, \quad \frac{d^2\Phi}{d\alpha_x d\alpha_y}=\mathscr{B}_{yx};$$

et par conséquent

$$\mathscr{B}_{xy}=\mathscr{B}_{yx}.$$

On démontrerait de même que

$$\mathscr{B}_{xz}=\mathscr{B}_{zx} \quad \text{et} \quad \mathscr{B}_{yz}=\mathscr{B}_{zy}.$$

Si l'on convient, pour abréger l'écriture, de représenter B_{xy} par B_z, $\mathcal{B}_{xz}$ par $\mathcal{B}_y$, etc., les expressions définitives des N et des T seront en résumé :

$$(6)\quad \left\{\begin{array}{llllll} N_x = A_x\delta_x + B_z\delta_y + B_y\delta_z + & C_x\alpha_x + & D_x\alpha_y + & F_x\alpha_z \\ N_y = B_z\delta_x + A_y\delta_y + B_x\delta_z + & C_y\alpha_x + & D_y\alpha_y + & F_y\alpha_z \\ N_z = B_y\delta_x + B_x\delta_y + A_z\delta_z + & C_z\alpha_x + & D_z\alpha_y + & F_z\delta_z \\ T_x = C_x\delta_x + C_y\delta_y + C_z\delta_z + & \mathcal{A}_x\alpha_x + & \mathcal{B}_z\alpha_y + & \mathcal{B}_y\alpha_z \\ T_y = D_x\delta_x + D_y\delta_y + D_z\delta_z + & \mathcal{B}_z\alpha_x + & \mathcal{A}_y\alpha_y + & \mathcal{B}_x\alpha_z \\ T_z = F_x\delta_x + F_y\delta_y + F_z\delta_z + & \mathcal{B}_y\alpha_x + & \mathcal{B}_x\alpha_y + & \mathcal{A}_z\alpha_z. \end{array}\right.$$

Les coefficients A sont quelquefois appelés *élasticités directes* ou longitudinales; les B *élasticités latérales*, les $\mathcal{A}$ *élasticités tangentielles ou de rigidité;* les autres sont les *élasticités asymétriques*.

Les six lignes horizontales et les six lignes verticales du tableau formé par les seconds membres de ces équations sont respectivement identiques. Il en résulte évidemment que si l'on forme la somme

$$\delta_x\, dN_x + \delta_y\, dN_y + \delta_z\, dN_z + \alpha_x\, dT_x + \text{etc...},$$

le coefficient de $d\delta_x$, qui est la première ligne verticale du tableau, est égal à N_x. On a donc :

$$d\Phi = N_x d_x + \ldots\ldots = \delta_x\, dN_x + \delta_y\, dN_y + \ldots\ldots$$

On en déduit encore :

$$2d\Phi = d(N_x\delta_x) + d(N_y\delta_y) + \ldots\ldots + d(T_x\alpha_x) + \ldots\ldots$$

et par conséquent en appelant Φ_1 le travail total produit par la déformation et rapporté à l'unité de volume,

$$2\Phi_1 = \Sigma N_x\,\delta_x + \Sigma T_x\,\alpha_x.$$

Formules symboliques donnant les expressions des N et T. — On peut donner aux expressions des N et T une forme symbolique remarquable, en employant un système de notations analogue à celui dont on a fait usage pages 9 et 24. On pose les expressions symboliques

$$N_x = p_{xx} = p_x\, p_x, \qquad T_x = p_{yz} = p_y\, p_z,$$
$$P_\xi = m_\xi\, p_x + n_\xi\, p_{\eta} + p_y\, p_z,$$

analogues à celles de la page 9; on remplace les δ et les α par les symboles de la page 24, et on convient de désigner par a_{xyyz} le coefficient de d_{yz} ou $\frac{1}{2}\alpha_x$ dans P_{xy} ou T_ξ; en convenant toujours que l'on aura l'expression symbolique

$$a_{xyyz} = a_x\; a_y\; a_y\; a_z.$$

Les expressions (6) peuvent être alors remplacées par la formule générale :

$$p_{xy} = a_{xy}(a_{xx}\, d_{xx} + a_{yy}\, d_{yy} + \ldots . + 2a_{\;\;y} d_{xy} + \ldots .)$$
$$= a_{xy}(a_x d_x + a_y\, d_y + a_z\, d_z)^2,$$

formule dans laquelle x et y sont des coordonnées quelconques qui peuvent être identiques, et dans laquelle il est permis d'inverser les deux facteurs. On remarquera que le deuxième facteur est constant, quel que soit p_{xy}. Si l'on pose d'une manière générale

$$p_x = a_x(a_x\, d_x + a_y\, d_y + a_z\, d_z),$$

on pourra encore écrire :

$$p_{xy} = p_x p_y.$$

Si l'on applique ces formules à une coordonnée prise par rapport à des axes rectangulaires quelconques ξ, η, ζ, on aura :

$$p_\xi = a_\xi(a_\xi d_\xi + \ldots .), \qquad p_{\xi\eta} = p_\xi p_\eta.$$

On se propose maintenant de chercher les coefficients a, qui conviennent aux axes ξ, η, ζ, quand on connaît ceux qui conviennent aux axes x, y, z. Pour y arriver, dans l'expression :

$$p_\xi = m_\xi p_x + n_\xi\, p_y + q_\xi\, p_z$$

déduite de la formule de la page 9, en remplaçant $\mathscr{P}$ par p, on remplace p_x, p_y, p_z, par leurs valeurs en d_x, d_y, d_z, on a :

$$p_\xi = (m_\xi a_x + n_\xi a_y + p_\xi a_z)\,(a_x d_x + a_y d_y + a_z d_z),$$

ormule qui s'identifie avec la valeur précédente de p_ξ, si l'on pose

$$a_\xi = m_\xi a_x + n_\xi a_y + p_\xi a_z,$$

c'est-à-dire si l'on admet que a_ξ est la projection sur l'axe ξ de la force symbolique a, dont les composantes sont a_x, a_y, a_z. Le second facteur du deuxième membre devient alors en effet, dans les deux équations, le travail de la force a correspondant au déplacement symbolique d dont les projections sont d_x, d_y, d_z.

La formule générale de transformation cherchée est donc

$$a_{\xi\eta\xi\zeta} = a_\xi\, a_\eta\, a_\xi\, a_\zeta,$$

dans le deuxième membre de laquelle il faut remplacer les expressions a_ξ, a_η par leurs valeurs symboliques en a_x, a_y, etc.

Forces élastiques dans les milieux qui possèdent des éléments de symétrie. — Quelle que soit la nature des éléments de symétrie qui se rencontrent dans la structure du milieu considéré, on ne peut rien en déduire touchant la position ou la grandeur relative des axes des ellipsoïdes de déformation ou d'élasticité. En effet, les δ et les α, les N et les T ne dépendent pas seulement de la nature du milieu, mais encore des causes extérieures, plus ou moins dissymétriques, qui déforment le corps et mettent en jeu son élasticité.

Les coefficients qui entrent dans les expressions des N et des T sont au contraire indépendants des δ et des α, et ne dépendent que de la nature du milieu ; ils doivent donc être affectés par la symétrie de celui-ci.

Plan de symétrie. — Système binaire. — Supposons, par exemple, qu'il y ait dans le milieu un plan de symétrie perpendiculaire à l'axe des z. Si l'on imagine une déformation telle que l'ellipsoïde de déformation ait l'axe des z pour l'un de ses axes, on aura $\alpha_x = 0$, $\alpha_y = 0$. Le plan des zy étant de symétrie pour l'ellipsoïde de déformation et pour le milieu, on se trouve ramené au cas examiné dans le chapitre I, et l'ellipsoïde d'élasticité admettra le même plan de symétrie. On doit donc avoir, dans ce cas particulier, $T_x = 0$ et $T_y = 0$. Donc, pour traduire dans les expressions l'existence d'un plan de symétrie perpendiculaire aux z, il est nécessaire et suffisant de faire en sorte que ces expressions donnent $T_x = 0$ et $T_y = 0$ pour $\alpha_x = 0$ et $\alpha_y = 0$. Cette condition revient à égaler à zéro les coefficients des quantités autres que α_x et α_y dans les expressions de T_x et T_y. Les expressions des forces élastiques se transforment donc comme suit :

$$
(7)\quad \left\{
\begin{aligned}
N_x &= A_x \delta_x + B_z \delta_y + B_y \delta_z + F_x \alpha_z,\\
N_y &= B_z \delta_x + A_y \delta_y + B_x \delta_z + F_y \alpha_z,\\
N_z &= B_y \delta_x + B_x \delta_y + A_z \delta_z + F_z \alpha_z,\\
T_x &= \mathscr{A}_x \alpha_x + \mathscr{B}_z \alpha_y,\\
T_y &= \mathscr{B}_z \alpha_x + \mathscr{A}_y \alpha_y,\\
T_z &= F_x \delta_x + F_y \delta_y + F_z \delta + \mathscr{A}_z \alpha_z.
\end{aligned}
\right.
$$

Ces équations qui conviennent aux corps cristallisés dans le système binaire, ne contiennent plus que *treize* coefficients distincts.

Système terbinaire. — Lorsque le corps appartient au système terbinaire, il faut modifier les expressions (7) de manière que pour $\alpha_x = 0$ et $\alpha_z = 0$, on ait $T_x = 0$ et $T_z = 0$, ce qui donne :

$$
(8)\quad \left\{
\begin{aligned}
N_x &= A_x \delta_x + B_z \delta_y + B_y \delta_z, & T_x &= \mathscr{A}_x \alpha_x.\\
N_y &= B_z \delta_x + A_y \delta_y + B_x \delta_z, & T_y &= \mathscr{A}_y \alpha_y,\\
N_z &= B_y \delta_x + B_x \delta_y + A_z \delta_z, & T_z &= \mathscr{A}_z \alpha_z,
\end{aligned}
\right.
$$

Il n'y a plus que *neuf* coefficients distincts.

Systèmes sénaire, ternaire et quadratique. — Lorsque le milieu appartient à l'un de ces systèmes, si l'ellipsoïde de déformation est de révolution autour de l'axe principal (que l'on peut supposer être celui des z), l'ellipsoïde d'élasticité sera aussi de révolution autour du même axe; en d'autres termes, les choses se passeront comme si tous les plans passant par l'axe des z étaient des plans de symétrie du milieu; les formules des N et des T seront donc de même forme dans les trois systèmes cristallins. Il suffit de les obtenir pour le cas du système quadratique, par exemple.

Pour y parvenir on remarque d'abord, dans le but de simplifier les calculs ultérieurs, que si l'axe quadratique est dirigé suivant l'axe des z, et si deux axes binaires de même espèce sont dirigés suivant les axes des x et des y, tout doit rester identique, dans les expressions (8), lorsqu'on permute

$$\delta_x \text{ et } \delta_y\ ,\quad \alpha_x \text{ et } \alpha_y\ ,\quad N_x \text{ et } N_y$$

On en déduit :

$$(9)\qquad A_x = A_y,\quad B_x = B_y \quad \text{et} \quad \mathcal{A}_x = \mathcal{A}_y.$$

Les trois relations ainsi obtenues sont nécessaires, mais ne suffisent pas pour exprimer que le milieu possède la symétrie du système quadratique. On s'est en effet borné à écrire que lorsque $\delta_x = \delta_y$ et $\alpha_x = \alpha_y$, on a $N_x = N_y$ et $T_x = T_y$, mais cette condition peut être remplie sans qu'il existe nécessairement des plans de symétrie bissecteurs des plans zy et zx.

Pour traduire complètement la symétrie du corps, on change d'axes coordonnés en conservant l'axe des z, prenant pour axe des ξ la bissectrice de l'angle xy, et pour axe des η celle de l'angle $x\bar{y}$. Les expressions des nouveaux N et T auront les mêmes formes que celles des expressions (8) modifiées par les relations (9).

On aura ainsi :

$$N_\xi = A_\xi \delta_\xi + B_\zeta \delta_\eta + B_\xi \delta_\zeta.$$

Les formules (2) donnent

$$\delta_\xi = \frac{1}{2}(\delta_x + \delta_y + \alpha_\zeta),$$

$$\delta_\eta = \frac{1}{2}(\delta_x + \delta_y - \alpha_\zeta),$$

$$\delta_\zeta = \delta_z.$$

Ces valeurs, transportées dans N_ξ, donnent :

$$N_\xi = \frac{A_\xi + B_\zeta}{2}\delta_x + \frac{A_\xi + B_\zeta}{2}\delta_y + B_\zeta \delta_z + \frac{A_\xi - B_\zeta}{2}\alpha_z.$$

On peut avoir une autre expression de N_ξ, car les formules (4) donnent :

$$N_\xi = \frac{1}{2}(N_x + N_y + 2T_z),$$

et par conséquent :

$$N_\xi = \frac{A_x + B_z}{2}\delta_x + \frac{A_x + B_z}{2}\delta_y + B_x\delta_z + \mathcal{A}_z\alpha_z.$$

En identifiant les deux expressions de N_ξ, on trouve :

$$A_\xi = A_x, \qquad B_\nu = B_z, \qquad \mathcal{A}_z = \frac{1}{2}(A_\xi - B_\nu).$$

et par conséquent :

$$\mathcal{A}_z = \frac{1}{2}(A_x - B_z).$$

Des calculs analogues faits avec les expressions des autres N et T ne donneraient aucune relation nouvelle. Les expressions des N et T, lorsque l'axe des z est un axe de symétrie principal, sont donc :

$$(10)\begin{cases} N_x = A_x\delta_x + B_z\delta_y + B_x\delta_z, & T_x = \mathcal{A}_x\alpha_x, \\ N_y = B_z\delta_x + A_x\delta_y + B_x\delta_z, & T_y = \mathcal{A}_x\alpha_y, \\ N_z = B_x(\delta_x + \delta_y) + A_z\delta_z. & T_z = \frac{1}{2}(A_x - B^2), \end{cases}$$

avec *cinq* coefficients distincts.

Système cubique. — Pour passer au système cubique, il suffira d'écrire que la forme des expressions (10) est la même suivant les axes des x, des y et des z, ce qui conduit aux relations :

$$A_x = A_z, \qquad B_x = B_z, \qquad \mathcal{A}_x = \frac{1}{2}(A_x - B_z).$$

Les expressions des N et des T deviennent donc, en supprimant les indices devenus inutiles,

$$(11)\begin{cases} N_x = A\delta_x + B(\delta_y + \delta_z) & T_x = \frac{1}{2}(A - B)\alpha_x, \\ N_y = A\delta_y + B(\delta_x + \delta_z) & T_y = \frac{1}{2}(A - B)\alpha_y \\ N_z = A\delta_z + B(\delta_x + \delta_y) & T_z = \frac{1}{2}(A - B)\alpha_z \end{cases}$$

avec *deux* coefficients distincts seulement.

On a souvent à s'occuper, dans la physique mathématique, des corps isotropes tels que le verre, dont les propriétés sont identiques suivant toutes les directions. La structure des corps isotropes peut être comparée à celle d'un tas de poussière formé de grains polyédriques très petits et identiques entre eux. Trois directions rectangulaires quelconques pourront, dans un semblable milieu, être regardés comme des axes quaternaires, puisque le milieu, quelle qu'en soit la position dans l'espace, est toujours identique à lui-même. Si l'on fait en sorte que l'ellipsoïde de déformation soit une sphère, l'ellipsoïde d'élasticité en sera une aussi. Les formules des N et des T seront donc les mêmes pour les milieux isotropes que pour les solides cristallisant dans le système cubique.

Coefficients élastiques inverses. — Des expressions linéaires des N et T en fonction des δ et des α, on peut déduire des équations, linéaires aussi, et donnant les δ et les α en fonction des N et des T. On obtient ainsi 36 nouveaux coefficients qui se tireraient des 21 anciens. Les relations de la page 35 montrent d'ailleurs que les δ et les T sont les coefficients différentiels de la différentielle de Φ considérée comme fonction des N et des T. On réduirait donc à 21 les 36 nouveaux coefficients accentués par des équations entièrement analogues à celles qui ont réduit à 21 les 36 coefficients non accentués.

Pour écrire aisément les expressions qui donnent les δ et les α en fonction des N et T, nous conviendrons de changer, dans les expressions (6) qui donnent les N et T en fonction des δ et des α, N en δ, T en α, et réciproquement, en accentuant les coefficients. Nous appellerons ces coefficients accentués, *coefficients élastiques inverses*, en réservant la dénomination de *directs* aux coefficients non accentués.

Formules symboliques exprimant les coefficients élastiques directs ou inverses. — Quant aux formules qui serviront à trouver les coefficients inverses A′ B′... $\mathscr{A}'$, $\mathscr{B}'$ correspondant à un certain système de coordonnées quand on connaît ceux qui correspondent à un autre, on peut encore se servir des formules symboliques de la page 37.

$$a'_{\xi\eta\xi\zeta} = a'_{\xi}\, a'_{\eta}\, a'_{\xi}\, a'_{\zeta}.$$

mais avec quelques modifications. En effet, les formules

$$\delta_x = A'_x N_x + \ldots + C'_x T_x + \ldots$$

ne peuvent être mises sous la même forme que les équations (6), qu'en substituant aux C′ des coefficients C″ tels que

$$2C''_x = C'_x.$$

Les formules :

$$\alpha_{yz} = 2\delta_{yz} = C'_x N_x + \ldots + \mathscr{A}'_x T_x + \mathscr{B}'_z T_y + \ldots$$

ou

$$\delta_{yz} = \frac{C'_x}{2} N_x + \ldots + \frac{1}{2} \mathscr{A}'_x T_x + \frac{1}{2} \mathscr{B}'_z T_y + \ldots$$
$$= C''_x N_x + \ldots + \frac{1}{2} \mathscr{A}_x T_x + \frac{1}{2} \mathscr{B}'_z T_y + \ldots$$

ne peuvent être mises sous la même forme que les précédentes qu'en prenant

$$\frac{1}{2} \mathscr{A}'_x = 2\mathscr{A}''_x \qquad \frac{1}{2} \mathscr{B}'_z = 2\mathscr{B}''_z .$$

Les formules symboliques de transformation donneront les C″, D″, F″, $\mathscr{A}''$, $\mathscr{B}''$; il faudra donc, pour employer les formules, diviser par 2 les C′, D′, F′ et par 4 les $\mathscr{A}'$ et $\mathscr{B}'$ qui y entrent ; puis doubler les C′, D′, F′ et quadrupler les $\mathscr{A}'$ et $\mathscr{B}'$ donnés par les formules.

Il résulte ainsi de ce qui précède, que les simplifications provenant de la symétrie du corps, seront identiques avec celles qu'on a déjà trouvées pour les A, B, $\mathscr{A}$, $\mathscr{B}$, etc. ; mais en tenant compte des changements qui viennent d'être reconnu nécessaires. C'est ainsi que lorsque l'axe des z est un axe de symétrie principal, les formules de changement d'axes ont donné l'expression

$$\mathscr{A}_z = \frac{1}{2}(A_x - B_x),$$

qui se transformera, changeant $\mathscr{A}'_z$ en $\frac{1}{4}\mathscr{A}'_z$, en

$$\mathscr{A}'_z = 2\,(A'_x - B'_x).$$

Nous désignerons dorénavant les expressions qui, dans chaque cas de symétrie particulière, donnent les δ et α en fonction des N et T, par les mêmes numéros que ceux qui désignent les expressions correspondantes donnant les N et T en fonction des δ et des α, mais *en accentuant ces numéros.*

§ 4. ÉQUILIBRE D'ÉLASTICITÉ.

Équations exprimant l'équilibre d'élasticité. — Pour appliquer la théorie qui précède, il faut pouvoir résoudre le problème suivant : Un corps étant en équilibre sous l'action des forces élastiques intérieures et d'un système donné de forces extérieures, trouver la déformation du corps, ou réciproquement. Il est aisé de poser les équations différentielles qui résolvent le problème.

Soit un petit prisme dont 3 arêtes, coïncidant avec les axes coordonnés, sont égales à dx, dy, dz. La face coïncidant avec le plan des yz est sollicitée par une force élastique qui, appliquée à la surface dont l'aire est $dydz$, a pour composantes :

$$N_x dydz, \qquad T_z dydz, \qquad T_y dydz.$$

La face parallèle est sollicitée par une force dont les composantes sont :

$$\left(N_x + \frac{dN_x}{dx}\,dx\right)dydz, \quad \left(T_z + \frac{dT_z}{dx}\,dx\right)dydz, \quad \left(T_y + \frac{dT_y}{dy}\,dy\right)dydz.$$

Quant à la force non moléculaire qui agit sur le petit parallélipipède, on peut la supposer proportionnelle au volume $dx\,dy\,dz = dv$, et nous appellerons ses composantes X_0, Y_0, Z_0; l'équilibre du prisme exige que la somme des projections des forces sur l'axe des x soit nulle. On trouve ainsi la première des équations suivantes, dont les deux autres s'obtiennent par des considérations analogues en remplaçant successivement l'axe des x par ceux des y et des z :

$$(13)\quad \begin{cases} \dfrac{dN_x}{dx} + \dfrac{dT_z}{dy} + \dfrac{dT_y}{dz} + X_0 = 0, \\[2mm] \dfrac{dT_z}{dx} + \dfrac{dN_y}{dy} + \dfrac{dT_x}{dz} + Y_0 = 0, \\[2mm] \dfrac{dT_y}{dx} + \dfrac{dT_x}{dy} + \dfrac{dN_z}{dz} + Z_0 = 0. \end{cases}$$

Ces équations, qui doivent être satisfaites en tous les points du corps en équilibre d'élasticité, sont les équations indéfinies d'équilibre auxquelles doivent satisfaire les fonctions N et T.

Les forces X_0, Y_0, Z_0 agissant en tous les points du corps et qui sont le plus habituellement celles de la pesanteur, sont généralement *abstraites*, c'est-à-dire qu'on ne compte la déformation qu'à partir de celle qu'ont produite les forces $X_0, Y_0 Z_0$ que l'on peut alors supposer nulles.

Ces équations, dans lesquelles n'entrent pas les forces réellement extérieures, appliquées à la surface du corps, et qui le déforment en le tirant, en le comprimant ou en le tordant, ne suffisent évidemment pas pour résoudre le problème; il faut y ajouter d'autres équations dites *définies*, parce qu'elles ne s'appliquent qu'à des points particuliers du corps.

Si l'on prend d'une manière générale une portion finie du corps, pour laquelle on connaît les forces qui agissent en chaque point de la surface, il faudra écrire que la force extérieure appliquée en un certain point de la surface sur un élément ω de cette surface, fait équilibre aux forces intérieures qui agissent intérieurement sur cette même surface. Si X, Y, Z sont les composantes de la force élastique F et X_1, Y_1, Z_1, les composantes de la force extérieure F_1, rapportée à l'unité de surface, l'équilibre exige que les équations suivantes soient satisfaites :

$$(14)\quad \begin{cases} X = m'N_x + n'T_z + p'T_y = X_1, \\ Y = m'T_z + n'N_y + p'T_x = Y_1, \\ Z = m'T_y + n'T_x + p'N_z = Z_1; \end{cases}$$

équations auxquelles il faudra en ajouter trois autres exprimant que la somme des moments des forces extérieures prises par rapport à 3 axes rectangulaires est égale à la somme des moments des forces intérieures.

Lorsqu'on donne la déformation, il est très facile d'obtenir les forces extérieures qui peuvent la produire, puisqu'on déduit les forces intérieures de la déformation au moyen des équations (7), et les forces extérieures des forces intérieures au moyen des équations précédentes. Le problème est plus complexe dans le cas, qui est presque toujours celui de la pratique, où l'on se donne les forces extérieures et où il s'agit de remonter à la déformation. On ne connaît pas alors de moyen de résoudre la question d'une manière générale, et l'on ne peut qu'employer une méthode de tâtonnements dans chaque cas particulier. Cette méthode consiste à essayer de satisfaire aux équations par une déformation que certaines considérations font considérer comme vraisemblable; la déformation est bien celle que l'on cherche, si, combinée avec les forces extérieures données, elle vérifie les équations de l'équilibre élastique.

Cas d'une traction ou d'une pression. Coefficients d'élasticité longitudinale. — On appliquera d'abord cette théorie au cas simple d'un corps homogène quelconque, de forme prismatique, sollicité sur ses bases par une force normale (pression ou traction) égale à p par unité de surface. On rapporte le corps à 3 axes rectangulaires x, y, z, dont l'un z est parallèle à l'axe du prisme.

Il est aisé de voir qu'on a partout :

$$N_x = 0 \qquad N_y = 0 \qquad N_z = p$$

$$T_x = 0 \qquad T_y = 0 \qquad T_z = 0,$$

d'où l'on tire :

$$\delta_x = pB'_y \qquad \delta_y = pB'_x \qquad \delta_z = pB'_z$$

$$\alpha_x = pC' \qquad \alpha_y = pD'_z \qquad \alpha_z = pF'_z.$$

En effet, les valeurs de N et de T satisfont évidemment aux équations (13) lorsqu'on y abstrait X_o, Y_o, Z_o, et aux équations (14). Les δ et les α satisfont également aux équations (3) et (4), puisque toutes les dérivées sont nulles.

Si l'on observe avec précision la dilatation δ_z du prisme, ou le rapport de l'allongement de ce prisme à sa longueur; si l'on mesure en outre le rapport p qui existe entre le poids qui sollicite le prisme et l'aire de la section droite, on aura :

$$A'_z = \frac{\delta_z}{p}.$$

On a donc ainsi le moyen de déterminer expérimentalement le coefficient A'_z correspondant à une direction z arbitrairement choisie. L'inverse de ce coefficient est désigné ordinairement dans la théorie de la résistance des matériaux sous le nom de *module de l'élasticité longitudinale;* on le désigne par E_z.

Si l'on prend dans le corps 3 axes rectangulaires fixes, ξ, η, ζ, la formule symbolique connue donnera immédiatement l'expression de A'_z en fonction des coefficients qui se rapportent aux axes ξ, η, ζ. On trouve ainsi :

$$
{}^{1}\,A'_z = \left\{ \begin{array}{l} m^4A'_\xi + p^2n^2(2B'_\xi + \mathscr{A}'_\xi) + 2npm^2(C'_\xi + \mathscr{B}'_\xi) + 2np(n^2C'_\eta + p^2C'_\zeta) \\ + n^4A'_\xi + m^2p^2(2B'_\eta + \mathscr{A}'_\eta) + 2mpn^2(D'_\eta + \mathscr{B}'_\eta) + 2mp(m^2D'_\xi + p^2D'_\zeta) \\ + p^4A'_\zeta + m^2n^2(2B'_\zeta + \mathscr{A}'_\zeta) + 2mnp^2(F'_\zeta + \mathscr{B}'_\zeta) + 2mn(m^2F'_\xi + n^2F'_\eta) \end{array} \right.
$$

en effaçant les indices des m, n, p, qui seraient tous ζ[1].

Les 15 coefficients distincts de cette expression pourront être calculés au moyen de 15 observations de A'_z suivant 15 directions différentes. Il sera impossible de déduire d'observations semblables les 21 coefficients distincts des expressions (6). On ne pourra les obtenir qu'en ajoutant aux expériences d'allongement des expériences de torsion.

Aux expériences d'allongement nécessaires pour déterminer A'_z ou $\frac{1}{E_z}$, on a essayé de substituer des expériences de flexion bien plus commodes, parce que, en diminuant suffisamment l'épaisseur de la lame fléchie et augmentant sa longueur, on peut produire des flèches assez grandes pour être mesurées avec précision. Il suffit de placer la lame sur le tranchant de deux couteaux Z et Z′ (fig. 5), de charger la lame en son milieu d'un poids porté par l'intermédiaire d'un autre couteau A, et de mesurer avec un microscope la quantité dont A s'abaisse.

Fig. 7.

Avec des solides isotropes, on a en effet :

$$
f = \frac{Pl^3}{48\,E_z\,I},
$$

en appelant f la flèche, l l'écartement des deux appuis sur lesquels la lame est posée, P le poids dont la lame est chargée en son milieu, I le moment d'inertie de la section autour d'une certaine ligne qui, lorsque la lame a pour section droite un rectangle, peut être regardée comme

[1] Il est aisé de voir que si l'on prend sur chaque direction ζ une longueur égale à $\frac{1}{\sqrt[4]{A'_z}} = \sqrt{E_z}$, on pourra remplacer dans l'expression de A'_z, m, n, p par $\frac{x}{\sqrt[4]{A'_z}}$, $\frac{y}{\sqrt[4]{A'_z}}$, $\frac{z}{\sqrt[4]{A'_z}}$, x, y, z représentent les coordonnées de l'extrémité du rayon vecteur. La surface ainsi obtenue est du 4e degré.

coïncidant avec une parallèle au côté du rectangle reposant sur les appuis. Dans ce cas, on a $I = \frac{bh^3}{12}$, et la formule devient :

$$f = \frac{Pl^3}{48\,E\,bh^3}.$$

Malheureusement cette formule ne s'applique qu'aux corps isotropes ou cubiques; pour les autres corps cristallisés, on n'a pas encore pu établir, si ce n'est dans des cas particuliers, la formule qui lie la flèche aux dimensions du prisme et aux constantes élastiques.

Il faut donc, pour déterminer les constantes élastiques des cristaux, mesurer directement l'allongement ou le raccourcissement qu'éprouve, sous l'action d'une force connue, un prisme de longueur et de section données, découpé dans le cristal suivant une direction cristallographiquement connue. La difficulté provient de l'extrême petitesse de la longueur à mesurer; mais on pourrait sans doute, comme l'a depuis longtemps indiqué M. Cornu, surmonter cette difficulté en ayant recours à la belle méthode d'observation imaginée par M. Fizeau et appliquée par lui à la mesure des dilatations thermiques des corps cristallisés; nous la décrirons plus loin.

Cas d'une pression uniforme sur toutes les faces. — Il est intéressant d'examiner le cas d'un corps que presse uniformément sur sa surface une pression égale à p par unité de surface. Il est aisé de voir qu'on a alors dans tout le corps :

$$N_x = N_y = N_z = -p \qquad T_x = 0, \quad T_y = 0, \quad T_z = 0.$$

On aura donc :

$$\begin{aligned} \delta_x &= -(A'_x + B'_z + B'_y)\,p & \alpha_x &= -(C'_x + C'_y + C'_z)\,p \\ \delta_y &= -(B'_z + A'_y + B'_x)\,p & \alpha_y &= -(D'_x + D'_y + D'_z)\,p \\ \delta_z &= -(B'_y + B'_x + A'_z)\,p & \alpha_z &= -(F'_x + F'_y + F'_z)\,p. \end{aligned}$$

Si le corps a la forme d'un cube dont les arêtes soit parallèles à x, y, z; δ_x, δ_z, δ_y seront les dilatations des arêtes, α_x, α_y, α_z les rétrécissements des angles dièdres de ce cube. Les α seront tous nuls si les axes coordonnés sont des axes de symétrie.

Cas d'un corps cylindrique sollicité à la torsion. — Les phénomènes d'extension, de compression ou de flexion ne pouvant suffire à déterminer tous les coefficients qui définissent les propriétés élastiques d'un corps donné, et cette détermination exigeant le concours des phénomènes de torsion, il est nécessaire d'étudier ceux-ci avec soin.

On suppose un corps prismatique ou cylindrique, sollicité extérieurement sur l'une des bases par un couple de forces dont le moment est M, et sur l'autre base par un couple égal et contraire, qui peut être remplacé par la réaction due à l'encastrement de cette base. On prend l'axe du prisme pour axe des z, et pour axes des x et des y deux droites rectangulaires quelconques situées dans la base encastrée.

Si l'on suppose dans tout le corps :

$$N_x = 0, \quad N_y = 0, \quad N_z = 0, \quad T_z = 0, \quad \frac{dT_y}{dz} = 0, \quad \frac{dT_x}{dz} = 0,$$

les équations indéfinies (13) sont satisfaites si l'on a :

$$\frac{dT_y}{dx} + \frac{dT_x}{dy} = 0.$$

Les équations définies à la surface, dans lesquelles on peut faire $X_0 = 0$, $Y_0 = 0$, $Z_0 = 0$ en négligeant le poids du prisme, le sont aussi, à condition qu'on ait

$$T_x\, dx - T_y\, dy = 0.$$

$\frac{dy}{dx}$ étant tiré de l'équation en x, y du contour de la section. En effet, les forces extérieures agissant sur la base peuvent être remplacées par des forces égales, f, agissant tangentiellement en chaque point du contour. L'équilibre d'un élément infiniment petit de la base pris sur le contour, et pour lequel $m' = 0$, $n' = 0$, $p' = 1$, exige, en vertu des équations (14),

$$T_y = X_1, \qquad T_x = Y_1,$$

d'où l'on tire :

$$\frac{T_x}{T_y} = \frac{Y_1}{X_1} = -\frac{dy}{dx}.$$

Quant à la déformation, la nullité de T_z et des trois N montre que les ∂ et les α sont fonctions linéaires de T_x et T_y. En différentiant par rapport à z, on aura donc, à cause de $\frac{dT_x}{dz} = 0$, $\frac{dT_y}{dz} = 0$, et d'une manière générale,

$$\frac{d\delta}{dz}=0, \qquad \frac{d\alpha}{dz}=0,$$

équations dans lesquelles on peut mettre à δ et α un quelconque des indices x, y, z.

Les équations (3) donnent donc :

$$\frac{d^2\alpha_z}{dx\,dy}=\frac{d^2\delta_x}{dy^2}+\frac{d^2\delta_y}{dx^2}$$

$$0=\frac{d^2\delta_z}{dx^2}$$

$$0=\frac{d^2\delta_z}{dy^2},$$

équations satisfaites lorsque T_x et T_y et par conséquent les α et les δ sont fonctions linéaires de x et de y.

Les équations (4) donnent :

$$0=d\left(\frac{d\alpha_y}{dy}-\frac{d\alpha}{dx}\right)$$

$$0=\frac{d}{dy}\left(\frac{d\alpha_y}{dy}-\frac{d\alpha_x}{dx}\right)$$

$$0=0,$$

équations satisfaites, lorsque l'on pose :

$$\frac{d\alpha_x}{dx}-\frac{d\alpha_y}{dy}=2\theta,$$

2θ étant une certaine constante.

La condition que T_x et T_y soient des fonctions linéaires de x et de y exige d'ailleurs que le contour soit une ellipse, car si l'on remplace T_x et T_y par ces fonctions linéaires dans l'équation $T_x dx - T_y dy = 0$, cette équation, intégrable en vertu de l'équation $\frac{dT_y}{dx}=-\frac{dT_x}{dy}$, donne par l'intégration une équation du dcuxièmo degré qui ne peut être que celle d'une courbe fermée et par conséquent d'une ellipse.

Dans les expressions de T_x et T_y en x et y, il ne doit point entrer d'ailleurs de constante, si l'on admet qu'à l'origine des coordonnées les δ et les α sont nuls.

On peut donc poser :

$$T_x = gx + hy, \qquad T_y = h'x + g'y.$$

ou, en vertu de

$$\frac{dT_x}{dy} + \frac{dT_y}{dx} = 0, \text{ c'est-à-dire } h = -h',$$

$$T_x = gx + h, \qquad T_y = -hx + g'y.$$

L'équation de l'ellipse qui forme le contour de la section est donc :

$$gx^2 + g'y^2 + 2hxy + C = 0.$$

On peut toujours supposer l'ellipse rapportée à ses axes, et si l'on appelle I et I' les moments principaux d'inertie on a :

$$I = \int x^2 d\omega = \pi \frac{ba^3}{4} \qquad I' = \int y^2 d\omega = \pi \frac{ab^3}{4},$$

et l'ellipse, dont les demi-axes sont a et b, aura pour équation :

$$I'x^2 + Iy^2 = \frac{\pi a^3 b^3}{4}.$$

Identifiant les deux équations de l'ellipse, il vient

$$h = 0, \ f = 0, \ f' = 0, \qquad \frac{g}{I'} = -\frac{g'}{I} = L,$$

d'où l'on tire :

$$T_x = LI'x, \qquad T_y = -LIy.$$

Si l'on porte dans l'équation $\frac{d\alpha_x}{dx} - \frac{d\alpha_y}{dy} = 2\theta$, on obtient :

$$L(I'\mathcal{A}'_x + I\mathcal{A}'_y) = 2\theta,$$

ou :

$$L = \frac{I'\mathcal{A}'_x + I\mathcal{A}'_y}{2\theta} = \frac{P}{2\theta},$$

en posant

$$I'\mathcal{A}'_x + I\mathcal{A}'_y = P.$$

Si l'on écrit maintenant que, dans la base, la somme des moments des forces intérieures est égale à celui des forces extérieures, on aura :

$$\mathrm{M} = \int d\omega\,(x\mathrm{T}_x - y\mathrm{T}_y) = \frac{2\theta}{\mathrm{P}}\int (\mathrm{I}'x^2 + \mathrm{I}y^2)\ d\omega$$

ou :

$$\mathrm{M} = \frac{4\theta}{\mathrm{P}}\,\mathrm{II}' = 4\theta\,\frac{\mathrm{II}'}{\mathrm{I}'\mathcal{A}'_x + \mathrm{I}\mathcal{A}'_y}.$$

Si l'ellipse est un cercle de rayon r, on a $\mathrm{I} = \mathrm{I}' = \frac{\pi r^4}{4}$, et il vient :

$$\mathrm{M} = \theta\,\frac{\pi r^4}{\mathcal{A}'_x + \mathcal{A}'_y}.$$

Le moment M étant indépendant de l'orientation des axes x et y dans la section, il faut que $\mathcal{A}'_x + \mathcal{A}'_y$ soit constant, quelle que soit cette orientation. Ceci peut donc être considéré comme la démonstration d'un théorème intéressant qu'on vérifierait aisément au moyen des formules qui donnent $\mathcal{A}'_x$ et $\mathcal{A}'_y$ en fonction des coefficients rapportés à des axes fixes.

Il ne reste plus qu'à chercher la signification physique de θ. On va, pour y arriver, chercher les expressions des déplacements finis u, v, w, de chaque point de corps en fonction des x, y et z. On sait que l'on a :

$$\delta_x = \frac{du}{dx} = mx + ny, \qquad \delta_y = \frac{du}{dy} = n_1 x + m_1 y, \qquad \delta_z = \frac{du}{dz} = m_2 x + n_2 y.$$

On en déduit, par une intégration :

$$u = \frac{m}{2}x^2 + nyx + f(y,z),$$

$$v = n_1 xy + \frac{m_1}{2}y^2 + f_1(x,z),$$

$$w = m_2 xz + n_2 yz + f_2(x,y).$$

On a d'ailleurs :

$$\frac{da_x}{dx} - \frac{da_y}{dy} = \frac{d}{dz}\left(\frac{dv}{dx} - \frac{du}{dy}\right) = 2\theta.$$

d'où l'on déduit encore en intégrant :

$$\frac{dv}{dx} - \frac{du}{dy} = 2\theta z + F(x,y).$$

On a en outre :

$$a_z = \frac{dv}{dx} + \frac{du}{dy} = p_z x + q_z y,$$

équation qui, combinée avec la précédente, donne :

$$2\frac{dv}{dx} = 2\theta z + p_z x + q_z y + F(x,y),$$

$$2\frac{du}{dy} = -2\theta z + p_z x + q_z y - F(x,y).$$

En différentiant les expressions de v et u, on trouve :

$$2\frac{dv}{dx} = 2n_1 y + 2\frac{df_1(x,z)}{dx},$$

$$2\frac{dv}{dy} = 2nx + 2\frac{df(y,z)}{dy}.$$

Ces deux équations, comparées aux deux précédentes, donnent :

$$2\frac{df(y,z)}{dy} = -2\theta z + q_z y + (p_z - 2n)x - F(x,y),$$

$$2\frac{df_1(x,z)}{dx} = 2\theta z + p_z x + (q_z - 2n_1)y + F(x,y).$$

Dans l'avant-dernière équation, le premier membre étant indépendant de x, il doit en être de même du deuxième, ce qui entraîne la condition :

$$F(x,y) = q_z y + (p_z - 2n)x + \psi(y).$$

La seconde équation donnerait de même :

$$F(x,y) = -p_z x + (2n_1 - q_z)y + \varphi(x).$$

Des deux dernières équations on obtient aisément :

$$\frac{dF}{dy} = 2n_1 - q_z, \quad \frac{dF}{dx} = p_z - 2n.$$

et par conséquent, en intégrant :

$$F(x,y) = (p_z - 2n)x + (2n_1 - q_z)y.$$

Avec cette valeur de $F(x, y)$, les équations qui donnent $2\,\frac{df(y,z)}{dy}$ et $2\,\frac{df_1(x,z)}{dx}$, deviennent :

$$\frac{df(y,z)}{dx} = -\theta z + (q_2 - n_1)\,y,$$
$$\frac{df_1(x,z)}{dx} = \theta z + (p_2 - n)\,x.$$

On en déduit par l'intégration :

$$f(y,z) = -\theta zy + \frac{1}{2}(q_2 - n_1)\,y^2 + \chi(z),$$
$$f_1(x,z) = \theta zx \quad + \frac{1}{2}(p_2 - n)\,x^2 + \chi_1(z).$$

Or on a :

$$\alpha_\xi = \frac{dv}{dz} + \frac{dw}{dy} = \frac{df_1(x,z)}{dz} + n_2 z + \frac{df_2(x.y)}{dy},$$
$$= x \quad + \frac{df_2(x,y)}{dy} + n_2 z + \frac{d\chi_1(z)}{dz},$$

et comme α_ξ est indépendant de ζ, il faut que l'on ait :

$$\frac{d\chi_1(z)}{dz} + n_2 z = 0,$$

ou

$$\chi_1(z) = -\frac{1}{2} n_2 z^2,$$

puisqu'aucune constante ne peut entrer dans l'expression des u, v, w.

On trouverait, par un calcul tout à fait analogue :

$$\chi(z) = -\frac{1}{2} m_2 z^2.$$

Les expressions de u et v sont donc, en définitive :

$$u = \frac{m}{2}\,x^2 + nxy + \frac{1}{2}(q_2 - n_1)\,y^2 - \theta zy - \frac{1}{2} m_2 z^2,$$
$$v = \frac{m_1}{2}\,y^2 + n_1 xy + \frac{1}{2}(p_2 - n)\,x^2 - \theta zx - \frac{1}{2} n_2 z^2.$$

On peut maintenant se demander quelle est la torsion subie par une ligne supposée parallèle à l'axe du cylindre avant la déformation. Soit, après la déformation, m (fig. 7) la projection d'un point quelconque du corps sur le plan des xy, m' la projection d'un autre point qui, avant la déformation, se trouvait sur la même parallèle à l'axe des z que m et était séparée de celui-ci par une distance dz. L'angle $m'Om$ est

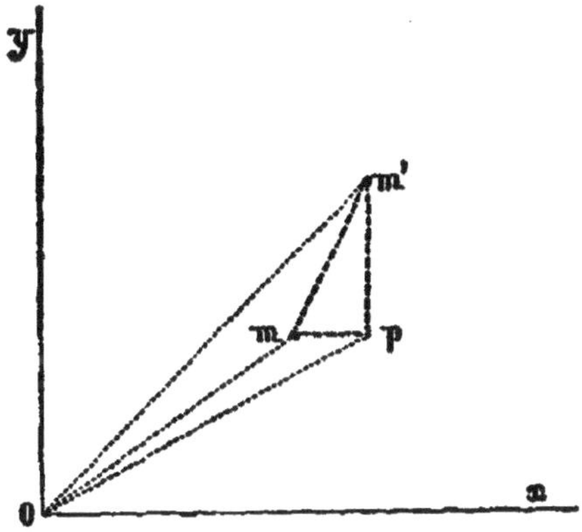

Fig. 8.

ce que l'on appellera la torsion subie par l'élément dz; on le représentera par $d\tau$. Les accroissements des coordonnées x et y, en passant de m à m', sont égaux aux accroissements du et dv correspondant à l'accroissement dz. Si l'on écrit que la surface du triangle Omm' est égale à celle du triangle Opm' moins celle du triangle Opm, on aura :

$$\rho^2 d\tau = (xdv - ydu) = dz\left(x\frac{dv}{dz} - y\frac{du}{dz}\right).$$

Si l'on remplace dans cette expression $\frac{dv}{dz}$ et $\frac{du}{dz}$ par leurs valeurs tirées des expressions de u et de v, il vient :

$$\rho^2 d\tau = dz\left[\theta(x^2+y^2) + (m_2 y - n_2 x)z\right],$$

et en intégrant :

$$\tau = \theta z + \frac{m_2 y - n_2 x}{2\rho^2} z^2;$$

τ est l'angle (rapporté à la demi-circonférence) dont la longueur verticale z s'est tordue autour de l'axe des z. En remplaçant m_2 et n_2 par leurs valeurs, on peut écrire :

$$\tau = \theta z + \theta\frac{l'C'_z\, y + lD'_z}{\rho^2(l'\mathcal{A}'_x + l\mathcal{A}'_y)}.$$

Si la section est circulaire, on a :

$$\tau = \theta z + \theta \frac{C'_z y + D'_z x}{\rho^2(\mathcal{A}'_x + \mathcal{A}'_y)}.$$

Les points de l'axe du cylindre, pour lesquels $x = 0$, $y = 0$, subissent les déplacements :

$$u = -\frac{1}{2} m_2 z^2, \qquad v = -\frac{1}{2} n_2 z_2, \qquad w = 0 ;$$

ils restent donc dans un plan vertical passant par l'axe des z, et dont la trace sur le plan des xy a pour équation :

$$y = \frac{m_1}{n_2} x = -\frac{\text{I}'C'_z}{\text{ID}'_z} x.$$

La courbe qu'affectent les points situés sur l'axe est une parabole ayant pour équation :

$$\rho = \frac{1}{2}\sqrt{m^2_2 + n^2_2 z^2},$$

ρ étant la distance d'un point quelconque à l'axe des z.

On peut considérer le déplacement total très petit de chaque point comme étant la superposition de deux autres. L'un de ceux-ci est une translation égale et contraire à celle du centre de la section qui contient le point, c'est-à-dire exprimée par

$$u' = \frac{1}{2} m_2 z^2 \qquad v' = \frac{1}{2} n_2 z^2 ;$$

l'autre a pour projections sur les axes, $u + u'$, $v + v'$, et w. Les premiers déplacements donnent une sorte de flexion de tout le cylindre, parallèlement au plan dont l'équation est $y = \frac{m_2}{n_2} x$; les autres produisent une torsion uniforme autour de l'axe des z exprimée par l'équation :

$$\tau = \theta z.$$

Si l'axe des z est un axe de symétrie, on a $C'_z = 0$, $D'_z = 0$, et l'axe du cylindre reste vertical. La torsion autour de l'axe des z est exprimée par l'équation précédente. Il est alors très facile de mesurer θ avec exactitude, car il suffit de placer aux extrémités d'une même génératrice du cylindre, de longueur l, de petits miroirs tangents au cylindre et placés en regard d'une échelle graduée. On observe, après la torsion, par la méthode de Gauss, l'angle formé par les plans des deux miroirs; cet angle divisé par l est égal à θ. Connaissant θ et le moment M des forces qui tordent, on obtient, si le cylindre est circulaire, la valeur de $\mathcal{A}'_x + \mathcal{A}'_y$, et si le cylindre est elliptique, une relation entre ces deux quantités. Dans ce dernier cas, il suffirait d'observer successivement avec deux cylindres elliptiques dont les grands axes seraient à angle droit par rapport aux axes cristallographiques du corps, l'axe du cylindre gardant la même direction, pour obtenir séparément $\mathcal{A}'_x$ et $\mathcal{A}'_y$.

Si le corps a trois axes de symétrie rectangulaires, l'observation de la torsion de cylindres circulaires taillés suivant la direction de chacun des axes donnerait $\mathcal{A}'_x + \mathcal{A}'_x$, $\mathcal{A}_x + \mathcal{A}'_z$, $\mathcal{A}'_y + \mathcal{A}'_z$, d'où l'on déduirait facilement $\mathcal{A}'_x$, $\mathcal{A}'_y$ et $\mathcal{A}'_z$.

Cas dans lesquels on peut réduire à 15 les 21 coefficients de Green. — Le raisonnement que nous avons employé après Green pour réduire de 36 à 21 le nombre des coefficients élastiques distincts dans le cas le plus général, ne s'appuie que sur l'équation du travail, et laisse complètement indéterminé le mode d'action des centres de ravité moléculaires, auxquels on suppose le corps réduit. Si l'on supposait négligeables les variations qui peuvent se produire, pendant la déformation, dans l'orientation et la forme de la molécule, il serait permis de considérer les centres de gravité des molécules comme exerçant, suivant une direction déterminée, des actions toujours identiques, et qui ne varient qu'avec la distance des autres centres sur lesquels elles s'exercent. Dans cette hypothèse, on démontre sans peine que les 21 coefficients de Green pourraient être réduits à 15, au moyen des 6 relations :

$$B_z = \mathcal{A}_z, \quad B_y = \mathcal{A}_y, \quad B_x = \mathcal{A}_x,$$

$$\mathcal{B}_z = F_z, \quad \mathcal{B}_y = A_y, \quad \mathcal{B}_x = A_x.$$

Cette réduction, qui avait été considérée par Cauchy, dans ses premiers travaux, comme pouvant toujours être faite, est analytiquement remarquable. Elle établirait en effet une dépendance entre les coefficients qui régissent la torsion et ceux qui régissent l'extension. Des observations d'extension suffiraient à déterminer, si elle pouvait être opérée, toutes les constantes élastiques, et la surface du 4e degré, qui représente la variation des A ou des E, suffirait à représenter toutes les propriétés élastiques du corps.

Voici par quel raisonnement élémentaire, on peut, avec M. de Saint-Venant, démontrer l'exactitude, les hypothèses convenables étant faites, de la réduction dont il s'agit.

Soient deux molécules séparées par la distance *mn*.

Une dilatation δ_z déplace *n*, par rapport à *m*, d'une longueur nn_1 parallèle à *z* et exprimée par :

$$nn_1 = \delta_z r \cos(r, z).$$

Un rétrécissement angulaire α_{xz} ou α_y, déplace *n* par rapport à *m*, d'une longueur nn_2 parallèle à *z* et égale à :

$$nn_2 = \alpha_{xz} r \cos(r.x).$$

Si les actions intermoléculaires ne dépendent que de la distance, les actions développées entre les molécules *m*, *n* dans la direction *mn* par ces deux déformations seront donc K étant une certaine constante, représentées par :

$$K\delta_z r \cos(r,z) \qquad \text{et} \qquad K\alpha_{xz} r \cos(r,x).$$

Si l'on cherche la force élastique exercée sur un plan quelconque que l'on désignera par *q*, et la composante de cette force suivant *x*, composante que l'on désignera par P_{qx}, cette composante sera la somme des projections, suivant l'axe des *x*, des actions exercées entre deux molécules *m* et *n* situées de part et d'autre du plan. Tous les termes de cette somme qui contiennent δ_z ont la forme :

$$K\delta_z r \cos(r,z) \cos(r,x),$$

et le coefficient de δ_z dans P_{qx} est

$$\Sigma K r \cos(r,z) \cos(r,x).$$

On trouve de même que le coefficient de α_{xz} ou α_y dans P_{qz} est

$$\Sigma K r \cos(r,x) \cos(r,z) ;$$

ces deux coefficients sont donc identiques.

On trouve ainsi que le coefficient de δ_z dans P_{xx} ou N_x, c'est-à-dire B_y, est égal au coefficient de α_{xz} ou α_y dans P_{xz} ou T_y, c'est-à-dire $\mathcal{A}_y$.

Des raisonnements analogues au précédent permettraient d'établir cinq autres relations, au moyen desquelles le nombre des constantes élastiques serait réduit à 15.

Le cas hypothétique qu'on vient d'examiner n'est pas celui des corps cristallisés. Il était cependant intéressant de l'étudier, car l'écart que l'observation constatera entre les valeurs réelles des constantes et celles qu'elles auraient si les coefficients pouvaient être réduits à 15, sera en quelque sorte une mesure des variations que produisent, dans la forme et l'orientation des molécules, les déformations élastiques.

Mais l'étude que nous venons de faire présente un autre genre d'intérêt, car il est aisé de voir que l'hypothèse qui lui sert de base se réalise dans les corps dits isotropes. Dans ces corps en effet l'homogénéité ne peut être conçue qu'en admettant que, suivant toutes les directions, se rencontrent en même nombre, sur une même longueur très petite, des molécules ayant toutes les orientations possibles. Cela revient évidemment à admettre que l'orientation et la forme de la molécule sont sans influence sur les propriétés physiques du corps. Dans les corps isotropes, pour lesquels l'ellipsoïde d'élasticité est nécessairement une sphère, les 2 constantes élastiques A et B, qui restent distinctes dans les corps cristallisés à symétrie cubique, se réduisent à une seule, puisqu'on doit avoir :

$$B = \mathcal{A} = \frac{1}{2}(A - B),$$

ou :

$$B = \frac{2}{3} A.$$

Observations de M. Voigt sur l'élasticité du sel gemme. — La science ne compte encore qu'un très petit nombre d'observations faites en vue de déterminer les constantes élastiques des cristaux. M. Voigt[1] a cependant, assez récemment, publié d'intéressantes observations sur l'élasticité du sel gemme qui cristallise dans le système cubique.

M. Voigt a mesuré, par la méthode de la flexion, les coefficients

1. *Pogg.*, *Ann.*, Ergänzüngsband, t. VII (1875-1876).

d'élasticité E correspondant à trois directions, la première c coïncidant avec un axe cubique, la seconde d, avec un axe dodécaédrique ou binaire, la troisième o, avec un axe octaédrique ou ternaire. M. Voigt a trouvé :

$$E_c = 4103$$
$$E_d = 3410$$
$$E_o = 3193.$$

Ces trois nombres devraient être identiques en vertu de la théorie, on voit qu'ils diffèrent d'une manière fort notable, et que E_c est surtout très différent des deux autres. L'écart relatif entre E_c et E_o est de plus de 20 pour 100.

Pour relier ses observations entre elles, M. Voigt s'est servi de formules données par Neumann et qui ne diffèrent des nôtres qu'en ce que le coefficient $\mathcal{A}$ est supposé indépendant de A et de B et non plus égal à $\frac{A-B}{2}$. C'est à ce résultat qu'on arrive en effet lorsqu'on écrit dans les formules que les cristaux cubiques possèdent trois plans de symétrie respectivement normaux à trois axes perpendiculaires et identiques entre eux, sans tenir compte de la symétrie qui existe par rapport aux six plans normaux binaires. Cela revient, en d'autres termes, à supposer dans l'espèce actuelle que la symétrie du sel gemme est seulement terbinaire avec une quasi égalité et non pas une identité complète des trois axes binaires.

Quoi qu'il en soit, les formules de Neumann représentent bien les observations, car M. Voigt trouve

	E_c	E_d	E_o
calculé	4108	3391	3204
observé	4103	3410	3193.

M. Voigt a ajouté aux observations faites sur la flexion, des observations sur la torsion de prismes rectangles dont les axes étaient aussi dirigés suivant les trois directions précédemment définies. En combinant entre elles toutes les données expérimentales, M. Voigt a déduit pour les constantes élastiques du sel gemme les nombres suivants :

$$A = 845$$
$$B = 550$$
$$\mathcal{A} \quad 113,$$

l'unité de force étant le kilogramme et l'unité de longueur étant le millimètre.

En admettant que le sel gemme est réellement cubique, et en supposant exacts les coefficients A et B, la théorie exigerait

$$\mathcal{A}=\frac{1}{2}(A-B)=147.$$

La différence entre ce nombre et celui qui est donné par l'observation s'atténuerait si l'on tenait compte de ce que M. Voigt a employé, pour calculer $\mathcal{A}$ des formules données jadis par Cauchy pour la flexion des prismes rectangulaires et que M. de Saint-Venant a démontrées être inexactes. D'après M. de Saint-Venant, la différence entre les résultats donnés par la formule et les résultats exacts s'élève, lorsque le prisme est un rectangle dont un côté est de 3,5 à 3,8 fois plus grand que l'autre, comme il arrive dans les observations de M. Voigt, à 0,885. Si l'on faisait cette correction à la valeur de $\mathcal{A}$ observée par M. Voigt, on trouverait $\mathcal{A}=128$ qui se rapprocherait de la valeur théorique, un peu plus que le nombre donné par M. Voigt.

Quoi qu'il en soit, l'inégalité, qui paraît bien constatée, de E suivant les différentes directions contredit formellement la théorie, à moins que le sel gemme, au moins sous le rapport élastique, ne jouisse pas réellement de la symétrie cubique. Nous verrons en effet plus loin que le plus grand nombre des cristaux cubiques ne possèdent, au point de vue optique, qu'une symétrie inférieure à celle qui semblerait devoir leur appartenir; le sel gemme est précisément dans ce cas. Il serait fort intéressant que de nouvelles expériences vinssent faire la lumière sur cette partie encore obscure de la science.

Expériences de M. Groth sur l'élasticité du sel gemme. — M. P. Groth[1] a employé, pour trouver les modules d'élasticité E du sel gemme, suivant différentes directions, un procédé ingénieux et qui est d'un emploi plus commode que celui de M. Voigt. Il pose, sur une même planchette élastique une barre d'acier, dont l'élasticité est connue, et la petite barre cristalline dans laquelle on veut la mesurer. On fait vibrer la barre d'acier au moyen d'un archet, les vibrations se transmettent à la barre cristalline, et les deux barres exécutent des vibrations concordantes. Du sable fin, répandu sur la surface des deux barres, permet de mesurer la distance de deux nœuds, d'où l'on peut

1. Pogg., *Ann.*, 1875.

déduire, par une formule connue, le rapport de leurs coefficients d'élasticité. Les mesures faites par M. Groth sont assez d'accord avec celles de M. Voigt, et la facilité relative du procédé qu'on lui doit permet d'espérer qu'on pourra étendre à un grand nombre d'espèces cristallines, les expériences faites sur le sel gemme[1].

Expériences anciennes de Savart. — Le procédé de M. Groth a quelque analogie avec celui qui a été employé jadis par Savart, dans une série d'expériences célèbres[2].

Savart faisait vibrer non pas de petites barres cristallines, mais des plaques découpées dans le cristal suivant différentes directions, et dont il étudiait l'état vibratoire au moyen de sable répandu sur leur surface. On connaissait encore bien moins que maintenant une théorie générale de la vibration des plaques, et la théorie de l'élasticité cristalline était encore à naître. Savart, avec une remarquable intuition des phénomènes, considéra un cristal comme un corps n'ayant pas la même élasticité suivant différentes directions. Il commença donc par expérimenter sur un corps non cristallisé, mais qui ne possédait pas les mêmes propriétés dans tous les sens, et dont on connaissait assez bien le mode de structure intérieure. Le corps choisi fut une bille de bois, découpée dans un tronc aussi régulier que possible. On découpait les plaques dans cette bille, soit perpendiculaires, soit parallèles à l'axe du tronc, soit inclinées d'une manière quelconque. En comparant ensuite le mode de vibration de ces plaques ligneuses avec des plaques découpées suivant certaines directions dans des cristaux de quartz ou de calcite, Savart montra que l'élasticité varie dans chacune de ces substances lorsqu'on fait varier la direction de la plaque. Entre autres résultats intéressants il constata que les plaques découpées dans le quartz parallèlement aux faces p ne vibrent pas comme celles qui sont découpées parallèlement aux faces $e^{\frac{1}{2}}$.

Le procédé de Savart, quelque ingénieux qu'il soit, est trop imparfait pour donner des résultats numériques précis. Il ne peut guère servir qu'à donner une idée des variations qui se produisent avec la direction dans l'élasticité des cristaux. Nous n'entrerons donc pas sur ce sujet dans de plus longs détails.

1. Les *Annales* de Poggendorf (t. 152) contiennent une série d'expériences faites sur l'élasticité de la calcite, par M. Baumgarten. Ces expériences sont faites, comme celles de M. Voigt, par le procédé de la flexion, et ne conduisent par conséquent à aucune donnée précise sur les constantes élastiques de la calcite.

2. *Annales de chimie et de physique*, t. I, 8-40, 1829.

CHAPITRE III

CLIVAGES ET PLANS DE FISSURE

Clivages. — Leur position possible dans les divers systèmes cristallins. — On a déjà parlé, dans la première partie de cet ouvrage, de la propriété si curieuse et si caractéristique du clivage, qui ne peut se rencontrer que dans les corps cristallisés; dans ceux qui la possèdent, on peut, comme on le sait, provoquer des cassures rigoureusement planes. On ne reviendra pas ici sur l'explication très simple que l'on peut donner de ce phénomène et qui a été déjà développée (tome I, chap. XVI, pages 302 et suiv.). On rappellera seulement qu'il résulte de cette explication que les plans de *clivage*, c'est-à-dire les plans parallèlement auxquels peuvent être provoquées ces cassures planes, sont nécessairement des plans réticulaires, dont la maille a une aire très petite, ou, ce qui revient à peu près au même, dont la notation symbolique est très simple.

L'observation vérifie pleinement cette conclusion théorique. Elle montre qu'il n'y a, dans chaque système cristallin, qu'un petit nombre de formes simples parallèlement aux faces desquelles peuvent se placer les clivages. En voici l'énumération complète :

SYSTÈME CUBIQUE. — *Cube* (Galène, Sel gemme).
Octaèdre (Fluorine, Cuprite).
Dodécaèdre (Blende, Sodalite).

Ces trois positions du clivage correspondent aux trois modes suivant lesquels le réseau peut être disposé dans ce système.

SYSTÈME HEXAGONAL. — *Base p* (Émeraude, Pyrosmalite, Zincite).
Prisme m (Apatite, Néphéline, Zincite, Greenockite, etc.)
Isoscéloèdre b^1, rare et imparfait (Pyromorphite, etc.)

La prédominance du clivage *p* ou celle du clivage *m* dépend de la grandeur du rapport $\frac{h}{a}$.

SYSTÈME TERNAIRE. — *Rhomboèdre p* (Calcite, etc.)
Base a^1 (Mica, Chalcophyllite, Antimoine, etc.)
Prisme d^1 (Cinabre).

SYSTÈME QUADRATIQUE. — *Base p* (Uranite, Apophyllite).
Prismes m ou h^1 (Rutile, Wernérite, Zircon).
Octaèdre a^1, rare (Schéelite, Wulfenite).

SYSTÈME TERBINAIRE. — *Plan* g^1 (Stibine).
Plan h^1, rare (Anhydrite.)
Base p (Topaze, Prehnite, Barytine).
Prisme m (Barytine, Cérusite).
Octaèdre $b^{\frac{1}{2}}$ (Soufre).

SYSTÈME BINAIRE. — *Plan* g^1 (Gypse, Stilbite, Orthose).
Plan h^1 (Épidote).
Base p (Orthose, Clinochlore, Épidote).
Prisme m (Amphibole, Pyroxène).
Clinodome e^1 (Azurite).
Orthodome a^1 *ou* o^1 (rares).
Hémipyramide $b^{\frac{1}{2}}$ (Gypse).

SYSTÈME ASYMÉTRIQUE. — *Plan* g^1 (Feldspath triclinique).
Base p (Feldspath triclinique).

Degrés de facilité du clivage dans les diverses substances. — Les clivages sont loin de se produire toujours avec la même facilité. Tantôt, comme dans le mica, le clivage est tellement facile qu'il se produit sous le plus léger effort, et que les cristaux semblent plutôt formés par la superposition de lames parallèles au clivage que par un édifice cristallin régulier. On peut alors, avec la lame d'un canif, détacher des lamelles d'une minceur extrême. Tantôt, au contraire, comme dans la calcite, le clivage, bien que facile encore, ne peut être provoqué sans un effort notable; on n'obtient jamais de lames extrêmement minces, et la cassure habituelle du corps montre une surface irrégulière, qui paraît comme composée de petits plans tous parallèles entre eux et au clivage.

La direction du clivage est dans ce cas nettement indiquée par la façon dont la cassure réfléchit la lumière. Lorsqu'en effet, en faisant tourner en divers sens le corps en présence d'une source lumineuse, les lames planes de la cassure viennent à prendre une position telle que la lumière de la source qu'elles réfléchissent est renvoyée à l'œil, on voit les plans de la cassure vivement éclairés tous à la fois. Ce procédé permet de découvrir des clivages très imparfaits, et qui ne s'indiquent dans la cassure que par une série de petits plans parallèles d'une largeur très faible. On en augmente d'ailleurs la sensibilité en donnant plus d'intensité à la source lumineuse.

Lorsqu'il existe un clivage parallèle à l'une des faces d'une forme simple, il en existe aussi de parallèles à toutes les autres faces de la forme. Tous ces clivages sont alors identiques, c'est-à-dire qu'ils ont la même facilité, que les lames planes qu'ils mettent à nu ont le même poli, le même genre d'éclat, etc. Tels sont les trois clivages de la calcite.

Il peut arriver qu'un cristal possède des clivages parallèles à deux ou plusieurs formes simples différentes. Dans ce cas ils ne sont pas identiques entre eux. C'est ainsi que le gypse possède suivant g^1 un clivage tellement facile qu'on peut détacher parallèlement à cette direction des lames d'une très faible épaisseur, très polies, très réfléchissantes et possédant un éclat vitreux. Le gypse possède en outre deux autres clivages; l'un parallèle à la face h^1 et, l'autre parallèle à la face p. Le clivage h^1 est beaucoup moins parfait que le clivage g^1, mais les surfaces planes auxquelles il donne naissance ont encore l'éclat vitreux. Quant au clivage p, moins parfait encore que le précédent, il ne donne naissance qu'à des plans peu nets et ayant un aspect fibreux.

Cette différence d'aspect des clivages appartenant à des formes simples différentes a une grande importance, car elle permet quelquefois, même dans une masse cristallisée non limitée par un polyèdre cristallin, de déterminer le mode de symétrie du réseau. C'est ainsi que l'anhydrite, dans laquelle on observe trois clivages rectangulaires, pourrait être considérée comme cubique, s'il n'était aisé de voir que des trois clivages, il n'y en a pas deux qui soient semblables entre eux.

On en conclut que cette substance appartient au système terbinaire. Le sel gemme, au contraire, qui a trois clivages rectangulaires égaux entre eux, appartient au système cubique.

Constance des clivages dans les cristaux d'une même substance. — En général, une même substance possède toujours les mêmes clivages, quelles que soient les circonstances qui aient présidé à sa cristallisation, et c'est un fait qui ajoute encore à l'intérêt que présente l'observation de ces plans de rupture. Ainsi l'on trouve toujours la galène possédant ses clivages cubiques; la calcite avec ses clivages rhomboédriques, etc. Cependant les clivages n'ont pas toujours, dans toutes les variétés d'une même substance, le même degré de facilité. Certains échantillons de quartz montrent naturellement des clivages parallèles au rhomboèdre *p*, qui ne se produisent le plus souvent qu'artificiellement et avec une extrême difficulté. Il peut même arriver, pour les substances qui ont plusieurs clivages, que l'ordre de facilité en soit différent dans les différentes variétés de cette substance, et même que certains clivages qui existent dans l'une d'entre elles manquent dans les autres. Le pyroxène, qui cristallise dans le système binaire, en est un exemple remarquable. Les variétés nommées *diopside*, *hedenbergite*, *augite*, possèdent un clivage parfait, quoique interrompu, suivant les faces *m*, et des clivages moins faciles suivant h^1 et g^1. Au contraire dans la variété dite *diallage*, le clivage suivant h^1 devient tellement facile que la matière se lève en lames minces suivant cette direction; le clivage g^1 reste difficile et les clivages *m* paraissent presque complètement supprimés.

Plans de séparation. — La séparation causée par un choc, d'un cristal en deux parties se raccordant suivant un plan cristallin n'est pas toujours due à un clivage. C'est le cas qui se présente lorsque, pendant l'accroissement du cristal, une poussière fine ou de fines lamelles d'une substance étrangère viennent à saupoudrer, à un certain moment, les faces cristallines. Après cet accident le cristal, continuant à s'accroître, englobe, dans son intérieur, ces matières hétéroclites; mais celles-ci n'en produisent pas moins dans la masse des plans de moindre résistance suivant lesquels le cristal tend à se séparer sous l'influence d'une action extérieure. Un semblable accident pouvant se produire plusieurs fois pendant la formation du même cristal, il peut se former ainsi des plans de rupture parallèles entre eux, mais qui ne seront point cependant de véritables directions de clivage. Ce phénomène s'observe quelquefois et d'une manière très nette dans les cristaux de quartz. On est d'ailleurs averti dans ce cas non seulement par la présence de matières étrangères saupoudrant les plans du faux clivage, mais encore par cette circonstance que la partie du cristal, que limitent deux plans de rupture ne présente aucune tendance à une cassure parallèle. On donne aux plans de rupture, produits par cette cause le nom de *plans de séparation*.

Il y a des cas où la distinction entre les plans de séparation et les plans de clivage devient assez difficile. C'est ainsi que pour certaines variétés de pyroxène (mussite, malacolite, hédenbergite) qui se lèvent en plaques plus ou moins épaisses parallèles à la base p, plusieurs minéralogistes admettent un vrai clivage suivant cette direction, tandis que d'autres ne voient là que des plans de séparation.

Des divers modes de production du clivage. — Figures de décollement. — La production de tel ou tel clivage dans un cristal n'est pas tout à fait indépendante du procédé au moyen duquel le clivage est déterminé. Le procédé ordinairement employé est le choc; dans certains cas, on emploie la dilatation ou la contraction causées par une variation brusque de la température de cristal. Dans les cristaux de quartz qui se brisent, par le choc, suivant une cassure conchoïdale, Haüy a provoqué des clivages suivant les faces du rhomboèdre p en portant ces cristaux à une haute température et les plongeant ensuite brusquement dans l'eau.

On peut aussi employer d'autres procédés.

Si l'on fait pénétrer de force dans un solide un poinçon ayant une forme légèrement conique, la pression développée sur les parois du trou creusé par le poinçon peut provoquer, comme on le sait, des fissures dans la masse. Dans un cristal ces fissures sont planes. Il peut arriver qu'elles soient parallèles au plan de clivage. En prenant par exemple une lame de gypse produite par le clivage facile g^1, épaisse d'au moins 1 à 2 millimètres; en enfonçant à l'aide d'une légère pression, mais sans choc, et normalement à la plaque, une aiguille qui ne soit pas trop fine, on provoque le clivage g^1; deux feuillets parallèles à ce clivage s'écartent l'un de l'autre, et cet écartement qui va en décroissant à partir du trou, donne naissance aux anneaux colorés de Newton. Le feuillet soulevé forme ainsi tout autour de l'aiguille une surface courbe qui peut être très régulière si l'on opère avec précaution. M. Jannettaz[1], qui a signalé ce phénomène, a produit ainsi

1. *Bull. de la Soc. min.*, t. II, n° 1, 1879.

des surfaces dont l'intersection avec le plan de la lame donnait une ellipse dont le grand axe était au petit dans le rapport de 1,247 à 1. Le grand axe faisait un angle de 17° avec la trace du clivage vitreux h^1, et un angle de 49° avec la trace du clivage fibreux p. La longueur d'un rayon vecteur de cette ellipse représente la longueur de la portion de la lame fléchie suivant cette direction ; elle doit donc avoir des rapports étroits avec l'élasticité du cristal suivant la même direction. M. Jannettaz a signalé ce fait très curieux que l'orientation et la grandeur relative des axes de cette ellipse sont précisément les mêmes que celles des axes de l'ellipse de conductibilité calorifique que l'on peut observer sur la lame de gypse. (Voy. plus loin, chap. III.)

Production des plans de choc ou de glissement. — Le plus souvent la pénétration du poinçon produit des plans de fissure suivant lesquels ne se produit ni la rupture du cristal, ni le décollement de feuillets parallèles. Ces plans de fissure peuvent être observés soit par leur trace sur les plans cristallins, soit, dans les corps transparents, par la réflexion de la lumière qui se produit à leur surface. Il est rare que ces fissures courent dans toute la masse du cristal ; le plus souvent elles ne s'étendent qu'à une distance peu considérable de part et d'autre du trou produit par le poinçon. Il peut arriver que la fissure grandisse peu à peu et pendant un temps plus ou moins long après le moment où elle a pris naissance ; il peut arriver au contraire que la fissure provoquée disparaisse complètement au bout de quelque temps. Des phénomènes de cette nature s'observent aussi avec les fissures produites dans un corps isotrope tel que le verre. On peut d'ailleurs varier les conditions de l'expérience en prenant pour l'instrument perforant soit un poinçon à pointe très obtuse, soit une aiguille à pointe plus ou moins fine, ou en plaçant le cristal soit sur une lame de verre rigide, soit sur une lame de verre recouverte d'une lame de caoutchouc. On n'obtient pas toujours ainsi les mêmes directions de fissure. Je citerai quelques-uns des curieux résultats obtenus par M. Reusch.

Lorsqu'on choque avec une pointe mousse une lame de mica reposant sur une lame de verre, ou lorsqu'on enfonce dans cette lame la pointe d'une aiguille, il s'y développe des fissures régulières divergeant du point choqué qui rencontrent le plan de la lame suivant trois droites également inclinées les unes sur les autres, et parallèles aux côtés de l'hexagone qui limite le cristal de mica. Les plans de fissure correspondant à ces trois directions ne sont pas disposés de la même façon ; à l'une d'entre elles correspond une fissure nette et normale à la lame ; à chacune des deux autres directions correspondent deux ou même trois plans de fissure, obliques sur le plan de la lame. M. Tschermak a déduit de ces observations que le mica ne peut avoir ni la symétrie hexagonale ni la symétrie ternaire, mais tout au plus la symétrie terbinaire.

Lorsqu'en employant encore une pointe mousse on choque une lame de mica reposant non plus sur une lame de verre, mais sur une lame de verre recouverte de caoutchouc, il se produit encore trois directions de fissures, mais les traces en sont normales à celles que l'on développe par le premier procédé. Les plans des trois fissures sont obliques et également inclinés sur la lame.

La différence des effets produits avec le support en verre et le même support recouvert de caoutchouc, vient sans doute de ce que l'élasticité de ce dernier permet aux deux parties du cristal séparées par les plans de fissure de prendre l'une par rapport à l'autre de très légers déplacements ; l'une des parties glisse en quelque sorte sur le plan de fissure. Aussi M. Reusch nomme-t-il *plans de choc* (schlagfiguren) les fissures obtenues avec le support rigide et *plans de glissement* (leitfiguren) les fissures obtenues avec le support élastique.

Ces plans ne sont pas toujours différents les uns des autres, comme cela a lieu dans le mica. C'est ainsi qu'en choquant sur un support rigide ou non, une lame de sel gemme avec un poinçon à pointe obtuse, on produit des plans de fissure très nets et parallèles aux faces du dodécaèdre rhomboïdal b^1. Si le choc est trop brusque et trop énergique, le cristal se brise, mais suivant les faces du clivage cubique et non pas suivant les directions de ces plans de fissure.

Le choc d'un poinçon ou la pression produite par la pointe d'une aiguille développe dans une lame de gypse, quelle que soit la nature du support, une fissure unique qui traverse le trou en s'étendant un peu de chaque côté. Le plan de la fissure est perpendiculaire sur la lame du clivage ; il est, d'après M. Reusch, parallèle à la face $a\frac{9}{8}$.

M. Reusch indique un autre procédé pour développer dans le gypse ces plans de fissure $a\frac{9}{8}$. On serre la lame de gypse avec la main gauche entre deux règles dont les bords, qui se correspondent, sont dirigés à peu près suivant la direction du clivage fibreux p. On place une troisième règle sur la portion débordante de la lame de gypse, bord à bord avec la règle supérieure, puis on donne à cette troisième règle un coup sec dirigé de haut en bas. Le choc ainsi dirigé développe à la fois le clivage fibreux et le plan de fissure $a^{\frac{9}{8}}$, suivant lequel la lame peut se briser et qui devient ainsi un véritable plan de clivage.

On peut encore produire par d'autres moyens les plans de fissure observés par M. Reusch. Ce savant prend une plaque carrée de sel gemme assez épaisse, limitée par les plans de clivage parallèles aux faces du cube. Il abat deux angles opposés A et B (fig. 9) de la plaque ; il recouvre les petites faces artificielles A et B (parallèles à des faces dodécaédriques) de feuilles de carton, et exerce sur elles une pression énergique dans le sens AB. On constate, par les phénomènes optiques dont on parlera plus loin, que la pression développe dans toute la masse du cristal des déformations qui persistent, au moins en partie, après que la pression a cessé. Cette observation intéressante montre que la *plasticité*, très faible dans la plupart des cristaux, ne peut pas cependant être considérée comme nulle. Si la pression est poussée assez loin, on voit se produire des fissures parallèles à celles des faces du dodécaèdre rhomboïdal b^1 qui sont normales à la surface de la plaque. En comprimant suivant l'axe un prisme de sel gemme, dont les faces sont encore parallèles aux clivages, on développe des fissures dodécaédriques parallèles aux arêtes de la base du prisme, et inclinées par conséquent de 45° sur cette base. La longueur du prisme peut être en outre diminuée, d'une manière permanente, de 7 à 8 pour 100.

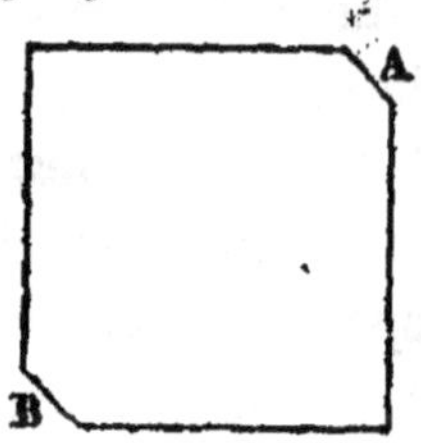

Fig. 9.

Dans la calcite, qui se clive si aisément, suivant les faces du rhomboèdre p, les plans de glissement provoqués par le procédé qui vient d'être décrit, sont dirigés suivant les faces du rhomboèdre inverse b^1, et la production en est accompagnée de phénomènes extrêmement remarquables ; mais ils ont des rapports tellement intimes avec ceux de l'hémitropie, que nous devons en reporter l'étude au chapitre dans lequel nous parlerons de ces derniers.

Il est clair que les plans de choc ou de glissement sont, comme ceux de clivage, des plans pour lesquels la cohésion normale est relativement minima, et la cohésion tangentielle relativement maxima. Ces plans doivent donc se rencontrer, comme ceux du clivage, parmi les plans à maille réticulaire petite. Les exemples précédents vérifient bien cette conclusion ; il faut cependant faire exception pour le singulier plan de glissement développé dans le gypse parallèlement à $a\frac{9}{5}$. Quant aux raisons probablement multiples pour lesquelles telle ou telle action mécanique développe tels ou tels plans de fissure, il est impossible, dans l'état actuel de la science, de s'en rendre compte d'une manière quelque peu précise.

CHAPITRE IV

DURETÉ

Définition de la dureté. — Échelle de Mohs. — Malgré l'importance pratique du caractère de la dureté dans les études minéralogiques, il est difficile d'en donner une définition précise.

On dit qu'un corps A est plus dur que le corps B, lorsque, taillé en pointe, promené sur le corps B, et soumis à une pression convenable, il détermine sur celui-ci une rayure, c'est-à-dire une désagrégation linéaire plus ou moins profonde.

Si A raie B, l'inverse n'a pas lieu, et B taillé en pointe ne peut, quelle que soit la pression exercée, désagréger A; sous l'augmentation graduelle de pression la pointe de B se brise avant qu'aucune rayure se soit produite sur A.

D'un autre côté si A raie B, il raiera toutes les substances que raie B lui-même.

On a donc pu se servir de ces remarques pour dresser des *échelles*, comprenant un nombre plus ou moins grand de corps rangés suivant l'ordre croissant des duretés. Lorsqu'on veut donner une idée de la dureté d'un corps quelconque, on la comprend entre celle de deux corps de l'échelle; l'un rayant le corps donné et l'autre en étant rayé.

L'échelle la plus usuelle est la suivante qui est due à Mohs :

1. Talc.	6. Orthose.
2. Gypse.	7. Quartz.
3. Calcite.	8. Topaze.
4. Fluorine.	9. Corindon.
5. Apatite.	10. Diamant.

Pour définir la dureté d'un corps, on dit, par exemple, que celui-ci est rayé par l'orthose et raie l'apatite; ce qu'on peut encore exprimer en disant que la dureté est comprise entre 5 (numéro d'ordre de l'apatite dans l'échelle) et 6 (numéro d'ordre de l'orthose), ou encore que la dureté est 5,5.

On comprend qu'on pourrait ainsi ranger tous les corps de la nature suivant l'ordre croissant des duretés, mais la dureté elle-même reste une propriété inabordable à toute spéculation mathématique qui pourrait éclairer l'expérience et en augmenter la portée, car la manière dont elle a été définie n'en fait pas une *quantité*.

Expériences sclérométriques. — Seebeck a eu le premier l'idée de mesurer la dureté relative de deux corps en cherchant la pression qu'il faut appliquer sur le corps rayant pour commencer à produire une rayure. Ce procédé, d'un emploi fort délicat, surtout à cause de la difficulté d'apprécier le moment où commence la rayure, a été mis en œuvre par Franz[1], par MM. Grailich et Pekarek[2], et plus récemment par M. Exner[3]. Nous allons exposer les principaux résultats obtenus par ces observateurs.

L'instrument utilisé dans ces recherches et que Franz a désigné sous le nom de *scléromètre* se compose essentiellement d'un petit chariot C (fig. 10) porté par des roues mobiles sur des rails parallèles. Le chariot est sollicité à se mouvoir par un fil passant sur une poulie fixe et tiré à son extrémité par un poids P. Le chariot porte un plateau E, maintenu horizontal par des vis calantes; sur ce plateau est un limbe divisé, au centre duquel une pièce mobile autour de l'axe porte la plaque cristalline, à laquelle on peut ainsi donner des azimuths variés et mesurés avec précision. Un levier L, supporté par un pilier fixe A, porte d'un côté le niveau *n* qui en marque l'horizontalité, de l'autre côté une tige d'acier ϖ terminée par une pointe fine qui repose sur la plaque cristalline. Un plateau fixé sur le levier au-dessus de la pointe reçoit des poids qui mesurent la pression exercée sur celle-ci.

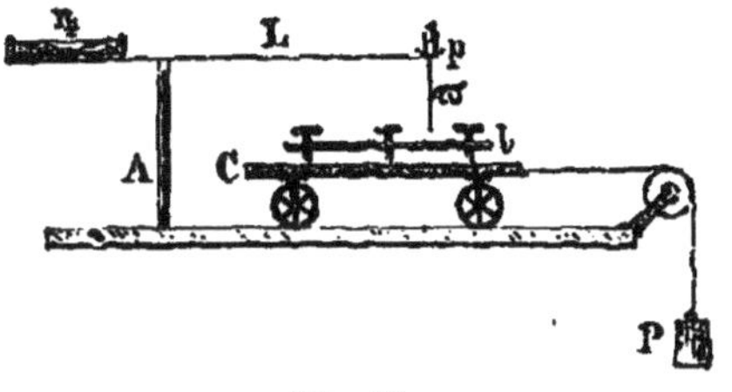

Fig. 10.

La plaque cristalline étant placée dans un azimuth tel que la direction des rails soit parallèle à une ligne cristallographiquement con-

1. *Pogg.*, *Ann.*, V, 80, p. 37, 1850.
2. Wien., *Ak. Sitzb.*, V. 13, p. 410, 1854.
3. *Untersüchungen über die Härte an Krystallflächen.* Wien., 1873.

nue, on dispose le levier de manière qu'il soit horizontal lorsque la pointe d'acier touche le cristal. On ajoute alors les poids p qui produisent et mesurent la pression exercée sur la pointe; puis on augmente le poids P jusqu'à ce qu'il se produise un mouvement très lent du chariot, et on observe à la loupe le travail de la pointe. On augmente graduellement les poids p jusqu'à ce qu'on voie se produire un commencement de rayure.

Franz a trouvé, en opérant sur les substances comprises dans l'échelle de Mohs, avec une pointe d'acier d'abord, puis avec une pointe de diamant, les résultats suivants :

	POIDS dont il faut charger la pointe pour produire une rayure.	
	Pointe d'acier.	Pointe de diamant.
Gypse	1gr,5	»
Calcite	9gr,0	»
Fluorine	36	»
Apatite	163	12gr
Orthose	260	20
Quartz	»	34
Topaze	»	43
Corindon	»	51

L'acier dont se servait Franz se rayait avec le diamant sous une charge de 23 grammes. Il ne faut d'ailleurs pas attacher à ces nombres trop d'importance, car nous allons voir que la dureté est bien loin d'être la même pour toutes les faces d'un même cristal.

Il faut remarquer que le tableau précédent montre qu'une même substance, pour être rayée par deux corps différents A, B, exige que ces corps soient pressés par des poids P, P′, très différents l'un de l'autre.

Expériences de Grailich et Pekarek sur la calcite. — Relation de la dureté avec les clivages. — Mais les observations les plus intéressantes faites avec le scléromètre sont celles qui ont eu pour but de découvrir la loi de variation de la dureté suivant les diverses directions. Les observations de Grailich et Pekarek sur la calcite donnent une idée très précise du phénomène.

Soit d'abord une lame de calcite parallèle à un clivage rhomboédrique. A (fig. 11) est l'angle culminant, E, E′, E′ les angles latéraux; B, B les arêtes culminantes; D, D les arêtes latérales. Nous distinguons :

1° Les directions AE et EA suivant la petite diagonale;

2° La direction E′E′ suivant la grande diagonale ;

3° Les directions $p_b\,p_d$ et $p_d\,p_b$ parallèles à une arête, mais allant la

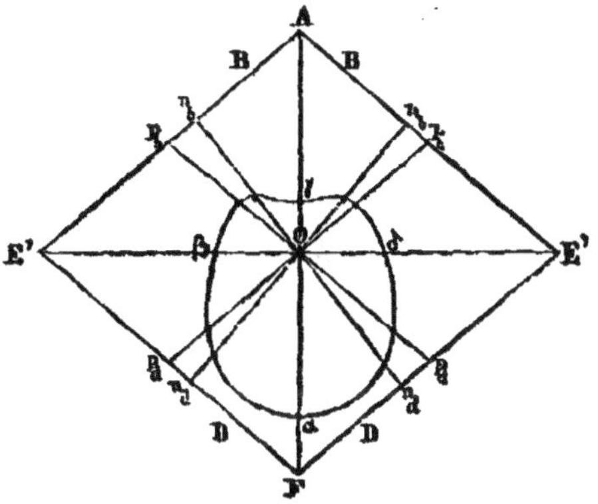

Fig. 11.

première d'une arête B à une arête D, la seconde d'une arête D à une arête B ;

4° Les directions $n_b\,n_d$ et $n_d\,n_b$ perpendiculaires à une arête.

Voici quels ont été les poids dont il a fallu charger une pointe d'acier pour produire une rayure suivant ces différentes directions :

AE	2gr,85
$n_b\,n_d$	2gr,50
$p_b\,p_d$	2gr,13
E′F′.	1gr,52
$p_d\,p_b$	1gr,37
$n_d\,n_b$	1gr,26
EA	0gr,96.

Pour représenter les variations de la dureté avec la direction, on peut prendre, à partir du centre O de la surface. et sur chaque direction une longueur égale au poids qui représente la dureté correspondante. On obtient ainsi la *courbe des duretés*. Cette courbe doit être évidemment symétrique, par rapport à AE puisque cette droite est l'intersection du plan du rhombe par le plan de symétrie qui lui est perpendiculaire.

Franz avait constaté ces curieuses variations, et il avait insisté sur l'écart considérable qu'il peut y avoir entre la dureté correspondant aux deux directions opposées d'une même droite. Il avait essayé d'expliquer ces faits en remarquant que les diverses directions ne rencontrent pas les plans de clivage sous le même angle. Suivant la direction $p_b\ p_d$ par exemple, l'angle obtus formé par le poinçon et le plan de l'un des deux clivages qui coupent la lame est en arrière du sens du mouvement ; en supposant le corps formé par une accumulation de feuillets parallèles à ce clivage, la pointe P qui se promène sur la tranche de ces feuillets tend à les coucher ; suivant la direction $p_d\ p_b$, le contraire a lieu et la pointe tend à soulever les feuilets, en les prenant en quelque sorte à *rebrousse-poil*. Il n'est pas étonnant que la dureté se montre différente dans des conditions si évidemment dissemblables. L'observation montre d'ailleurs que dans les cristaux lorsque le mouvement de la pointe tend à rebrousser ou à lever les lames de clivage, la dureté est moindre que dans le sens contraire.

Si, au lieu d'être parallèle à un plan de clivage, la plaque est parallèle à un plan a^1 (111) perpendiculaire à l'axe ternaire, on trouve les résultats suivants :

B*n*. (fig. 9).	4gr,89
pp.	4gr,45
*n*B.	3gr,63.

Les duretés maxima et minima se produisent suivant l'intersection de la plaque avec le plan de symétrie. La dureté minima de la plaque parallèle à a^1 est d'ailleurs très supérieure à la dureté maxima de la plaque parallèle à *p*.

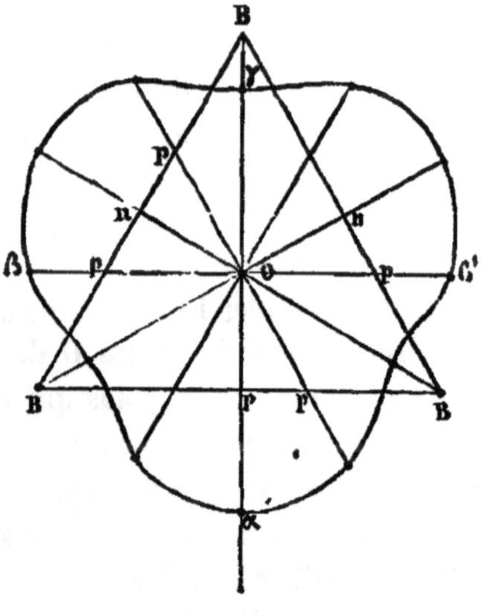

Fig. 12.

La courbe $\alpha\beta\gamma\beta'$ de la figure 9 représente, à la même échelle que dans la figure précédente, la courbe des duretés qui est nécessairement symétrique par rapport aux trois lignes OB, suivant lesquelles la plaque est coupée normalement par les plans de symétrie du cristal.

On taille la lame parallèlement à l'une des faces du prisme d^1 ($\bar{1}10$), et on essaie les duretés suivant les intersections de la lame avec les plans du rhomboèdre primitif. On obtient les résultats suivants :

e'a. (fig. 10).......	6gr,12
ae'............	6gr,12
ea...........	7gr,65
ae...........	7gr,65.

La dureté suivant les droites *ae*, *ae'*, c'est-à-dire suivant la petite diagonale et le côté de la face du rhomboèdre primitif, avait déjà été essayée dans le cas où ces droites sont tracées dans le plan de cette face. Les pressions qui mesurent cette dureté sont alors trois fois moins grandes que dans le cas actuel.

La courbe des duretés a un centre de symétrie, puisqu'un des axes binaires est perpendiculaire à la face.

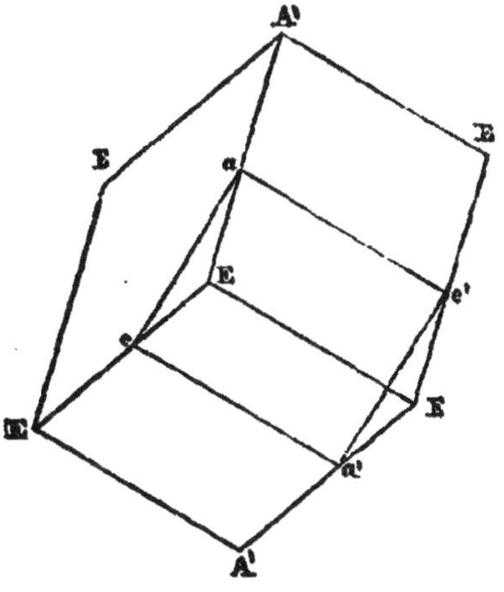

Fig. 13.

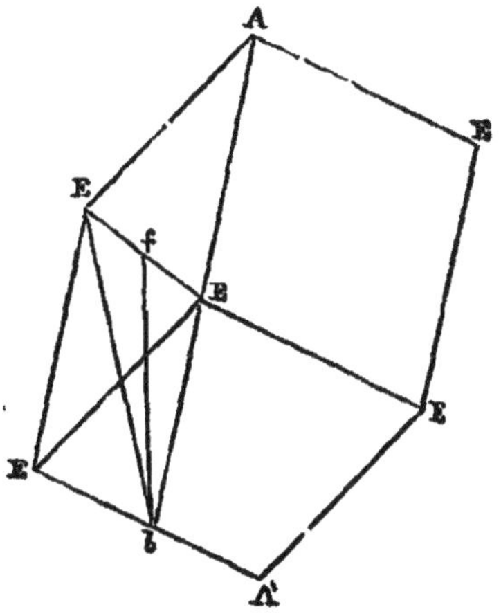

Fig. 14.

Enfin on taille la lame parallèle à l'une des faces du prisme e^2 (112). On observe les nombres suivants :

EE (fig. 14)	(grande diagonale du rhombe).	6gr,50
bf	(parallèle à l'axe ternaire)...	5gr,80
fb	— — — ...	9gr,70.

Le plan e^2 est donc celui dans lequel se trouve comprise la direction de plus grande dureté, et celui dont la dureté moyenne est la plus grande, tandis *que les plans de clivage sont ceux où la dureté est la plus faible*. La courbe des duretés est symétrique par rapport à *bf*.

Expériences de M. Franz Exner. — M. Franz Exner[1] a repris

1. Untersüchungen über die Härte an Krystallflächen, von Dr Franz Exner, Wien, 1873.

les expériences de Grailich et Pekarek, et a soumis à l'observation un nombre assez considérable de substances appartenant à divers systèmes cristallins. Il a constaté, comme ses devanciers, que la dureté ne paraît pas dépendre directement de la forme cristalline, quoique, pour une même substance, les variations en soient nécessairement soumises, comme celles de toutes les propriétés physiques, aux lois de la symétrie propre au cristal.

M. Exner a vérifié également que les variations de la dureté suivant les différentes directions sont surtout liées à l'orientation de ces directions par rapport aux plans de clivage. Dans deux substances, le chlorate de soude cubique, et l'hyposulfite de plomb hexagonal, qui sont dépourvues de clivage, les courbes de dureté sont toutes circulaires, et la dureté est la même suivant toutes les directions.

M. Exner a cherché à représenter par une formule empirique, la loi de variation de la dureté suivant toutes les directions d'un même plan. Il a pu satisfaire convenablement aux observations au moyen de la formule suivante :

$$= a + b \sin \varphi \pm c \sin \psi + \ldots\ldots + b \cos A \sqrt{\sin \varphi} \pm c \cos B \sqrt{\sin \psi} + \ldots\ldots$$

dans laquelle *a* est une constante, φ l'angle de la direction considérée avec l'un des clivages, et *b* une constante dépendant de la plus ou moins grande facilité de ce clivage; *c* et ψ sont des quantités analogues se rapportant à un second clivage, etc.; enfin A est l'angle du premier clivage avec le plan considéré, le cosinus étant pris comme positif lorsque la direction dont il s'agit va de l'angle obtus à l'angle aigu de deux plans, et comme négatif dans le cas contraire; B, C.... sont des quantités analogues se rapportant aux autres clivages.

Essai d'une théorie rationnelle de la dureté. — Relation entre la dureté et le coefficient de frottement. — Pour tirer parti, au point de vue théorique, des observations faites sur la dureté, il faudrait avoir une définition précise de cette propriété physique. On peut essayer tout au moins une analyse exacte du phénomène.

Lorsqu'un corps glisse sur la surface d'un corps solide, que l'on supposera plane, les deux corps réagissent l'un sur l'autre. Une force, qu'on appelle force de frottement, peut-être supposée appliquée au corps mobile, et est égale à chaque instant à fP; P étant la pression exercée sur la surface, et f un coefficient qui dépend de la nature des deux corps en présence. La réaction de cette force de frottement est appliquée aux molécules du corps frotté voisines de la surface. Celles-ci sont tirées parallèlement à cette surface et dans le sens du mouvement du corps frottant. Des réactions élastiques sont ainsi mises en jeu; les molécules, déplacées de leur position d'équilibre, sont entraînées jusqu'au point où la force élastique fait équilibre à l'action extérieure du corps frottant. Arrivées en ce point, elles reviennent en vibrant à leur première position; ces vibrations sont accompagnées de phénomènes calorifiques sur lesquels nous n'avons pas à nous arrêter. Si l'action exercée par le corps frottant, croissant avec la pression, devient assez grande, les molécules peuvent être entraînées hors de la sphère d'attraction de leurs voisines, et se séparer du corps qui se désagrège partiellement.

Si le corps frottant se termine en pointe, la pression, c'est-à-dire le rapport de la réaction normale à la surface pressée, devient très grande, cette surface étant très petite; l'action sur les molécules devient donc très forte, et comme elle ne s'exerce que sur un nombre limité d'entre elles, la désagrégation se produit pour une réaction normale de la pointe relativement faible en valeur absolue. Cette désagrégation qui se produit dans un rayon très limité autour de la pointe, et qui suit le mouvement de celle-ci est la *rayure*.

La rayure et le frottement sont donc deux phénomènes du même ordre, et il est très vraisemblable que pour étudier la dureté d'une façon complète, il faudrait faire, sur la valeur du coefficient de frottement f dans les cristaux, des expériences délicates sans doute, mais qui ne paraissent point impraticables.

Supposons donc une pointe dont la très petite surface sera prise pour unité; la réaction tangentielle des forces élastiques est fP, P étant le poids dont la pointe est chargée normalement. La force fP fait équilibre à toutes les forces développées par l'écartement des molécules de leurs positions d'équilibre.

Si le point se déplace de dr, le travail du frottement est représenté par $fPdr$, et il est égal au travail moléculaire vibratoire développé dans le corps pendant le déplacement. A mesure que P devient plus grand, l'écartement des molécules va en croissant, ainsi que la force du frottement, qui est toujours représentée par fP. La rayure commence à se produire au moment où les forces élastiques développées dans le corps dépassent la limite de résistance dont les actions moléculaires sont susceptibles. Il y a alors désagrégation d'une certaine partie du cristal, sur une longueur dr, et sur une largeur et une profondeur égales à la sphère d'activité dl des actions exercées entre la pointe et la surface. Le volume désagrégé est ainsi $dr\,dl^2$, et si T est le travail nécessité par la désagrégation de l'unité de volume, on a :

$$fPdr = Tdl^2dr,$$

ou

$$fP = Tdl^2.$$

Sur la même surface plane, Tdl^2 est évidemment constant, quelle que soit la direction de la pointe. Il en est donc de même de fP, et P doit être ainsi en raison inverse de f. *La dureté*, qui est proportionnelle à P *est donc, pour les différentes directions d'un même plan, en raison inverse du coefficient de frottement f.*

C'est en effet ce que l'expérience vérifie, car elle montre que la dureté est plus grande lorsque la pointe tend à coucher les lames de clivage que lorsqu'elle tend à les relever ou qu'elle les prend à *rebrousse-poil;* or on comprend que le frottement doit être plus faible dans le premier cas que dans le second. C'est au reste ce qu'on peut voir par un raisonnement très simple. Soit en effet une surface S (fig. 15) coupée par des plans réticulaires de clivage AB, CD, et en A une pointe se mouvant dans la direction AC'. La molécule A de la surface est ainsi sollicitée à se mouvoir dans la direction AC', et dans ce trajet elle est soumise à l'action des molécules du plan réticulaire AB qui, étant par hypothèse un plan de clivage, est un plan suivant lequel les actions moléculaires sont très intenses. La molécule A résistera donc avec plus d'énergie au déplacement de A vers C', et le frottement sera plus grand lorsque la pointe ira de A vers C' que lorsqu'elle ira de A vers C.

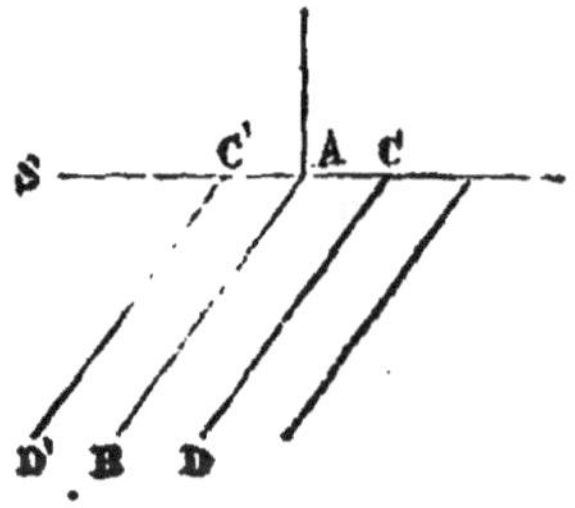

Fig. 15.

Lorsque la surface de frottement n'est plus la même, on peut se demander si le travail de désagrégation par unité de volume est le même ; je pense qu'il doit en être ainsi, car la rayure a pour résultat, non pas le déplacement ou l'extraction hors du corps d'un petit cylindre de longueur dr, mais la transformation en poudre ou la désagrégation complète de ce même cylindre, et on ne voit pas alors pourquoi le travail de désagrégation par unité de volume ne serait pas le même en tous les points du corps. S'il en est réellement ainsi la quantité fP, est constante et, quelle que soit l'orientation de la surface, P varie en raison inverse de f.

Il en résulte que les surfaces de clivage qui sont des surfaces d'actions moléculaires maxima, et doivent être par conséquent des surfaces pour lesquelles f est maximum, doivent être aussi les surfaces de moindre dureté. On sait que telle est précisément la loi à laquelle ont abouti toutes les expériences faites jusqu'à ce jour. Ainsi se trouve rationnellement expliqué ce fait expérimental, qui semble au premier abord un paradoxe, que la dureté est la plus faible pour les plans qui présentent la cohésion maximum.

Il faut d'ailleurs remarquer que si nous considérons non plus les variations de dureté des surfaces d'un même cristal, mais les duretés de deux cristaux différents, le travail de désagrégation n'est plus le même ; il doit être vraisemblablement plus grand dans le cristal qui présente la plus grande concentration de matière, c'est-à-dire dans celui où, toutes choses égales, le volume moléculaire est le plus petit. C'est en effet ce que semblent montrer les duretés comparées des corps isomorphes.

Je me suis étendu sur les expériences relatives à la dureté des minéraux non seulement parce qu'elles sont peu connues en France malgré leur intérêt théorique, mais encore parce qu'elles me paraissent de nature à trouver un emploi dans la pratique de la métallurgie. La dureté d'un métal est très souvent en effet une propriété du premier ordre, et même la propriété qui règle le prix de la matière. Je crois que les métallurgistes pourraient trouver, dans l'emploi du scléromètre, un moyen de définir cette propriété avec plus de rigueur qu'on n'a pu le faire jusqu'ici. Si je ne me trompe, les essais de l'acier au scléromètre trouveraient avantageusement place à côté des essais, devenus aujourd'hui si habituels, sur l'élasticité et la ténacité du métal.

CHAPITRE III

PHÉNOMÈNES THERMIQUES

PREMIÈRE SECTION

PROPAGATION DE LA CHALEUR

Définition de la température d'un point du corps. — Nous nous proposons d'étudier la propagation de la chaleur dans un corps solide cristallisé, lorsque l'état thermique de ce corps est devenu permanent. Cet état est défini par la température en chaque point. Il est d'abord nécessaire de préciser la signification de cette donnée physique.

On dit qu'un corps est à une température uniforme θ, quand une portion quelconque de ce corps supposée séparée de la masse totale est incapable d'échanger de la chaleur, soit avec une autre portion du corps, soit avec un autre corps quelconque à la température θ. Dans cet état, chaque molécule du corps ne recevant ni n'émettant aucune quantité de chaleur (ou, ce qui est la même chose, en recevant autant qu'elle en renvoie dans le même temps), est elle-même dans un certain équilibre thermique qu'il serait sans doute impossible de définir avec précision, mais que l'on désigne en disant que la molécule est à la température θ.

Dans un corps inégalement chaud en ses divers points, mais arrivé à un état thermique permanent, chaque molécule ne reçoit de celles qui l'entourent aucune quantité de chaleur; elle est encore dans un état d'équilibre thermique; mais cet état n'est pas nécessairement identique avec celui qui se produit lorsque le corps est également chaud dans toute la masse, car la molécule n'est pas, comme elle l'est dans ce cas, entourée de molécules également chaudes. Il faut remarquer cependant que les variations de chaleur qui se produisent en passant d'une partie du corps à une partie très voisine sont très faibles; que, d'autre part, le rayon de la sphère décrite du centre de gravité de la molécule comme centre, et au delà de laquelle l'échange de chaleur avec la molécule est insensible, est très petit et que la sphère ne comprend ainsi que des molécules dont l'état thermique diffère extrêmement peu. L'état d'équilibre thermique d'une molécule peut donc être regardé comme étant de la même nature que celui qui se produit lorsque le corps est à une certaine température uniforme θ; on dit que la molécule possède cette température θ.

Supposons deux molécules très voisines l'une de l'autre, et que l'on désignera par les numéros 1 et 2; l'une est à la température θ_1, l'autre à la température θ_2. L'échange de chaleur entre ces deux molécules serait nul si θ_1 était égal à θ_2. L'échange sera donc causé par la différence $\theta_1 - \theta_2$, différence infiniment petite, si les deux molécules sont infiniment voisines En vertu de la proportionnalité de l'effet à la cause, lorsque celle-ci est très petite, la chaleur envoyée par 1 à 2 sera donc proportionnelle à $\theta_1 - \theta_2$, et pourra être représentée par A $(\theta_1 - \theta_2)$, A étant un coefficient convenablement choisi.

Au point de vue du transport de la chaleur d'une molécule à une autre dans l'intérieur du corps, on peut donc supposer les molécules réduites à des points fictifs qui seront par exemple les centres de gravité de chacune d'elles. Chacun de ces points sera supposé doué d'une certaine température, qui sera celle de la molécule; dans un cristal, chaque nœud du réseau a ainsi sa température propre. On peut représenter les températures de tous ces nœuds par une certaine fonction continue des coordonnées des nœuds. Cette fonction donne des valeurs, non-seulement pour les coordonnées de ces points particuliers, mais encore pour celles d'un point quelconque de l'espace; les valeurs de cette fonction définissent ce que l'on appelle la température en chaque point du corps.

Flux calorifique en un point du corps. — Conductibilité calorifique. — Cela posé, nous supposons le corps divisé par un plan P en deux parties dont l'une, plus chaude, M, envoie de la chaleur à l'autre plus froide N. Une portion très petite *m* de M envoie de la chaleur à une portion très petite *n* de N, et l'on peut dire que cette chaleur passe par le point O, intersection de P et de *mn*. La distance *mn* est nécessairement très petite, car dès que la distance devient sensible, la propagation moléculaire de la chaleur devient insensible. Nous cherchons la somme des quantités de chaleur qui sont ainsi envoyées de M à N, suivant des directions rencontrant P dans l'intérieur d'une petite surface ω. C'est ce que nous appellerons le *flux calorifique suivant* ω.

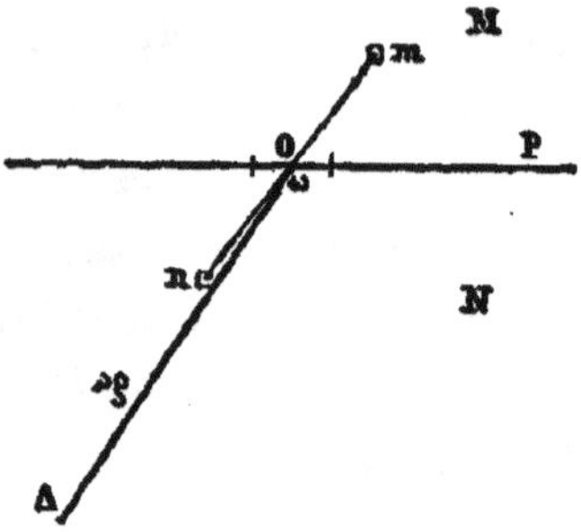

Fig. 16.

La température θ du point O est une fonction des coordonnées x, y, z du point; $\frac{d\theta}{dx}, \frac{d\theta}{dy}, \frac{d\theta}{dz}$ sont les dérivées partielles de θ prises par rapport à x, y, z et évaluées au point O.

La quantité de chaleur envoyée par m à n, pendant le temps dt, est, toutes choses égales, proportionnelle à la différence $d\theta$ entre la température de m et de n, ou à

$$dt\left(\frac{d\theta}{dx}dx+\frac{d\theta}{dy}dy+\frac{d\theta}{dz}dz\right)=dr.\left(u\frac{d\theta}{dx}+v\frac{d\theta}{dy}+w\frac{d\theta}{dz}\right)dt,$$

dr étant la distance mn, dont u, v, w sont les cosinus des angles avec les axes. La quantité de chaleur traversant ω et envoyée suivant la direction (u, v, w) étant évidemment proportionnelle à ω, pourra être représentée par une expression de la forme

$$\omega \mathrm{M}\left(u\frac{d\theta}{dx}+v\frac{d\theta}{dy}+w\frac{d\theta}{dz}\right)dt.$$

Si nous portons sur la direction (u, v, w) une longueur égale à ωM[1], et si nous la considérons comme une force, l'expression ci-dessus représente le travail de cette force fictive correspondant à un déplacement également fictif, dont les projections sur les axes sont

$$\frac{d\theta}{dx}dt,\quad \frac{d\theta}{dy}dt,\quad \frac{d\theta}{dz}dt.$$

Pour avoir la somme de toutes ces quantités de chaleur, il faut faire la somme de tous ces travaux; on l'obtiendra aisément en cherchant

[1] M peut être appelé la *conductibilité élémentaire* suivant la direction *mn*.

la résultante de toutes les forces ωM, et le travail de cette résultante correspondant au déplacement fictif qui est commun à toutes les forces composantes. Si OA $= \omega\rho$ représente cette résultante, en grandeur et en direction, et si (m, n, p) sont les cosinus des angles que fait cette direction avec les axes, le flux calorifique suivant ω sera :

$$\omega\rho\left(m\frac{d\theta}{dx}+n\frac{d\theta}{dy}+p\frac{d\theta}{dz}\right)dt,$$

ou, comme on a :

$$m\frac{d\theta}{dx}+n\frac{d\theta}{dy}+p\frac{d\theta}{dz}=\frac{d\theta}{dr};$$

en représentant par $\frac{d\theta}{dr}$ le rapport, suivant OA, de la variation de température à la variation de longueur dr, le flux calorifique dQ sera enfin

$$dQ=\omega\rho\frac{d\theta}{dr}dt.$$

La longueur OA divisée par ω, c'est-à-dire la quantité ρ est ce qu'on appelle la *conductibilité calorifique* correspondant au plan P ou à la normale à ce plan[1].

Si l'on prend sur une perpendiculaire au plan P élevée en O, une longueur OB représentant l'aire ω, les points A et B sont liés entre eux par une relation analogue à celle que l'on suppose dans le chapitre Ier, entre les points ayant la même dénomination. On en conclut donc que les conductibilités calorifiques correspondant à tous les plans qui se croisent autour d'un point, sont représentées par les rayons vecteurs d'un certain ellipsoïde, qui est l'*ellipsoïde des conductibilités*.

On se trouve d'ailleurs dans le cas de l'égalité symétrique, puisque la conductibilité ne dépend ni de la forme de la molécule, ni de la répartition des températures autour du point considéré[2].

[1] La *température* joue, dans la théorie actuelle, le même rôle que la *dilatation cubique* de l'unité de volume dans la théorie de l'élasticité ; la *conductibilité calorifique* ρ correspond à la *force élastique ;* la *quantité de chaleur* Q serait l'équivalent du *travail* de cette force élastique.

[2] Lamé n'admettait pas que le cas de l'égalité symétrique fût général ; il pensait qu'il ne s'appliquait pas entre autres aux cristaux antihémiédriques comme la tourmaline. Il supposait que, dans ces cristaux, la conductibilité élémentaire pouvait n'être pas la même, suivant les deux directions d'une même droite. Il faudrait, pour qu'il en fût ainsi, que la quantité de chaleur envoyée par une molécule A à une molécule B fût, toutes choses égales, différente de celle que B envoie à A, ce qui me paraît en désaccord avec les lois physiques les mieux établies. D'ailleurs, les conséquences que Lamé déduisait de sa théorie, relativement à la tourmaline, par exemple, n'ont pas été confirmées par l'observation.

Lorsque la chaleur passe de la partie M à la partie N du corps, la résultante des quantités de chaleur (positives ou négatives) est toujours dirigée de M sur N; l'angle que fait OA avec OB est donc toujours aigu. Les quantités A, B, C (chapitre I, page 14) étant toujours positives, la surface principale est un ellipsoïde, et l'on peut égaler A, B, C à des carrés a^2, b^2, c^2. L'équation de l'ellipsoïde des conductibilités est alors

$$\frac{x^2}{a^4}+\frac{y^2}{b^4}+\frac{z^2}{c^4}=1,$$

et celle de l'ellipsoïde principal :

$$\frac{x^2}{a^2}+\frac{y^2}{b^2}+\frac{z^2}{c^2}=1.$$

Les conductibilités principales suivant les axes de l'ellipsoïde sont alors égales à a^2, b^2, c^2.

Les axes de l'ellipsoïde des conductibilités sont les *axes thermiques* du corps. Si le corps est identique en tous ses points, les axes thermiques ont la même grandeur et la même direction en tous les points.

L'ellipsoïde de conductibilité ne dépend pas de la loi de répartition des températures; la symétrie de cet ellipsoïde est donc réglée uniquement par celle de la structure intérieure. L'ellipsoïde est une sphère dans les cristaux du système cubique; un ellipsoïde de révolution autour de l'axe principal dans les systèmes quadratique, ternaire et hexagonal; dans les autres cas, un ellipsoïde à 3 axes inégaux pour lequel la direction de 3 axes ou d'un seul est déterminée suivant que le système est ortho ou clino-rhombique.

Surfaces isothermes dans les milieux cristallins indéfinis. — Concevons, dans un milieu *homogène*, un point O que l'on supposera être une source de chaleur constante, telle que, par une surface infiniment petite d'aire ω menée par O, passe dans l'unité de temps une quantité de chaleur constante ωq. Il se fait dans le corps une certaine répartition de température qui devient permanente au bout d'un certain temps, lorsque la quantité de chaleur arrivant par O est égale à celle qui se dissipe pendant le même temps. Considérons les choses arrivées à cet état de permanence, et supposons la surface du corps assez éloignée de O pour que les particularités de cette surface puissent être considérées comme sans influence sur la répartition des températures dans un rayon étendu autour de ce point. Nous nous proposons de chercher, dans ces conditions, la nature des *surfaces isothermes* telles que tous les points d'une de ces surfaces aient la même température.

On mène l'ellipsoïde principal $\frac{x^2}{a^2}+\frac{y^2}{b^2}+\frac{z^2}{c^2}=1$, ayant O pour centre, et on suppose le corps découpé par une série d'ellipsoïdes infiniment peu distants les uns des autres et tous semblables, avec O pour centre de similitude, à cet ellipsoïde principal. On considère la portion du corps comprise entre deux de ces ellipsoïdes infiniment voisins dont l'un, le plus rapproché de O, sera appelé intérieur, et l'autre extérieur. La quantité de chaleur qui, pendant l'unité de temps passe à travers la surface de l'ellipsoïde intérieur est égale à celle qui sort par la surface de l'ellipsoïde extérieur.

Si ω (fig. 13) est une petite surface de l'ellipsoïde intérieur, le flux calorifique traversant ω est dirigé suivant le rayon vecteur de l'ellipsoïde OA en ω; c'est-à-dire que la quantité de chaleur totale qui, pendant l'unité de temps, traverse ω, est représentée par $\omega\rho\frac{d\theta}{dr}$, $\frac{d\theta}{dr}$ étant le rapport de la variation de température à la variation de distance évaluée suivant OA. Si θ est la température en A, et $\theta+d\theta$ la température au point B où le rayon vecteur OA vient rencontrer l'ellipsoïde extérieur, $d\theta$ est la variation de température évaluée suivant le rayon vecteur et $dr=$ AB la variation de distance correspondante.

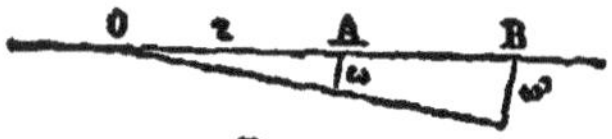

Fig. 17.

La chaleur après avoir traversé ω se répand dans tous les sens, mais la quantité totale de chaleur qui traverse la surface de l'ellipsoïde intérieur sera correctement évaluée si l'on suppose que la chaleur passant à travers chaque élément de la surface, suit tout entière la direction du rayon vecteur correspondant. Les choses se passent donc comme si la quantité de chaleur traversant ω restait tout entière comprise dans l'intérieur du prolongement du cône ayant pour sommet O et pour base ω. Ce faisceau de chaleur vient rencontrer la petite surface $\omega'=\omega+d\omega$ découpée par ce cône dans l'ellipsoïde extérieur, et doit la traverser intégralement. Il faut donc que le flux calorifique $\omega\rho\frac{d\theta}{dr}$ qui traverse ω soit égal à celui qui traverse ω', c'est-à-dire égal à

$\rho(\omega + d\omega)\,\dfrac{d(\theta + d\theta)}{dr}$; condition qui peut se traduire par l'équation différentielle

$$d\left(\omega\,\frac{d\theta}{dr}\right) = 0.$$

On en déduit

$$\omega\,\frac{d\theta}{dr} = \mathrm{K},$$

K étant une constante. Si M désigne la portion très petite de la surface de la sphère ayant l'unité pour rayon, qui est interceptée par le cône de base ω, on a $\omega = \dfrac{\mathrm{M}}{r^2}$, et M étant constant, on aura, C étant une constante égale à $\dfrac{\mathrm{K}}{\mathrm{M}}$:

$$\frac{d\theta}{dr} = \frac{\mathrm{C}}{r^2},$$

équation qui, étant intégrée, donne :

$$\theta = -\frac{\mathrm{C}}{r^2} + \mathrm{C}',$$

C′ étant une autre constante. Il faut déterminer C et C′.

Si l'on suppose le corps s'étendant à l'infini, la portion du corps située à l'infini n'est pas atteinte par l'échauffement; elle est donc encore à la température θ_0 que l'on suppose avoir été la température commune de tous les points de corps avant l'échauffement. C′ étant la valeur de θ pour $r = \infty$, on peut donc poser $\mathrm{C}' = \theta_0$.

Si l'on appelle Θ la température d'un point du corps situé sur la direction OA, à une distance R de l'origine, en faisant $r = \mathrm{R}$, on a :

$$\Theta - \theta_0 = -\frac{\mathrm{C}}{\mathrm{R}}.$$

L'équation en θ devient ainsi :

$$\theta - \theta_0 = (\Theta - \theta_0)\,\frac{\mathrm{R}}{r}.$$

Si l'ellipsoïde auquel appartient le rayon vecteur R avait en tous ses points la même température Θ, un autre ellipsoïde quelconque aurait la même température θ en tous ses points, puisque les deux ellipsoïdes étant homothétiques, le rapport $\frac{R}{r}$ est constant. Tous les ellipsoïdes sont donc des surfaces isothermes, si cette propriété convient à un seul d'entre eux.

Or si l'on considère l'ellipsoïde infiniment petit tracé autour de O, il est permis de le regarder comme une surface isotherme puisque tous ses points sont, à un infiniment petit près, à la même température.

Donc, dans un milieu échauffé par un point intérieur, les surfaces isothermes sont des ellipsoïdes semblables à l'ellipsoïde principal ayant O pour centre. On se rappelle que les longueurs des axes principaux de cet ellipsoïde sont les racines carrées des conductibilités relatives aux directions de ces axes.

Surfaces isothermes dans les plaques cristallines très minces. — Supposons maintenant non plus un solide, mais une plaque très mince, indéfinie et chauffée en son centre. Soit, dans le plan de la plaque, un rayon vecteur sur lequel on prend deux points très voisins A et B, et par lesquels on mène deux ellipsoïdes semblables à l'ellipsoïde principal. Dans les plans tangents parallèles en A et B, nous prenons les sections ω et ω' découpés par deux plans menés l'un suivant OA et le diamètre de l'ellipsoïde principal, correspondant au plan de la plaque, l'autre suivant le même diamètre et un rayon vecteur très voisin de OA. On a ainsi découpé un petit volume ayant deux surfaces libres, ABA_1B_1 d'une part et une surface analogue de l'autre côté de la plaque. La quantité de chaleur qui dans l'unité de temps traverse ω, est égale à $\omega\rho\frac{d\theta}{dr}$, celle qui traverse ω' est égale à $\rho\left[\omega\frac{d\theta}{dr}+d\left(\omega\frac{d\theta}{dr}\right)\right]$. La quantité de chaleur gagnée par le petit volume compris entre ω et ω' est $-\rho\, d\left(\omega\frac{d\theta}{dr}\right)$; elle n'est pas nulle, comme dans le cas précédent, car elle doit compenser la quantité de chaleur perdue par les deux surfaces libres inférieure et supérieure de la plaque.

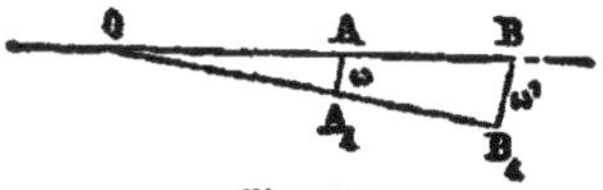

Fig. 18.

La quantité de chaleur perdue à travers la surface supérieure a pour expression :

$$h\,(\theta-\theta_1)\,dS,$$

en appelant h le coefficient de conductibilité extérieure de la surface supérieure, θ_1 la température du milieu ambiant, et dS la surface ABA_1B_1.

Appelons e l'épaisseur de la plaque, le volume du petit solide élémentaire compris entre ω, ω' et les deux surfaces de la plaque est edS. Il peut encore s'exprimer en multipliant par la base ω la hauteur correspondante du prisme. Si U est l'angle de dr avec la normale à cette base, le volume sera $\omega dr \cos U$, et on pourra poser

$$edS = \omega dr \cos U.$$

Or U est l'angle du rayon vecteur de l'ellipsoïde principal avec la normale au plan tangent, on a donc, d'après une relation connue :

$$\cos U = \frac{\rho}{\rho_1^2} = \frac{\rho}{r^2}$$

La quantité de chaleur perdue par le rayonnement de la face supérieure est donc :

$$\frac{\omega\rho}{e}\frac{dr}{r^2}h(\theta - \theta_1).$$

La quantité de chaleur perdue par le rayonnement de la face inférieure sera de même :

$$\frac{\omega\rho}{e}\frac{dr}{r^2}h'(\theta - \theta'_1),$$

en appelant h' et θ'_1 le coefficient de conductibilité extérieure et la température du milieu ambiant inférieur.

L'équation qui exprime l'équilibre calorifique de l'élément considéré est donc :

$$\rho d\left(\omega\frac{d\theta}{dr}\right) + \frac{h+h'}{e}\cdot\frac{\rho}{r^2}\left(\theta - \frac{h\theta_1 + h'\theta'_1}{h+h'}\right) = 0.$$

Si l'on remarque que $\omega + d\omega = \omega\,\frac{(r+dr)^2}{r^2} = \omega\left(1 + 2\frac{dr}{r}\right)$, cette relation peut s'écrire :

$$\frac{d^2\theta}{dr^2} + \frac{2}{r}\frac{d\theta}{dr} + \frac{h+h'}{e}\cdot\frac{1}{r^2}\left(\theta - \frac{h\theta_1 + h'\theta'_1}{h+h'}\right) = 0.$$

Les points de la plaque indéfinie où la propagation calorifique issue de O est sans influence, ont la température $\frac{h\theta_1 + h'\theta'_1}{h+h'}$. Convenons de compter les températures à partir de cette température particulière que nous nommerons θ_0, l'équation différentielle deviendra :

$$\frac{d^2\theta}{dr^2} + \frac{2}{r}\frac{d\theta}{dr} + \frac{h+h'}{e} \cdot \frac{1}{r^2}\theta = 0.$$

L'intégrale générale de cette équation est :

$$\theta = Cr^{-\sqrt{\frac{h+h'}{e}}} + C'r^{\sqrt{\frac{h+h'}{e}}};$$

ou, si nous nous rappelons que θ n'est ici que l'excès de la température sur θ_0 :

$$\theta - \theta_0 = Cr^{-\sqrt{\frac{h+h'}{e}}} + C'r^{\sqrt{\frac{h+h'}{e}}}.$$

Pour $r = \infty$, $\theta = \theta_0$, on doit donc avoir $C' = 0$. Si l'on appelle R le rayon vecteur pour lequel on a $\theta = \Theta$, on a :

$$\Theta - \theta_0 = CR^{-\sqrt{\frac{h+h'}{e}}}.$$

On a donc enfin :

$$\theta - \theta_0 = (\Theta - \theta_0)\left(\frac{R}{r}\right)^{\sqrt{\frac{h+h'}{e}}}.$$

d'où l'on concluerait, comme précédemment, que les surfaces isothermes sont des ellipsoïdes concentriques semblables à l'ellipsoïde principal.

Expériences de Sénarmont et de M. Jannettaz. — La théorie qui précède nous fournit un moyen très simple de constater expérimentalement les propriétés des cristaux au point de vue de la propagation de la chaleur. Il suffit de tailler, dans un cristal, suivant une direction bien déterminée par rapport aux axes cristallins, une plaque suffisamment mince et assez large pour que l'irrégularité du contour soit sans influence sur la propagation calorifique. On recouvre la plaque sur ses deux faces d'une couche très mince de cire, puis on la perce d'un trou central aussi petit que possible; on y enfile un tube métallique par lequel on fait passer un courant d'air chaud, ou une petite tige d'argent que l'on chauffe par conductibilité. La température du tube ou celle de la tige étant maintenue constante, on voit, comme dans l'expérience d'Ingenhouz, se dessiner tout autour du centre de chaleur, une courbe elliptique marquée par le bourrelet qui sépare la cire fondue de celle qui ne l'est pas. C'est la courbe isotherme correspondant à la température de fusion de la cire. On mesure, avec un appareil grossissant, les dimensions des axes de cette ellipse et leur orientation par rapport aux axes cristallographiques de la plaque. Ces expériences ont été pour la première fois exécutées par

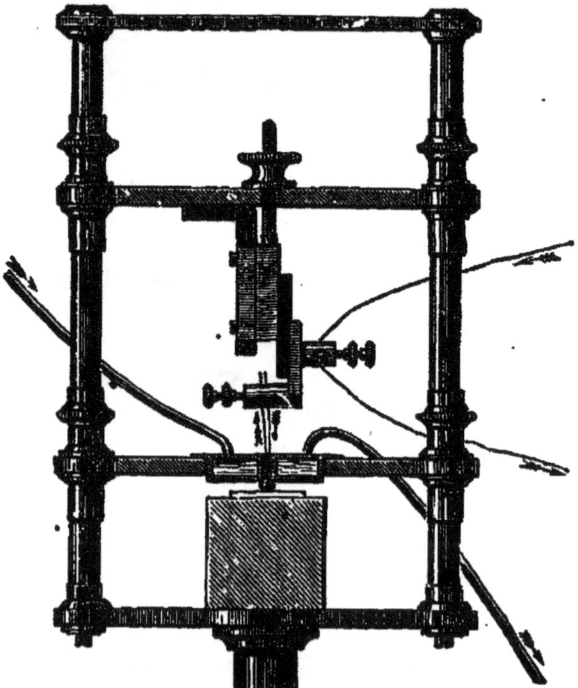

Fig. 19.

Sénarmont[1], qui ne paraît pas avoir eu connaissance du mémoire théorique de Duhamel présenté en 1828 à l'Académie des sciences[2]. Elles ont été, depuis cette époque, reprises par plusieurs savants, et particulièrement par M. Jannettaz[3].

M. Jannettaz a perfectionné la disposition expérimentale imaginée

[1] *Annales de chimie et de physique*, 3e série, t. XXI et XXII, 1847-48.

[2] A la suite des expériences de Sénarmont, Duhamel publia, dans le 32e cahier du journal de l'École polytechnique (1848) un nouveau mémoire sur la propagation de la chaleur dans les cristaux, où il applique la théorie générale aux conditions expérimentales réalisées par le savant observateur.

[3] *Ann. de chimie et de phys.*, 4e série, t. XXIX, 1873.

par Sénarmont. La source calorifique est une petite sphère de platine (fig. 19) posée sur la plaque cristalline enduite de cire. Cette sphère s'échauffe parce qu'elle est soudée à un fil fin de platine, replié sur lui-même et à travers lequel on fait passer un courant électrique qui rougit le fil. Au-dessus de la lame cristalline, et à peu de distance est placée une petite cuve à fond plat, dont la température est maintenue constante par un courant d'eau froide. La cuve est percée, en son centre, d'un trou annulaire par lequel passent les fils de platine dont le rayonnement calorifique est ainsi annulé [1].

Les tableaux suivants contiennent la plupart des observations publiées par M. Jannettaz.

I. — CRISTAUX A UN AXE PRINCIPAL.

Noms des substances.	Systèmes cristallins	Clivages domin.	Angle de l'axe de symétrie et du clivage dominant	Rapport de la longueur de l'axe cristallographique à l'axe qui lui est perpendiculaire.	Rapport à l'axe thermique principal de l'axe thermique qui lui est perpendiculaire.
A. — Substances dans lesquelles l'axe thermique principal est le plus petit.					
Antimoine.	R	a^1, p	53°53′	1.323	1.591
Oligiste	Id.	Id.	32°37′	1.359	1.1
Tourmaline.	Id.	Indist.	»	0.447	1.15 à 1.19 suiv. les var.
Eudialyte	Id.	a^1	»	2.112	1.532
Pennine.	Id.	Id.	»	3.537	1.1576
Dolomie [$CO^2(Mg,Ca)O$].	Id.	p	47°46′	0.832	1.05
Giobertite (CO^2MgO). .	Id.	Id.	48°54′	0.8095	1.07
Sidérose (CO^2FeO). . .	Id.	Id.	48°28′	0.817	1.09
B. — Substances dans lesquelles l'axe thermique principal est le plus grand.					
Corindon.	R	p	32°35′	1.363	0.9
Troostite (Franklin) .	Id.			0.674	0.854
Chabasie.	Id.	p	33°1′	1.086	0.984
Émeraude.	H	p	0°	0.996	0.9
Calcite.	R	p	45°23′	0.854	0.913
Apatite	H	p, m	»	0.735	0.963
Pyromorphite	Id.	m	0°		0.973
Quartz.	R	p	37°46′	1.099	0.762.
Rutile	Q	m	0°	0.911	0.8
Cassitérite.	Id.	Id.	0°	0.950	0.79
Zircon.	Id.	Id.	0°	0.906	0.90
Paranthine.	Id.	Id.	0°	0.621	0.845
Idocrase.	Id.	Id.	0°	0.760	0.95

[1] *Bulletin de la Société minéralogique de France*, t. I (1878).

II. — CRISTAUX SANS AXE PRINCIPAL.

Noms des substances.	Grandeur relative des axes thermiques.			Position des axes thermiques par rapport aux axes cristallographiques.	Clivages dominants indiqués suivant l'ordre décroissant de la facilité de leur production
			SYSTÈME TERBINAIRE.		
Barytine (Cornouailles). .	1.064	1.026	1	*t* (*abc*)	*p*, *m*
Célestine (SO^3SrO) (États-Unis)	1.0834	1.027	1	*t* (*abc*)	*p*, *m*
Karsténite.	1	0.971	0.943	*t* (*cab*)	g^1, *p*, h^1
Staurotide (Alpes)	1	0.971	0.901	*t* (*cab*)	g^1
Liévrite.	1.155	1.055	1	*t* (*abc*)	*p*, g^1
Stibine	1	0.689	0.536	*t* (*cab*)	g^1, *p*, *m*
Mica de New-York (biaxe).	2.5	2.417	1	*t* (*bac*)	*p*, g^1
— (uniaxe).	2.45	2.5	1	Id.	Id.
Bournonite.	1	0.775	0.763	*t* (*cab*)	g^1 (h^1 et *p* indistincts)
			SYSTÈME BINAIRE.		
Amphibole trémolite . . .	1	0.754	0.6	(100) $b_t a_t = -5°$	*m*, h^1, g^1
— hornblende . .	1	0.8	0.706	Id.	Id.
Épidote.	1.088	1	0.934	(100) $a_t c_t = -14°30'$	*p*, h^1
Orthose.	1	0.953	0.793	(100) $b_t a_t = +4°$	*p*, g^1, *m*
Gypse.	1	0.8	0.65	(100) $c_t a_t = -17°$	g^1, h^1, *p*

Dans ces tableaux, on a désigné par a_t, b_t, c_t, les axes de l'ellipsoïde thermique principal, rangés suivant l'ordre de grandeur décroissante. Dans les cristaux du système terbinaire, la position des axes thermiques par rapport aux axes cristallographiques est indiquée par un symbole de la forme *t* (*a b c*) qui montre les axes thermiques rangés dans un ordre tel que le premier est celui qui est dirigé suivant l'axe *cristallographique a*, le second suivant l'axe *cristallographique b*, le troisième suivant l'axe *cristallographique c*. Les axes cristallographiques *a* et *b* sont les axes horizontaux et *a* est le plus grand des deux ; *c* est l'axe cristallographique vertical.

Dans les cristaux du système binaire, on indique l'angle *aigu* formé par la normale à la face h^1 (100) avec le plan de symétrie de l'ellipsoïde thermique normal au plan de symétrie. Ce plan est désigné en indiquant en premier lieu l'axe thermique qui est dirigé suivant l'axe de symétrie, puis celui qui est dirigé dans le plan de symétrie. La partie positive de la normale (100) est dirigée en *avant*, c'est-à-dire du côté où l'angle des faces p et h^1 est obtus. L'angle est positif au-dessus de cette direction, négatif au-dessous. C'est ainsi que le symbole (100) $a_t\ c_t = -14°30'$ indique que l'axe thermique maximum a_t est dirigé suivant l'axe de symétrie cristallographique, et que l'axe thermique b_t situé dans le plan de symétrie, fait avec la normale h^1, un angle de 14°30', compté dans le sens indiqué par la figure (20).

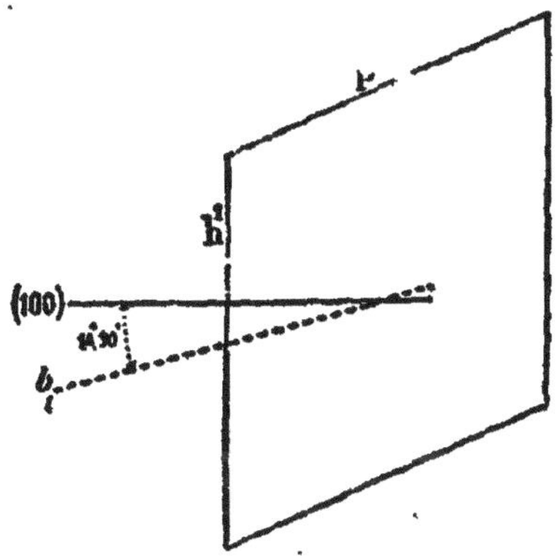

Fig. 20.

Loi formulée par M. Jannettaz. — M. Jannettaz a déduit de ses observations une loi intéressante qu'il énonce ainsi :

« Dans les substances minérales dont le réseau cristallin a conservé son équilibre normal, l'ordre est le même pour la grandeur d'un axe de conductibilité thermique et pour la facilité du clivage qui lui est parallèle. Lorsque les clivages se produisent obliquement par rapport aux sections principales de l'ellipsoïde thermique, il faut les décomposer suivant les sections principales; c'est évidemment à la section la plus voisine du clivage que sera parallèle un axe plus grand. »

Cela revient à dire qu'en général, la conductibilité est maxima suivant les plans de clivage, c'est-à-dire suivant les plans dont la densité réticulaire est aussi maxima.

La loi formulée par M. Jannettaz se vérifie assez bien pour les substances, encore fort peu nombreuses, sur lesquelles ont porté les observations. Il y a cependant des exceptions ; l'émeraude dont le clivage, peu net il est vrai, est parallèle à la base a son axe thermique maximum dirigé suivant la hauteur ; la calcite, dont les trois clivages font avec l'axe ternaire un angle plus grand que 45°, devrait avoir son axe thermique maximum dirigé normalement à cet axe, tandis que c'est le contraire qui a lieu.

Il faut d'ailleurs remarquer, que la loi de M. Jannettaz ne peut être considérée comme exprimant véritablement une loi de la nature. Elle fait dépendre en effet la grandeur relative des axes thermiques d'une seule condition, à savoir la position des clivages ; or tous les cristaux n'ont pas de clivages, et les mêmes causes qui, pour les cristaux non clivables, règlent les grandeurs relatives des axes thermiques, doivent, pour les cristaux clivables, intervenir pour une part importante dans le phénomène.

On pourrait transformer l'énoncé de la loi de M. Jannettaz, en disant que les axes dont le paramètre cristallographique est le plus grand, sont ceux qui correspondent aux axes thermiques les plus petits et réciproquement. La loi ainsi énoncée pourrait s'appliquer à tous les cristaux clivables ou non, mais elle serait encore soumise à des exceptions, plus nombreuses même que celles qui affectent la loi de M. Jannettaz.

On s'aperçoit d'ailleurs, en serrant les choses de plus près, qu'il est impossible de formuler une loi générale, faisant dépendre immédiatement la grandeur des axes thermiques de celle des axes cristallographiques. La grandeur d'un axe thermique ne dépend pas seulement en effet de la manière dont les molécules sont réparties sur la direction qui correspond à cet axe; cette grandeur est, comme nous l'avons vu, la *résultante*, suivant cette direction, des conductibilités élémentaires qui correspondent à toutes les autres. Les observations de M. Jannettaz permettent bien de penser que les directions suivant lesquelles le paramètre est le plus petit (c'est-à-dire suivant lesquelles les molécules sont le plus rapprochées les unes des autres) sont celles suivant lesquelles la chaleur se propage le plus facilement, ou en d'autres termes celles suivant lesquelles la conductibilité *élémentaire* est la plus faible. Mais pour traduire ce fait en loi physique directement vérifiable, il faudrait chercher, par des intégrations convenables, les résultantes, suivant des directions déterminées, des conductibilités élémentaires qui caractérisent chacune des directions de l'espace. Des calculs semblables sont impossibles dans l'état actuel de la science.

Influence de la compression sur la conductibilité thermique. — L'augmentation de la conductibilité avec le rapprochement des molécules est une idée simple dont l'exactitude paraît, comme on vient de le voir, confirmée par l'étude des conductibilités cristallines. Elle semble cependant en opposition formelle avec une observation très curieuse faite par Sénarmont et reproduite par M. Jannettaz. Si l'on comprime un cube formé par un corps isotrope, tel que le verre, entre les deux mâchoires d'un étau, la dimension du cube normale à la surface pressée diminue, et suivant cette direction, les molécules se rapprochent les unes des autres. Sur une face du cube parallèle à cette direction, la courbe isotherme qui, avant la compression, était un cercle, devient une ellipse tant que la compression persiste. Or, le petit axe de cette ellipse correspond à la direction de la pression, c'est-à-dire que la conductibilité la plus faible correspond à l'écartement des molécules le plus petit.

Cette observation est des plus importantes; elle montre, d'une manière manifeste, que la conductibilité ne dépend pas en réalité de l'écartement plus ou moins grand des molécules, mais bien des actions attractives plus ou moins intenses que ces molécules exercent les unes sur les autres. Dans les cristaux où l'équilibre moléculaire est stable, où l'arrangement des molécules est produit par leurs actions mutuelles sans introduction de forces étrangères, les directions suivant lesquelles s'exercent les actions moléculaires attractives les plus intenses sont vraisemblablement, au moins en général, celles pour lesquelles l'écartement des molécules est minimum. La grandeur de la conductibilité calorifique *élémentaire* peut donc être dans ce cas liée directement, par une relation inverse, à celle du paramètre cristallographique. Mais lorsque, sous l'influence d'une action extérieure, les molécules sont rapprochées de force suivant une direction donnée, la cohésion n'augmente pas suivant cette direction; elle diminue au contraire, puisque aux forces attractives intermoléculaires viennent s'ajouter des forces répulsives dont l'intensité va en croissant avec celle de la pression extérieure. On s'explique donc que la conductibilité thermique diminue alors suivant la direction de la pression.

Cette subordination de la conductibilité à la cohésion s'observe d'ailleurs dans une foule d'autres phénomènes. C'est ainsi que dans les gaz où la cohésion est presque nulle, la conductibilité est si faible qu'elle est à peine observable. Dans les liquides où la cohésion est peu considérable, la conductibilité est aussi très petite; la conductibilité dans les solides, où la cohésion prend une importance considérable, est incomparablement plus grande que dans les liquides.

Lorsqu'un solide se transforme en liquide, la conductibilité diminue aussitôt, par ce simple changement d'état, dans une énorme proportion. Cette diminution se produit même lorsque, ainsi qu'il arrive pour la glace, le liquide est plus dense que le solide qui lui a donné naissance. Ce dernier fait achève de montrer péremptoirement que la cohésion, et non l'écartement des molécules, règle seule la conductibilité.

Il est d'ailleurs aisé de comprendre qu'il en doit nécessairement être ainsi. La chaleur propagée par conductibilité est en effet celle qui se propage de molécule à molécule; or la force vive vibratoire ne peut se propager d'une molécule à une autre, que lorsqu'il s'exerce entre ces deux molécules des actions mutuelles, quelle que soit d'ailleurs la cause de ces actions; et la force vive transmise dans l'unité de temps est naturellement d'autant plus grande que l'intensité de ces actions est plus forte.

DEUXIÈME SECTION

DILATATION THERMIQUE.

Théorie générale. — Lorsqu'un solide se dilate sous l'action de la chaleur, les longueurs des axes de l'ellipsoïde de déformation deviennent

$$1+\alpha, \quad 1+\beta, \quad 1+\gamma,$$

α, β, γ, étant les coefficients de dilatation suivant les directions de ces axes. L'observation montre que ces nombres sont toujours très petits.

La surface inverse de l'ellipsoïde a pour équation

$$x^2(1+\alpha)+y^2(1+\beta)+z^2(1+\gamma)=1,$$

ou en coordonnées polaires :

$$\rho'^2+\rho'^2(m'^2\alpha+n'^2\beta+p'^2\gamma)=1.$$

On a [éq. (17) — page 16] :

$$\rho'=\frac{1}{\sqrt{\rho_0 \cos U}},$$

ou sensiblement, l'angle U étant toujours très petit :

$$\rho'^2=\frac{1}{\rho_0}.$$

L'équation de la surface inverse est donc :

$$m'^2\alpha+n'^2\beta+p'^2\gamma=\rho_0-1.$$

Or ρ_0-1 n'est autre chose que le coefficient de dilatation λ suivant la direction ρ_0 caractérisée par les cosinus m, n, p que l'on peut assimiler, toujours à cause de la petitesse de U, avec les cosinus m', n', p'.

Si l'on pose

$$l=\frac{1}{\sqrt{\lambda}},$$

l'équation précédente devient donc :

$$l^2(m^2\alpha+n^2\beta+p^2\gamma)=1.$$

Si l'on y regarde l comme la longueur d'un rayon vecteur dont la direction est déterminée par les cosinus m, n, p, cette équation est celle d'une surface du 2e degré dont $\frac{1}{\sqrt{\alpha}}, \frac{1}{\sqrt{\beta}}, \frac{1}{\sqrt{\gamma}}$ sont les axes. La direction de ces axes est la même que celle des axes de l'ellipsoïde de déformation.

La surface définie par cette équation est un ellipsoïde lorsque les trois dilatations α, β, γ sont positives. C'est un hyperboloïde à une nappe lorsque l'une seulement des dilatations est négative; les dilatations suivant les génératrices du cône asymptotique sont nulles; les dilatations suivant les directions comprises dans l'intérieur du cône qui comprend l'axe imaginaire sont déterminées par les rayons vecteurs de l'hyperboloïde conjugué à deux nappes imaginaires.

Lorsque deux dilatations sont négatives, l'hyperboloïde réel est à deux nappes; la dilatation suivant les génératrices du cône asymptotique est encore nulle; la dilatation suivant les directions comprises en dehors du cône asymptotique, du côté des axes imaginaires, est déterminée par l'hyperboloïde imaginaire à une nappe.

Lorsqu'on donne les dilatations α, β, γ suivant les trois axes principaux, la dilatation λ suivant une direction qui fait avec les axes des angles dont les cosinus sont m, n, p, est donnée par la formule

$$\lambda = m^2\alpha + n^2\beta + p^2\gamma.$$

La direction de ces axes est indiquée par celle des axes cristallographiques, sauf dans le cas des systèmes clinorhombique et anorthique. Dans le premier la direction d'un seul des axes est connue.

Expériences de M. Fizeau. — Pour déterminer la dilatation d'un cristal, le procédé plus simple est de découper des prismes dans ce cristal suivant des directions déterminées par rapport aux axes cristallographiques. On mesure la dilatation du prisme suivant les différentes directions d'une même face, et l'on construit une courbe qui représente pour chacune d'elles la dilatation correspondante de l'unité de longueur. Cette courbe est une ellipse qui est l'intersection, par le plan de la face, de l'ellipsoïde des dilatations. En répétant les mêmes observations pour un certain nombre de prismes d'orientation différente par rapport aux axes cristallins, on parviendra à connaître la grandeur des axes de l'ellipsoïde de dilatation, et leur orientation relativement aux axes cristallins. Tout le reste s'en déduira.

La difficulté de ces observations est considérable à cause de l'extrême petitesse de la grandeur à mesurer. M. Fizeau l'a surmontée en imaginant une méthode aussi ingénieuse qu'originale.

Une plaque de platine P (fig. 21) porte trois tiges $t\ t'\ t''$ également en platine et qui supportent horizontalement un plateau de verre V. Le cristal dont on veut étudier la dilatation suivant une certaine direction est placée sur le plateau P de manière que cette direction soit verticale et qu'entre la surface supérieure C' de ce cristal très légèrement convexe, et la surface inférieure du plateau de verre il n'y ait qu'une distance extrêmement faible. Tout l'appareil est plongé dans l'huile. Il se produit des anneaux colorés entre C' et V. On note la position des anneaux observés, avec la lumière homogène de l'alcool salé, à une certaine température t; on élève la température qui devient t', la distance entre C' et V varie d'une quantité égale à la différence qui existe entre la dilatation des supports de platine et celle de la hauteur du cristal. Cette variation fait changer la position des anneaux; on mesure ce dernier changement, et on en déduit, par une formule connue, la dilatation du cristal, étant connue celle du platine. Ce procédé est extrêmement sensible, car les anneaux se déplacent d'une quantité égale à la distance qui sépare un cercle noir d'un cercle blanc lorsque la distance entre le plateau de verre et le cristal varie seulement de $\frac{1}{2} \times 0^{mm},000\,588$.

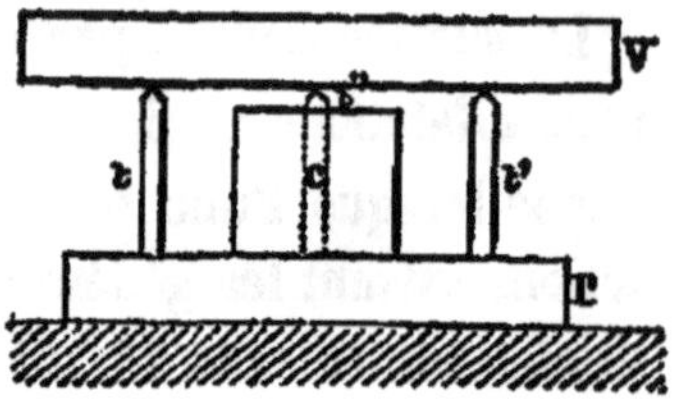

Fig. 21.

Avant de donner quelques-uns des résultats des observations de M. Fizeau, il faut dire quelques mots sur les notations dont il fait usage. Si l_0 est une certaine longueur mesurée dans le corps à une certaine température prise pour zéro ; à la température t, elle devient l_t, on pose :

$$l_t = l_0(1 + At + Bt^2),$$

en se contentant, à cause de la petitesse des coefficients A, B, de l'approximation donnée par les termes du second degré en t. Par une différenciation, on trouve :

$$\frac{1}{l_0}\frac{dl_t}{dt} = A + 2Bt,$$

$\frac{1}{l_0}\frac{dl_t}{dt}$ est le coefficient de dilatation α_t à la température t.

Les tableaux de M. Fizeau, que l'on peut trouver dans l'*Annuaire du Bureau des longitudes* (1880, p. 605 et suiv.), donnent les deux quantités

$$\alpha_{40} = A + 2B \times 40, \qquad \frac{\Delta\alpha}{\Delta\theta} = 2B.$$

Si $l_{t'}$ représente la température à t', et l_t la température à t d'une règle dont la longueur est parallèle à un axe des dilatations, on aura, en négligeant les termes qui contiendraient les puissances supérieures, de A ou de B,

$$\frac{l_t - l_{t'}}{l_{t'}} = A(t - t') + B(t^2 - t'^2) = (t - t')[A + B(t + t')]$$

ou, en substituant les coefficients mêmes de M. Fizeau.

$$\frac{l_t - l_{t'}}{l_{t'}} = (t - t')\left[\alpha_{40} + \frac{\Delta\alpha}{\Delta\theta}\left(\frac{t + t'}{2} - 40\right)\right].$$

Voici quelques-uns des nombres donnés par M. Fizeau[1]; le chiffre des unités représente des chiffres décimaux occupant le huitième rang après la virgule :

SYSTÈME CUBIQUE.	α_{40}	$\frac{\Delta\alpha}{\Delta\theta}$
Diamant	118	1,44
Sénarmontite	1953	0,57
Acide arsénieux octaédrique	4126	6,79
Magnétite	846	2,89
Cuprite	93	2,10
Galène	2014	0,54
Blende	670	1,28
Ullmannite	1112	0,15
Fluorine	1911	2,88
Chlorure de sodium	4039	4,49
— de potassium	3803	5,15
Bromure id.	4201	9,78
Iodure id.	4265	10,76
Grenat oriental (de l'Inde)	837	1,50
Grenat aplôme (de Saxe)	743	0,70

SYSTÈMES A AXE PRINCIPAL.

		α_{40}	$\frac{\Delta\alpha}{\Delta\theta}$
Cassitérite	α[2]	392	1,10
	α'	321	0,76
Rutile	α	919	1,10
	α'	714	3,11

[1] *Annuaire du Bureau des longitudes.*
[2] L'axe α est celui qui est dirigé suivant l'axe principal.

Quartz	α	781	2,38
	α'	1419	2,05
Spath d'Islande	α	2621	1,60
	α'	— 540	0,87
Dolomie de Traverselle	α	2060	3,68
	α'	415	1,93
Giobertite	α	2130	3,39
	α'	599	2,43
Sidéroplésite	α	1918	2,55
	α'	605	1,73
Tourmaline verte du Brésil	α	905	3,20
	α'	379	1,83
Émeraude	α	— 106	1,14
	α'	137	1,33
Iodure d'argent	α	— 397	— 4,27
	α'	65	1,38

SYSTÈME ORTHORHOMBIQUE.

Aragonite	α[1]	3460	3,37
	α'	1719	3,68
	α''	1016	0,64
Cymophane	α	602	2,20
	α'	516	1,22
	α''	601	1,01
Topaze blanche (Australie)	α	592	1,83
	α'	484	1,53
	α''	414	1,68

SYSTÈME CLINORHOMBIQUE.

Orthose (Saint-Gothard) $D_0 = 18°48'$	α[2]	— 203	1,28
	α'	1905	1,06
	α''	— 151	1,46
Épidote (Brésil) $D_0 = 34°8$	α	913	2,55
	α'	334	2,06
	α''	1086	3,05
Augite (Westerwald) $D_0 = 53°37'$	α	1386	0,76
	α'	272	0,76
	α''	701	2,08
Gypse (fer de lance de Montmartre) $D_a = 15°2'$	α	4163	9,36
	α'	157	1,09
	α''	2033	3,43

[1] L'axe α est dirigé suivant la bissectrice de l'angle aigu formé par les axes optiques ; l'axe α' est dirigé suivant la bissectrice de l'angle obtus formé par les axes optiques ; l'axe α'' est dirigé suivant la normale au plan des axes optiques.

[2] D_0 angle de l'axe α' situé dans le plan de symétrie avec la diagonale inclinée de la base. — L'axe α' part d'un sommet O.

D_a, Même angle. — L'axe α' part d'un sommet A.

α est dirigé suivant l'axe binaire.

Il résulte des expériences de M. Fizeau et de quelques expériences très antérieures de Mitscherlich sur la dilatation de la calcite, que la dilatation des cristaux n'étant pas égale suivant toutes les directions, la nature du réseau cristallin, c'est-à-dire la forme primitive d'une substance donnée, dépend de la température. Il ne faudrait pas cependant s'exagérer l'importance de ces variations. La dilatation des corps solides, sous l'influence de la chaleur, est toujours très faible ; on peut dire, dans une première approximation du phénomène, que les solides, bien différents des gaz sous ce rapport, gardent un volume invariable sous l'action de la chaleur. La dilatation n'est qu'un phénomène perturbateur et de second ordre.

Il est d'ailleurs peu utile, dans l'état actuel de nos connaissances, d'essayer de tirer des observations précédentes quelques vues théoriques. On peut cependant remarquer, avec M. Fizeau, que pour certains cristaux cubiques, tels que le diamant et la cuprite, le coefficient α est très petit, en même temps que $\frac{\Delta\alpha}{\Delta\theta}$ est notable. Il en résulte que, si l'on abaisse la température, le coefficient α décroît et peut devenir nul pour une certaine température et même négatif pour les températures inférieures. C'est ainsi que si l'on admet que les coefficients mesurés dans le voisinage de la température de 40° restent identiques aux températures inférieures, on trouve qu'à des températures inférieures à — 42° pour le diamant et à — 24° pour la cuprite, ces deux corps se contractent par la chaleur au lieu de se dilater. Il est donc vraisemblable que ces deux corps doivent, aux températures précédentes, présenter comme l'eau à 4°, un maximum de densité.

PHÉNOMÈNES OPTIQUES

CHAPITRE IV

THÉORIE DE LA DOUBLE RÉFRACTION

Les ondes lumineuses se propageant dans un milieu isotrope sont sphériques ; il n'en est plus de même dans un milieu continu mais ne possédant pas des propriétés identiques suivant toutes les directions ainsi qu'il arrive pour les corps cristallisés. Huyghens a montré quelle était la forme de l'onde dans les cristaux, tels que le spath calcaire, qui présentent un axe principal de symétrie. Cette découverte, très remarquable, surtout pour l'époque à laquelle elle se produisit, n'était d'ailleurs appuyée sur aucune idée théorique. Généralisant la construction d'Huyghens, Fresnel découvrit la loi de la propagation lumineuse dans les corps cristallisés quelconques, et cette mémorable découverte est considérée à juste titre comme un des plus beaux titres de gloire de ce grand savant.

Non content d'avoir trouvé les lois des phénomènes, Fresnel en donna la théorie, et c'est même sous la forme de déductions théoriques qu'il les fit connaître pour la première fois. Malheureusement si l'expérience a constaté, de la manière la plus précise, l'exactitude des lois, les idées théoriques desquelles Fresnel avait cru pouvoir les déduire ont paru contestables et peu rigoureuses, et les plus illustres géomètres, les Cauchy, les Lamé, etc., se sont mis à l'œuvre pour suppléer à cette lacune. Ces travaux, qui ont été le point de départ de progrès importants dans les sciences mathématiques, n'ont cependant pas complètement atteint le but que se proposaient leurs auteurs, et la théorie de la double réfraction se trouve encore à peu près au point où l'avait laissée Fresnel. C'est donc la théorie de Fresnel que nous allons exposer. Nous en montrerons les lacunes, mais nous ferons voir aussi qu'elle suffit, après tout, lorsqu'on se place au point de vue purement physique.

Principes de la théorie des ondulations lumineuses. — Nous rappellerons d'abord les principes sur lesquels est fondée la théorie générale des phénomènes lumineux.

On suppose ceux-ci produits par les vibrations d'un certain milieu. Ces vibrations sont transversales, c'est-à-dire qu'on peut les supposer contenues dans un plan normal à la direction de la vitesse avec laquelle se fait leur propagation dans le milieu. Toute vibration plane d'un point du milieu peut être supposée due à la combinaison de deux vibrations rectilignes composantes qui sont les projections, sur deux axes rectangulaires, de la vibration résultante. Dans chacune des vibrations rectilignes le déplacement ε du point vibrant, c'est-à-dire la distance, variable avec le temps, qui sépare le point mobile de l'origine, est représenté par l'expression

$$\varepsilon = A \sin 2\pi\left(\frac{t}{T} + \alpha\right);$$

A est un coefficient constant qui représente le déplacement maximum ou *l'amplitude* de la vibration; α est une quantité constante qui ne dépend que du moment choisi pour représenter l'origine du temps; t est le temps variable; et T la durée d'une oscillation.

Pendant la durée T d'une oscillation, le mouvement vibratoire se propageant dans le milieu parcourt la distance vT, si v est la vitesse e propagation. Posons :

$$\lambda = vT;$$

λ est la longueur d'onde de la vibration considérée, c'est-à-dire la distance qui sépare, sur la direction de la propagation, deux points dont le déplacement est identique à un même instant. La longueur d'onde λ et la durée T d'une oscillation varient avec la couleur du rayon. La vitesse v devrait être théoriquement la même dans le même milieu, pour tous les rayons, quel que soit λ. C'est ainsi que les vibrations sonores graves se propagent dans l'air avec la même vitesse que les vibrations aiguës. Pour la lumière il n'en est pas de même; les variations de v avec λ dans le même milieu donnent lieu au phénomène particulier auquel on a donné le nom de *dispersion*.

Si l'on différencie deux fois ε par rapport à t on a :

$$\frac{d\varepsilon}{dt} = 2\,\pi\frac{A}{T}\cos 2\pi\left(\frac{t}{T} + \alpha\right),$$

$$\frac{d^2\varepsilon}{dt^2} = -4\pi^2\frac{A}{T^2}\sin 2\pi\left(\frac{t}{T} + \alpha\right) = -\frac{4\pi^2}{T^2}\varepsilon = -4\pi^2\frac{v^2}{\lambda^2}\varepsilon.$$

Si l'on multiplie la dernière équation par la masse m du point vibrant, $-m\dfrac{d^2\varepsilon}{dt^2}$ représente la force élastique f qui sollicite ce point, et on obtient aisément :

$$v^2 = \frac{\lambda^2}{4\pi^2 m}\cdot\frac{f}{\varepsilon};$$

$\dfrac{\lambda^2}{4\pi^2 m}$ est, dans le même milieu, une quantité constante lorsque le rayon reste de même espèce, c'est-à-dire garde le même λ. En représentant cette quantité par k^2, et en appelant F la force élastique correspondant au déplacement maximum que nous prendrons pour unité de longueur, il vient

$$v^2 = k^2 F \quad \text{ou} \quad v = k\sqrt{F}.$$

La vitesse de propagation, dans le milieu considéré, *est donc proportionnelle à la racine carrée de la force élastique développée par la vibration* dans ce milieu.

Hypothèse de Fresnel sur la propagation, dans un milieu solide, d'un système d'ondes planes parallèles entre elles. — Fresnel admet, et nous admettons avec lui que les forces élastiques mises en jeu par la propagation d'un système d'ondes planes parallèles, à vibrations rectilignes et transversales, diffèrent des forces élastiques développées par la vibration d'une seule des molécules vibrantes, seulement par un facteur constant qui ne dépend pas de la direction des vibrations. Cette hypothèse n'est certainement pas exacte dans le cas général, mais elle le devient lorsque, la propagation du mouvement se produisant dans un milieu isotrope, la surface de l'onde (enveloppe des ondes planes) est une sphère.

Considérons, en effet, la position d'équilibre O d'une certaine molécule M comme le centre des vibrations. La partie la plus importante de la force élastique exercée sur M est déterminée par le déplacement absolu ε de M dans l'espace et les variations de distances qui en résultent par rapport aux autres molécules supposées immobiles. Les déplacements de ces autres molécules mises en mouvement par la vibration émanée de O, se font, par hypothèse, sur des sphères décrites de O comme centre ; les distances de ces molécules à O ne varient donc pas et leurs distances à la molécule M ne varient que par suite du déplacement ε. La force élastique, exercée sur M suivant la direction ε, et due aux déplacements des molécules environnantes est donc proportionnelle à ε, et peut être posée égale à KF. Le coefficient K dépend de la nature du milieu, mais ne dépend pas de la direction de ε, puisque, dans le milieu isotrope supposé, toutes les directions jouent le même rôle au point de vue optique.

Or l'observation montre que tous les milieux cristallins sont presque isotropes optiquement; l'hypothèse de Fresnel pourra donc toujours être regardée comme approximativement vraie.

Ellipsoïde d'élasticité optique. — Soit un milieu transparent; les vibrations lumineuses se transmettent dans l'éther au milieu duquel baignent les molécules matérielles qui forment ce milieu. Cette propagation se fait comme dans le vide, avec cette différence que la présence des molécules modifie les propriétés mécaniques de l'éther lumineux et en altère l'isotropie normale. Le déplacement *dl* d'un point de l'éther développe dans ce milieu une force élastique F égale et contraire à celle qui produit le déplacement. La force élastique F s'annule avec *dl*; elle dépend de la direction de *dl* et de la constitution du milieu tout autour de O. On en conclut que l'on se trouve dans le cas étudié au chapitre Ier de cette seconde partie. Lorsque le déplacement, gardant la même longueur, prend successivement toutes les directions possibles, l'extrémité de *dl* décrit une sphère; celle de F décrit un ellipsoïde qui est *l'ellipsoïde d'élasticité optique*.

On se trouve d'ailleurs évidemment dans le cas de l'égalité symétrique. En outre le déplacement, dont l'orientation seule varie, étant la seule cause qui mette en jeu la force F, l'ellipsoïde d'élasticité optique ne dépendra que des propriétés optiques du milieu dans un très petit rayon autour de O. On aura donc, entre la symétrie du milieu et celle de l'ellipsoïde, les relations spécifiées au chapitre Ier, c'est-à-dire que cet ellipsoïde sera une sphère dans les milieux à symétrie cubique; qu'il sera de révolution dans les milieux à axe de symétrie principale, etc.

Composantes de la force élastique. — Hypothèse de Fresnel. — Appelons U l'angle de la force F avec le déplacement *dl*. La force F se décompose en deux autres, FcosU dirigé suivant *dl*, et FsinU qui lui est perpendiculaire. Si le déplacement *dl* se propage dans le milieu suivant la direction de la composante FsinU, on peut admettre qu'il se transmettra sans altération, car la force FcosU sera à chaque instant la force élastique vibratoire, et Fresnel admet que la composante FsinU, s'exerçant normalement au déplacement, et ne tendant qu'à comprimer les couches successives de l'éther, qu'il suppose incompressible, est sans action sur le phénomène. Le déplacement dl se propagera donc suivant une droite qui lui est perpendiculaire, située dans le plan qui contient la force élastique F; il se propage en outre avec une vitesse proportionnelle à $\sqrt{F \cos U}$.

En réalité le raisonnement de Fresnel est très insuffisant; il n'est point permis de se débarrasser, ainsi qu'il le fait, de la composante FsinU. Mais on doit remarquer que, grâce à la faible biréfringence des milieux les plus biréfringents, l'angle U est toujours petit, et par conséquent la composante FsinU, toujours petite elle-même. On peut s'expliquer ainsi qu'il soit permis d'en négliger l'action vis-à-vis de celle de la composante FcosU.

On connaît la loi suivant laquelle varie, avec la direction de la vibration, la direction et la grandeur de la vitesse de propagation; on peut donc dire que la théorie de la double réfraction est établie. Il ne s'agit plus que de la développer et d'en tirer les conséquences qu'elle contient implicitement.

Ellipsoïde d'élasticité D_0. — Ellipsoïde principal D_1. — Ellipsoïde inverse E. — Soit Oa (fig. 22), la direction d'un déplacement, OA_0 la grandeur et la direction de la force élastique F correspondante; D_0 l'ellipsoïde qui est, on le sait, le lieu des points A_0 et dont l'équation est

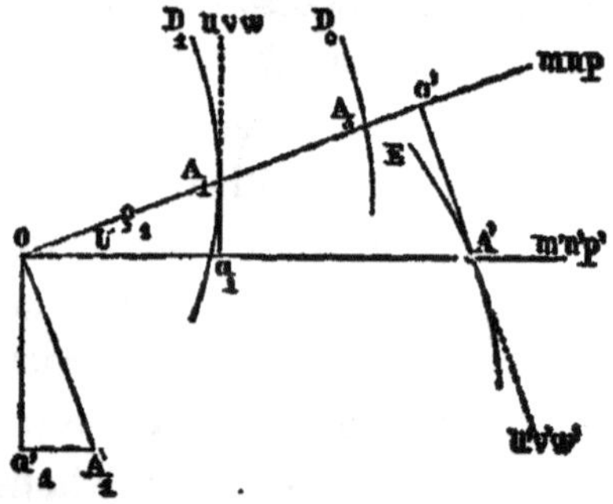

Fig. 22.

$$(D_0) \qquad \left(\frac{x}{a^2}\right)^2 + \left(\frac{y}{b^2}\right)^2 + \left(\frac{z}{c^2}\right)^2 = 1.$$

L'angle U étant toujours très petit, les composantes normales N de la force élastique sont toujours positives et la *surface principale* (chap. Ier, page 14) est un *ellipsoïde*. Cet ellipsoïde, qu'on représentera par D_1, a pour équation :

$$(D_1) \text{ Ellips. principal.} \qquad \frac{x^2}{a^2}+\frac{y^2}{b^2}+\frac{z^2}{c^2}=1.$$

Si A_1 est le point où le rayon vecteur OA_0 rencontre cet ellipsoïde D_1; en posant $OA_0 = \rho_0$, $OA_1 = \rho_1$ et $U = a_1 OA_0$, on a :

$$\rho_0 = \rho_1^2 \cos U.$$

Si on mène en A_1 le plan tangent à l'ellipsoïde D_1, ce plan est perpendiculaire sur Oa_1 en un point qu'on appellera a_1 et on a :

$$Oa_1 = \rho_1 \cos U = \sqrt{\rho_0 \cos U};$$

Oa_1 est donc proportionnel à la vitesse de propagation du déplacement et peut être supposé égal à cette vitesse même. La *surface inverse* est, comme la surface principale, un ellipsoïde, qu'on appellera E, et dont l'équation est :

(E) Ellipsoïde inverse. $a^2x^2 + b^2y^2 + c^2z^2 = 1.$

Si A′ est le point de cet ellipsoïde rencontré par le rayon vecteur Oa_1, le plan tangent en A′ à l'ellipsoïde E est normal à la direction OA_0 qu'il coupe en un point a'. En posant $OA' = \rho'$, on a :

$$\rho'\rho_0 = \rho_1, \quad \rho' = \frac{1}{Oa_1}, \quad Oa' = \frac{1}{\rho_1}.$$

Surface des vitesses normales. — La vitesse de propagation du déplacement dirigé suivant Oa_1 est dirigée, dans le plan OA_1a_1, normalement à Oa_1; elle est donc représentée en grandeur et en direction par une droite Oa'_1, parallèle à A_1a_1 et égale à Oa_1.

L'onde plane qui contient le déplacement et qui coïncide, à l'origine du temps, avec le plan mené suivant Oa et perpendiculairement à Oa_1 A_1 coïncide donc, au bout de l'unité de temps, avec le plan mené par a'_1 perpendiculairement à Oa_1. La surface qui est le lieu des points a'_1 jouit ainsi de cette propriété que les plans normaux à l'extrémité de chacun de ses rayons vecteurs représentent les diverses positions que prend le plan de l'onde au bout de l'unité de temps. En d'autres termes la grandeur d'un rayon vecteur de cette surface représente la vitesse de propagation, évaluée suivant une normale au plan de l'onde des vibrations contenues dans le plan. Cette surface est appelée *surface des vitesses normales*.

Il est très aisé d'en trouver l'équation. Soient

m, n, p les cosinus des angles que fait la direction OA_1 avec les axes,
m', n', p' — — — — Oa_1 — —

Posons $r = Oa_1 = Oa'_1$, et cherchons les cosinus u, v, w des angles que fait la direction Oa'_1 ou A_1a_1 avec les axes.

Si x', y', z' représentent les coordonnées du point A′ de l'ellipsoïde inverse, on a

$$OA' = \frac{1}{r},$$

et

$$x' = \frac{x_1}{a^2}, \quad y' = \frac{y_1}{b^2}, \quad z' = \frac{z_1}{c^2};$$

d'où l'on déduit :

$$\frac{m'}{r} = \frac{x_1}{a^2}, \quad \frac{n'}{r} = \frac{y_1}{b^2}, \quad \frac{p'}{r} = \frac{z_1}{c^2}.$$

Appelant ξ, η, ζ, les coordonnées de a_1, on a d'ailleurs :

$$\xi = m'r, \quad \eta = n'r, \quad \zeta = p'r,$$

et l'on tire aisément de ce qui précède :

$$x_1 - \xi = \frac{m'}{r}(a^2 - r^2) = -u \times A_1a_1,$$

$$y_1 - \eta = \frac{n'}{r}(b^2 - r^2) = -v \times A_1a_1,$$

$$z_1 - \zeta = \frac{p'}{r}(c^2 - r^2) = -w \times A_1a_1.$$

Si l'on se rappelle enfin que Oa_1 est perpendiculaire à Oa'_1 ce qui se traduit par la relation :

$$m'u + n'v + p'w = 0;$$

on a, en remplaçant dans cette équation m', n', p' par les valeurs déduites des équations ci-dessus :

$$\frac{u^2}{a^2 - r^2} + \frac{v^2}{b^2 - r^2} + \frac{w^2}{c^2 - r^2} = 0.$$

équations où n'entrent que $r = Oa'_1$ et les cosinus des angles que fait Oa'_1 avec les axes. C'est l'équation polaire de la surface des vitesses normales.

On appelle *surface de l'onde* le lieu des points de l'espace atteints, au bout d'un temps qu'on peut prendre pour unité, par le mouvement vibratoire qui, à l'origine du temps, affectait l'origine O des vibrations. On démontre que cette surface est l'enveloppe des ondes planes, ayant toutes les orientations possibles, et qu'on peut supposer partant du point O à l'origine du temps. On démontre en outre que cette surface est le lieu des points A'_1.

La considération de la surface de l'onde est rarement utile dans les recherches cristallographiques, on en renverra l'étude à la fin de ce chapitre.

Polarisation rectiligne, à angle droit, des deux rayons transmis suivant une même direction. — Après avoir exposé la théorie de la double réfraction, on va revenir sur quelques conséquences importantes qu'on aurait pu déduire immédiatement des principes qui ont servi de point de départ, mais qu'on a laissées de côté pour ne pas interrompre l'enchaînement de la démonstration.

Considérons le plan de l'onde qui contient la vibration Oa_1 (fig. 22) et se propage suivant la droite normale Oa'_1. Un plan mené suivant OA_1 perpendiculairement au plan $a_1\,OA_1$, coupe l'ellipsoïde principal D_1 suivant une ellipse dont OA_1 est l'un des axes, car le plan tangent en A_1 est normal au plan $a_1\,OA_1$ et coupe le plan de l'ellipse suivant une droite normale à OA_1. La tangente à l'ellipse en A_1 est donc normale au rayon vecteur. Par une raison entièrement analogue OA' sera l'un des axes de la section que détermine dans l'ellipsoïde inverse E un plan normal au plan $a_1\,OA_1$ mené suivant Oa_1. Le deuxième axe OB' de cette ellipse correspond de même à une vibration Ob_1, qui se propage suivant la même direction que la vibration Oa_1, mais avec une vitesse différente, au moins en général.

Ainsi, parmi toutes les vibrations rectilignes que l'on peut supposer issues d'un même point et contenues dans un même plan, il en est deux et deux seulement dans le cas général, qui se propagent avec des vitesses inégales, suivant une même direction normale au plan qui contient les deux vibrations. Ces vibrations sont dirigées suivant les deux axes de l'ellipse que détermine l'intersection du plan de vibration et de l'ellipsoïde inverse E. La vitesse de propagation de chacune d'elles est égale à l'inverse de la grandeur de l'axe de l'ellipse auquel la vibration est parallèle.

On peut encore déduire de là que tous les rayons qui ont traversé un milieu biréfringent sont, sauf les cas singuliers, polarisés rectilignement, et que, suivant une même direction de propagation normale, sont transmises deux vibrations rectilignes rectangulaires entre elles.

Forme de la surface des vitesses normales. — Axes optiques. — La surface des vitesses normales se déduit si aisément de celle de l'ellipsoïde inverse E, qu'on peut, sans recourir à son équation, acquérir de sa forme une idée très suffisante pour ce qui doit suivre.

Nous allons, à cet effet, chercher la trace de la surface sur les 3 plans coordonnés, et comme ces plans sont évidemment des plans de symétrie, nous pouvons nous borner à l'étude de l'octant antérieur supérieur droit. Soit (fig. 23) l'ellipsoïde inverse réduit, pour simplifier la figure, à sa moi-

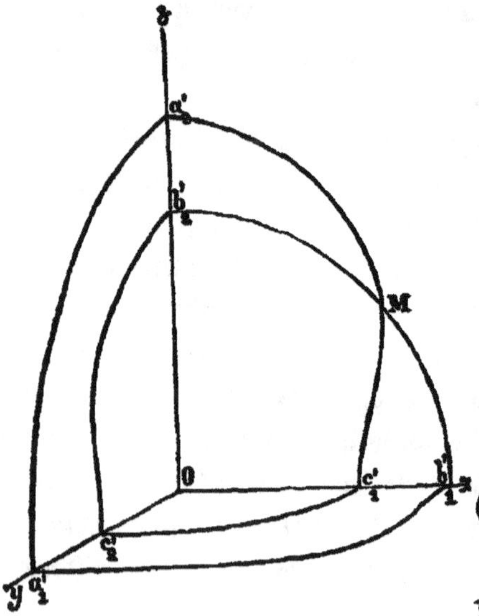

Fig. 24.

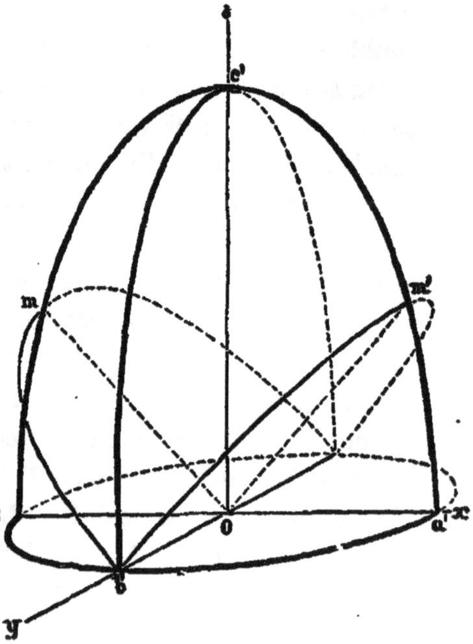

Fig. 23.

tié supérieure ; Oa', Ob', Oc' sont les 3 axes, $m\,b'$ et $m'\,b'$ les sections circulaires ; on a $Oa' = \frac{1}{a}$, $Ob' = \frac{1}{b}$, $Oc' = \frac{1}{c}$. Par Oc' et les diamètres de l'ellipse principale $a'b'$ menons une série de sections de l'ellipsoïde ; toutes auront pour axes Oc' et le diamètre correspondant de l'ellipse $a'b'$; toutes correspondront en outre à des vitesses de propagation normales situées dans le plan principal $a'b'$; on aura donc tous les points de la surface des vitesses normales qui sont situés dans le plan $a'c'$ en menant dans ce plan sur chaque direction perpendiculaire à l'une des sections menées suivant Oc', c'est-à-dire perpendiculaire à l'un des diamètres de l'ellipse $a'b'$, deux longueurs égales l'une à $\frac{1}{Oc'} = c$, l'autre à l'inverse du diamètre de l'ellipse $a'b'$. On obtient ainsi pour la trace de la surface des vitesses normales sur le plan $a'\,c'$ (fig. 24) un cercle $c'_1\,c'_2$

de rayon égal à c et une courbe[1] sur la forme de laquelle il est inutile d'insister, mais qui coupe l'axe des x en b'_1 à une distance de O égale à b, et l'axe des y en a'_1 à une distance de O égale à a. La courbe enveloppe le cercle.

On verra de même que dans le plan des zy, la trace de la surface se compose d'un cercle $a'_1 a'_2$ de rayon égal à a, et d'une courbe $b'_2 c'_2$ telle que $Ob'_2 = b$.

Enfin, dans le plan des zx, c'est-à-dire dans le plan qui contient l'axe maximum a et l'axe minimum b d'élasticité optique, la trace se compose d'un cercle $b'_2 b'_1$ de rayon égal à b et d'une courbe $a'_2 c'_1$ qui vient nécessairement rencontrer le cercle en un certain point M.

On a $OM = b$, la direction du rayon vecteur OM de la courbe $a'_2 c'_1$ est donc obtenue en faisant décrire 90° au rayon vecteur Om de l'ellipse $a' c'$, qui est aussi compris dans la section circulaire et est égal à $\frac{1}{b}$. La direction de OM est ainsi perpendiculaire sur l'une des sections circulaires de l'ellipsoïde inverse et les vibrations qui se transmettent suivant la direction de propagation OM sont contenues dans le plan de cette section circulaire. Tous les diamètres de la section circulaire sont des axes de cette section; les vibrations qui se propagent suivant OM ne se

[1] L'équation polaire de l'ellipse $a'c'$ rapportée à l'axe des x est :

$$\rho^2 (a^2 \cos^2 \omega + b^2 \sin^2 \omega) = 1 ;$$

le rayon vecteur de la courbe $a_2' c_1'$ qui fait avec l'axe des x un angle $\frac{\pi}{2} - \omega$ est égal à $\frac{1}{\rho}$, l'équation de la courbe est donc :

$$\rho^2 = a^2 \sin^2 \omega + b^2 \cos^2 \omega.$$

C'est une courbe du 4e degré qui est d'ailleurs identique au lieu des points a_1' (fig. 22), c'est par conséquent le lieu des projections du centre O sur la tangente à l'ellipse $a'c'$, auquel on a fait subir un quart de révolution.

On trouve aisément pour l'angle α que fait le prolongement de la tangente avec celui du rayon vecteur

$$\operatorname{tg} \alpha = \rho \frac{d\omega}{d\rho} = \frac{1}{a^2 - c^2} (a^2 \operatorname{tg} \omega + c^2 \operatorname{cotg} \omega).$$

La tangente est verticale lorsque $\operatorname{tg} \alpha = \operatorname{cotg} \omega$, c'est-à-dire pour

$$\operatorname{tg} \omega' = \frac{\sqrt{a^2 - 2c^2}}{a}.$$

Entre $\omega = 0$, pour lequel la tangente est verticale, et $\omega = \omega'$ (lorsque $\operatorname{tg} \omega'$ n'est ni nul ni imaginaire, ou lorsque $a^2 > 2c^2$), la courbe a donc un point d'inflexion. Pour tous les corps cristallisés on a $a^2 < 2c^2$, et par conséquent le point d'inflexion n'existe pas.

Les courbes $b_1' a_1'$ et $b_2' c_2'$ donneraient lieu à des remarques analogues.

séparent donc pas en deux rayons vibrant à angle droit suivant des directions déterminées et cheminant avec des vitesses inégales; elles se propagent suivant cette direction spéciale comme elles le feraient dans un milieu isotrope. On donne à cette direction OM le nom d'*axe optique* ou encore axe de *réfraction intérieure.*

Il y a un autre axe optique perpendiculaire à l'autre section circulaire de l'ellipsoïde inverse et placé par rapport au premier symétriquement au plan des zy.

L'équation polaire de l'ellipse $a'c'$, rapportée à l'axe des x, est :

$$\rho^2 (a^2 \cos^2 \omega + c^2 \sin^2) \omega = 1\,;$$

l'angle ω, que fait le rayon vecteur $Om' = \frac{1}{b}$ appartenant à la section circulaire, est donc donné par l'équation :

$$a^2 \cos^2 \omega_1 + c^2 \sin^2 \omega_1 = b^2$$

ou :

$$\cot g^2\, \omega_1 = \frac{b^2 - c^2}{a^2 - b^2};$$

l'angle MOX étant le complément de ω_1, on a

$$\operatorname{tg} \text{MOX} = \pm \sqrt{\frac{b^2 - c^2}{a^2 - b^2}}.$$

Les deux axes optiques OM sont distincts l'un de l'autre dans tous les cristaux pour lesquels les 3 axes de l'ellipsoïde d'élasticité a, b, c sont inégaux. C'est pourquoi ces cristaux sont souvent désignés sous le nom de *biaxes*. On dit que le cristal est *négatif* lorsque MOX est plus petit que 45°, c'est-à-dire lorsque la bissectrice de l'angle aigu des axes optiques, ou, comme on dit pour abréger, la bissectrice aiguë, coïncide avec l'axe maximum a; le cristal est dit *positif* lorsque MOX est supérieur à 45°, c'est-à-dire lorsque la bissectrice aiguë coïncide avec l'axe minimum c.

La seule inspection de la fig. 24 montre que la surface des vitesses normales a deux nappes, qui se coupent en quatre points analogues au point M, placés symétriquement dans le plan des zx, qu'on appelle le plan des axes. Ces points sont les *ombilics*.

On peut ajouter, pour donner une idée plus complète de la surface, qu'elle est comprise entre la sphère de rayon a qui la touche suivant un cercle situé dans le plan des zy et dont un quadrant est figuré en $a'_1 a'_2$, et la sphère de rayon c qui la touche suivant un cercle situé dans le plan yx et dont un quadrant est figuré en $c'_1 c'_2$. La sphère de rayon b touche la surface suivant un cercle situé dans le plan des zx et dont un quadrant est figuré en $b'_1 b'_2$; sauf le long de cette circonférence qui appartient à la nappe intérieure dans l'angle des axes optiques qui comprend l'axe des z, et à la nappe extérieure dans l'angle de ces axes qui comprend l'axe des x, tout le reste de la sphère de rayon b est compris entre les deux nappes.

Lorsque la substance possède un axe principal de symétrie, l'ellipsoïde inverse, ainsi que tous les autres, est de révolution. On a $b = c$ ou $b = a$. Lorsque $b = c$, l'ellipsoïde est de révolution autour de l'axe des x, *le plus grand axe d'élasticité optique coïncide avec l'axe de révolution* et le cristal est *négatif*. Lorsqu'au contraire $b = a$, *le plus petit axe d'élasticité optique coïncide avec l'axe de révolution* et le cristal est *positif*. Il est aisé de voir que dans ces deux cas les deux axes optiques OM se confondent en un seul qui est l'axe principal; c'est pour cette raison que le cristal est dit alors *uniaxe*.

Supposons le cristal uniaxe positif, c'est-à-dire $b = c$, la fig. 24 montre que la nappe intérieure se réduit à une sphère, de rayon $b = c$; le point M vient se placer sur l'axe des x, et la nappe extérieure est une certaine surface qui est de révolution autour de l'axe des x, et tangente à la sphère au point d'intersection avec cet axe. C'est d'ailleurs ce qu'il est aisé de voir sur l'équation même de la surface qui, lorsqu'on y fait $b = c$, se réduit aux deux équations :

$$r^2 = c^2, \qquad u^2(r^2 - c^2) + (v^2 + w^2)(r^2 - a^2) = 0.$$

La 1re équation est celle d'une sphère de rayon égal à c; la 2e équation, que l'on peut mettre sous la forme

$$r^2 = a^2 - u^2(a^2 - c^2),$$

est celle d'une certaine surface fermée plus ou moins semblable à un ellipsoïde.

Relations entre les deux vitesses de propagation qui correspondent à une même direction et les angles que fait cette direction avec les axes optiques. — La direction de l'axe optique, qu'on appellera L′ et qui est contenue dans l'angle des xz positifs, fait avec les axes coordonnés des x, y, z des angles dont les cosinus sont respectivement :

$$+\sqrt{\frac{a^2-b^2}{a^2-c^2}} \qquad 0 \qquad +\sqrt{\frac{b^2-c^2}{a^2-c^2}}.$$

Les cosinus des angles que fait avec les mêmes axes la direction L″, de l'autre axe optique contenue dans l'angle des $z\bar{x}$, sont :

$$-\sqrt{\frac{a^2-b^2}{a^2-c^2}} \qquad 0 \qquad +\sqrt{\frac{b^2-c^2}{a^2-c^2}}.$$

Appelons u, v, w, ainsi que nous l'avons toujours fait, les cosinus des angles que fait avec les axes une certaine direction de propagation. Désignons, en outre, par θ' et θ'' les angles que fait cette direction avec L′ et L″. En posant pour abréger l'écriture :

$$A^2 = a^2 - b^2, \qquad B^2 = b^2 - c^2, \qquad C^2 = a^2 - c^2,$$

on aura :

$$\cos\theta' = u\frac{A}{C} + w\frac{B}{C},$$

$$\cos\theta'' = -u\frac{A}{C} + w\frac{B}{C}.$$

On tire de là .

$$= \frac{\cos\theta' - \cos\theta'')}{2u},$$

$$B = \frac{C(\cos\theta' + \cos\theta'')}{2w}.$$

L'équation de la surface des vitesses normales, lorsqu'on y remplace v^2 par $1 - u^2 - w^2$, devient :

$$\frac{u^2A^2}{r^2-a^2} - \frac{w^2B^2}{r^2-c^2} + 1 = 0,$$

ou, en développant :

$$r^4 - r^2(a^2 + c^2 - u^2A^2 + w^2B^2) - u^2c^2A^2 + w^2a^2B^2 + a^2c^2 = 0.$$

Le coefficient de r^2, changé de signe, est la somme des racines r'^2 et r''^2 de cette équation bicarrée, et l'on a :

$$r'^2 + r''^2 = a^2 + c^2 + C^2\cos\theta'\cos\theta''.$$

Le terme indépendant de r^2 est égal au produit des racines, et en remplaçant A et B par les valeurs précédentes, il vient

$$4r'^2r''^2 = C^4\cos^2\theta' + C^4\cos^2\theta'' + 2C^2(a^2+c^2)\cos\theta'\cos\theta'' + 4a^2c^2.$$

On en déduit aisément :

$$r'^2 - r''^2 = \sqrt{(r'^2+r''^2)^2 - 4r'^2r''^2} = C^2 \sin\theta' \sin\theta'' = (a^2-c^2)\sin\theta' \sin\theta''.$$

Cette expression de $r'^2 - r''^2$ combinée avec celle de $r'^2 + r''^2$ donne :

$$r'^2 = \frac{a^2+c^2}{2} - \frac{a^2-c^2}{2}\cos(\theta'-\theta''),$$

$$r''^2 = \frac{a^2+c^2}{2} - \frac{a^2-c^2}{2}\cos(\theta'+\theta'').$$

Les plans de vibration d'un même rayon bissèquent les angles dièdres formés par les plans qui passent par la direction de propagation et les axes optiques. — Imaginons que la figure 25 représente une certaine section elliptique de l'ellipsoïde inverse E, que les sections circulaires de cet ellipsoïde coupent suivant deux rayons Om, On, d'égale longueur, et par conséquent également inclinés sur les axes de l'ellipse. Il en sera de même des rayons Om', On' respectivement perpendiculaires sur les deux précédents. Mais Om' et On' peuvent être regardés comme les projections sur le plan de l'ellipse des axes optiques perpendiculaires aux sections circulaires. Les axes de l'ellipse $O\alpha$ et $O\beta$ sont les traces des plans des vibrations qui se propagent normalement suivant la perpendiculaire au plan de l'ellipse. Ces plans bissèquent donc les angles dièdres formés par les plans qui passent par la direction commune de propagation normale et les axes optiques.

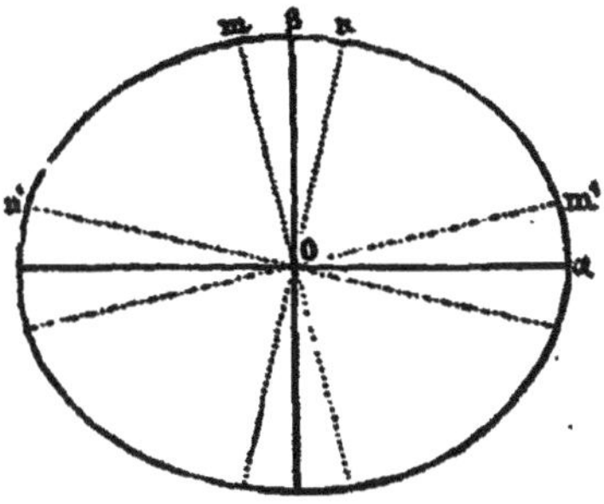

Fig. 25.

Formules approchées que l'on peut substituer aux formules complètes. — La théorie de Fresnel ne peut être regardée comme démontrée, d'après ce qui a été dit plus haut, que pour les substances qui ne sont pas très biréfringentes, c'est-à-dire pour lesquelles les trois quantités a, b, c ne sont pas très différentes l'une de l'autre. C'est en effet le cas de toutes les substances biréfringentes que nous présente la nature. Pour mettre à même d'en juger, on a réuni dans le tableau suivant tous les cristaux dont les constantes optiques se trouvent dans l'*Annuaire du Bureau des longitudes*. Ces cristaux ont été rangés en deux groupes, celui des substances uniaxes, et celui des substances biaxes. Dans chaque groupe ils ont été rangés suivant l'énergie décroissante de la biréfringence, cette énergie étant appréciée par la valeur du rapport $\frac{(a-c)^2}{c^2}$. Sur les 68 substances comprises dans ce tableau, une seule, le calomel, donne un rapport $\frac{(a-c)^2}{c^2}$ très peu supérieur à $\frac{1}{10}$; pour une substance, l'arséniate de soude, ce rapport est très peu supérieur à $\frac{1}{20}$; pour six autres, la calcite, le cinabre, la cérusite, le soufre, l'asparagine et l'azotate de potasse, le rapport est compris entre $\frac{1}{50}$ et $\frac{1}{100}$. Pour toutes les autres substances, le rapport est inférieur à $\frac{1}{100}$.

L'examen de ce tableau suggère l'idée d'une simplification possible dans toutes les formules. Puisque, dans l'immense majorité des cas, on peut considérer comme négligeable, et de l'ordre des erreurs d'observation, la quantité $(a-c)^2$ relativement à c^2, on pourra négliger aussi, par rapport à c^2 ou à b^2, le carré de la différence qui existe entre un rayon vecteur quelconque r et le demi-axe b, puisque $r-b$ est toujours inférieur à $a-c$.

Posons donc :

$$a = b + d_1, \quad c = b - d_2, \quad r = b + \delta,$$

d_1, d_2, δ étant des quantités très petites dont le carré est négligeable, l'équation de la surface des vitesses normales devient :

$$\frac{u^2}{\delta - d_1} + \frac{v^2}{\delta} + \frac{w^2}{\delta + d_2} = 0,$$

ou encore

$$\delta^2 + \delta\,[d_2(1-w^2) - d_1(1-u^2)] - d_1 d_2 v^2 = 0,$$

équation dont les deux racines δ' et δ'' donnent les deux valeurs, $b+\delta'$

et $b+\delta''$, du rayon vecteur de la surface qui correspondent à une même direction (u, v, w). Ces deux racines sont de signe contraire, puisque le dernier terme de l'équation est négatif, ce qui montre, comme on le savait déjà, que la sphère ayant b pour rayon est comprise entre les deux nappes de la surface. La distance qui, suivant le rayon vecteur considéré, sépare les deux nappes, est donc égale à $\delta'-\delta''$, et l'on a :

$$\delta'-\delta''=\sqrt{[d(1-u^2)-d_2(1-w^2)]^2+4d_1d_2v^2}.$$

On a trouvé précédemment :

$$r'^2-r''^2=(a^2-c^2)\sin\theta'\sin\theta''.$$

On a, dans l'ordre d'approximation où nous nous plaçons,

$$r'^2-r''^2=2b(\delta'-\delta'') \quad \text{et} \quad a^2-c^2=2b(a-c);$$

on peut donc écrire :

$$\delta'-\delta''=(a-c)\sin\theta'\sin\theta''.$$

Il serait, en effet, aisé de démontrer que la première expression trouvée ci-dessus pour $\delta'-\delta''$ revient à celle-là.

En faisant subir des transformations analogues aux expressions de r'^2 et de r''^2, on trouverait encore aisément :

$$\delta'=\frac{a+c-2b}{2}-\frac{a-c}{2}\cos(\theta'-\theta''),$$

$$\delta''=\frac{a+c-2b}{2}-\frac{a-c}{2}\cos(\theta'+\theta'').$$

En restant dans le même ordre d'approximation, on a

$$\operatorname{tg} \text{MOX}=\sqrt{\frac{b-c}{a-b}}.$$

L'angle MOX est donc $<45°$, et le cristal est dit négatif lorsque l'on a $b-c<a-b$ ou $2b-(a+c)<0$; cet angle est $>45°$ et le cristal est positif lorsque $b-c<a-b$ ou $2b-(a+c)>0$.

Substances uniaxes.

Signe de la double réfraction.	Couleur de la lumière employée pour l'observation.	Noms des substances.	a	c	Rapport $\frac{(a-c)^2}{c^2}$
+	Rouge.	Calomel.	0.5162	0.3846	0.40666
—	Jaune.	Arséniate de soude.	0.7485	0.6021	0.05392
—	Raie D.	Calcite (spath d'Islande). . . .	0.67280	0.60294	0.01343
+	»	Cinabre.	0.3551	0.3183	0.01337
—	Rouge.	Argent rouge (Proustite). . .	0.3688	0.3357	0.00972
+	Rouge lithine.	Zircon.	0.5208	0.5076	0.00676
—	Jaune.	Dolomie	0.6655	0.6205	0.00526
—	Rouge.	Argent rouge (Argyrythrose) .	0.3471	0.3243	0.00494
+	Rouge.	Parisite.	0.6374	0.5988	0.00415
—	Rouge.	Tartrate d'antim. et de strontiane.	0.6300	0.5943	0.00361
—	Rouge.	Wulfénite (PbO,Mo^2O^5) . . .	0.4340	0.4163	0.00180
—	Rouge.	Arséniate d'ammoniaque. . .	0.6566	0.6345	0.00121
+	Vert.	Dioptase	0.5999	0.5804	0.00113
—	Rouge.	Arséniate de potasse.	0.6601	0.6394	0.00105
—	Rouge.	Phosphate de potasse.	0.6826	0.6644	0.00075
—	Rouge.	Phosphate d'ammoniaque. . .	0.6775	0.6614	0.00059
—	Jaune.	Méionite	0.6418	0.6273	0.00053
—	?	Anatase.	0.4011	0.3915	0.00052
—	Jaune.	Érythrite (érythroglucine) . .	0.6575	0.6475	0.00024
—	Jaune.	Mellite (mellate d'alumine). .	0.6480	0.6281	0.00023
—	Vert.	Émeraude verte.	0.6337	0.6313	0.00020
—	Rouge.	Wernérite d'Arendal.	0.6472	0.6386	0.00018
+	Orangé.	Phosgénite	0.4730	0.4673	0.00015
—	Rouge.	Mélinophane.	0.6281	0.6207	0.00014
—	Raie D.	Tourmaline incolore.	0.6175	0.6110	0.00011
+	Rouge lithine.	Phénakite de Framont. . . .	0.6058	0.5998	0.00010
—	Rouge.	Dipyre incolore de Pouzac. .	0.6481	0.6418	0.000096
+	Rouge.	Schéelite (chaux tungstatée). .	0.5214	0.5171	0.000069
—	Rouge.	Mimétèse (phosph. de plomb).	0.6826	0.6784	0.000038
+	Raie D.	Quartz	0.64757	0.64380	0.000034
+	Rouge.	Sulfate de potasse hexagonal.	0.6698	0.6662	0.000029
—	Rouge.	Corindon rubis	0.5684	0.5658	0.000021
—	Jaune.	Néphéline de la Somma. . .	0.6519	0.6498	0.000010
+	Rouge.	Sulfate de lanthane.	0.6394	0.6374	0.0000098
—	Raie D.	Apatite.	0.60913	0.60749	0.0000073
—	Rouge.	Hidyphane (arséniate de plomb)	0.6835	0.6817	0.0000070
—	Rouge.	Sulfate cérosocérique. . . .	0.6410	0.6394	0.0000060
—	Jaune.	Idocrase bleu d'Ala	0.5824	0.5817	0.0000015
+	Rouge.	Apophyllite de Naalsoë. . . .	0.6529	0.6523	0.0000008
—	Rouge.	Pennine de Zermatt	0.6345	0.6341	0.0000004

Substances biaxes.

Signe de la double réfraction.	Couleur de la lumière employée pour l'observation.	Noms des substances.	a	b	c	$\frac{(a-c)^2}{c^2}$
—	Jaune.	Cérusite (carbonate de plomb)	0.5562	0.4824	0.4820	0.02369
+	Jaune.	Soufre.	0.5107	0.4907	0.4464	0.02074
+	Jaune.	Asparagine.	0.6456	0.6325	0.6177	0.0204
—	?	Azotate de potasse.	0.7502	0.6646	0.6644	0.01668
—	Raie D.	Aragonite.	0.6535	0.5947	0.5932	0.00821
—	Jaune.	Formiate de strontiane. . . .	0.6739	0.6575	0.6502	0.00133
+	?	Anhydrite (sulfate de chaux anhydre).	0.6365	0.6345	0.6196	0.00074
+	Jaune.	Tartrate d'antim. et de chaux, avec azotate de chaux. . .	0.6225	0.6307	0.6174	0.00060
—	Rouge.	Épidote de Sulzbach.	0.5780	0.5701	0.5656	0.00048
+	Jaune.	Péridot vert de Torre del Greco	0.6020	0.5959	0.5893	0.00046
—	Jaune.	Borax	0.6911	0.6803	0.6789	0.00032
+	Rouge.	Chlor. de baryum ($BaCl^2+2Aq$).	0.6145	0.6094	0.6035	0.00032
+	Jaune.	Diopside d'Ala.	0.5978	0.5953	0.5873	0.00032
+	Jaune.	Calamine (silicate de zinc hydraté.	0.6192	0.6180	0.6116	0.00015
+	Jaune.	Euclase.	0.6053	0.6041	0.5984	0.00013
+	Rouge.	Anglésite (sulfate de plomb).	0.5336	0.5320	0.5284	0.000097
+	Rouge.	Mésotype.	0.6774	0.6758	0.6717	0.000072
—	Orangé.	Cordiérite de Bodenmais. . .	0.6515	0.6489	0.6468	0.000053
+	Raie D.	Barytine (sulfate de baryte). .	0.6111	0.6107	0.6068	0.000050
—	Rouge.	Andalousite du Brésil	0.6127	0.6105	0.6086	0.000045
—	Bleu.	Orthose de Wehr.	0.6551	0.6513	0.6512	0.000036
+	Jaune.	Gypse	0.6576	0.6567	0.6537	0.000035
+	Raie D.	Topaze blanche du Brésil. . .	0.6205	0.6197	0.6169	0.000034
+	Jaune.	Cymophane.	0.5724	0.5719	0.5693	0.000029
—	Rouge.	Axinite.	0.5981	0.5960	0.5949	0.000029
—	Jaune.	Orthose du Saint-Gothard. . .	0.6583	0.6563	0.6553	0.000021
+	Rouge.	Sulfate de potasse biaxe. . .	0.6702	0.6695	0.6680	0.000011
+	Rouge.	Sel de Seignette potassique (dextrotartrate de soude et de potasse).	0.6711	0.6707	0.6698	0.000004

Grandeurs relatives des vitesses avec lesquelles se propagent suivant la même direction les deux vibrations rectangulaires. — Distinction des rayons ordinaire et extraordinaire. — Si la bissectrice aiguë des axes optiques coïncide avec l'axe maximum a, c'est-à-dire si le cristal est *négatif*, les sections cycliques de l'ellipsoïde principal comprennent l'axe c dans l'intérieur de leurs angles aigus. Le plan normal à la direction de la propagation lumineuse rencontre les deux sections cycliques de part et d'autre du plan principal bc en *m* et *m'* (fig. 26). La vibration qui, comprise dans l'angle *aigu* des sections cycliques, bissèque l'angle *mOm'*, correspond au plus petit axe

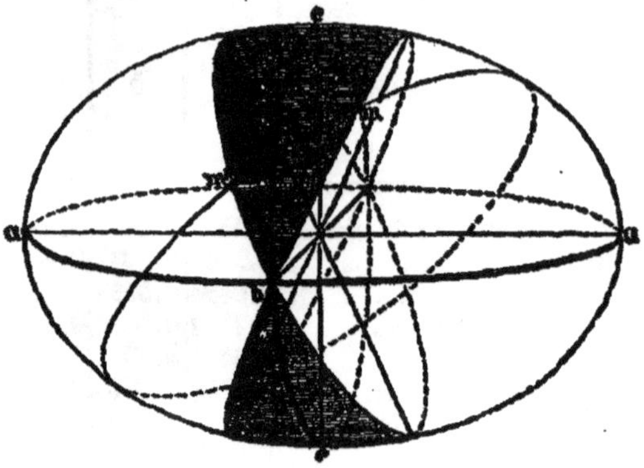

Fig. 26.

de l'ellipse; c'est celle dont la vitesse de propagation est la plus *petite*. Si la bissectrice aiguë est l'axe minimum *c*, c'est-à-dire si le cristal est positif, l'inverse a lieu, et la bissectrice de l'angle *mOm'* com-

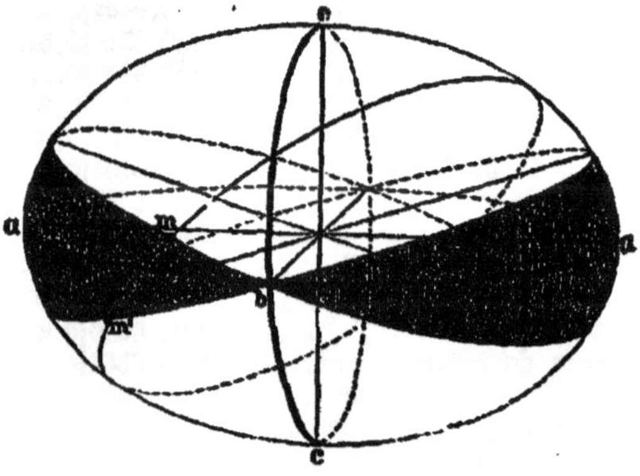

Fig. 27.

prise dans l'angle aigu des sections cycliques (fig. 27) donne la vibration dont la vitesse de propagation est la plus *grande*.

Comme on l'a dit plus haut, on détermine ordinairement les directions des vibrations transmises normalement à un plan donné, en projetant sur ce plan les deux axes optiques, et menant les bissectrices des angles formés par ces deux droites, qui sont perpendiculaires sur les traces des plans cycliques. L'angle qui comprend la projection de la bissectrice aiguë comprend aussi la vibration dont la vitesse de propagation est la plus petite dans les cristaux négatifs, et la plus grande dans les cristaux positifs.

On convient d'appeler *vibration ordinaire* celle qui se trouve dans l'angle aigu des sections cycliques de l'ellipsoïde principal ; l'autre est la *vibration extraordinaire*. Si l'on appelle δ_o le δ correspondant à la vibration ordinaire, et δ_e celui qui correspond à la vibration extraordinaire, δ_o est *positif* dans les cristaux *positifs* et *négatif* dans les cristaux *négatifs*. En d'autres termes, la vitesse de propagation du rayon ordinaire correspond à la nappe de la surface des vitesses normales extérieure à la sphère de rayon *b*, dans les cristaux positifs ; à la nappe qui est enveloppée par cette sphère, dans les cristaux négatifs.

Passage d'un rayon lumineux d'un milieu quelconque dans un milieu cristallisé. — Les lois de la propagation lumineuse dans les cristaux permettent de se rendre compte des phénomènes de réfraction qui se produisent dans ces corps. On considère un rayon passant d'un premier milieu dans un second qui est cristallisé. La surface de séparation des deux milieux est supposée plane, ce qui n'est pas une restriction à la généralité du raisonnement, puisque l'on n'a jamais à considérer qu'un élément très petit de cette surface. On suppose un faisceau lumineux de dimensions transversales assez petites pour que la surface de l'onde puisse être considérée comme plane. Soit *ma* (fig. 28) la direction de ce faisceau. Le plan de la figure est supposé mené par *ma* et la normale *mN* à la surface de séparation; c'est le *plan d'incidence*.

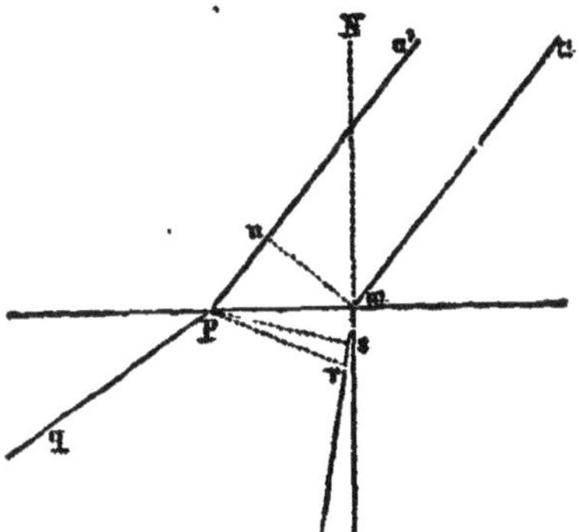

Fig. 28

L'onde plane *mn* est le lieu des points du premier milieu atteints par une vibration en un même instant qu'on regardera comme l'origine des temps. On aura l'onde réfractée dans le second milieu en cherchant le lieu des points atteints par cette même vibration au bout de l'unité de temps. Choisissons *a'p* parallèle à *mn*, de telle sorte que *pn* représente la vitesse de propagation dans le premier milieu, c'est-à-dire le chemin parcouru dans ce milieu par la vibration dans l'unité de temps. Le point *p*, commun aux deux milieux, appartient à l'onde réfractée; d'ailleurs tous les points de la droite *pq* perpendiculaire au plan d'incidence sont atteints en même temps par la vibration, la droite *pq* est donc contenue dans l'onde réfractée ; onde nécessairement plane, puisque le faisceau lumineux réfracté a, comme le faisceau incident, des dimensions transversales très petites. On suppose menée la surface des vitesses normales aux extrémités des rayons vecteurs de laquelle sont normaux, au bout de l'unité de temps, toutes les ondes planes qui, partant de *m*, peuvent se propager dans le second milieu ; l'onde cherchée est comprise parmi celles-là. Soit donc *r* et *s* deux points de cette surface situés sur chacune des deux nappes, contenus dans le plan d'incidence et tels que *pr* et *ps* soient respectivement perpendiculaires sur *mr* et *ms* ; les plans normaux aux plans d'incidence, c'est-à-dire qui passent par *pq*, et ont pour traces *pr* et *ps*, sont les ondes planes réfractées. Les longueurs *mr* et *ms* représentent en grandeur et en direction les vitesses de propagation correspondant aux deux rayons réfractés ; ces directions sont peu différentes l'une de l'autre, à cause de la faible biréfringence des milieux cristallisés.

Si ces deux directions étaient rigoureusement identiques, les vibrations de chacun des rayons seraient mutuellement perpendiculaires ; ces vibrations seront donc effectivement très près d'être rectangulaires entre elles. On peut donc dire qu'un faisceau lumineux passant dans un milieu cristallisé s'y décompose en deux autres très voisins l'un de l'autre, et dont les vibrations sont à angle droit.

Lorsqu'un faisceau lumineux, après avoir traversé le milieu cristallisé, en ressort et rentre dans le premier milieu, on ferait, pour trouver le faisceau émergent, une construction inverse de celle qui nous a permis de déduire la direction du rayon réfracté de celle du rayon incident. Si la surface de séparation des deux milieux à l'émergence est parallèle à la surface de séparation à l'incidence, chacun des deux rayons réfractés issus d'un même rayon incident donne, pour le même rayon émergent, une même direction, et le faisceau émergent est parallèle au rayon incident.

La longueur *n p* représente la vitesse de propagation *l* de la lumière dans le premier milieu ; les longueurs *mr* et *ms* sont les vitesses de propagation respectives des deux rayons réfractés dans le second milieu ; nous les appellerons *r* et *s*. Nous appellerons en outre I l'angle d'incidence, c'est-à-dire celui que fait avec la normale *m*N la direction de propagation *ma* dans le premier milieu ; R′ et R″ sont les angles que font respectivement les directions des vitesses de propagation r' et r'' avec le prolongement de la normale *m*N. Dans le triangle rectangle *mpn*, on a

$$pm = \frac{l}{\sin I};$$

dans les triangles *prm*, et *psm*, on a :

$$pm = \frac{l}{\sin I} = \frac{r'}{\sin R'},$$

$$pm = \frac{l}{\sin I} = \frac{r''}{\sin R''}.$$

Le rapport du sinus de l'angle d'incidence à celui de l'angle de réfraction est le même que celui de la vitesse de propagation dans le premier milieu à la vitesse de propagation dans le deuxième milieu. Les vitesses de propagation sont donc les inverses des quantités que l'on désigne sous le nom *d'indices de réfraction*. Dans un milieu cristallisé, il y a en général deux indices de réfraction correspondant à la même direction de propagation, et ces indices changent avec la direction.

Calcul des directions de propagation des deux rayons réfractés. — Pour trouver les directions des vitesses de propagation des deux rayons réfractés r' et s'', il suffit, on le voit, de chercher l'intersection, par le plan d'incidence, de la surface des vitesses normales ayant *m* pour centre et de calculer les points d'intersection *r* et *s* de cette courbe avec le cercle ayant $pm = \frac{l}{\sin I}$ comme diamètre. Les rayons vecteurs *mr* et *ms* sont les deux directions cherchées.

Soit

$$(1) \qquad f(r) = 0$$

l'équation de la surface des vitesses normales; si u' v' w' représentent les cosinus que fait avec les axes la normale au plan d'incidence, l'équation

$$(2) \qquad uu' + vv' + ww' = 0,$$

qui exprime que toutes les directions $(u\ v\ w)$ qui y satisfont sont contenues dans le plan d'incidence, est l'équation du plan. Si l'on appelle g, h, k les cosinus que fait avec les axes la direction mp, l'angle ω que fait le rayon vecteur $(u\ v\ w)$ avec $m\,p$ est donné par la relation

$$\cos \omega = gv + hu + kw.$$

L'équation du cercle ayant $m\,p$ pour diamètre est

$$(3) \qquad r = mp\cos\omega = \frac{l}{\sin I}(gu + hv + kw).$$

On a ainsi trois équations qui, par élimination, en donnent deux autres ne contenant plus r; ces deux équations, combinées avec

$$u^2 + v^2 + w^2 = 1,$$

donnent les valeurs de u, v, w qui résolvent le problème.

Le calcul se simplifierait dans le cas des cristaux uniaxes. Il se simplifie davantage encore, même dans le cas général, si l'on emploie le procédé d'approximation qui a été défini plus haut.

Soit PR_1 (fig. 29) la direction de la vitesse du rayon réfracté qui se produirait si le milieu était isotrope, et si la vitesse de propagation y était la vitesse moyenne de propagation dans le cristal, c'est-à-dire b. Les vitesses des deux rayons réfractés réels PR' et PR'' ne font avec PR_1 qu'un petit angle; les vitesses de propagation r' et r'' qui leur correspondent sont donc très peu différentes des deux rayons vecteurs de l'une et l'autre nappe de la surface des vitesses normales qui ont la direction commune PR_1. Les longueurs de ces deux rayons vecteurs sont $b + \delta'$ et $b + \delta''$, si δ' et δ'' sont les deux racines de l'équation en δ (page 117), dans laquelle on donne à u, v, w les valeurs qui conviennent à la direction PR_1.

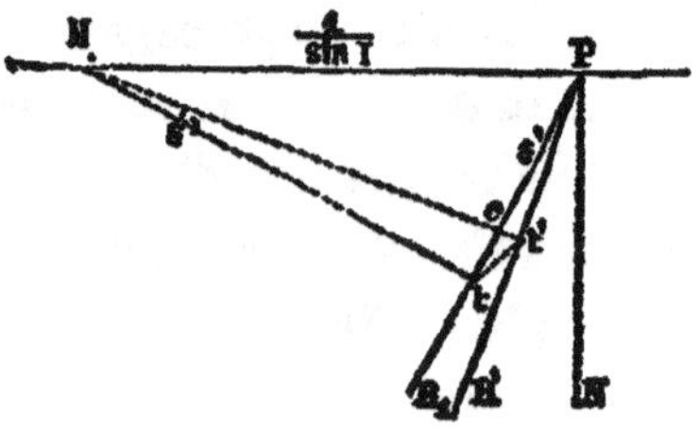

Fig. 29.

Prenons $PM = \dfrac{l}{\sin I}$ et menons par M des perpendiculaires Pt et Pt' sur les directions respectives PR_1 et PR'; soit c le point où Mt' rencontre PR. Le triangle Mtc est presque rectangle en c à cause de la petitesse de l'angle $R'PR_1$; $Pt' = r' = b + \delta'$ peut être considéré comme égal à Pc, et par conséquent on a sensiblement $ct = -\delta'$. Soit ε' le petit angle $R'PR_1$, considéré comme positif lorsqu'il est parcouru, à partir de PR_1, en s'éloignant de la normale PN, et comme négatif dans le cas contraire, convention qui revient à dire que le signe de ε' est celui de δ' ; dans le triangle tMc où $tMt' = \varepsilon'$, on a :

$$\varepsilon' = \frac{\delta'}{Mt} = \frac{\delta' \sin I}{l \cos R}.$$

On aurait de même, en appelant ε'' l'angle que forme avec PR la direction de propagation PR'' de l'autre rayon réfracté :

$$\varepsilon'' = \frac{\delta'' \sin I}{l \cos R}.$$

D'après ce qui a été dit page 122 sur le signe de δ, l'angle ε correspondant au rayon ordinaire est positif dans les cristaux positifs et négatif dans les cristaux négatifs. La direction de propagation du rayon *extraordinaire* est donc plus rapprochée de la normale que celle du rayon *ordinaire* dans les cristaux positifs et plus éloignée dans les cristaux négatifs.

Si ω est l'angle que forment entre elles les deux directions de propagation PR' et PR'', on aura :

$$\omega = \varepsilon' - \varepsilon'' = (\delta' - \delta'') \frac{\sin I}{l \cos R} = \frac{\sin I}{l \cos R} (a - c) \sin \theta' \sin \theta''.$$

Lorsque le rayon PR est dirigé suivant un axe optique, on a $\theta' = 0$ et $\omega = 0$. L'onde plane qui se propage dans le milieu cristallisé est alors unique; c'est ce qu'il était facile de voir directement.

Il ne s'agit donc plus, pour résoudre le problème dans le cas général, que de connaître les cosinus $(u\ v\ w)$ que fait, avec les axes de la surface des vitesses normales, la direction de propagation PR, et dont il faut introduire les valeurs dans l'équation en δ pour obtenir δ' et δ''.

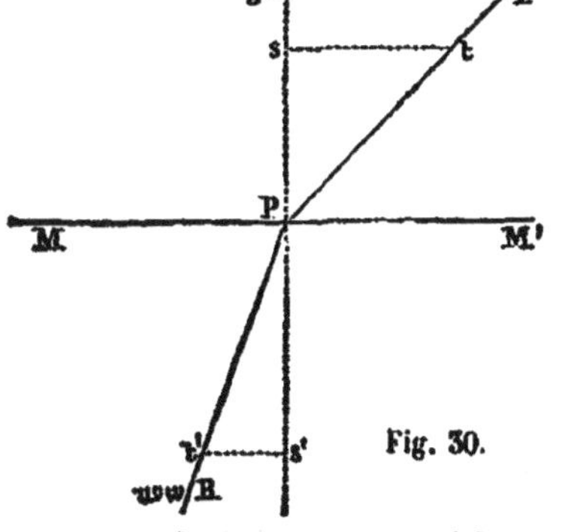

Fig. 30.

Soit U, V, W, les cosinus que fait avec les axes la direction de propagation PI (fig. 30) du rayon incident;

g, h, k, ceux que fait avec les axes la direction PN de la normale à la surface de séparation des deux milieux;

λ, μ, ν, ceux que fait avec les axes la direction ts de la normale à PN, menée du point t pris sur la direction PI à une distance de P telle que $Pt = 1$.

En projetant le triangle P*ts* sur l'axe des x, on obtient

$$U + g\cos I + \lambda \sin I = 0,$$

ou

$$\lambda = -\frac{U + g\cos I}{\sin I}.$$

On aurait des valeurs analogues pour μ et ν, en remplaçant U et g successivement par V, h, puis par W, k.

Sur la direction PR, on prend P$t' = 1$, on mène $t's'$ perpendiculaire sur le prolongement de la normale PN ; la projection, sur l'axe des x, du triangle P$t's'$ donne

$$u + \lambda \sin R + g\cos R = 0,$$

d'où, en introduisant la valeur de λ trouvée précédemment, on déduit :

$$u = (U + g\cos I)\frac{\sin R}{\sin I} - g\cos R.$$

On aurait les valeurs de v et w en remplaçant U et g successivement par V et h, puis par W et k.

On calculerait d'ailleurs I par la formule :

$$\cos I = gU + hV + KW,$$

et R par la relation :

$$\frac{\sin I}{\sin R} = \frac{l}{b}.$$

Lois de la réfraction dans le cas particulier des cristaux uniaxes. — Dans les cristaux uniaxes, les lois du phénomène de la réfraction se simplifient. La surface des vitesses normales se réduit alors, comme on l'a vu, à une sphère et à une surface à une nappe. Des deux directions de propagation du rayon bifurqué après la réfraction, l'une a toujours pour vitesse le rayon de la sphère, le faisceau lumineux qui lui correspond et qui est le *rayon ordinaire* se comporte comme si le milieu était un milieu *ordinaire* ou isotrope ; la vitesse de l'autre direction de propagation, qui est celle du rayon *extraordinaire*, est marquée par un rayon vecteur de la surface à une nappe.

Dans les cristaux *positifs*, l'axe principal coïncide avec le plus petit axe d'élasticité, c'est-à-dire l'axe des z; on a $a=b$, et la sphère de la surface des vitesses normales enveloppe la surface à une nappe; la vitesse du rayon extraordinaire est inférieure ou au plus égale à celle du rayon ordinaire. L'angle ω que font entre elles ces deux directions est donné par la formule :

$$\omega=\varepsilon'=-(a-c)\sin^2\theta\ \frac{\sin \mathrm{I}}{\cos \mathrm{R}}=-\frac{a-c}{a}\sin^2\theta \operatorname{tg} \mathrm{R}.$$

Dans les cristaux *négatifs*, l'axe principal coïncide avec le plus grand axe d'élasticité, c'est-à-dire l'axe des x; on a $b=c$, et la sphère est enveloppée par la surface à une nappe; la vitesse du rayon extraordinaire est toujours supérieure ou au moins égale à celle du rayon ordinaire. On a :

$$\omega=\varepsilon'=(a-c)\sin^2\theta\ \frac{\sin \mathrm{I}}{\cos \mathrm{R}}=\frac{a-c}{b}\sin^2\theta \operatorname{tg} \mathrm{R}.$$

La direction de propagation du rayon extraordinaire est en quelque sorte attirée par la normale dans les cristaux positifs, et repoussée par elle dans lès cristaux négatifs; c'est pourquoi on donne souvent aux cristaux positifs le nom d'*attractifs*, et celui de *répulsifs* aux cristaux négatifs.

Dispersion. — Si la théorie de Fresnel était rigoureuse, l'élasticité optique du milieu dans lequel se fait la propagation lumineuse ne pouvant pas varier avec la couleur du rayon, c'est-à-dire avec la période du mouvement vibratoire, il en résulterait que la vitesse de propagation serait indépendante de la couleur de la lumière. C'est en effet ce qui a lieu pour la propagation des vibrations sonores. On sait qu'il n'en est pas ainsi pour les vibrations lumineuses dont l'inégale vitesse de propagation donne lieu au phénomène connu sous le nom de *dispersion*. Toutefois la dispersion n'existe pas dans le vide, ainsi que le montre l'observation des étoiles dont l'éclat varie très rapidement, comme *Algol*, qui passe en trois heures et demie de la seconde à la quatrième grandeur. Ces variations d'éclat seraient nécessairement accompagnées de changements de coloration si les rayons différemment colorés employaient des temps inégaux pour parcourir la distance qui sépare l'étoile de la terre; on n'a constaté aucun changement de cette nature. La dispersion est donc due à la présence, dans l'éther, des molécules pondérables des corps.

Fresnel a le premier indiqué la cause probable à laquelle la dispersion doit être rapportée. Il fit remarquer que les ondes lumineuses diffèrent des ondes sonores par la grandeur incomparablement moindre de leurs longueurs d'ondulation ; celles-ci ne sont donc plus, comme celles du son, très petites par rapport aux rayons d'activité des forces moléculaires. Dans la propagation d'une vibration rectiligne lumineuse, si nous considérons deux molécules pondérables séparées, suivant la direction de propagation, par une distance r, moindre que le rayon d'activité des forces moléculaires, ces molécules peuvent avoir, au même instant, des déplacements assez différents l'un de l'autre pour que la variation de position mutuelle qui résulte de cette différence influe sur la force élastique. Cette force, qui règle la vitesse de propagation, ne dépend donc pas seulement de la structure du corps ; elle dépend encore de la nature et plus particulièrement de la longueur d'onde des vibrations que ce milieu transmet.

Cauchy a traduit cette indication de Fresnel dans une théorie très complète et dont nous nous bornerons à donner ici une idée.

On considère une série de molécules alignées suivant la direction de propagation d'une vibration rectiligne. Le déplacement ε de la molécule qui vibre à l'origine en O est, à l'instant t,

$$\varepsilon = A \sin 2\pi \frac{t}{T} = A \sin 2\pi \frac{vt}{\lambda}.$$

A ce même instant, la molécule située sur la direction de propagation à une distance de O égale à r, éprouve un déplacement

$$\varepsilon' = A \sin 2\pi \frac{t - \frac{r}{v}}{T} = A \sin \frac{2\pi}{\lambda}(vt - r);$$

on a donc :

$$\varepsilon - \varepsilon' = \varepsilon\left(1 - \cos\frac{2\pi}{\lambda} r\right) + A \cos\frac{2\pi}{\lambda} vt \sin\frac{2\pi}{\lambda} r.$$

La force élastique développée, sur la molécule située en O, par le déplacement mutuel des deux molécules considérées, et évaluée suivant le déplacement, est proportionnelle à $\varepsilon - \varepsilon'$; la force élastique totale s'exerçant sur O est donc une somme de termes, en nombre infini, dont chacun se compose d'une valeur de $\varepsilon - \varepsilon'$ correspondant à une valeur particulière de r, multipliée par un certain facteur M. On peut donc écrire :

$$f = \varepsilon \Sigma M \left(1 - \cos 2\pi \frac{r}{\lambda}\right) + \Sigma MA \cos 2\pi \frac{vt}{\lambda} \sin 2\pi \frac{r}{\lambda}.$$

Le second terme de cette expression est nul, car à chaque terme de la somme pour lequel r est positif et qui provient d'une molécule située sur la direction de propagation, en correspond un autre pour lequel r a une valeur égale mais de signe contraire, et qui provient d'une molécule située sur la direction opposée à celle de la propagation.

Reste donc le premier terme. Pour les ondes sonores $\frac{r}{\lambda}$ est négligeable, et f est proportionnel à ε et indépendant de λ; pour les ondes lumineuses, $\frac{r}{\lambda}$ n'est plus négligeable, mais il est petit, et l'on peut développer $1 - \cos 2\pi \frac{r}{\lambda}$ suivant les puissances croissantes de $\frac{r}{\lambda}$, ce qui donne

$$1 - \cos 2\pi \frac{r}{\lambda} = P \frac{r^2}{\lambda^2} - Q \frac{r^4}{\lambda^4} + R \frac{r^6}{\lambda^6} \dots,$$

d'où l'on déduit

$$f = \varepsilon \left(\frac{1}{\lambda^2} \Sigma MPr^2 - \frac{1}{\lambda^4} \Sigma MQr^4 + \dots\right).$$

On a vu (page 105) que

$$v^2 = \frac{\lambda^2}{4\pi^2 m} \cdot \frac{f}{\varepsilon};$$

on aura donc pour v^2 une expression de la forme

$$v^2 = A + B \frac{1}{\lambda^2} + C \frac{1}{\lambda^4} + \dots$$

La somme des termes qui suivent le premier étant petite, on peut prendre par approximation la racine du second membre, ce qui donne

$$v = A' + B' \frac{1}{\lambda^2} + C' \frac{1}{\lambda^4} + \dots$$

La vitesse de propagation dans le vide étant indépendante de λ, la formule qui précède peut aussi représenter le rapport de la vitesse de propagation absolue dans le milieu à la vitesse de propagation dans le vide, ou, ce qui équivaut presque, dans l'air.

On peut, en général, se borner au second terme de la série qui donne v; ce terme est nécessairement négatif, puisque la vitesse de propagation croît avec la longueur d'onde. On peut donc poser

$$v = g - h\frac{1}{\lambda^2},$$

g et h étant des coefficients que l'expérience doit faire connaître.

Cette expression s'applique aux corps isotropes comme aux corps cristallisés; mais dans ces derniers une complication nouvelle intervient, car après avoir déterminé les constantes pour la vitesse de propagation d'une vibration rectiligne déterminée, il faudra en déterminer de nouveaux pour représenter la vitesse de propagation d'une autre vibration.

Toutefois, pour chaque valeur de λ, il existe un certain ellipsoïde d'élasticité et un certain ellipsoïde principal. Supposons que le cristal appartienne à un système à axe principal ou au système terbinaire, tous ces ellipsoïdes, par des raisons de symétrie connues, ont leurs axes dirigés de la même façon. Si le système de cristallisation est terbinaire par exemple, on pourra représenter les vitesses de propagation, a, b, c, suivant les axes communs par des expressions de la forme

$$a = g_a - h_a\frac{1}{\lambda^2},$$

$$b = g_b - h_b\frac{1}{\lambda^2},$$

$$c = g_c - h_c\frac{1}{\lambda^2}.$$

Les 6 coefficients qui entrent dans ces formules suffiront à déterminer les ellipsoïdes correspondant à toutes les valeurs de λ. Beer a montré que ces formules satisfont en effet convenablement aux observations pour les cristaux dont les constantes optiques correspondant aux diverses couleurs sont bien connues, tels que le quartz, la calcite, l'aragonite et la topaze.

Si le cristal appartient à l'un des systèmes binaire ou asymétrique, il y a des axes d'élasticité dont la symétrie du cristal ne détermine plus la direction; les directions de ces axes peuvent alors varier avec λ. L'observation doit dans ce cas déterminer non-seulement les grandeurs des axes des ellipsoïdes correspondant aux diverses valeurs de λ, mais encore les angles que font ces axes avec ceux d'un des ellipsoïdes pris comme point de départ. En général ces angles sont petits et varient dans le même sens lorsqu'on passe successivement du rouge, pour lequel λ est le plus grand, au violet, pour lequel λ est le plus petit. Nous aurons à revenir plus tard sur ce sujet important.

SURFACE DE L'ONDE. — RAYONS LUMINEUX.

Surface de l'onde. — On a bien rarement besoin de pousser l'étude théorique des phénomènes de double réfraction plus loin qu'on ne l'a fait dans ce qui précède. Bien que les résultats déjà obtenus soient les seuls qui nous soient nécessaires pour les études ultérieures, il paraît utile de ne pas laisser incomplète une théorie aussi importante. La première lacune grave qu'il y ait à combler est la détermination de la direction du *rayon* qui se propage dans un milieu biréfringent.

Après avoir considéré la propagation lumineuse comme produite par la propagation d'une multitude d'ondes planes partant en même temps de l'origine des vibrations et se répandant dans tout l'espace, on a déterminé théoriquement la vitesse avec laquelle chaque onde plane, restant toujours parallèle à elle-même, s'éloigne de l'origine ; c'est ce qu'on a appelé la vitesse de propagation normale.

Si l'on considère toutes les ondes planes, ayant toutes les orientations possibles, et partant de l'origine des vibrations à une même époque que l'on prendra pour l'origine des temps, elles occupent une certaine position dans l'espace à la fin de l'unité de temps, et cette position est déterminée par la surface des vitesses normales, comme il a été dit plus haut. Tous ces plans enveloppent une certaine surface que l'on appelle la *surface de l'onde*. En se servant de la théorie des interférences, on démontre que si $A'_1a'_1$ (fig. 31) est le plan tangent en A'_1 à la surface de l'onde S, la seule partie efficace des vibrations que propagent les ondes planes parallèles à $A'_1a'_1$ est celle qui se transmet suivant la direction menée de l'origine O au point de tangence A'_1, de sorte qu'un écran placé entre O et A'_1 supprimerait toute la lumière transmise directement à A'_1; OA'_1 est ce qu'on appelle la direction du rayon lumineux dont $O a'_1$ perpendiculaire au plan de l'onde est la direction de propagation normale.

On a vu que le point a'_1, qui appartient à la surface des vitesses normales, est la position que le point a_1 (fig. 22, page 107) vient occuper lorsqu'on fait tourner Oa_1 de 90° dans le plan $A'Oa_1$ qui contient le déplacement élastique et la force élastique qu'il engendre. Nous allons montrer que A'_1 est la position que prend OA_1 après une rotation de 90°

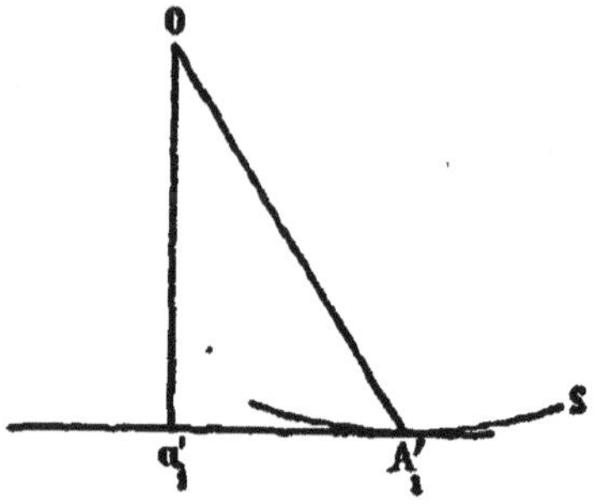

Fig. 31.

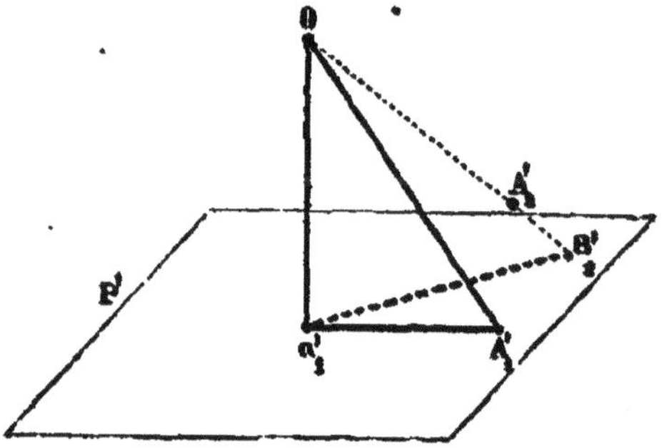

Fig 32.

dans le même plan, de sorte que le triangle $Oa'_1 A'_1$ est la position que vient prendre le triangle Oa_1A_1 après une rotation de 90°.

Pour démontrer ce théorème, il suffit de montrer que le plan P' (fig. 32), normal à Oa'_1 et mené suivant $a'_1 A'_1$, est tangent en A'_1 à la surface qui est le lieu des points A'_1 ; c'est-à-dire que si A'_2 est un point du lieu infiniment voisin de A'_1, la droite OA'_2 rencontre le plan P' en un point B'_2 tel que la longueur $A'_2 B'_2$ est un infiniment petit du second ordre, si la distance $A'_1 A'_2$ est du premier. Le point A'_2 correspond à un point A_2 de l'ellipsoïde principal très voisin de A_1, et comme l'ellipsoïde est tangent au plan P mené suivant A_1a_1 perpendiculairement à Oa_1, le rayon vecteur OA_2 rencontre ce plan en un point B_2 tel que $B_2 A_2$ est un infiniment petit du second ordre. Si l'on démontre que l'angle que fait OA'_2 avec Oa'_1 ne diffère que d'un infiniment petit du second ordre de l'angle que fait OA_2 avec Oa_1, la différence entre OB_2 et OB'_2 ne sera que du 2e ordre, et en vertu de l'égalité $OA_2 = OA'_2$, la différence $OB'_2 - OA'_2$ sera du 2e ordre comme $OB_2 - OA_2$.

Soit (fig. 31), sur une sphère décrite du point O comme centre, A_1, A_2, a_1, a_2 et A'_1, A'_2, a'_1, les traces des rayons vecteurs OA_1, OA_2, etc. Les plans A_1Oa_1 et A_2Oa_2 deviennent sur la sphère deux grands cercles qui font entre eux un très petit angle α et qui se rencontrent suivant le diamètre mm'.

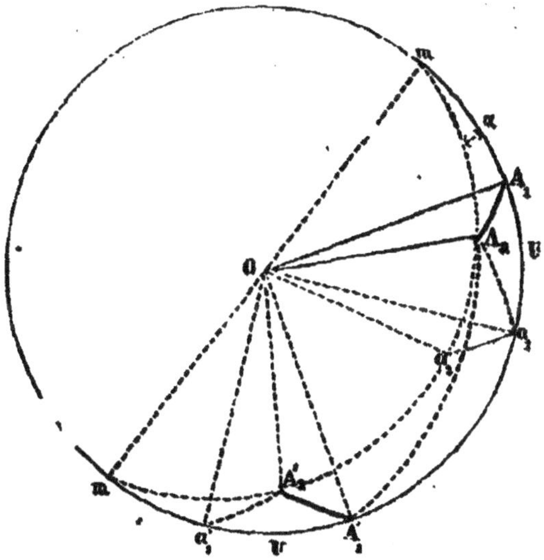

Fig. 33.

Dans le triangle sphérique $A_1 A_2 a_1$ où $A_1 a_1 = U$, on a :

$$\cos a_1A_2 = \cos U \cos A_1A_2 + \sin U \sin A_1A_2 \cos A_1;$$

dansle triangle $A'_1 A'_2 a'_2$, où $A'_1 a'_1 = U$, on a :

$$\cos a'_1 A'_2 = \cos U \cos A'_1 A'_2 + \sin U \sin A'_1 A'_2 \cos A_1.$$

Si l'on mène le grand cercle $A_2 A'_1$, on a deux triangles $A_2 A'_1 A'_2$ et $A_2 A'_1 A_1$ qui ont le côté $A_2 A'_1$ commun et qui sont rectilatères en $A_2 A'_2$ et $A_1 A'_1$; ils donnent :

$$\cos A_2A_1 = -\sin A_1A_2 \cos A_1 = -\sin A'_1 A'_2 \cos A'_2.$$

On en déduit :

$$\cos a_1A_2 = \cos U \cos A_1A_2 + \sin U \sin A'_1A'_2 \cos A'_2,$$

et par conséquent :

$$\cos a'_1A'_2 - \cos a_1A_2 = \cos U(\cos A'_1A'_2 - \cos A_1A_2) + \sin U \sin A'_1A'_2(\cos A'_1 - \cos A'_2)$$

Or la surface S du triangle sphérique $A'_1 m A'_2$ est :

$$S = A'_1 + A'_2 + \alpha - \pi,$$

et comme S et α sont infiniment petits, on a :

$$A'_2 = \pi - A'_1 + \beta,$$

β étant infiniment petit.

Dans l'équation ci-dessus, le 1er membre, $\cos a'_1 A'_2 - \cos a_1 A_2$, est le double de produit de deux sinus, $\sin \dfrac{a'_1 A'_2 + a_1 A_2}{2} \sin \dfrac{a_1 A_2 - a'_1 A'_2}{2}$; dans le 2e membre, $\cos A'_1 A'_2 - \cos A_1 A_2$ est le produit de deux sinus infiniment petits et est par conséquent du 2e ordre; $\cos A'_1 - \cos A'_2$ est du 1er ordre, mais multiplié par $\sin A'_1 A'_2$ il donne un terme du 2e ordre. Le second membre étant du 2e ordre, il en est de même du premier et par conséquent de $\sin \dfrac{a_1 A_2 - a'_1 A'_2}{2}$ ou de $a_1 A_2 - a'_1 A'_2$, C. Q. F. D.

Équation de la surface de l'onde. — L'équation de la surface de l'onde s'obtient d'une manière tout à fait analogue à celle qui nous a donné l'équation de la surface des vitesses normales. On cherche les cosinus u', v', w', des angles que fait avec les axes la direction $A'a'$ (fig. 22, page 107) parallèle au rayon vecteur $OA'_1 = \rho_1$ de la surface de l'onde. Les coordonnées de A' sont :

$$\frac{x_1}{a^2}, \quad \frac{y_1}{b^2}, \quad \frac{z_1}{c^2};$$

et, à cause de la relation

$$Oa' = \frac{1}{\rho},$$

les coordonnés de a' sont :

$$\frac{m}{\rho_1}, \quad \frac{n}{\rho_1}, \quad \frac{p}{\rho_1}.$$

On a donc :

$$m\rho_1 \left(\frac{1}{\rho_1} - \frac{1}{a^2}\right) = u' \times A'a',$$

$$n\rho_1 \left(\frac{1}{\rho_1^2} - \frac{1}{b^2}\right) = v' \times A'a',$$

$$p\rho_1 \left(\frac{1}{\rho_1^2} - \frac{1}{c^2}\right) = w' \times A'a',$$

et, en écrivant que la direction OA_1 est perpendiculaire sur OA'_1, on obtient :

$$\frac{u'^2}{\frac{1}{\rho_1^2}-\frac{1}{a^2}}+\frac{v'^2}{\frac{1}{\rho_1^2}-\frac{1}{b^2}}+\frac{w'^2}{\frac{1}{\rho_1^2}-\frac{1}{c^2}}=0,$$

équation polaire de la surface de l'onde.

L'équation de la surface de l'onde n'est autre que celle de la surface des vitesses normales dans laquelle on a changé r en $\frac{1}{\rho}$, a en $\frac{1}{a}$, b en $\frac{1}{b}$ et c en $\frac{1}{c}$. Toute relation trouvée entre le rayon vecteur et les paramètres de cette dernière surface deviendra une relation applicable à la surface de l'onde en y faisant les mêmes changements.

Directions des deux vibrations correspondant à une même direction du rayon. — Un plan perpendiculaire à OA'_1 coupe l'ellipsoïde principal D_1 suivant une ellipse C_1 dont OA_1 est l'un des axes ; le théorème se démontrerait comme le théorème analogue relatif aux vitesses normales. Cette droite OA_1 marque la direction de la force élastique que développe la vibration rectiligne dirigée suivant OA'. Le second axe de l'ellipse déterminé dans l'ellipsoïde principal par le plan normal à OA'_1 marque la direction de la force élastique correspondant à une autre vibration rectiligne qui se transmet aussi suivant OA'_1. Les directions des deux vibrations rectilignes qui se transmettent ainsi suivant le même rayon OA'_1 ne sont pas perpendiculaires entre elles, mais elles sont contenues respectivement dans les deux plans perpendiculaires entre eux menés par le rayon vecteur et les deux axes de l'ellipse C_1. Comme d'ailleurs l'angle que fait le déplacement avec la force élastique est toujours petit, les deux vibrations rectilignes seront sensiblement perpendiculaires entre elles. On peut donc dire qu'un même rayon transmet deux vibrations rectilignes sensiblement perpendiculaires entre elles. La direction de chacune de ces vibrations, telle que $A'_1 a'_1$, s'obtient aisément en projetant le rayon vecteur de la surface de l'onde sur le plan tangent à l'extrémité de ce rayon vecteur.

Il faut ajouter que le plan tangent à la surface de l'onde n'étant pas exactement normal au rayon vecteur correspondant, les vibrations lumineuses, dans un milieu cristallin, ne sont pas rigoureusement transversales ; elles approchent seulement de l'être parce que l'angle $A'_1 O' a'_1$

étant très petit, le plan tangent en A'_1 n'est pas très éloigné d'être normal à OA'_1.

Forme de la surface de l'onde. — La discussion de la surface de l'onde se ferait comme celle de la surface des vitesses normales. On suppose toujours que l'axe maximum a est dirigé suivant l'axe des x, l'axe moyen b suivant l'axe des y, l'axe minimum c suivant l'axe des z. Les plans coordonnés étant des plans de symétrie, on se borne à chercher la forme de la surface dans l'octant antérieur supérieur droit.

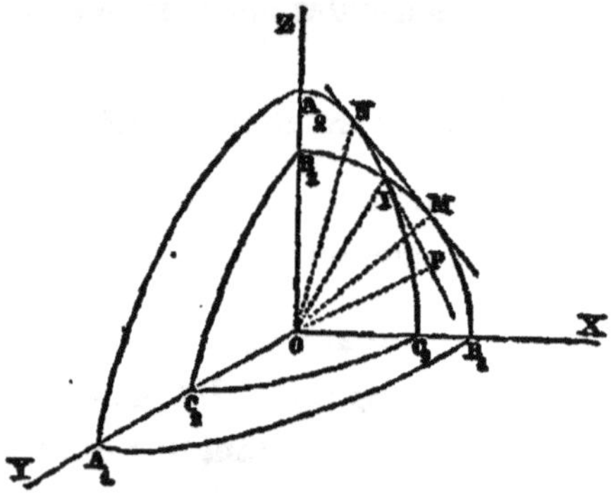

Fig .34.

Pour obtenir l'intersection de la surface de l'onde avec le plan des xy, il suffit de remarquer que les rayons vecteurs situés dans le plan xy sont normaux à toutes les sections de l'ellipsoïde D_1 menées suivant OZ ; toutes ces ellipses ont un axe commun c ; l'autre axe est l'un des rayons vecteurs de l'ellipse principale située dans le plan xy. La section de la surface de l'onde par le plan xy s'obtiendra donc en menant d'abord un cercle de rayon égal à c, et portant ensuite sur chaque rayon vecteur une longueur égale à celle du rayon de l'ellipse principale de D_1 qui lui est perpendiculaire. On obtient ainsi l'ellipse principale elle-même, mais tournée de 90°, c'est-à-dire ayant l'axe b dirigé suivant Ox et l'axe a suivant Oy. Cette ellipse est extérieure au cercle de rayon c.

On verra de même que l'intersection par le plan yz se compose d'un cercle de rayon égal à a, et d'une ellipse dont l'axe b est dirigé suivant Oz, et l'axe c suivant Oy. Le cercle est extérieur à l'ellipse.

L'intersection par le plan xz se compose encore d'un cercle de rayon égal à b et d'une ellipse ayant un axe égal à a suivant l'axe des z, et un axe égal à c suivant l'axe des x. Le cercle et l'ellipse se coupent en un point I (fig. 34). Le rayon vecteur OI de l'ellipse étant égal à b, est normal à celui des rayons vecteurs de l'ellipse principale de D_1 située dans le plan xz qui a pour longueur b et par conséquent au plan mené par ce rayon vecteur et l'axe b de l'ellipsoïde. La direction OI est donc perpendiculaire à l'une des sections circulaires de l'ellipsoïde D_1.

Axes de réfraction extérieure. — L'équation de l'ellipse située dans le plan méridien des zx est

$$\rho^2\left(\frac{\cos^2\omega}{c^2}+\frac{\sin^2\omega}{a^2}\right)=1,$$

ω étant l'angle du rayon vecteur avec l'axe des x; en faisant $\rho = b$ dans cette équation, on trouve pour la valeur correspondante de ω, laquelle est égale à IOX,

$$\text{tg IOX}=\frac{a}{c}\sqrt{\frac{b^2-c^2}{a^2-b^2}} \text{ (1)}.$$

Il y a, symétriquement placés dans les 4 quadrants formés par les axes des x et des z, 4 points I qui sont les ombilics de la surface de l'onde.

Ces 4 points correspondent à deux droites telles que OI que l'on nomme *axes de réfraction extérieure*. Les points I sont des points singuliers de la surface de l'onde; et de chacun d'eux on peut mener un nombre infini de plans tangents à cette surface. En projetant le rayon OI sur chacun de ces plans tangents, on a la direction d'une vibration qui se propage suivant la direction OI. Il est aisé de voir comment sont placées toutes ces vibrations ainsi que les vitesses de propagation correspondantes qui sont les normales à chacun des plans tangents à la surface de l'onde.

Soit en effet $\alpha\beta\gamma$ (fig. 35) une des sections circulaires de l'ellipsoïde D_1 et OI la droite normale qui est l'axe de réfraction extérieure correspondant. Tous les rayons de la section circulaire sont des axes de symétrie et peuvent, par conséquent, correspondre à une vibration transmise suivant OI.

Soit $O\alpha$ l'intersection de la section circulaire avec le plan des zx, le plan tangent à l'ellipsoïde en α coupe ce plan suivant une droite $\alpha\varpi$. Les plans tangents à l'ellipsoïde en chacun des points de la section circulaire ont pour enveloppe un cylindre dont les génératrices sont parallèles à $\alpha\varpi$ et dont la section droite est une certaine ellipse $\beta\varpi$. Les normales menées à ces plans tangents par le point O sont les normales à l'ellipse $\beta\varpi$.

Soit OA_1 un rayon quelconque de la section circulaire; menons la génératrice A_1m du cylindre, puis, au point m, la tangente à l'ellipse

1. On aurait pu déduire cette équation de celle qui donne $tg\ \widehat{\text{MOX}}$ (page 113) en changeant dans celle-ci a, b, c en $\frac{1}{a}$, $\frac{1}{b}$, $\frac{1}{c}$, conformément à la remarque faite plus haut.

de la section droite, et enfin la normale Oa_1 à cette tangente. La droite Oa_1 étant normale au plan tangent A_1ma_1, et OA_1 étant normale à la tangente au cercle en A_1, cette tangente est perpendiculaire au plan OA_1a_1, qui se trouve ainsi perpendiculaire sur le plan de la section circulaire et renferme OI. Le plan OA_1a_1 est donc bien le plan de vibra-

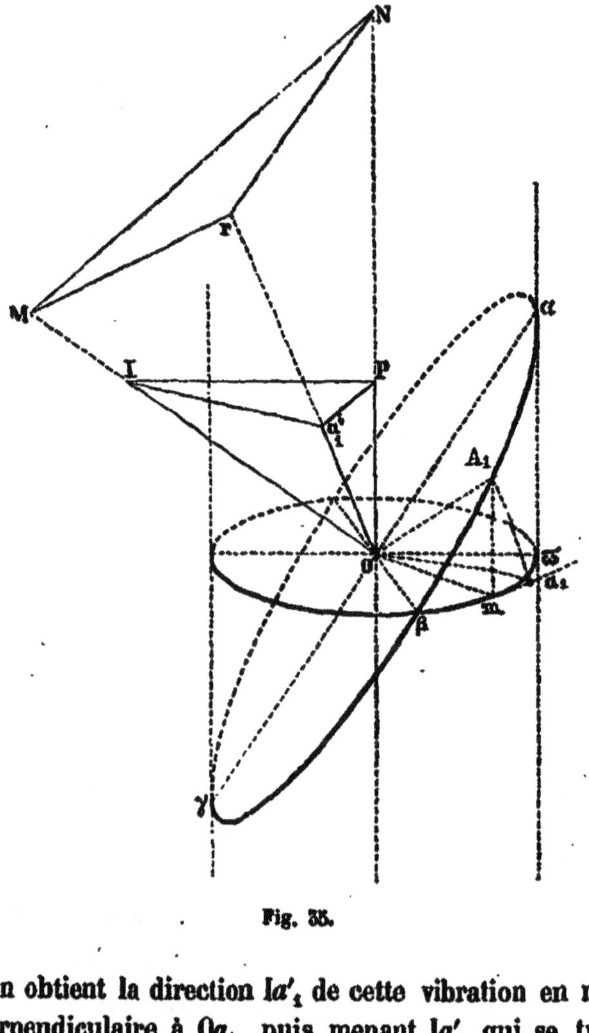

Fig. 35.

tion, et l'on obtient la direction Ia'_1 de cette vibration en menant Oa'_1 égal et perpendiculaire à Oa_1, puis menant Ia'_1 qui se trouve ainsi parallèle à Oa_1 puisque OI est égal à OA_1.

On voit que les vibrations transmises suivant la direction OI sont toutes parallèles à un même plan normal à OP menée parallèle à $\alpha\varpi$. On obtient facilement OP en menant en I (fig. 34) la tangente à l'ellipse qui avec le cercle de rayon b représente l'intersection de la surface de l'onde par le plan ZX, puis menant OP normal à cette tangente.

Pour trouver la direction de la vitesse de propagation de chacune de ces vibrations, nous remarquons que Oa'_1 est la vitesse correspondant à la vibration Ia'_1; que le triangle POa'_1 est semblable au triangle A_1ma_1, et que par conséquent Pa'_1 est parallèle à ma_1; on en déduit que Pa'_1 est perpendiculaire sur Ia'_1. Le point a'_1 se trouve donc dans un plan normal à OP sur une circonférence de cercle décrit avec IP comme diamètre. Cette circonférence est la section circulaire du cône du 2ᵉ degré formé par les directions des vitesses de propagation telles que Oa'_1 correspondant à toutes les vibrations transmises suivant OI.

Si, dans le plan zx, on mène la tangente commune MN au cercle et à l'ellipse qui forment sur ce plan la trace de la surface de l'onde, le plan mené suivant MN perpendiculairement au plan zx est tangent en N à la surface de l'onde, et perpendiculaire en M au rayon OM. Le rayon OM représente donc en grandeur et en direction la vitesse de propagation de la vibration dirigée suivant MN; c'est donc un rayon vecteur de la surface des vitesses normales, et puisque ce rayon est égal à b, il est perpendiculaire à l'une des sections circulaires de l'ellipsoïde inverse E, section dont le rayon est $\frac{1}{b}$. C'est la direction de ce que l'on a appelé l'axe optique.

Mais le plan MN est non seulement tangent à la surface de l'onde aux points M et N; il touche encore la surface suivant une certaine courbe. Il est clair en effet que si nous considérons la section circulaire de l'ellipsoïde E dont tous les rayons sont des axes, chacun de ces rayons correspond à une vibration rectiligne, et ces vibrations, comprises dans le plan de la section circulaire, se propagent avec une vitesse normale qui est la même pour toutes, et qui est représentée en grandeur et en direction par OM. Toutes ces vibrations seront représentées par des droites menées par M perpendiculairement à OM, et allant toucher la surface de l'onde en un autre point. Le lieu de tous ces points est la courbe de contact de la surface de l'onde et du plan normal à OM mené en M.

Il est aisé de trouver la nature de cette courbe. Supposons en effet que, dans la fig. 35, $\alpha\beta\gamma$ représente la section circulaire de E; nous verrons, comme précédemment, que, pour avoir la direction du rayon correspondant à une vibration quelconque OA_1 dirigée dans le plan de la section, il faut prendre sur la normale à cette section une longueur $OM = \frac{1}{OA_1}$; puis mener dans le plan MOA_1 une droite perpendiculaire sur OA_1, et prendre sur cette droite une longueur $Or = \frac{1}{Oa_1}$. La droite Or est la direction du rayon, et le point r l'un des points de tangence, avec la surface de l'onde, du plan mené en M perpendiculairement à OM.

Or Mr, étant perpendiculaire à OM, est parallèle à OA_1. Le plan MNr étant parallèle au plan $\alpha\beta\gamma$, et le plan RON étant parallèle au plan mA_1a_1, la droite Nr est parallèle à la tangente au cercle menée en A_1. Les droites Mr et Nr sont donc perpendiculaires l'une sur l'autre et le point r se trouve sur un cercle dont MN est le diamètre.

Remarques d'Hamilton. Expériences de Lloyd. — Lorsqu'un rayon lumineux tombe sur la surface de séparation d'un milieu cristallisé sous une incidence telle que l'onde plane résultante se propage dans ce milieu suivant un axe optique, cette onde plane est unique. Elle transmet des vibrations orientées d'une manière quelconque dans son plan, et par conséquent propage de la lumière non polarisée.

Supposons que le milieu cristallisé soit une lame à faces parallèles. Si IS (fig. 36) est le rayon incident, à l'onde plane se propageant dans le cristal correspondra un nombre infini de rayons réfractés formant

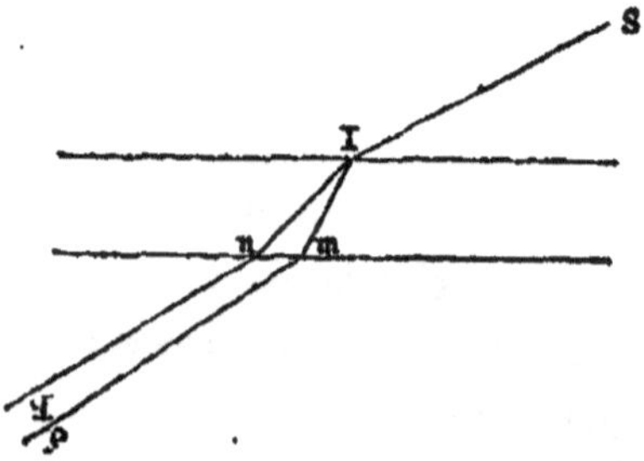

Fig. 36.

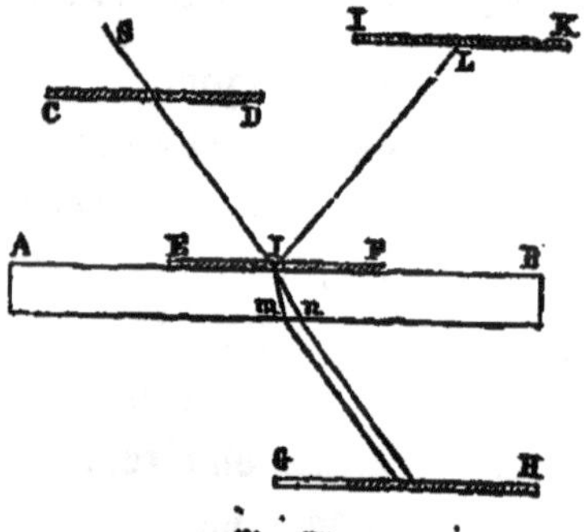

Fig. 37.

les génératrices d'un cône du second degré mIn. Après l'émergence, chacun de ces rayons donnera un rayon émergent parallèle à IS, et il est évident que tous ces rayons formeront un cylindre creux du second degré.

On peut tirer de là une vérification très curieuse de la théorie de la double réfraction. Supposons que la lame cristalline soit taillée de telle sorte que les deux faces parallèles soient perpendiculaires au plan des axes a et c d'élasticité optique. On recouvre la surface de la lame d'un écran EF (fig. 37) percé en I d'une très petite ouverture, et l'on fait tomber en I un faisceau très mince limité par un écran CD placé à une certaine distance du cristal. En faisant glisser dans son plan la lame et son écran, on fait varier à volonté l'angle d'incidence du faisceau SI. On mesure cet angle en recevant sur un écran IK, l'image L du point I et mesurant l'angle SIL qui est le double de l'angle d'incidence.

Les rayons émergeant de la lame sont reçus sur un écran GH parallèle à la surface de la lame. En général, on voit se dessiner sur cet écran deux points lumineux. Mais en faisant varier lentement l'angle d'incidence, on voit, pour une valeur particulière de cet angle, les deux points se réunir et former une ellipse brillante continue.

On v it pour quelle raison les axes optiques sont appelés quelquefois axes de réfraction conique intérieure.

Si le plan de l'onde transmise par le milieu cristallisé est tangent à la surface de l'onde en un point I, le rayon transmis dans le milieu est unique et coïncide avec l'axe de réfraction extérieure. Mais il y a une infinité de plans qui sont tangents à la surface de l'onde au point I, il y a donc une infinité d'ondes planes transmises, bien qu'il n'y ait qu'un seul rayon. A chacune de ces ondes planes correspond un rayon incident. Il y a donc un nombre infini de rayons incidents correspondant tous à un seul et même rayon réfracté dirigé suivant une ligne OI. Tous ces rayons forment les génératrices d'un cône du deuxième degré. On verrait de même qu'un rayon unique dirigé suivant OI donne à l'émergence un cône de rayons lumineux.

De là une expérience remarquable. La lame qui a servi dans l'expérience précédente reçoit en un point A (fig. 38) un cône de rayons rendus divergents par une lentille convenable. Les rayons ressortent de la lame en traversant une très petite ouverture pratiquée en B dans un écran CD fixé sur la face d'émergence. En faisant glisser la lame parallèlement à elle-même, on trouve une position pour laquelle le rayon AB transmis dans l'intérieur du cristal est dirigé suivant un axe de réfraction conique extérieure, et alors le rayon émergent s'épanouit en formant un faisceau creux qui dessine un anneau lumineux sur un écran EF. Cet anneau augmente de diamètre lorsqu'on éloigne de la lame l'écran EF, et le diamètre est à chaque instant proportionnel à la distance qui sépare la lame de l'écran.

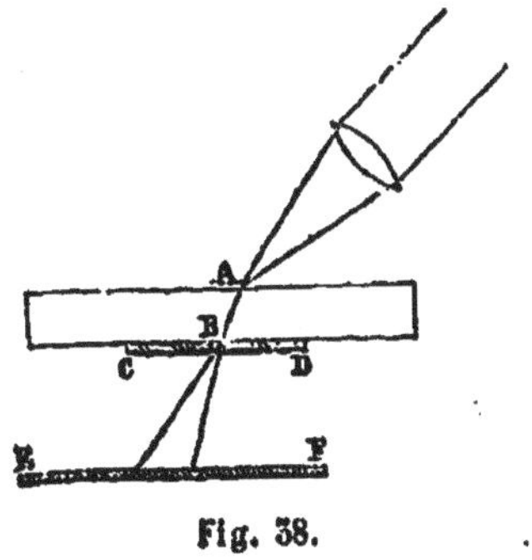

Fig. 38.

Tous ces phénomènes indiqués, d'après la théorie, par Hamilton, ont été observés par Lloyd, et sont venus confirmer d'une façon éclatante la théorie de Fresnel.

Dans les cristaux à axe principal, les deux axes optiques, de même que les axes de réfraction conique extérieure, se réduisent à une seule direction qui est celle de l'axe principal. Un faisceau lumineux traversant le cristal suivant cette direction, ne se dédouble ni à l'entrée ni à la sortie, et peut transmettre de la lumière polarisée dans toutes les directions.

Détermination des directions des deux rayons réfractés correspondant à un rayon incident. — Une onde plane se dédouble généralement, lorsqu'elle pénètre dans un milieu cristallisé, en deux ondes dont chacune correspond à un rayon réfracté. Pour trouver les directions de ces deux rayons réfractés provenant d'un rayon incident unique, il suffit, en répétant la construction employée précédemment pour trouver les deux ondes planes, de mener en P (fig. 27, page 125) la surface de l'onde; les deux ondes planes perpendiculaires au plan d'incidence et menées par le point M à une distance de MP égale à $\frac{l}{\sin l'}$, viennent toucher la surface de l'onde en deux points; les rayons vecteurs menés par ces deux points sont les directions des rayons réfractés. Ils ne sont pas, en général, contenus dans le plan d'incidence. Cette particularité se présente cependant quand le plan d'incidence est l'un des plans de symétrie de la surface de l'onde.

On peut encore résoudre le problème en déduisant les deux directions des rayons lumineux réfractés de la connaissance des deux directions de propagation des ondes planes. On sait en effet que le rayon lumineux et la direction de propagation sont dans un même plan avec la direction de vibration, et la direction de vibration est connue lorsqu'on donne celle de la propagation. Il ne reste plus qu'à connaître l'angle U que fait la direction de propagation avec celle du rayon, et dont nous allons chercher la valeur.

Formules de Mac-Cullagh donnant l'angle U compris entre la direction de propagation normale et celle du rayon lumineux. — Reprenons l'équation de la page 109,

$$\frac{m'}{r}(a^2 - r^2) = -u \times A_1 a_1 \qquad \text{ou} \qquad -m' = \frac{u}{a^2 - r^2} \cdot A_1 a_1 \cdot r,$$

que l'on peut encore écrire :

$$-m' = \frac{ur^2}{a^2 - r^2} \cdot \operatorname{tg} U'.$$

Si nous formons les équations analogues en n' et p', si ensuite nous élevons au carré les membres de chacune des trois équations ainsi obtenues, et si enfin nous les ajoutons membre à membre, nous obtiendrons :

$$1 = r^2 \operatorname{tg}^2 U' \left(\frac{u^2}{(a^2 - r^2)^2} + \frac{v^2}{(b^2 - r^2)^2} + \frac{w^2}{(c^2 - r^2)^2} \right).$$

Or, si nous appelons r' et r'' les deux valeurs de r correspondant à u, v, w, on trouve

$$S \frac{u^2}{(a^2 - r'^2)^2} = \frac{r''^2 - r'^2}{(r'^2 - a^2)(r'^2 - b)(r'^2 - c^2)},$$

en désignant par $S \frac{u^2}{(a^2 - r'^2)^2}$ la somme des trois termes $\frac{u^2}{(a^2 - r'^2)^2}$, $\frac{v^2}{(b^2 - r'^2)^2}$, $\frac{w^2}{(c^2 - r'^2)^2}$ [1]. Si l'on appelle θ' et θ'' lesang les que fait la direction $(u\ v\ w)$ avec les axes optiques, il est aisé de voir que l'on a :

$$r'^2 - a^2 = -\frac{a^2 - c^2}{2}[1 + \cos(\theta' - \theta'')],$$

$$r'^2 - c^2 = \frac{a^2 - c^2}{2}[1 - \cos(\theta' - \theta'')],$$

$$r'^2 - b^2 = a^2 - b^2 - \frac{a^2 - c^2}{2}[1 + \cos(\theta' - \theta'')].$$

On connait d'ailleurs la relation :

$$r'^2 - r''^2 = (a^2 - c^2) \sin \theta' \sin \theta''.$$

On peut donc écrire :

$$r'^2 \operatorname{tg}^2 U' = \frac{(a^2 - c^2)^2 \sin(\theta' - \theta'') \left[\frac{a^2 - b^2}{a^2 - c^2} - \cos^2 \frac{\theta' + \theta''}{2} \right]}{8 \sin \theta' \sin \theta''}$$

En appelant v l'angle de l'axe optique avec l'axe des x; $\frac{a^2 - b^2}{a^2 - c^2} = \cos^2 v$ et la parenthèse du numérateur devient :

$$\cos^2 v - \cos^2 \frac{\theta' - \theta''}{2} = \frac{1}{2}[\cos 2v - \cos(\theta' - \theta'')];$$

[1] V. Lamé. — *Théorie mathématique de l'élasticité*, pages 237 et 238.

d'où l'on déduit :

$$r'^2 \operatorname{tg}^2 U' = \frac{(a^2 - c^2)^2 \sin^2 (\theta' - \theta'') [\cos (\theta' - \theta'') - \cos 2v]}{16 \sin \theta' \sin \theta''}$$

Or, si nous représentons sur la surface d'une sphère (fig. 39) les traces P, A_1, A_2, de la direction OP (u, v, w), et des directions des axes optiques OA_1 et OA_2, nous aurons dans le triangle sphérique PA_1A_2, en appelant ψ l'angle $A_1 PA_2$:

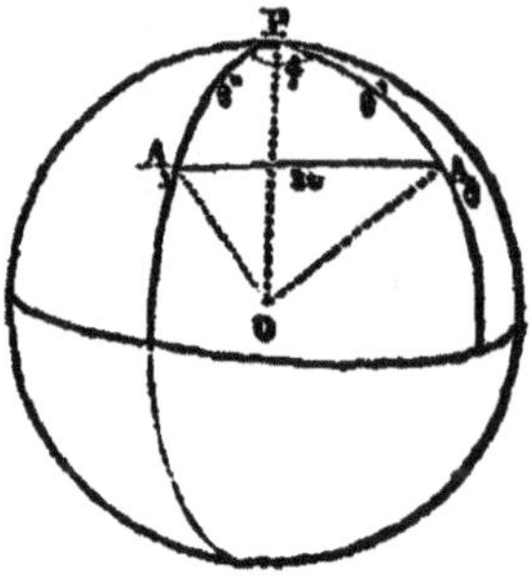

Fig. 39.

$$\cos v = \cos \theta' \cos \theta'' - 2 \sin \theta' \sin \theta'' \sin^2 \frac{1}{2} \psi.$$

ou :

$$\cos (\theta' - \theta'') - \cos 2v = 2 \sin \theta' \sin \theta'' \sin^2 \frac{1}{2} \psi.$$

Portant dans la valeur de $r'^2 \operatorname{tg}^2 U'$, il vient :

$$4r'^2 \operatorname{tg}^2 U' = (a^2 - c^2)^2 \sin^2 (\theta' - \theta'') \sin^2 \frac{1}{2} \psi,$$

ou :

$$\operatorname{tg} U' = \pm \frac{a^2 - c^2}{2r'^2} \sin (\theta' - \theta'') \sin \frac{1}{2} \psi.$$

On trouverait de même :

$$\operatorname{tg} U'' = \pm \frac{a^2 - c^2}{2r''^2} \sin (\theta' + \theta'') \cos \frac{1}{2} \psi.$$

Ces deux équations remarquables ont été établies par Mac Cullagh. Elles déterminent complètement les deux rayons réfractés lorsqu'on connaît les deux vitesses de propagation, les plans de vibration, et le sens dans lequel il faut compter l'angle U à partir de la direction de la vitesse. Pour préciser cette dernière donnée, il suffit de remarquer que si l'on considère l'ellipse suivant laquelle l'ellipsoïde principal est coupé par le plan de vibration, l'angle aigu du rayon vecteur avec la tangente est dirigé du côté du petit axe de l'ellipse. Le pied de la perpendiculaire abaissée du centre sur la tangente est donc placé du côté du petit axe ; l'angle U doit ainsi être compté à partir de la direction de la vitesse de propagation et en se dirigeant sur le grand axe de l'ellipse.

Formules approchées. — Lorsqu'on fait usage du genre d'approximation déjà employé et qui consiste à négliger le carré de la différence de deux rayons vecteurs quelconques de l'ellipsoïde principal, on peut confondre sin U et U, 1 et cos U. On aura donc $Oa_1 = \rho_1$ (fig. 22) à cause de la relation $Oa_1 = \rho_1 \cos U$, et la surface de l'onde se confondra avec celle des vitesses normales, les axes optiques se confondant avec les axes de réfraction intérieure. Toutefois l'angle U que fait le rayon avec la direction de propagation normale ne s'annule pas; il est seulement très petit, et la longueur du rayon vecteur de la surface de l'onde qui va du centre de propagation à un point de l'onde plane ne diffère que d'un infiniment petit du second ordre de la longueur du rayon vecteur de la surface des vitesses normales qui est la normale à l'onde plane.

En appliquant notre méthode d'approximation à la formule qui donne tg U'. il vient :

$$\operatorname{tg} U' = \frac{a-c}{b} \sin (\theta' - \theta'') \sin \frac{1}{2} \psi.$$

Si on l'applique aux cristaux uniaxes, on trouvera que l'un des angles U est nul, et que pour l'autre on a :

$$\operatorname{tg} U' = \frac{a-b}{b} \sin 2\theta.$$

Si le plan d'incidence contient l'axe principal, le rayon extraordinaire et le rayon ordinaire sont dans le plan d'incidence; la direction de la vitesse de propagation du rayon extraordinaire fait avec celle du rayon ordinaire un angle ε égal à $\pm \frac{a-b}{b} \sin^2 \theta \operatorname{tg} R$; l'angle λ que le rayon extraordinaire fait avec le rayon ordinaire est donc :

$$\lambda = \varepsilon \pm U = \frac{a-b}{b} (\pm \sin^2 \theta \operatorname{tg} R \pm \sin 2\theta).$$

Soit ω l'angle aigu que fait l'axe principal avec la normale à la surface de séparation; si le cristal est positif, l'axe principal est l'axe minimum d'élasticité, et il faut porter l'angle U soit du côté de la normale, soit en sens opposé, suivant que $R + \omega$ est plus petit ou plus grand que 90°. On a :

$$\lambda = \frac{a-b}{b} (-\sin^2 \theta \operatorname{tg} R \pm \sin 2\theta);$$

on prendra le signe + lorsque $R + \omega < 90°$, et le signe — dans le cas contraire.

Si le cristal est négatif, on aura :

$$\lambda = \frac{a-b}{b}(\sin^2 \theta \operatorname{tg} R \pm \sin 2\theta);$$

on prendra le signe — si R + ω est plus petit que 90° (fig. 40), le signe + dans le cas contraire.

On voit que le rayon extraordinaire est tantôt plus, tantôt moins éloigné de la normale que le rayon ordinaire. La direction du rayon n'est pas soumise à des lois aussi simples que celle de la vitesse de propagation.

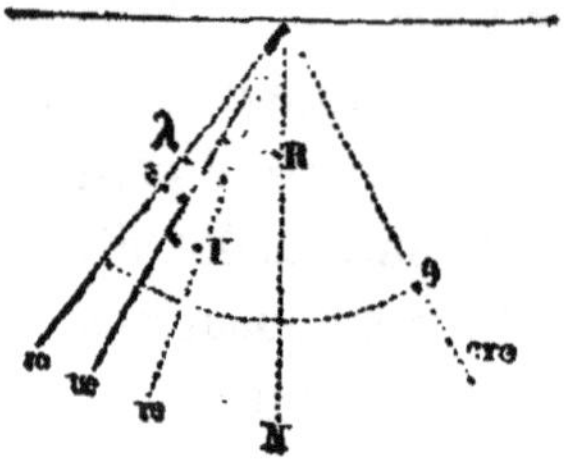

Fig. 40.

POLARISATION CHROMATIQUE

CHAPITRE V

LUMIÈRE PARALLÈLE

I. — DESCRIPTION DES APPAREILS.

Les vibrations d'une molécule du fluide qui propage la lumière sont planes. Si l'on ne considère que les vibrations isochrones, c'est-à-dire celles qui donnent naissance à de la lumière d'une couleur déterminée, le déplacement périodique de la molécule rapporté à deux axes rectangulaires ξ et η peut toujours être représenté par les deux équations :

$$\xi = A \sin 2\pi\left(\frac{t}{T} + \alpha\right);$$

$$\eta = B \sin 2\pi\left(\frac{t}{T} + \beta\right).$$

En éliminant le temps variable t entre ces deux équations, on voit aisément que, en réalité, la trajectoire de la molécule est une certaine ellipse. On dit que la vibration est *elliptique*. Rapportées aux axes de l'ellipse de vibration, les projections des déplacements de la molécule sur les axes coordonnés seraient :

$$\xi = M \sin 2\pi\frac{t}{T}, \quad \eta = N \cos 2\pi\frac{t}{T};$$

L'équation de l'ellipse étant :

$$\frac{\xi^2}{M^2} + \frac{\eta^2}{N^2} = 1.$$

La vibration est *circulaire* lorsque M = N.

Lorsque M = 0 ou N = 0, la vibration est *rectiligne*.

On emploie souvent les mots de polarisations rectiligne, circulaire, elliptique. Nous nous contenterons de rappeler que, lorsque la polarisation est rectiligne, on appelle *plan de polarisation* un plan perpendiculaire à la vibration.

La lumière qu'émettent directement les sources lumineuses, et qu'on appelle lumière naturelle, ne possède, à proprement parler, aucun des modes de polarisation qui vient d'être défini. Les molécules qui vibrent sous l'influence de ces radiations lumineuses sont dans le même état que si elles vibraient elliptiquement, et si en même temps on concevait que l'ellipse de vibration se déplaçât très rapidement et très irrégulièrement dans son plan. En d'autres termes, la projection du mouvement de la molécule sur une droite est la même quelle que soit cette droite.

On possède le moyen de régulariser cette vibration en quelque sorte désordonnée de la lumière naturelle et de rendre stable l'ellipse vibratoire. La lumière qui a subi cette modification est dite polarisée. On affecte cependant plus spécialement cette dénomination à celle qui est polarisée rectilignement ou pour laquelle l'ellipse vibratoire est une droite.

Les appareils qui servent à polariser la lumière portent le nom de polariseurs; nous allons passer successivement en revue ceux qui sont les plus employés.

Polariseurs par réflexion. — On fait tomber sur un miroir en

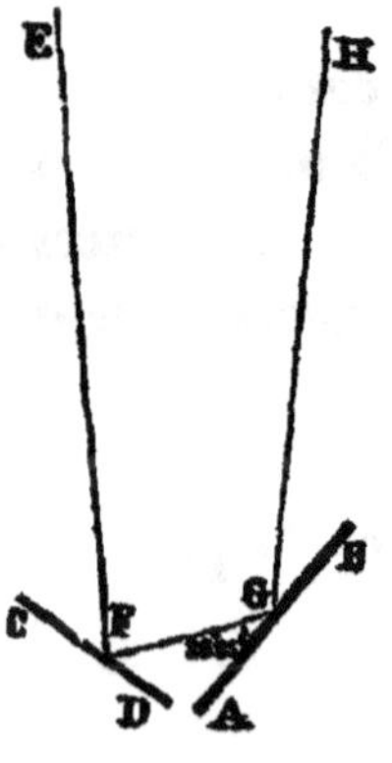

Fig. 41.

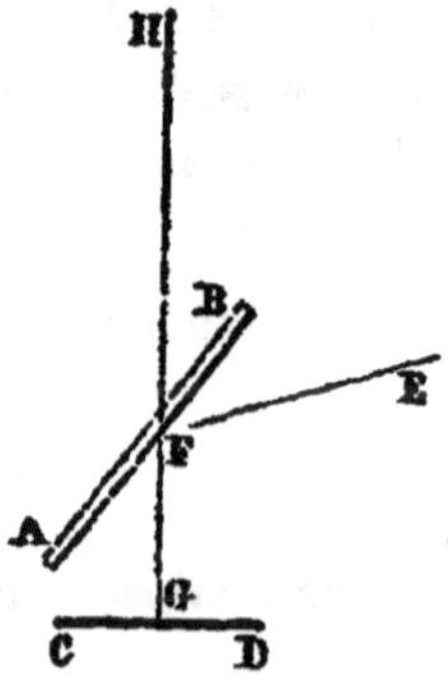

Fig. 42.

verre noir AB (fig. 41) un faisceau de lumière parallèle FG, faisant avec la surface du miroir un angle d'environ 35° 25'. Le faisceau réfléchi est polarisé dans le plan d'incidence, il vibre donc parallèlement au miroir. Pour former le faisceau parallèle incident, lorsque le faisceau réfléchi doit être vertical, on place devant le miroir AB un miroir étamé ordinaire CD qui reçoit la lumière des nuées EF, et la renvoie suivant la direction FG. On peut substituer au miroir en verre noir une pile de glaces minces sans couleur.

On peut encore recourir à la disposition suivante. Une glace sans tain AB (fig. 42) reçoit la lumière diffuse EF, la réfléchit sur le miroir étamé horizontal CD, qui la renvoie suivant la verticale GH. La lumière est polarisée par la première réflexion sur AB; en traversant la lame elle reste polarisée dans le plan d'incidence.

Polariseur par absorption. — On interpose sur le faisceau incident parallèle et dans une direction normale une plaque de tourmaline. La tourmaline cristallise dans le système rhomboédrique, et la plaque est taillée parallèlement à l'axe ternaire. Le faisceau de lumière naturelle donne donc à l'émergence deux faisceaux vibrant l'un suivant l'axe, l'autre perpendiculairement à l'axe. Or la tourmaline jouit de cette propriété curieuse de posséder un pouvoir absorbant considérable pour les rayons ordinaires vibrant perpendiculairement à l'axe. Le faisceau transmis se composera donc, à peu près en totalité, des rayons extraordinaires vibrant suivant l'axe.

Ce polariseur très commode a l'inconvénient de colorer le faisceau de lumière, les tourmalines qui jouissent de propriétés absorbantes convenables étant toujours assez fortement colorées.

Polariseurs réfringents. — 1° *Prisme de Nicol.* — On interpose sur le faisceau de lumière naturelle un appareil nommé *prisme de Nicol*. Pour le construire, on prend un de ces cristaux de chaux carbonatée parfaitement limpides et transparents qu'on rencontre dans les terrains volcaniques de l'Islande. On sait que la chaux carbonatée cristallise dans le système rhomboédrique, et possède des clivages très nets suivant les faces du rhomboèdre. On prend un solide de clivage bien limpide dont le rapport de la longueur à l'épaisseur soit environ de 3 à 1; on le scie en deux suivant la petite diagonale AA' (fig. 43), qui fait alors avec AB un angle d'environ 89° 17', puis on recolle les deux morceaux avec du baume de Canada. Dans la calcite, qui est un cristal uniaxe, l'indice ordinaire est égal à 1,483, et l'indice extraordinaire à 1,658. De la grande différence de ces deux indices, et de la direction particulière donnée à la section AA', il résulte les conséquences suivantes.

Si l'on considère un rayon cheminant suivant une direction parallèle à la longueur AB' du spath, et les deux vibrations ordinaires et extraordinaires qui se meuvent à la fois sur cette direction, le rayon ordinaire, arrivant à la surface de séparation du spath et du baume, la rencontre en faisant un angle d'incidence égal à 69° 49'; cet angle étant supérieur à l'angle de réflexion totale du rayon ordinaire, celui-ci est réfléchi et ne poursuit pas sa marche. Le rayon extraordinaire au contraire, dont l'angle de réflexion totale est plus grand, poursuit sa marche, pénètre dans la seconde partie du prisme et en ressort parallèlement à sa direction primitive.

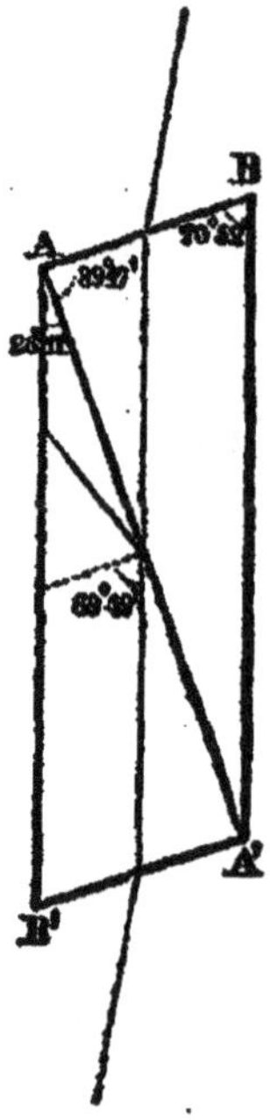

Fig. 43.

Ceci restera vrai pour les rayons compris dans un certain cône que l'on pourrait déterminer par le calcul. Les rayons situés dans l'intérieur de ce cône sont polarisés par leur passage à travers le prisme, puisque les rayons extraordinaires seuls sont transmis; les rayons situés en dehors de ce cône ne sont pas polarisés. L'ouverture de ce cône, qui détermine le champ, varie suivant les dispositions données à l'appareil, c'est-à-dire suivant la direction du plan de coupe AA', et suivant la nature du milieu interposé entre ses deux moitiés. Avec les nicols ordinaires, le champ est d'environ 30°.

MM. Hartnack et Prazmowski[1] ont modifié le prisme de Nicol, de manière à lui donner une moindre hauteur, sans que le champ soit diminué. Ils dirigent le trait de scie perpendiculairement à l'axe optique du cristal, et ils recollent avec de l'huile de lin dont l'indice est 1,485. Le champ est encore d'environ 30°, tandis que, à largeur égale, la hauteur du prisme n'est plus que 0,71 de celle du nicol ordinaire.

On peut aussi se servir pour polariseur d'un simple rhomboèdre de spath d'Islande. Si l'on fait tomber sur une des faces du rhomboèdre un petit faisceau de lumière parallèle limité latéralement, par son passage à travers un diaphragme circulaire très petit par exemple, ce faisceau se divisera, en traversant le cristal, en deux autres qui suivent des

[1] *Ann. de ch. et de ph.*, 4e S., T. 7.

chemins différents, et sont polarisés à angle droit. Si le rhomboèdre est assez épais pour que, en vertu de leur légère divergence mutuelle, les deux faisceaux soient complètement séparés à la sortie du cristal, il suffira d'arrêter par un écran l'un de ces faisceaux pour que l'autre donne de la lumière polarisée. Lorsque l'écran est mobile, on peut à volonté se procurer de la lumière polarisée dans un plan ou dans un plan perpendiculaire.

Analyseurs. — Lorsqu'on fait tomber de la lumière polarisée rectilignement sur un cristal, elle se partage en deux rayons dont les vibrations sont rectangulaires. La vibration incidente se partage, suivant les règles de la composition des petits mouvements, entre les vibrations de ces deux rayons. Ces deux vibrations se propagent à peu près parallèlement dans l'intérieur du cristal, mais la vitesse de leur propagation est inégale et les deux vibrations, synchroniques à l'origine du temps, c'est-à-dire affectant en même temps l'origine des coordonnées, contractent l'une par rapport à l'autre un certain retard. Si le cristal n'est pas très épais, si c'est une simple lame cristalline, les deux rayons sont à peine séparés à l'émergence, les ondes planes qui correspondent à chacun d'eux se confondent à très peu près, et les vibrations qui leur correspondent peuvent être supposées se composer entre elles comme si elles étaient dans un même plan. On peut donc dire que les vibrations du faisceau émergent sont formées par la composition de deux vibrations rectangulaires, et par conséquent que le faisceau émergent est polarisé elliptiquement au moins dans le cas général.

Mais on peut placer à la sortie du cristal un autre appareil à polariser la lumière, et qui, dans cette position particulière, prend le nom d'*analyseur*. La vibration rectiligne du faisceau unique que transmet l'analyseur est la projection des vibrations rectangulaires du faisceau qui émerge du cristal. On voit donc que la vibration de l'analyseur dépend à la fois des deux vibrations propagées par le cristal; elle dépend en particulier du retard relatif que l'inégalité de propagation a introduit entre ces deux vibrations. C'est dans ces conditions que se produisent les plus remarquables et les plus importants des phénomènes qui se rapportent à la biréfringence.

Les phénomènes diffèrent suivant que le faisceau lumineux qui tombe sur la lame cristalline est formé par des rayons à peu près parallèles entre eux, ou par des rayons très divergents, c'est-à-dire, pour employer l'expression consacrée, suivant que la lumière est parallèle ou convergente.

Nous allons étudier d'abord les phénomènes dus à la lumière parallèle. Nous commencerons par dire quelques mots des appareils qui servent à les observer. Ils comprennent tous un polariseur et un analyseur, entre lesquels se place la lame cristallisée.

Description de quelques appareils — Appareil de Norremberg. — Microscope polarisant. — L'appareil de Norremberg (fig. 44), assez commode lorsqu'on n'a pas besoin d'un fort grossissement, em-

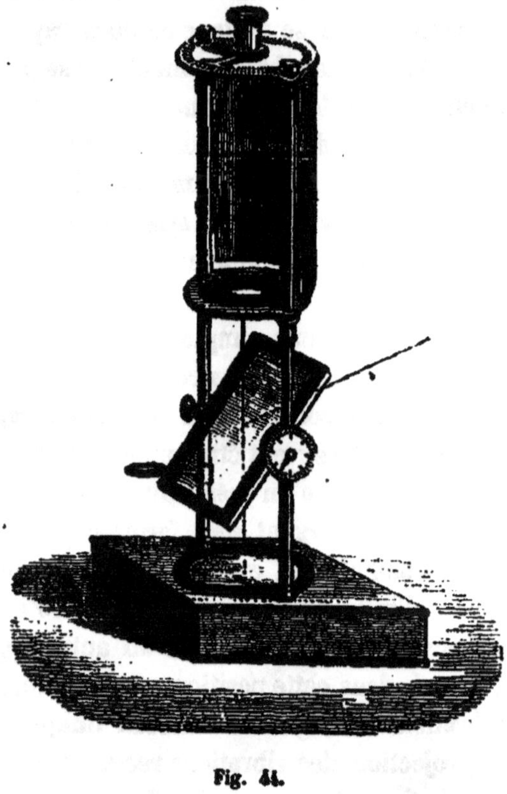

Fig. 44.

ploie comme polariseur une glace sans tain combinée avec un miroir plan. Le cristal est posé sur une plaque tournante, qui permet de l'orienter dans tous les azimuts possibles. On peut substituer à la plaque une lame de verre tournant autour d'un axe horizontal, de manière à donner aussi au cristal des inclinaisons quelconques. L'analyseur est formé d'un spath épais ou d'un nicol. Si l'on a un spath, un écran mobile sert à arrêter tantôt l'une, tantôt l'autre image; un écran empêche la lumière directe de frapper le cristal.

L'appareil dont on se sert le plus habituellement est un microscope ordinaire, sous le porte-objet duquel on place un prisme de Nicol, et au-dessus de l'oculaire duquel est disposé, soit un autre nicol, soit un rhomboèdre de spath. Nous reviendrons plus tard sur la description détaillée du microscope polarisant.

II. — Lumière normale.

§ 1. CAS D'UNE SEULE LAME CRISTALLINE.

Intensité des vibrations émergeant de l'analyseur. — On imagine un faisceau de lumière parallèle et polarisée rectilignement, tombant normalement sur une lame cristalline à faces parallèles. On suppose d'abord que cette lumière est homogène, et que les vibrations en sont caractérisées dans l'air par une longueur d'ondulation égale à λ et par une durée d'oscillation égale à T.

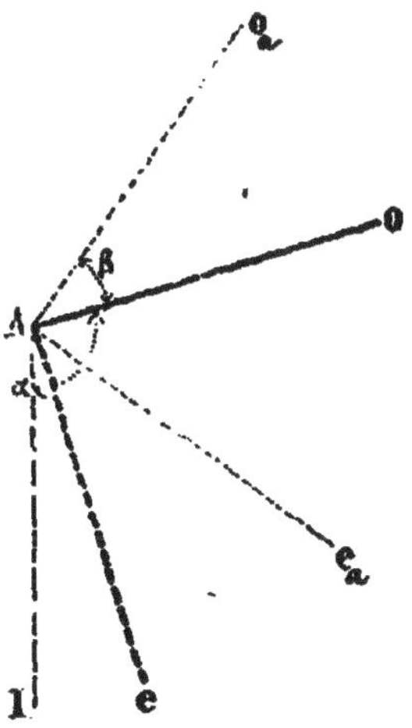

Fig. 45.

Soit AI (fig. 45) la direction de la vibration du rayon incident; *Ao* et *Ae* les deux directions perpendiculaires entre elles, suivant lesquelles vibrent les deux rayons réfractés. Si l'on représente par 1 le déplacement dû à la vibration AI, et par α l'angle de AI avec *Ao*, le déplacement 1 se décomposant suivant les deux directions *Ao* et *Ae* donne respectivement des déplacements égaux à cos α et à — sin α. Pour la commodité du langage, nous distinguerons les deux vibrations *Ao* et *Ae* en donnant arbitrairement à la première le nom de vibration ordinaire, à l'autre celui de vibration extraordinaire.

La vibration ordinaire se propage avec une vitesse u_o, et si ε est l'épaisseur de la lame, $\frac{\varepsilon}{u_o}$ est le temps qu'elle mettra à la traverser, tandis que la vibration extraordinaire emploie le temps $\frac{\varepsilon}{u_e}$ à faire le même chemin. La vibration d'une molécule du rayon ordinaire est donc, à l'émergence, en retard sur celle qui se produit à l'incidence d'une quantité de temps égale à $\frac{\varepsilon}{u_o}$.

Si le déplacement à l'incidence, évalué suivant la direction du déplacement, est, pour le rayon ordinaire, représenté par

$$\xi_o = \cos\alpha \sin 2\pi \frac{t}{T},$$

il est représenté à l'émergence par

$$\xi_o = \cos\alpha \sin 2\pi \frac{t - \frac{\varepsilon}{u_o}}{T}.$$

Pour le rayon extraordinaire, on trouve de même

$$\eta_e = -\sin\alpha \sin 2\pi \frac{t - \frac{\varepsilon}{u_e}}{T}.$$

Posons, pour simplifier l'écriture,

$$o = \frac{\varepsilon}{u_o}, \qquad e = \frac{\varepsilon}{u_e};$$

o et *e* sont des temps. Mais si l'on considère un milieu, tel que l'air, pour lequel on supposera la vitesse de propagation représentée par l'unité, *o* et *e* seront aussi les épaisseurs de ce milieu, que la lumière parcourt dans des temps respectivement égaux à ceux qu'emploie chacune des deux vibrations à traverser la lame cristalline.

Si d'ailleurs on appelle λ la longueur d'onde que possède dans l'air l'espèce de lumière considérée dont la durée des vibrations est T, on aura $\lambda = T$, et les équations des deux vibrations pourront prendre la forme suivante :

$$\xi_o = \cos\alpha \sin 2\pi \left(\frac{t}{T} - \frac{o}{\lambda}\right),$$

$$\eta_e = -\sin\alpha \sin 2\pi \left(\frac{t}{T} - \frac{e}{\lambda}\right).$$

Lorsqu'on considère *o* et *e* comme représentant des temps, ils prennent le nom de *phases* ou *retards;* lorsqu'on les considère comme représentant des longueurs, ce sont des *différences de marche;* les angles $\frac{2\pi o}{\lambda}$, $\frac{2\pi e}{\lambda}$ sont des *anomalies*.

Au sortir de la lame les deux vibrations cheminent dans l'air avec des vitesses égales, et sans changer, par conséquent, leurs phases relatives. Arrivées sur l'analyseur, elles se composent de manière à donner deux vibrations dirigées suivant les deux sections principales Ao_a et Ae_a de l'analyseur. Appelons β l'angle de la vibration Ao_a (que nous supposerons être l'ordinaire, avec la vibration ordinaire Ao de la lame cristalline ; l'angle β sera compté dans le même sens que l'angle α.

La vibration ordinaire Ao_a est représentée par :

$$\Xi_o = \cos\alpha \cos\beta \sin 2\pi\left(\frac{t}{T} - \frac{o}{\lambda}\right) - \sin\alpha \sin\beta \sin 2\pi\left(\frac{t}{T} - \frac{e}{\lambda}\right).$$

La vibration extraordinaire Ae_a est représentée par :

$$H_e = -\cos\alpha \sin\beta \sin 2\pi\left(\frac{t}{T} - \frac{o}{\lambda}\right) - \sin\alpha \cos\beta \sin 2\pi\left(\frac{t}{T} - \frac{e}{\lambda}\right).$$

La première expression peut se mettre sous la forme :

$$\Xi_o = \left[\cos\alpha \cos\beta \cos 2\pi\frac{o}{\lambda} - \sin\alpha \sin\beta \cos 2\pi\frac{e}{\lambda}\right] \sin 2\pi\frac{t}{T}$$
$$- \left[\cos\alpha \cos\beta \sin 2\pi\frac{o}{\lambda} - \sin\alpha \sin\beta \sin 2\pi\frac{e}{\lambda}\right] \cos 2\pi\frac{t}{T},$$

et l'on voit immédiatement que l'intensité (ou la force vive moyenne de la vibration) est représentée par

$$I_o = \left[\cos\alpha \cos\beta \cos 2\pi\frac{o}{\lambda} - \sin\alpha \sin\beta \cos 2\pi\frac{e}{\lambda}\right]^2$$
$$+ \left[\cos\alpha \cos\beta \sin 2\pi\frac{o}{\lambda} - \sin\alpha \sin\beta \sin 2\pi\frac{e}{\lambda}\right]^2.$$

En effectuant ces calculs très simples, il vient :

$$(1)\quad I_o = \cos^2\alpha \cos^2\beta + \sin^2\alpha \sin^2\beta - 2\cos\alpha \cos\beta \sin\alpha \sin\beta \cos 2\pi\frac{o-e}{\lambda},$$

ou encore à cause de $\cos 2\pi\frac{o-e}{\lambda} = 1 - 2\sin^2\pi\frac{o-e}{\lambda}$

$$I_o = \cos^2(\alpha+\beta) + \sin 2\alpha \sin 2\beta \sin^2\pi\frac{o-e}{\lambda}.$$

On trouverait de même pour l'autre vibration :

$$I_e = \sin^2(\alpha + \beta) - \sin 2\alpha \sin 2\beta \sin^2 \pi \frac{o-e}{\lambda}.$$

Les intensités des deux rayons émergents sont, comme il était nécessaire, complémentaires l'une de l'autre.

Discussion des formules précédentes. — Si l'on considère en particulier l'un des rayons, l'ordinaire par exemple, on voit que l'intensité dépend de deux termes dont le premier, $\cos^2(\alpha+\beta)$, ne varie qu'avec l'angle $(\alpha+\beta)$ que font entre elles les deux vibrations de la lumière au sortir de l'analyseur et du polariseur, ou, comme on le dit encore, avec l'angle que font entre elles les deux sections principales de l'analyseur et du polariseur. Le second terme de l'expression qui donne I_o, dépend au contraire de la grandeur relative de α et de β, c'est-à-dire de l'angle que fait la section principale de la lame avec celle de l'analyseur.

Lorsque $\alpha+\beta$ est égal à 90°, c'est-à-dire lorsque les sections principales de l'analyseur et du polariseur sont à angle droit, $\cos(\alpha+\beta)$ est nul, et l'intensité I_o ne dépend que du 2e terme. Elle s'annule pour

$$\sin 2\alpha = 0 \quad \text{ou} \quad \sin 2\beta = 0,$$

c'est-à-dire lorsque l'une des deux sections principales de la lame coïncide avec la section principale de l'analyseur ou avec celle du polariseur. L'intensité est d'ailleurs la plus grande possible, toutes choses égales, lorsque le deuxième terme est maximum, c'est-à-dire lorsque le produit $\sin 2\alpha \ \sin 2\beta$ est maximum, ou encore lorsque $\sin 2\alpha = \sin 2\beta$. La condition qui donne le maximum d'intensité est donc remplie lorsque la section principale de la lame est à 45° de chacune des sections principales de l'analyseur et du polarisateur.

Le second terme de I_o dépend encore de la valeur de $\sin^2 \pi \frac{o-e}{\lambda}$. La valeur de $o-e$ est facile à connaître, car

$$o - e = \varepsilon \left(\frac{1}{u_o} - \frac{1}{u_e}\right),$$

u_o et u_e étant les deux valeurs du rayon vecteur de la surface des vitesses normales correspondant à la direction du rayon incident. Or, on sait que l'on a sensiblement (pages 118 et 122) :

$$u_e - u_o = \delta_e - \delta_o = \pm (a-c) \sin \theta' \sin \theta'',$$

θ' et θ'' étant les angles formés par le rayon avec les axes optiques du cristal; on sait en outre que dans cette formule, il faut prendre le signe — quand le cristal est positif, le signe + quand il est négatif. Nous aurons donc approximativement :

$$o - e = \pm \varepsilon \frac{u_e - u_o}{u_o u_e} = \pm \varepsilon \frac{a-c}{b^2} \sin \theta' \sin \theta''.$$

On voit aisément que, dans l'ordre d'approximation où nous nous plaçons, on peut assimiler $\frac{a-c}{b^2}$ à $\frac{a-c}{ac}$ ou à $\frac{1}{c} - \frac{1}{a}$. On peut donc écrire encore

$$o - e = \pm \varepsilon \left(\frac{1}{c} - \frac{1}{a}\right) \sin \theta' \sin \theta''.$$

Pour simplifier l'écriture, nous poserons

$$n_a = \frac{1}{a}, \qquad n_b = \frac{1}{b}, \qquad n_c = \frac{1}{c};$$

les quantités n_a, n_b, n_c, qui sont rangées dans l'ordre de grandeur croissante, sont appelées les *indices principaux* du cristal. On a alors

$$o - e = \pm \varepsilon (n_c - n_a) \sin \theta' \sin \theta''.$$

Lorsque

$$\pi \frac{o-e}{\lambda} = k\pi,$$

k étant un nombre entier quelconque, le second terme est nul, et l'intensité I_0 est constante, quelle que soit l'orientation de la plaque. L'intensité ne dépend plus que de $\alpha + \beta$; elle est nulle lorsque l'analyseur et le polariseur sont croisés à angle droit.

L'équation

$$\frac{o-e}{\lambda} = k \qquad \text{ou} \qquad \frac{n_c - n_a}{\lambda} \sin \theta' \sin \theta'' = k$$

peut encore s'écrire :

$$\varepsilon = k \frac{\lambda}{(n_c - n_a) \sin \theta' \sin \theta''}.$$

On peut donc donner à la lame des épaisseurs telles que les phénomènes ne dépendent plus de l'orientation de celle-ci. Toutes choses égales, ces épaisseurs forment une progression arithmétique dont la raison est

$$\frac{\lambda}{(n_e - n_o) \sin \theta' \sin \theta''}.$$

Le premier terme de cette progression est égal à 0.

On peut satisfaire à la condition $\frac{o-e}{\lambda} = 0$ sans rendre nulle l'épaisseur ε de la lame ; il suffit, en effet, que l'un des deux angles θ' et θ'' soit nul, c'est-à-dire que la lame soit taillée perpendiculairement à un axe optique. Dans ce cas, la lame, quelle qu'en soit l'épaisseur, se comporte entre le polariseur et l'analyseur comme une substance monoréfringente.

Cas où la lumière incidente n'est pas homogène. — Nous avons usqu'ici supposé que la lumière employée était homogène. Il importe d'examiner le cas où elle est blanche.

On peut, on le sait, considérer la lumière blanche comme formée par la superposition d'un nombre infini de lumières homogènes. Il suffit donc d'appliquer à chacune de ces lumières différentes la théorie qui vient d'être exposée. On trouve sans peine que la lumière qui sort de l'analyseur est divisée en deux faisceaux ; dans le faisceau ordinaire, l'intensité I_o s'obtient en formant pour chaque couleur, de longueur d'onde λ, le binôme

$$\cos^2(\alpha + \beta) + \sin 2\alpha \sin 2\beta \sin^2 \pi \frac{o-e}{\lambda}.$$

et en le multipliant par une quantite i_λ qui représente la proportion de lumière, de longueur d'onde λ, que contient la lumière blanche d'intensité égale à 1.

On a donc pour l'intensité I_o une expression de la forme :

$$I_o = \cos^2(\alpha + \beta)\, \Sigma i_\lambda + \Sigma \left(i_\lambda \sin 2\alpha \sin 2\beta \sin^2 \pi \frac{o-e}{\lambda} \right).$$

Le symbole Σ indique la somme d'un nombre infini de termes correspondant à toutes les valeurs de λ. D'après la définition même, Σi_λ est égal à 1 ; quant à $\Sigma i \sin 2\alpha \sin 2\beta \sin^2 \pi \frac{o-e}{\lambda}$, on peut remarquer qu'à chaque valeur de λ répondent des valeurs particulières de $\sin 2\alpha \sin 2\beta$, puisque les sections principales de la lame ne sont pas les mêmes, en général du moins, pour les différentes valeurs de λ. Mais dans les cristaux où la dispersion est faible relativement à la double réfraction, et où, par conséquent, l'ellipsoïde d'élasticité optique varie peu pour les différents rayons colorés, le produit $\sin 2\alpha \sin 2\beta$ a sensiblement la même valeur pour tous les termes de la somme, et l'on peut écrire :

$$I_o = \cos^2(\alpha+\beta) + \sin 2\alpha \sin 2\beta \, \Sigma\left(i_\lambda \sin^2 \pi \frac{o-e}{\lambda}\right).$$

On voit, sous cette forme que, pour des valeurs données de α et de β, l'intensité se compose de deux parties ; l'une, indépendante de la longueur d'onde, représente une certaine quantité de lumière blanche proportionnelle à la valeur de $\cos^2(\alpha+\beta)$; quant à l'autre partie, elle représente la somme des intensités de diverses lumières colorées qui viennent compléter le faisceau. La proportion de chacun des rayons colorés est marquée pour chacun d'eux par $i_\lambda \sin^2 \pi \frac{o-e}{\lambda}$; la somme $\Sigma i_\lambda \sin^2 \pi \frac{o-e}{\lambda}$ donne donc, au moyen de la règle empirique de Newton, la teinte du faisceau. Le coefficient $\sin 2\alpha \sin 2\beta$ indique l'intensité de cette partie colorée du faisceau, que la quantité de lumière blanche proportionnelle à $\cos^2(\alpha+\beta)$, vient ensuite laver plus ou moins de blanc.

Il résulte de là que la teinte du faisceau émergent ne dépend que de la quantité

$$A = \Sigma i_\lambda \sin^2 \pi \frac{o-e}{\lambda}.$$

Les positions respectives des sections principales du polariseur, de la lame et de l'analyseur, font varier seulement l'intensité du faisceau et la proportion de lumière blanche dont il est plus ou moins lavé.

Pour le faisceau extraordinaire, on aura de même :

$$I_e = \sin^2(\alpha+\beta) - A \sin 2\alpha \sin 2\beta,$$

ou encore :

$$I_e = \sin^2(\alpha-\beta) + \sin 2\alpha \sin 2\beta \, \Sigma i_\lambda \cos^2 \pi \frac{o-e}{\lambda}.$$

La teinte ne dépend que de la quantité $\Sigma i\lambda \cos^2\pi\frac{o-e}{\lambda}$, elle est plus ou moins lavée de blanc, suivant les valeurs de α et de β.

Discussion des formules dans les cas de la lumière non homogène. — Pour discuter la formule qui donne I_o, nous supposerons successivement :

1° Que $\alpha+\beta=\omega$ est constant et que α varie d'une manière continue depuis 0 jusqu'à 2π, ce qui revient à laisser fixe le polariseur et l'analyseur et à faire tourner la lame dans son plan ;

2° Que α restant constant, ω varie d'une manière continue, ce qui revient à laisser fixe le polariseur et la lame et à faire tourner l'analyseur.

1° $\alpha+\beta=\omega$ *est constant* et plus petit que 90°.

On a :

$$I_o=\cos^2\omega+A\sin 2\alpha \sin 2(\omega-\alpha),$$

$$I_e=\sin^2\omega-A\sin 2\alpha \sin 2(\omega-\alpha).$$

Pour simplifier le langage, nous désignerons par M le terme

$$A\sin 2\alpha \sin 2(\omega-\alpha).$$

Il est aisé de voir que pour les 8 valeurs de α

$$\alpha=0°,\ \ \omega,\ \ 90°,\ \ 90°+\omega,\ \ 180°,\ \ 180°+\omega,\ \ 270°,\ \ 270°+\omega,$$

on a $M=0$ et par conséquent de la lumière blanche. Toutes les fois que M passe par zéro, il change de signe, et toutes les fois que M est négatif, la teinte est celle qui caractérise le rayon extraordinaire.

Dans la fig. 46, les 4 secteurs non hachés dont l'angle est ω comprennent donc toutes les valeurs de α pour lesquelles la teinte est celle que nous appellerons directe et qui est donnée par M positif. Les 4 secteurs hachés comprennent toutes les valeurs de α pour lesquelles la teinte est complémentaire. *Pour toutes les directions qui limitent les secteurs*, la lumière est blanche.

Si l'on considérait le rayon extraordinaire, les secteurs blancs de la figure correspondraient à la teinte complémentaire, les secteurs hachés à la teinte directe.

Lorsque $\omega = 90$, il n'y a plus de positions donnant la teinte complémentaire avec le rayon ordinaire ni de positions donnant la teinte

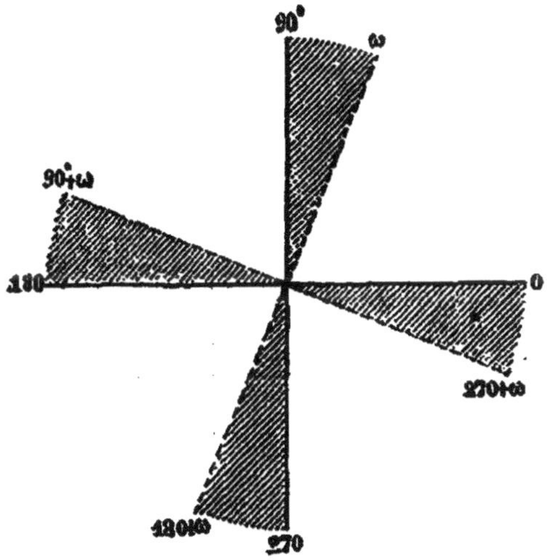

Fig. 46.

directe avec le rayon extraordinaire. Mais alors pour $\alpha = 0$ et $\alpha = \frac{\pi}{2}$, on a $M = 0$, et $I_0 = 0$, puisque le terme $\cos^2(\alpha + \beta)$ est nul. La lame reste toujours de même teinte, mais elle s'éteint lorsque l'une de ses sections principales est parallèle ou perpendiculaire à l'une des sections principales du polariseur ou de l'analyseur.

2° *α est constant;*

M s'annule pour

$$\omega = \alpha, \quad 90^\circ + \alpha, \quad 180^\circ + \alpha, \quad 270^\circ + \alpha,$$

ce qui donne 4 positions de l'analyseur pour lesquelles la lumière est blanche.

Le terme M changeant de signe pour chaque valeur de ω qui l'annule, la lame présentera la teinte directe pour toutes les valeurs de ω comprises entre α et $90^\circ + \alpha$, ainsi qu'entre $180^\circ + \alpha$ et $270^\circ + \alpha$; elle présentera la teinte complémentaire pour les autres positions de l'analyseur (fig. 47).

On voit en résumé qu'une même lame ne peut présenter que deux teintes; l'une, que nous appelons *directe*, est comprise dans la série des valeurs que peut présenter

$$A = \Sigma i_\lambda \sin^2 \pi \frac{o-e}{\lambda},$$

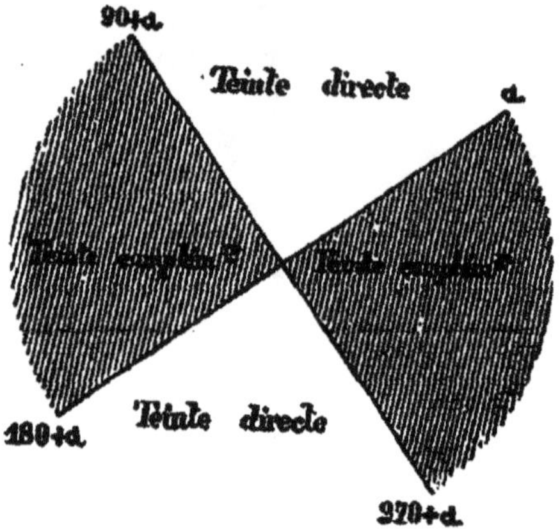

Fig. 47.

et l'autre, que nous appelons *complémentaire*, est comprise dans la série des valeurs que peut présenter

$$B = \Sigma i_\lambda \cos^2 \pi \frac{o-e}{\lambda}.$$

Échelle chromatique de Newton. — Lorsqu'un rayon de lumière blanche tombe presque normalement sur l'une des faces d'une lame mince non cristallisée, il chemine d'abord dans celle-ci, se réfléchit sur la face opposée et ressort au dehors en suivant, mais en sens contraire, un chemin opposé à celui que suit le rayon émergeant. Il a acquis, en traversant la lame, un certain retard d, et la couleur que les phénomènes d'interférence communiquent à la lame est donnée par une expression de la forme

$$\Sigma i_\lambda \sin^2 \pi \frac{d}{\lambda}.$$

C'est ainsi que se colorent les bulles de savon et les anneaux de Newton.

Si, dans la formule qui donne la teinte de la lame cristallisée placée entre le polariseur et l'analyseur croisés, on supposait $o-e$ constant pour toutes les couleurs, comme l'est d dans la formule précédente, les deux formules seraient identiques, et les teintes seraient les mêmes lorsque l'on aurait $o - e = d$. Il n'en est pas rigoureusement ainsi, car on a vu que, pour la lame cristalline,

$$o - e = \varepsilon (n_e - n_o) \sin \theta' \sin \theta'',$$

et toutes les quantités n_e, n_o, θ', θ'' dépendent elles-mêmes de λ.

Mais, dans la plupart des cristaux, la dispersion des axes n'est pas très considérable ; on peut donc, dans une première approximation, considérer $o - e$ comme une constante et admettre que la teinte de la lame cristallisée, dans laquelle le retard moyen du rayon est $o - e$, est identique à celle d'une lame mince isotrope d'épaisseur égale à d, lorsque $o - e = d$.

Newton a noté la succession des couleurs que prennent les lames minces isotropes lorsque d augmente graduellement ; c'est ce qu'on appelle l'échelle chromatique de Newton. Cette échelle donne donc également la succession des teintes que prend une lame cristalline, entre un polariseur et un analyseur, lorsque $o - e$ varie progressivement. On trouvera dans le tableau ci-joint cette échelle, telle qu'elle est donnée par M. Billet, d'après Brücke. Dans ce tableau, les teintes appelées directes sont celles qui sont observées avec une lame cristalline lorsque le polariseur et l'analyseur sont croisés ; les teintes complémentaires sont celles qui s'observent lorsque le polariseur et l'analyseur sont parallèles.

On voit qu'il se fait périodiquement des récurrences de teintes analogues. On appelle ordre l'ensemble des teintes qui vont d'une couleur à une couleur analogue. On a ainsi les teintes du premier ordre, du deuxième ordre, etc.

Toute cette échelle de teintes peut être très aisément reproduite en se servant d'un parallélépipède de verre que l'on place entre deux pièces métalliques dont l'une est fixe et l'autre mobile au moyen d'une vis. En tournant la vis, on fait subir à la lame de verre une compression graduellement croissante. On a soin de placer entre le verre et le métal des bandes de carton ou de caoutchouc de manière à répartir uniformément la pression sur les bases du parallélépipède. La compression développe dans le verre la double réfraction, et si on le place entre deux nicols croisés, il montre, à mesure qu'on tourne la vis, toute la succession des teintes de l'échelle chromatique[1].

[1] Wertheim s'est même servi de ce phénomène pour mesurer la pression exercée sur un prisme de verre.

Num. d'ordre	RETARDS d en millioniėmes de millim.	DIFFÉRENCES	TEINTES COMPLÉMENTAIRES.	TEINTES DIRECTES.
			Premier ordre.	
1	0	»	Blanc.	Noir.
2	40	40	Blanc.	Gris de fer.
3	97	57	Blanc jaunâtre.	Gris de lavande.
4	158	61	Blanc brunâtre.	Gris bleu.
5	218	60	Jaune brun.	Gris plus clair.
6	234	16	Brun.	Blanc avec une lég teint. verte
7	259	25	Rouge clair.	Blanc presque pur.
8	267	8	Rouge carmin.	Blanc jaunâtre.
9	275	8	Rouge brun presque noir.	Jaune paille.
10	281	6	Violet foncé.	Jaune paille.
11	306	25	Indigo.	Jaune clair.
12	332	26	Bleu.	Jaune brillant.
13	430	98	Bleu verdâtre.	Jaune orangé.
14	505	75	Vert bleuâtre.	Orangé rougeâtre.
15	536	31	Vert pâle.	Rouge chaud.
16	551	15	Vert jaunâtre.	Rouge plus foncé.
			Deuxième ordre.	
17	565	14	Vert plus clair.	Pourpre.
18	575	10	Jaune verdâtre.	VIOLET.
19	589	14	Jaune vif.	Indigo.
20	664	75	Orangé.	Bleu.
21	728	64	Orangé brunâtre.	Bleu verdâtre.
22	747	19	Rouge carmin clair.	Vert.
23	826	79	Pourpre.	Vert plus clair.
24	843	17	Pourpre violacé.	Vert jaunâtre.
25	866	23	Violet.	Jaune verdâtre.
26	910	44	Indigo	Jaune pur.
27	948	38	Bleu foncé.	Orangé.
28	998	50	Bleu verdâtre.	Orangé rouge vif.
29	1101	103	Vert.	Rouge violacé foncé.
			Troisième ordre.	
30	1128	27	Vert jaunâtre.	VIOLET BLEUATRE CLAIR
31	1151	23	Jaune impur.	Indigo.
32	1258	107	Couleur de chair.	Bleu, teinte verdâtre.
33	1334	76	Rouge mordoré.	Vert bleuâtre, vert d'eau.
34	1376	42	Violet.	Vert brillant.
35	1426	50	Bleu violacé grisâtre.	Jaune verdâtre.
36	1495	69	Bleu verdâtre.	Rouge rose.
37	1534	39	Vert bleu.	Rouge carmin.
38	1621	87	Vert clair.	Carmin pourpré.
			Quatrième ordre.	
39	1652	31	Vert jaunâtre.	GRIS VIOLACÉ.
40	1682	30	Jaune verdâtre.	Gris bleu.
41	1711	29	Gris jaune.	Bleu verdâtre clair.
42	1744	33	Mauve.	Vert bleuâtre.
43	1811	67	Carmin.	Vert bleu clair.
44	1927	116	Gris rouge.	Gris vert clair.
45	2007	80	Gris bleu.	Gris presque blanc.

A mesure que le retard augmente, la teinte va du violet au rouge en passant par le vert; on dit alors que la couleur monte; elle descend dans le cas contraire.

Il faut remarquer qu'on va, en montant, du violet au bleu, et en descendant on va du violet au rouge, et que, lorsque la lame donne le violet, de très légères variations d'épaisseur en plus ou en moins font changer la couleur d'une manière très sensible. Ces teintes violettes prennent le nom de *teintes sensibles*. Dans les teintes directes, il y a deux teintes sensibles, l'une du deuxième ordre correspondant au retard 575, l'autre du troisième ordre et plus sensible encore que la première, correspondant au retard 1128. Parmi les teintes complémentaires, il y a aussi des teintes sensibles dans le premier, le deuxième et le troisième ordre.

Pour montrer quel usage on peut faire de l'échelle de Newton, cherchons quelle épaisseur il faudrait donner à une lame de quartz taillée parallèlement à l'axe pour qu'elle présentât entre les deux nicols croisés, la teinte du rouge du premier ordre (n° 16 de l'échelle). Nous avons

$$\frac{o-e}{\varepsilon}=n_c-n_a=\frac{1}{109,9},$$

ce qui veut dire que, à épaisseur égale, une lame de quartz ne produit qu'un retard égal à $\frac{1}{109,9}$ du retard produit par une lame d'air. Il faudra donc donner à la lame de quartz une épaisseur égale à $0^{mm},000551 \times 109,9 = 0^{mm},605$ pour obtenir la teinte demandée.

Plus le retard $o-e$ est grand, plus la teinte est élevée dans l'échelle, à épaisseur égale. Or, $o-e$ est égal à $\varepsilon(n_c-n_a)\sin\theta' \sin\theta''$; il sera donc maximum pour $\sin\theta' \sin\theta''=1$. Ce qui veut dire que la teinte de la lame est la plus élevée possible lorsque celle-ci est taillée parallèlement à l'axe dans les cristaux uniaxes et perpendiculairement à l'axe moyen dans les cristaux biaxes. La quantité n_c-n_a mesure en quelque sorte l'énergie biréfringente du cristal; l'inverse de ce rapport donne l'épaisseur de la lame, taillée parallèlement au plan des axes optiques, qui est équivalente à une lame d'air d'une épaisseur égale à 1.

Dans le tableau suivant, qui comprend un certain nombre d'espèces minérales communes rangées suivant l'ordre décroissant du pouvoir biréfringent, la première colonne donne le rapport $\frac{1}{n_c-n_a}$; la seconde colonne indique quelle est l'épaisseur en millimètres que doit avoir une lame taillée parallèlement au plan des axes optiques pour qu'elle donne entre deux nicols croisés, le rouge du premier ordre. Des épaisseurs moitié moindres donneraient le jaune paille ou le blanc.

Noms des substances.	$\frac{1}{n_c - n_a}$	Épaisseur donnant le rouge du prem. ordre.	Noms des substances.	$\frac{1}{n_c - n_a}$	Épaisseur donnant le rouge du prem. ordre.
Spath	5.20	0.00293	Andalousite.	90.91	0.050
Aragonite	5 86	0.00323	Topaze.	106.6	0.059
Zircon.	19.52	0.0107	Quartz.	109.9	0 0605
Karsténite	23.82	0.0131	Gypse	110.6	0.0609
Épidote	26.21	0.0144	Corindon.	123.4	0.0678
Péridot.	27.96	0.0154	Orthose	143.6	0.0791
Diopside.	33.75	0.0186	Émeraude	166.0	0.0915
Paranthine	47.42	0.0261	Néphéline.	201.0	0.1107
Tourmaline.	57.45	0.0317	Apatite.	225	0.124
Dipyre.	65.39	0.0360	Idocrase.	483.4	0.266
Barytine.	86.74	0 0478	Pennine	100.5	0.554
Cordiérite	89.60	0.0493			

On voit immédiatement sur ce tableau que, si l'on use un fragment de roche qui contient un grand nombre de minéraux associés, de manière à en diminuer graduellement l'épaisseur, les premiers minéraux qui perdront leurs couleurs de polarisation seront la chlorite, puis l'idocrase, l'apatite, l'orthose, le quartz, etc.; la calcite gardera toujours des couleurs vives. On comprend quel rôle important jouent de semblables observations pour reconnaître, par l'emploi du microscope polarisant, les minéraux qui entrent dans la composition des roches. L'épaisseur habituelle des plaques qu'on fait tailler pour cet usage est d'environ $0^{mm},04$ à $0^{mm},05$; aussi voit-on l'orthose blanc ou de couleur pâle; le quartz est jaune rougeâtre, le pyroxène a de vives couleurs du deuxième ordre; quant à la calcite, les plus minces lamelles ressortent vivement colorées sur le fond plus gris de la roche.

Disparition des phénomènes de polarisation chromatique dans les plaques épaisses. — Nous avons vu que pour chaque nature de lumière homogène, les phénomènes redeviennent identiques pour des valeurs de l'épaisseur ε marquées par

$$\varepsilon = k \cdot \frac{\lambda}{(n_c - n_a)\sin\theta' \sin\theta''}$$

Lorsque la lame est épaisse, le facteur $\sin^2 \pi \frac{o-e}{\lambda}$, ou $\sin^2 \pi \frac{r\varepsilon}{\lambda}$, passe pour des valeurs très voisines de λ, de 0 à 1, c'est-à-dire du minimum au maximum. On peut en effet poser

$$r\varepsilon = k\lambda.$$

Si ε est grand, λ étant petit, k est grand. Les deux valeurs λ' et λ'' de λ qui donnent à $\sin^2 \pi \frac{r\varepsilon}{\lambda}$, l'une la valeur 0, l'autre la valeur 1, sont

$$r\varepsilon = k\lambda'' \qquad r\varepsilon = \left(k + \frac{1}{2}\right)\lambda'',$$

ou

$$\lambda' = \frac{r\varepsilon}{k} \qquad \lambda'' = \frac{r\varepsilon}{k + \frac{1}{2}}.$$

La différence λ' — λ'' est donc

$$\lambda' - \lambda' = r\varepsilon\left(\frac{1}{k} - \frac{1}{k + \frac{1}{2}}\right),$$

c'est-à-dire une très petite quantité si k est grand. Pour des rayons colorés à peine différents, les facteurs $\sin^2 \pi \frac{o-e}{\lambda}$ passeront donc par toutes les valeurs entre le maximum et le minimum. En d'autres termes, pour chaque couleur, le facteur $\sin^2 \pi \frac{o-e}{\lambda}$ aura une valeur sensiblement constante et égale à $\frac{1}{2}$. On aura :

$$I_o = \cos^2 \omega + \frac{1}{2} \sin 2\alpha \sin 2\beta,$$

$$I_e = \sin^2 \omega - \frac{1}{2} \sin 2\alpha \sin 2\beta;$$

c'est-à-dire que les deux images ordinaire et extraordinaire seront blanches.

Les lames épaisses ne donnent donc plus de coloration dans la lumière blanche. C'est une raison analogue qui fait disparaître les franges d'interférence lorsque les retards deviennent trop considérables.

Lames cristallines à faces non parallèles. — Au lieu de prendre une lame à faces parallèles, on pourrait prendre une lame taillée en biseau, en supposant que l'angle des deux faces limites soit tellement petit que le rayon puisse être considéré comme normal aux deux faces d'entrée et de sortie.

La lame peut être alors assimilée à une série de lames d'épaisseur graduellement croissantes, et l'on verra une série de franges colorées reproduisant successivement toutes les teintes de l'échelle chromatique. Ces franges seront parallèles à l'arête du biseau.

§ 2. CAS DE PLUSIEURS LAMES CRISTALLINES SUPERPOSÉES.

Formules générales donnant les intensités des deux rayons polarisés à angle droit qui proviennent d'un rayon de lumière homogène polarisé rectilignement, après la traversée de plusieurs lames cristallines superposées et d'un analyseur. — Supposons qu'un faisceau de lumière polarisée traverse normalement non plus une seule lame, mais une série de lames cristallines superposées; le faisceau émergent trouve ensuite un analyseur formé d'un prisme épais de spath, d'où sortent définitivement deux faisceaux sensiblement parallèles et polarisés dans des plans rectangulaires. Nous nous proposons d'étudier les particularités que présentent ces deux faisceaux, dont l'un sera appelé le faisceau ordinaire, et l'autre, le faisceau extraordinaire.

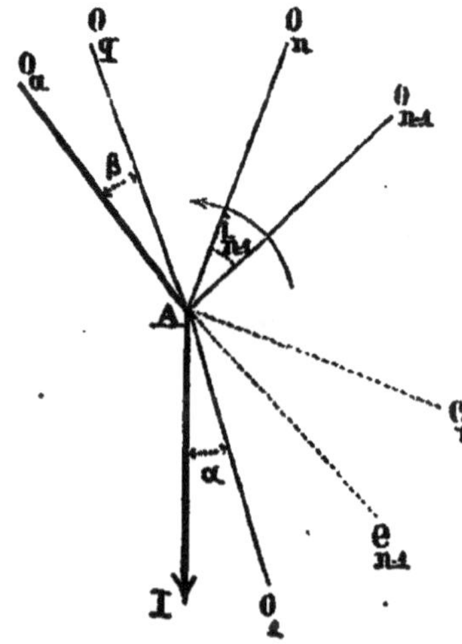

Fig. 48.

Supposons le faisceau lumineux sortant de la $(n-1)^e$ lame cristalline dont les deux sections principales sont dirigées suivant o_{n-1} (fig. 48) et e_{n-1}. On supposera que Ao_{n-1} est la direction de la vibration du rayon pris arbitrairement pour ordinaire, et Ae_{n-1} celle de la vibration du rayon extraordinaire.

La vibration du rayon ordinaire au sortir de la $(n-1)^e$ lame est représentée par une somme de termes de la forme

$$A_o \sin 2\pi\left(\frac{t}{T}-\frac{r_o}{\lambda}\right),$$

celle du rayon extraordinaire par une somme de termes de la forme

$$A_e \sin 2\pi\left(\frac{t}{T}-\frac{r_e}{\lambda}\right).$$

Appelons ε l'épaisseur de la n^e lame dans laquelle le rayon ordinaire se propage normalement avec une vitesse $u_{n,o}$, le rayon extraordinaire avec une vitesse $u_{n,e}$; appelons o_n et e_n les épaisseurs de deux lames d'air traversées respectivement par un rayon lumineux dans le même temps que l'est la lame par les rayons ordinaire et extraordinaire, nous aurons

$$o_n = \varepsilon_n \times \frac{1}{u_{n.o}},$$

$$e_n = \varepsilon_n \cdot \frac{1}{u_{n.e}},$$

Si nous supposons, en outre, que la lumière considérée est homogène et caractérisée dans l'air par une longueur d'onde λ, et une durée d'oscillation T, nous aurons

$$\frac{o_n}{\lambda} = \frac{\tau_{n.o}}{T},$$

$$\frac{e_n}{\lambda} = \frac{\tau_{n.e}}{T},$$

en appelant $\tau_{n,o}$ et $\tau_{n,e}$ les temps respectivement employés par le rayon ordinaire et le rayon extraordinaire à traverser la n^e lame.

Le passage d'une lame à la suivante s'exprimant toujours de la même façon, on déduit des valeurs précédentes un procédé général pour écrire tous les termes dont la somme représentera la vibration de l'un des rayons émergeant du spath analyseur.

On convient d'appeler i_{n-1} l'angle, toujours inférieur à 180°, compris entre o_{n-1} et o_n, cet angle étant compté à partir de o_{n-1} et dans le sens contraire à celui des aiguilles d'une montre. Nous appelons α, l'angle de la vibration incidente avec la section ordinaire de la 1' lame, et β l'angle de la section ordinaire de la q^e et dernière lame avec la section ordinaire de l'analyseur; α et β sont encore moindres que 180° et comptés dans le même sens que les i.

Pour avoir tous les termes dont la somme représente la vibration du rayon ordinaire émergeant du spath, on considèrera les $2q$ quantités

$$\frac{o_1}{\lambda},\ \frac{o_2}{\lambda},\ldots\frac{o_q}{\lambda};\qquad \frac{e_1}{\lambda},\ \frac{e_2}{\lambda},\ldots\frac{e_q}{\lambda};$$

et on formera toutes les combinaisons possibles de ces $2q$ quantités q à q, avec cette restriction que le p^e rang d'une des combinaisons ne puisse être occupé que par o_p ou e_p. Le nombre de ces combinaisons, doublant ainsi chaque fois que le nombre des lames s'augmente de 1, est égal à 2^q.

La somme des termes de chaque combinaison donnera la phase correspondant à chacun des termes de l'expression cherchée. Nous désignerons symboliquement par $\frac{\omega_i}{\lambda}$ l'une quelconque de ces combinaisons. Pour avoir le coefficient de chacun des termes, de celui qui correspondra, par exemple, à une phase

$$\frac{o_1+e_2+e_3+\ldots}{\lambda},$$

on suivra la série des lettres qui représentent la phase, et on écrira :

1° Un + cosinus toutes les fois qu'on passera d'un o à un o ou d'un e à un e;

2° Un + sinus toutes les fois qu'on passera d'un o à un e;

3° Un — sinus toutes les fois qu'on passera d'un e à un o.

Pour appliquer cette règle des signes, on supposera écrit devant toutes les combinaisons un o_p, correspondant au rayon incident qu'on imaginera arbitrairement être un rayon ordinaire.

On supposera aussi chaque combinaison suivie d'un o_a si l'on considère le rayon ordinaire de l'analyseur, et d'un e_a si l'on considère le rayon extraordinaire.

Si, par exemple, on a 3 lames superposées, le terme correspondant à la combinaison

$$\frac{o_1 + e_2 + o_3}{\lambda}$$

en supposant que l'on considère la vibration o_a de l'analyseur, sera

$$-\cos\alpha \sin i_1 \sin i_2 \cos\beta \sin 2\pi\left(\frac{t}{T} - \frac{o_1 + e_2 + o_3}{\lambda}\right).$$

La règle est facile à justifier, car pour avoir les amplitudes respectives des rayons ordinaire et extraordinaire qui émergent de la n^e lame et ont leurs vibrations dirigées suivant Ao_n et Ae_n, il faut évidemment projeter successivement sur Ao_n et Ae_n les amplitudes des vibrations dirigées suivant Ao_{n-1} et Ae_{n-1}. On obtiendra donc les expressions qui représentent les vibrations de deux rayons émergeant de la n^e lame, en transformant chacun des termes des expressions qui représentent les vibrations au sortir de la $(n-1)^e$ lame, de la manière suivante :

$$1^o \text{ suivant } Ao_n \ldots\ldots A_o \cos i_{n-1} \sin 2\pi\left(\frac{t}{T} - \frac{r_o}{\lambda} - \frac{o_n}{\lambda}\right)$$

$$- A_e \sin i_{n-1} \sin 2\pi\left(\frac{t}{T} - \frac{r_e}{\lambda} - \frac{o_n}{\lambda}\right),$$

$$2^o \text{ suivant } Ae_n \ldots\ldots A_o \sin i_{n-1} \sin 2\pi\left(\frac{t}{T} - \frac{r_o}{\lambda} - \frac{e_n}{\lambda}\right)$$

$$+ A_e \cos i_{n-1} \sin 2\pi\left(\frac{t}{T} - \frac{r_e}{\lambda} - \frac{e_n}{\lambda}\right)$$

Il est d'ailleurs évident que si l'on supposait la vibration incidente représentée par 1, et si on négligeait les différences de phase, l'expression de la vibration du rayon ordinaire ne serait autre chose que la projection de cette vibration sur la direction AO_a, et la somme des termes de l'expression serait la somme des termes du développement de

$$\cos(\alpha + i_1 + \ldots\ldots + i_q + \beta).$$

L'expression de la vibration du rayon ordinaire émergeant du spath sera donc composée de 2^q termes de la forme

$$A_i \sin 2\pi\left(\frac{t}{T} - \frac{\omega_i}{\lambda}\right),$$

dans laquelle les A_i représentent les 2^q termes du développement de

$$\cos(\alpha + i_1 + \ldots + i_q + \beta).$$

Pour le rayon extrordinaire, il y aura aussi 2^q termes qui seront ceux du développement de

$$\sin(\alpha + i_1 + \ldots + i_q + \beta).$$

Chacun des termes de l'expression de la vibration ordinaire étant représenté par

$$A_i \sin 2\pi\left(\frac{t}{T} - \frac{\omega_i}{\lambda}\right),$$

cette expression pourra s'écrire

$$\left(A_1 \cos\frac{\omega_1}{\lambda} + A_2 \cos\frac{\omega_2}{\lambda} + \ldots\right) \sin 2\pi\frac{t}{T}$$
$$-\left(A_1 \sin\frac{\omega_1}{\lambda} + A_2 \sin\frac{\omega_2}{\lambda} + \ldots\right) \cos 2\pi\frac{t}{T},$$

et l'intensité du mouvement vibratoire sera :

$$I_0 = \left(A_1 \cos\frac{\omega_1}{\lambda} + A_2 \cos\frac{\omega_2}{\lambda} + \ldots\right)^2 + \left(A_0 \sin\frac{\omega_0}{\lambda} + A_2 \sin\frac{\omega_2}{\lambda} + \ldots\right)^2$$

ou

$$I_0 = \Sigma A_i^2 + 2\Sigma A_1 A_2 \cos\frac{\omega_1 - \omega_2}{\lambda} = (\Sigma A_i)^2 - 4\Sigma A_1 A_2 \sin^2\frac{\omega_1 - \omega_2}{2\lambda},$$

et si on se rappelle que

$$\Sigma A_i = \cos(\alpha + i_1 + \ldots i_q + \beta) = \cos\Omega,$$

en appelant Ω l'angle de la vibration incidente avec la vibration émergente, et en supposant que l'intensité de la vibration incidente est représentée par 1, on pourra écrire

$$I_0 = \cos^2\Omega - 4\Sigma A_1 A_2 \sin^2\frac{\omega_1 - \omega_2}{2\lambda}.$$

Le second terme du deuxième membre représente symboliquement une somme de termes formés en combinant deux à deux tous les termes de l'expression

$$A_1 \cos\frac{\omega_1}{\lambda} + A_2 \cos\frac{\omega_2}{\lambda} + \text{etc.}$$

On trouverait de même pour l'intensité I_e du rayon extraordinaire

$$I_e = \sin^2\Omega - 4\Sigma B_1 B_2 \sin^2\frac{\omega'_1 - \omega'_2}{2\lambda}.$$

On pourrait vérifier que $I_o + I_e$ est égal à 1, ce qui exige

$$\Sigma A_1 A_2 \sin^2\frac{\omega_1 - \omega_2}{2\lambda} + \Sigma B_1 B_2 \sin^2\frac{\omega'_1 - \omega'_2}{2\lambda} = 0.$$

C'est ce résultat qu'on exprime en disant que l'intensité du rayon ordinaire est toujours complémentaire de celle du rayon extraordinaire.

Une conséquence importante qu'on peut déduire de ces formules, c'est que, lorsqu'on a un paquet de lames quelconques entre un polariseur et un analyseur, l'intensité de la vibration émergente est la même, soit que la lumière entre par le polariseur et sorte par l'analyseur, soit qu'elle entre par l'analyseur en sortant par le polariseur. Il est facile de voir, en effet, que cette interversion n'introduit aucun changement dans l'expression de I.

Cas de deux lames superposées. — Dans le cas de deux lames superposées, la formule générale donne

$$\begin{aligned} I_o = \cos^2\omega &+ \sin 2\alpha \sin 2i_1 \cos 2\beta \sin^2\pi\frac{o_1 - e_1}{\lambda} \\ &+ \cos 2\alpha \sin 2i_1 \sin 2\beta \sin^2\pi\frac{o_2 - e_2}{\lambda} \\ &+ \sin 2\alpha \cos^2 i_1 \sin 2\beta \sin^2\pi\frac{o_1 - e_1 + o_2 - e_2}{\lambda} \\ &+ \sin 2\alpha \sin^2 i_1 \sin 2\beta \sin^2\pi\frac{o_1 - e_1 - (o_2 - e_2)}{\lambda} \end{aligned}$$

Si les sections principales des deux lames sont parallèles, $i_1 = 0$, et la formule devient

$$I_o = \cos^2\omega + \sin 2\alpha \sin 2\beta \sin^2\pi\frac{o_1 - e_1 + o_2 - e_2}{\lambda}.$$

Elle montre que l'ordre de superposition des lames n'influe pas sur la teinte résultante. Elle est d'ailleurs identique à celle que donnerait une lame unique communiquant au rayon le retard $o_1 - e_1 + o_2 - e_2$; on en conclut que l'ensemble des deux lames se comporte comme une lame unique. Cette lame unique fictive a une épaisseur supérieure à la première si $o_2 - e_2$ est de même signe que $o_1 - e_1$; elle a une épaisseur inférieure dans le cas contraire.

Cas où l'une des deux lames est un mica quart d'onde. — Un autre cas particulier intéressant est celui où l'une des deux lames, la première par exemple, a une épaisseur telle que $\frac{o_1 - e_1}{\lambda} = \frac{1}{4}$, alors

$$\sin^2 \pi \frac{o_1 - e_1}{\lambda} = \frac{1}{2}$$

$$\sin^2 \pi \frac{o_1 - e_1 + o_2 - e_2}{\lambda} = \sin^2 \left(\frac{\pi}{4} + \pi \frac{o_2 - e_2}{\lambda}\right) = \frac{1}{2}\left(1 + \sin 2\pi \frac{o_2 - e_2}{\lambda}\right)$$

$$\sin^2 \pi \frac{o_1 - e_1 + (o_2 - e_2)}{\lambda} = \sin^2 \left(\frac{\pi}{4} + \pi \frac{o_2 - e_2}{\lambda}\right) = \frac{1}{2}\left(1 - \sin 2\pi \frac{o_2 - e_2}{\lambda}\right)$$

Si l'on suppose en outre $\alpha = 45°$, ce qui donne $\beta + i_1 = 45°$, on trouve toutes réductions faites :

$$I_0 = \frac{1}{2} + \frac{1}{2} \sin 2\beta \sin 2\pi \frac{o - e}{\lambda}.$$

L'intensité est indépendante de la position relative du polariseur et de la lame cristalline ; elle varie au contraire avec la position de l'analyseur par rapport à cette lame.

Lames sensibles. — On peut se servir de la superposition de deux lames cristallines pour déceler, dans l'une des lames, les propriétés biréfringentes les plus faibles. On prend alors pour l'autre lame l'épaisseur qui donne la teinte sensible. Suivant que les sections principales des deux lames sont parallèles ou perpendiculaires, le retard de la 1re lame soumise à l'essai s'ajoute ou se retranche au retard donné par la lame sensible. Dans l'un et l'autre cas, la modification ainsi apportée à la teinte sensible par la lame faiblement biréfringente est assez notable pour ne pas échapper à l'œil. L'expérience se fait aisément en fixant la lame sensible au-dessus du nicol polariseur, de manière que sa section principale soit à 45° de celle du nicol. La lame que l'on veut soumettre à l'essai est placée sur le support ordinaire du microscope.

On peut se servir d'une lame sensible pour déterminer exactement dans une lame cristalline les directions des sections principales. Supposons la lame sensible placée de manière que ses sections principales soient à 45° des sections principales, croisées à angle droit, du polariseur et de l'analyseur. On place la lame cristalline sur le porte-objet ; la teinte est modifiée, et cette modification ne cessera que lorsqu'en faisant tourner la lame on amène une de ses sections principales à être parallèle à l'une des sections principales d'un des nicols. Le moindre déplacement du cristal de part et d'autre de cette position particulière suffira pour produire des modifications perceptibles dans la teinte, et les directions des sections principales se trouveront ainsi mieux accusées que lorsqu'on se contente de les déterminer par le rétablissement de l'obscurité entre les deux nicols croisés.

On peut d'ailleurs rendre l'observation encore plus exacte, en disposant la lame sensible de la manière suivante. On la taille sous la forme d'un triangle rectangle isocèle dont l'hypoténuse est perpendiculaire à la section principale ; on la partage alors en deux suivant la hauteur (fig. 49), et on juxtapose les deux triangles rectangles ainsi tenus suivant l'hypoténuse, de manière que les sections principales des

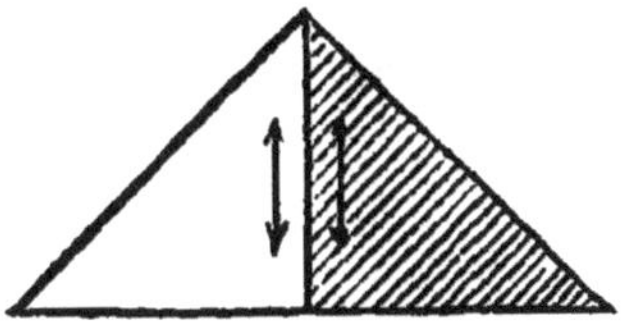

Fig. 49.

Fig. 50.

deux moitiés de la lame carrée obtenue soient à angle droit (fig. 50). On colle les lames, dans cette position sur une plaque de verre avec du baume de Canada. Lorsque la lame ainsi disposée est placée au-dessus du polariseur, dans une position telle que la section principale d'une des lames soit à 45° de celle du polariseur, les deux moitiés de la bilame sont teintes de la même couleur, et le plus petit mouvement de la bilame suffit pour teindre les deux moitiés de deux couleurs complémentaires d'autant plus facilement observables qu'elles se font contraste l'une à l'autre. La lame cristalline étant placée sur le porte-objet, de telle sorte que sa projection soit à cheval sur les deux portions de la lame sensible, on voit immédiatement les deux parties l et l' de la lame cristallisée (fig. 51) se teindre de couleurs différentes et complémentaires qui ne deviennent identiques que lorsqu'en tournant la lame dans son plan, on en a amené la section principale à être rigoureusement parallèle ou perpendiculaire à celle du polariseur ou de l'analyseur. La précision de l'observation est augmentée par le contraste que se font perpétuellement les deux parties l et l'.

Fig. 51.

Le petit appareil que nous venons de décrire porte le nom de polariscope de Bravais.

Avec le polariscope de Bravais, ou, plus généralement, en superposant une lame cristalline connue à une autre lame dont la double réfraction est inconnue, on peut déterminer quelles sont, des deux sections principales de cette dernière, celle qui correspond au plus grand ou au plus petit n. C'est ce que l'on appelle déterminer le signe de la lame.

Supposons, par exemple, que la lame connue soit une lame de quartz taillée parallèlement à l'axe et d'épaisseur ε_q. Le quartz étant positif, la direction de l'axe est celle qui correspond au plus grand n, n_e. On observe la teinte de la lame de quartz; on suppose une lame cristalline, d'épaisseur ε, placée de telle sorte que la section principale correspondant à l'indice n_o soit parallèle à l'axe du quartz. L'épaisseur optique de l'ensemble des deux lames est

$$\varepsilon_q (n_e - n_o) + \varepsilon (n_o - n_e).$$

Si $n_o - n_e$ est positif, la teinte monte; si $n_o - n_e$ est négatif, la teinte descend.

Admettons que la lame de quartz donne le second violet correspondant à une épaisseur de lame d'air égale à 1128 millionièmes de millimètre. L'addition de la lame cristalline donne l'orangé 948; on en conclura que n_o dirigé suivant l'axe du quarz est plus petit que n_e, et que

$$\varepsilon (n_o - n_e) = 1128 - 948 = 180,$$

en millionièmes de millimètre. Comme vérification, il faut qu'en tournant la lame cristalline de 90°, on obtienne la teinte correspondant à l'épaisseur $1128 + 180 = 1300$, c'est-à-dire une teinte intermédiaire entre le vert et le bleu.

Au lieu d'observer la modification produite par la lame cristalline dans la teinte du quartz, on peut observer celle que la lame de quartz introduit dans la teinte de la lame cristalline. Il faut d'ailleurs, pour qu'il n'y ait pas d'ambiguïté, que la lame qui modifie la teinte observée en premier lieu soit de faible épaisseur. S'il en était autrement, la teinte pourrait passer d'un ordre à un autre, et l'on pourrait éprouver beaucoup d'embarras à savoir si elle a monté ou est descendue. Il pourrait même arriver que la teinte monte réellement, bien que les deux retards soient de signe contraire. Si la lame cristalline est de faible épaisseur, on prendra donc une lame de quartz donnant la teinte sensible. Si la lame cristalline est épaisse, on emploiera une lame de quartz ou une lame de mica mince, correspondant, par exemple, à un retard d'un quart d'onde.

On peut, pour rendre l'opération plus délicate, prendre, au lieu d'une lame plane de quartz, une lame taillée en biseau, l'arête du biseau étant parallèle à l'axe, par exemple. On glisse lentement la lame au-dessus ou au-dessous de la lame cristalline, en ayant soin, bien entendu, que l'arête du biseau soit parallèle à l'une des sections principales de la lame. En voyant défiler la série des teintes, depuis celle qui est très voisine de celle que la lame présente lorsqu'elle est seule, on ne peut avoir aucune incertitude sur le sens dans lequel marche la teinte résultante.

Compensateur Babinet. — Le compensateur Babinet, fondé toujours sur le même principe que les appareils précédents, est disposé pour servir à des mesures exactes de $n_o - n_e$. Il est formé de deux lames de quartz parallèles à l'axe et taillées en biseau très aigu. L'angle du biseau est le même pour les deux lames, de sorte qu'en les superposant, on obtient une lame à faces parallèles partagée en deux par un plan incliné $\beta\beta'$ (fig. 52). Dans l'un des biseaux l'arête est parallèle à l'axe; dans l'autre elle lui est perpendiculaire.

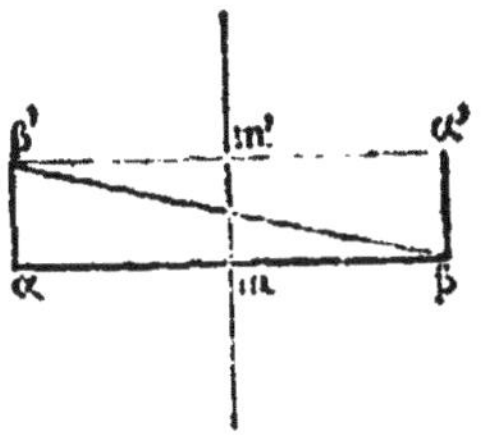

Fig. 52.

Si nous considérons le plan médian mm' de la lame, mené à égale distance des arêtes des deux biseaux, un rayon traversant normalement la lame dans ce plan, traverse sur une égale longueur les deux prismes triangulaires, et ce rayon se trouve dans les mêmes conditions que s'il traversait deux lames parallèles de la même substance, ayant même épaisseur et dont les sections principales sont croisées à angle droit. La polarisation du rayon n'est pas modifiée, et si la lame est placée entre deux nicols croisés éteignant la lumière, on aura suivant le plan mm' une raie noire. Mais de part et d'autre de mm', il est clair que les choses se passeront comme si les épaisseurs de la lame allaient en augmentant graduellement, et l'on aura, dans la lumière homogène, une série de franges alternativement blanches et noires; dans la lumière blanche, une série de franges colorées parallèles à l'arête du biseau.

L'un des prismes $\alpha\beta$ étant fixé invariablement, on peut faire glisser l'autre sur celui-ci d'une manière continue au moyen d'une vis micrométrique dont la tête graduée permet de mesurer de très petits déplacements. On commence par placer le compensateur entre deux nicols parallèles et de manière que la section principale en soit parallèle à celle des nicols. Si l'appareil est au zéro, c'est-à-dire s'il est dans la position de la figure, on voit, dans la lumière homogène, une frange noire coïncider avec le plan médian mm' de l'appareil; le fil d'un réticule indique la position de cette frange. On déplace ensuite le prisme mobile $\alpha'\beta'$ d'une quantité telle que la frange noire suivante, qui correspond à un retard égal à λ, vienne se placer sur le fil, et soit d le chemin qu'il aura fallu faire parcourir au prisme pour obtenir ce résultat; on en conclut que lorsqu'on déplacera le prisme de l, le retard que le compensateur communiquera aux rayons sera égal à $l\frac{\lambda}{d}$.

L'appareil ainsi gradué devient un mesureur de retards. Supposons en effet que, le compensateur étant au zéro, on place au-dessous du compensateur une lame cristalline communiquant aux rayons un retard égal à δ. Pour ramener la frange noire au centre, et compenser ainsi le retard δ, il faudra donner au prisme un déplacement l, et l'on aura

$$l\frac{\lambda}{d} = \delta.$$

§ 3. LUMIÈRE OBLIQUE.

Formule générale donnant le retard de deux rayons émergents issus d'un même rayon incident. — Nous considérons une lame cristalline à faces parallèles traversée par un faisceau oblique de lumière, que nous supposerons d'abord homogène.

L'onde plane incidente qui se propageait dans l'air suivant la direction AI (fig. 55) du faisceau incident, donne naissance dans la lame à deux ondes planes vibrant à angle droit, l'une dirigée suivant Ar', l'autre suivant Ar''; Ar', Ar'', AI et la normale AN sont dans le même plan qui est le plan d'incidence. A la sortie de la lame, les deux ondes planes suivront les deux directions $r'R'$ et $r''R''$ parallèles entre elles et à la direction incidente AI; si la lame est peu épaisse, $r'R'$ et $r''R''$ se confondront sensiblement. Cherchons quel est le retard relatif des deux ondes cheminant, l'une suivant $r'R'$, l'autre suivant $r''R''$.

Prolongeons, jusqu'à la rencontre avec la face d'émergence en P, la normale AN. Menons $P\rho'$ et $P\rho''$ perpendiculaires respectivement sur Ar' et Ar''. D'après le mode de construction qui permet de trouver le rayon réfracté, connaissant le rayon incident, il est visible que l'onde $r'm$, normale à $R'r'$, si elle était considérée comme incidente, se partagerait dans le cristal en deux autres, l'une dirigée suivant $P\rho'$, et l'autre suivant $P\rho''$. $P\rho'$ et $P\rho''$ indiqueraient d'ailleurs la position simultanée des deux ondes à un certain instant. On en conclura que l'un des rayons met à aller de ρ' en r' le même temps que le second à parcourir la ligne brisée $\rho''r''m$. Le retard relatif contracté par les deux rayons est donc marqué par la différence des temps qu'ils ont mis à parcourir, l'un, la distance $A\rho'$, et l'autre, la distance $A\rho''$.

Si l'on appelle encore o l'épaisseur d'une lame d'air traversée par un rayon de longueur d'onde λ dans le même temps que le rayon Ar' (que nous appellerons l'ordinaire) met à faire le chemin $A\rho'$; et e l'épaisseur d'une lame d'air traversée par un rayon dans le même temps que le rayon extraordinaire Ar'' met à parcourir $A\rho''$, nous aurons

$$o = \frac{A\rho'}{u'} = \varepsilon \frac{\cos R'}{u'}, \qquad e = \frac{A\rho''}{u''} = \varepsilon \frac{\cos R''}{u''};$$

u' et u'' étant les vitesses des deux rayons, R' et R'' les angles des vitesses normales de chacun de ces rayons avec la normale à la lame, et ε l'épaisseur de la lame.

On aura donc

$$o - e = \varepsilon\left(\frac{\cos R'}{u'} - \frac{\cos R''}{u''}\right).$$

On a d'ailleurs

$$\sin R' = u' \sin I \qquad \sin R'' = u'' \sin I$$

I étant l'angle d'incidence, et par conséquent :

$$o - e = \varepsilon \sin I (\cot R' - \cot R'') = \varepsilon \sin I \frac{\sin (R' - R'')}{\sin R' \sin R''}.$$

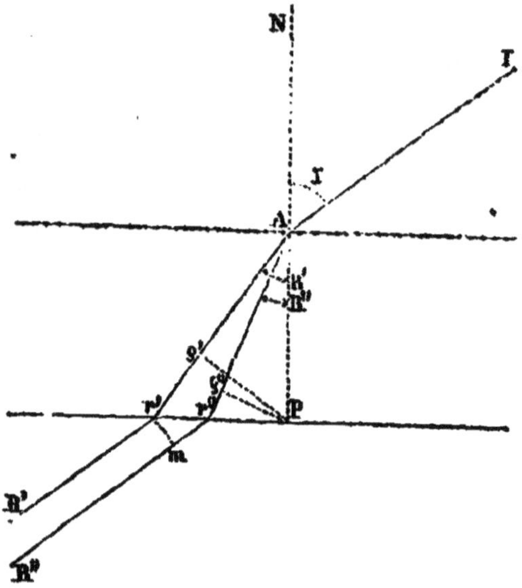

Fig. 53.

Si nous employons le système d'approximation fondé sur la faible biréfringence des cristaux, nous pourrons assimiler sin (R' — R'') à l'arc, et une formule de la page 126, dans laquelle nous ferons $l = 1$, nous donnera

$$R' - R'' = (\delta' - \delta'') \frac{\sin I}{\cos R} = (a - c) \sin \theta' \sin \theta'' \cdot \frac{\sin I}{\cos R},$$

R étant l'angle que ferait avec la normale le rayon réfracté si le milieu cristallin était isotrope et propageait la lumière avec la vitesse b.

D'ailleurs on aura sensiblement

$$\frac{\sin^2 I}{\sin R' \sin R''} = \frac{1}{b^2},$$

et il vient, en définitive,

$$o - e = \frac{\varepsilon}{b^2 \cos R} (a - c) \sin \theta' \sin \theta'',$$

ou encore

$$o - e = \frac{\varepsilon}{\cos R} (n_e - n_o) \sin \theta' \sin \theta''.$$

Formules générales qui donnent les intensités des rayons émergeant de l'analyseur lorsque la lame cristalline est oblique à la direction des rayons. — Supposons une lame cristalline placée obliquement entre le polariseur et l'analyseur. Soit OI (fig. 54) la direction du rayon incident, ON la normale à la surface de la lame, OA et OA′ les directions des axes optiques du cristal.

Supposons donné l'angle AA′ des axes optiques, et les valeurs angulaires qui déterminent la position de ON par rapport à OA et à OA′.

On déduit aisément de ces données :

1° L'angle que fait avec OI la direction OR de la vitesse du rayon réfracté moyen. (Nous entendons par cette expression le rayon réfracté qui se produirait si la lame était monoréfringente, et si la vitesse de la lumière y était égale à *b*.)

2° Les angles θ', θ'' que fait OR avec les axes OA et OA′.

Si l'on mène un grand cercle $\alpha r \alpha'$ perpendiculaire à OR ; si l'on projette sur ce grand cercle, aux points α et α' les pôles A et A′ de deux axes optiques ; si enfin l'on prend le milieu r de l'arc $\alpha\alpha'$, Or est, d'après un théorème connu (page 116), la direction de la vibration d'un des deux rayons réfractés dont les ondes planes se transmettaient normalement à OR. Il sera facile de déduire des données la valeur de l'angle que fait ORr avec le plan d'incidence.

Le rayon incident étant supposé polarisé rectilignement, et sa vibration étant dirigée suivant Oi, cette vibration incidente devra se décomposer en deux autres, l'une sensiblement dirigée suivant Or, et l'autre suivant une droite perpendiculaire à Or. Si l'on suppose que le rayon incident et le rayon réfracté ne font pas un angle trop considérable, l'angle de Oi avec Or ne sera pas très différent de l'angle de Oi avec la projection Or_1 de Or sur un plan perpendiculaire à OI.

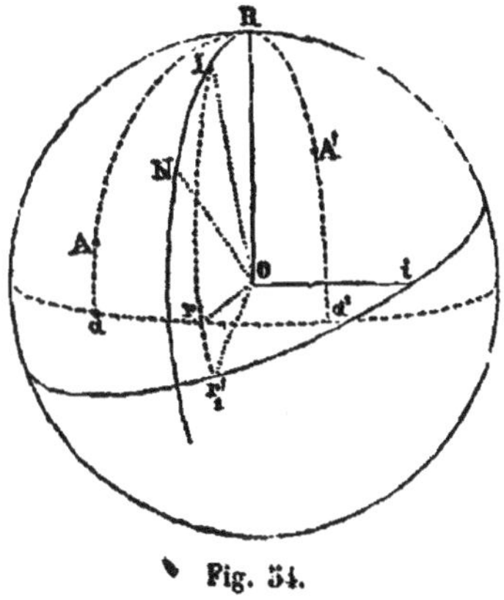

Fig. 54.

Pour suivre la marche du phénomène correspond à des incidences peu considérables, il suffira donc de prendre les formules relatives au cas de l'incidence normale et d'y remplacer les angles α et β par ceux que fait le plan OIr avec le plan de polarisation du polariseur et la section principale de l'analyseur.

Il viendra ainsi

$$I_0 = \cos^2\omega + \sin 2\alpha \sin 2\beta \sin^2 \pi \frac{o-e}{\lambda}.$$

On substituerait à $o-e$ la valeur trouvée plus haut en fonction de R, θ' et θ''.

On peut se proposer de trouver les teintes diverses qui correspondent aux diverses inclinaisons de lames diversement taillées. Ces teintes ne dépendent que de $o-e$, dont nous allons discuter la valeur, qui a pour expression

$$o-e = \frac{\varepsilon(n_e - n_a)}{\cos R} \sin \theta' \sin \theta''.$$

Nous allons considérer successivement le cas d'un cristal à un axe, et celui d'un cristal à deux axes.

CRISTAUX A UN AXE.

La formule dans laquelle o se rapportera au rayon ordinaire dont le choix n'est plus arbitraire est

$$o-e = \pm \frac{\varepsilon(n_e - n_a)}{\cos R} \sin^2 \theta.$$

Il faut prendre le signe — lorsque le cristal est positif, et le signe + lorsqu'il est négatif; mais on peut ici faire abstraction de ce signe, car, lorsqu'il n'y a qu'une seule lame, le retard n'entre dans les formules qui donnent la teinte que par sa valeur absolue.

I. Lame taillée perpendiculairement a l'axe.

La formule est

$$o-e = \frac{\varepsilon(n_e - n_a)}{\cos R},$$

La différence de marche augmente toujours avec R, c'est-à-dire avec I.

Si la lame est placée entre deux nicols croisés et si $I = 0$, elle donne l'obscurité. Si on l'incline, les teintes successives de la lame parcourent les degrés des teintes directes de l'échelle de Newton.

II. LAME PARALLÈLE A L'AXE.

1° *Plan d'incidence contenant l'axe.*

$$o-e=\frac{\varepsilon(n_e-n_a)}{\cos R}\cos^2 R=\varepsilon(n_e-n_a)\cos R.$$

La différence de marche *décroît* en valeur absolue lorsque R *augmente;* on voit donc descendre la teinte à mesure qu'on incline la lame.

2° *Plan d'incidence perpendiculaire à l'axe.*

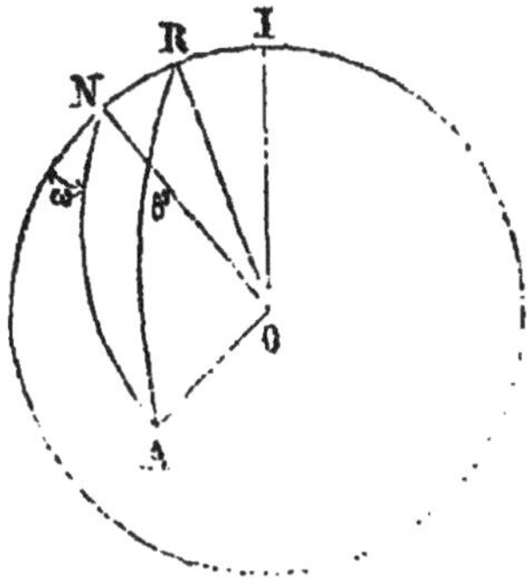

Fig. 55.

$$o-e=\frac{\varepsilon(n_e-n_a)}{\cos R}.$$

L'augmentation d'inclinaison de la lame fait monter la teinte, au lieu de la faire descendre.

3° *Plan d'incidence quelconque.*

La position du plan d'incidence est définie par l'angle ω qu'il fait avec le plan qui contient l'axe OA et la normale ON. On a alors, dans le triangle rectilatère ANR (fig. 55),

$$\cos\theta=-\sin R\cos\omega,$$

d'où l'on déduit :

$$o-e=\varepsilon(n_e-n_a)\frac{1-\sin^2 R\cos^2\omega}{\cos R}.$$

L'accroissement d'inclinaison fait tantôt monter, tantôt descendre la teinte. Si l'on suppose R, ou ce qui est la même chose, I très petit, on pourra remplacer cos R par $1-\frac{1}{2}\sin^2 R$, et l'expression approchée de $o-e$ est

$$o-e=\varepsilon(n_e-n_a)(2-\sin^2 R\cos 2\omega).$$

L'augmentation d'inclinaison de la lame fait donc baisser la teinte lorsque $\omega<45°$, c'est-à-dire lorsque le plan d'incidence se rapproche de celui qui comprend l'axe. La teinte monte dans le cas contraire. Lorsque $\omega=45°$, de légers changements dans l'inclinaison ne font pas varier la teinte d'une manière sensible.

III. Lames taillées d'une façon quelconque.

En appelant toujours ω l'angle du plan AN avec le plan d'incidence, et désignant par ν l'angle AN que fait la normale avec l'axe, on a :

$$o - e = \frac{\varepsilon(n_e - n_a)}{\cos R} \left\{ 1 - (\cos \nu \cos R - \sin \nu \sin R \cos \omega)^2 \right\},$$

formule dont la discussion présenterait peu d'intérêt.

CRISTAUX A DEUX AXES.

I. Lame perpendiculaire a l'axe minimum ou maximum.

1° *Plan d'incidence quelconque.*

On a, V étant l'angle d'un axe optique avec l'axe d'élasticité maximum (fig. 56),

$$\cos \theta' = \cos V \cos R + \sin V \sin R \cos \omega,$$
$$\cos \theta'' = \cos V \cos R - \sin V \sin R \cos \omega.$$

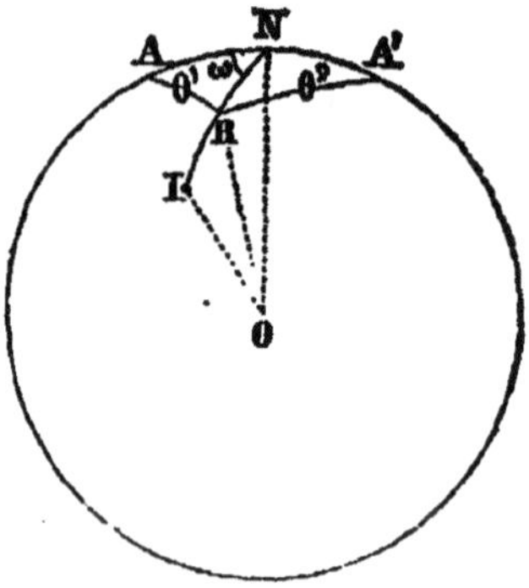

Fig. 56.

Ces formules s'appliqueront au cas où l'axe perpendiculaire à la lame est l'axe maximum lorsque, le cristal étant positif, on y fera $V < 45°$, et inversement.

On en déduirait, par un calcul un peu compliqué, l'expression de $o - e$; nous nous contenterons d'appliquer aux cas particuliers pour lesquels $\omega = 0$ et $\omega = 90°$.

2° *Plan d'incidence coïncidant avec le plan des axes ou* $\omega = 0$

$$o - e = \frac{\varepsilon(n_e - n_a)}{\cos R} \sin (V - R) \sin (V + R),$$

ce que l'on peut encore écrire

$$o - e = \frac{\varepsilon(n_e - n_a)}{\cos R}(\cos 2R - \cos 2V) = \frac{\varepsilon(n_e - n_a)}{2}\left[2 \cos R - \frac{1 + \cos 2V}{\cos R}\right]$$

Si l'on part de $R = 0$, l'expression décroît en valeur absolue et la teinte baisse, jusqu'à ce que l'on ait $\cos 2R = \cos 2V$ ou $R = V$. Pour cette valeur qui correspond à une direction des rayons coïncidant avec celle d'un axe optique, la teinte est le noir. Lorsque $R > V$, la teinte remonte.

3° *Plan d'incidence perpendiculaire au plan des axes, ou* $\omega = 90°$.

$$o - e = \frac{\varepsilon(n_c - n_a)}{\cos R}(1 - \cos^2 V \cos^2 R).$$

Cette expression croît toujours en valeur absolue, et la teinte monte toujours, par conséquent, lorsque R croît, c'est-à-dire lorsqu'on incline la lame de plus en plus.

II. Lame perpendiculaire a l'axe de moyenne élasticité.

Nous supposons que le plan d'incidence est un plan principal : on a (fig. 57) :

$$o - e = \frac{\varepsilon(n_c - n_a)}{\cos R}(1 - \cos^2 V \sin^2 R),$$

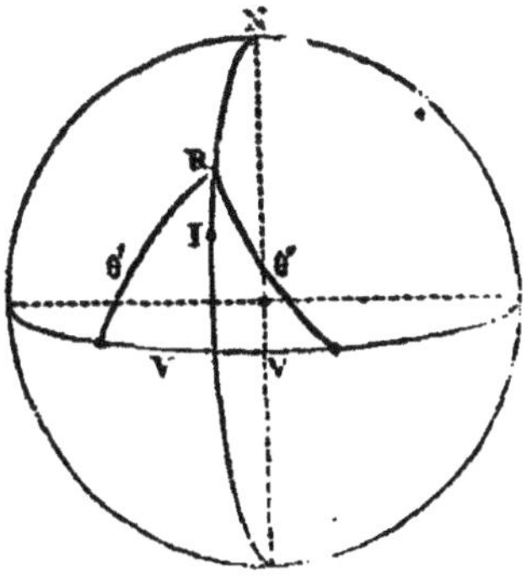

Fig. 57.

formule dans laquelle V est $<$ ou $> 45°$, suivant que le plan d'incidence contient le plus petit ou le plus grand des axes d'élasticité.

Si l'on s'en tient aux petites valeurs de R, l'expression de $o - e$ peut être mise, en posant $\frac{1}{\cos R} = 1 + \frac{1}{2}\sin^2 R$, sous la forme

$$o - e = \frac{\varepsilon(n_c - n_a)}{2}(2 - \sin^2 R \cos 2V).$$

On voit que si $V < 45°$, la teinte descend lorsque R augmente; c'est ce qui a lieu lorsque le plan d'incidence passe par la bissectrice aiguë des axes optiques. La teinte monte, au contraire, à mesure que R augmente, lorsque le plan d'incidence passe par la bissectrice obtuse.

POLARISATION CHROMATIQUE.

CHAPITRE VI

LUMIÈRE CONVERGENTE

Dans le chapitre précédent, on a étudié les phénomènes chromatiques que montre une lame cristalline, placée entre un polariseur et un analyseur, lorsqu'elle est traversée par un faisceau lumineux que l'on peut supposer émané de l'infini et dont tous les rayons sont parallèles entre eux. Nous allons, dans ce qui suit, supposer le faisceau lumineux émanant d'un point voisin de la lame, de sorte que tous les rayons divergents qui le composent traversent la lame sous des inclinaisons différentes. Chaque rayon, sortant de la lame, après avoir traversé le polariseur et l'analyseur, prend une couleur spéciale, et l'ensemble des rayons émergents forme dans l'espace une série de cônes colorés. Avant de décrire les phénomènes très curieux qui se produisent dans ces conditions, nous dirons quelques mots des appareils qui servent à les observer.

Appareils d'observation. — Microscope à lumière convergente. — Le plus complet de ces appareils est celui que l'on désigne sous le nom de microscope à lumière convergente.

La lumière polarisée est fournie soit par l'interposition d'un nicol sur le chemin des rayons provenant des nuées, soit par la réflexion de ces rayons sur une pile de glaces. Elle est reçue par un jeu de lentilles à très court foyer *Cd* (fig. 58), que l'on appelle condenseur ou *éclaireur*. Si O est le centre optique de la lentille et α l'angle formé par les rayons légèrement divergents qui tombent sur l'appareil, ceux-ci viennent former leur image dans l'intérieur du petit cercle p, qui devient un centre lumineux. A une petite distance au-dessus de p on place la lame cristalline L, et au-dessus de L un autre jeu de lentilles également à court foyer, et qu'on appelle le *collecteur*, parce qu'il rassemble les rayons qui sortent en divergeant de la lame. Dans le plan focal $p'm'$ du collecteur, on dispose un réticule qui sert pour les mesures précises.

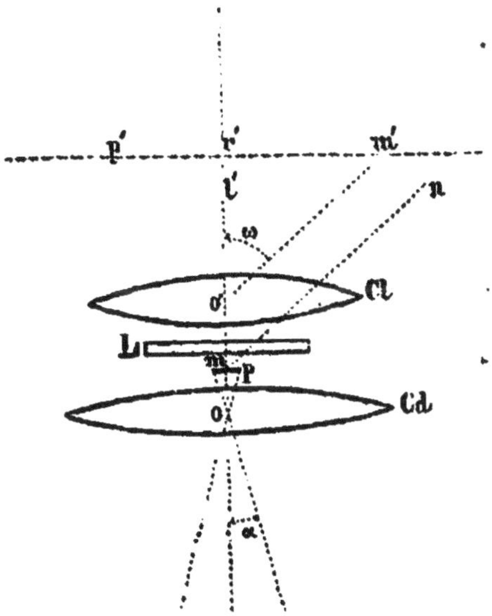

Fig. 58.

Soit un rayon mn émanant de l'intérieur du cercle p et traversant la lame; si ce rayon, à sa sortie de la lame, traverse un analyseur, il se colore d'une façon spéciale; tous les rayons parallèles à mn se colorent de la même façon et viennent converger en un certain point m' que l'on construit aisément.

Le point m' se teint de la couleur acquise par les rayons parallèles à la direction mn; il se dessine donc sur le plan du réticule une série de courbes colorées, dont nous nous proposons l'étude, et que l'on grandit pour l'observation en les regardant avec une loupe.

Au lieu de placer l'analyseur immédiatement au-dessus de la lame, il est plus commode de le placer immédiatement au-dessus ou au-dessous de la loupe qui sert d'oculaire Cet analyseur peut être un nicol ou un spath; une tourmaline a l'inconvénient d'ajouter sa couleur propre à celle des courbes que l'on veut observer.

Il importe beaucoup que l'on puisse observer des images formées par des rayons faisant un très grand angle avec l'axe de l'appareil; en d'autres termes, il faut que le champ de l'appareil soit aussi grand que possible. Ce champ est déterminé par le double de l'angle maximum A, que les rayons émergeant de l'éclaireur font avec l'axe. Il est clair que si l'on ne considère que des rayons parallèles à l'axe, et si l'on appelle f la distance focale de l'éclaireur, ρ son demi-diamètre, le demi-champ est *arc tg* $\frac{\rho}{f}$. Si, en outre, α est l'angle que les rayons les plus écartés font avec l'axe; le demi-champ est en définitive

$$\alpha + \text{arc tg}\,.\,\frac{\rho}{f}.$$

Au lieu d'une seule lentille, on emploie toujours un jeu de lentilles;

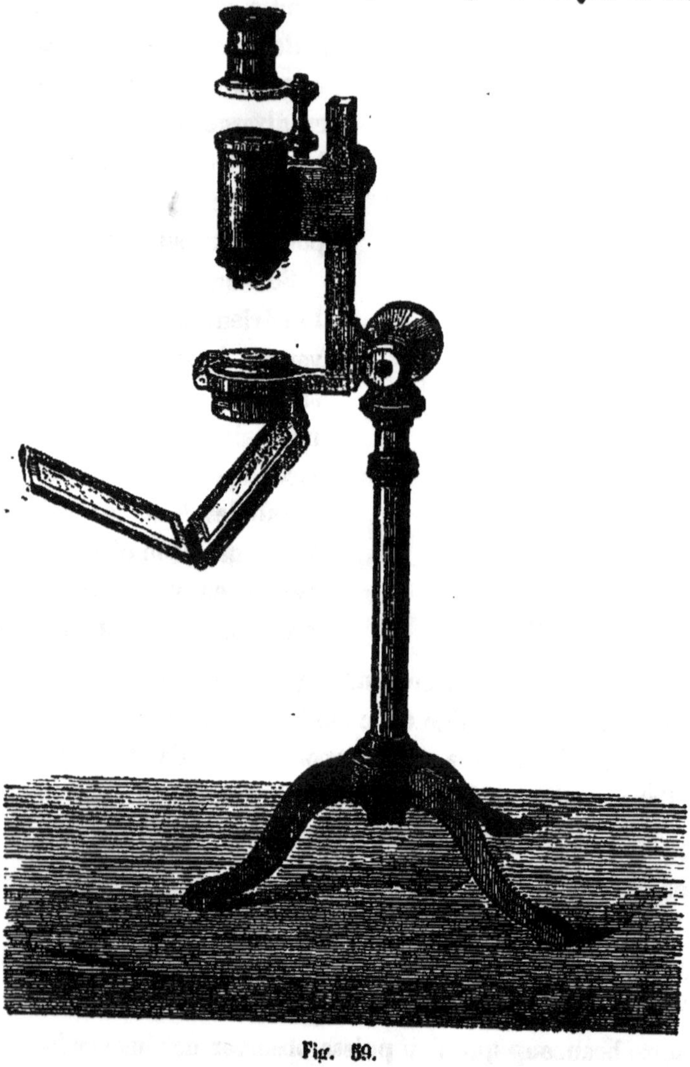

Fig. 69.

le champ est alors la somme du champ de chaque lentille, et on a

$$A = \alpha + \text{arc tg}\,\frac{\rho}{f} + \text{arc tg}\,\frac{\rho'}{f'} + \text{arc tg}\,\frac{\rho''}{f''}, \text{ etc.}$$

Dans les appareils ordinaires, le champ est d'environ 120 à 130°.

La lame cristalline doit être rapprochée autant que possible du plan p où viennent converger les rayons. Il arrive le plus souvent que ce plan *p* coïncide avec la surface supérieure, que l'on fait plane, de l'éclaireur, et la lame est posée sur cette surface même.

Le collecteur est composé d'un jeu de lentilles identique à celui de l'éclaireur, et dont le champ doit être le même.

La figure 59 montre la disposition générale donnée à l'appareil par

Fig. 60.

M. Émile Bertrand. Le polariseur figuré est une pile de glaces; on peut aisément la remplacer par un nicol sur lequel un miroir renvoie la lumière des nuées. L'éclaireur est fixé dans une monture et peut tourner dans son support lié au bâti de l'appareil, en entraînant dans son mouvement de rotation la lame cristalline qu'il supporte. Le condenseur, l'oculaire et l'analyseur sont enfermés dans un tube qui, au moyen d'une crémaillère, peut s'élever ou s'abaisser le long d'une tige fixe. Un espace ouvert est ménagé entre l'oculaire et l'analyseur pour qu'on puisse interposer sur le passage des rayons, avant la traversée de l'analyseur, des lames cristallines convenablement choisies et dont l'utilité sera expliquée plus tard. L'appareil tout entier est mobile autour d'un axe horizontal porté par un trépied, et son axe peut prendre ainsi la position verticale représentée par la figure, la position horizontale et toutes les positions intermédiaires.

La figure 60, sur laquelle on a représenté la lame cristalline portée par l'éclaireur, est une coupe de l'appareil qui montre clairement l'agencement de différentes pièces.

Pince à tourmalines. — Un appareil beaucoup plus simple est celui que l'on désigne sous le nom de pince à tourmalines. Il est composé de deux plaques de tourmaline T, T', taillées parallèlement à l'axe et entre lesquelles on place la lame cristalline L. On place l'œil très près d'une des plaques de tourmaline. L'œil reçoit des rayons traversant l'appareil sous des inclinaisons très variées; tous les rayons parallèles viennent former, après avoir traversé le cristallin, une image colorée sur la rétine.

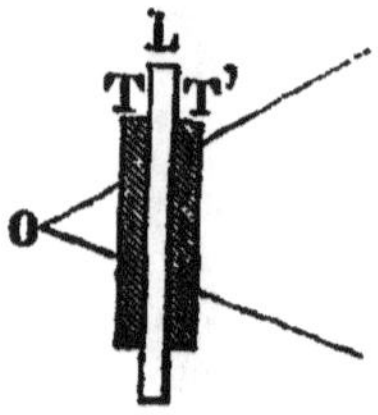

Fig. 61.

Les deux lames de tourmaline sont ici le polariseur et l'analyseur; le champ est celui de l'œil lui-même. Le cristallin fait l'office du collecteur, et la rétine remplace le plan du réticule.

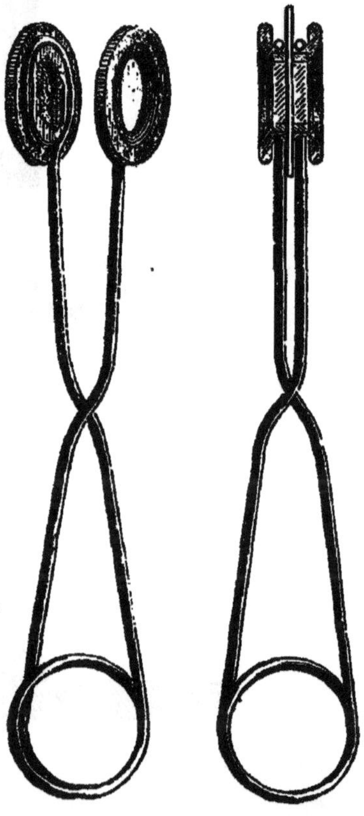
Fig. 62.

Cet appareil à l'inconvénient d'avoir un champ trop faible; on peut l'augmenter en plaçant une lentille entre l'œil et la lame.

Les deux plaques de tourmaline sont fixées dans de petits cercles dans lesquels ils peuvent tourner, et qui sont portés par les extrémités des bras d'une pince (fig. 62). La lame cristalline est ainsi pressée par les deux tourmalines et reste fixe pendant l'observation.

LUMIÈRE MONOCHROMATIQUE

I. — COURBES INCOLORES.

Nous allons étudier les phénomènes que l'on peut observer en plaçant une lame cristalline L sur le porte-objet du microscope à lumière convergente; cette étude s'appliquera sans peine à ceux que donnerait tout autre appareil analogue, tel que la pince à tourmalines.

Nous supposerons d'abord la lame éclairée par de la lumière monochromatique, telle que celle que l'on peut obtenir avec une lampe à alcool salé ou par tout autre moyen. Un pinceau lumineux, d'intensité égale à 1, formé par toutes les directions de propagation parallèles à une droite quelconque *mn* (fig. 55), part de *mp*, traverse la lame et le collecteur pour venir converger au point *m'*. Le plan *m'p'* étant regardé à travers un analyseur, le point *m'* donne deux images, l'ordinaire et l'extraordinaire, que l'on peut regarder successivement. La formule qui donnerait l'intensité lumineuse de chacune de ces images serait fort complexe et fort difficile à obtenir, car il faudrait tenir compte des modifications que font éprouver à la direction des vibrations les réfractions successives à travers l'éclaireur et le collecteur. Heureusement, cette formule complète est tout à fait inutile, et l'on n'a besoin que d'avoir une idée sur la loi de variation de cette intensité lorsque varie le point *m'*, c'est-à-dire l'orientation de l'axe du faisceau lumineux considéré. Pour y parvenir, nous commencerons par traiter le cas très particulier où tous les axes des faisceaux lumineux considérés ne font qu'un petit angle avec la normale à la lame; nous chercherons ensuite dans quel sens il faut modifier les résultats trouvés pour les adapter au cas général.

Définition des courbes incolores. — Lorsqu'on admet que les directions de propagation lumineuse font un petit angle avec la normale, les changements apportés par la réfraction à la direction des vibrations peuvent être regardés comme négligeables. En outre, toutes les vibrations font un petit angle avec le plan de la lame et peuvent lui être supposées parallèles. Ces restrictions admises, nous supposerons que les vibrations incidentes sont rectilignes et parallèles. Un faisceau quelconque dont la direction de propagation est parallèle à mn, ayant une intensité supposée égale à 1 à l'incidence, donne à la sortie de l'analyseur, une image ordinaire dont l'intensité est

$$I_0 = \cos^2(\alpha+\beta) + \sin 2\alpha \sin 2\beta \sin^2 \pi \frac{o-e}{\lambda}.$$

Cette formule donne aussi l'intensité lumineuse de l'une des images du point m' (où viennent converger les directions parallèles à mn), vu à travers l'analyseur.

Dans cette formule, α est l'angle aigu formé par la vibration incidente avec l'une des sections principales de la lame qui correspondent à la direction de propagation mn; β est l'angle aigu, compté dans le même sens que α, de cette section principale avec l'une des sections principales de l'analyseur, et c'est la vibration transmise dans cette section principale que l'on appelle *ordinaire*, pour la commodité du langage.

Les angles α et β sont indépendants, si l'on néglige la dispersion des axes, de la longueur d'onde λ; il en résulte que lorsque $\sin 2\alpha \sin 2\beta = 0$, l'intensité I_0 est la même, quelle que soit la lumière monochromatique considérée. Le lieu des points m' (fig. 55) satisfaisant à cette condition donne donc, dans le plan du réticule, une courbe qui jouit de propriétés particulières. Gardant la même intensité pour toutes les couleurs, elle ne se colore pas dans la lumière blanche, et elle a reçu, pour cette raison, le nom de *courbe incolore*.

Lorsque $\alpha + \beta = 90°$, c'est-à-dire lorsque le polariseur et l'analyseur sont croisés à angle droit, $I_o = 0$, et la courbe incolore se dessine en noir; c'est une courbe d'intensité minima.

Lorsque $\alpha + \beta = 180°$, c'est-à-dire lorsque le polariseur et l'analyseur sont parallèles, $I_o = 1$, et la courbe incolore est une courbe d'intensité maxima.

Cette courbe passe nécessairement par les traces des axes optiques. En effet, une vibration d'orientation quelconque peut toujours être supposée se propager suivant un de ces axes; α est donc quelconque pour cette direction, et la condition $\sin 2\alpha \sin 2\beta = 0$ est toujours remplie.

Forme générale des courbes incolores dans les cristaux biaxes. — Le terme $\sin 2\alpha \sin 2\beta$ s'annule pour $\sin 2\alpha = 0$ et $\sin 2\beta = 0$; il y a donc, en général, deux courbes incolores distinctes, correspondant respectivement aux plans de vibration du polariseur et de l'analyseur.

Nous allons chercher, dans les conditions d'approximation où nous nous sommes placés, la forme d'une de ces courbes, celle qui est donnée, par exemple, par $\sin 2\alpha = 0$. Cette équation est satisfaite par $\alpha = 0$ et $\alpha = 90°$. Supposons $\alpha = 0$, c'est-à-dire la vibration des rayons parallèle à celle du polariseur.

Soïent, sur le plan du réticule du microscope, I (fig. 63) la trace de l'axe de l'appareil, normal à la lame ; A et A' les traces des axes optiques

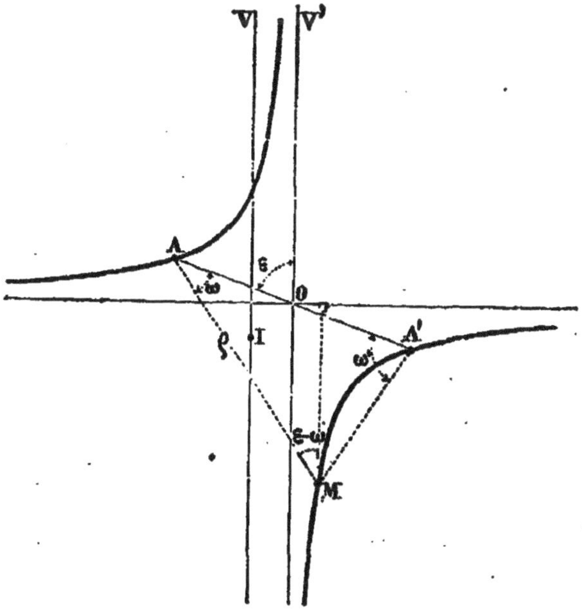

Fig. 63.

que nous supposerons rapprochées et peu distantes de I pour n'avoir toujours à considérer que des rayons peu inclinés sur la normale. Soit IV la direction de vibration du polariseur. Soit M un point de la courbe cherchée ; si l'on mène AM et A'M, la bissectrice de l'angle AMA' est sensiblement la direction de vibration du rayon émergeant en M, et cette direction doit être parallèle à IV.

Appelons ρ le rayon vecteur AM, ω l'angle de ce rayon avec AA', ε l'angle de la vibration du polariseur avec la même direction AA'. On trouve aisément dans le triangle AA'M,

$$\frac{\rho}{\sin AA'M} = \frac{AA'}{\sin 2 . Amv},$$

ou, en posant $m = AA'$,

$$\frac{\rho}{\sin(2\varepsilon - \omega)} = \frac{m}{\sin 2(\varepsilon - \omega)}$$

Cette équation, transformée en coordonnées rectangulaires, avec AA' pour axe des x, devient

$$(y^2 - x^2)\sin 2\varepsilon - 2xy\cos 2\varepsilon = m(x\sin 2\varepsilon - y\cos 2\varepsilon).$$

Les coefficients de y^2 et x^2 étant égaux et de signe contraire, la courbe est une hyperbole équilatère; le centre de cette hyperbole est le point O, milieu de AA', car tout doit être symétrique autour de ce point qui est la trace de la bissectrice aiguë. L'une des asymptotes est parallèle à IV, puisqu'on trouve $\rho = \infty$ pour $\omega = \varepsilon$; l'autre asymptote est la droite perpendiculaire.

On trouve $\rho = 0$, pour $\omega = 2\varepsilon$; l'hyperbole est donc tangente en A à une droite inclinée sur AA' d'un angle égal à 2ε. Lorsqu'on fait tourner la lame d'un angle égal à α, ε varie de α, et l'angle que fait la tangente à l'hyperbole en A avec AA' varie de 2α, c'est-à-dire tourne d'un angle double de celui dont tourne la lame.

Lorsque $\varepsilon = 0$ ou $\varepsilon = 90°$, c'est-à-dire lorsque la lame est tournée de telle façon que la droite AA' est perpendiculaire ou parallèle à la vibration du polariseur, les deux branches de l'hyperbole se confondent avec deux droites perpendiculaires qui se croisent en O, et dont l'une est la droite AA' elle-même. Au lieu d'une hyperbole, on a une croix noire.

Lorsque $\varepsilon = 45°$, la droite AA' bissèque l'angle droit formé par les deux vibrations du polariseur et de l'analyseur, les tangentes aux deux branches d'hyperbole en A et A' sont perpendiculaires sur AA', c'est-à-dire que AA' est l'axe transverse de l'hyperbole.

La courbe incolore qui correspond à la valeur $2\alpha = 180°$ ou $\alpha = 90°$ donne évidemment une hyperbole équilatère passant en A et A' et ayant mêmes asymptotes que la précédente, avec laquelle elle est identique.

Le polariseur ne donne donc qu'une seule courbe incolore H_p (fig. 64), dont la vibration A_p du polariseur est une des asymptotes. Il doit en être de même pour l'analyseur, et la courbe incolore H_a qui lui correspond est une autre hyperbole équilatère, passant encore en A et A', mais dont la vibration A_a de l'analyseur est l'une des asymptotes.

Les intensités lumineuses des hyperboles H_a et H_p ne sont pas des maxima ; ce sont des valeurs moyennes. Les courbes suivant lesquelles les intensités lumineuses, *pour une même valeur de* $\sin^2 \pi \frac{o-e}{\lambda}$, sont maxima et minima, sont données par les maxima et les minima de $\sin 2\alpha$

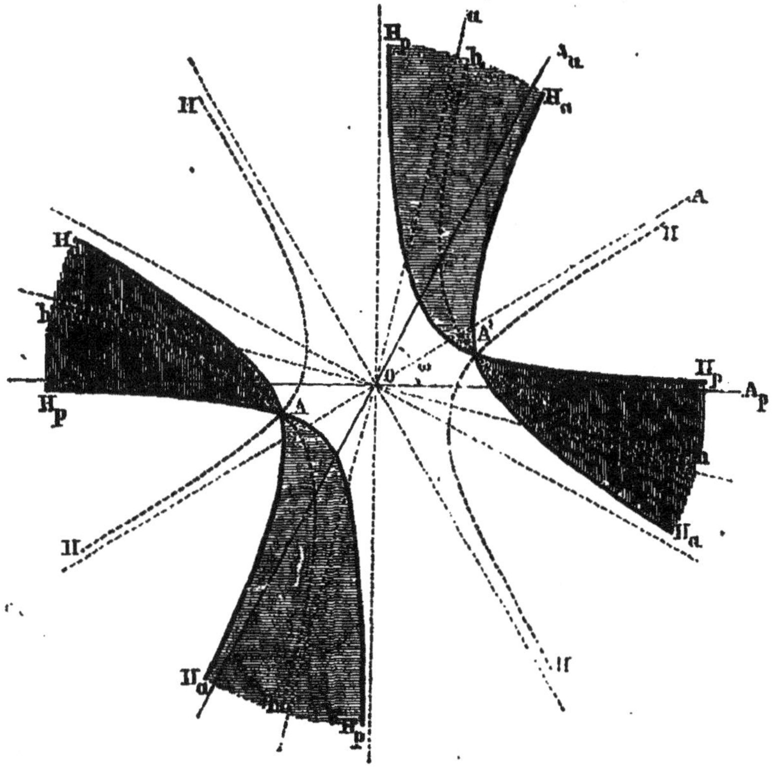

Fig. 64.

sin 2β. Le maximum est donné par $\alpha = \beta$; la courbe maxima est donc une hyperbole équilatère H passant toujours en A et A' et ayant pour l'une des asymptotes la bissectrice de l'angle $\omega = \alpha + \beta$ que forment entre elles les deux asymptotes A_p et A_a des hyperboles H_p et H_a. L'hyperbole H traverse la partie de l'image dont la teinte est directe.

Le minimum d'intensité est donné par le maximum de l'expression $-\sin 2\alpha \sin 2\beta$, ou en faisant β négatif et par conséquent $\beta = \alpha - \omega$, au maximum de $\sin 2\alpha \sin 2(\alpha - \omega)$. On est ainsi conduit à la valeur $\alpha = \frac{\pi}{4} + \frac{\omega}{2}$. La courbe suivant laquelle l'intensité lumineuse est minima est ainsi une hyperbole équilatère *h*, dont l'une des asymptotes *a* fait avec l'asymptote de H un angle égal à 45°. Cette hyperbole traverse la région du plan dont la teinte est opposée à celle du centre.

Lorsque $\alpha + \beta = 90°$ ou $180°$, c'est-à-dire lorsque la section principale utile du polariseur est perpendiculaire ou parallèle à celle de l'analyseur, les courbes incolores du polariseur et de l'analyseur se confondent en une seule hyperbole, noire lorsque $\alpha + \beta = 90°$; d'intensité maxima au contraire lorsque $\alpha + \beta = 180°$.

Il est intéressant de voir, dans le cas où $\omega = 90°$, comment l'intensité lumineuse croît de part et d'autre de l'hyperbole noire. Il suffit, pour cela, de chercher la courbe suivant laquelle l'intensité lumineuse a une valeur donnée o, abstraction faite des variations périodiques dues à $\sin^2 \pi \frac{o-e}{\lambda}$. En attribuant à ce $\sin^2$ une valeur moyenne M, l'équation est $I_o = M \sin^2 2\alpha = N$. On tire de là pour α deux valeurs égales et de signe contraire, $\pm \alpha_1$. La courbe cherchée se compose donc de deux hyperboles équilatères passant en A et A', et dont les asymptotes respectives font, avec celles de l'hyperbole noire, de part et d'autre des angles égaux à α_1.

Si N est l'intensité lumineuse la plus grande parmi celles que l'observateur considère comme donnant du noir, la partie noire de l'image est comprise entre les deux hyperboles qu'on vient de définir. La figure 65 montre l'image noire qui se dessine entre deux nicols croisés, lorsque la direction AA' de la lame fait un angle de 45° avec la vibration de polariseur. La figure 66 montre l'image noire qui se dessine entre les deux nicols croisés, lorsque la direction AA' est parallèle ou perpendiculaire à cette vibration. On voit que, dans toutes ces images, les points A et A', qui sont les traces des axes optiques, se marquent avec beaucoup de netteté; c'est une particularité dont on tire grand parti dans les mesures.

Le centre de toutes les hyperboles vient se placer au centre de l'image lorsque la lame est taillée perpendiculairement à la bissectrice. Dans le cas contraire, on voit toutes ces courbes se déplacer en quelque sorte dans le plan du réticule. Dans ce déplacement, une des branches de l'hyperbole peut disparaître et l'autre rester visible; toutes les deux peuvent même disparaître à la fois.

Si la lame est taillée perpendiculairement à un axe optique, on voit se former une branche d'hyperbole passant au centre de l'image, et dont la convexité est toujours tournée du côté de la bissectrice. Cette branche d'hyperbole devient une droite, passant par le plan des axes

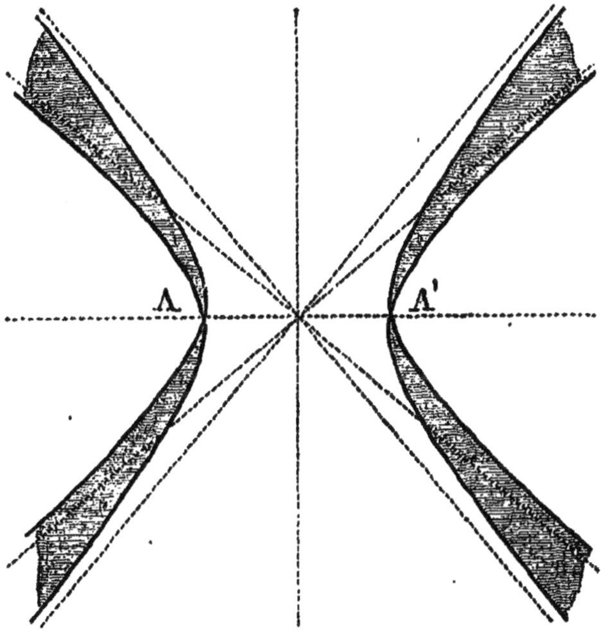

Fig. 65.

optiques, lorsque ce plan est parallèle à l'une des vibrations du polari-

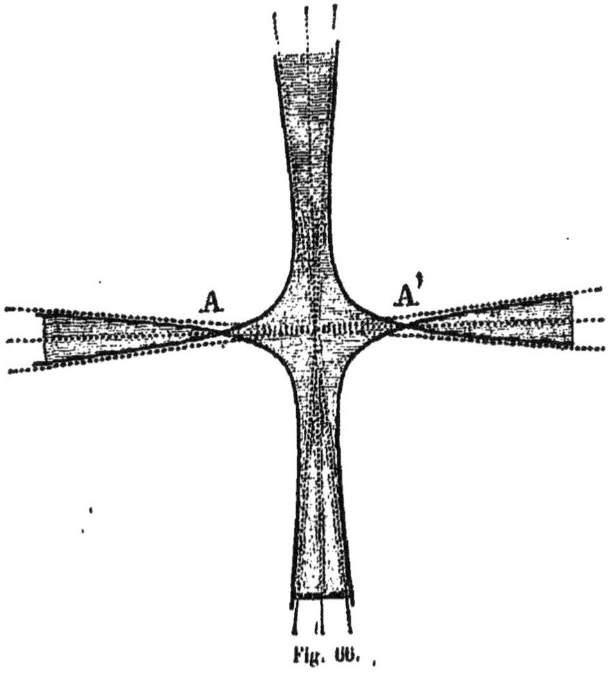

Fig. 66.

seur ou de l'analyseur croisés à angle droit.

Lorsque la lame est taillée perpendiculairement à l'axe moyen, aucune courbe incolore n'existe plus. Dans la région centrale de ce plan, les projections des axes optiques sont parallèles à ces axes eux-mêmes; pour avoir la direction de la section principale en un point M de cette région du plan, il faut donc, après avoir mené par M deux droites parallèles à ces axes, mener leur bissectrice qui a la même orientation pour tous les points M. Les angles α et β ayant les mêmes valeurs, l'intensité lumineuse est la même, ou du moins les variations n'en sont dues qu'aux variations périodiques de $\sin^2 \pi \frac{o-e}{\lambda}$. Tous les points de la lame voisins du centre s'éteignent donc en même temps lorsque la bissectrice des axes optiques vient à être parallèle à l'une des vibrations du polariseur ou de l'analyseur.

Cristaux uniaxes. — Lorsque le cristal est uniaxe, les deux axes optiques se confondent et par conséquent aussi les points A et A′ des figures précédentes. Toute la théorie qu'on vient d'exposer subsiste avec cette particularité que chaque hyperbole équilatère se transforme en deux droites rectangulaires, c'est-à-dire en une croix dont la trace de l'axe est le centre.

Entre deux nicols croisés on voit une croix noire dont les bras sont parallèles aux vibrations de ces nicols. Entre les nicols parallèles la croix noire est remplacée par une croix blanche. Entre deux nicols inclinés d'une façon quelconque, on voit deux croix grises, toujours incolores, dont les bras sont parallèles et perpendiculaires aux vibrations du polariseur et de l'analyseur.

Aucune courbe incolore n'existe lorsque la lame est taillée parallèlement à l'axe.

Jusqu'ici nous n'avons étudié que le cas où les rayons qui traversent la lame sont peu obliques sur la normale. Il est évident que les phénomènes ne changent pas d'une façon essentielle dans le cas général. Il arrive seulement que les courbes noires ne sont plus des hyperboles, mais des courbes dont la forme rappelle celle des hyperboles. On leur conserve encore ce nom. D'ailleurs, il est toujours rigoureusement exact de dire que ces courbes passent par les images des traces des axes optiques; c'est la seule propriété dont on se serve dans les mesures précises.

II. — COURBES D'ÉGAL RETARD.

Définition de la surface d'égal retard. — Il nous reste maintenant à étudier les phénomènes produits par les variations périodiques de $\sin^2 \pi \frac{o-e}{\lambda}$.

Nous supposons la lame cristalline, d'épaisseur ε, traversée par un rayon OM (fig. 67) faisant avec la normale à la lame un angle R. On a vu que l'on a sensiblement

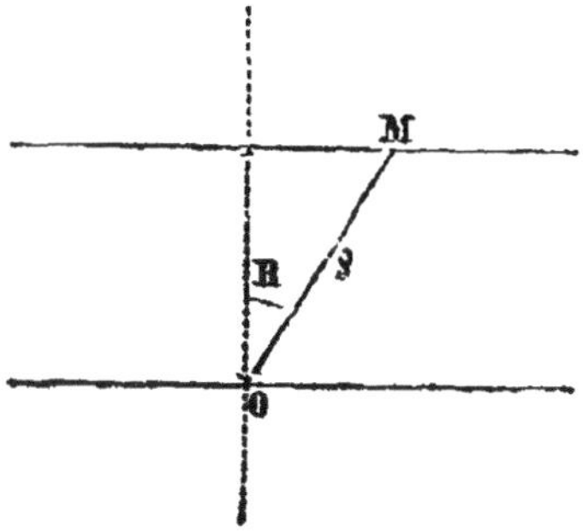

Fig. 67.

$$\frac{o-e}{\lambda}=\frac{\varepsilon(n_c-n_a)}{\lambda \cos R}\sin\theta' \sin\theta'',$$

équation dans laquelle il est superflu de rappeler que $o-e$ est la différence des temps employés par les deux rayons polarisés à angle droit qui se meuvent suivant OM à traverser la lame; λ la longueur d'onde de la lumière monochromatique considérée; n_c, n_a, les inverses des grandeurs des axes d'élasticité a et c de la lame, θ' et θ'' les angles que fait OM avec les axes optiques.

En appelant ρ la longueur OM, on a

$$\rho=\frac{\varepsilon}{\cos R}$$

et

$$\frac{o-e}{\lambda}=\rho\frac{n_c-n_a}{\lambda}\sin\theta' \sin\theta''.$$

Sous cette forme, on voit que $o-e$ ne dépend pas de l'orientation du plan qui limite la lame, mais uniquement de celle de OM par rapport aux axes d'élasticité optique, ainsi que de la longueur ρ. Si donc nous supposons le milieu cristallin indéfini, l'équation

$$\frac{o-e}{\lambda}=k,$$

ou

$$\frac{\rho(n_c-n_a)}{\lambda}\sin\theta' \sin\theta''=k$$

est l'équation polaire, rapportée aux deux axes optiques comme axes coordonnés, d'une certaine surface définie par la propriété suivante : « Si l'on prend un rayon vecteur OM de la surface, les deux vibrations rectangulaires qui partent simultanément de O et se propagent suivant OM, arrivent au point M avec une différence de marche qui est la même, quel que soit le rayon vecteur OM qui ait été choisi. » Cette surface est appelée *d'égal retard* ou *isochromatique*[1].

L'équation peut en être mise sous la forme

$$\rho \sin\theta' \sin\theta'' = m,$$

en posant

$$m = k\frac{\lambda}{n_c - n_a}.$$

Supposons maintenant isolée dans le milieu cristallin indéfini une lame limitée par deux plans parallèles dont l'un passera par le point O (fig. 68) qui sera considéré comme l'origine de toutes les ondes planes lumineuses. L'intersection du plan supérieur de la lame avec la surface d'égal retard est une courbe *mn* telle que les deux ondes planes vibrant à angle droit, qui sortent de la lame par chacun des points de cette courbe, en sortent avec un même retard relatif.

Si la lame est placée entre deux nicols croisés, et si l'on donne à k une valeur entière quelconque, la courbe est une courbe noire. En donnant à k toute la série des valeurs entières, on obtiendra une série de surfaces d'égal retard correspondantes qui dessineront sur le plan supérieur de la lame une série de courbes noires.

On peut obtenir toute cette série de courbes en construisant une seule surface d'égal retard, celle qui correspond, par exemple, à $k=1$. En effet, la surface correspondant à $k=2$, est semblable à celle qui correspond à $k=1$, et le rapport de similitude de toutes les longueurs est le nombre 2. En coupant cette surface par le plan placé à une distance ε du centre on obtient donc une courbe semblable à celle qui serait obtenue en coupant la première surface par un plan distant du centre de $\frac{\varepsilon}{2}$, avec le même rapport de similitude égal à 2. De là, la règle suivante qui permet d'obtenir, avec la surface d'égal retard correspondant à $k=1$, toutes les courbes successives : « Pour obtenir la courbe correspondant à $k=p$, on coupe la surface correspondant à $k=1$ par

[1] Bertin, *Ann. de chimie et de physique*, 3e s., t. LXIII, 1861.

un plan distant du centre de $\frac{\varepsilon}{p}$, et on agrandit cette courbe dans le rapport de p à 1. »

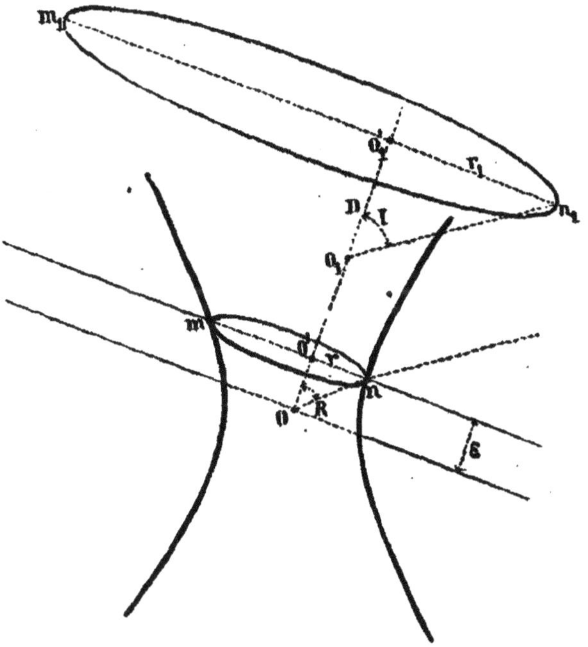

Fig. 68.

Si la lame est placée sur le porte-objet du microscope à lumière convergente qui a été décrit plus haut, les courbes dessinées sur le plan supérieur de la lame par les intersections des diverses surfaces d'égal retard viennent former une image au foyer du collecteur.

Soit OO′ une normale au plan de la lame, et supposons la courbe mn connue par son équation polaire rapportée au point O′ comme centre. La longueur OO′ est l'épaisseur ε de la lame. La direction de propagation On, après avoir traversé la lame en faisant un angle R avec la normale, en ressort en faisant avec celle-ci un angle I′ et on a

$$\sin I' = n_b \sin R.$$

n_b étant l'indice moyen de la lame cristalline.

Nous supposerons que la lentille du collecteur est plan convexe, et que la face plane est tournée du côté de la lame. En passant dans le verre, la direction de propagation se réfracte et vient faire avec la normale un angle I donné par la relation

$$\sin I = \frac{1}{n} \sin I',$$

n étant l'indice du verre.

Si O_1 est le centre de la surface sphérique de la lentille, l'image du faisceau qui traverse la lame suivant On se produit sur la direction O_1n_1, faisant un angle I avec la normale et en un point n_1 tel que $O_1n_1 = F$, distance focale de la surface.

L'image de la courbe mn est ainsi déterminée par l'intersection d'une sphère ayant O_1 pour centre et F pour rayon, avec un cône dont le sommet est O_1, et tel qu'à une génératrice On du cône Omn, faisant un angle R avec la normale, correspond une génératrice On, située dans le plan qui passe par On et la normale et inclinée sur la normale d'un angle I donné par la relation

$$\sin I = \frac{n_b}{n} \sin R.$$

Si l'angle R reste suffisamment petit, on pourra considérer l'intersection de la sphère et du cône comme comprise dans un plan parallèle à mn, et dont la distance $O_1O'_1 = D$ à O_1 sera peu différente de F. On aura alors à peu près, en appelant r_1 la distance $O_1O'_1$,

$$r_1 = D\,tg\,I, \qquad r = \varepsilon\,tg\,R;$$

et comme on peut assimiler $tg\,I$ et $tg\,R$ respectivement à $\sin I$ et $\sin R$, il viendra

$$r_1 = \frac{n_b D}{n\varepsilon}\, r.$$

Si l'on reste dans cet ordre d'approximation, on obtiendra donc la courbe m_1n_1, en traçant une courbe semblable à mn par rapport au point O, avec $\frac{D}{\varepsilon}\frac{n_b}{n}$ pour rapport de similitude.

Nous allons examiner successivement la forme que prennent ces courbes, dans les cristaux uniaxes et dans les cristaux biaxes.

CRISTAUX UNIAXES.

Surface d'égal retard. — Dans les cristaux uniaxes, l'équation de la surface d'égal retard est

$$\rho \sin^2 \theta = m = k\,\frac{\lambda}{n_e - n_o}.$$

Elle est, bien entendu, de révolution autour de l'axe du cristal, et l'équation précédente peut être aussi considérée comme celle de la courbe méridienne. Cette courbe est facile à construire graphiquement.

On décrit un cercle ayant m pour rayon (fig. 69); et l'on mène

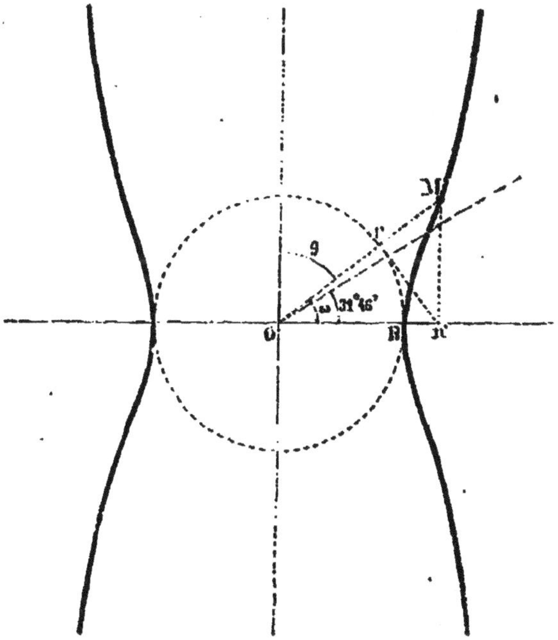

Fig. 69.

un rayon vecteur qui coupe le cercle en n; par le point n' où la tangente au cercle en n rencontre la perpendiculaire à l'axe menée par O, on mène une droite parallèle à l'axe qui vient rencontrer le rayon vecteur en M; M est un point de la courbe. On a en effet

$$On' = \frac{m}{\sin\theta}, \qquad OM = \frac{On'}{\sin\theta} = \frac{\sin^2\theta}{m}.$$

Il est aisé de voir que cette courbe se compose de deux branches; chacune d'elles est tangente au cercle, en un point qui est un sommet; elle tourne d'abord sa convexité vers l'axe, puis, après un point d'inflexion situé sur le rayon vecteur qui fait avec la perpendiculaire à l'axe un angle égal à 31° 46', elle tourne sa concavité vers l'axe et prend une forme parabolique.

En appelant ω l'angle complémentaire de θ, l'équation de la surface devient

$$\rho \cos^2\omega = m, \text{ ou } \rho\sqrt{1 - 2\sin^2\omega} = m,$$

pour les valeurs suffisamment petites de ω qui permettent d'extraire la racine par approximation. En rapportant à des axes coordonnés rectangulaires qui seront l'axe principal comme axe des z et deux droites rectangulaires tracées dans le plan du cercle comme axe des x et des y, et en remarquant que

$$\sin^2\omega = \frac{z^2}{\rho^2} \quad \text{et} \quad \rho^2 = x^2 + y^2 + z^2,$$

il vient

$$x^2 + y^2 - z^2 = m^2,$$

pour l'équation de la surface. Celle-ci est donc, dans le voisinage du cercle de gorge, un hyperboloïde de révolution à une nappe dont la courbe méridienne est une hyperbole équilatère.

Lames perpendiculaires à l'axe. — Supposons une lame découpée dans un cristal uniaxe perpendiculairement à l'axe; l'intersection de la surface d'égal retard par le plan supérieur de la lame est un cercle dont le rayon est r. On a $\sin\theta = \frac{r}{\rho}$ et $\rho = \sqrt{r^2 + \varepsilon^2}$, ces valeurs de θ et de ρ, portées dans l'équation de la surface, donnent une relation dont on peut déduire la valeur de r, et qui est

$$r^2 = m\sqrt{r^2 + \varepsilon^2}.$$

Si l'on se borne à considérer les cercles visibles qui sont donnés par des rayons dont l'inclinaison sur l'axe est suffisamment petite, on peut négliger r^2 devant ε^2. Il vient alors

$$r^2 = m\varepsilon.$$

Le rayon r, du cercle tracé dans le plan de réticule est grandi dans le rapport $D\frac{n_b}{n}$, il aura donc pour valeur

$$r_1 = \frac{Dn_b}{n\varepsilon}\sqrt{m\varepsilon} = D\frac{n_b}{n}\sqrt{\frac{k\lambda}{\varepsilon(n_c - n_a)}},$$

en remplaçant m par sa valeur.

Le rayon du cercle est donc proportionnel à $\sqrt{\lambda}$, c'est-à-dire plus grand pour la lumière rouge que pour la lumière violette; il est en raison inverse de $\sqrt{\varepsilon}$, c'est-à-dire d'autant plus petit que l'épaisseur de la lame est plus grande; il est en raison inverse de $\sqrt{n_c - n_a}$, c'est-à-dire d'autant plus petit, toutes choses égales, que la lame est plus biréfringente. Les lames donnent des cercles de même diamètre lorsque, $\varepsilon(n_c - n_a)$ a la même valeur; on peut donc appeler $\varepsilon(n_c - n_a)$ l'épaisseur *optique* de la lame.

Le rayon du cercle est enfin proportionnel à $\sqrt{k}$. A toute valeur de k égale à zéro ou à un nombre entier correspond une valeur de $\sin^2 \pi \frac{o-e}{\lambda}$ ou $\sin^2 \pi k$ égale à zéro. A toute valeur de k égale à la moitié d'un nombre impair, $\frac{1}{2}$, $\frac{3}{2}$, $\frac{5}{2}$, etc., correspond une valeur de $\sin^2 \pi k$ égale à 1. Lorsque les nicols sont croisés, la série des valeurs entières de k donne une série de cercles pour lesquels $I_o = 0$, et par conséquent de cercles noirs; la série des valeurs de k égales à $\frac{1}{2}$, $\frac{3}{2}$, $\frac{5}{2}$, etc., donne une série de cercles disposés entre les précédents et pour lesquels $I_o = 1$, c'est-à-dire pour lesquels l'intensité lumineuse est la même que celle de la lumière incidente, et qui ont d'ailleurs la couleur de la lumière monochromatique employée. Il est inutile d'examiner le cas des nicols parallèles, car chaque point a alors l'intensité complémentaire de celle qu'il a dans le cas précédent; c'est-à-dire que les cercles noirs deviennent les cercles d'intensité maximum et inversement.

Si, au lieu de représenter le premier retard par 1, on le représente par 2, la série des valeurs de k qui donne les anneaux noirs est représentée par celle des nombres pairs,

$$0, 2, 4, 6, 8, \text{etc.}$$

et la série des valeurs de k qui donnent les cercles d'intensité maximum, l'est par celle des nombres impairs,

$$1, 3, 5, 7, \text{etc.}$$

Les rayons des cercles noirs successifs sont donc comme les racines carrées des nombres pairs; ceux des cercles lumineux, comme les racines carrées des nombres impairs. La valeur zéro fait partie de la 1re série;

si on laisse de côté cette valeur, on voit que le cercle qui a le plus petit rayon est un cercle lumineux entre deux nicols croisés et un cercle noir entre deux nicols parallèles.

Dans chacune de ces séries de cercles, l'écartement de deux cercles successifs tend vers l'expression $\frac{Dn_b}{2n}\sqrt{\frac{\lambda}{\varepsilon(n_c - n_a)}}\frac{1}{\sqrt{k}}$. Lorsque k est un peu grand, cette expression varie très lentement, et les cercles sont presque équidistants.

La figure 68 représente les anneaux noirs directs qu'on observe entre deux nicols croisés, avec la croix noire qui les traverse.

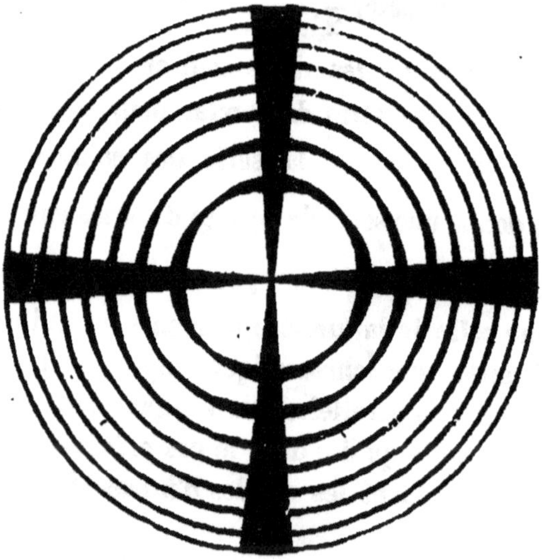

Fig. 70.

La figure 71 représente les anneaux noirs complémentaires que l'on observe entre deux nicols parallèles avec la croix lumineuse qui les traverse.

Lorsque les nicols ne sont ni parallèles, ni perpendiculaires, il y a deux croix dont les bras sont parallèles et perpendiculaires aux vibrations du polariseur et de l'analyseur. Dans les quatre secteurs formés par des bras tous deux parallèles ou tous deux perpendiculaires à ces vibrations, les franges sont des portions d'anneaux *directs;* dans les quatre autres secteurs, les franges sont des portions d'anneaux *complémentaires.*

Lames parallèles à l'axe. — La partie visible du phénomène est toujours donnée par des rayons peu inclinés sur la normale, c'est-à-dire sur une perpendiculaire à l'axe du cristal; il est par conséquent inutile de considérer une autre portion de la surface d'égal retard que

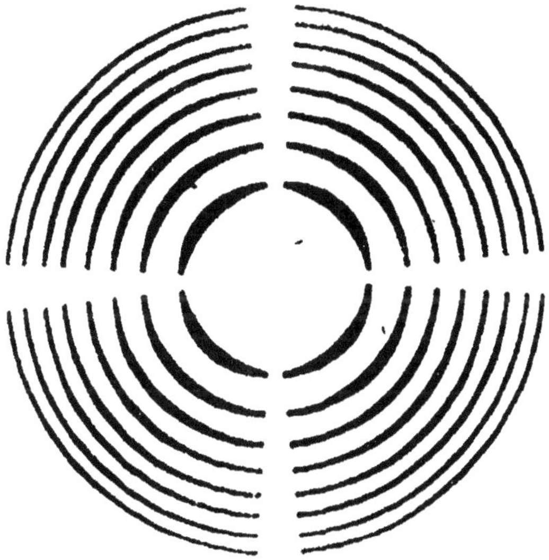

Fig. 71.

celle qui avoisine le cercle de gorge. Cette surface peut donc être ici regardée comme un hyperboloïde de révolution. Les sections faites par le plan supérieur de la lame sont des hyperboles équilatères dont les asymptotes sont inclinées de 45° sur l'axe du cristal.

Les équations de ces hyperboles, rapportées à leurs axes, sont :

$$y^2 - z^2 = m^2 - \varepsilon^2.$$

L'axe transverse réel de l'hyperbole est dirigé perpendiculairement à l'axe lorsque $m^2 > \varepsilon^2$; parallèlement à l'axe, au contraire, lorsque $m^2 < \varepsilon^2$. Si l'on prend k' satisfaisant à la double condition

$$\frac{k'\lambda}{n_c - n_a} > \varepsilon, \qquad \frac{(k'-1)\lambda}{n_c - n_a} < \varepsilon,$$

l'hyperbole noire la plus rapprochée de l'axe, entre deux nicols croisés, correspond au retard k' pour les courbes dont l'ave réel est perpendiculaire à l'axe du cristal, et au retard $k' - 1$ pour celles dont l'axe réel est parallèle à l'axe du cristal. La première série d'hyperboles correspond à la série de retards k', $k'+1$, $k'+2$, etc.; la deuxième série correspond à celle des retards $k'-1, k'-2, k'-3$, etc. Les asymptotes, sauf des cas très particuliers, ne sont comprises ni parmi les courbes noires, ni parmi les courbes lumineuses.

La grandeur du demi-axe transverse de chaque hyperbole, tracée sur le plan du réticule, est

$$\frac{Dn_b}{n\varepsilon}\sqrt{m^2-\varepsilon^2}=\frac{Dn_b}{n}\sqrt{\frac{k^2\lambda^2}{(n_c-n_a)\varepsilon^2}-1}.$$

Puisque la première courbe visible correspond à

$$k>\frac{\varepsilon(n-n_a)}{\lambda},$$

k est le plus souvent un assez grand nombre, car $\varepsilon(n_c-n_a)$ est généralement grand par rapport à λ. Cette remarque est importante : car on sait qu'avec la lumière blanche les phénomènes d'interférence disparaissent pour de grands retards ; il en résulte que les franges ne sont visibles, en général, dans les lames parallèles à l'axe, qu'avec de la lumière monochromatique.

Pour fixer les idées, supposons que la lame soit une lame de quartz de $0^{mm},5$ d'épaisseur, éclairée par la lumière jaune du sodium. On a

$$n_c-n_a=0{,}0092$$

et

$$\lambda=0^{mm}000530,$$

d'où l'on déduit

$$\frac{\varepsilon(n_c-n_a)}{\lambda}=\frac{0.0046}{0.00053}=8{,}7.$$

Les premières hyperboles visibles, de part et d'autre des asymptotes, correspondent donc à des retards égaux à 9 et 8 longueurs d'onde ; ces retards, avec la lumière blanche, ne donnent guère que du blanc,

Si l'on avait, au contraire,

$$\varepsilon=0^{mm}.05,$$

les premières hyperboles correspondraient à des retards égaux à 1 et 0. Les hyperboles seraient visibles, et l'une d'elles, étant noire, pourrait être confondue avec l'hyperbole incolore d'un cristal à deux axes. Il est vrai que, à mesure que ε devient plus petit, les axes transverses des hyperboles deviennent plus grands, et que les hyperboles peuvent ainsi disparaître du champ.

Superposition de deux lames perpendiculaires à l'axe. — Nous avons vu, en parlant des phénomènes produits par la lumière parallèle, que les choses se passent, avec deux lames perpendiculaires à l'axe et superposées, comme dans le cas d'une lame unique dont l'épaisseur optique serait égale à la somme algébrique des épaisseurs optiques des lames. La même conclusion s'appliquera encore aux phénomènes de la lumière convergente, si l'on ne considère que des rayons peu différents de la normale.

Lorsque, en superposant une seconde lame à une première, la somme algébrique des épaisseurs optiques est de même signe que l'épaisseur de la première, cette superposition équivaut donc à une augmentation d'épaisseur de la première lame, lorsque la seconde est de même signe optique ; à une diminution dans le cas contraire. Dans le premier cas, les anneaux sont rétrécis ; dans le deuxième cas, ils sont dilatés. En superposant à une lame de signe inconnu une autre lame de signe connu, comme une lame de quartz par exemple, on a donc un moyen expérimental de déterminer le signe de la première.

Il reste toutefois dans certains cas quelque incertitude sur la question de savoir si l'épaisseur optique de la lame connue reste toujours plus faible en valeur absolue que celle de la lame inconnue. L'incertitude ne peut se présenter que lorsqu'on observe un élargissement des anneaux ; mais elle peut être levée en observant alors les anneaux de la lame de quartz en premier lieu, et en superposant ensuite la lame inconnue ; si l'élargissement des anneaux est encore obtenu, on est sûr que les deux cristaux sont de même signe.

Superposition de deux lames parallèles à l'axe, de même nature et de même épaisseur, mais dont les sections principales sont croisées à angle droit. — Considérons, dans la première lame, d'épaisseur ε, le cône des rayons qui contractent, en le traversant, le retard k_1, et dessinent sur sa surface supérieure une hyperbole équilatère dont nous supposerons l'axe transverse, de longueur R, perpendiculaire à l'axe optique.

Il y aura, dans la deuxième lame, une hyperbole équilatère identique et superposée à la première, mais dont l'axe transverse, toujours de longueur R, sera parallèle à l'axe optique. Le cône de rayons qui, partant au centre de cette deuxième lame, tracerait cette hyperbole sur sa surface supérieure, contracterait dans cette lame un retard égal à k_2. Ce cône est semblable au premier, et les rayons du premier cône, en traversant la deuxième lame, ajoutent au retard k_1, le retard $-k_2$, le signe — tenant compte de ce que les sections principales des lames sont croisées à angle droit. Les rayons ont donc tous contracté un même retard définitif, égal à $k_1 - k_2$, après avoir traversé les deux lames, et l'hyperbole équilatère d'axe transverse égal à 2R qu'ils tracent sur la surface supérieure, est la courbe d'égal retard correspondant au retard $K = k_1 - k_2$.

Les courbes d'égal retard sont donc encore comme dans le cas d'une seule lame des hyperboles équilatères dont les axes sont dirigés suivant les axes optiques de chacune des lames. Il y a cependant entre les deux cas une différence très importante. Nous avons, en effet, dans la première lame, dont l'axe transverse est perpendiculaire à l'axe optique

$$R^2 = m^2 - \varepsilon^2 = k_1^2 q^2 - \varepsilon^2$$

en posant, pour abréger,

$$q = \frac{\lambda}{n_c - n_a}.$$

On en déduit

$$k_1^2 = \frac{\varepsilon^2 + R^2}{q^2}.$$

Dans la deuxième lame dont l'axe transverse est parallèle à l'axe optique, on a

$$R^2 = \varepsilon^2 - m^2 = \varepsilon^2 - k_2^2 q^2,$$

d'où l'on tire

$$k_2^2 = \frac{\varepsilon^2 - R^2}{q^2}.$$

On a donc

$$K = k_1 - k_2 = \frac{1}{q}\left(\sqrt{\varepsilon^2 + R^2} - \sqrt{\varepsilon^2 - R^2}\right).$$

Si $R = 0$, ce qui réduit les hyperboles à leurs asymptotes, on a donc

$$K = 0,$$

c'est-à-dire que les asymptotes correspondent à un retard nul et seront toujours figurées en noir entre deux nicols croisés.

Dans la lumière homogène, les premières hyperboles noires, de part et d'autre des asymptotes, correspondront à des retards numériques successivement égaux à 1, 2, 3, etc. Les hyperboles et les asymptotes

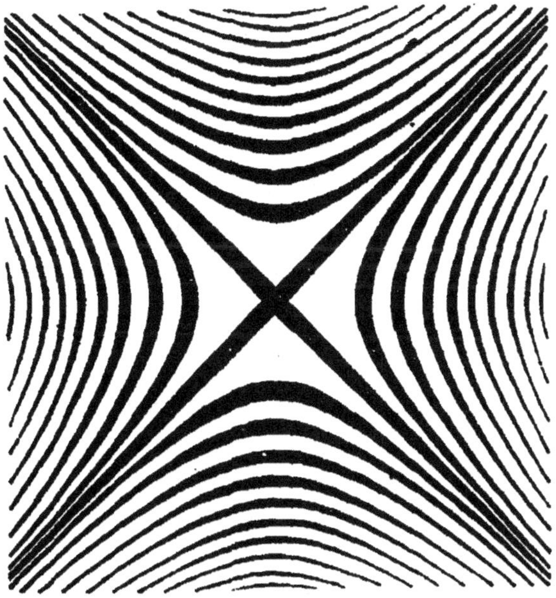

Fig. 72.

seront donc toujours visibles, même dans la lumière blanche, où l'on aura les deux asymptotes noires séparant des hyperboles colorées.

Si l'on emploie le même procédé d'approximation que pour les lames perpendiculaires à l'axe, on regardera R comme petit par rapport à ε, ce qui permettra de prendre la valeur approchée des deux radicaux de l'expression ci-dessus, et donnera

$$K = \frac{1}{q} \cdot \frac{R^2}{\varepsilon}.$$

L'axe transverse r de l'hyperbole tracée sur le plan supérieur de la deuxième lame, par le cône des rayons qui éprouvent le retard K étant égal à 2R, on aura

$$r^2 = 4Kq\varepsilon \quad \text{ou} \quad r = 2\sqrt{m\varepsilon},$$

si l'on continue à appeler m le produit de $\frac{\lambda}{n_c - n_a}$ par le retard numérique K.

Dans le cas d'une seule lame d'épaisseur ε, perpendiculaire à l'axe optique, le rayon r du cercle correspondant au retard K est $r=\sqrt{m\varepsilon}$. Les axes transverses de nos hyperboles équilatères suivent donc les mêmes lois de variation que les rayons des cercles dans les lames normales à l'axe.

A égalité de retard, et lorsque l'épaisseur de chacune des lames parallèles est égale à celle de la lame normale, l'axe transverse de l'hyperbole est double du rayon de cercle.

La figure 70 représente les courbes noires, vues entre deux nicols croisés, avec deux lames uniaxes, parallèles à l'axe, croisées à angle droit, et éclairées par de la lumière monochromatique.

Cas de deux lames identiques taillées dans une direction quelconque et superposées de manière que les sections principales soient croisées à angle droit. — Supposons taillée dans le cristal une lame inclinée d'une façon quelconque sur l'axe optique, le plan supérieur de cette lame coupe la surface d'égal retard suivant une courbe symétrique par rapport à la projection de l'axe optique sur le plan.

Considérons d'abord la surface d'égal retard qui correspond à un retard numérique égal à k et passe par le centre du plan. Ce centre est un sommet de la courbe, et la tangente en ce point est perpendiculaire à la projection de l'axe optique. Si nous nous bornons à une très petite région autour de ce centre, nous pourrons réduire la courbe à cette tangente.

L'origine des coordonnées étant au centre du plan, nous prenons pour axe des y la projection de l'axe optique, et nous choisissons pour partie positive de cet axe la direction qui s'éloigne de l'axe, pour partie négative la direction qui pénètre dans l'intérieur de la surface et va rencontrer l'axe.

La surface qui correspond au retard numérique $k+\delta$ enveloppe la surface de retard k, et, si l'on reste dans les mêmes limites d'approximation, coupe le plan suivant la droite parallèle à l'axe des x, dont l'équation est $y=p\delta$; p étant un certain coefficient constant. La surface qui correspond au retard $k-\delta$ couperait de même le plan suivant la droite $y=-p\delta$.

Tout rayon qui, partant du centre du plan inférieur de la lame, rencontre le plan supérieur en un point d'ordonnée y, a donc subi un retard égal à $\frac{y}{p}$.

Pour la deuxième lame identique, mais croisée à angle droit, la conclusion sera la même, sauf à remplacer y par x.

Soit maintenant un rayon partant du centre du plan inférieur de la première lame, et perçant le plan supérieur de la deuxième en un point dont les coordonnées sont x, y; il percera le plan supérieur de la première lame en un point de coordonnées $\frac{x}{2}$, $\frac{y}{2}$, et aura contracté un retard égal à $\frac{y}{2p}$. En traversant la deuxième lame, il sera parallèle au rayon qui, partant du centre inférieur de cette lame, percerait la surface supérieure au point $\frac{x}{2}$, $\frac{y}{2}$; il aura donc contracté, pendant cette seconde portion du parcours, un retard égal à $\frac{x}{2p}$. Le retard définitif k du rayon est la *différence* de ces deux retards partiels, puisque les sections sont croisées; on a donc

$$k = \frac{y - x}{2}.$$

Les courbes d'égal retard tracées sur la surface de la deuxième lame sont donc des droites

$$y - x = 2pk$$

parallèles à la bissectrice de l'angle droit formé par les parties positives des projections de l'axe optique sur chacune des deux lames superposées.

La bissectrice, qui passe par le centre, correspond à $k = 0$, et donne, dans la lumière blanche, une frange noire entourée symétriquement, de part et d'autre, par des franges colorées correspondant aux retards numériques 1, 2, 3, etc.

Il ne reste plus qu'à trouver le coefficient p; à cet effet, nous considérons les deux surfaces k et $k + \delta$; dans la section méridienne normale, au plan de la lame, le rayon vecteur ρ de la surface k qui aboutit au centre du plan supérieur de la première lame est égal à ε, et si l'on appelle θ l'angle de ce rayon vecteur avec l'axe optique, on a

$$\varepsilon \sin^2\theta = k \frac{\lambda}{n_o - n_e}.$$

Si ρ' est, pour la surface $k+\delta$, le rayon vecteur situé dans le plan méridien, on a

$$\rho' \sin^2 \theta' = (k+\delta) \frac{\lambda}{n_c - n_a}.$$

Dans l'ordre d'approximation où l'on est placé, $\theta' - \theta$ est très-petit, et ρ' est sensiblement égal à ε ; on aura donc

$$\varepsilon (\sin^2 \theta' - \sin^2 \theta) = \delta \frac{\lambda}{n_c - n_a},$$

d'où l'on tire

$$\varepsilon \sin(\theta' + \theta) \sin(\theta' - \theta) = \delta \frac{\lambda}{n_c - n_a},$$

et sensiblement

$$\varepsilon (\theta' - \theta) = \frac{\delta \lambda}{(n_c - n_a) \sin 2\theta}.$$

Or $\varepsilon (\theta' - \theta)$ est la longueur comprise, sur la projection de l'axe optique, entre l'origine et la droite correspondant au retard $k+\delta$. On a donc

$$p = \frac{\varepsilon (\theta' - \theta)}{\delta} = \frac{\lambda}{(n_c - n_a) \sin 2\theta}.$$

L'appareil dont nous venons de donner la théorie porte, lorsqu'il est surmonté d'un analyseur dont la vibration est à 45° de l'une des sections des deux lames, le nom de *polariscope de Savart*. Placé près de l'œil, de manière à recevoir la lumière divergente de l'espace, il montre des franges colorées lorsque cette lumière est plus ou moins complétement polarisée. Lorsqu'on a tourné le polariscope de manière que les franges aient le maximum de netteté, la vibration de la lumière incidente est perpendiculaire à la vibration de l'analyseur.

CRISTAUX A DEUX AXES.

Surface d'égal retard. — L'équation polaire de la surface d'égal retard est

$$\rho = \frac{m}{\sin \theta' \sin \theta''} = \frac{k\lambda}{n_c - n_a} \cdot \frac{1}{\sin \theta' \sin \theta''}.$$

θ' et θ'' sont, comme on le sait, les angles que fait le rayon vecteur avec les deux axes optiques où $k\lambda$ est égal à $o - e$; n_a et n_c étant les deux inverses de a et de c.

Nous allons discuter la forme de cette surface.

1° *Intersection de la surface par un plan perpendiculaire à l'axe moyen des* y.

On suppose d'abord le plan passant par l'origine et coïncidant avec le plan des xz. L'équation polaire de l'intersection est identique à celle de la surface. On peut construire cette courbe par un procédé graphique très simple. On décrit le cercle de rayon m (fig. 73) ; on trace les axes

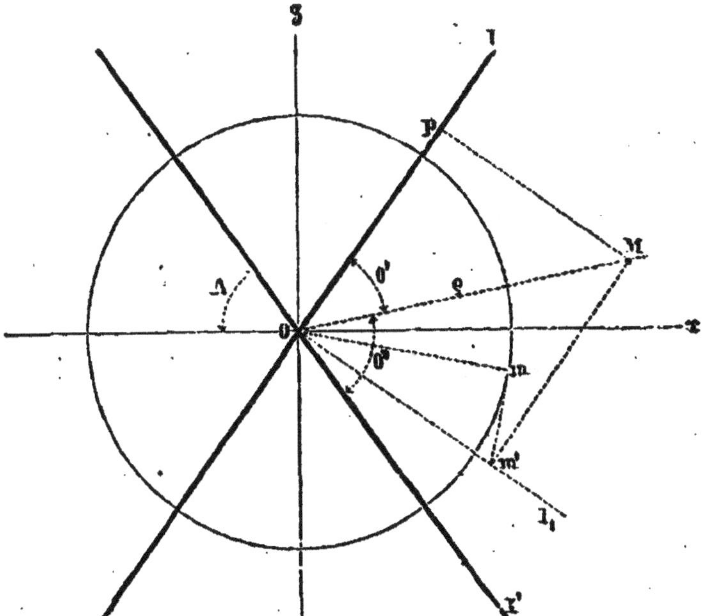

Fig. 73.

optiques OI, OI′, qui font entre eux un angle égal à 2A, et les axes d'élasticité Ox, Oz. Soit OM un rayon vecteur quelconque, qui fait avec les axes OI et OI′ des angles égaux à θ', θ''; on mène le rayon Om symétrique de OM par rapport à Ox, et OI_1 perpendiculaire à OI. Par le point m où Om rencontre le cercle, on mène une perpendiculaire sur Om jusqu'à sa rencontre en m' avec OI_1; on a $Om' = \frac{m}{\sin \theta''}$. Par m' on mène une perpendiculaire à Om' jusqu'à sa rencontre avec le rayon vecteur en M, on a

$$OM = \frac{Om'}{\sin\theta'} = \frac{m}{\sin\theta''\sin\theta'},$$

et M est un point de la courbe cherchée.

Lorsque $\theta' = 0$, on a $\rho = \infty$.

La distance $Mp = p$ du point M à l'axe optique OI est égale à $\rho\sin\theta'$, et l'équation de la courbe donne

$$p = \rho\sin\theta' = \frac{m}{\sin\theta''}.$$

Lorsque $\theta' = 0$, on a $\theta'' = 2A$. $\frac{m}{\sin 2A}$ est donc la limite vers laquelle tend p lorsque θ' tend vers zéro et ρ vers l'infini. En d'autres termes, la courbe a des asymptotes parallèles aux axes optiques et séparées de ces axes par une distance normale égale à $\frac{m}{\sin 2A}$. Il est aisé de voir d'ailleurs qu'il y a des branches de la courbe dans les angles aigus et dans les angles obtus de ces asymptotes. La même construction s'applique au deux branches, mais si 2A est la valeur de l'angle des axes qui convient à l'une des branches, $180° - 2A$ est celle qui convient à l'autre.

La distance du centre à laquelle les asymptotes se croisent sur l'axe d'élasticité est égale à $\frac{m}{\sin 2A\sin A}$ ou $\frac{m}{2\sin^2 A\cos A}$; la distance du centre à laquelle se trouve le sommet de la courbe est $\frac{m}{\sin^2 A}$. Lorsque $2\cos A > 1$ ou $\cos A > \frac{1}{2}$, ou encore $A < 60°$, le sommet de la courbe est plus éloigné du centre que le point de croisement des asymptotes, et toute la courbe est renfermée dans l'angle formé par les asymptotes; le contraire a lieu lorsque $A > 60°$, et la courbe a nécessairement alors des points d'inflexion.

Lorsque, pour l'une des branches de la courbe, A est compris entre 60° et 45°, il est compris pour l'autre entre 45° et 30°; les deux branches, pour lesquelles on a $A > 60°$, sont inférieures aux angles des asymptotes. La figure 74 montre l'intersection, par le plan des zx, de la surface d'égal retard dans un cristal pour lequel $A=45^{\circ}$.

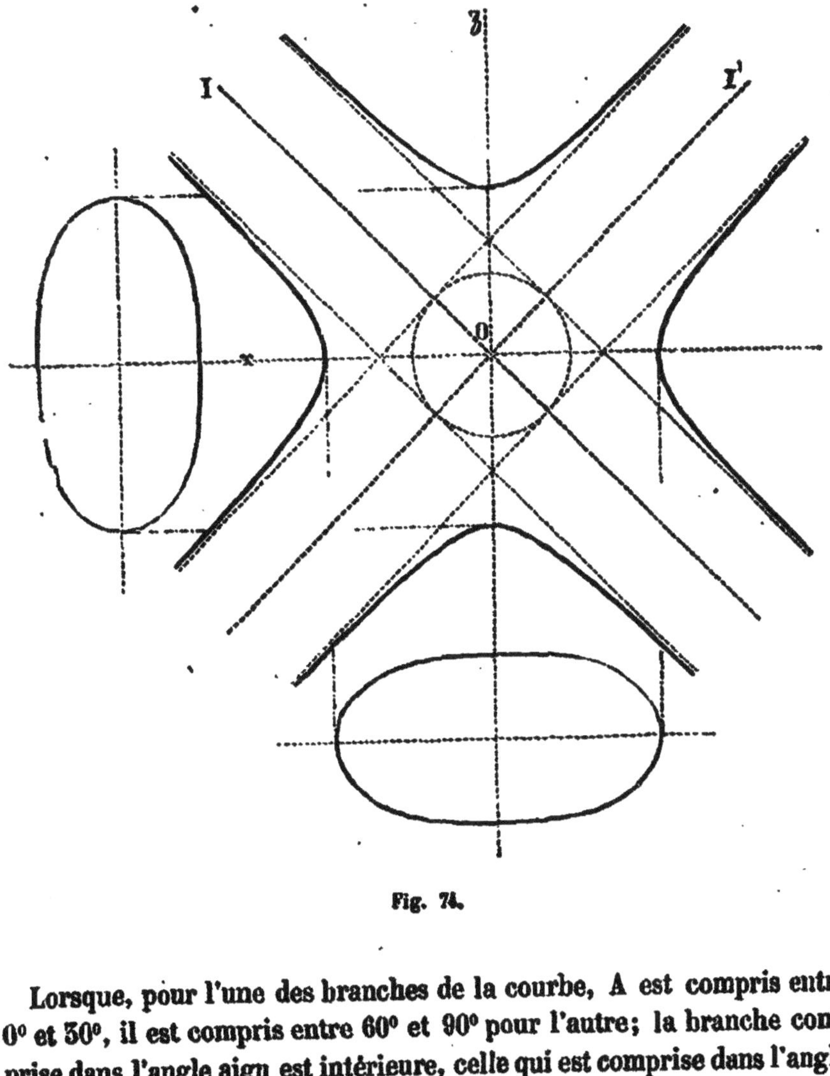

Fig. 74.

Lorsque, pour l'une des branches de la courbe, A est compris entre 0° et 30°, il est compris entre 60° et 90° pour l'autre; la branche comprise dans l'angle aigu est intérieure, celle qui est comprise dans l'angle obtus est extérieure aux angles des asymptotes. La figure 74 représente l'intersection par le plan des zx de la surface d'égal retard dans un cristal pour lequel $A=20^{\circ}$.

Étudions la forme de la surface dans le voisinage du sommet situé sur l'axe des y. Nous supposerons, pour fixer les idées, que l'axe des z est la bissectrice aiguë; c'est le cas de la figure 75.

Si l'on coupe la surface par le plan zy, le retard $o-e$ correspondant à un rayon situé dans ce plan et incliné d'un angle R sur l'axe y, est,

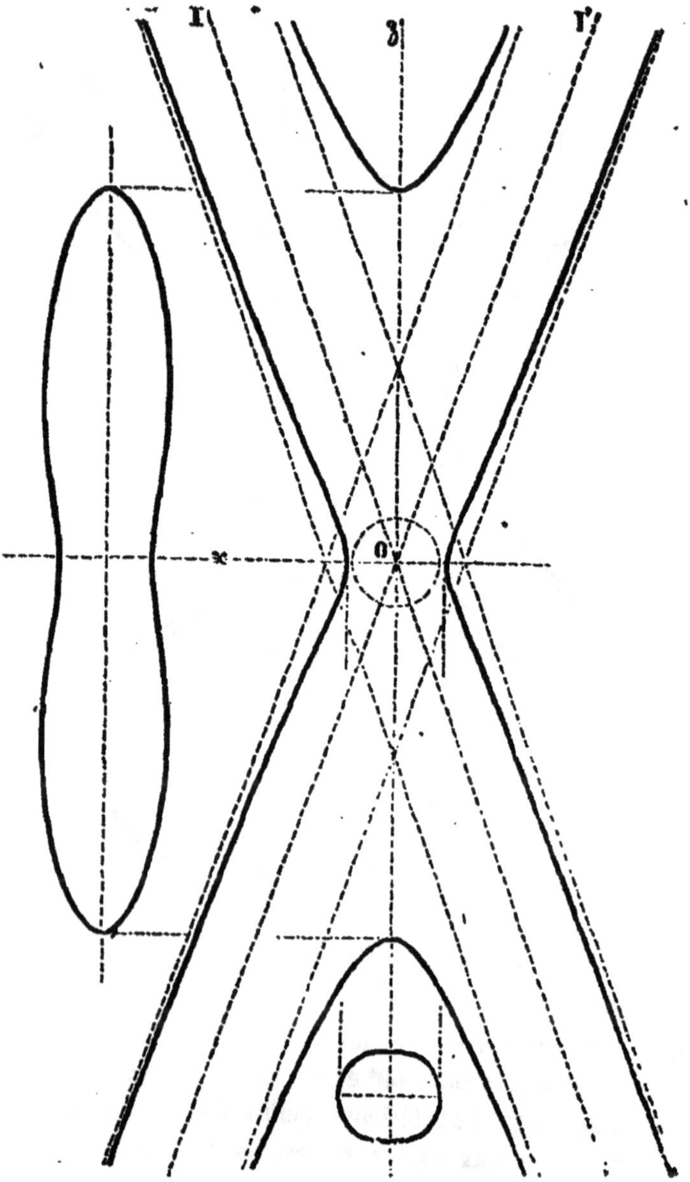

Fig. 75.

d'après une formule trouvée page 187,

$$o - e = \frac{\varepsilon(n_e - n_o)}{\cos R}(1 - \cos^2 A \sin^2 R).$$

et comme $\frac{\varepsilon}{\cos R}$ est égal à ρ, l'équation polaire de la courbe contenue dans le plan zy est

$$\rho(1-\cos^2 A \sin^2 R)=m.$$

Portons au carré les deux nombres, et négligeons le terme en $\sin^4 R$ devant celui en $\sin^2 R$, on obtient

$$\rho^2(1-2\cos^2 A \sin^2 R)=m^2,$$

qui représente la courbe dans le voisinage du sommet y. En rapportant à des axes parallèles à ceux des y et des z, cette équation prend la forme

$$y^2-z^2\cos 2A=m^2.$$

Puisque $\cos 2A$ est positif, cette équation est celle d'une hyperbole dont l'axe transverse, qui a pour longueur m, coïncide avec l'axe des y et dont l'axe imaginaire, qui a pour longueur $\frac{m}{\sqrt{\cos 2A}}$, coïncide avec l'axe des z.

L'intersection de la surface par le plan xy aura de même, dans le voisinage du sommet y, l'équation

$$y^2+x^2\cos 2A=m^2,$$

qui représente une ellipse dont l'axe coïncidant avec celui des x a pour longueur $\frac{m}{\sqrt{\cos 2A}}$.

L'hyperboloïde à une nappe,

$$x^2\cos 2A+y^2-z^2\cos 2A=m^2,$$

qui admet les deux sections principales précédentes, est donc osculateur de la surface d'égal retard, au sommet y, et peut être assimilé à cette surface dans le voisinage de ce sommet.

L'hyperboloïde se réduit à un plan, parallèle à xy, pour le cas où $\cos 2A=0$, c'est-à-dire $A=45^\circ$; c'est ce que montre bien la figure 72.

L'intersection de l'hyperboloïde par un plan parallèle à xz et ayant pour équation $y=\varepsilon$, est une hyperbole équilatère dont l'équation est

$$x^2-z^2=\frac{m^2-\varepsilon^2}{\cos 2A}.$$

Cette équation peut donc représenter les courbes d'intersection de la surface par des plans parallèles à xz, et peu distants du sommet y, c'est-à-dire menés à une distance z du centre, peu différente de m; à la condition, bien entendu, que l'on restreindra ces courbes à la partie voisine du sommet y.

Sauf l'introduction du facteur $\frac{1}{\cos 2A}$, cette équation est la même que celle qui représente l'intersection de la surface d'égal retard des cristaux uniaxes par un plan parallèle à l'axe, et peu éloigné du cercle de gorge. La bissectrice aiguë des cristaux biaxes joue, dans ce cas, le même rôle que celui de l'axe optique dans les cristaux uniaxes.

2° *Section par un plan perpendiculaire à l'une des bissectrices de l'angle des axes optiques.* — L'intersection par le plan passant par le centre s'obtient aisément en remarquant que l'on a (fig. 76)

$$\cos\theta' = -\cos\theta'' = \cos\omega \sin A,$$

ω étant l'angle du rayon vecteur avec l'axe des x, ce qui donne pour équation polaire de la courbe

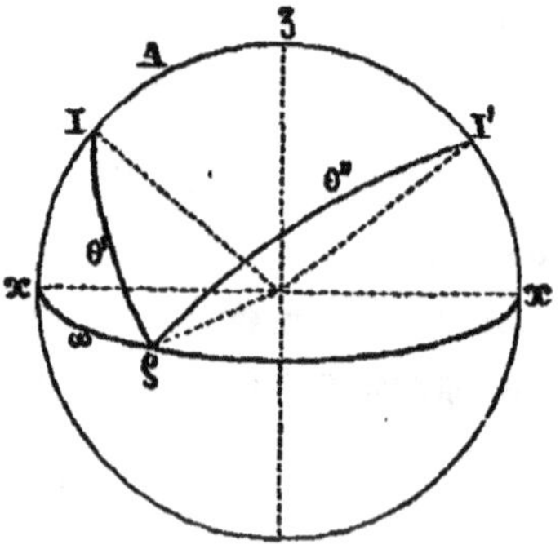

Fig. 76.

$$\rho = \frac{m}{1 - \cos^2\omega \sin^2 A}.$$

Cette courbe donne toujours $\rho = m$ pour $\omega = 90°$, c'est-à-dire pour le point situé sur l'axe des y. Si l'on cherche toutes les valeurs de ω, pour lesquelles l'ordonnée parallèle aux y, c'est-à dire $\rho \sin\omega$, est égale à m, ces valeurs sont données par l'équation

$$m = \frac{m \sin\omega}{1 - \cos^2\omega \sin^2 A},$$

ou, en posant pour simplifier $\omega' = \frac{\pi}{2} - \omega$,

$$\cos\omega' = 1 - \sin^2\omega' \sin^2 A,$$

ou

$$2\sin^2\frac{\omega'}{r} = \sin^2\omega'\sin^2 A = 4\sin^2\frac{\omega'}{r}\cos^2\frac{\omega'}{r}\sin^2 A.$$

Divisant par $\sin^2\frac{\omega'}{2}$, ce qui supprime la solution $\omega' = 0$, il vient

$$\cos^2\frac{\omega'}{2} = \frac{1}{2\sin^2 A}.$$

Cette équation donne une solution possible lorsque $2\sin^2 A > 1$, *ou* lorsque $A > 45^\circ$. La courbe aura donc, au point situé sur l'axe des y, sa concavité tournée vers l'intérieur lorsque $A > 45^\circ$, c'est-à-dire lorsque le plan est perpendiculaire à la bissectrice obtuse; l'inverse a lieu

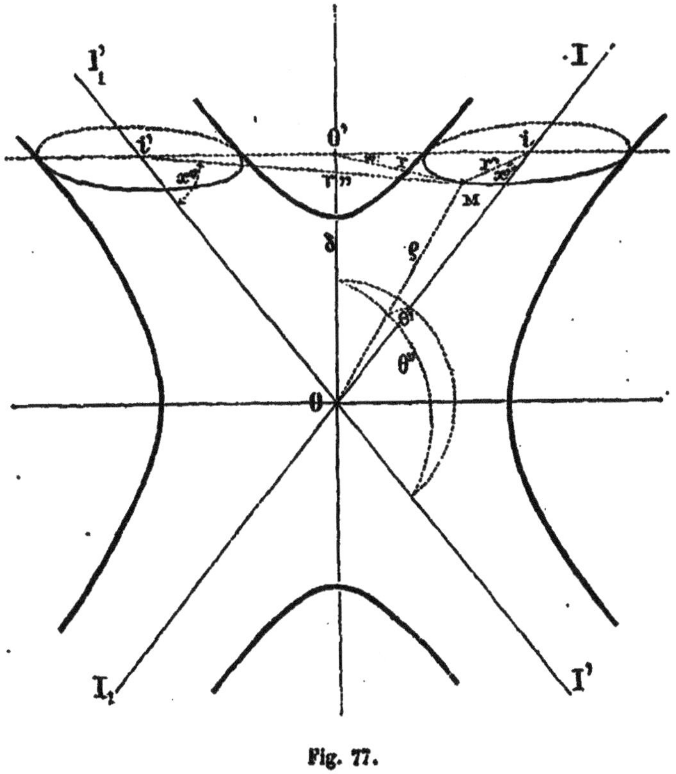

Fig. 77.

lorsque $A < 45^\circ$, c'est-à-dire lorsque le plan est perpendiculaire à la bissectrice aiguë. Lorsque $A = 45^\circ$, les deux sections perpendiculaires aux bissectrices sont égales, et aucune d'elles ne présente de concavité tournée en dehors.

Si l'on coupe par un plan *séparé du centre par une distance* ε, on se bornera au cas où les rayons vecteurs font un petit angle avec la bissectrice perpendiculaire, ce qui entraîne la petitesse de ε. On appelle r' et r'' les distances respectives d'un point quelconque M de la courbe cherchée aux traces i et i' des axes optiques sur le plan de coupe (fig. 77); on appelle encore x' et x'' les angles que font les rayons r' et r'' avec les axes optiques. On a

$$\frac{r'}{\sin\theta'}=\frac{\rho}{\sin x'},\qquad \frac{r''}{\sin\theta''}=\frac{\rho}{\sin x''},$$

d'où l'on tire, pour l'équation de la surface,

$$r'r''\frac{\rho}{\sin x'\sin x''}=m.$$

Si la distance ε est petite, x' et x'' sont peu différents d'un angle droit et ρ peut être considéré comme égal à ε. L'équation de la courbe devient alors

$$r'r''=m\varepsilon.$$

La courbe cherchée est ainsi, dans les conditions d'approximation où l'on s'est placé, une lemniscate dont i et i' sont les pôles.

3° *Intersection par un plan perpendiculaire à un axe optique.*—Soit O'

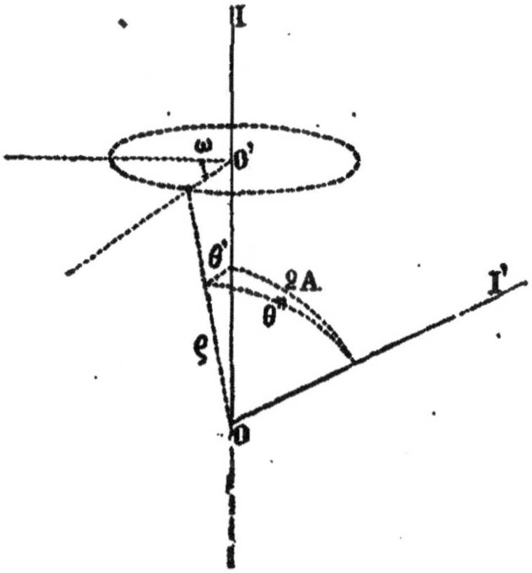

Fig. 78.

(fig. 78) le point où l'axe optique rencontre le plan de coupe, ρ un rayon vecteur quelconque, dont la projection sur ce plan a une longueur r et fait avec la trace du plan des axes un angle égal à ω; on appellera ε la distance OO′ qui sépare du centre le plan de coupe. On a

$$r = \rho \sin \theta' = \frac{m}{\sin \theta''}.$$

En nous bornant au cas où θ' est petit, c'est-à-dire où ε est grand, on a sensiblement $\theta'' = 2A$, et la courbe est un cercle dont le rayon est $\frac{m}{\sin 2A}$. Cela montre que les cylindres circulaires, dont les asymptotes et l'intersection par le plan des axes optiques sont des génératrices, sont des cylindres asymptotiques à la surface.

La discussion qui précède donne une idée très précise de la forme de

Fig. 79.

la surface d'égal retard. Cette surface est formée, comme le montre la figure 79, par deux espèces de tuyaux dont les axes sont parallèles aux axes optiques et qui viennent se raccorder vers le centre.

Lames taillées perpendiculairement à une bissectrice, c'est-à-dire à l'un des axes d'élasticité *a* ou *c*. — Ce qui vient d'être dit sur la surface d'égal retard dans les cristaux à deux axes rend très aisée l'explication des courbes obscures ou lumineuses que des lames taillées dans ces cristaux présentent en lumière convergente.

Nous supposerons d'abord la lame taillée perpendiculairement à l'une des bissectrices de l'angle formé par les axes optiques et nous examinerons d'abord le cas où les nicols sont croisés à angle droit.

L'intensité de la lumière en un point quelconque est alors donnée par la formule

$$I = \sin^2 2\alpha \sin^2 \pi \frac{o - e}{\lambda},$$

α étant l'angle que fait avec la vibration du polariseur celle des des deux sections principales du point considéré qui correspond à la durée o de propagation.

Les franges forment une série de lemniscates noires correspondant aux valeurs entières de $\frac{o-e}{\lambda} = k$. Les pôles ou traces des axes optiques sont noirs, car ils correspondent à $k = 0$ ou à un retard nul ; la courbe la plus rapprochée de cette trace correspond à $k = 1$ ou à un retard égal à λ; celle qui suit à $k = 2$, etc. Pour le centre de la figure, le retard est celui qui se produirait, en lumière parallèle, pour un faisceau de propagation normale ; il est donc égal à $r = \varepsilon (n_b - n_a)$ si la bissectrice est positive ; à $r = \varepsilon (n_c - n_b)$, si la bissectrice est négative. Le nombre entier de fois λ qui est compris dans r, donne le nombre des franges obscures comprises entre le centre et le pôle de l'un des axes. Ces franges sont, dans ce cas, des courbes ovoïdes formées de deux parties symétriquement placées autour des pôles de chacun des axes optiques.

Lorsque $\frac{r}{\lambda}$ est entier, une frange noire correspondant à ce retard r passe au centre de l'image, et forme une espèce de 8 dont le point de croisement est au centre. C'est le cas que représente la figure 80.

Les franges qui correspondent à des retards plus élevés ne sont plus disloquées en deux parties distinctes et entourent à la fois les deux pôles.

Les franges ne varient pas lorsqu'on fait tourner la lame entre les nicols croisés. Mais les courbes incolores qui sont noires changent de forme et de position. Lorsque la ligne des pôles des axes bissèque l'un des angles droits formés par les vibrations du polariseur et de l'analyseur, ces courbes sont des hyperboles équilatères ayant pour asymptotes ces vibrations; pour axe transverse, la ligne de pôles; et pour sommets ces pôles eux-mêmes (fig. 80). C'est dans cette position que l'image est la plus régulière et la plus nette et qu'on l'observe habituellement.

Lorsqu'à partir de cette position, on fait tourner la lame, les hyperboles se déforment ; elles gardent toujours pour asymptotes les vibrations du polariseur et de l'analyseur ; elles passent toujours par les pôles des axes optiques, où elles semblent s'amincir en quelque sorte,

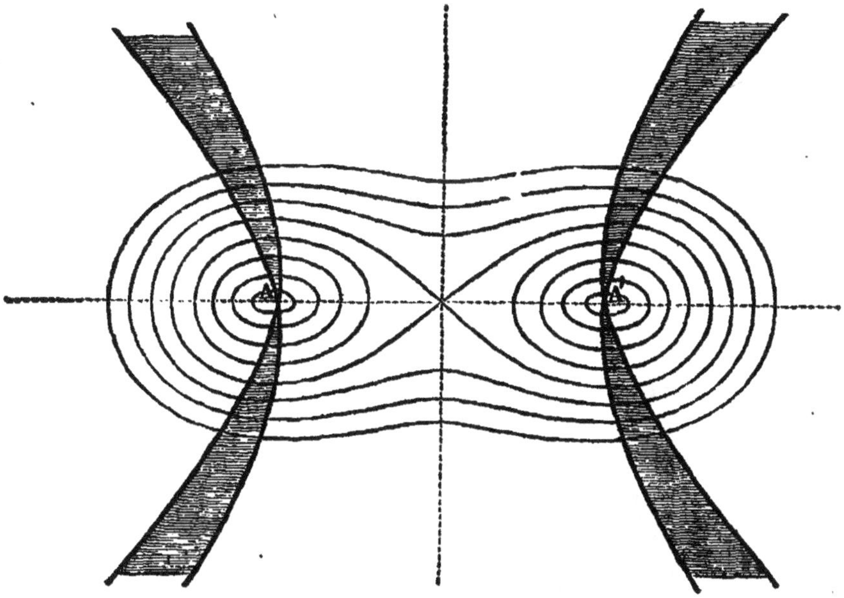

Fig. 80.

comme il a été expliqué plus haut, mais ces pôles ne sont plus des sommets de la courbe.

Lorsque la ligne des pôles est parallèle à l'une des vibrations du polariseur ou de l'analyseur, les hyperboles se sont transformées en une croix noire dont les bras, parallèles à ces vibrations, sont en quelque sorte amincis aux pôles (fig. 64, p. 198).

Lorsque les nicols sont parallèles entre eux, les hyperboles incolores gardent la même forme que dans le cas des nicols croisés à angle droit, mais au lieu d'avoir une intensité nulle, elles ont une intensité maxima ; en lumière blanche, elles sont blanches.

L'intensité étant alors donnée par la formule

$$I = \sin^2 2\alpha \cos^2 \pi \frac{o - e}{\lambda},$$

les franges noires correspondent aux valeurs de $\frac{o-e}{\lambda}$ égales à $\frac{1}{2}$, $\frac{3}{2}$ et en général $\frac{2n+1}{2}$.

Ces franges noires, que nous appellerons *complémentaires*, occupent la même place que celles qui, avec les nicols croisés à angle droit, ont une intensité maxima.

Lorsque les nicols sont croisés d'une façon quelconque, il y a, comme on l'a vu, deux hyperboles incolores, mais non pas noires, qui passent toutes les deux par les pôles des axes optiques, et ont respectivement pour asymptotes : l'une, la vibration du polariseur et la droite perpendiculaire ; l'autre, la vibration de l'analyseur et la droite perpendiculaire.

Lorsque la ligne des pôles tombe dans un des angles formés par les vibrations du polariseur et de l'analyseur, ou par les perpendiculaires à ces vibrations, la teinte du point central de l'image est directe (page 196). Dans ce cas, en dehors de l'espace compris entre les deux branches d'hyperbole qui passent par un même pôle, c'est-à-dire dans la partie non hachée de la figure 62, les franges noires sont des portions de lemniscates directes. Entre les branches d'hyperboles, c'est-à dire dans la partie hachée de la figure 62, les franges noires sont des portions de lemniscates complémentaires.

L'inverse a naturellement lieu lorsque la teinte du centre de l'image est complémentaire, c'est-à-dire lorsque l'axe des pôles tombe dans un des angles qui ont pour un côté une des vibrations du polariseur ou de l'analyseur, et, pour autre côté, une droite perpendiculaire à l'une de ces vibrations.

On peut chercher quelle est, dans le plan des axes optiques, la loi de l'écartement des franges. Si l'on se reporte à la figure 75 et si l'on mène le ρ correspondant au point d'une frange noire situé dans le plan des axes optiques et compris entre le centre et le pôle de l'un de ces axes, on aura

$$k\lambda = \rho(n_c - n_a)\sin\theta' \sin(2A - \theta') = \frac{1}{2}\frac{\varepsilon(n_c - n_a)}{\cos(A - \theta')}[\cos 2(A - \theta') - \cos 2A].$$

Cette équation donne l'angle $(A - \theta')$ que fait, avec la normale à la lame, le faisceau qui, dans le plan des axes optiques, contracte un retard égal à $k\lambda$. On en tire

$$\cos^2(A - \theta') - \frac{k\lambda}{\varepsilon(n_c - n_a)}\cos(A - \theta') - \cos^2 A = 0$$

et

$$\cos(A-\theta') = \frac{k\lambda}{2\varepsilon(n_c-n_a)} + \sqrt{\frac{k^2\lambda^2}{4\varepsilon^2(n_c-n_a)^2} + \cos^2 A},$$

d'où l'on déduit

$$\sin^2(A-\theta') = \sin^2 A - \frac{k^2\lambda^2}{2\varepsilon^2(n_c-n_a)^2} - \frac{k\lambda}{\varepsilon(n_c-n_a)}\sqrt{\frac{k^2\lambda^2}{4\varepsilon^2(n_c-n_a)^2} + \cos^2 A}.$$

L'expression $\frac{k\lambda}{2\varepsilon(n_c-n_a)}$ est toujours petite, car k n'est jamais très très grand, et λ est très petit. Supposons en effet, pour fixer les idées,

$$\lambda = 0^{mm},0005, \qquad \varepsilon = 0^{mm},5, \qquad n_c - n_a = 0,01, \qquad k = 1;$$

on aura

$$\frac{k\lambda}{2\varepsilon(n_c-n_a)} = 0,05.$$

On peut donc négliger le cube de cette expression et écrire

$$\sin^2 A - \sin^2(A-\theta') = \frac{k\lambda}{\varepsilon(n_c-n_a)}\cos A + \frac{k^2\lambda^2}{2\varepsilon^2(n_c-n_a)^2}.$$

Comme nous l'avons vu plus haut, page 203, si A_m est l'angle que fait, avec la normale à la lame, et après sa sortie de la lentille objective, le faisceau qui dans la lame cristalline est parallèle à l'axe optique, on a

$$\sin A_m = \frac{n_b}{n}\sin A,$$

n_b étant l'indice moyen de la lame cristalline, et n l'indice du verre.

Si $A_m - \theta'_m$ est l'angle que fait, avec la normale à la lame, à la sortie de la lentille objective, le faisceau qui dans la lame fait avec cette normale l'angle $A - \theta'$, on aura de même

$$\sin(A_m - \theta'_m) = \frac{n_b}{n}\sin(A-\theta').$$

En remplaçant $\sin A$ et $\sin(A-\theta')$ par leurs expressions en $\sin A_m$ et $\sin(A_m-\theta'_m)$, il vient ainsi :

$$\sin^2 A_m - \sin^2(A_m-\theta'_m) = \frac{k\lambda}{\varepsilon}\frac{n_b^2}{n^2(n_c-n_a)}\cos A + \frac{k^2\lambda^2 n_b^2}{2\varepsilon^2 n^2(n_c-n_a)^2}.$$

Dans le microscope, l'image d'un faisceau parallèle se fait, suivant toutes les directions, à la même distance du centre de la lentille objective; $\sin A_m$ et $\sin(A_m - \theta'_m)$ sont donc respectivement proportionnels aux distances qui, dans le plan des axes optiques, séparent, du centre de l'image, le pôle de l'axe et la frange qui correspond au retard $k\lambda$.

Dans le second membre de l'équation qui précède, on peut négliger le second terme par rapport au premier, et l'on voit ainsi que, si l'on prend le centre de l'image pour origine des distances, l'excès du carré de la distance polaire du pôle de l'axe optique sur le carré de celle d'une frange est sensiblement proportionnel à $k\lambda$ et en raison inverse de l'épaisseur ε de la lame.

Lame taillée perpendiculairement à un axe optique. — Les courbes noires, au moins celles qui entourent immédiatement le pôle de l'axe, sont alors sensiblement des cercles.

Si l'on se reporte à la figure 76 et si l'on prend le ρ correspond à un angle θ', dans le plan des optiques, on a

$$k\lambda = \rho(n_c - n_a)\sin\theta' \sin(2A - \theta').$$

Si l'on se borne au cas où θ' est très petit, on peut faire sensiblement $\rho = \varepsilon$ et $\sin(2A - \theta') = \sin\theta' \sin 2A$. On peut alors écrire

$$\sin\theta' = \frac{k\lambda}{\varepsilon(n_c - n_a)\sin 2A},$$

d'où l'on déduirait aisément que, dans l'image vue au microscope, les rayons des franges sont sensiblement proportionnels à $k\lambda$. Les rayons des cercles noirs successifs varient comme la suite des nombres entiers 1, 2, 3, etc.; ces courbes sont donc également espacées, au lieu d'aller en se rapprochant de plus en plus comme les cercles des cristaux uniaxes.

On sait d'ailleurs que les franges circulaires ne sont pas ici traversées par une croix noire comme dans le cas des lames uniaxes, mais bien par une branche d'hyperbole passant au centre. Cette courbe, dont la convexité est toujours tournée du côté du pôle de l'autre axe optique, se transforme en une ligne droite située dans le plan des axes optiques lorsque ce plan est parallèle à l'une des vibrations du polariseur ou de l'analyseur croisés à angle droit.

Lames taillées perpendiculairement à l'axe moyen. — Dans ce cas il n'y a pas de courbes incolores. Les franges, identiques à celles qu'on voit dans les lames taillées parallèlement à l'axe d'un cristal uniaxe, ne sont en général visibles que dans la lumière monochromatique. Ce sont des hyperboles équilatères, au nombre desquelles ne se trouvent pas en général les asymptotes, inclinées de 45° sur les sections principales de la lame.

Deux lames de la même épaisseur, taillées dans la même substance perpendiculairement à l'axe moyen, et croisées à angle droit, donnent les *mêmes* franges que celles que l'on observe dans les mêmes conditions avec deux lames taillées parallèlement à l'axe d'un cristal uniaxe. On se rappelle que ces franges, visibles dans la lumière blanche, sont des hyperboles *équilatères au nombre* desquelles sont les asymptotes.

LUMIÈRE BLANCHE

Franges dans la lumière blanche. — Lorsque, au lieu d'observer des lames cristallines avec de la lumière convergente monochromatique, on emploie de la lumière blanche, il est aisé de prévoir les phénomènes que l'on observera. Chaque couleur donne une série particulière de courbes noires et de courbes lumineuses. Ces courbes empiètent les unes sur les autres, et donnent naissance à des courbes ou franges colorées. On a vu que, pour une lame uniaxe taillée perpendiculairement à l'axe, le diamètre des anneaux est proportionnel, pour chaque couleur, à $\sqrt{k\lambda}$. Or cette loi est précisément la même que celle qui règle les diamètres successifs des anneaux, dits de Newton, développés entre une lentille sphérique et une lame plane. La distribution des couleurs dans les anneaux successifs est donc la même que celle que l'on observe dans les anneaux de Newton, c'est-à-dire que si l'on part du centre, les couleurs se succèdent dans l'ordre indiqué par l'échelle chromatique de la page 165. Cela suppose, il est vrai, que les variations que subissent, lorsque λ varie, les grandeurs des axes d'élasticité sont assez faibles pour être négligées; il n'y a que quelques substances, comme certains échantillons d'apophyllite, pour lesquelles cette condition ne soit pas suffisamment remplie.

La planche I représente les franges circulaires et la croix incolore d'une lame taillée perpendiculairement à l'axe d'un cristal uniaxe, et observée en lumière blanche.

Il est utile de remarquer que, d'après une loi démontrée à propos des couleurs des lames minces cristallisées, la lumière blanche ne donne des couleurs d'interférence que lorsque les retards k sont faibles. Lorsque k est un grand nombre, la lumière émergente reste blanche. Les franges d'interférence ne sont donc visibles que lorsque k est petit. C'est ainsi que, dans les lames trop épaisses, les retards les plus faibles sont encore trop grands pour qu'ils puissent donner des franges, et celles-ci disparaissent. Elles n'apparaissent que dans la lumière monochromatique. C'est par une conséquence du même principe que les franges qui correspondent aux retards les plus faibles sont les plus nettes; on sait que ce sont toujours, dans les lames qui coupent des axes optiques, celles qui sont le plus rapprochées de ces axes.

Dans les lames parallèles au plan des axes optiques, k est toujours un grand nombre, sauf pour les lames très minces. On ne voit donc rien en général dans la lumière blanche; les franges ne sont visibles que dans la lumière monochromatique. Lorsque deux lames parallèles au plan des axes optiques sont croisées à angle droit, on sait que les franges apparaissent dans la lumière blanche, parce que les courbes visibles correspondent à de petites valeurs de k. (V. p. 210.)

Dispersion des axes dans les cristaux orthorhombiques. — La dispersion des axes d'élasticité optique, que nous avons négligée jusqu'ici, produit dans certains cas, lorsque les lames sont éclairées par de la lumière blanche, des phénomènes très intéressants.

Il n'y a rien à dire, sous ce rapport, des cristaux uniaxes. La position des axes d'élasticité y est la même pour toutes les couleurs, et la dispersion cristalline ne peut influer que sur la loi de la distribution des couleurs dans les franges colorées.

Pour les cristaux biaxes, la dispersion des axes peut se traduire d'une façon plus appréciable. Il est nécessaire de distinguer trois cas, suivant que les cristaux sont orthorhombiques, clinorhombiques ou anorthiques.

Nous examinerons d'abord le cas des cristaux orthorhombiques. Dans ce cas, les axes d'élasticité optique coïncident, *pour toutes les couleurs*, avec les axes binaires du cristal. Mais si les axes d'élasticité a, b, c diffèrent peu entre eux, c'est-à-dire si la double réfraction est faible, il peut arriver que les variations produites dans les longueurs de ces axes par la dispersion, en changent l'ordre de grandeur. Supposons par exemple que pour les rayons rouges, l'axe qui coïncide avec une perpendiculaire à la face h^1 soit l'axe moyen d'élasticité b_r, tandis que l'axe minimum c_r coïncide avec une perpendiculaire à g^1.

Pour les rayons violets de l'extrémité opposée du spectre, il pourra arriver que l'axe moyen b_v soit au contraire perpendiculaire à p, et l'axe minimum c_v perpendiculaire à h^1 (fig. 81).

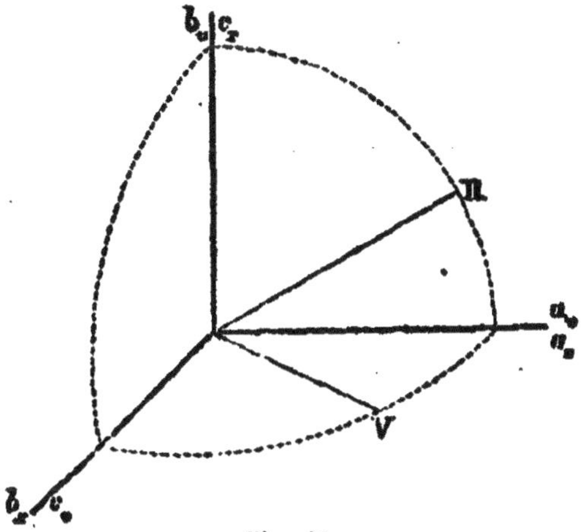

Fig. 81.

Pour les rayons rouges, le plan des axes optiques serait alors parallèle à h^1, et l'un des axes rouges, quelque part en R ; tandis que pour les rayons violets, le plan des axes serait parallèle à p, et l'un des axes quelque part en V. Le plan des axes rouges serait ainsi perpendiculaire à celui des axes violets.

Les couleurs intermédiaires montreraient des transitions entre le rouge et le violet. Dans le cas, que nous avons arbitrairement choisi, l'axe perpendiculaire à g^1 restant le plus grand pour toutes les couleurs, mais l'axe perpendiculaire à h^1 étant, pour le rouge plus petit, et pour le violet plus grand que l'axe perpendiculaire à p, il y aurait une couleur pour laquelle les axes perpendiculaires à p et h^1 seraient égaux entre eux. *Pour cette couleur particulière*, le cristal serait uniaxe et positif, la perpendiculaire à g^1 étant l'axe optique.

On comprend les modifications profondes qu'apportent dans les franges d'aussi importantes variations. Les phénomènes optiques ne peuvent plus être étudiés qu'en se servant de lumières monochromatiques de diverses couleurs.

Des perturbations aussi graves sont heureusement rares. En général la dispersion laisse aux axes d'élasticité le même ordre relatif de grandeur. Il arrive presque toujours au contraire que l'angle des axes optiques varie sous l'influence de la dispersion, mais en général cette variation elle-même est faible.

Supposons que l'angle des axes optiques rouges soit plus petit que l'angle des axes optiques violets, ce qu'on exprime en posant $\rho < v$. Soit ρ (fig. 82) l'un des pôles des axes optiques rouges, et v le pôle le

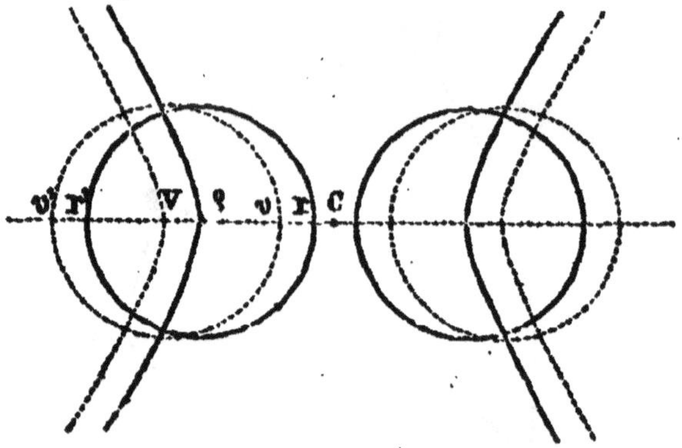

Fig. 82.

plus voisin des axes violets. Le 1er anneau noir dans la lumière rouge sera rr', le 1er anneau noir dans la lumière violette sera vv'. Dans la lumière blanche, l'anneau rr' ne sera éclairé que par les rayons violets et présentera cette couleur; l'anneau vv' au contraire, éclairé seulement par les rayons rouges, sera rouge. Dans la lumière blanche, le premier anneau coloré sera donc, au sommet le plus rapproché du centre, rouge à l'intérieur et violet à l'extérieur; au sommet le plus éloigné du centre, rouge à l'intérieur et violet à l'extérieur. Les couleurs de l'intérieur de l'anneau sont seules vives et pures, car celles de l'extérieur se mélangent avec les couleurs des anneaux suivants. C'est donc par les couleurs de l'intérieur qu'on jugera du sens de la dispersion en appliquant cette règle simple : « La couleur pour laquelle l'écartement des axes est le plus petit, est celle qui colore la partie intérieure du sommet du 1er anneau le plus rapproché du centre des lemniscates. »

On peut aussi déduire le sens de la dispersion de l'observation des hyperboles. L'hyperbole noire qui se produit dans la couleur rouge passe en ρ; celle qui se produit dans la couleur violette passe en V. La portion de l'image voisine de ρ ne sera donc éclairée dans la lumière blanche que par les rayons violets, et celle qui est voisine de V que par les rayons rouges. On verra donc, dans la lumière blanche, la concavité de l'hyperbole teinte en rouge, la convexité teinte en violet. De là cette autre règle équivalant à la 1re : « La couleur qui colore les hyperboles, vers leurs sommets, du côté concave, est celle pour laquelle l'écartement des axes est le plus faible. »

Mais quelle que soit la variation qui se produise dans la répartition des couleurs des franges, elle sera toujours astreinte à une règle fixe ; c'est que les couleurs de ces franges seront distribuées symétriquement par rapport aux traces des plans de symétrie du cristal qui sont, pour toutes les couleurs, des plans principaux de l'ellipsoïde d'élasticité. C'est ainsi que dans les lames taillées perpendiculairement à l'une des bissectrices de l'angle des axes optiques, on verra toutes les couleurs disposées symétriquement par rapport à la ligne des pôles et par rapport à une droite perpendiculaire menée par le milieu de la distance des pôles. Lorsque cette condition n'est pas remplie, on peut être assuré qu'il n'y a pas, au moins pour les phénomènes optiques, trois plans de symétrie dans le cristal; et celui-ci ne peut pas être considéré comme orthorhombique si l'on réserve ce nom aux substances qui, *pour toutes les propriétés physiques*, montrent la symétrie caractéristique du système terbinaire.

Les figures de la planche II montrent les franges produites, entre deux nicols croisés, dans une lame orthorhombique éclairée par de la lumière blanche, lorsque la ligne des pôles des lemniscates est parallèle à l'une des vibrations du polariseur ou de l'analyseur, ou lorsqu'elle est inclinée de 45° sur cette direction.

Dispersion des axes dans les cristaux clinorhombiques. — Pour les cristaux clinorhombiques, la symétrie du cristal ne se traduit dans les phénomènes optiques que par une seule condition, c'est que l'axe de symétrie coïncide avec un axe d'élasticité optique, et par conséquent que le plan de symétrie parallèle à la face g^1 contient les deux autres axes.

Si la biréfringence est faible et la dispersion cristalline forte, il peut arriver que l'axe de symétrie coïncide avec l'axe *a* pour les rayons rouges, avec l'axe *b* ou l'axe *c* pour les rayons violets ; il peut arriver aussi que les axes d'élasticité situés dans le plan de symétrie aient des positions entièrement différentes pour les rayons extrêmes. Lorsque ces cas se présentent, ils introduisent dans la forme des franges colorées de telles perturbations que l'étude optique du cristal n'est plus possible que dans des lumières monochromatiques.

Nous nous bornerons à examiner les cas, heureusement plus fréquents, où la dispersion n'introduit pas de trop grandes variations dans l'orientation des axes d'élasticité qui correspondent aux rayons extrêmes du spectre.

Trois cas peuvent se présenter.

Dans le premier cas, l'axe de symétrie binaire du cristal est, pour toutes les couleurs, la bissectrice aiguë; la dispersion cristalline est dite alors *croisée* ou *tournante*.

Le second cas est celui dans lequel l'axe de symétrie est la bissectrice obtuse; la dispersion est dite *horizontale*.

Le troisième cas est celui où l'axe de symétrie est l'axe moyen; la dispersion est dite *inclinée*.

1er *Cas. — Dispersion croisée. — L'axe de symétrie est la bissectrice aiguë.*

Supposons la lame taillée perpendiculairement à l'axe de symétrie, c'est-à-dire à la bissectrice aiguë. Soient P_r et P'_r (fig. 83) les pôles des axes rouges, le point C qui est le pôle de la bissectrice est le milieu de P_r P'_r puisque l'axe de symétrie est la bissectrice aiguë pour toutes les couleurs. Les pôles des axes violets pourront avoir des positions différentes P_v et P'_v, à condition que C soit toujours le milieu de la ligne P_v P'_v. Les lemniscates et les hyperboles pourront être plus ou moins déformées, mais dans tous les cas la répartition des couleurs sera telle que si l'on prend un point M quelconque, la couleur du point M' symétrique de M par rapport à C sera la même que celle de M. Cette règle est évidente, puisque toutes les lemniscates et toutes les hyperboles correspondant aux diverses couleurs ont C pour centre commun.

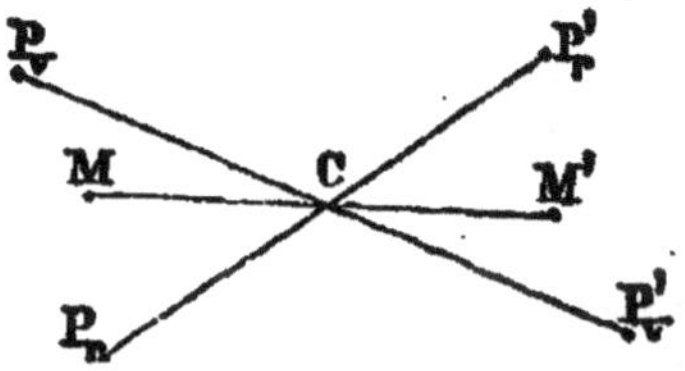

Fig. 83.

Les figures de la planche III montrent des exemples de dispersion croisée.

2e *Cas. — Dispersion horizontale. — L'axe de symétrie est la bissectrice obtuse.*

La lame taillée perpendiculairement à la bissectrice obtuse, c'est-à-dire à l'axe de symétrie, donnerait encore une dispersion croisée ; mais si, comme cela est ordinairement nécessaire pour l'observation, la lame est taillée perpendiculairement à la bissectrice aiguë qui est dans le plan de symétrie, les phénomènes changent.

La trace Cy du plan de symétrie du cristal est l'axe transverse commun des lemniscates correspondant à toutes les couleurs.

Si P_r et P'_r sont les pôles rouges, P_v et P'_v les pôles violets, Cy est perpendiculaire sur le milieu de $P_rP'_r$ et sur le milieu de $P_vP'_v$. Tous

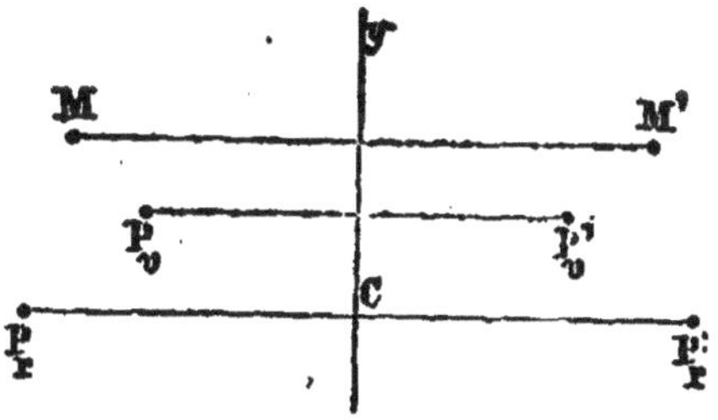

Fig. 84.

les phénomènes optiques du plan sont donc symétriques par rapport à Cy, et si M' est symétrique de M par rapport à Cy, les couleurs de M et de M' sont identiques entre elles. En d'autres termes, les lemniscates et les hyperboles sont symétriques par rapport à leur axe transverse commun.

Il est clair que dans les cristaux satisfaisant au 1er cas, des lames taillées perpendiculairement à la bissectrice obtuse montreraient la dispersion horizontale.

Les figures de la planche IV montrent des exemples de dispersion horizontale.

3e *Cas.* — *Dispersion inclinée.* — *L'axe de symétrie est l'axe moyen d'élasticité.*

Supposons la lame taillée perpendiculairement à l'une quelconque

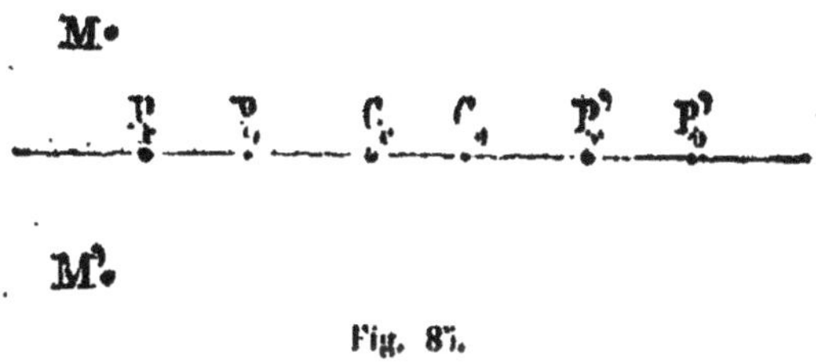

Fig. 85.

des bissectrices. La ligne des pôles des lemniscates coïncide avec la trace du plan de symétrie du cristal; elle est donc commune à toutes les couleurs. Si P_r, P'_r sont les pôles rouges et C_r la trace de la bissectrice rouge, P_v, P'_v sont les pôles violets et C_v la trace de la bissectrice violette. Tout est symétrique par rapport à la ligne des pôles, et si M' est, par rapport à cette ligne, le symétrique de M, M et M' seront colorés de la même façon.

Les figures de la planche V montrent des exemples de dispersion inclinée.

CHAPITRE VII

DES DIVERSES ESPÈCES DE VIBRATIONS LUMINEUSES.

Dans les chapitres qui précèdent et qui contiennent l'explication de la plus grande partie des phénomènes optiques utilisés pour l'étude des substances cristallisées, nous n'avons eu besoin que de considérer les vibrations lumineuses rectilignes. Dans certains cas, il est commode de considérer d'autres modes vibratoires, et nous allons rappeler ici les notions les plus indispensables sur les diverses espèces de vibrations lumineuses et sur la manière de les composer entre elles.

Vibrations rectilignes. — Composition des vibrations rectilignes. — Une vibration simple rectiligne, s'effectuant suivant OX, peut être représentée par une équation de la forme

$$x = p \sin\left(2\pi \frac{t}{T} - \varphi\right),$$

dans la quelle p est l'*amplitude*, t est le temps variable, T la durée d'une vibration complète, et φ un certain angle que l'on appelle l'*anomalie*. On peut encore représenter la même vibration par l'équation

$$x = p \sin 2\pi \left(\frac{t}{T} - \frac{r}{\lambda}\right)$$

en posant

$$\varphi = \frac{2\pi r}{\lambda} \quad \text{ou} \quad r = \frac{\lambda}{2\pi}\varphi;$$

λ est la longueur d'onde, r est la *différence de marche;* si l'on suppose la vitesse de propagation égale à 1, on a $T=\lambda$, et r représente aussi le *retard* évalué en temps.

Nous appellerons en outre *direction de la vibration*, celle sur laquelle on convient de porter les x positifs.

L'intensité lumineuse de la vibration est représentée par la demi-force vive moyenne, pendant la durée d'une vibration complète. Comme la vitesse est à chaque instant représentée par $\frac{2\pi}{T} p \cos\left(2\pi \frac{t}{T} - \varphi\right)$, la force vive est égale, m étant la masse vibrante, à

$$m. \frac{4\pi^2}{T^2} p^2 \cos^2\left(2\pi \frac{t}{T} - \varphi\right) = \frac{4\pi^2}{T^2} m p^2 \left[1 + \cos\left(4\pi \frac{t}{T} - 2\varphi\right)\right].$$

La valeur moyenne du cosinus étant nulle, la force vive moyenne est égal à $\frac{4\pi^2}{T^2} m. p^2$. Le coefficient $\frac{4\pi^2}{T^2} m$ étant le même lorsqu'on compare des vibrations de même période, on convient de considérer l'intensité d'une vibration lumineuse comme représentée par p^2, c'est-à-dire par le carré de l'amplitude.

Un nombre quelconque de vibrations simples de même période, dirigées suivant la même droite, équivaut à une certaine vibration simple ayant la même direction, et dont il est aisé d'obtenir l'équation. Appelons p, p', etc., les amplitudes ; φ, φ', etc., les anomalies des vibrations composantes ; P et Φ l'amplitude et l'anomalie de la vibration résultante. On doit avoir, quel que soit t :

$$P \sin\left(2\pi \frac{t}{T} - \Phi\right) = p \sin\left(2\pi \frac{t}{T} + \varphi\right) + p' \sin\left(2\pi \frac{t}{T} - \varphi'\right)$$

ou, en développant :

$$P \cos\Phi \sin 2\pi \frac{t}{T} - P \sin\Phi \cos 2\pi \frac{t}{T} =$$

$$= \sin 2\pi \frac{t}{T} (p \cos\varphi + p' \cos\varphi' + \ldots) - \cos 2\pi \frac{t}{T} (p \sin\varphi \, p' \sin +)..$$

Pour que cette équation soit vérifiée, quel que soit t, il faut identifier les coefficients de $\sin 2\pi \frac{t}{T}$ dans l'un et l'autre membre, et faire de même pour les coefficients de $\cos 2\pi \frac{t}{T}$. On obtient ainsi les deux équations

$$P\cos\Phi = p\cos\varphi + p'\cos\varphi' + ..$$
$$P\sin\Phi = p\sin\varphi + p'\sin\varphi' + ...$$

On peut traduire géométriquement cette solution. Si l'on mène à partir d'un point pris pour origine une ligne polygonale dont les côtés successifs, de longueurs p, p', etc., font respectivement avec une direction arbitraire des angles φ, φ', etc.; la droite qui ferme le polygone a pour longueur P et la direction de cette droite, qui part de l'origine, fait un angle égal à Φ avec la direction arbitraire.

Vibrations elliptiques. — Une vibration rectiligne peut toujours être décomposée en deux autres vibrations rectilignes, dirigées suivant deux droites OX, OY, rectangulaires entre elles, et dans le plan desquelles elle est située. Nous convenons ici, et dans tout ce qui suivra, de prendre pour la partie positive de l'axe OY, la direction que l'on rencontre en tournant de 90°, à partir de la direction positive OX, dans le sens contraire à celui des aiguilles d'une montre.

La composante de la vibration suivant OX est la vibration qu'accomplit suivant OX la projection de la molécule vibrante. Il en est de même pour la composante de la vibration suivant OY.

Si la direction de la vibration dont l'amplitude est m, et l'anomalie est φ, fait avec OX un angle égal à α compté à partir de la direction de la vibration dans le sens droit, et par conséquent avec OY un angle égal à $\frac{\pi}{2} - \alpha$, les deux vibrations composantes ont pour équations

$$x = m\cos\alpha\sin\left(2\pi\frac{t}{T} - \varphi\right)$$
$$y = m\sin\alpha\sin\left(2\pi\frac{t}{T} - \psi\right).$$

Un nombre quelconque de vibrations rectilignes situées dans le même plan peuvent toujours ainsi être ramenées à deux vibrations rectilignes dirigées suivant deux droites rectangulaires entre elles.

Soient

$$x = p\sin\left(2\pi\frac{t}{T} - \varphi\right)$$
$$y = q\sin\left(2\pi\frac{t}{T} - \psi\right)$$

les équations de ces deux vibrations. Nous pouvons changer l'origine des temps et compter ceux-ci à partir du moment où le point vibrant suivant OX passe par l'origine en se dirigeant vers les x positifs. Il suffit pour cela de prendre

$$2\pi \frac{t}{T} = 2\pi \frac{t'}{T} + \varphi,$$

t' étant le temps compté à partir de la nouvelle origine. Les équations précédentes deviennent alors

$$x = p \sin 2\pi \frac{t'}{T}$$

$$y = q \sin \left(2\pi \frac{t'}{T} + \varphi - \psi\right)$$

En éliminant le temps t' entre ces deux équations, nous obtiendrons une équation entre x et y qui représentera la trajectoire de la molécule agitée par les deux vibrations rectilignes simultanées.

Les deux équations donnent aisément :

$$\sin 2\pi \frac{t'}{T} = \frac{x}{p},$$

$$\cos 2\pi \frac{t'}{T} = \frac{py - qx \cos(\varphi - \psi)}{pq \sin(\varphi - \psi)}.$$

En élevant au carré et ajoutant membre à membre, il vient

$$q^2 x^2 + p^2 y^2 - 2pq\,xy \cos(\varphi - \psi) = p^2 q^2 \sin^2(\varphi - \psi).$$

C'est en général l'équation d'une ellipse rapportée à deux diamètres rectangulaires.

La vibration plane la plus générale qui puisse agiter un point est donc une vibration elliptique.

Lorsque $\sin^2(\varphi - \psi) = 0$, c'est-à-dire lorsque $\varphi - \psi = n\pi$, l'équation de l'ellipse se réduit à

$$(qx - py)^2 = 0$$

lorsque n est pair, et à

$$(qx + py)^2 = 0$$

lorsque n est impair. Dans l'un et l'autre cas, la vibration résultante est rectiligne.

Deux vibrations rectilignes, rectangulaires entre elles, et dont l'anomalie relative est nulle ou égale à un nombre entier de fois π, équivalent donc à une vibration rectiligne.

La tangente de l'angle que fait la vibration rectiligne résultante avec la direction positive des x, est égale au rapport de l'amplitude de la vibration composante suivant OY à l'amplitude de la vibration composante suivant OX. Si l'on suppose n nul ou pair, la vibration résultante est dirigée dans l'angle des axes positifs lorsque les deux amplitudes sont positives, et dans l'angle adjacent lorsque les deux amplitudes sont de signe contraire.

Lorsque $\varphi - \psi = \pm(2n+1)\frac{\pi}{2}$, le terme en xy disparaît, et l'ellipse est rapportée à ses axes. L'équation de l'ellipse prend alors la forme

$$\frac{x^2}{A^2} + \frac{y^2}{B^2} = 1,$$

et les vibrations dirigées suivant OX et OY, que l'on peut appeler les *vibrations axiales*, ont pour équations

$$x = A \sin 2\pi \frac{t}{T}$$

$$y = B \cos 2\pi \frac{t}{T}.$$

Les amplitudes A et B sont les longueurs des axes de l'ellipse.

L'intensité lumineuse d'une vibration elliptique est la somme des intensités lumineuses de chacune des vibrations axiales, elle sera donc représentée par la somme des carrés des axes.

Distinction entre le sens droit ou gauche d'une vibration elliptique. — Si l'on regarde le plan de l'ellipse vibratoire sur une de ses deux faces, on verra la molécule vibrante parcourir cette ellipse dans un certain sens. Nous appellerons sens *droit* ou *dextrorsum* le sens des aiguilles d'une montre : *gauche* ou *sinistrorsum* le sens opposé.

Si le sens dans lequel la molécule parcourt son ellipse vibratoire est droit lorsqu'on regarde une des faces du plan qui la contient, il est gauche lorsqu'on regarde l'autre face. Si l'on ne pouvait pas distinguer entre elles les deux faces du plan de vibration, il n'y aurait donc pas lieu de distinguer l'un de l'autre les deux sens du mouvement de la molécule. Mais la vibration lumineuse se transmet dans l'espace suivant une normale à son plan. On peut donc distinguer de la face opposée la face de l'ellipse que regarde un observateur vers lequel se dirige la propagation lumineuse ou, en d'autres termes, qui est tournée vers *l'aval* du rayon lumineux. C'est pour cet observateur que le sens du mouvement de la molécule sur sa trajectoire est droit ou gauche.

Les équations des vibrations axiales de l'ellipse sont

$$x = A \sin 2\pi \frac{t}{T}, \qquad y = B \cos 2\pi \frac{t}{T},$$

et l'on a

$$\frac{dx}{dt} = \frac{2\pi}{T} A \cos 2\pi \frac{t}{T}.$$

Si A et B sont de même signe, y et $\frac{dx}{dt}$ sont toujours de même signe ; et réciproquement, si A et B sont de signe contraire, y et $\frac{dx}{dt}$ sont de signe contraire.

Supposons que le point vibrant soit en B (fig. 86), à l'extrémité positive de l'axe des y, il se dirige vers l'extrémité positive A de l'axe des x, et l'ellipse est *dextrogyre*, si $\frac{dx}{dt}$ est positif, c'est-à-dire si *A et B sont de même signe*. Le point vibrant se dirige vers l'extrémité négative de l'axe des x et l'ellipse est *lévogyre* si $\frac{dx}{dt}$ est négatif, c'est-à-dire si *A et B sont de signe contraire*.

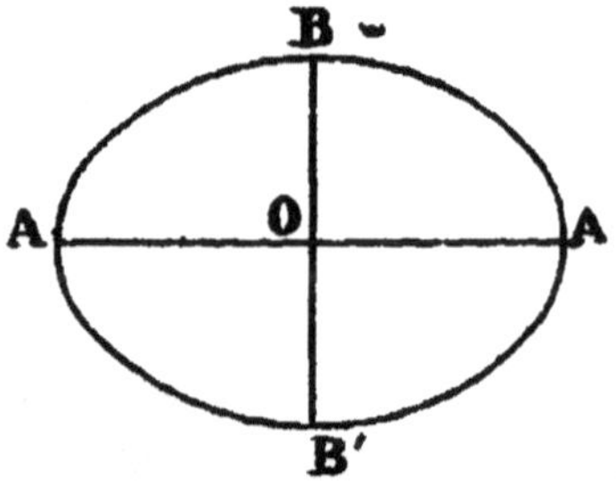

Fig. 86.

Il ne faut pas oublier que cette règle suppose la convention que l'axe pour lequel la projection de la vibration est représentée par un cosinus, a sa direction positive placée de telle sorte qu'on la rencontre après avoir tourné de 90°, *dans le sens sinistrorsum*, à partir de la direction positive de l'axe pour lequel la projection de la vibration est représentée par un sinus.

On simplifiera le langage en convenant d'appeler grandeurs des axes de l'ellipse ces grandeurs affectées des signes qu'elles ont dans les équations des composantes.

Supposons A positif; si l'ellipse est *dextrogyre*, la vitesse est positive lorsque le mobile est en B; si l'ellipse est *sinistrogyre*, la vitesse est positive lorsque le mobile est en B′. Nous conviendrons de dire que, dans le premier cas, l'axe des y de l'ellipse a pour direction OB, et que dans le second cas cette direction est OB′.

Vibrations circulaires. — Lorsque les axes de l'ellipse vibratoire deviennent égaux, l'ellipse devient un cercle et les composantes de la vibration circulaire suivant OX et OY sont

$$x = r\sin 2\pi\frac{t}{T}, \qquad y = r\cos 2\pi\frac{t}{T};$$

r est le rayon de la vibration.

Un point animé d'une vibration circulaire de rayon r décrit un cercle de rayon r, pendant la durée T de la période, dans le sens droit si la vibration est droite, dans le sens gauche si la vibration est gauche.

Une vibration circulaire qui, rapportée aux axes OA et OB (fig. 87), a une anomalie nulle et a pour équation

$$x = r\sin 2\pi\frac{t}{T}, \qquad y = r\cos 2\pi\frac{t}{T}$$

est une vibration droite dans laquelle pour $t = 0$ le point vibrant est en B.

Si l'anomalie de cette vibration droite, rapportée aux mêmes axes, est égale à $-\varphi$, la vibration suivant OA ayant alors pour équation $x = r\sin\left(2\pi\frac{t}{T} + \varphi\right)$, le point vibrant est à l'instant $t = 0$, au point B′, c'est-à-dire à l'extrémité du rayon OB′ qui fait, avec OB, un angle φ compté dans le sens droit. Si l'on prend les deux directions rectangulaires OA′ et OB′, telles que le sens A′B′ soit *sinistrorsum*, la vibration rapportée aux axes OA′ et OB′ aura une anomalie nulle. Nous conviendrons d'appeler *axes d'une vibration circulaire*, les deux droites rectangulaires pour lesquelles, avec l'origine des temps considérée, l'anomalie est nulle.

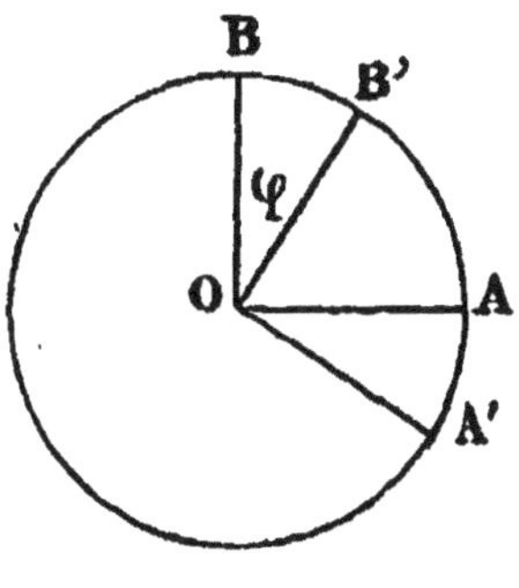

Fig. 87.

Avec cette convention, on peut dire que la direction des axes d'une vibration circulaire change avec l'origine des temps. Lorsque l'origine des temps est modifiée de manière que

$$\frac{2\pi t}{T} + \varphi = \frac{2\pi t'}{T},$$

c'est-à-dire

$$t' = t + \frac{T}{2\pi}\varphi,$$

les axes de la vibration circulaire droite tournent d'un angle égal à φ dans le sens *sinistrorsum*.

Composition de plusieurs vibrations circulaires simultanées de même sens. — Lorsqu'un point est animé de plusieurs vibrations circulaires simultanées, de même période, de même sens, mais de rayons et d'anomalies différents, les composantes de la vibration résultante suivant OX et OY sont :

$$x = r \sin\left(2\pi \frac{t}{T} - \varphi\right) + r' \sin\left(2\pi \frac{t}{T} - \varphi'\right) + \cdots$$
$$y = r \cos\left(2\pi \frac{t}{T} - \varphi\right) + r' \cos\left(2\pi \frac{t}{T} - \varphi'\right) + \cdots$$

La vibration résultante est une vibration circulaire de même période et de même sens, dont le rayon est R et l'anomalie Φ. Si l'on pose, en effet :

$$x = R \sin\left(2\pi \frac{t}{T} - \Phi\right), \qquad y = R \sin\left(2\pi \frac{t}{T} - \Phi\right),$$

l'identification des deux expressions respectives de x et y ne donne que deux équations distinctes, toujours résolubles :

$$R \cos \Phi = r \cos \varphi + r' \cos \varphi' + \cdots$$
$$R \sin \Phi = r \sin \varphi + r' \sin \varphi' + \cdots$$

Ces équations montrent que, pour obtenir R et Φ, il faut, à partir d'une origine quelconque, mener une ligne polygonale dont les côtés, de longueurs r, r', etc., font avec une direction arbitraire des angles respectivement égaux à φ, φ', etc. La direction qui, partant de l'origine, ferme le polygone, a pour longueur R et fait avec la direction arbitraire un angle égal à Φ.

Détermination des directions et des grandeurs des axes d'une vibration elliptique. — Reprenons les équations de la vibration elliptique, rapportée à deux diamètres rectangulaires quelconques,

$$x = p \sin 2\pi \frac{t}{T}$$
$$y = q \sin\left(2\pi \frac{t}{T} + \varphi - \psi\right)$$

et cherchons à déterminer la direction et les grandeurs A et B des axes de l'ellipse vibratoire, ainsi que l'anomalie Φ des vibrations axiales.

Appelons OX′, OY′ (fig. 88) les directions positives des axes de l'ellipse, μ l'angle de OX′ avec OX, compté à partir de OX′ dans le sens droit.

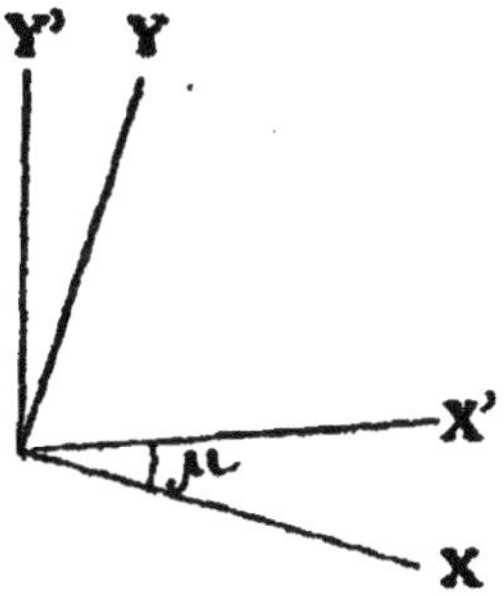

Fig. 88.

Les formules de transformation des coordonnées donnent :

$$x' = x \cos\mu + y \sin\mu$$
$$y' = -x \sin\mu + y \cos\mu.$$

Les équations de la vibration, rapportées aux nouveaux axes, sont donc :

$$x' = p \cos\mu \sin 2\pi \frac{t}{T} + q \sin\mu \sin\left(2\pi \frac{t}{T} + \varphi - \psi\right),$$
$$y' = -p \sin\mu \sin 2\pi \frac{t}{T} + q \cos\mu \sin\left(2\pi \frac{t}{T} + \varphi - \psi\right).$$

Les équations de la vibration elliptique, rapportée à ses axes, sont d'ailleurs :

$$x' = A \sin\left(2\pi \frac{t}{T} - \Phi\right),$$
$$y' = B \cos\left(2\pi \frac{t}{T} - \Phi\right).$$

En identifiant, quel que soit t, ces deux systèmes d'équations, on trouve :

$$A \cos\Phi = p \cos\mu + q \sin\mu \cos(\varphi - \psi)$$
$$-A \sin\Phi = q \sin\mu \sin(\varphi - \psi)$$
$$B \sin\Phi = -p \sin\mu + q \cos\mu \cos(\varphi - \psi)$$
$$B \cos\Phi = q \cos\mu \sin(\varphi - \psi).$$

En multipliant membre à membre la 1re et la 3e, on obtient :

$$AB \sin\Phi \cos\Phi = pq \cos 2\mu \cos(\varphi - \psi) - \frac{1}{2} p^2 \sin 2\mu + \frac{1}{2} q^2 \sin 2\mu \cos^2(\varphi - \psi)$$

En multipliant membre à membre la 2e et la 4e, on obtient :

$$-AB \sin\Phi \cos\Phi = \frac{1}{2} q^2 \sin 2\mu \sin^2(\varphi - \psi)$$

d'où l'on conclut :

$$2pq \cos 2\mu \cos(\varphi - \psi) - (p^2 - q^2) \sin 2\mu = 0$$

ou

$$\operatorname{tg} 2\mu = \frac{2pq}{p^2 - q^2} \cos(\varphi - \psi).$$

On peut mettre cette expression sous une autre forme, en remarquant que, si l'on représente l'intensité $p^2 + q^2$ de la vibration par 1, on peut poser

$$p = \cos u \qquad q = \sin u;$$

il vient alors

$$\operatorname{tg} 2\mu = \operatorname{tg} 2u \cos(\varphi - \psi).$$

Pour trouver les valeurs de A et B, nous pouvons additionner membre à membre la 1re et la 4e équation d'abord, ce qui donne :

$$(A + B)\cos\Phi = p\cos\mu + q\sin(\mu + \varphi - \psi)$$

et retrancher ensuite la 2e de la 3e, ce qui donne :

$$(A + B)\sin\Phi = -p\sin\mu + q\cos(\mu + \varphi - \psi)$$

On en déduit sans peine :

$$(A + B)^2 = p^2 + q^2 + 2pq\sin(\varphi - \psi)$$

ou, en se servant encore de l'angle auxiliaire u,

$$(A + B)^2 = 1 + \sin 2u \sin(\varphi - \psi).$$

On obtiendrait de même $(A - B)^2$; mais on peut le déduire immédiatement de $(A + B)^2$, en remarquant que l'intensité vibratoire restant la même, on doit avoir $A^2 + B^2 = p^2 + q^2$, ou $(A + B)^2 + (A - B)^2 = 2(p^2 + q^2)$.

On en conclut :

$$(A - B)^2 = p^2 + q^2 - 2pq\sin(\varphi - \psi).$$

ou

$$(A - B)^2 = 1 - \sin 2u \sin(\varphi - \psi).$$

Décomposition d'une vibration elliptique en deux vibrations circulaires inverses. — Considérons une vibration elliptique dont les vibrations axiales sont :

$$x = A\sin 2\pi\frac{t}{T}, \qquad y = B\cos 2\pi\frac{t}{T}.$$

Nous pouvons considérer la vibration suivant l'axe des x comme composée des deux vibrations

$$x' = \frac{A + B}{2}\sin 2\pi\frac{t}{T}, \qquad x'' = \frac{A - B}{2}\sin 2\pi\frac{t}{T},$$

et la vibration suivant l'axe des y comme résultant des deux vibrations composantes

$$y' = \frac{A+B}{2} \cos 2\pi \frac{t}{T}, \qquad y'' = -\frac{A-B}{2} \cos 2\pi \frac{t}{T}.$$

Or x' et y' sont les deux composantes d'une vibration circulaire *dextrogyre* de rayon $\frac{A+B}{2}$, et x'', y'' les deux composantes d'une vibration circulaire *sinistrogyre* de rayon $\frac{A-B}{2}$. D'où ce théorème : une vibration elliptique peut être considérée comme composée de deux vibrations circulaires de sens inverse, qui, rapportées aux axes de l'ellipse, ont la même anomalie que celle-ci. Le rayon de la vibration circulaire droite est égal à la demi-somme algébrique des axes de l'ellipse; celui de la vibration circulaire gauche est égal à la demi-différence algébrique des mêmes axes.

Nous avons vu, dans le paragraphe précédent, que si OX et OY sont les directions de deux vibrations rectangulaires, dont les amplitudes sont $\sin u$ et $\cos u$, dont l'anomalie relative de OY par rapport à OX est $\psi - \varphi$, et qui équivalent à une vibration elliptique dont les axes sont OX′ et OY′, on a

$$\operatorname{tg} 2\mu = \operatorname{tg} 2u \cos(\varphi - \psi)$$

μ étant l'angle, compté dans le sens droit à partir de OX′, que fait OX′ avec OX.

Si l'on pose $\frac{A+B}{2} = r$, $\frac{A-B}{2} = r_1$, r et r_1 étant les rayons des deux vibrations circulaires inverses dont la vibration elliptique est la résultante, nous aurons

$$\cos 2\mu = \frac{1}{\sqrt{1 + \operatorname{tg}^2 2u \cos^2(\varphi - \psi)}} = \frac{\cos 2u}{\sqrt{1 - \sin^2 2u \sin^2(\varphi - \psi)}} = \frac{\cos 2u}{4rr_1}$$

On trouverait de même

$$\sin 2\mu = \frac{\sin 2u}{4rr_1} \cos(\varphi - \psi).$$

Décomposition d'une vibration rectiligne en deux vibrations circulaires inverses. — Une vibration rectiligne peut être considérée comme une vibration elliptique dont l'un des axes, B par exemple, est égal à zéro. On déduit immédiatement de ce qui précède qu'une vibration rectiligne, dont l'amplitude est A, peut être décomposée en deux vibrations circulaires de sens contraire, ayant $\frac{A}{2}$ pour rayon commun. Les axes de ces vibrations circulaires, entendus comme nous en sommes convenus plus haut, sont : la direction de la vibration rectiligne pour l'axe des x, et les deux directions d'une perpendiculaire à cette vibration pour les axes des y.

Composantes rectilignes de deux vibrations circulaires inverses. — Considérons deux vibrations circulaires de sens inverse, l'une droite, de rayon r, dont les axes sont OX et OY (fig. 89) ; l'autre gauche, de rayon r', et dont les axes sont OX', et OY' ; OX' faisant avec OX, un angle χ, compté à partir de OX, c'est-à-dire de l'axe des x de la vibration droite, dans le sens *dextrorsum*, et cherchons quelle est la composante de ces deux vibrations suivant une direction OA, faisant avec OX un angle égal à β compté à partir de OX dans le sens droit. On voit facilement que cette composante est égale à

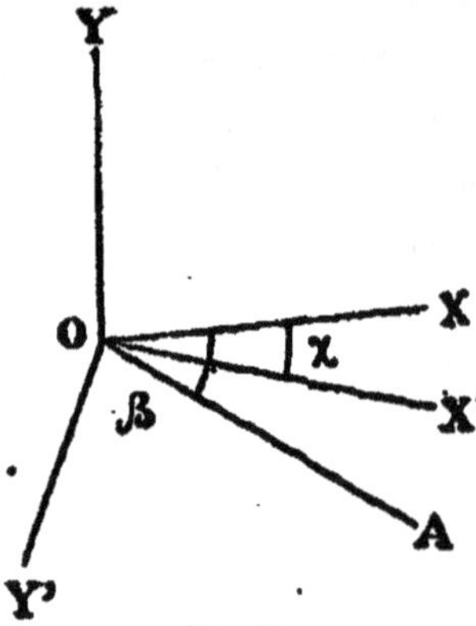

Fig. 89.

$$\left[r\cos\beta + r'\cos(\beta-\chi)\right]\sin 2\pi\frac{t}{T} + \left[-r\sin\beta + r'\sin(\beta-\chi)\right]\cos 2\pi\frac{t}{T}.$$

L'intensité I de cette composante est

$$I = r^2 + r'^2 + 2rr'\cos(2\beta-\chi).$$

Vibration elliptique produite par une lame cristalline surmontant un polariseur rectiligne. — Soit une lame cristalline dont les sections principales sont Oo et Oe (fig. 90), surmontant un polariseur dont la vibration, dirigée suivant OL, fait un angle α avec Oo et $\frac{\pi}{2} - \alpha$ avec Oe, ce qui suppose l'angle α compté à partir de OL dans le sens dextrorsum. Après la traversée de la lame, la vibration rectiligne du polariseur devient elliptique, et les deux composantes de la vibration sont, en prenant Oo comme axe des x, Oe comme axe des y,

$$x = \cos\alpha \sin 2\pi \left(\frac{t}{T} - \frac{o}{\lambda}\right)$$

$$y = \sin\alpha \sin 2\pi \left(\frac{t}{T} - \frac{e}{\lambda}\right).$$

Pour appliquer ici les équations générales établies plus haut, il faudra changer u en α, et $\psi - \varphi$ en $2\pi\frac{o-e}{\lambda}$. Nous aurons ainsi pour l'angle μ que fait avec Oo l'axe A de la vibration elliptique,

$$\operatorname{tg} 2\mu = \operatorname{tg} 2\alpha \cos 2\pi \frac{o-e}{\lambda}.$$

L'angle μ est compté à partir de Oo dans le sens sinistrorsum.

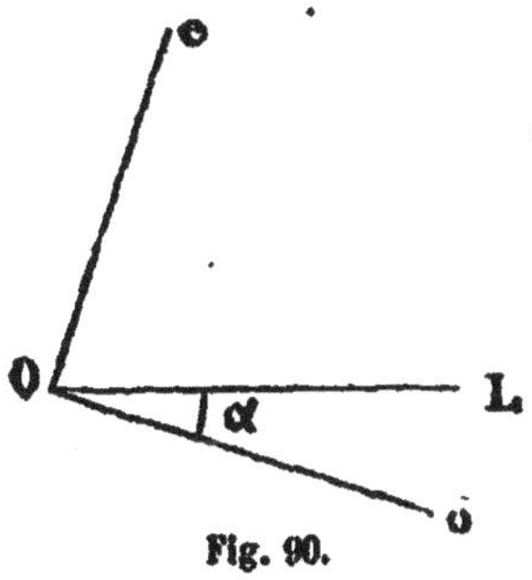

Fig. 90.

Quant aux axes A et B de l'ellipse, ils sont donnés par les équations

$$(A+B)^2 = 1 + \sin 2\alpha \sin 2\pi \frac{o-e}{\lambda},$$

$$(A-B)^2 = 1 - \sin 2\alpha \sin 2\pi \frac{o-e}{\lambda}.$$

Cette vibration elliptique se décomposera en deux vibrations circulaires inverses, l'une droite dont le rayon est $\frac{A+B}{2}$, l'autre gauche, dont le rayon est $\frac{A-B}{2}$.

La vibration elliptique est dextrorsum si A et B sont de même signe, c'est-à-dire, si $(A+B)^2$ est plus grand que $(A-B)^2$, ou, en d'autres termes, si le rayon de la vibration circulaire dextrorsum est plus grand que celui de la vibration circulaire sinistrorsum, et inversement.

Pour que la vibration elliptique soit dextrorsum, il faut et il suffit que $\sin 2\alpha$ et $\sin 2\pi \frac{o-e}{\lambda}$ soient de même signe. Supposons que la vibration Oo soit la plus lente à se propager dans la lame, c'est-à-dire que $o-e$ soit positif, et admettons en outre $\frac{o-e}{\lambda} < \frac{1}{2}$, ou $\sin 2\pi \frac{o-e}{\lambda}$ positif et $\alpha < 90°$. L'ellipse est dextrorsum si α est positif, sinistrorsum dans le cas contraire. On peut énoncer cette règle en disant que, lorsque le retard de la lame est égal à un nombre entier de longueurs d'onde augmenté d'une quantité plus petite qu'une demi-longueur d'onde, le sens du mouvement vibratoire elliptique est celui du chemin que l'on parcourt en allant de la vibration du polariseur à celle des deux vibrations, transmises par la lame, qui est *la plus lente* à se propager. On sous-entend que l'on considère, parmi les directions des deux vibrations, celles qui font entre elles un angle aigu.

Des valeurs de $(A+B)^2$ et $(A-B)^2$ on déduit aisément celles de A^2 et B^2, qui sont :

$$2A^2 = 1 + \sqrt{1 - \sin^2 2u \sin^2(\varphi - \psi)}$$
$$2B^2 = 1 - \sqrt{1 - \sin^2 2u \sin^2(\varphi - \psi)}.$$

De la valeur de $\operatorname{tg} 2\mu$ on déduit les valeurs de $\sin 2\mu$ et $\cos 2\mu$, qui sont :

$$\sin 2\mu = \frac{\sin 2u \cos(\varphi - \psi)}{\sqrt{1 - \sin^2 2u \sin^2(\varphi - \psi)}}$$

$$\cos 2\mu = \frac{\cos 2u}{\sqrt{1 - \sin^2 2u \sin^2(\varphi - \psi)}}$$

En fonction de A^2 et de B^2, ces expressions prennent les formes suivantes :

$$\sin 2\mu = \frac{\sin 2u}{A^2 - B^2} \cos(\varphi - \psi)$$

$$\cos 2\mu = \frac{\cos 2u}{A^2 - B^2}.$$

Des 4 équations que donnent A, B, ψ, on déduit aisément :

$$\operatorname{tg} \Phi = -\frac{\sin u \sin \mu \sin(\varphi - \psi)}{\cos u \cos \mu + \sin u \sin \mu \cos(\varphi - \psi)}$$

On peut multiplier haut et bas par $\sin \mu$, remplacer $\sin^2 \mu$ et $\sin 2\mu$ par leurs valeurs en fonction de A^2 et B^2, et on obtient

$$\operatorname{tg} \Phi = -\operatorname{tg}(\varphi - \psi) \frac{A^2 - \cos^2 u}{A^2}.$$

Cas où la lame cristalline est très mince. — Si la lame cristalline est extrêmement mince, de telle sorte qu'on puisse négliger le cube de $2\pi \frac{o-e}{\lambda}$, les expressions de A, B, ψ et μ se simplifient.

On a

$$A^2 = \frac{1}{2} + \frac{1}{2}\sqrt{1 - \frac{4\pi^2}{\lambda^2}(o-e)^2 \sin^2 2\alpha} = 1 - \frac{\pi^2}{\lambda^2}(o-e)^2 \sin^2 2\alpha$$

$$B^2 = \frac{1}{2} - \frac{1}{2}\sqrt{1 - \frac{4\pi^2}{\lambda^2}(o-e)^2 \sin^2 2\alpha} = \frac{\pi^2}{\lambda^2}(o-e)^2 \sin^2 2\alpha$$

d'où l'on tire

$$A = 1 - \frac{1}{2}\frac{\pi^2}{\lambda^2}(o-e)^2 \sin^2 2\alpha$$

$$B = \frac{\pi}{\lambda}(o-e)\sin 2\alpha$$

Quant à μ, on a

$$\operatorname{tg} 2\mu = \operatorname{tg} 2\alpha\left[1 - \frac{2\pi^2}{\lambda^2}(o-e)^2\right]$$

d'où l'on tire

$$\operatorname{tg} 2\alpha - \operatorname{tg} 2\mu = \frac{2(\alpha-\mu)}{\cos^2 2\alpha} = \frac{2\pi^2}{\lambda^2}(o-e)^2 \operatorname{tg} 2\alpha.$$

Si l'on pose $\alpha - \mu = \omega$, ω est l'angle dont le grand axe de la vibration elliptique a tourné en traversant la lame, et l'on peut écrire

$$\omega = \frac{\pi^2}{\lambda^2}(o-e)^2 \sin 2\alpha \cos 2\alpha = \frac{2\pi}{\lambda}(o-e)\frac{B}{2}\cos 2\alpha.$$

Si l'on compte l'origine du temps un instant o après le moment où la vibration tombe sur la lame, la phase Φ acquise par la vibration elliptique est donnée par l'équation

$$\operatorname{tg}\Phi = -\operatorname{tg}\frac{2\pi}{\lambda}(o-e)\frac{A^2-\cos^2\alpha}{A^2}$$

ou

$$\Phi = -2\pi\frac{(o-e)}{\lambda}\sin^2\alpha.$$

Si l'on compte l'origine du temps à partir de l'instant où la vibration incidente vient rencontrer la lame, la nouvelle anomalie sera $\Phi + \frac{2\pi}{\lambda} o$, et si l'on appelle la phase correspondant à l'anomalie $\Phi + \frac{2\pi}{\lambda} o$, on aura

$$\varphi = o - (o - e)\sin^2\alpha = o\cos^2\alpha + e\sin^2\alpha.$$

Production d'une vibration circulaire au moyen d'une lame quart d'onde. — Si l'on a

$$\frac{o-e}{\lambda} = \frac{1}{4},$$

on a

$$A - B = 0 \quad \text{lorsque} \quad \alpha = +45^\circ,$$

et

$$A + B = 0 \quad \text{lorsque} \quad \alpha = -45^\circ.$$

La lame cristalline, que l'on dit alors *quart d'onde*, donne ainsi naissance, dans ces conditions, à une vibration circulaire, droite dans le premier cas, gauche dans le second.

On peut donc avec une lame quart d'onde produire une vibration circulaire.

On prend ordinairement des lames de gypse ou de mica biaxe qui se lèvent très aisément en lames très minces ; les lames de mica sont préférées parce qu'elles sont moins fragiles. L'épaisseur d'une lame de mica qui produit un retard égal à $\frac{\lambda}{4}$, lorsque λ correspond au jaune moyen, est d'environ $0^{mm},032$. Mais on ne mesure pas ordinairement cette épaisseur ; on préfère choisir parmi de nombreuses lames de clivage celles qui donnent entre les nicols croisés et dans la lumière blanche la couleur correspondant à $\frac{\lambda}{4} = 0^{mm},137$, c'est-à-dire un gris bleu. On s'assure en outre que deux de ces lamelles, superposées parallèlement, donnent la couleur correspondant à $\frac{\lambda}{2}$, ou un jaune paille. On peut enfin s'assurer rigoureusement, au moyen du compensateur décrit page 180, si le retard d'une lame correspond bien à $\frac{\lambda}{4}$.

Le mica blanc biaxe est négatif, et les lames de clivage sont perpendiculaires à la bissectrice aiguë. La ligne des pôles des lemniscates, qu'on appelle souvent l'axe du mica, correspond donc à la direction de l'axe c et, par conséquent, à la vibration la plus lente à se propager. Si l'on considère la direction de la vibration du polariseur, et celle de l'axe du mica qui fait avec elle une angle de 45°, le sens de la vibration circulaire est celui du chemin qu'on fait en allant de la vibration du polariseur à l'axe du mica.

Transformation d'une vibration elliptique ou une vibration rectiligne au moyen d'une lame quart d'onde. — Les vibrations axiales d'un rayon elliptique ayant pour équations

$$x = A \sin 2\pi \frac{t}{T}, \qquad y = B \cos 2\pi \frac{t}{T} = B \sin \left(2\pi \frac{t}{T} + \frac{\pi}{2}\right),$$

diffèrent l'une de l'autre par une anomalie égale à $\frac{\pi}{2}$, ou, ce qui équivaut, par un retard égal à $\frac{\lambda}{4}$.

Si donc on fait en sorte que l'une des vibrations axiales soit retardée de $\pm\frac{\lambda}{4}$, les deux vibrations deviendront concordantes, ou ne seront en retard l'une par rapport à l'autre que de $\frac{\lambda}{2}$. Dans l'un et l'autre cas ces deux vibrations perpendiculaires pourront être regardées comme les composantes d'une vibration rectiligne. La vibration elliptique aura donc été transformée en une vibration rectiligne.

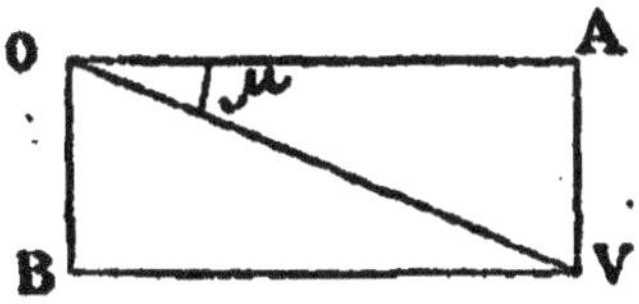

Fig. 91.

Il suffit, pour produire cet effet, de placer sur le passage de la vibration elliptique, une lame quart d'onde dont l'une des sections principales coïncide avec l'un des axes de l'ellipse. Admettons que la lame quart d'onde soit une lame de mica et que l'axe de la lame soit parallèle à l'axe A de l'ellipse supposée dextrorsum (fig. 91), la vibration suivant le petit axe subira un accroissement égal à $\frac{\pi}{2}$, et les équations des vibrations axiales deviendront

$$x = A \sin 2\pi \frac{t}{T}, \qquad y = -B \sin 2\pi \frac{t}{T},$$

elles équivaudront à la vibration rectiligne OV, qui fait avec OA un angle μ donné par la relation

$$\operatorname{tg} \mu = -\frac{B}{A}.$$

L'angle μ est compté à partir de OV ; dans le sens direct lorsque $\operatorname{tg} \mu$ est positif ; dans le sens gauche lorsque $\operatorname{tg} \mu$ est négatif.

Polariseurs et analyseurs circulaires. — La combinaison d'une lame quart d'onde superposée à un polariseur rectiligne, de manière que les sections principales de la lame soient à 45° de la vibration du polariseur, est ce qu'on appelle un *polariseur circulaire*. Un semblable appareil ne laisse en effet émerger de la lame que des vibrations circulaires.

Le polariseur circulaire pourra être droit ou gauche suivant que les vibrations circulaires auxquelles il donne naissance sont droites ou gauches. Si A est l'amplitude de la vibration rectiligne incidente, le rayon de la vibration circulaire émergente est $\frac{A}{\sqrt{2}}$.

Si l'on retourne un polariseur circulaire de manière que la lumière entre par la lame et sorte par le polariseur (qui devient un analyseur), on a un *analyseur circulaire*, qui ne se laisse traverser que par des vibrations circulaires d'un sens déterminé. Cela résulte évidemment de la réversibilité du rayon lumineux dont l'intensité est la même à l'émergence et à l'incidence. Il faut remarquer que la vibration circulaire qui sort de l'appareil lorsqu'il fait fonction de polariseur, tourne à la direction d'*aval* du rayon une certaine face ; et lorsque l'appareil fait fonction d'analyseur, c'est la face opposée de la vibration qui est tournée vers l'aval du rayon. Comme le sens de la vibration change suivant celle des deux faces de la vibration qui est tournée vers l'aval du rayon, il en résulte que le même appareil qui, comme polariseur, produit des rayons circulaires droits, ne laisse passer, comme analyseur, que des rayons circulaires gauches. En d'autres termes, en retournant un polariseur circulaire *droit*, on obtient un analyseur circulaire *gauche*, et réciproquement.

En superposant deux appareils identiques, l'un servant de polariseur, l'autre d'analyseur circulaires, on produit l'obscurité[1].

1. C'est ainsi que si l'on a deux écrous identiques, et si on les superpose ; en retournant l'un d'eux sens dessus-dessous, une vis, qui tourne dans le premier, est arrêtée par le second.

Si R est le rayon de la vibration circulaire transmise par un analyseur circulaire, l'amplitude de la vibration rectiligne émergente est $R\sqrt{2}$.

Pour la production de ce phénomène, comme pour celle de tous les phénomènes dans lesquels interviennent les polariseurs ou les analyseurs circulaires, on peut donner à ces appareils des azimuts quelconques sans que les phénomènes soient modifiés, puisque les vibrations circulaires ont toujours les mêmes équations, quels que soient les deux diamètres rectangulaires auxquels on les rapporte, pourvu que l'on change convenablement l'origine des temps.

Lame cristallisée, placée entre un polariseur rectiligne et un analyseur circulaire, ou entre un polariseur circulaire et un analyseur rectiligne, et examinée dans la lumière parallèle. — Plaçons une lame cristalline entre un polariseur rectiligne et un analyseur circulaire. Le polariseur et la lame laissent passer une vibration elliptique équivalant, comme on l'a vu plus haut, à deux vibrations circulaires, l'une droite, dont le rayon est $\frac{1}{2}\sqrt{1+\sin 2\alpha \sin 2\pi\frac{o-e}{\lambda}}$ et l'autre gauche, dont le rayon est $\frac{1}{2}\sqrt{1-\sin 2\alpha \sin 2\pi\frac{o-e}{\lambda}}$; α est l'angle compris entre la vibration du polariseur et la section principale de la lame correspondant à la vibration de vitesse $\frac{1}{o}$, cet angle étant compté dans le sens droit à partir de la vibration du polariseur. L'analyseur circulaire arrête l'une de ces vibrations et laisse passer l'autre. Si l'analyseur est droit, l'intensité de la vibration rectiligne émergente est $\frac{1}{2}\left(1+\sin 2\alpha \sin 2\pi\frac{o-e}{\lambda}\right)$; s'il est gauche, cette intensité est $\frac{1}{2}\left(1-\sin 2\alpha \sin 2\pi\frac{o-e}{\lambda}\right)$.

Si l'on suppose $\alpha=45°$, ces intensités deviennent $\frac{1}{2}\left(1+\sin 2\pi\frac{o-e}{\lambda}\right)$ et $\frac{1}{2}\left(1-\sin 2\pi\frac{o-e}{\lambda}\right)$ ou $\sin^2\left(\frac{\pi}{4}+\pi\frac{o-e}{\lambda}\right)$ et $\cos^2\left(\frac{\pi}{4}+\pi\frac{o-e}{\lambda}\right)$. Avec la lumière blanche, la teinte est donc celle que l'on obtiendrait avec une lame cristalline dont le retard serait celui de la lame employée augmenté, de $\frac{\lambda}{4}$, et qui serait placée, entre deux nicols croisés pour le premier cas, entre deux nicols parallèles pour le second.

Lorsque α n'est pas égal à 45°, les teintes sont les mêmes, mais plus ou moins lavées de blanc.

Si la lame est placée entre un polariseur circulaire et un analyseur rectiligne, les phénomènes sont évidemment de la même nature. Appelons en effet β l'angle compris entre la vibration de l'analyseur et la section principale O*o*, angle compté à partir de la vibration de l'analyseur dans le sens *sinistrorsum*. L'analyseur rectiligne combiné avec la lame cristalline ne laisse passer que deux vibrations circulaires, l'une *gauche* dont le rayon est $\frac{1}{2}\sqrt{1 + \sin 2\beta \sin 2\pi \frac{o-e}{\lambda}}$, et l'autre *droite* dont le rayon est $\frac{1}{2}\sqrt{1 - \sin 2\beta \sin 2\pi \frac{o-e}{\lambda}}$. Suivant que le polariseur circulaire est droit ou gauche, c'est l'une ou l'autre de ces vibrations qui est transmise.

Lame cristalline uniaxe examinée en lumière convergente entre un polariseur rectiligne et un analyseur circulaire. — Dans le microscope à lumière convergente, sur le porte-objet duquel nous supposons placée une lame taillée perpendiculairement à l'axe d'un cristal uniaxe, substituons à l'analyseur rectiligne un analyseur circulaire. Nous pouvons admettre, si nous ne considérons pas des rayons trop inclinés sur l'axe de l'appareil, que la lame de mica reste sensiblement quart d'onde pour tous les rayons, et que les vibrations transmises suivant toutes les inclinaisons sont circulaires. Au moins cette hypothèse approchera suffisamment de la vérité pour permettre de nous rendre compte de l'aspect général du phénomène.

Soit OP (fig. 92) la vibration du polariseur et OA celle de la vibration du nicol de l'analyseur que nous supposons à 90° de la précédente; l'analyseur circulaire sera droit si l'axe du mica quart d'onde O*p* bissèque l'angle POA, O*p* étant à droite de OA.

Considérons le rayon qui, partant du point situé sur la face inférieure de cette lame à l'aplomb de O vient rencontrer la face supérieure au point M. La vibration ordinaire est dirigée perpendiculairement à OM, et la vibration extraordinaire située dans le plan OM pourra sensiblement, si l'inclinaison du rayon est supposée peu considérable, être regardée comme coïncidant avec OM, dont la direction fait avec OP un angle α, compté à partir de OP dans le sens droit. Si δ est le retard de la vibration extraordinaire par rapport à la vibration ordinaire, δ est positif si la lame est positive, négatif si elle est négative. Nous supposerons δ positif pour fixer les idées.

La combinaison du polariseur et de la lame laisse passer deux vibrations circulaires, l'une droite dont l'intensité I est :

$$I = \frac{1}{2} + \frac{1}{2} \sin 2\alpha \sin 2\pi \frac{\delta}{\lambda}$$

qui est seule transmise intégralement par l'analyseur droit. L'intensité de la vibration émergeant en M est donc égale à I.

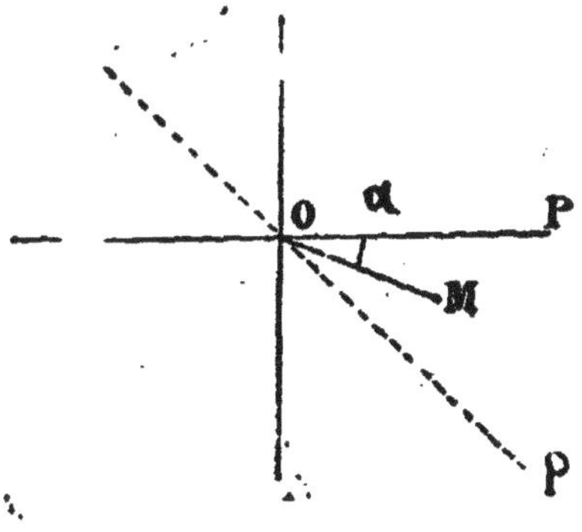

Fig. 92.

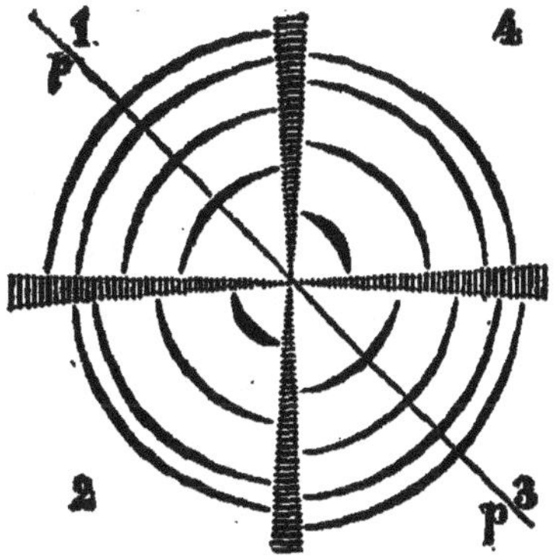

Fig. 93.

Parmi les quatre quadrants formés par les droites OP et OA, appelons 1 et 3 (fig. 93) ceux qui contiennent l'axe du mica quart d'onde, 2 et 4 les deux autres. Dans les quadrants impairs sin 2α est positif; il est négatif dans les quadrants pairs.

Pour $\sin 2\alpha = 0$, ou $\alpha = n\frac{\pi}{2}$, c'est-à-dire suivant les deux droites OP et OA, I est constant et égal à $\frac{1}{2}$ pour toutes les couleurs; on verra donc une sorte de croix grise dont ces droites seront les branches.

Suivant toutes les autres directions, I varie pour un même α avec $\sin 2\pi\frac{\delta}{\lambda}$, c'est-à-dire avec la distance du point M au centre O.

Dans les quadrants impairs où sin 2α est positif, le minimum de I, pour un même α, est donné par $\sin 2\pi\frac{\delta}{\lambda} = -1$ ou $\frac{2\pi\delta}{\lambda} = (2n+3)\frac{\pi}{2}$. Comme les arcs de cercle décrits du point O comme centre sont des courbes d'égal retard, les courbes d'intensité minima, dont les quadrants impairs sont des arcs de cercle correspondant aux retards successifs :

$$\delta = \frac{3\lambda}{4}, \quad \left(2 + \frac{3}{4}\right)\lambda, \text{etc.}$$

Dans les quadrants pairs, où $\sin 2\alpha$ est négatif, les minima de I sont donnés par $\sin 2\pi\frac{\delta}{\lambda} = 1$ ou $2\pi\frac{\delta}{} = (2n+1)\lambda$. Les courbes d'intensité minima sont donc des arcs de cercle correspondant aux retards successifs :

$$\delta = \frac{\lambda}{4}, \quad \left(2 + \frac{1}{4}\right)\lambda, \text{etc.}$$

et dont le premier est plus près du centre que le premier des arcs minima dans les quadrants impairs.

Pour un même δ, c'est-à-dire pour tous les points d'un même cercle ayant O pour centre, l'intensité minima est donnée par $\sin 2\alpha = -1$ lorsque $\sin 2\pi\frac{\delta}{\lambda}$ est positif, comme cela a lieu pour les arcs de cercle minima dans les quadrants pairs; et par $\sin 2\alpha = +1$ lorsque $\sin 2\pi\frac{\delta}{\lambda}$ est négatif, comme cela a lieu pour les arcs de cercle minima dans les quadrants impairs. Les parties les plus sombres de ces arcs de cercle sont donc situées sur les deux bissectrices des angles formés par les lignes OP et OA.

Les arcs de cercle minima les plus rapprochés du centre et qui se trouvent dans les secteurs pairs sont par cette raison les plus sombres et les plus apparents. Ils forment comme deux taches, noires avec la lumière monochromatique, colorées avec de la lumière blanche. Les parties les plus apparentes de ces taches sont, dans le cas que nous avons spécifié, d'une lame cristalline positive, située sur une droite perpendiculaire à l'axe du mica quart d'onde, ou, comme moyen mnémonique, faisant avec cet axe le signe +.

Si la lame cristalline est négative, δ change de signe, et il est aisé de voir que la ligne des taches est parallèle à l'axe du mica ou fait avec celui-ci le signe —.

On trouve là un moyen très simple et très employé de déterminer le signe d'une lame uniaxe perpendiculaire à l'axe. On glisse entre le nicol analyseur et la lame cristalline, une lame quart d'onde dont l'axe est à 45° de la vibration du nicol et qui transforme l'analyseur en analyseur circulaire, puis on examine la direction de la ligne formée par les taches qui apparaissent. Si cette ligne fait avec l'axe du mica le signe +, la lame est positive; si elle fait le signe —, la lame est négative.

Lame cristalline placée entre un polariseur et un analyseur circulaires. — Supposons maintenant une lame cristalline placée entre un polariseur et un analyseur circulaires. Nous admettons, pour fixer les idées, que le polariseur circulaire est droit, la vibration circulaire qui en émerge a pour équations :

$$x=\frac{1}{\sqrt{2}}\sin 2\pi\frac{t}{T}, \qquad y=\frac{1}{\sqrt{2}}\cos 2\pi\frac{t}{T}.$$

Nous pouvons supposer que les axes x et y coïncident avec les sections principales de la lame, et les composantes de la vibration elliptique qui émerge de cette lame sont :

$$x=\frac{1}{\sqrt{2}}\sin 2\pi\frac{t}{T},$$

$$y=\frac{1}{\sqrt{2}}\cos 2\pi\left(\frac{t}{T}+\frac{\delta}{\lambda}\right)=\frac{1}{\sqrt{2}}\cos\left[2\pi\left(\frac{t}{T}+\frac{\delta}{\lambda}\right)+\frac{\pi}{2}\right].$$

Les formules précédentes montrent que les rayons des deux vibrations circulaires qui équivalent à cette vibration elliptique sont, pour la vibration droite :

$$\frac{1}{2}\sqrt{1+\cos 2\pi\frac{\delta}{\lambda}}=\frac{\sqrt{2}}{2}\cos\pi\frac{\delta}{\lambda},$$

et pour la vibration gauche :

$$\frac{1}{2}\sqrt{1-\cos 2\pi\frac{\delta}{\lambda}}=\frac{\sqrt{2}}{2}\sin\pi\frac{\delta}{\lambda}.$$

Si l'analyseur circulaire est droit, c'est la vibration droite qui est seule transmise, et l'intensité de la vibration rectiligne émergente est égale à $\cos^2 \pi \frac{\lambda}{\delta}$. En lumière blanche, la teinte sera celle que donnerait la lame entre deux nicols parallèles.

Si l'analyseur circulaire est gauche, l'intensité de la vibration rectiligne émergente est égale à $\sin^2 \pi \frac{\delta}{\lambda}$; et, dans la lumière blanche, la teinte est celle que l'on obtiendrait avec la lame cristalline placée entre deux nicols croisés à angle droit.

Les phénomènes ne seront pas modifiés, quels que soient les azimuts relatifs que l'on donne au polariseur, à l'analyseur ou à la lame.

Si la lame cristalline était examinée en lumière convergente, on verrait les mêmes courbes d'égal retard que celles qu'on observe entre deux nicols croisés ou parallèles; mais les courbes obscures, croix noires ou hyperboles, seraient supprimées. Lorsque l'analyseur et le polariseur sont de même sens, le centre des cercles est blanc; lorsqu'ils sont de sens contraire, le centre est noir.

CHAPITRE VIII

PHÉNOMÈNES PRODUITS PAR LA SUPERPOSITION DE LAMES MINCES CRISTALLINES.

I. — MODIFICATIONS SUBIES PAR UNE VIBRATION ELLIPTIQUE TRAVERSANT UNE LAME CRISTALLINE TRÈS MINCE.

Dans un très grand nombre de recherches cristallographiques il est fort important de pouvoir calculer les phénomènes de double réfraction qui prennent naissance lorsqu'on superpose des lames cristallines extrêmement minces. Ces phénomènes sont, comme nous le verrons, réalisés très fréquemment dans la nature; ils peuvent l'être artificiellement par la superposition de lamelles minces de mica blanc. Nous consacrerons ce chapitre à les étudier.

Les équations fondamentales, desquelles nous déduirons toute la théorie que nous avons en vue, seront obtenues en cherchant les modifications que la traversée d'une lame cristalline extrêmement mince fait subir à une vibration elliptique.

Soient OX (fig. 94), OY, les directions des axes de cette ellipse incidente, dont les grandeurs sont respectivement p et q. Oo et Oe sont les directions des sections principales de la lame, dont l'épaisseur très petite est ε. Nous appellerons δ le retard, qu'après la traversée d'une lame de même matière et d'une épaisseur égale à l'unité, la vibration dirigée suivant Oo éprouverait par rapport à la vibration dirigée suivant Oe. Nous appellerons, comme d'ordinaire, o et e les temps que les vibrations, dirigées respectivement suivant Oo et Oe, mettent à traverser la lame.

Après la traversée de la lame, les projections de la vibration, suivant les sections principales Oo et Oe, sont :

$$x' = p\cos\gamma \sin 2\pi\frac{t'}{T} - q\sin\gamma\cos 2\pi\frac{t'}{T},$$

$$y' = p\sin\gamma\sin 2\pi\frac{t'+\varepsilon\delta}{T} + q\cos\gamma\cos 2\pi\frac{t'+\varepsilon\delta}{T},$$

si l'on a préalablement changé l'origine des temps, et pris cette origine en retard de o sur l'origine première.

Lorsqu'on néglige les quantités du 2e ordre de grandeur en ε, y' peut s'écrire :

$$y' = p\sin\gamma\sin 2\pi\frac{t'}{T} + \left(\frac{2\pi\varepsilon\delta}{\lambda}\cdot p\sin\gamma + q\cos\gamma\right)\cos 2\pi\frac{t'}{T}.$$

Projetons les vibrations x' et y' sur les axes X_1 et Y_1 de la nouvelle

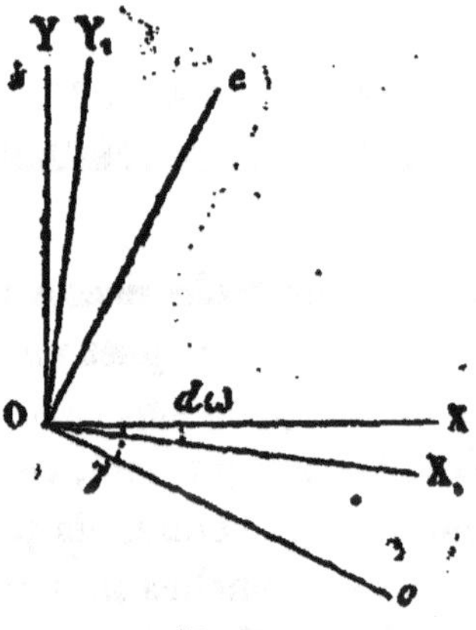

Fig. 94.

ellipse, dont l'axe X_1 fait avec X un angle très petit $d\omega$, nous aurons :

$$x_1 = x'\cos(\gamma - d\omega) + y'\sin(\gamma - d\omega),$$

$$y_1 = y'\cos(\gamma - d\omega) - x'\sin(\gamma - d\omega),$$

qui reviennent, en supprimant toujours les termes du 2e ordre, à celles-ci :

$$x_1 = \sin 2\pi\frac{t'}{T}\left(p - \frac{\pi\varepsilon\delta}{\delta}q\sin 2\gamma\right) + \cos 2\pi\frac{t'}{T}\left(\frac{2\pi\varepsilon\delta}{\lambda}p\sin^2\gamma - qd\omega\right).$$

$$y_1 = \sin 2\pi\frac{t'}{T}\left(-\frac{2\pi\varepsilon\delta}{\lambda}q\cos^2\gamma + pd\omega\right) + \cos 2\pi\frac{t'}{T}\left(q + \frac{\pi\varepsilon\delta}{\lambda}p\sin 2\gamma\right).$$

Il est aisé de voir qu'on peut encore mettre ces équations sous la forme

$$x_1 = \left(p - \frac{\pi\varepsilon\delta}{\lambda} q \sin 2\gamma\right) \sin\left(2\pi\frac{t'}{T} + \frac{2\pi\varepsilon\delta}{\lambda}\sin^2\gamma - \frac{q}{p}d\omega\right),$$

$$y_1 = \left(q + \frac{\pi\varepsilon\delta}{\lambda} p \sin 2\gamma\right) \cos\left(2\pi\frac{t'}{T} + \frac{2\pi\varepsilon\delta}{\lambda}\cos^2\gamma - \frac{p}{q}d\omega\right),$$

car on n'introduit ainsi que des termes du 2e ordre de grandeur.

Pour que ces deux équations représentent une ellipse vibratoire, il faut et il suffit que l'anomalie soit la même, et qu'on ait

$$d\varphi' = \frac{q}{p}d\omega - \frac{2\pi\varepsilon\delta}{\lambda}\sin^2\gamma = \frac{p}{q}d\omega - \frac{2\pi\varepsilon\delta}{\lambda}\cos^2\gamma.$$

On tire de là

$$d\omega\frac{p^2 - q^2}{pq} = \frac{2\pi}{\lambda}\varepsilon\delta\cos 2\gamma.$$

Si nous posons, suivant un mode de transformation que nous avons déjà plusieurs fois employé,

$$p = \cos u, \qquad q = \sin u.$$

nous aurons,

$$d\omega = \frac{1}{2}\operatorname{tg} 2u . \frac{2\pi}{\lambda}\varepsilon\delta\cos 2\gamma,$$

$$d\varphi' = \frac{\sin^2 u}{2\cos 2u} \cdot \frac{2\pi}{\lambda}\varepsilon\delta\cos 2\gamma - \frac{2\pi}{\lambda}\varepsilon\delta\sin^2\gamma.$$

Mais, si nous supposons que l'origine des temps est la même que celle de la vibration incidente, il faudra augmenter $d\varphi'$ d'une quantité égale à $\frac{2\pi}{\lambda}o$, et l'on aura, en remarquant que $\varepsilon\delta = o - e$,

$$d\varphi = \frac{\sin^2 u}{2\cos 2u} \cdot \frac{2\pi}{\lambda}\varepsilon\delta\cos 2\gamma + \frac{2\pi}{\lambda}(o\cos^2\gamma + e\sin^2\gamma).$$

Quant aux variations de grandeur des axes de l'ellipse, elles sont

$$d\cos u = -\frac{\pi}{\lambda}\varepsilon\delta\sin 2\gamma\sin u,$$

$$d\sin u = +\frac{\pi}{\lambda}\varepsilon\delta\sin 2\gamma\cos u,$$

d'où l'on tire

$$du = \frac{\pi}{\lambda}\varepsilon\delta\sin 2\gamma.$$

Les quantités $d\omega$, du, $d\varphi$, ne sont exactes qu'au premier ordre de grandeur près. Lorsque u est très petit, et est lui-même du premier ordre de grandeur, $d\omega$ est du 2ᵉ ordre, et il devient nécessaire d'en obtenir l'expression au 2ᵉ ordre près.

Nous allons donc nous proposer de trouver du, $d\omega$, $d\varphi$, au second ordre de grandeur près, lorsqu'on suppose que u est du premier ordre.

Pour résoudre ce problème d'une manière simple, nous remarquerons que l'une quelconque de ces quantités, $d\omega$ par exemple, étant considérée comme fonction de u, peut être mise sous la forme

$$d\omega = A + Bu + Cu^2 + \ldots.$$

Les expressions que nous avons obtenues représentent cette fonction au 1ᵉʳ ordre de grandeur près, lorsque u est fini; on a donc A,B,C avec cette approximation. Si nous voulons avoir $d\omega$ au 2ᵉ ordre près, u étant du 1ᵉʳ ordre, on peut négliger les termes contenant une puissance de u supérieure à la 2ᵉ; il est inutile de connaître B ou C avec une approximation supérieure au 1ᵉʳ ordre, car les termes du 2ᵉ ordre dans B, multipliés par u, donnent des termes du 3ᵉ ordre. Il ne nous reste donc plus qu'à connaître A au 2ᵉ ordre près. Pour trouver l'expression de A, nous pouvons faire $u = 0$, ce qui revient à supposer que la vibration est rectiligne. Le problème est donc ramené à chercher, au 2ᵉ ordre de grandeur près, l'expression des paramètres de l'ellipse vibratoire émergeant d'une lame cristalline très mince sur laquelle tombe une vibration rectiligne.

Ce problème a été résolu dans le chapitre précédent, et nous avons trouvé, dans ce cas :

$$d\varphi = o \cos^2\gamma + e \sin^2\gamma,$$

$$du = \frac{\pi}{\lambda} \varepsilon\delta \sin 2\gamma,$$

$$d\omega = \frac{2\pi}{\lambda} \frac{du}{2} \varepsilon\delta \cos 2\gamma,$$

Les expressions trouvées plus haut pour du, $d\omega$, $d\varphi$, dans l'hypothèse de u fini, lorsqu'on y suppose u petit, et qu'on y néglige les termes du

3e ordre, ce qui permet de supprimer le terme $\frac{\sin^2 u}{\cos 2u}\varepsilon\delta\cos 2\gamma$ et d'assimiler $tg 2u$ à $2u$, deviennent

$$d\varphi = o\cos^2\gamma + e\sin^2\gamma,$$

$$du = \frac{\pi}{\lambda}\varepsilon\delta\sin 2\gamma,$$

$$d\omega = \frac{2\pi}{\lambda}u\varepsilon\delta\cos 2\gamma.$$

En comparant entre eux ces deux groupes d'expressions, nous trouverons enfin les valeurs suivantes de $d\varphi$, du, $d\omega$, exactes au 2e ordre près :

$$d\varphi = o\cos^2\gamma + e\sin^2\gamma,$$

$$du = \frac{\pi}{\lambda}\varepsilon\delta\sin 2\gamma,$$

$$d\omega = \frac{2\pi}{\lambda}\left(u + \frac{du}{2}\right)\varepsilon\delta\cos 2\gamma.$$

On peut mettre sous une autre forme l'expression de $d\varphi$. Si l'on appelle n l'indice de réfraction correspondant à la vibration Oo, n' celui qui correspond à la vibration Oe, δ est alors l'excès $n - n'$ du premier indice sur le second, et l'on a :

(1) $$d\varphi = \varepsilon\frac{n + n'}{2} + \frac{1}{2}\varepsilon\delta\cos 2\gamma.$$

(2) $$du = \frac{\pi}{\lambda}\varepsilon\delta\sin 2\gamma,$$

(3) $$d\omega = \frac{2\pi}{\lambda}\left(u + \frac{du}{2}\right)\varepsilon\delta\cos 2\gamma.$$

Les équations (1), (2) et (3) résolvent complètement le problème que nous nous étions posé.

II. — VIBRATIONS TRAVERSANT UN PAQUET TRÈS MINCE DE LAMES CRISTALLINES

Formules générales. — Si nous supposons que la vibration elliptique traverse successivement un nombre plus ou moins grand de lames cristallines superposées, les équations précédentes pourront servir à faire connaître les modifications totales que la traversée de toutes les lames fait subir à la vibration; à la condition toutefois que l'épaisseur des lames et leur nombre laissent très petites les variations $d\varphi$, du, $d\omega$. Si nous appelons $d\Phi$, dU, $d\Omega$, ce que deviennent ces variations après la traversée du paquet de lames, nous aurons évidemment

$$d\Phi = \Sigma \varepsilon \frac{n+n'}{2} + \frac{1}{2} \Sigma \varepsilon \delta \cos 2\gamma,$$

$$dU = \frac{\pi}{\lambda} \Sigma \varepsilon \delta \sin 2\gamma,$$

$$d\Omega = \frac{2\pi}{\lambda} \Sigma \left(u + \frac{du}{2}\right) \varepsilon \delta \cos 2\gamma.$$

Le signe Σ indiquant la somme de termes analogues à celui qui est écrit et dans lesquels les quantités n, n' ε, δ, γ, u, du, ont les valeurs qui conviennent successivement à chacune des lames traversées.

Cas où la vibration incidente est rectiligne. — Nous allons appliquer ces formules au cas particulier où la vibration qui tombe sur le paquet de lames est rectiligne, c'est-à-dire où u a une valeur nulle à l'origine.

Il est très facile de construire géométriquement $d\Phi$, dU, $d\Omega$.

Soit OV (fig. 95) la direction de la vibration, appelons dE l'épaisseur totale du paquet de lames; à partir de O nous construisons une ligne polygonale $012\ldots n$, dont le p^e côté, qui a pour longueur $\frac{\varepsilon_p \delta_p}{dE}$, fait avec OV un angle égal à $2\gamma_p$; ε_p, δ_p, γ_p étant les valeurs de ε, δ, γ qui

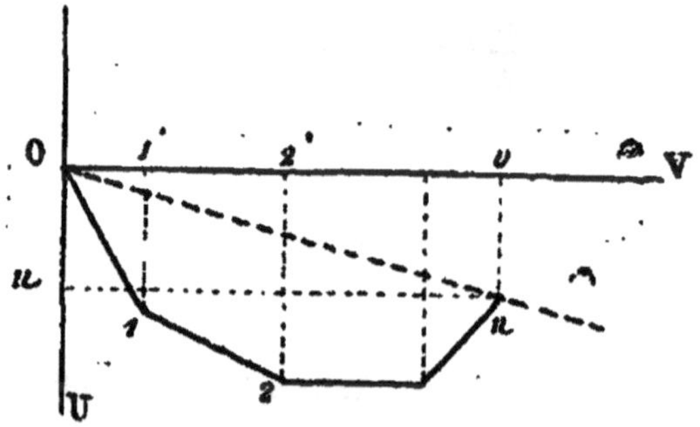

Fig. 95.

conviennent à la p^e lame. La projection Ov de la ligne polygonale sur OV, est évidemment égale à $\Sigma \frac{\varepsilon \delta}{dE} \cos 2\gamma$. La projection Ou de la même ligne polygonale sur une perpendiculaire à OV est égale à $\frac{\lambda}{\pi}\frac{dU}{dE}$ si nous convenons de porter les U positifs sur la direction que l'on rencontre en tournant de 90°, à partir de OV, *dans le sens droit*.

Enfin nous remarquons que la ligne 1 1′ projetant le sommet 1 est égale à $\frac{\lambda}{\pi}\frac{du_1}{dE}$, si du_1 est le petit axe de l'ellipse vibratoire émergeant de la 1re lame; que 2 2′ est de même égal à $\frac{\lambda}{\pi}\frac{du_2}{dE}$, si du_2 est le petit axe de l'ellipse émergeant de la 2e lame, et ainsi de suite. Les longueurs 01′, 02′.... sont respectivement égales à $\varepsilon_1\, \delta_1 \cos 2\gamma_1$, $\varepsilon_2\, \delta_2 \cos 2\gamma_2$, etc., On en déduit sans peine que les aires 0 1 1′, 1 2, 1′2′, etc., sont respectivement égales à

$$\frac{\lambda}{\pi}\frac{1}{dE}\cdot\frac{du_1}{2}\frac{\varepsilon_1\delta_1}{dE}\cos 2\gamma_1, \quad \frac{\lambda}{\pi}\frac{1}{dE}\left(u_1+\frac{du_2}{2}\right)\frac{\varepsilon_2\delta_2}{dE}\cos 2\gamma_2 \ldots;$$

et qu'enfin

$$\text{Aire } 0\,1\,2..nv = \frac{\lambda}{\pi}\frac{1}{dE}\,\Sigma\left(u+\frac{du}{2}\right)\frac{\varepsilon\delta}{dE}\cos 2\gamma = \frac{\lambda^2}{2\pi^2}\frac{d\Omega}{dE^2}.$$

Si l'on représente par s la valeur algébrique de l'aire 0 1 2...nv, nous aurons

$$d\Omega = \frac{2\pi^2}{\lambda^2}\, s\, dE^2.$$

Les aires parcourues dans le sens positif de la direction OV sont considérées comme positives lorsqu'elles sont au-dessous de la direction OV, comme négatives lorsqu'elles sont au-dessus. L'inverse a lieu pour les aires parcourues dans le sens négatif.

Si la vibration incidente rectiligne est dirigée suivant la ligne On qui ferme la ligne polygonale, dU est nul, et la phase $d\Phi$ acquise par la vibration en traversant le paquet de lames, ou, en d'autres termes, le temps employé par la vibration à exécuter ce chemin, est

$$d\Phi = dE\left[\Sigma\left(\frac{\varepsilon}{dE}\,\frac{n+n'}{2}\right)+\frac{\Delta}{2}\right]$$

en appelant Δ la longueur On.

Si la vibration est dirigée suivant une perpendiculaire à On, dU est encore nul, et la phase acquise par la vibration est :

$$d\Phi = dE\left[\Sigma\left(\frac{\varepsilon}{dE}\frac{n+n'}{2}\right) - \frac{\Delta}{2}\right],$$

puisque, dans tous les termes qui composent la somme

$$\Delta = \Sigma \frac{E}{dE} \delta \cos 2\gamma,$$

γ doit être changé en $\frac{\pi}{2} - \gamma$, et par conséquent Δ en $-\Delta$.

Pour la vibration OV, avec laquelle On fait un angle égal à $2m$, on a :

$$d\Phi = dE\left[\Sigma\left(\frac{\varepsilon}{dE}\frac{n+n'}{2}\right) + \frac{Ov}{2}\right],$$

ou, comme $Ov = \Delta \cos 2m$:

$$d\Phi = dE\left[\Sigma\left(\frac{\varepsilon}{dE}\frac{n+n'}{2}\right) + \frac{\Delta}{2}\cos 2m\right].$$

Si l'on pose

$$N = \Sigma\left(\frac{\varepsilon}{dE}\frac{n+n'}{2}\right) + \frac{\Delta}{2},$$

$$N' = \Sigma\left(\frac{\varepsilon}{dE}\frac{n+n'}{2}\right) - \frac{\Delta}{2},$$

on voit aisément que la valeur générale de $d\Phi$ pour une vibration OV dont la direction fait un angle $2m$ avec On, peut se mettre sous la forme

$$d\Phi = dE\,(N\cos^2 m + N'\sin^2 m).$$

Si l'on pose

$$\rho = N\cos^2 m + N'\sin^2 m,$$

et si l'on trace, autour d'un point O, une courbe dont les rayons vecteurs sont ρ et les azimuts sont m, cette courbe est sensiblement une ellipse. Posons en effet :

$$N_b = \Sigma \frac{\varepsilon}{dE}\frac{n+n'}{2};$$

on a

$$N = N_b + \frac{\Delta}{2}, \qquad N' = N_b - \frac{\Delta}{2},$$

et Δ est une petite quantité, car dans $\Sigma \frac{\varepsilon}{dE} \delta \cos 2\gamma$, tous les δ sont petits à cause de la faible biréfringence des lames cristallines. Si nous négligeons les termes en Δ^2, nous trouverons, par une série de transformations très simples :

$$\rho = N_b \left(1 + \frac{\Delta}{2N_b} \cos 2m\right), \qquad \rho \left(1 - \frac{\Delta}{2N_b} \cos 2m\right) = N_b,$$

$$\rho^2 \left(1 - \frac{\Delta}{N_b} \cos 2m\right) = N_b^2,$$

$$\rho^2 \left[\left(1 - \frac{\Delta}{N_b}\right) \cos^2 m + \left(1 + \frac{\Delta}{N_b}\right) \sin^2 m\right] = N_b^2,$$

$$\rho^2 \left[\frac{\cos^2 m}{\left(1 + \frac{\Delta}{2N_b}\right)^2} + \frac{\sin^2 m}{\left(1 - \frac{\Delta}{2N_b}\right)^2}\right] = N_b^2,$$

ou enfin,

$$\rho^2 \left[\frac{\cos^2 m}{N^2} + \frac{\sin^2 m}{N'^2}\right] = 1,$$

ce qui est l'équation d'une ellipse dont les axes, dirigés suivant On et la perpendiculaire à On, ont respectivement pour grandeurs N et N'.

En résumé, suivant la direction de propagation considérée, le paquet de lames se comporte comme une lame unique d'épaisseur dE, et pour laquelle l'ellipse, qui a pour axes N et N', représente l'intersection, par un plan perpendiculaire à la direction de propagation, de l'ellipsoïde inverse qui régirait ses propriétés optiques.

Le rayon vecteur de cette ellipse, suivant une direction quelconque, a pour expression :

$$\rho = \Sigma \frac{\varepsilon}{dE} (n \cos^2 \gamma + n' \sin^2 \gamma).$$

D'après ce qui vient d'être démontré, chacun des termes de cette somme, se rapportant à une lame composante déterminée, représente sensiblement le rayon vecteur, dirigé suivant la direction considérée, de l'ellipse que cette lame découpe dans un ellipsoïde semblable à l'ellipsoïde inverse qui la caractérise, et avec un rapport de similitude égal à $\frac{\varepsilon}{dE}$.

Si donc on construit pour chacune des lames composantes un ellipsoïde semblable à son ellipsoïde inverse avec un rapport de similitude égal à $\frac{\varepsilon}{dE}$, et si, suivant chaque direction de l'espace, on porte une longueur égale à la somme des rayons vecteurs, correspondant à cette direction, de chacun de ces ellipsoïdes, on obtient une certaine surface dont l'intersection, par le plan perpendiculaire à la direction de propagation, est l'ellipse dont les axes sont N et N' et qui régit les propriétés optiques du paquet suivant cette direction de propagation.

Lorsque, au lieu de considérer la direction de propagation normale au plan des lames composantes, on en considère une autre quelconque, il est clair qu'on pourra appliquer à cette nouvelle direction tout ce qui a été démontré pour la précédente, si l'on peut négliger les légères brisures produites dans le rayon par les différences des indices moyens des lames traversées. On trouvera donc encore que, suivant cette direction, le paquet se comporte comme une lame unique, d'épaisseur dE, dont les propriétés optiques sont régies par une ellipse obtenue en coupant la surface, dont on vient d'indiquer la construction, par un plan normal à la direction de propagation.

Cette surface est donc sensiblement un ellipsoïde, puisque son intersection par un plan quelconque est une ellipse.

Si nous réservons expressément les phénomènes produits par la rotation $d\omega$ des axes de l'ellipse vibratoire, un paquet de lames cristallines suffisamment minces et en nombre suffisamment petit, se comporte donc, suivant toutes les directions de propagation, comme une lame, dont l'épaisseur dE est celle même du paquet, et qui serait découpée dans un cristal fictif dont l'ellipsoïde inverse serait obtenu par la construction indiquée plus haut.

Nous pouvons remarquer, d'une manière générale, que la construction qui sert à déterminer l'ellipsoïde inverse du paquet est indépendante de l'ordre dans lequel les lames sont empilées et ne dépend que de la nature et de l'orientation relative des ellipsoïdes inverses de chacune des lames, dilatés respectivement dans le rapport qu'indique l'épaisseur de la lame.

Il en résulte que si tous ces ellipsoïdes construits autour d'un point donnent une figure symétrique par rapport à un plan, ce plan est un plan de symétrie de l'ellipsoïde inverse du paquet. Si la figure admet un axe de symétrie binaire, cet axe est un des axes de l'ellipsoïde inverse du paquet. Si la figure admet un axe d'ordre supérieur à 2, l'ellipsoïde inverse est de révolution autour de cet axe.

Pouvoir rotatoire du paquet de lames. — Ayant déterminé, pour un paquet de lames, les quantités dU et $d\Phi$, il ne nous reste plus qu'à voir comment varie Ω.

Nous remarquerons tout d'abord que dU et $d\Phi$ sont proportionnels à dE et, par conséquent, sont du premier ordre de grandeur, tandis que l'on a

$$d\Omega = \frac{2\pi^2}{\lambda^2} s\, dE^2,$$

s étant une quantité finie qui est l'aire du polygone O 1 2... nv de la figure 95, et que, par conséquent $d\Omega$ est du second ordre de grandeur.

L'angle Ω est compté positivement dans le sens *dextrorsum*. Il est de même signe que s.

L'aire s dépend des longueurs des côtés du polygone, lesquelles sont proportionnelles aux retards engendrés par chacune des lames composant le paquet. S'il n'y avait pas de dispersion cristalline, ces retards seraient indépendants de la longueur d'onde λ, et il en serait de même de s. Si, comme il arrive presque toujours, la dispersion cristalline des lames est faible, on pourra la négliger dans une première approximation, et l'on pourra dire alors que $d\Omega$ varie en raison inverse du carré de la longueur d'onde.

Une autre remarque intéressante, c'est que la projection de la ligne polygonale O 1 2... n ne dépend que du nombre et de la longueur des côtés et nullement de l'ordre dans lequel ils se succèdent, de sorte que dU et $d\Phi$ ne dépendent pas de l'ordre dans lequel les lames sont empilées. Il en est tout autrement de l'aire s du polygone; d'où il faut conclure que la rotation $d\Omega$ dépend, non seulement du nombre, de l'orientation et des propriétés optiques des lames superposées, mais encore de l'ordre dans lequel ces lames se succèdent. Nous supposerons toujours le polygone construit, à partir de O, en partant de la lame inférieure du paquet, c'est-à-dire de celle qui reçoit la lumière incidente.

L'aire s est en général formée de deux parties : l'une est l'aire du polygone O 1 2... n (fig. 95), et l'autre celle du triangle Onv; cette dernière surface dépend de la position de la vibration OV; la première, au contraire, ne dépend que de l'arrangement et de la nature des lames cristallines.

Si nous convenons d'appeler s_0 l'aire 012... n, la rotation $d\Omega$ qui se produit lorsque la vibration est dirigée suivant On est proportionnelle à s_0. Elle est positive quand l'aire s_0 est positive, négative quand cette aire est négative. Avec les conventions faites, l'aire s_0 est positive quand elle est au-dessous de On, c'est-à-dire dans la partie du plan que l'on décrit à partir de On en tournant dans le sens *dextrorsum*, et qu'en outre la projection, sur On, du point qui parcourt le polygone se meut dans le sens positif.

C'est ainsi que l'aire 01 2... n (fig. 96) est positive, l'aire 01'2'... n négative.

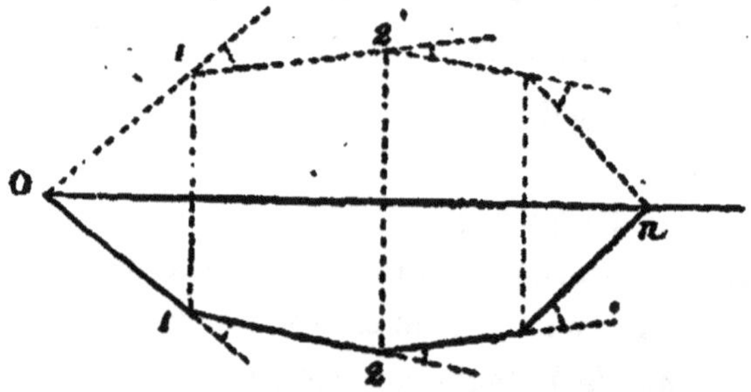

Fig. 96.

Supposons que le polygone 01'2'... n soit symétrique de 01 2... n par rapport à On, l'aire s_0' est égale en valeur absolue à s_0 et l'on a $s_0' = -s_0$, de sorte que le paquet auquel conviendrait le polygone 01'2'... n aurait une rotation égale et contraire à celle du paquet auquel s'applique le polygone 01 2... n.

Or on voit que, dans le paquet 01'2'... n, des lames égales sont superposées dans le même ordre, et de façon que la section principale de la première lame supérieure fait avec celle de la lame inférieure le même angle dans les deux paquets ; la seule différence, c'est que cet angle, compté à partir de la section principale inférieure, a changé de sens ; s'il était *dextrorsum* dans le premier paquet, il sera *sinistrorsum* dans le second, et inversement. Nous dirons que le *sens d'empilement* des deux paquets est différent. On voit que le sens de la rotation change avec le sens d'empilement.

Nous conviendrons, pour simplifier l'écriture, de poser

$$r = \frac{2\pi^2}{\lambda^2} s_0 dE,$$

de telle sorte que, lorsque la vibration incidente est dirigée suivant On, c'est-à-dire suivant ce qu'on peut appeler la section principale du paquet, on a

$$d\Omega = r\,dE.$$

III. — VIBRATIONS TRAVERSANT UNE PILE FORMÉE PAR LA SUPERPOSITION D'UN GRAND NOMBRE DE PAQUETS TRÈS MINCES.

1° CAS OU LA ROTATION DE LA VIBRATION PEUT ÊTRE NÉGLIGÉE.

Un paquet très mince, composé de lames très minces, ne produit que des modifications très faibles dans les vibrations qui le traversent. Mais on peut superposer un nombre, aussi grand qu'on le voudra, de paquets identiques entre eux et semblablement orientés, de manière à former ce que nous appellerons une *pile*, d'épaisseur finie. Nous nous proposons de trouver les effets produits par une semblable pile.

Nous remarquons d'abord que la rotation $d\Omega$ imprimée par un paquet à la vibration qui le traverse, étant du second ordre par rapport à l'épaisseur dE du paquet, on peut toujours concevoir les paquets assez minces pour que le pouvoir rotatoire de la pile tout entière soit négligeable. C'est le cas que nous examinerons tout d'abord.

Il est clair que dans ce cas, la pile se comporte comme si elle était composée de la superposition de lames cristallines identiques entre elles et de même orientation. Si l'épaisseur de la pile est égale à E, elle se comportera donc comme une lame cristalline d'épaisseur E, qui serait taillée dans un cristal fictif dont l'ellipsoïde inverse serait le même que celui d'un des paquets élémentaires.

Appliquons la théorie à quelques cas particuliers.

Paquet composé de deux lames identiques entre elles. — Supposons un paquet composé de deux lames identiques entre elles et dont les sections principales sont croisées sous un angle m quelconque. Les deux ellipsoïdes inverses qui correspondent aux deux positions de la lame sont identiques entre eux, et ils sont placés symétriquement par rapport aux plans bissecteurs de l'angle m normaux aux plans des lames. L'ellipsoïde inverse résultant, qui régit les propriétés optiques du paquet, admet donc ces deux plans bissecteurs comme des plans de symétrie. La normale aux plans des lames est ainsi un axe de cet ellipsoïde, dont les deux autres axes sont les deux bissectrices des angles formés par les sections principales.

Soient Oo_1 et Oe_1 la section principale de l'une des lames, Oo_2 et Oe_2, celles de l'autre; n, l'indice correspondant à o, n', celui qui correspond à e, $\delta = n - n'$ et $\frac{\varepsilon}{dE} = \frac{1}{2}$: nous prenons $O1 = \frac{\varepsilon}{dE}\delta = \frac{1}{2}(n - n')$, puis sur la direction 1 2 (fig. 97) faisant avec O1 dans le sens droit un angle égal à $2m$, nous prenons encore $1\,2 = \frac{1}{2}(n - n')$. La direction O2 fait avec O1 un angle égal à m, ce qui veut dire que l'une des sections principales du paquet fait avec Oo_1 un angle égal à $\frac{m}{2}$; c'est ce que nous avions déjà trouvé d'une autre façon. En outre, l'indice correspondant à la vibration dirigée suivant cette section principale est égale à

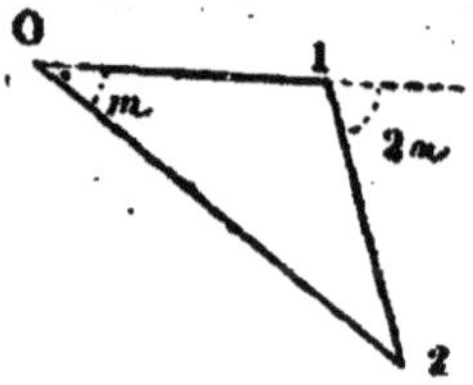

Fig. 97.

$$N = \frac{n + n'}{2} + O2 = \frac{n + n'}{2} + (n - n')\cos m.$$

N est l'un des axes de l'ellipsoïde inverse résultant; un autre est,

$$N' = \frac{n + n'}{2} - (n - n')\cos m.$$

Le troisième axe N'' de l'ellipsoïde inverse résultant est perpendiculaire au plan des lames et est égal au rayon de l'ellipsoïde inverse composant qui coïncide avec cette direction.

Lorsque $m = 90°$, c'est-à-dire lorsque les lames sont croisées à angle droit, on a $N = N' = \frac{n + n'}{2}$; l'ellipsoïde inverse résultant est de révolution, et la pile présente les phénomènes des cristaux uniaxes.

On peut réaliser ces deux cas avec des lames minces de mica biaxe. Norremberg a montré qu'en croisant de semblables lames à angle droit, on obtient une pile uniaxe. Reusch a croisé ces lames minces sous des angles quelconques.

Les lames de mica sont taillées perpendiculairement à l'axe $\frac{1}{a}$ de l'ellipsoïde inverse, qui est la bissectrice aiguë. Les indices correspondant aux vibrations dirigées dans le plan des lames sont donc n_c pour la vibration dirigée suivant la ligne des pôles des lemmiscates, n_b pour l'autre vibration. Si les lames sont croisées de manière que les lignes des pôles de chacune d'elles forment un angle m moindre que 90°, la bissectrice de cet angle correspond à un axe dont la grandeur est

$$N = \frac{n_c + n_b}{2} + \frac{n_c - n_b}{2} \cos m;$$

l'axe perpendiculaire est

$$N' = \frac{n_c + n_b}{2} - \frac{n_c - n_b}{2} \cos m,$$

dont le maximum est n_b. On a ainsi

$$N < N' < n_c.$$

L'axe perpendiculaire aux lames est donc toujours le plus grand axe de l'ellipsoïde inverse. On a d'ailleurs

$$N - N' = (n_c - n_b) \cos m,$$

et par conséquent $N - N' < n_c - n_b$. Si l'on appelle v l'angle de l'un des axes optiques d'une lame avec l'axe $\frac{1}{a}$, et V l'angle de l'un des axes optiques de la pile avec le même axe, on a

$$\operatorname{tg} v = \sqrt{\frac{n_c - n_b}{n_b - n_a}}, \qquad \operatorname{tg} V = \sqrt{\frac{(n_c - n_b)\cos m}{\frac{n_c + n_b}{2} - \frac{n_c - n_b}{2}\cos m - n_a}}$$

ou

$$\operatorname{tg} V = \sqrt{\frac{2\cos m}{\frac{n_c - n_a}{n_c - n_b} + \frac{n_b - n_a}{n_c - n_b} - \cos m}} = \sqrt{\frac{2\cos m}{\frac{1}{\sin^2 v} + \cot g^2 v - \cos m}}$$

$(n_c - n_b)\cos m$ est plus petit que $n_c - n_b$; de plus $\frac{n_c + n_b}{2} - \frac{n_c - n_b}{2}$ $\cos m$ ou $n_c \sin^2 m + n_b \cos^2 m$ est plus grand que n_b, puisque c'est le rayon d'une ellipse dont n_b est le petit axe. Pour cette double raison, on aura donc toujours $tg^2 V < tg^2 v$ ou $V < v$. Le croisement des lames diminue donc toujours l'angle des axes, jusqu'à l'annuler lorsque $m = 90°$.

Paquet composé de 3 lames identiques. — Supposons que le paquet soit composé de 3 lames identiques entre elles. La ligne 03 (fig. 98) qui ferme le polygone 0123, fait avec 01 un angle qui est le double de celui que la section principale de la pile fait avec celle de la première lame du paquet.

Fig. 98.

Lorsque la section principale d'une lame fait avec celle de la lame inférieure un angle égal à 60°, la ligne polygonale 0123 (fig. 99) est fermée, et la direction normale aux lames est un axe optique de la pile.

C'est ce qui résulte d'ailleurs de cette remarque que cette direction est un axe ternaire de la figure formée par les 3 ellipsoïdes des 3 lames construits autour d'un centre commun. La pile est uniaxe et la direction normale aux lames est l'axe principal.

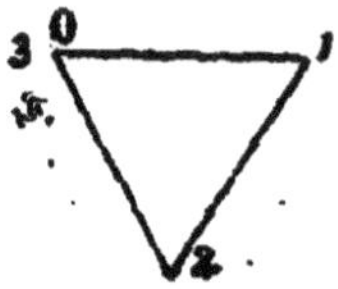

Fig. 99.

La grandeur N_a de l'axe principal de la pile est égale à celle du rayon vecteur de l'ellipsoïde inverse d'une des lames dirigé perpendiculairement au plan des lames. La grandeur N_c du rayon équatorial de l'ellipsoïde de révolution, est égale à la demi-somme des axes de l'ellipse découpée par une des lames dans son ellipsoïde inverse.

On arriverait à une conclusion analogue, si le paquet était composé d'un nombre quelconque n de lames identiques entre elles et superposées de manière que la section principale de l'une des lames fasse avec celle de la lame précédente un angle égal à $\pm \frac{2\pi}{n}$.

Il peut arriver non seulement que la pile soit uniaxe, mais encore que l'axe principal soit égal au rayon équatorial de l'ellipsoïde inverse résultant. Celui-ci est alors une sphère et la pile est uniréfringente. Mais, tandis que toutes les conséquences précédentes peuvent être vérifiées par l'empilement de lames de mica, il n'en saurait être de même de celle-ci. En effet, le mica étant négatif, l'axe normal aux lames est le plus petit axe de l'ellipsoïde inverse du mica, et il est conservé dans toutes les piles que l'on peut former. Les deux autres axes de l'ellipsoïde inverse de la pile sont au contraire intermédiaires entre ceux de l'ellipsoïde du mica, et sont toujours, par conséquent, plus grands que le troisième.

2° CAS OU LE POUVOIR ROTATOIRE DE LA PILE NE PEUT PAS ÊTRE NÉGLIGÉ.

Lorsque le pouvoir rotatoire de la pile ne peut pas être négligé, les phénomènes sont plus complexes, mais nous pourrons encore, par la construction connue, trouver l'ellipsoïde inverse qui détermine, suivant chaque direction de propagation, ce que nous continuerons à appeler les deux sections principales de la pile. Cet ellipsoïde nous donnera encore la vitesse avec laquelle se transmet, suivant une direction de propagation, la vibration qui, elliptique à l'émergence, était, à l'incidence, rectiligne et dirigée suivant une des sections principales de la pile. Cette vibration traverse en effet, avec la même vitesse, malgré son ellipticité croissante, chacun des paquets qui composent la pile.

Cas d'une vibration incidente, rectiligne et dirigée suivant une des sections principales de la pile. — Détermination de U et de Ω. — Nous supposons une vibration incidente, rectiligne, d'amplitude égale à 1, et dirigée suivant l'une des deux sections principales d'un paquet.

La vibration a traversé un certain nombre de paquets, et effectué ainsi un chemin que nous appellerons E; à ce moment, elle est devenue elliptique, le petit axe a pris une valeur égale à U, et le grand axe de l'ellipse a tourné, par rapport à la vibration rectiligne, d'un angle égal à Ω.

Il en résulte que la section principale d'une lame élémentaire qui faisait avec la vibration incidente un angle égal à γ, fait avec le grand axe de la vibration elliptique, au moment considéré, un angle égal à $\gamma - \Omega$.

Nous supposerons que U et Ω restent assez petits pour que nous puissions négliger les termes dans lesquels ces quantités entrent à la troisième puissance.

On aura ainsi

$$dU = \frac{\pi}{\lambda} \Sigma \varepsilon \delta \sin 2(\gamma - \Omega)$$

ou, en développant,

$$dU = \frac{\pi}{\lambda} \cos 2\Omega \Sigma \varepsilon \delta \sin 2\gamma - \frac{\pi}{\lambda} \sin 2\Omega \Sigma \varepsilon \delta \cos 2\gamma.$$

Nous nous bornons à considérer la variation dU pendant la traversée du paquet, de sorte que $\Sigma\epsilon\delta \sin 2\gamma$ et $\Sigma\epsilon\delta \cos 2\gamma$ sont des quantités très petites. On peut donc remplacer $\cos 2\Omega$ par 1, puisque l'erreur, qui est du deuxième ordre, est multipliée par une quantité très petite ; on peut d'ailleurs toujours remplacer $\sin 2\Omega$ par 2Ω, puisque l'erreur commise n'est que du 3e ordre : on a ainsi

$$dU = \frac{\pi}{\lambda}\Sigma\epsilon\delta \sin 2\gamma - \frac{2\pi}{\lambda}\Omega\Sigma\epsilon\delta \cos 2\gamma.$$

Dans le 2e membre, le 1er terme est du 1er ordre de grandeur, et le 2e terme du 2e ordre. Le 1er terme s'annule à la sortie du paquet, puisque nous avons vu que, pour un paquet,

$$\Sigma\epsilon\delta \sin 2\gamma = 0;$$

on aura donc, pour la variation dU produite par la traversée du paquet considéré :

$$dU = -\frac{2\pi}{\lambda}\Omega\Sigma\epsilon\delta \cos 2\gamma.$$

Or, si nous nous reportons à ce qu'on a vu plus haut, nous verrons que $\Sigma\epsilon\delta \cos 2\gamma$ représente ΔdE, Δ étant le retard causé par le paquet, c'est-à-dire la longueur On qui ferme la ligne polygonale $012\ldots n$ de la figure 96. Nous pouvons donc écrire :

$$(a) \qquad dU = -\frac{2\pi}{\lambda}\Sigma\Delta dE.$$

Occupons-nous de $d\Omega$; l'expression générale s'appliquera encore ici en substituant à γ la valeur $\gamma - \Omega$, que l'on peut supposer constante pendant la traversée d'un paquet. On aura donc

$$d\Omega = \frac{2\pi}{\lambda}\left(U + u + \frac{du}{2}\right)\epsilon\delta \cos 2\left(\gamma - \Omega\right)$$

Nous appelons u la valeur très petite de l'accroissement dU, qui se produit après la traversée d'un certain nombre de lames du paquet. La valeur totale de $d\Omega$, après la traversée de toutes les lames du paquet, est ainsi :

$$d\Omega = \frac{2\pi}{\lambda}U\Sigma\epsilon\delta \cos 2(\gamma - \Omega) + \frac{2\pi}{\lambda}\Sigma\left(u + \frac{du}{2}\right)\epsilon\delta \cos 2(\gamma - \Omega).$$

Le signe Σ indique la somme des termes analogues à celui qui est écrit, et se rapportant successivement à chacune des lames qui composent le paquet. En développant les $\cos 2(\gamma - \Omega)$ et remarquant que l'on peut faire $\sin 2\Omega = 2\Omega$, et $\cos 2\Omega = 1$, puisque $\cos 2\Omega$ est multiplié partout par des facteurs du 1er ordre de grandeur, nous aurons, en supprimant toujours les termes du 3e ordre :

$$d\Omega = \frac{2\pi}{\lambda} U \Sigma \varepsilon \delta \cos 2\gamma + \frac{2\pi}{\lambda} \Sigma \left(u + \frac{du}{2}\right) \varepsilon \delta \cos 2\gamma + \frac{4\pi}{\lambda} \Omega U \Sigma \varepsilon \delta \sin 2\gamma.$$

Comme nous venons de le faire remarquer, on a $\Sigma \varepsilon \delta \cos 2\gamma = \Delta dE$, et $\Sigma \varepsilon \delta \sin 2\gamma = 0$. Quant à $\frac{2\pi}{\lambda} \Sigma \left(u + \frac{du}{2}\right) \varepsilon \delta \cos 2\gamma$, il représente rdE (V. p. 273); on aura donc :

$$(b) \qquad d\Omega = \frac{2\pi}{\lambda} U \Delta dE + rdE.$$

Les équations (a) et (b) sont les équations différentielles simultanées en U, Ω, dV, $d\Omega$, qu'il s'agit d'intégrer pour obtenir les expressions de U et Ω.

Pour ne pas embarrasser inutilement les calculs, nous poserons $\frac{2\pi}{\lambda} \Delta = \psi$; les équations deviendront alors :

$$dU = -\Omega \psi dE,$$

$$d\Omega = U \psi dE + rdE.$$

Si l'on élimine dE entre ces deux équations, on obtient

$$-\psi \Omega d\Omega = (U\psi + r) dU,$$

ce qui donne par l'intégration

$$-\psi \frac{\Omega^2}{2} = Ur + \frac{\psi U^2}{2}.$$

la constante étant nulle, puisqu'on doit avoir $U = 0$, pour $\Omega = 0$. On tire de cette équation

$$U = -\frac{r}{\psi} \pm \sqrt{\frac{r^2}{\psi^2} - \Omega^2}.$$

Transportant cette valeur de U dans l'expression de $d\Omega$, il vient

$$d\Omega = \pm \psi dE \sqrt{\frac{r^2}{\psi^2} - \Omega^2}$$

ou

$$\psi dE = + \frac{\psi}{r} \frac{d\Omega}{\sqrt{1 - \frac{\psi^2}{r^2}\Omega^2}};$$

il faut prendre le signe +, puisque pour $\psi = 0$, on doit avoir $d\Omega = + r\, dE$. L'intégration donne

$$\psi E = \arcsin \frac{\psi}{r}\Omega,$$

la constante étant encore nulle, car on a $\Omega = 0$ pour $E = 0$.

Cette expression peut se mettre sous la forme

$$\Omega = \frac{r}{\psi} \sin \psi E.$$

Portant dans l'expression de dU, il vient

$$dU = - r \sin \psi E . dE,$$

ce qui donne, en intégrant,

$$U = \frac{r}{\psi} \cos \psi E + C.$$

On doit avoir $U = 0$ pour $E = 0$, c'est-à-dire $C = -\frac{r}{\Delta}$, et par conséquent

$$U = -\frac{r}{\psi}(1 - \cos \psi E) = -\frac{2r}{\psi} \sin^2 \frac{\psi E}{2}.$$

En remplaçant ψ par sa valeur $\frac{2\pi}{\lambda}\Delta$, les deux expressions de Ω et U se mettent sous la forme

$$(4) \qquad \Omega = rE \frac{\sin \frac{2\pi}{\lambda} E\Delta}{\frac{2\pi}{\lambda} E\Delta}$$

(5) $$U = -rE\frac{\sin^2\frac{\pi}{\lambda}E\Delta}{\frac{\pi}{\lambda}E\Delta}.$$

On déduit facilement de ces deux expressions

(6) $$U = -\Omega \operatorname{tg}\frac{\pi}{\lambda}E\Delta,$$

ou

(7) $$U\cos\frac{\pi}{\lambda}E\Delta + \Omega\sin\frac{\pi}{\lambda}E\Delta = 0.$$

Remarques sur les valeurs de U et de Ω. — Les valeurs de U et de Ω sont proportionnelles à r et à l'épaisseur E de la pile. Il faut se rappeler que r a pour expression

$$r = \frac{2\pi^2}{\lambda^2}s_0 dE,$$

et qu'il est ainsi proportionnel à l'épaisseur dE du paquet, à l'aire s_0 qui dépend de la nature et de l'arrangement des lames de paquet, et qu'il est enfin en raison inverse du carré de la longueur d'onde λ, si l'on néglige la dispersion cristalline des lames qui composent le paquet.

La vibration rectiligne incidente a été supposée parallèle à l'une des sections principales de la pile, celle pour laquelle la vibration est en *retard* de Δ sur la vibration dirigée suivant la section principale perpendiculaire. Si la vibration était dirigée suivant cette seconde section perpendiculaire, Ω aurait la même valeur absolue et le même signe; mais U, qui conserverait la même valeur, aurait un signe contraire, puisque Δ changerait de signe.

Les deux vibrations rectilignes incidentes dirigées suivant les deux sections principales de la pile donnent donc, à l'émergence, des ellipses dont les grands axes respectifs ont tourné l'un et l'autre, et dans le même sens, du même angle Ω, par rapport à la vibration incidente. Mais ces deux ellipses sont de sens différents; si l'une est dextrogyre, l'autre est lévogyre, et inversement.

Soit, rapportée à l'une des sections principales de la lame, la vibration incidente

$$x = p\sin 2\pi\frac{t}{T}.$$

La vibration elliptique émergente rapportée à une droite faisant un angle Ω avec la section principale comme axe des sinus, et à la droite perpendiculaire comme axe des cosinus, aura pour équations

$$X = p \cos U \sin\left(2\pi\frac{t}{T} - \Phi\right)$$
$$Y = p \sin U \cos\left(2\pi\frac{t}{T} - \Phi\right).$$

La vibration dirigée suivant la section principale perpendiculaire a pour équation, à l'incidence,

$$y = q \sin 2\pi\frac{t}{T};$$

et à l'émergence, si on la rapporte aux mêmes axes que l'ellipse précédente, l'ellipse vibratoire a pour équations

$$Y' = q \cos U \sin\left(2\pi\frac{t}{T} - \Psi\right)$$
$$X' = q \sin U \cos\left(2\pi\frac{t}{T} - \Psi\right).$$

Cette ellipse a en effet un sens contraire à celui de la précédente, puisque les axes des sinus et des cosinus sont inversés.

Vibration incidente dirigée d'une manière quelconque. — Si la vibration incidente a une direction quelconque, il suffira de la décomposer en deux autres dirigées suivant les deux sections principales de la pile.

Si α est l'angle de la première section avec la vibration incidente il suffira de remplacer, dans les équations précédentes, p par $\cos\alpha$ et q par $\sin\alpha$.

Si l'on change l'origine du temps, de manière à faire $2\pi\frac{t}{T} - \Phi = 2\pi\frac{t'}{T}$, et si l'on pose $\Phi - \Psi = \varphi$, les équations des deux ellipses deviennent

$$X = \cos\alpha \cos U \sin 2\pi\frac{t}{T} \qquad Y = \cos\alpha \sin U \cos 2\pi\frac{t}{T}$$

$$X' = \sin\alpha \sin U \cos\left(2\pi\frac{t}{T} + \varphi\right) \qquad Y' = \sin\alpha \cos U \sin\left(2\pi\frac{t}{T} + \varphi\right)$$

Projetées sur les deux sections principales de la pile, les vibrations émergentes ont pour équations

$$x = (X + X') \cos\Omega + (Y + Y') \sin\Omega$$
$$y = -(X + X') \sin\Omega + (Y + Y') \cos\Omega$$

ou, en supprimant les termes du 3ᵉ ordre en U et Ω :

$$x = \cos U \cos \Omega \cos \alpha \sin \frac{2\pi t}{T} + U \sin \alpha \cos \left(\frac{2\pi t}{T} + \varphi\right) + \Omega \sin \alpha \sin \left(\frac{2\pi t}{T} + \varphi\right)$$

$$y = \cos U \cos \Omega \sin \alpha \sin \left(\frac{2\pi t}{T} + \varphi\right) + U \cos \alpha \cos \frac{2\pi t}{T} - \Omega \cos \alpha \sin \frac{2\pi t}{T}.$$

Nous pouvons poser

$$\cos U \cos \Omega \frac{U^2 + \Omega^2}{2} = 1 - m = 1 -$$

et nous avons trouvé la relation (6)

$$U = -\Omega \operatorname{tg} \frac{\varphi}{2},$$

ce qui donne

$$x = (1 - m) \cos \alpha \sin \frac{2\pi t}{T} + \frac{\Omega \sin \alpha}{\cos \frac{\varphi}{2}} \sin \left(\frac{2\pi t}{T} + \frac{\varphi}{2}\right)$$

$$y = (1 - m) \sin \alpha \sin \left(\frac{2\pi t}{T} + \varphi\right) - \frac{\Omega \sin \alpha}{\cos \frac{\varphi}{2}} \sin \left(\frac{2\pi t}{T} + \frac{\varphi}{2}\right)$$

La vibration elliptique (X, Y) peut se décomposer en deux vibrations circulaires d'anomalie nulle, dont les rayons sont

$$r = \cos \alpha \frac{\cos U + \sin U}{2}$$

pour la vibration dextrogyre; et

$$r_1 = \cos \alpha \frac{\cos U - \sin U}{2}$$

pour la vibration lévogyre.

La vibration elliptique (X′, Y′) peut se décomposer en deux vibrations circulaires d'anomalie égale à $-\varphi$, et dont les rayons sont

$$r' = \sin \alpha \frac{\cos U - \sin U}{2}$$

pour la vibration dextrogyre; et

$$r'_1 = \sin \alpha \frac{\cos U + \sin U}{2}$$

pour la vibration lévogyre.

L'axe des sinus des vibrations circulaires r' et r'_1 est à angle droit sur l'axe des sinus des vibrations circulaires r et r_1, ce qui revient à accroître l'anomalie de la vibration r' de $-\frac{\pi}{2}$ et celle de r' de $+\frac{\pi}{2}$.

Ces quatre vibrations circulaires équivalent à une vibration circulaire dextrogyre de rayon R et d'anomalie Θ, et à une vibration lévogyre de rayon R_1 et d'anomalie Θ_1. On aura

$$R \cos \Theta = r + r' \cos\left(-\frac{\pi}{2} + \varphi\right)$$

$$R \sin \Theta = - r' \sin\left(-\frac{\pi}{2} + \varphi\right).$$

D'où l'on déduit

$$R^2 = r^2 + r'^2 + 2rr' \sin \varphi = \frac{1}{4} + \frac{1}{4} \sin 2U \cos 2\alpha + \frac{1}{4} \cos 2U \sin 2\alpha \sin \varphi.$$

Pour le rayon R_1 de la vibration circulaire lévogyre, on aura de même

$$R_1^2 = \frac{1}{4} - \frac{1}{4} \sin 2U \cos \alpha - \frac{1}{4} \cos 2U \sin 2\alpha \sin \varphi.$$

IV. — APPLICATION DE LA THÉORIE A UNE PILE UNIAXE.

On peut appliquer la théorie qui précède à la recherche des phénomènes que produit une pile uniaxe formée par l'empilement de paquets de lames de mica biaxe. Cette étude a un grand intérêt, car nous verrons que les cristaux de quartz peuvent être complètement assimilés à de telles piles. C'est donc en réalité l'étude de la polarisation rotatoire du quartz que nous allons entreprendre.

Pile uniaxe formée par des paquets ternaires — Détermination de *r*. — Nous supposons des paquets formés de trois lames identiques entre elles, mais croisées sous des angles de 60°. Nous supposons, pour fixer les idées, l'empilement fait dans le sens *dextrorsum*. La ligne polygonale 0 1 2 (fig. 100) est fermée et figure un triangle équilatéral dont chaque côté est égal à $\frac{\varepsilon\delta}{dE} = \frac{1}{3}$. L'aire du triangle est par conséquent égal à $\frac{\delta^2}{6\sqrt{3}}$ en valeur absolue, et il faut prendre cette aire négativement, puisque les ordonnées étant positives, l'aire 011′ (fig. 100) parcourue dans le sens positif OV est positive, tandis que les aires 1 1′2 2′ et 2 2′0 parcourues dans le sens contraire à OV sont négatives.

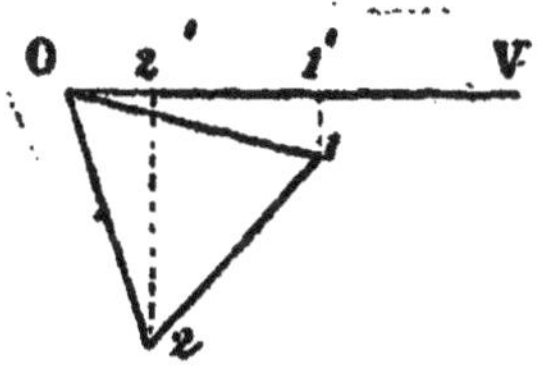

Fig. 100.

On a donc

$$r = -\frac{\pi^2}{3\lambda^2\sqrt{3}}\delta^2 dE.$$

Si l'on prend une pile, composée d'un nombre de paquets assez considérable pour que l'épaisseur de la pile soit égale à E, on aura, en appliquant les formules connues, dans lesquelles on devra faire $\Delta = 0$:

$$\omega = rE = -\frac{\pi^2}{3\lambda^2\sqrt{3}}\delta^2 E dE$$

$$u = 0$$

en substituant, pour simplifier l'écriture, les petites lettres ω, u, aux grandes lettres qui ne sont plus utiles.

Phénomènes produits par la pile lorsque la direction de propagation est dirigée suivant l'axe. — On voit par ce qui précède qu'une vibration rectiligne tombant sur la pile, en ressort rectiligne, après avoir tourné d'un angle ω dans le sens opposé à celui de l'empilement des lames. Cette rotation de la vibration incidente, est d'ailleurs proportionnelle à la hauteur de la pile, et elle serait exactement en raison inverse du carré de la longueur d'onde, si la dispersion cristalline du mica, qui est faible, était rigoureusement nulle.

Il faut remarquer que la rotation ω est non seulement proportionnelle à E, mais qu'elle l'est encore à dE. La rotation, pour une même hauteur de pile E, sera donc d'autant plus faible que dE sera plus petit, et pourra devenir presque nulle pour une épaisseur dE suffisamment petite.

Si nous observons une semblable pile entre deux nicols croisés et en lumière parallèle homogène, la lumière sera rétablie, et l'obscurité ne se fera que lorsqu'on aura fait tourner l'analyseur d'un angle égal à ω, de manière que la vibration émergente qui a tourné de cet angle se retrouve perpendiculaire à la vibration de l'analyseur.

Si l'on opère avec la lumière blanche, la lame paraîtra colorée, puisque les rayons des diverses couleurs donnent des vibrations émergentes qui font des angles différents avec la section principale de l'analyseur. Ni la teinte, ni l'intensité de la teinte ne varient lorsqu'on tourne la lame sur le porte-objet; mais l'une et l'autre varient au contraire lorsqu'on fait tourner l'analyseur.

Lorsque l'analyseur est placé de manière que sa vibration soit perpendiculaire à la vibration émergente du jaune moyen, les parties extrêmes du spectre dominent et l'on a une teinte grise; si l'on tourne l'analyseur vers les rayons les moins déviés, c'est-à-dire vers le rouge et dans le sens contraire à celui de la rotation de la pile, le violet et le bleu dominent; si l'on tourne dans le sens opposé, c'est-à-dire dans le sens de la rotation de la pile, c'est le rouge qui domine. De là cette règle : *Le sens suivant lequel il faut tourner l'analyseur pour que la teinte passe du bleu au rouge est le sens suivant lequel la pile fait tourner la vibration incidente.*

Toutes ces conséquences se vérifient aisément avec des piles formées de paquets ternaires de lames de mica, comme M. Reusch l'a montré le premier. M. Sohncke a vérifié, d'une manière précise, que la grandeur de la rotation produite par la pile est bien celle qui est indiquée par la théorie.

Représentation des phénomènes de rotation par l'inégale vitesse de propagation de deux rayons circulaires de sens inverse. — La vibration rectiligne incidente peut se décomposer en deux vibrations circulaires de sens inverse, ayant un même rayon r, et l'un de leurs axes communs dirigé suivant la direction de la vibration.

La vibration rectiligne émergente équivaut de même à deux vibrations circulaires de sens inverse, ayant un même rayon égal encore à r, et l'un de leurs axes communs dirigé suivant la direction de la vibration qui a tourné de ω par rapport à celle de la vibration incidente. De plus, ces vibrations circulaires ont acquis, par rapport aux vibrations circulaires incidentes, une phase égale à En_a, si n_a est l'axe principal de l'ellipsoïde inverse de la pile.

En se reportant à ce qui a été dit au chapitre précédent, on voit que la vibration circulaire émergente dextrogyre peut être rapportée aux mêmes axes que la vibration circulaire incidente dextrogyre, à la condition de lui supposer une phase égale à :

$$-\frac{\lambda}{2\pi}\omega + En_a = E\left(n_a - \frac{\lambda}{2\pi}r\right)$$

On verra de même que la vibration circulaire émergente lévogyre peut être rapportée aux mêmes axes que la vibration lévogyre incidente, à la condition de lui supposer une phase égale à :

$$+\frac{\lambda}{2\pi}\omega + En_a = E\left(n_a + \frac{\lambda}{2\pi}r\right)$$

On peut donc, pour se représenter le phénomène, imaginer que les deux vibrations circulaires inverses qui équivalent à la vibration incidente se propagent dans la pile avec des vitesses inégales; employant ainsi, pour traverser l'épaisseur E, des temps respectivement représentés par les expressions précédentes.

Si r est positif, c'est-à-dire si la pile est dextrogyre, c'est la vibration dextrogyre qui met un temps plus court à traverser la pile, ou qui se propage le plus vite. L'inverse a lieu si r est négatif, c'est-à-dire si la pile est lévogyre.

Cet ingénieux énoncé du phénomène de rotation produit par une pile a été imaginé par Fresnel pour représenter le phénomène de la rotation que produit le quartz suivant son axe. Le quartz se comporte, en effet, comme une pile, ainsi que nous le verrons plus tard.

Il faut remarquer que si l'on prend la moyenne des temps employés par chacun des rayons circulaires de sens inverse à traverser l'épaisseur E de la pile, cette moyenne est égale à En_a, c'est-à-dire au temps que la vibration rectiligne mettrait à traverser la pile si le pouvoir rotatoire de celle-ci était nul. Ce fait a été vérifié par M. Cornu pour les cristaux de quartz.

Vibration se propageant suivant une direction inclinée sur l'axe de la pile. — Lorsqu'on veut calculer les phénomènes que produit une pile quand un rayon lumineux s'y propage suivant une direction inclinée d'une façon quelconque par rapport à l'axe, il faut calculer les valeurs de u et de ω correspondant à cette direction. Pour connaître u et ω, il faut connaître $E\delta$ et r. La quantité $E\delta$ est le retard de la vibration rectiligne principale que l'on considère par rapport à celle qui lui est perpendiculaire, retard qui se produirait si la pile n'avait pas de pouvoir rotatoire. C'est donc une quantité que l'on peut supposer connue.

Quant à r, on l'obtiendrait en construisant, pour un paquet, le polygone $012..n$, dont chaque côté a pour direction la section principale d'une des lames suivant la direction de propagation considérée.

Mais nous pouvons nous dispenser de cette construction pénible si nous nous bornons à considérer des directions de propagation peu inclinées sur l'axe. Nous pouvons remarquer, en effet, que si l'on suppose petit l'angle ρ que la direction considérée fait avec l'axe, on peut représenter r par une expression de la forme

$$r = r_0 + k\rho + k'\rho^2 + \dots$$

Si nous prenons, suivant toutes les directions de propagation inclinées sur l'axe, des longueurs proportionnelles à r, nous formerons une certaine surface, dont l'ellipse indicatrice autour du pôle de l'axe principal est un cercle, puisque, l'axe étant d'ordre supérieur à 2, cette ellipse doit avoir plus de 2 diamètres égaux entre eux. La surface se réduit donc à une sphère dans le voisinage du pôle de l'axe, et r_0 est une valeur maximum de la fonction r, ce qui exige que $k = 0$.

Si donc on néglige les termes en ρ^2, on pourra poser sensiblement, pour toute direction peu inclinée sur l'axe, $r = r_0$.

Il en résulte que si l'on a, pour une pile,

$$\omega_0 = r_0 E,$$

ω_0 étant la rotation suivant l'axe, on aura sensiblement, pour une direction peu inclinée sur l'axe, une rotation ω donnée par la formule :

$$\omega = \omega_0 \frac{\sin \varphi}{\varphi}$$

en posant $\varphi = 2\pi \frac{e\delta}{\lambda}$; δ étant le retard que la traversée de la pile, suivant la direction considérée, apporterait dans la vibration principale considérée, par rapport à la vibration principale perpendiculaire.

Supposons une pile placée entre un polariseur et un analyseur, et traversée par le faisceau lumineux suivant une direction peu inclinée sur l'axe et pour laquelle le retard relatif des deux vibrations principales est égal à $\frac{\lambda}{2\pi}\varphi$.

Nous avons vu (p. 284) que si la vibration principale dont la propagation est la plus lente fait un angle α avec la vibration du polariseur, la vibration émergeant de la pile et projetée suivant les deux sections principales de celle-ci est représentée par les deux équations :

$$x' = (1-m)\cos\alpha\sin\tau + \frac{\omega\sin\alpha}{\cos\frac{\varphi}{2}}\sin\left(\tau+\frac{\varphi}{2}\right)$$

$$y' = (1=m)\sin(\tau+\varphi) - \frac{\omega\cos\alpha}{\cos\frac{\varphi}{2}}\left(\sin\tau+\frac{\varphi}{2}\right)$$

en posant, pour simplifier l'écriture,

$$\tau = 2\pi\frac{t}{T}.$$

Si la vibration de l'analyseur fait un angle β avec la section principale x', les vibrations émergentes projetées sur la vibration de l'analyseur donnent l'équation :

$$\begin{aligned} A &= x'\cos\beta - y'\sin\beta \\ &= \sin\tau\left[(1-m)(\cos\alpha\cos\beta - \sin\alpha\sin\beta\cos\varphi) + \omega\sin(\alpha+\beta)\right] \\ &\underline{+\cos}\tau\left[\overline{-}(1-m)\sin\alpha\sin\beta\sin\varphi + \omega\,\mathrm{tg}\frac{\varphi}{2}\sin(\alpha+\beta)\right] \end{aligned}$$

d'où l'on tire, pour l'intensité de la lumière sortant de l'analyseur :

$$I = \cos^2(\alpha+\beta) + \sin 2\alpha\sin 2\beta\sin^2\frac{\varphi}{2} + \omega\sin 2(\alpha+\beta) - \frac{\omega^2}{\cos^2\frac{\varphi}{2}}\left\{\cos 2(\alpha+\beta) + \sin 2\alpha\sin 2\beta\sin^2\frac{\varphi}{2}\right\}.$$

Il ne reste plus qu'à remplacer, dans cette expression, ω par son expression approchée $\omega_0\frac{\sin\varphi}{\varphi}$, ce qui donne enfin :

$$I = \cos^2(\alpha+\beta) + \sin 2\alpha\sin 2\beta\sin^2\frac{\varphi}{2} + \omega_0\frac{\sin\varphi}{|\varphi}\sin 2(\alpha+\beta) - 4\omega_0^2\frac{\sin^2\frac{\varphi}{2}}{\varphi^2}\left\{\cos 2(\alpha+\beta) + \sin 2\alpha\sin 2\beta\sin^2\frac{\varphi}{2}\right\}.$$

Si, dans cette expression, nous faisons $\alpha+\beta=\frac{\pi}{2}$, c'est-à-dire si nous supposons que l'analyseur est croisé à angle droit sur le polariseur, nous obtenons :

$$I=\sin^2 2\alpha \sin^2\frac{\varphi}{2}-\omega_0^2\frac{\sin^2\frac{\varphi}{2}}{\frac{\varphi^2}{4}}\left(1-\sin^2 2\alpha \sin^2\frac{\varphi}{2}\right)$$

Phénomènes présentés par une pile en lumière convergente. — Ces équations sont immédiatement applicables à l'étude des phénomènes que présente la pile en lumière convergente. Il suffit de remarquer que si O (fig. 101) est le centre de l'image, OP la vibration du

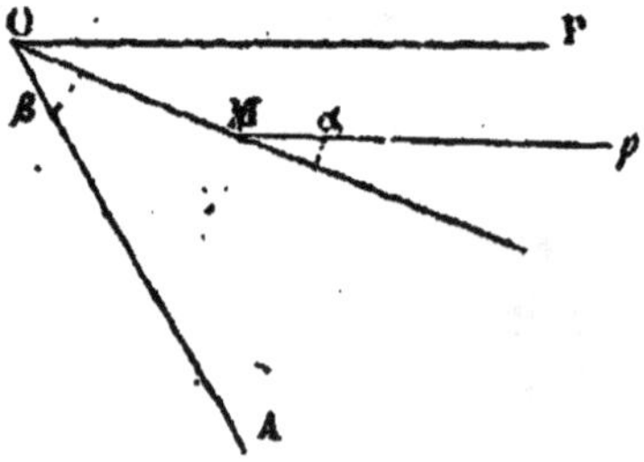

Fig. 101.

polariseur, et M un point quelconque, on peut prendre sensiblement OM comme une des sections principales de la pile au point M, l'angle α étant celui de OM avec OP. Il suffira donc, pour que les formules représentent l'intensité de la lumière propre à un point M de l'image, de faire $\alpha=$ POM, et de donner à φ la valeur de l'anomalie contractée par le rayon qui émerge obliquement en M.

Dans le cas du polariseur et de l'analyseur croisés à angle droit, la formule :

$$I+\left[\sin^2 2\alpha+\frac{4\omega_0^2}{\varphi^2}\left(1-\sin^2 2\alpha \sin^2\frac{\varphi}{2}\right)\right]\sin^2\frac{\varphi}{2}$$

se réduit à ω_0^2 pour $\varphi=0$, c'est-à-dire au centre de l'image. Ce centre n'est donc plus noir, comme dans les cristaux uniaxes; il a, dans la lumière blanche, la teinte que prendrait la pile en lumière parallèle. A mesure qu'on s'écarte de l'axe, φ devient de plus en plus grand, et le terme en ω_0^2 devient de plus en plus petit. Suivant les directions des vibrations du polariseur et de l'analyseur, $\sin^2 2\alpha$ est nul, l'intensité ira donc en décroissant sans cesse, et la croix noire reparaîtra, à une certaine distance du centre, plus ou moins lavée de la teinte du centre.

Suivant les directions inclinées de 45° sur les vibrations du polariseur et de l'analyseur, $\sin^2 2\alpha$ est égal à 1, et la teinte du centre fait assez rapidement place à celle qui se rencontre dans les uniaxes ordinaires.

Pour toutes les valeurs $\frac{\varphi}{2} = n\pi$, sauf pour $n=0$, I est nul, ce qui montre qu'on a les cercles noirs ordinaires des cristaux uniaxes.

La planche VII montre l'image que donne la pile en lumière convergente entre deux nicols croisés.

Lorsque l'angle $\alpha + \beta$ n'est pas égal à 90°, les phénomènes sont plus complexes; pour en étudier commodément les principaux traits, nous remarquerons que si nous nous préoccupons surtout des points de l'image éloignés du centre, nous pourrons négliger le terme en ω_0 qui contient φ^2 au dénominateur. La formule devient alors :

$$I = \cos^2(\alpha+\beta) + \sin 2\alpha \sin 2\beta \sin^2\frac{\varphi}{2} + \omega_0 \frac{\sin\varphi}{\varphi} \sin 2(\alpha+\beta).$$

En posant $\alpha+\beta = A$ ou $\beta = A - \alpha$, on a

$$I = \cos^2 A + \sin 2\alpha \sin 2(A-\alpha) \sin^2\frac{\varphi}{2} + \omega_0 \frac{\sin\varphi}{\varphi} \sin 2A.$$

Nous remarquons d'abord que si ω_0 était nul, I se réduirait à la formule qui s'applique à une lame cristalline ordinaire. Dans ce cas, nous aurions à partager l'espace autour de O (fig. 102) en huit secteurs inégaux formés par les lignes OP, OA et leurs perpendiculaires respectives. Dans les 4 secteurs dont l'angle est égal à POA $= A$, on a $\sin 2\alpha \sin 2(A-\alpha)$ positif. Dans les 4 autres secteurs (hachés sur la figure), dont l'angle est $\frac{\pi}{2} - A$, $\sin 2\alpha \sin 2(A-\alpha)$ est négatif.

Pour les directions qui limitent les secteurs, tels que OP, OA, etc., on a $\sin 2\alpha \sin 2(A-\alpha) = 0$. Pour ces 8 directions, l'expression de

I se réduit à

$$I = \cos^2 A + \omega_0 \frac{\sin \varphi}{\varphi} \sin 2A,$$

et les minima d'intensité qui se produisent suivant ces directions seraient produits, si l'on regarde d'abord φ comme constant, pour $\sin \varphi = -1$ ou $\varphi = \frac{3\pi}{2}, \frac{7\pi}{2}$, etc. En réalité les minima seraient obtenus pour des valeurs de φ un peu plus faibles que celles-là, la différence allant en diminuant à mesure que φ devient plus grand.

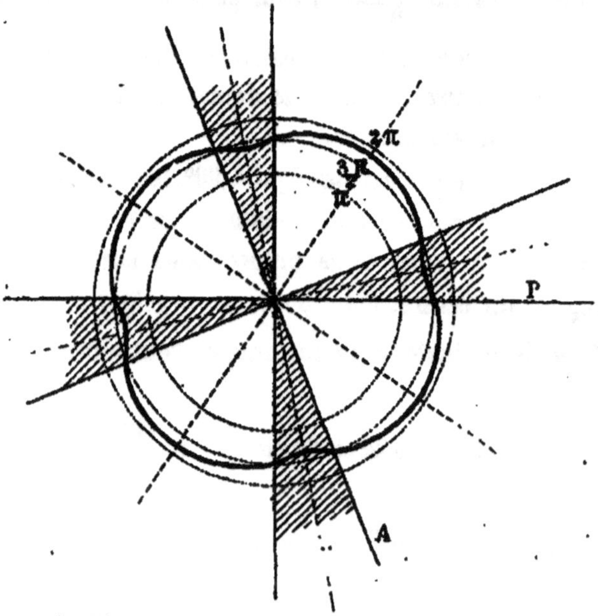

Fig. 102.

Cherchons maintenant les minima qui se produisent suivant les bissectrices de chacun des huit secteurs. Dans les secteurs *positifs* tels que POA, la bissectrice correspond à $\alpha = \frac{A}{2}$, et l'on a

$$I = \cos^2 A + \sin^2 A \sin^2 \frac{\varphi}{2} + \omega_0 \cdot \frac{\sin \varphi}{\varphi} \sin 2A.$$

Si ω_0 était nul, les courbes d'intensité minima seraient les cercles qui correspondent à $\sin \frac{\varphi}{2} = 0$ ou $\varphi = 2\pi, 4\pi$, etc. Le terme en ω_0 étant petit, l'intensité minima sera donnée par des valeurs de φ telles que $\varphi = 2\pi + \sigma$, σ étant une petite quantité. Substituant dans l'expression de I, $2\pi + \sigma$ à φ, il vient sensiblement

$$I = \cos^2 A + \frac{\sigma^2}{4} \sin 2A + \frac{\omega_0 \sigma}{2\pi} \sin 2A$$

en négligeant les termes en σ^2 qui sont multipliés par ω_0. Le minimum de cette expression est donné par

$$\frac{\sigma}{2} \sin^2 A + \frac{\omega_0}{2\pi} \sin 2A = 0,$$

ou

$$\sigma = -\frac{2\omega_0}{\pi} \operatorname{cotg} A.$$

Les minima suivant les bissectrices des secteurs positifs sont donc donnés par des valeurs de φ successivement égales à

$$2\pi - \frac{4\omega_0}{2\pi} \operatorname{cotg} A, \qquad 4\pi - \frac{4\omega_0}{4\pi} \operatorname{cotg} A, \text{ etc.},$$

valeurs qui se rapprochent de plus en plus de $2n\pi$.

Dans les secteurs négatifs, les bissectrices correspondent à $\alpha = \frac{\pi}{4} + \frac{A}{2}$; on a donc

$$I = \cos 2A - \cos^2 A \sin^2 \frac{\varphi}{2} + \omega_0 \frac{\sin \varphi}{\varphi} \sin 2A.$$

Si le terme en ω_0 n'existait pas, les minima seraient donnés par les cercles qui correspondent à $\sin^2 \frac{\varphi}{2} = 1$ ou aux valeurs de φ telles que $\varphi = \pi$, 3π, etc. Le premier minimum sera donc donné par $\varphi = \pi + \sigma$, ce qui donne sensiblement à l'expression de I la forme

$$I = \cos^2 A - \left(1 - \frac{\sigma^2}{4}\right) \cos^2 A - \frac{\sigma}{\pi} \omega_0 \sin 2A.$$

Le minimum de cette expression est donné par

$$\frac{\sigma}{2} \cos^2 A - \frac{\omega_0}{\pi} \sin 2A = 0,$$

ou

$$\sigma = \frac{4\omega_0}{\pi} \operatorname{tg} A.$$

Les minima correspondant aux bissectrices des secteurs négatifs sont donc donnés par les valeurs

$$\pi + \frac{4\omega_0}{\pi} \operatorname{tg} A, \quad 3\pi + \frac{4\omega}{3\pi} \quad A, \text{ etc.}$$

La première courbe minima vient ainsi rencontrer les bissectrices des secteurs positifs sur le cercle correspondant à $2\pi - \frac{4\omega_0}{2\pi} \operatorname{tg} A$, les bissectrices des secteurs négatifs sur le cercle correspondant à $\pi + \frac{4\omega_0}{\pi} \operatorname{tg} A$, et les lignes qui limitent les secteurs, sur un cercle un peu plus petit que celui qui correspond à $\frac{3\pi}{2}$. La courbe a ainsi une forme analogue à celle que représente la figure 102.

Lorsqu'on tourne l'analyseur dans le sens dextrorsùm, A augmente, cotg A diminue et tg A augmente. Si ω_0 est positif, les points des courbes minima situés sur les bissectrices s'éloignent du centre, et ces courbes paraissent se dilater. Si ω_0 est négatif, les courbes paraissent au contraire se contracter. L'inverse aurait évidemment lieu si l'on tournait l'analyseur dans le sens sinistrorsùm.

On en conclut cette règle établie par M. Delezenne pour le quartz : Le sens de la rotation de la pile est celui de la rotation de l'analyseur qui produit la dilatation des courbes minima.

Phénomènes produits en lumière convergente par la superposition de deux piles de même nature mais de sens contraire. — Spirales d'Airy. — Nous supposons superposées deux piles identiques, à cela près que l'une est *dextrorsùm* et l'autre *sinistrorsùm*, c'est-à-dire ne différant entre elles que par le signe de ω_0. Nous supposons en outre le polariseur et l'analyseur croisés à angle droit.

Une vibration rectiligne faisant un angle α avec la section principale de la première pile, émerge de celle-ci en donnant une vibration elliptique dont les composantes suivent *Oo* et *Oe* sont, comme nous l'avons établi,

$$x' = (1 - m)\cos\alpha \sin\tau + \frac{\omega \sin\alpha}{\cos\frac{\varphi}{2}} \sin\left(\tau + \frac{\varphi}{2}\right),$$

$$y' = (1 - m)\sin\alpha \sin(\tau + \varphi) - \frac{\omega \cos\alpha}{\cos\frac{\varphi}{2}} \sin\left(\tau + \frac{\varphi}{2}\right),$$

équations dans lesquelles

$$m = \frac{\omega^2 + u^2}{2} = \frac{\omega^2}{2\cos^2\frac{\varphi}{2}}.$$

Suivant l'axe de la pile, l'intensité de la lumière transmise est évidemment nulle, puisque la direction de la vibration produite par la première pile est détruite par la seconde. Les termes en ω^2, qui n'ont d'importance que pour les directions de propagation voisines de celles de l'axe de la pile, peuvent donc être ici négligés, ce qui simplifiera beaucoup le problème.

Chacune des vibrations x' et y' se compose de deux vibrations simples, dont l'une a une amplitude de l'ordre de ω. Cette vibration de petite amplitude pourra être considérée comme se propageant à travers la deuxième pile dans les mêmes conditions que si cette pile se comportait comme un cristal uniaxe ordinaire. En effet, chacune d'elles donne lieu à une ellipse dont le petit axe est de l'ordre de ω^2, et négligeable; en réalité la vibration tourne aussi de $-\omega$, mais la projection de cette vibration sur x' ou y' ne diffère de la vibration elle-même que de quantités qui sont du deuxième ordre.

La vibration simple, d'amplitude finie, dirigée suivant x', a pour amplitude $\cos\alpha$; elle donne une ellipse dont le grand axe est dirigé suivant une ligne OX_1, faisant avec Oo un angle égal à $-\omega$; ce grand axe est égal à $\cos\alpha$, et le petit axe, dirigé suivant une perpendiculaire à OX_1, est égal à $-u\cos\alpha$, puisque u change de signe avec ω.

Quant à la vibration, d'amplitude finie, dirigée suivant y', elle a pour amplitude $\sin\alpha$ et donne une ellipse dont le grand axe, dirigé suivant OY_1, est égal à $\sin\alpha$ et dont le petit axe, dirigé suivant OX_1, est égal à $-u\sin\alpha$.

L'anomalie de la vibration x' est nulle à l'incidence, et celle de la vibration y' est égal à φ; nous pouvons supposer que l'anomalie contractée par la vibration x', pendant la traversée de la deuxième pile, est nulle; et que celle qui est contractée par la vibration y' pendant la même traversée, est égale à φ. Les composantes suivant OX_1 et OY_1 sont donc à l'émergence

$$x_1 = \cos\alpha \sin\tau - u \sin\alpha \cos(\tau + 2\varphi),$$
$$y_1 = \sin\alpha \sin(\tau + 2\varphi) - u \cos\alpha \cos\tau.$$

En projetant sur x' et y', on obtient, au moyen des relations

$$x' = x_1 - \omega y_1, \qquad y' = y_1 + \omega x_1,$$
$$x' = \cos\alpha \sin\tau - u \sin\alpha \cos(\tau + 2\varphi) - \omega \sin\alpha \sin(\tau + 2\varphi),$$
$$y' = \sin\alpha \sin(\tau + 2\varphi) - u \cos\alpha \cos\tau + \omega \cos\alpha \sin\tau,$$

En faisant usage de la relation $u = -\omega \operatorname{tg}\frac{\varphi}{2}$, et remarquant qu'il faut ajouter à x' et à y' les vibrations de petite amplitude qui émergent de la première pile et que nous avons laissées de côté, on obtient

$$x' = \cos\alpha \sin\tau - \frac{\omega \sin\alpha}{\cos\frac{\varphi}{2}}\left[\sin\left(\tau + \frac{3\varphi}{2}\right) - \sin\left(\tau + \frac{\varphi}{2}\right)\right],$$
$$y' = \sin\alpha \sin(\tau + 2\varphi) - \frac{\omega \cos\alpha}{\cos\frac{\varphi}{2}}\left[\sin\left(\tau + \frac{3\varphi}{2}\right) - \sin\left(\tau + \frac{\varphi}{2}\right)\right],$$

ou

$$x' = \cos\alpha \sin\tau - 2\omega \sin\alpha \operatorname{tg}\frac{\delta}{2}\cos(\tau + \varphi),$$
$$y' = \sin\alpha \sin(\tau + 2\varphi) - 2\omega \cos\alpha \operatorname{tg}\frac{\delta}{2}\cos(\tau + \varphi).$$

Projetons sur la vibration de l'analyseur, que nous supposons perpendiculaire sur celle du polariseur; la projection A sera égale à

$$A = x' \sin\alpha - y' \cos\alpha = \frac{1}{2}\sin 2\alpha[\sin\tau - \sin(\tau + 2\varphi)] + 2\omega \cos 2\beta \operatorname{tg}\frac{\delta}{2}\cos(\tau + \varphi)$$

ou encore

$$A = \left(-\sin 2\alpha \sin\varphi + 2\omega \cos 2\alpha \operatorname{tg}\frac{\varphi}{2}\right)\cos(\tau + \varphi).$$

Si nous remplaçons enfin ω par $\omega_0 \frac{\sin\varphi}{\varphi}$, nous aurons

$$I = 4\sin^2\frac{\varphi}{2}\left(-\sin 2\alpha\cos\frac{\varphi}{2} + \omega_0\cos 2\alpha\frac{\operatorname{tg}\frac{\varphi}{2}}{\frac{\varphi}{2}}\right)^2.$$

L'expression de I se composant de deux facteurs dont aucun ne devient infini, I sera nul pour toutes les valeurs de φ qui annulent chacun d'eux.

L'égalité $\sin^2\frac{\varphi}{2} = 0$ montre que, parmi les courbes obscures, figurent les cercles noirs que donnerait séparément, entre deux nicols croisés à angle droit, chacune des deux piles superposées.

En égalant à zéro l'autre facteur, on obtient

$$\operatorname{tg} 2\alpha = \omega_0 \frac{\operatorname{tg}\frac{\varphi}{2}}{\frac{\varphi}{2}}.$$

Elle représente d'autres courbes obscures qui viennent s'ajouter aux cercles et dont nous allons chercher la forme en discutant leur équation.

A l'origine.

$$\varphi = 0, \quad \frac{\operatorname{tg}\frac{\varphi}{2}}{\frac{\varphi}{2}} = 1 \quad \text{et} \quad \operatorname{tg} 2\alpha = \omega_0;$$

on a donc

$$2\alpha = n\pi + \omega_0 \quad \text{ou} \quad \alpha = \frac{n}{2}\pi + \frac{\omega_0}{2}.$$

On peut attribuer successivement à n les valeurs 0,1,2,3, ce qui donne

$$\alpha = \frac{\omega_0}{2}, \quad \frac{\pi}{2} + \frac{\omega_0}{2}, \quad \pi + \frac{\omega_0}{2}, \quad \frac{3\pi}{2} + \frac{\omega_0}{2}.$$

Si OP est la vibration du polarisateur, si l'on mène une droite OR faisant avec OP (fig. 103) un angle égal à $\frac{\omega_0}{2}$, et la droite qui est perpendiculaire à celle-là, on aura quatre branches de courbe qui, partant de l'origine, sont tangentes à chacune des 4 directions de ces deux droites.

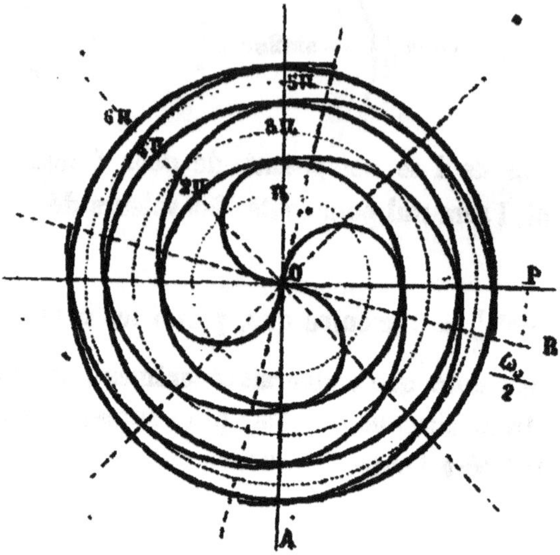

Fig. 103.

Si l'on suit la branche tangente à OR et correspondant à $\alpha = \frac{\omega_0}{2}$, on verra que pour $\frac{\varphi}{2} = \frac{\pi}{2}$ ou $\varphi = \pi$, on a $\operatorname{tg} 2\alpha = \infty$, ou $\alpha = \frac{\pi}{4}$; la courbe vient donc rencontrer sur la droite située à 45° de la vibration OP le cercle qui correspond à $\varphi = \pi$ ou $\sin \frac{\varphi}{2} = 1$.

Pour $\frac{\varphi}{2} = \pi$ ou $\varphi = 2\pi$, on a $2\alpha = \pi$ ou $\alpha = \frac{\pi}{2}$; la courbe rencontre donc sur OA le premier cercle obscur. On verrait de même qu'elle rencontre le second cercle obscur sur le prolongement de OP, etc.

Les trois autres branches de la courbe ont des formes analogues.

Ces courbes spiraloïdes ont reçu le nom d'Airy, le premier savant qui en ait donné la théorie.

Lorsque ω_0 est positif, c'est-à-dire lorsque la première pile est dextrogyre, les spirales sont dextrogyres; elles sont lévogyres lorsque la première pile est lévogyre.

Dans la lumière blanche, les spirales sont vivement colorées, parce que pour chaque longueur d'onde, ω_0 varie. Pour le rouge, c'est-à-dire pour le plus grand λ, ω_0 est le plus petit ; les spirales noires correspondant au violet sont donc les plus éloignées de OP, et comme elles sont colorées en rouge dans la lumière blanche, la concavité des spirales est colorée en rouge.

Les figures de la planche VIII peuvent donner une idée des spirales d'Airy ; la première correspond au cas où la première lame est dextrogyre ; la seconde au cas où la première lame est lévogyre.

Phénomènes produits en lumière convergente par une pile placée entre un polariseur rectiligne et un analyseur circulaire. — Nous supposons maintenant une pile placée entre un polariseur rectiligne et un analyseur circulaire.

Nous avons vu que la vibration qui émerge de la pile, suivant une direction de propagation pour laquelle le retard contracté est $\frac{\lambda}{2\pi}\varphi$, se décompose en deux vibrations circulaires. Le rayon R de la vibration circulaire dextrogyre est donné par la formule (*V.* p. 285) :

$$R^2 = \frac{1}{4} + \frac{1}{4}\sin 2u \cos 2\alpha + \frac{1}{4}\cos 2u \sin 2\alpha \sin\varphi.$$

Si on superpose un analyseur circulaire droit, la vibration dextrogyre se propage seule, et l'intensité de la lumière qui émerge de l'analyseur est $I = 2R^2$, ou, en remplaçant $\sin 2u$ par $2u$ et $\cos 2u$ par $1 - 2u^2$,

$$I = \frac{1}{2}(1 + \sin 2\alpha \sin\varphi) + u\cos 2\alpha - u^2 \sin 2\alpha \sin\varphi.$$

Pour $\varphi = 0$, c'est-à-dire au centre de l'image, on a $I = \frac{1}{2}$; le centr de l'image est donc occupé par du blanc dans la lumière blanche. Pour trouver ce qui se passe à une certaine distance du centre, nous pouvons négliger le terme en u^2, et, en remplaçant u par $-2\omega\frac{\sin^2\frac{\varphi}{2}}{\varphi}$, il vient

$$I = \frac{1}{2}(1 + \sin 2\alpha \sin\varphi) - 2\omega_0 \cos 2\alpha \frac{\sin^2\frac{\varphi}{2}}{\varphi}.$$

Comme nous ne nous proposons que d'acquérir quelque idée sur la forme des courbes d'intensité minima à une certaine distance du centre, c'est-à-dire lorsque les variations de φ sont petites par rapport à φ, nous pouvons regarder φ comme constant, ce qui donne, pour déterminer les points d'intensité minima qui se succèdent sur le rayon d'azimut α, l'équation

$$\frac{dI}{d\varphi}=-\frac{1}{2}\sin 2\alpha\cos\varphi-\omega_0\cos 2\alpha\frac{\sin\varphi}{\varphi}=0$$

avec l'obligation de rendre positive l'expression

$$\frac{d^2I}{d\varphi^2}=-\frac{1}{2}\sin\varphi-\omega_0\cos 2\alpha\frac{\sin\varphi}{\varphi},$$

En portant dans $\frac{d^2I}{d\varphi^2}$ la valeur de $\sin\varphi$ tirée de $\frac{dI}{d\varphi}=0$, celle-ci devient

$$\frac{d^2I}{d\varphi^2}=-\frac{\cos\varphi}{2\omega_0\varphi\cos 2\alpha}(\varphi^2\sin^2 2\alpha+\cos^2\alpha).$$

Le signe de $\frac{d^2I}{d\varphi^2}$ est donc celui de $-\frac{\cos\varphi}{2\omega_0\varphi\cos 2\alpha}$.

L'équation $\frac{dI}{d\varphi}=0$ donne

$$\operatorname{tg} 2\alpha=2\omega_0\frac{\operatorname{tg}\varphi}{\varphi}.$$

Supposons que la pile soit négative, c'est-à-dire que φ soit négatif. Pour $\varphi=0$, c'est-à-dire au centre de l'image, on a les 4 valeurs

$$\alpha=\omega_0,\qquad \frac{\pi}{2}+\omega_0,\qquad \pi+\omega_0,\qquad \frac{5\pi}{2}+\omega_0.$$

Pour que $\frac{d^2I}{d\varphi^2}$ soit positif, il faut que $\cos 2\alpha$ soit positif; il faut donc conserver les valeurs ω_0 et $\pi+\omega_0$, en supprimant les deux autres. On a ainsi deux espèces de spirales tangentes respectivement, à l'origine, aux deux directions de la droite OR (fig. 104) qui fait avec la vibration du polariseur OP un angle égal à ω. Ces spirales tournent dans le sens *dextrorsùm*, puisque $\operatorname{tg} 2\alpha$ croît en même temps que $\operatorname{tg}\varphi$.

Pour $\varphi=\frac{\pi}{2}$, on a $\operatorname{tg} 2\alpha=\infty$ ou $\alpha=\frac{\pi}{4}$; la spirale atteint alors la tache noire qui se produirait si la pile n'avait pas de pouvoir rotatoire ou si ω_0 était nul. (Voir page 259.)

Pour $\varphi = \pi$, on a $\operatorname{tg} 2\alpha = 0$ ou $\alpha = \pi$.

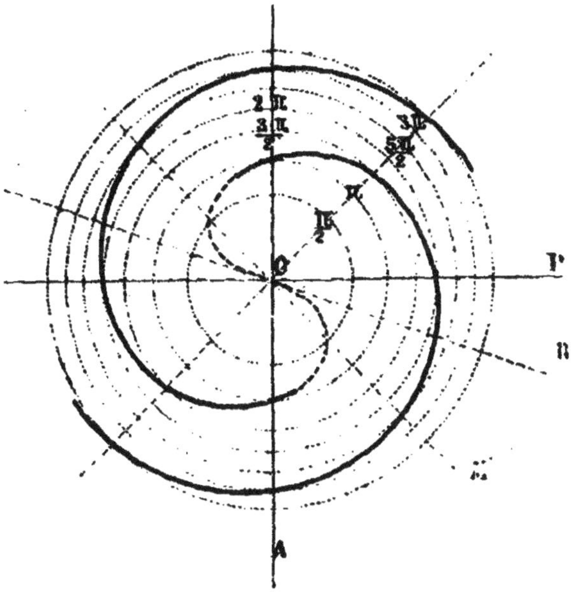

Fig. 101.

Pour $\varphi = \frac{5\pi}{2}$, on a $\alpha = \frac{5\pi}{4}$, et la spirale rencontre la première courbe minima qui se produirait dans le secteur AOP′, si ω_0 était nul, et ainsi de suite.

Au centre de l'image, les minima sont à peine accusés, et les spirales ne sont pas visibles. Les minima commencent à être très accentués dans le voisinage de la tache noire que l'on observerait si ω_0 était nul; ce minima correspond, en effet, dans ce cas à une intensité nulle. Si ω_0 était nul, la tache noire se produirait pour $\varphi = \frac{\pi}{2}$ et sur la direction OM (qui est celle de l'axe du mica quart d'onde) lorsque l'analyseur est perpendiculaire sur le polariseur.

La valeur complète de I est, en changeant le signe de φ,

$$I = \frac{1}{2}(1 - \sin 2\alpha \sin \varphi) + 2\omega_0 \cos 2\alpha \frac{\sin^2 \frac{\varphi}{2}}{\varphi} + 4\omega_0^2 \frac{\sin^4 \frac{\varphi}{2}}{\varphi^2} \sin 2\alpha \sin \varphi$$

Les trois premiers termes donnent une somme égale à zéro pour $\varphi = \frac{\pi}{2}$ et $2\alpha = \frac{\pi}{2}$; l'intensité est alors exprimée par le dernier terme qui est positif. Le premier point d'intensité nulle est donc donné par une valeur de φ supérieure à $\frac{\pi}{2}$ et par une valeur de α supérieure à $\frac{\pi}{4}$. Le premier point où le minimum est fortement accusé et qui marque, comme une tache noire, le début de la spirale, est donc situé entre la direction OM et la direction OA. La spirale paraît commencer en quelque sorte sur la direction OA et à une distance du centre peu différente de celle du cercle qui correspond à $\varphi = \pi$.

Si l'analyseur est gauche, au lieu d'être droit, on verrait que les spirales gardent la même gyration, mais qu'elles paraissent commencer sur les directions OP et la direction opposée (fig. 105).

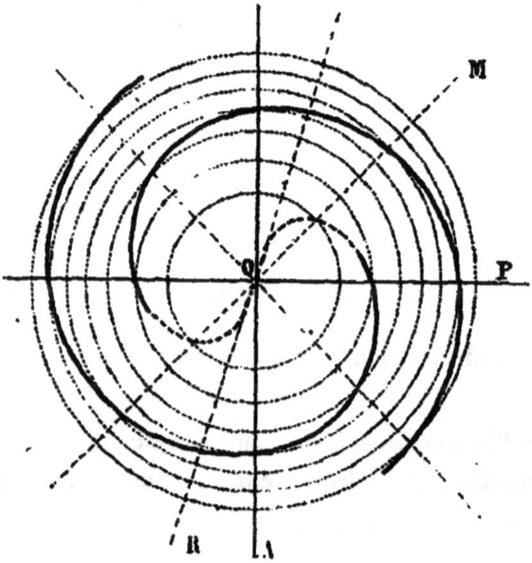

Fig. 105.

Si la pile est lévogyre, ω_0 change de sens, et le sens de gyration des spirales devient lévogyre; les spirales commencent sur OP et OP′ quand l'analyseur est droit; sur OA et OA′ quand il est gauche, ce qui est l'inverse de ce qui se produisait dans le cas de la pile dextrogyre.

Tous ces faits s'observent très aisément avec une pile négative formée par l'empilement de lames de mica.

Si la pile est positive, φ change de signe; les spirales gardent leur gyration; mais les taches noires qui se produiraient si ω_0 était nul passent dans les secteurs qui ne contiennent pas l'axe du mica quart d'onde, et l'origine des spirales se fait suivant OA lorsqu'il se fait suivant OP avec une pile négative, et inversement.

CHAPITRE IX

POLARISATION ROTATOIRE DES SUBSTANCES CRISTALLISÉES ET NON CRISTALLISÉES.

---

1. — POLARISATION ROTATOIRE DU QUARTZ.

Les cristaux de quartz se comportent optiquement comme les lames de mica de Reusch. — Le quartz cristallise dans le système rhomboédrique avec une hémiédrie holoaxe ou, plus probablement (T. I, p. 314), dans le système hexagonal avec une tétartoédrie rhomboédrique dépourvue de centre. Une lame découpée dans un cristal de quartz normalement à l'axe ternaire devrait donc se comporter, pour la lumière se propageant normalement à la lame, comme une substance monoréfringente; placée entre deux nicols croisés à angle droit, elle ne devrait pas supprimer l'obscurité. Arago observa le premier, en 1811, que les choses se passent tout autrement, et que dans ces conditions, la lame de quartz ne se comporte pas comme le fait une lame cristalline taillée perpendiculairement à l'axe dans un cristal sénaire ou ternaire.

Arago montra que l'anomalie présentée par les lames de quartz consiste en ce qu'une vibration rectiligne incidente, au lieu de conserver sa direction en traversant la lame, est déviée et exécute dans un certain sens une rotation partielle plus ou moins grande. De là le nom de polarisation rotatoire sous lequel on désigne communément les phénomènes que montre le quartz et tous les phénomènes analogues.

Biot, dans une longue suite de travaux, étudia avec le plus grand soin la polarisation rotatoire du quartz, et en établit les lois principales. Avant d'énoncer ces lois, nous pouvons dire qu'elles peuvent se résumer en un mot : les cristaux de quartz se comportent comme s'ils constituaient une pile formée, comme celles que nous avons étudiées dans le chapitre précédent, par la superposition de paquets ternaires identiques entre eux et semblablement orientés ; chaque paquet étant formé par la superposition de lamelles cristallines biaxes extrêmement minces dont les sections principales seraient croisées de 60° les unes par rapport aux autres. Parmi les cristaux de quartz, les uns agissent comme des piles dont les paquets sont empilés dans le sens dextrogyre, les autres comme des piles dont les paquets sont empilés dans le sens lévogyre. Les premiers sont des cristaux lévogyres ; les seconds, des cristaux dextrogyres.

On pourra donc observer avec les cristaux de quartz, et bien plus commodément qu'on ne peut le faire avec les piles de mica de Reusch, les phénomènes suivants, que nous croyons devoir rappeler sommairement ici.

Si l'on place entre deux nicols croisés à angle droit une lame de quartz taillée perpendiculairement à l'axe; et si l'on éclaire avec de la lumière simple, on constate que la lumière est rétablie et que, pour ramener l'obscurité, il faut tourner l'analyseur d'un certain angle dirigé dans le sens *dextrorsum* pour les lames dextrogyres et dans le sens *sinistrorsum* pour les lames lévogyres. Cet angle est proportionnel à l'épaisseur de la lame de quartz ; il a la même valeur absolue, et ne diffère que par le sens, pour les lames dextrogyres et lévogyres de même épaisseur.

Cet angle est à peu près en raison inverse du carré de la longueur d'onde de la lumière employée.

Lorsqu'on emploie la lumière blanche, la rotation de la vibration variant avec chaque lumière élémentaire, et la proportion de lumière qui émerge de l'analyseur croisé à angle droit variant comme le carré du sinus de la rotation, la lame paraît colorée d'une teinte qui varie avec l'épaisseur de la lame, et reste identique quand on tourne la lame sur le porte-objet.

Si l'on tourne l'analyseur à partir de la position d'extinction, la teinte de la lame varie. Supposons que la lame soit dextrogyre; OP (fig. 105) étant la vibration du polariseur, dans le faisceau qui émerge de la lame, OR est la vibration du rouge (la lumière qui a la longueur d'onde la plus grande, ayant la rotation la plus forte), OV est la vibration du violet, OJ celle du jaune moyen qui a dans le spectre l'intensité la plus forte. Si l'on fait tourner l'analyseur vers la droite, la vibration de l'analyseur va se trouver d'abord à angle droit sur OR et le rouge sera supprimé dans l'image, qui prendra une teinte bleue; puis la vibration de l'analyseur devient perpendiculaire sur OJ, et la lumière la plus vive du spectre étant supprimée, la lame prend une teinte peu éclatante avec une nuance grisâtre formée d'un mélange de rouge et de violet.

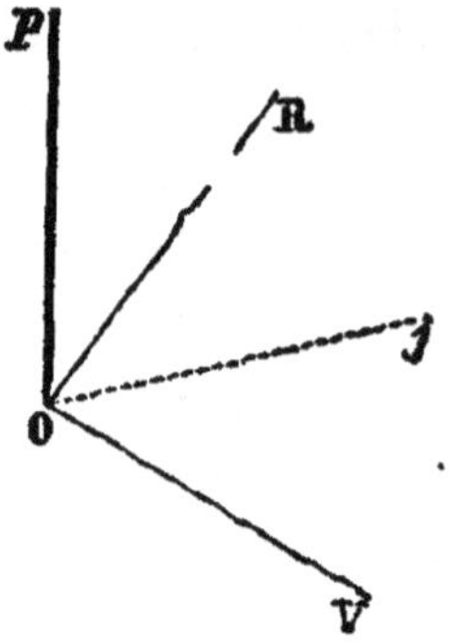

Fig. 105.

Cette teinte particulière a reçu le nom de *teinte sensible*. En effet, lorsque l'analyseur est dans la position qui donne cette teinte, il suffit qu'on lui imprime un léger mouvement dans le sens *dextrorsum* pour supprimer du violet et donner à la lame une nuance rouge avec une intensité lumineuse accrue par suite du rétablissement d'une partie du jaune. Il suffit au contraire d'une légère rotation *sinistrorsum* pour supprimer du rouge et donner à la lame une nuance bleue.

On voit que si l'on part de la teinte sensible, on obtient le *rouge* en tournant l'analyseur *dans le sens de la rotation* de la lame. Cette règle permet de trouver aisément le sens de rotation d'une lame.

Bilames de quartz. — On se sert de cette propriété des lames de quartz pour placer l'analyseur dans une position rigoureusement perpendiculaire sur le polariseur. On se sert à cet effet d'une bilame (fig. 106) formée de deux lames juxtaposées et d'épaisseur égale, taillées perpendiculairement à l'axe d'un cristal de quartz, dextrogyre pour l'une et lévogyre pour l'autre. Lorsque cette bilame est placée au-dessus du polarisateur, la vibration de ce polariseur est déviée à droite pour la lame droite, à gauche pour la lame gauche, et de quantités respectivement égales pour les deux lames et pour une même couleur, de telle sorte que la vibration du rouge est, après la traversée de la lame droite en R_d (fig. 107) après la traversée de la lame gauche en R_g; R_d et R_g étant symétriquement placés par rapport à la vibration du polarisateur. Lorsque la vibration du polariseur est rigou-

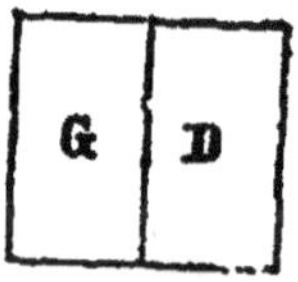

Fig. 106.

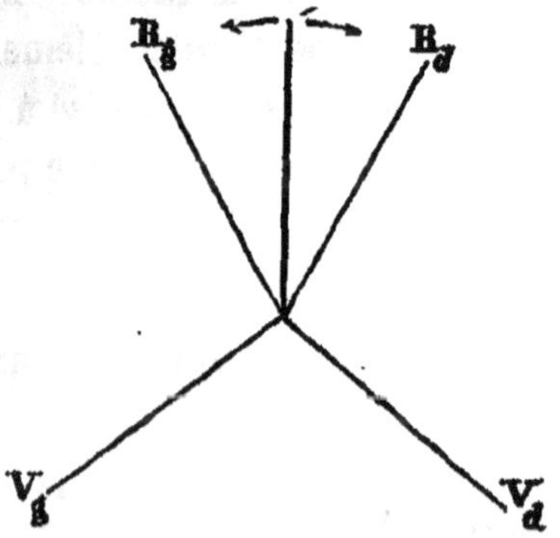

Fig. 107.

reusement perpendiculaire à celle de l'analyseur, les projections de R_g et R_d sur cette vibration sont égales, et les teintes des deux lames sont identiques. Mais dès que la vibration de l'analyseur s'écarte de cette position, chaque lame prend une teinte différente, et la différence est d'autant plus sensible à l'œil que les deux teintes sont juxtaposées.

Lames de quartz observées en lumière convergente. — Lorsqu'on examine la lame de quartz en lumière convergente, on retrouve toutes les particularités que nous avons déjà étudiées avec détail lorsque nous avons parlé de piles uniaxes ; nous n'y reviendrons pas ici.

Mesure du pouvoir rotatoire du quartz. — Pour mesurer le pouvoir rotatoire d'une lame de quartz, on peut se servir de divers procédés qu'il est intéressant de connaître, parce qu'on en fait de nombreuses applications.

On peut d'abord se servir de la teinte sensible. Il est possible, en tournant l'analyseur, de juger assez exactement du moment où on obtient cette teinte, parce que de légers déplacements la virent au bleu ou au rouge. Or l'angle dont il a fallu, pour arriver à cette teinte, tourner l'analyseur à partir de la position où il est à angle droit sur le polariseur, correspond assez bien à la rotation du jaune moyen dont la longueur d'onde est à peu près $0^{mm},000\,550$.

On peut aussi se servir de verres colorés à peu près monochromatiques que l'on interpose au-dessus de l'analyseur ou au-dessous du polariseur.

On atteint une exactitude beaucoup plus grande en se servant de becs Bunsen, dans la flamme incolore desquels on place un fragment d'un sel de lithine, de sodium ou de thallium. On obtient ainsi des lumières sensiblement monochromatiques rouge, jaune et verte, avec lesquelles on éclaire successivement l'appareil, en déterminant pour chacune d'elles l'angle dont il faut tourner l'analyseur, à partir de la position rectangulaire sur le polariseur, pour ramener l'obscurité.

Un procédé qui permet de déterminer la rotation correspondant aux lumières rigoureusement définies par les raies du spectre solaire, a été imaginé par MM. Fizeau et Foucault et employé ensuite par Broch, ainsi que par un grand nombre d'observateurs.

Supposons qu'on fasse passer à travers une fente, puis à travers un prisme, la lumière qui émerge de l'analyseur, il se produit un spectre. Lorsqu'on fait tourner l'analyseur de manière à croiser à angle droit la vibration émergente du violet, le spectre ne contient plus de violet, et une bande noire remplace cette couleur. Si l'analyseur continue à tourner, on supprime successivement chacune des couleurs du spectre, et l'on voit dans celui-ci une bande noire s'avancer du violet vers le rouge. Lorsque cette bande noire est en contact avec une raie du spectre solaire, D par exemple, la rotation de l'analyseur donne la rotation correspondant à la longueur d'onde de D, etc.

On a trouvé, par ce procédé, qu'une lame de quartz de 1^{mm} d'épaisseur exerce sur les lumières dont les longueurs d'ondes correspondent aux diverses raies du spectre solaire, les rotations suivantes :

	B	C	D	E	F	G	H
$\lambda =$	$0^{mm},00068706$	65595	58880	52686	48597	43088	3968
$\omega =$	15°,55	17°,22	21°,67	27°,46	32°,69	42°.37	50°,98
$\omega\lambda^2 =$	$0^{mm},00000754$	741	753	764	773	788	804

On voit que $\omega\lambda^2$ ne varie pas beaucoup et qu'ainsi la rotation n'est pas très éloignée d'être en raison inverse du carré de la longueur d'onde. Il est aisé de voir quelle doit être la forme théorique de la fonction qui représenterait avec une grande exactitude la valeur de ω. Nous avons vu en effet que ω est proportionnel $\frac{\delta^2}{\lambda^2}$, δ étant le retard produit par l'unité d'épaisseur des lames qui composent ces paquets. Or δ peut être représenté, d'après la formule de dispersion de Cauchy, par une expression de la forme $A + \frac{B}{\lambda^2}$ et δ^2, en se bornant aux deux premiers termes, par une expression de la même forme. La rotation ω sera donc exprimée par une expression de la forme $\frac{M}{\lambda^2} + \frac{N}{\lambda^4}$.

M. Boltzmann a, en effet, déduit des nombres que j'ai reproduits plus haut la formule empirique

$$\omega = \frac{7.07018}{10^6\lambda^2} + \frac{0.14983}{10^{12}.\lambda^4},$$

dans laquelle ω est exprimé en degrés et λ en millimètres.

MM. Soret et Sarasin[1] ont vérifié que la formule de Bolzmann représente encore correctement la rotation des rayons ultra-violets.

1. *Journal de Physique.* — T. V, p. 150 (Extrait).

M. Desains a mesuré la rotation du quartz pour les rayons calorifiques infra-rouges. Il employait comme source calorifique une lampe Bourbouze-Wiesnegg. Les rayons, dispersés par un prisme de flint, passaient sur deux grands nicols entre lesquels était placée la lame de quartz, et venaient former un spectre sur un écran. On recevait sur une pile de Nobili très étroite (1mm d'ouverture) une faible partie du spectre calorifique, et on tournait l'analyseur jusqu'à ce que l'action sur la pile fût devenue nulle. Pour définir les rayons calorifiques, on mesurait la distance qui séparait le rouge extrême de la partie du spectre utilisée, et on notait la région colorée du spectre qui, de l'autre côté, était à la même distance de cette couleur finale. Voici quelques-uns des nombres donnés par M. Desains :

	Région colorée symétrique, par rapport au rouge extrême, de la région calorifique observée.					
	Jaune.	Jaune verdâtre.	Vert bleuâtre.	Bleu.	Indigo violacé.	Violet avancé.
ω pour 1mm de quartz	6°,8	6°,0	2°,9	2°,08	1°,0	0°,55

Définition du pouvoir rotatoire du quartz par l'inégale vitesse de propagation de vibrations circulaires inverses. — Expériences de Fresnel. — Nous avons vu qu'on peut définir le pouvoir rotatoire d'une pile, et par conséquent aussi celui du quartz, en imaginant que les deux rayons circulaires inverses entre lesquels on peut décomposer la vibration rectiligne incidente se propagent dans le quartz avec des vitesses inégales ; le circulaire droit se propageant plus vite dans les cristaux droits, et inversement. Cela revient à dire que les deux circulaires ont en quelque sorte des indices différents. Fresnel en a conclu qu'ils doivent nécessairement se séparer et se réfracter suivant des directions légèrement divergentes s'ils viennent à traverser une surface plane inclinée par rapport à leur direction.

Pour vérifier cette conclusion, et augmenter la divergence produite par la traversée d'une seule surface, qui serait trop faible pour être observable, Fresnel faisait traverser au rayon lumineux un premier prisme ABC (fig. 108) taillé dans un cristal droit de manière que AB soit la direction de l'axe, la surface d'incidence AC étant normale à l'axe. Le faisceau arrivé à la surface inclinée BC rencontre un prisme gauche; le circulaire droit marche moins vite dans le prisme gauche que dans le prisme droit, il s'approche de la normale tandis que le circulaire gauche s'en éloigne; le faisceau rencontre ensuite au delà de l'autre face BE du prisme un prisme droit, et la séparation des deux circulaires s'accentue encore. On arrive enfin à faire sortir les rayons à travers un plan normal à l'axe, et les deux circulaires, gardant l'écartement relatif qu'ils ont acquis, se propagent ensuite parallèlement dans l'air.

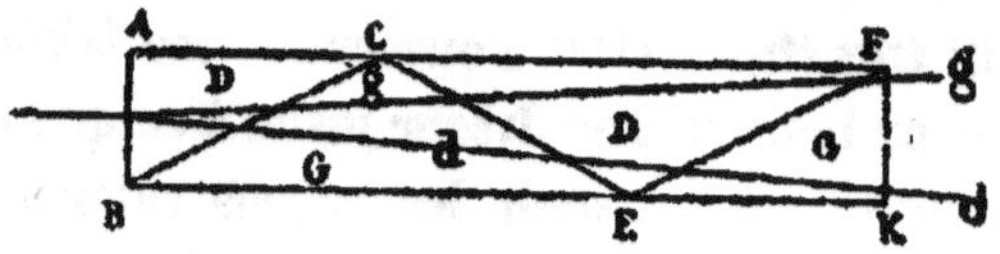

Fig. 108

Pour manifester l'existence des deux rayons circulaires il suffit de les recevoir sur un analyseur circulaire. Si l'analyseur est droit, on recevra le circulaire droit et on arrêtera le gauche et inversement.

Variation du pouvoir rotatoire du quartz sous l'action de la chaleur. — L'action de la chaleur modifie d'une manière assez notable le pouvoir rotatoire du quartz.

M. Fizeau[1] a montré que la variation de ω avec la température t peut être représentée de 0° à 70° par la formule

$$\omega_t = \omega_0 (1 + kt).$$

k étant égal à $0,000119t$.

M. Von Lang[2], entre des limites de température un peu plus écartées, a trouvé

$$k = 0,000149\,t.$$

M. Sohncke[3] a proposé la formule

$$\omega_t = \omega_0 (1 + at + bt^2),$$

avec

$$a = 0,0000999, \qquad b = 0,000000318.$$

M. Joubert[4], qui a porté la température jusque vers 1500° en plaçant le cylindre de quartz dans un tube de porcelaine chauffé par des vapeurs métalliques ou placé dans un fourneau chauffé par les huiles lourdes de pétrole, a fait les observations suivantes :

1. Ann. Ch. et Ph. (4), II, 176.
2. J. Phys., V, 36 (1876).
3. Wiedem. Ann. III (1878), et J. Phys., VII, p. 320.
4. J. Phys., VIII, 5 (1878).

	Pouvoir rotatoire de 1mm de quartz.	Coefficient moyen à partir de zéro.
—20°.........	21°599	
0.........	21 658	
100.........	21 982	0,000149
350.........	23 040	0,000182
448.........	23 464	0,000186
840.........	25 259	0,000190
1500?........	25 420	»

M. Joubert a fait la remarque, intéressante à noter, que tous les échantillons de quartz sont identiques entre eux au point de vue du pouvoir rotatoire et reprennent exactement, après refroidissement, leur pouvoir primitif, même après avoir été portés aux températures les plus élevées.

Les variations que produit la chaleur dans le pouvoir rotatoire du quartz doivent sans doute être attribuées aux variations que produit la chaleur dans les propriétés biréfringentes des lames élémentaires biaxes à la superposition desquelles nous attribuons les propriétés spéciales des cristaux de quartz. Nous verrons en effet plus tard que la chaleur agit sur les constantes optiques de tous les cristaux.

Relation du pouvoir rotatoire avec l'hémiédrie non superposable. — Les cristaux de quartz possèdent un mode d'hémiédrie non superposable, qui permet d'assigner aux cristaux une droite et une gauche, et de distinguer des cristaux droits et des cristaux gauches. Un semblable mode d'hémiédrie doit d'ailleurs caractériser nécessairement la symétrie de l'édifice moléculaire d'un cristal manifestant la polarisation rotatoire, puisque le sens de la rotation assigne au cristal une droite et une gauche. Il est évident que si la structure intérieure du cristal était telle qu'une semblable distinction fût impossible, il n'y aurait aucune raison pour que le cristal fît tourner la vibration dans un sens plutôt que dans un autre, et la rotation de cette vibration apparaîtrait comme un effet sans cause.

On a constaté que les cristaux qui portent des faces plagièdres directes droites (tome I, page 142) et qu'on appelle *droits* au point de vue cristallographique, sont *dextrogyres* au point de vue de la polarisation rotatoire; et qu'inversement les cristaux *gauches* au point de vue cristallographique sont *lévogyres* au point de vue de la polarisation rotatoire.

Toutefois cette règle est soumise à des exceptions dont nous parlerons plus tard.

Explication du pouvoir rotatoire du quartz. — Les propriétés optiques du quartz s'expliquent, de la manière la plus complète, en supposant que les cristaux de cette substance sont formés à la manière des piles de lames cristallines que nous avons étudiées dans le chapitre précédent. Il s'agit de concevoir comment la structure d'un cristal peut présenter une analogie étroite avec une pile de lames cristallines.

On peut d'abord se représenter les cristaux de quartz comme formés par des molécules ayant la symétrie rhombique, mais susceptibles de s'assembler en un réseau dont le plan réticulaire perpendiculaire à l'axe vertical a pour maille un rhombe de 120°. Un semblable réseau a une symétrie hexagonale.

Si l'édifice moléculaire se construisait avec la régularité théorique, il serait constitué de telle sorte que, le système réticulaire ayant la symétrie hexagonale, et la molécule ayant seulement la symétrie rhombique, l'édifice moléculaire aurait seulement la symétrie rhombique.

Mais considérons les rangées parallèles à l'axe vertical qui est un axe sénaire du réseau et seulement un axe binaire de la molécule. Autour de cet axe, la molécule peut prendre, par une rotation de 120°, trois positions distinctes qui restituent le réseau. Nous pouvons donc supposer que les molécules se superposent de manière que l'une d'elles soit, par rapport à la molécule immédiatement inférieure, tournée de 120° et toujours dans le même sens. Les molécules cesseront d'être toutes semblablement orientées ; le cristal cessera d'être homogène, au sens que nous avons attaché à ce mot dans la théorie générale du tome I, mais le réseau n'aura subi aucune modification.

Il est clair qu'un cristal ainsi constitué jouera exactement, au point de vue optique, le rôle d'une pile composée de paquets ternaires, ou, si l'on ne suppose pas que toutes les molécules situées dans le même plan horizontal ont la même orientation, d'une série de piles parallèles entre elles et constituées de la même façon, ce qu revient au même.

Nous verrons plus tard que cette structure singulière se retrouve, à un degré plus ou moins parfait, dans un nombre très considérable de substances cristallisées. Toutes ces substances sont caractérisées par ce fait que la symétrie de la molécule appartient à un système cristallin moins symétrique que celui auquel appartient la symétrie du réseau.

Ce sont les substances auxquelles j'ai proposé de donner le nom de pseudo-symétriques.

Il faut d'ailleurs remarquer que la symétrie que j'ai attribuée à la molécule, pour la simplicité de l'exposition et pour que l'analogie avec les piles de Reusch fût plus complète, n'est nullement nécessaire. Elle doit même être écartée, car si la molécule avait un axe binaire vertical, la construction que nous avons imaginée donnant en outre au cristal une symétrie ternaire autour de cet axe, la symétrie définitive de cet axe serait sénaire, et le degré de l'axe du quartz est seulement ternaire.

Mais on peut admettre que la molécule a une symétrie seulement binaire, l'axe binaire étant perpendiculaire à l'axe vertical. L'arrangement des molécules ayant lieu de la façon que nous avons indiquée, l'axe vertical deviendra ternaire, et le cristal acquerra en outre trois axes binaires dans un plan horizontal. D'ailleurs il n'y aura pas de centre, puisqu'une molécule est entourée de part et d'autre, sur la même rangée verticale, par des molécules dont l'orientation n'est pas la même. Le cristal aura donc l'hémiédrie ternaire holoaxe, et c'est un mode de symétrie qui peut appartenir aux cristaux de quartz.

Groupements de portions dextrogyres et lévogyres dans un même cristal. — Les molécules élémentaires du quartz n'ayant aucune propriété qui les distingue les unes des autres, sont susceptibles de s'empiler, soit dans le sens dextrogyre, soit dans le sens lévogyre, et il faut chercher dans les circonstances extérieures et accidentelles qui président à la cristallisation les raisons du choix arbitraire que fait la molécule entre ces deux sens de superposition. Aussi trouve-t-on dans tous les gisements un nombre à peu près égal de cristaux droits et de cristaux gauches.

Mais il y a plus, et le réseau des cristaux droits étant le même que celui des cristaux gauches; ces deux réseaux pourront s'assembler entre eux pour former un même cristal. Un tel assemblage ne se manifeste plus à la surface que par quelques lignes de suture qui interrompent les stries marquées sur les faces cristallines, et marquent la séparation des parties droites d'avec les parties gauches. Lorsque la partie supérieure d'un cristal est formé à la fois de parties gauches et de parties droites, les sommets des unes portent des faces plagièdres gauches; celles des autres, des faces plagièdres droites. La symétrie théorique du pointement peut donc être gravement altérée. En réalité, il est très rare de rencontrer des cristaux qui présentent la régularité des figures en quelque sorte idéales qui sont représentées tome I, page . On peut dire, avec M. Des Cloizeaux[1], « qu'un cristal de quartz homogène dans toute sa masse est une des plus grandes raretés minéralogiques connues ».

Si l'examen de l'enveloppe extérieure de quartz révèle quelquefois, mais imparfaitement, l'enchevêtrement si complexe des cristaux, l'examen optique de lames taillées normalement à l'axe, dévoile au contraire avec une grande fidélité toutes les particularités de la structure interne.

La plupart des cristaux montrent, dans les lames perpendiculaires à l'axe, des juxtapositions de plages inverses. Il arrive en général que cette juxtaposition se fait suivant des surfaces planes parallèles à des plans réticulaires cristallographiquement déterminés. Lorsque ces plans sont inclinés sur la surface de la lame, on voit se superposer deux plages inverses le long d'une bande dont la largeur dépend de l'inclinaison du plan de séparation. La ligne longitudinale qui divise la bande en deux parties égales correspond à la superposition des deux plages inverses d'égale épaisseur, et cette ligne paraît noire entre deux nicols croisés. A partir de cette ligne médiane, l'épaisseur de la plage dextrogyre va en croissant d'un côté et en décroissant de l'autre; on voit donc la teinte varier de part et d'autre et passer graduellement à celles qui caractérisent les plages homogènes, dextrogyre ou lévogyre, qui entourent la bande.

Groupements des cristaux de quartz améthyste. — Il y a des cristaux remarquables dans lesquels l'enchevêtrement des parties dextrogyres et lévogyres, au lieu de se faire sans ordre, est au contraire assujetti à une régularité très curieuse. De ce nombre sont particulièrement les cristaux de quartz colorés en violet et auxquels on donne le nom d'*améthystes*. L'une des dispositions les plus remarquables de ces améthystes, et qui peut servir de type à toutes les autres, est celle qui est représentée d'une façon théorique par le diagramme, figure 109.

Une lame découpée normalement à l'axe la montre partagée par trois bandes très-minces divergeant du centre et normales aux arêtes $e^2e^{\frac{1}{2}}$, en 3 par-

1. Mémoire sur la cristallisation du quartz. Mémoires des savants étrangers, t. XV, p. 570 (1868).

ties très distinctes. Ces bandes centrales s'étalent en quelque sorte avant d'arriver au bord de la lame pour se terminer par des triangles équilatéraux dont les côtés sont parallèles aux trois arêtes $e^2e^{\frac{1}{2}}$. Ces bandes et les triangles auxquels elles aboutissent ne sont point colorés par la matière violette qui pénètre le reste du cristal. Les bandes sont homogènes et dextrogyres par exemple. Les triangles qui les terminent sont partagés en deux parties égales par une ligne médiane qui se trouve dans l'allongement du milieu de la bande. Les deux moitiés d'un triangle sont de sens inverse, et si l'on passe d'un triangle à un autre dans un ordre déterminé, on rencontre alternativement une moitié de triangle dextrogyre, puis une moitié lévogyre, et ainsi de suite. Quant au reste de la lame dans lequel la matière colorante violette est comme concentrée, il est divisé par les trois bandes et les trois triangles en trois sections correspondant aux arêtes e^2p. Chaque secteur est traversé par deux séries de plans inclinés sur les faces de la lame, et qui paraissent parallèles à deux des faces de l'isoscéloèdre $s = (41\bar{2})$. (*V.* tome I, p. 143). Ces plans qui viennent se rencontrer suivant la ligne médiane du secteur sont visibles à l'œil lorsqu'on fait jouer le cristal à la lumière. Sous le microscope polarisant, on constate qu'ils séparent deux portions du cristal ayant des rotations inverses. Il résulte de l'inclinaison des plans de séparation que les plages inverses se superposent en biseau suivant une normale à la lame, et on voit se dessiner entre deux nicols croisés une série de bandes noires correspondant aux parties de la lame où les parties dextrogyres et lévogyres superposées sont d'épaisseur égale.

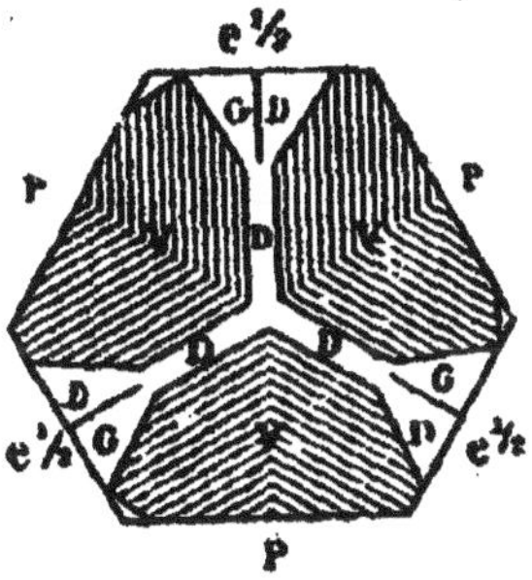

Fig. 109.

De semblables lames, lorsqu'elles s'approchent de la régularité théorique (qu'elles n'atteignent jamais complètement), montrent, lorsqu'on les observe entre un polariseur et un analyseur mobile, un des plus curieux phénomènes optiques.

Quartz calcédoine. — On peut s'étonner que les cristaux de quartz ne puissent se former que par une succession de molécules présentant des orientations régulièrement alternées. On ne connait pas en effet de cristaux de quartz dans lesquels les molécules auraient une orientation parallèle et qui seraient alors nettement biaxes et probablement clinorhombiques. Mais on connaît une variété de quartz, dite *calcédoine*, qui ne se présente qu'à l'état d'agrégats cristallins, et qui se montre, sous le microscope, formée de grains à contours irréguliers, dépolarisant très inégalement la lumière et ne s'éteignant complètement dans aucun azimut. On peut conjecturer que la calcédoine est du quartz, dans lequel les circonstances de la cristallisation n'ont pas permis aux molécules de se superposer suivant la loi d'orientation alternée qui paraît nécessaire à la construction et à la stabilité de l'édifice moléculaire cristallin.

II. POLARISATION ROTATOIRE DES CRISTAUX AUTRES QUE LE QUARTZ.

Les cristaux uniaxes et uniréfringents manifestent seuls la polarisation rotatoire. — On connaît un certain nombre de cristaux qui montrent des phénomènes de polarisation rotatoire soumis aux mêmes lois que ceux que présente le quartz. Tous ces cristaux sont uniaxes ou uniréfringents. On a l'habitude d'expliquer cette particularité remarquable en disant que dans les cristaux biaxes, la biréfringence masquerait la polarisation rotatoire, si elle pouvait s'y manifester. Une semblable explication ne présente en réalité aucun sens. Il est certain que les phénomènes de polarisation rotatoire ne seraient pas, dans les cristaux biaxes, ceux que l'on observe dans les cristaux uniaxes, mais ils n'en seraient pas moins nets, et la biréfringence ne les masquerait en aucune façon, pas plus que ne les masque, dans le quartz, la biréfringence suivant les directions inclinées sur l'axe.

Il est facile de voir pourquoi la polarisation rotatoire ne peut pas se rencontrer dans les cristaux biaxes. Nous avons en effet attribué la polarisation rotatoire à la superposition de paquets identiques formés par l'empilement régulier de lames très minces, ce qui revient, comme nous l'avons vu à propos du quartz, à la superposition, suivant la même rangée, de molécules présentant des orientations différentes et régulièrement alternées.

Pour que les molécules prennent ainsi des orientations différentes dans un même édifice cristallin, il faut qu'elles puissent tourner autour d'un certain axe sans que le système réticulaire soit modifié, du moins sensiblement; car c'est le système réticulaire qui règle la figure extérieure du cristal. Il faut donc que la molécule puisse tourner autour d'un axe qui est un axe de symétrie pour le réseau et n'en est pas un pour elle-même.

Or, les axes du réseau ne peuvent être que binaires, ternaires, quaternaires ou sénaires. Si l'axe de rotation de la molécule est d'ordre supérieur à 2, le cristal acquiert, par l'empilement régulièrement alterné des molécules, un axe de symétrie supérieur à 2, et le cristal devient uniaxe ou uniréfringent.

Si l'axe de rotation de la molécule est seulement binaire, il n'y a plus que deux orientations distinctes de la molécule ; et dans ces deux orientations distinctes, les sections principales de l'ellipsoïde inverse optique, normales à l'axe, sont situées à 180° l'une de l'autre. Le polygone, dont l'aire est proportionnelle à la rotation, a une surface nulle, et le cristal n'acquiert pas de propriété rotatoire.

Il résulte donc de notre explication que c'est seulement parmi les cristaux uniaxes ou uniréfringents que la propriété rotatoire peut être rencontrée, ainsi que l'ont montré depuis longtemps les observations les plus multipliées.

Tableau des substances cristallines connues qui manifestent la polarisation rotatoire. — On a réuni dans le tableau suivant toutes les substances cristallines, connues jusqu'à ce jour, qui manifestent la polarisation rotatoire.

Nous remarquerons, à propos de ce tableau, que le cinabre l'emporte considérablement sur toutes les autres substances par la grandeur de son pouvoir rotatoire, qui est 15 à 16 fois plus grand que celui du quartz. Cette rotation énergique s'accompagne d'un pouvoir biréfringent considérable. Cela est d'accord avec l'explication que nous avons donnée du pouvoir rotatoire des cristaux. Ce pouvoir doit être en effet proportionnel au carré du retard provoqué par les lames élémentaires biaxes dont la superposition donne lieu aux phénomènes de rotation. Il ne nous est pas possible de connaître ce retard, mais il est permis de penser qu'il doit être plus considérable pour les substances qui manifestent encore, après le croisement des lames, une double réfraction plus énergique.

Toutes les substances actives montrent également des cristaux droits et des cristaux gauches. Cependant pour quelques-unes d'entre elles l'une des formes prédomine. C'est ce qui arrive pour le carbonate de guanidine, dont les cristaux sont presque tous dextrogyres, et pour le sulfate de strychnine, dont les cristaux sont le plus souvent lévogyres.

	FORMULE CHIMIQUE.	INDICES PRINCIPAUX		ROTATION POUR 1mm (jaune).
		ORDINAIRE.	EXTRA-ORDINAIRE.	
	I. *Cristaux sénaires ou ternaires.*			
Cinabre	HgS	2,816	3,142 Li	325° environ
Benzyle.............	$C^{14}H^{10}O^{2}$	»	»	24,92
Periodate de soude...	$NaIO^{4} + 3aq$	»	»	23,3
Quartz	SiO^{2}	1,544	1,553 Na	21,67
Hyposulfate de potasse anhydre..........	$K^{2}SO^{6}$	1,455	1,514 Na	8,38
Hyposulfate de plomb hydrate	$PbS^{2}O^{6} + 4aq$	1,635	1,531 Na	5,53
Hyposulfate de chaux hydrate...........	$CaS^{2}O^{6} + 4aq$	»	»	2,09
Hyposulfate strontiane hydrate...........	$SrS^{2}O^{6} + 4aq$	1,530	1,525 Na	1,64
Maticocamphre......	$C^{10}H^{16}O$	1,5415	1,5104 Li	2,4
	II. *Cristaux quadratiques.*			
Diacétyl-phénol-phtaléine.............	$C^{20}H^{12}O^{4}(C^{2}H^{3}O)^{2}$	»	»	19,7
Sulfate d'éthylène diamine......... ...	$Az^{2}H^{6}C^{2}H^{4}SO^{4}$	»	»	15,45
Carbonate de guanidine.............	$(CH^{5}Az^{3})^{2}H^{2}CO^{3}$	1,496	1,486	14
Sulfate de strychnine	$(C^{21}H^{22}Az^{2}O^{2})^{2}H^{2}SO^{4} + 6aq$	»	»	9 à 10°
	III. *Cristaux cubiques.*			
Chlorate de soude...	$NaClO^{3}$	»	»	3,67
Bromate de soude ...	$NaBrO^{3}$	»	»	2,80
Sulfantimoniate de soude	$Na^{3}SbS^{4} + 9aq$	»	»	2,7
Acétate d'urane et de soude............	$NaC^{2}H^{3}O^{2} + UO^{2}.C^{4}H^{6}O^{4}$	»	»	1,8
Alun d'amylamine...	$\left.\begin{matrix}(AzH^{3}C^{5}H^{11})^{2}SO^{4}\\ Al^{2}S^{3}O^{12}\end{matrix}\right\} + 24aq$	»	»	?

Dans tous les cristaux actifs, la rotation varie à peu près en raison inverse du carré de la longueur d'onde, comme cela a lieu pour le quartz, et avec une approximation analogue.

Relation entre le pouvoir rotatoire et la forme cristalline. — Les cristaux qui possèdent le pouvoir rotatoire et font tourner, soit à droite, soit à gauche, la vibration incidente, ont nécessairement une structure intérieure qui permet de leur assigner une droite et une gauche, car autrement il n'y aurait aucune raison physique pour que la vibration fût déviée plutôt dans un sens que dans l'autre, et la rotation n'aurait plus aucune raison d'être. Mais la forme cristalline extérieure n'est pas toujours apte à déceler la dyssymétrie intérieure de l'édifice moléculaire.

Parmi les substances à symétrie sénaire ou ternaire, le periodate de soude, le quartz, l'hyposulfate anhydre de potasse et l'hyposulfate hydraté de chaux ont seuls montré dans leurs formes cristallines l'hémiédrie ternaire holoaxe à formes conjuguées non superposables. Les cristaux qui portent des formes droites sont dextrogyres ; ceux qui portent des formes gauches sont lévogyres.

Parmi les substances quadratiques, on n'a trouvé d'hémiédrie non superposable que dans les cristaux de carbonate de guanidine (Bodewig). Ces cristaux, qui ont la forme octaédrique, montrent en effet de petites faces, non mesurables, d'un hémidioctaèdre droit, et la plus grande partie des cristaux sont dextrogyres.

Les cristaux de sulfate de strychnine n'ont pas de formes hémièdres, mais M. Baumhauer a pu déceler l'hémiédrie de la structure cristalline en provoquant à la surface des cristaux des figures de corrosion. Nous reviendrons plus loin sur cet intéressant procédé d'investigation.

Quant aux cristaux cubiques doués de la polarisation rotatoire, ils accusent tous, sauf l'alun d'amylamine, la dyssymétrie de l'édifice moléculaire, en montrant la coexistence de formes para- et antihémiédriques. Les cristaux sont donc tétartoédriques (*V.* T. I, page 95). Les cristaux droits, c'est-à-dire dans lesquels les faces du dodécaèdre pentagonal sont à droite de celles du dodécaèdre rhomboïdal, lorsqu'on place en haut l'angle non modifié par le tétraèdre, sont dextrogyres, et inversement.

Structure théorique des cristaux quadratiques possédant le pouvoir rotatoire. — Pour concevoir le mode de structure propre à communiquer à un cristal quadratique le pouvoir rotatoire, il ne suffit pas d'imaginer la superposition de lamelles cristallines rhombiques empilées de manière que les sections principales consécutives soient à 90° l'une de l'autre. Il est en effet aisé de voir, en construisant le polygone dont l'aire représente la rotation d'un paquet ainsi composé, que les différents côtés de ce polygone faisant entre eux des angles égaux à 180°, se disposent sur une même droite. L'aire du polygone est donc nulle. D'ailleurs le paquet ne contient en réalité que deux lames, car les sections principales des deux lames inférieures sont respectivement parallèles à celles des deux lames supérieures.

Pour imaginer une construction qui puisse expliquer la structure cristalline, on peut supposer que le réseau est quadratique, tandis que les molécules sont anorthiques. Supposons que, sur une certaine sphère, O (fig. 110) est le pôle de l'axe quaternaire, P, Q P_1, Q_1, ceux des

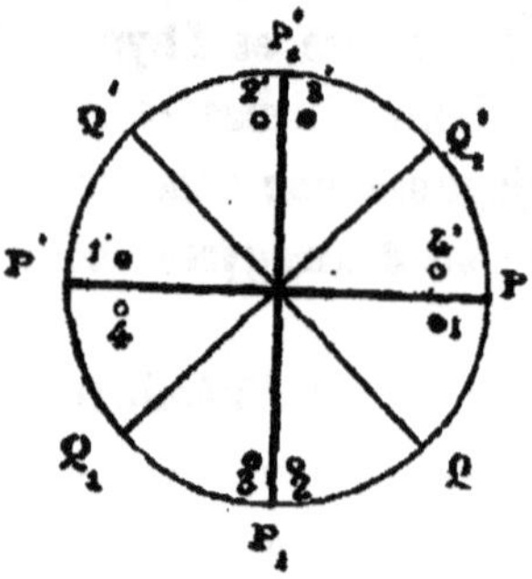

Fig. 110.

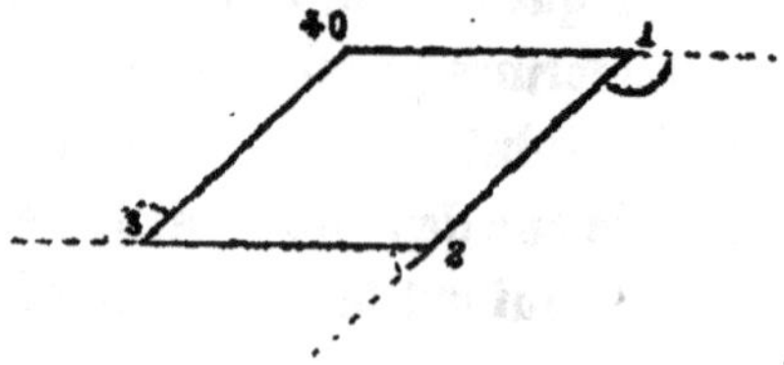

Fig. 111.

quatre axes binaires. Les axes de l'ellipsoïde optique inverse de la molécule sont dirigés d'une manière quelconque par rapport aux axes cristallographiques du réseau, et nous supposons que le point 1 est le

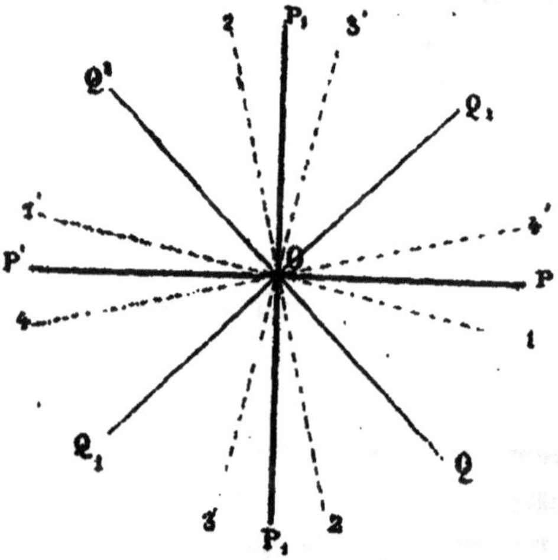

Fig. 112.

pôle de l'un de ces axes. Si nous faisons tourner de 180° le réseau autour de OQ, la molécule changera d'orientation et le pôle 1 de l'ellipsoïde viendra en 2 ; par une rotation de 180° autour de OP, le pôle vient en 3; et il vient en 4 par une rotation autour de OQ_1.

Par la combinaison de ces quatre orientations de la molécule, l'ellipsoïde résultant a acquis les 4 axes de symétrie binaire OP, OP_1, OQ,

OQ_1, et par conséquent aussi l'axe quaternaire dont le pôle est en O. Le cristal est donc devenu uniaxe.

Le cristal a en outre acquis la polarisation rotatoire. Représentons en effet par O1 (fig. 112) l'un des axes de l'ellipse obtenue en coupant par un plan normal à l'axe quaternaire du réseau l'ellipsoïde inverse de la molécule dans sa position 1 ; si OQ est la direction de l'axe binaire, et si l'on prend Q02 = Q01, 02 est l'axe de même nature dans l'ellipse correspondant à l'orientation 2 de la molécule. On aura de même les axes O3 et O4 correspondant aux orientations 3 et 4.

Il est bien aisé de voir que le polygone de rotation est un certain losange (fig. 111) dans lequel l'angle O12 est égal à π diminué de deux fois l'angle 1O2 de la figure 112. Chaque côté du parallélogramme est égal à $\frac{1}{4}\delta$, δ étant l'excès sur l'autre axe de celui des axes de l'ellipse qui est dirigé suivant O1. Le pouvoir rotatoire du paquet est égal à

$$r = 4\frac{\pi^2}{\lambda^2}s\varepsilon,$$

s étant l'aire du parallélogramme et ε l'épaisseur de la strate du réseau perpendiculaire à l'axe quaternaire.

Structure théorique des cristaux cubiques possédant le pouvoir rotatoire. — On ne se représente pas la structure d'un cristal cubique doué du pouvoir rotatoire aussi aisément que celle d'un cristal à un axe principal. Dans ce dernier cas, le cristal peut être supposé formé par la superposition de strates cristallines identiques entre elles, sauf par l'orientation des molécules, et l'identité de cette structure avec celles des piles de Reusch est manifeste. Les cristaux cubiques ne peuvent pas avoir une structure aussi simple.

Si nous imaginons un réseau cubique avec une molécule asymétrique, on peut supposer la molécule liée invariablement à l'une des faces d'un hexoctaèdre, et on conclura que la molécule peut recevoir 48 orientations différentes sans que l'alvéole cubique du réseau cesse d'occuper la même position dans l'espace. Si la structure de l'édifice cristallin est telle qu'il possède, également réparties, un même nombre de ces 48 orientations différentes de la molécule, on obtiendra l'ellipsoïde inverse du cristal ainsi composé en construisant autour d'un même centre les 48 orientations correspondantes de l'ellipsoïde inverse qui caractérise une des alvéoles cubiques, et en composant ces ellipsoïdes entre eux suivant la règle exposée page 271. L'ellipsoïde résultant admettant tous les axes du système cubique holoédrique est une sphère.

Au lieu de donner à la molécule les 48 orientations auxquelles conduit le système des axes de symétrie de l'holoédrie, on peut se borner aux douze orientations différentes qui correspondent aux douze faces de l'hexoctaèdre tétartoédrique (V. tome I, page 94). L'ellipsoïde inverse résultant est encore une sphère, mais en supposant les 12 orientations différentes de la molécule également réparties suivant une certaine loi dans la masse du cristal, celui-ci ne possède que la symétrie tétartoédrique, et, suivant les 12 orientations que l'on aura choisis, le cristal sera tétartoédrique droit ou tétartoédrique gauche.

Quelle que soit la loi uniforme adoptée pour la répartition des 12 orientations moléculaires différentes, les rangées parallèles du réseau pourront, en général, ne pas présenter la même loi de succession dans l'orientation des molécules superposées; mais si nous considérons un cylindre parallèle à ces rangées et de très petite section, il renfermera toutes les variétés que l'on peut rencontrer dans ces rangées.

Si ce cylindre représente un faisceau lumineux traversant le cristal, on pourra le décomposer en autant de faisceaux distincts qu'il comprendra de rangées et chercher pour chaque rangée la rotation produite dans une vibration rectiligne par la traversée du cristal. Les vibrations correspondant à chacun de ces faisceaux interféreront entre elles de manière à donner la vibration résultante. La rotation de cette vibration par rapport à la vibration incidente se produira pour tout faisceau parallèle traversant le cristal suivant la direction donnée.

Si, en conservant toutes choses égales, on substitue aux douze orientations moléculaires considérées les douze autres orientations qui leur seraient symétriques par rapport au centre, le cristal, s'il était droit, deviendra gauche et réciproquement. Tous les nouveaux polygones de rotation seront symétriques des anciens, par rapport à un point; et, suivant une même direction, la rotation de la vibration émergente conservera la même valeur en changeant de sens.

Dans un même cristal, la rotation de la vibration est la même autour des 4 axes ternaires qui persistent dans la tétartoédrie; et, tout autour des 8 pôles de ces axes la surface que l'on obtiendrait en représentant, suivant chaque direction, la rotation par un rayon vecteur proportionnel, sera assimilable à une sphère de même rayon. On peut donc admettre que cette surface est elle-même peu différente d'une sphère, et que, ainsi que le constate l'observation, la rotation est sensiblement la même suivant toutes les directions.

III. POLARISATION ROTATOIRE DES SUBSTANCES NON CRISTALLISÉES.

Existence et constatation du pouvoir rotatoire dans les substances non cristallisées. — Suivant la théorie, conforme à l'observation, qui a été développée plus haut, le pouvoir rotatoire est communiqué aux cristaux par un certain enchevêtrement régulier de molécules diversement orientées. Il est donc évident qu'il ne peut survivre à la structure cristalline qui le produit. La fusion, la dissolution, la vaporisation devront donc faire évanouir le pouvoir rotatoire dans les substances cristallines énumérées plus haut.

C'est en effet ce qui se produit pour toutes ces substances, sauf pour deux d'entre elles, le sulfate de stychnine et l'alun d'amylamine. Nous reviendrons sur ces deux exceptions remarquables.

Mais Biot a découvert qu'un assez grand nombre de substances non cristallisées, solides, liquides ou gazeuses, possèdent un certain pouvoir rotatoire. Pour manifester cette propriété on dispose, dans un tube, une assez longue colonne, de 1 décimètre et plus, de la substance, en général liquide, que l'on veut étudier. On fait tomber un faisceau de lumière polarisée, qui se propage parallèlement à l'axe de la colonne, et dont on connait, à l'incidence, la direction de vibration. Le faisceau qui émerge de la substance est reçu sur un analyseur. Si on opère avec une lumière monochromatique, on mesure la rotation qu'exerce la substance en mesurant l'angle dont il faut tourner l'analyseur, à partir de la position où il est croisé à angle droit sur le polariseur, pour rétablir l'obscurité supprimée par l'introduction de la colonne dans le faisceau.

Biot, au lieu d'employer de la lumière monochromatique, se servait ordinairement de verres rouges colorés par l'oxyde de cuivre et qui ne laissent guère passer que des rayons rouges dont la longueur d'onde est de $0^{mm}000628$ environ.

Il arrive d'ordinaire que le pouvoir rotatoire de la substance varie à peu près en raison inverse du carré de la longueur d'onde. Si l'on opère pour la lumière blanche, on peut alors, en tournant l'analyseur, à partir de la position où il est croisé à angle droit sur le polariseur, trouver, comme pour le quartz, une teinte sensible, et la rotation de l'analyseur est sensiblement égale à celle qui correspond au jaune moyen.

Lorsque le pouvoir rotatoire de la substance suit ainsi les mêmes lois que celui du quartz, on peut encore le mesurer en cherchant quelle est l'épaisseur d'une lame de quartz de sens inverse qui le compense. Si la substance est dextrogyre par exemple, on interpose sur le passage du faisceau lumineux une bilame de quartz lévogyre formée de deux lames prismatiques mobiles. En faisant mouvoir l'une de ces lames par rapport à l'autre, on fait varier l'épaisseur totale de la bilame jusqu'à ce que la compensation ait lieu. Ce procédé exige que la substance soit incolore.

Lois de la polarisation rotatoire de dissolution. — Supposons qu'il s'agisse d'une substance dite *active*, et mise en dissolution dans un liquide *inactif*, tel que l'eau, l'alcool, l'éther, etc. Appelons p le poids de la substance active dissoute dans l'unité de poids du mélange qui contient ainsi en poids $1-p$ du dissolvant, et soit δ la densité du mélange. Le volume occupé par l'unité de poids de ce mélange est $\frac{1}{\delta}$, et le poids de la substance active contenu dans l'unité de volume est $\frac{p}{\frac{1}{\delta}} = p\delta$. Si l'on expérimente sur un volume de longueur l, le poids de matière active contenue dans un cylindre de longueur l et ayant une section égale à l'unité est égal à $lp\delta$. Or, Biot a montré, par de nombreuses expériences, que la rotation ρ produite par le cylindre de longueur l est représentée par la formule

$$\rho = [\alpha]\, lp\delta.$$

Dans cette formule, on prend ordinairement pour unité de longueur le *décimètre* et pour unité d'angle le *degré*. L'angle est considéré comme positif quand la rotation est dextrogyre, comme négatif quand elle est lévogyre.

Pour une couleur ayant une longueur d'onde donnée, $[\alpha]$ est à peu près constant pour une même substance active, et à peu près indépendant de la quantité relative du dissolvant et même de la nature du dissolvant.

Le coefficient $[\alpha]$ reste encore sensiblement le même lorsque $p = 1$, c'est-à-dire lorsqu'il n'y a plus de dissolvant, et que la matière active est maintenue en dissolution par la fusion. Lorsque le corps fondu se solidifie sans prendre l'état cristallin, il présente encore à l'état solide un pouvoir rotatoire caractérisé par le même coefficient $[\alpha]$. C'est ce que l'on observe, par exemple, lorsque l'on compare le pouvoir rotatoire des dissolutions de sucre, à des états variables de concentration, avec celui de sucre d'orge qui est presque anhydre.

Lorsque la matière active peut être réduite à l'état de vapeur, on constate, en enfermant la vapeur dans un long cylindre de verre, qu'elle jouit encore du pouvoir rotatoire. Si dans la formule on substitue à $lp\delta$ le poids de la vapeur contenue dans un cylindre de longueur l et de section égale à 1, on trouve que la rotation d'un cylindre de longueur l est encore donnée par la même formule dans laquelle $[\alpha]$ garde la même valeur.

La conséquence évidente de ces faits, c'est que le pouvoir rotatoire des substances non cristallisées a sa cause dans la nature et la configuration de la molécule; que c'est en un mot une propriété essentiellement moléculaire,

Guidé par ces idées, Biot avait donné au coefficient $[\alpha]$ le nom de *pouvoir rotatoire moléculaire*. Il vaut peut-être mieux le désigner sous le nom de *pouvoir rotatoire spécifique*, car le coefficient $[\alpha]$ représente la rotation qui serait effectuée par une colonne de longueur 1 contenant l'unité de poids de la substance active dans l'unité de volume. Si nous voulons comparer entre eux les pouvoirs rotatoires exercés par les molécules de deux substances actives différentes, il faudra multiplier $[\alpha]$ par le poids moléculaire P propre à chacune d'elles, et le coefficient $P[\alpha]$ peut alors recevoir plus correctement le nom de *pouvoir rotatoire moléculaire*. En réalité, pour ne pas avoir de trop grands nombres, on donne ce nom au produit $[M] = \frac{P[\alpha]}{100}$.

Le coefficient $[\alpha]$ varie, pour une même substance active avec la longueur d'onde. La loi de cette variation est à peu près la même que pour les substances cristallisées, c'est-à-dire qu'elle est *à peu près* en raison inverse du carré de la longueur d'onde.

Si le même dissolvant renferme deux ou plusieurs substances actives différentes et sans action chimique l'une sur l'autre, les rotations propres à chaque substance prise isolément s'ajoutent *algébriquement*; la rotation dextrogyre étant considérée comme positive, suivant la convention déjà mentionnée, et la rotation lévogyre, comme négative.

Les lois générales ne sont qu'approximatives. — Toutes les lois que nous venons d'énoncer ne sont d'ailleurs qu'approximatives, et les diverses substances actives s'en écartent toujours plus ou moins.

C'est ainsi que le pouvoir rotatoire moléculaire varie un peu avec la proportion de dissolvant; en général il augmente avec cette proportion; quelquefois c'est l'inverse, comme pour le camphre. Les variations sont considérables pour l'acide tartrique, mais elles tiennent sans doute à une action chimique du dissolvant.

Le pouvoir rotatoire moléculaire peut aussi varier avec le temps qui s'est écoulé depuis la formation de la dissolution. Il augmente encore après deux mois, avec les solutions d'essences dans l'alcool.

Le pouvoir rotatoire moléculaire peut encore varier avec la nature du dissolvant, et cette variation est quelquefois considérable, comme il arrive surtout pour les dissolutions des alcaloïdes dans l'eau, l'alcool ou le chloroforme.

Si la molécule n'était point altérée par la chaleur, le pouvoir rotatoire moléculaire serait indépendant de la température, qui n'aurait pour effet, comme la dilatation ou la vaporisation, que d'écarter plus ou moins les molécules les unes des autres. Il n'en est point ainsi, et M. Gernez a trouvé que pour les essences d'orange, de bigarade et de térébenthine, on pouvait poser

$$[\alpha]=a-bt-ct^2.$$

Les valeurs de a, b, c pour la raie D sont les suivantes :

	a	b	
Essence d'orange (dextrogyre)....	115.91	0.1237	0.000016
— de bigarade —	118.55	0.1175	0.000216
— de térébenthine (lévogyre)	36.61	0.004437	0

Enfin la loi de la dispersion rotatoire n'est pas plus rigoureusement celle de la proportionnalité à l'inverse du carré de la longueur d'onde, que cela a lieu pour les substances cristallisées. En général les écarts sont du même ordre que pour celles-ci. Il en est autrement pour quelques substances telles que l'acide tartrique dissous dans l'eau, l'alcool éthylique et l'esprit-de-bois. Il est très vraisemblable que dans ce cas la dissolution a pour résultat de modifier la forme de la molécule, ou, en d'autres termes, que le dissolvant agit chimiquement sur la substance active.

Relation entre le pouvoir rotatoire des dissolutions et la forme des cristaux. — Lorsqu'une substance active peut prendre l'état cristallin, comme cela a lieu pour l'acide tartrique, le sucre, etc., on constate *en général* que les cristaux présentent un mode d'hémiédrie non superposable. Le sens de cette hémiédrie est en rapport avec le sens de la rotation des dissolutions. Les dissolutions lévogyres donnent des cristaux à formes gauches; et les dissolutions dextrogyres, des cristaux à formes droites.

Toutefois on connait des dissolutions actives comme celles du camphre ordinaire, du camphre de patchouli, du camphre de menthe, qui donnent des cristaux dans lesquels l'hémiédrie n'est pas observable. Mais nous savons que des cristaux dont la structure est hémiédrique, ne la décèlent pas toujours dans leur forme extérieure.

Il faut remarquer avec soin la différence considérable qui existe entre les cristaux hémiédriques d'une substance telle que l'acide dextrotartrique dont les dissolutions sont actives et dextrogyres, et les cristaux hémiédriques d'une substance telle que le chlorate de soude dont les cristaux sont actifs, tandis que la dissolution ne l'est pas.

Dans les cristaux de chlorate de soude, l'hémiédrie de l'édifice cristallin n'est produite, comme nous l'avons vu, que par une distribution régulièrement alternée de molécules diversement orientées. Il en résulte cette conséquence, conforme à l'observation, que les dissolutions de chlorate de soude, et en général toutes les dissolutions des substances actives à l'état cristallin, peuvent donner à la fois des cristaux droits et des cristaux gauches. Si l'on prend des cristaux de chlorate de soude exclusivement gauches, la dissolution de ces cristaux donne, par évaporation, un mélange de cristaux droits et de cristaux gauches.

Pour les cristaux d'acide dextrotartrique au contraire, l'hémiédrie provient de la forme dyssymétrique de la molécule, et tous les cristaux de cette substance, quelle que soit la manière dont on les obtienne, sont toujours droits. On ne peut obtenir des cristaux gauches qu'à la condition de modifier la forme de la molécule, et alors la substance est chimiquement différente; l'acide lévotartrique n'est plus qu'un isomère de l'acide dextrotartrique, et les propriétés physiques ou chimiques des deux substances sont plus ou moins dissemblables.

C'est ainsi que l'acide dextrotartrique est le seul qui se rencontre dans la nature, et que l'acide lévotartrique, resté longtemps inconnu, a été découvert par M. Pasteur qui l'a préparé au moyen d'un autre isomère de l'acide tartrique, l'acide racémique.

Il peut même arriver que des deux formes droite ou gauche de la substance, une seule puisse être obtenue. Le sucre $C^{12} H^{11} O^{11}$ est dans ce cas et n'est encore connue que sous sa forme droite.

Substances actives en cristaux et en dissolution. — Sulfate de strychnine et alun d'éthylamine. — Les dissolutions des substances actives ne donnent pas en général des cristaux actifs, tandis que les cristaux actifs ne donnent pas en général des dissolutions actives. On ne connaît jusqu'à présent que deux substances faisant exception à cette règle, le sulfate de strychnine et l'alun d'amylamine.

Le sulfate de strychnine cristallisé vers 40° contient 5 équiv. d'eau (Rammelsberg), et cristallise dans le système clinorhombique sans manifester aucune propriété rotatoire particulière. Cristallisé au contraire à la température ordinaire, il contient 6 équiv. d'eau (Rammelsberg) et cristallise dans le système quadratique. Ces cristaux, qui ne possèdent pas de faces susceptibles d'accuser l'hémiédrie non superposable, manifestent une polarisation rotatoire telle que 1^{mm} d'épaisseur fait tourner de 9° à 10° les rayons jaunes moyens. On n'a jusqu'à présent rencontré que des cristaux lévogyres. La solution est aussi lévogyre et on a :

$$(\alpha) = -28°,5.$$

La densité des cristaux est 1.398.

D'après ces derniers nombres, le pouvoir rotatoire des cristaux sur 1^{mm} d'épaisseur, devrait être

$$0,01 \times 28,5 \times 1,498 = 0°,4.$$

Ce pouvoir rotatoire, étant en réalité de 9°,5 environ pour les rayons jaunes, est donc environ 24 fois plus considérable que celui de la substance dissoute. Il faut remarquer que ce calcul suppose que l'orientation des molécules qui existe dans les cristaux et ne se rencontre pas dans les dissolutions, est sans influence sur le pouvoir rotatoire, ce qui est certainement inexact.

Le pouvoir rotatoire de l'acide persiste dans les sels. — Lorsqu'un acide est actif, ses sels sont en général actifs; l'acide droit donne des sels droits, et inversement. Cet important caractère se marque très clairement dans l'acide tartrique et les tartrates. L'acide dextrotartrique donne des dextrotartrates et l'acide lévotartrique, des lévotartrates. Le dextrotartrate et le lévotartrate d'une même base ont ordinairement la même forme cristalline, mais ces formes sont toujours symétriques l'une de l'autre. En général les dextrotartrates ont des formes hémièdres droites et les lévotartrates des formes hémièdres gauches; il n'y a que quelques rares exceptions à cette règle; le dextro-bitartrate de thallium, par exemple, a montré des formes hémièdres gauches. Nous avons déjà dit, à propos des formes hémiédriques que des formes hémièdres gauches pouvaient se produire dans un édifice moléculaire droit.

Explication du pouvoir rotatoire des substances non cristallisées. — Il n'est pas douteux que le pouvoir rotatoire des substances non cristallisées ne soit uniquement dû au passage des rayons lumineux à travers la molécule. C'est donc dans la constitution de la molécule qu'il faut chercher la cause de cette propriété.

L'identité des lois de la polarisation rotatoire que présentent les dissolutions et de celle que montrent les cristaux, principalement en ce qui regarde la dispersion, rend très probable que l'explication de cette propriété doit être la même dans les deux cas. Il est en effet facile de comprendre que la disposition des atomes dans la molécule peut jouer le même rôle que celle des molécules dans les substances cristallisées. Si nous admettons que l'espace très petit dans lequel vibre l'atome est un milieu biréfringent, l'arrangement régulier des atomes qui donne naissance à la molécule produit le même effet, au point de vue optique, que l'arrangement des cellules réticulaires dans les cristaux uniaxes ou cubiques. Les molécules d'un cristal formant ainsi autant de paquets identiques entre eux et semblablement orientés, un cristal peut être considéré comme un assemblage analogue aux piles de Norremberg et de Reusch.

Lorsque l'arrangement atomique de la molécule est tel qu'on ne peut pas distinguer de cet arrangement celui qui lui serait symétrique par rapport à un point, la molécule n'exerce aucune action rotatoire sur un faisceau lumineux qui la traverse suivant une direction quelconque. C'est en effet ce qui résulte de la théorie exposée dans le chapitre précédent. Le cristal ne manifeste alors que les propriétés biréfringentes ordinaires; et il est très remarquable qu'il soit permis de considérer ces propriétés biréfringentes comme produites par les molécules elles-mêmes, indépendamment de leur arrangement réticulaire.

Lorsque la molécule présente cette dyssymétrie spéciale qui fait qu'on peut lui assigner une droite et une gauche, le faisceau lumineux qui la traverse éprouve une rotation variable avec la direction du faisceau. Cette rotation est toujours très faible. Nous avons vu en effet que la rotation du grand axe de l'ellipse vibratoire incidente est, toutes choses égales, proportionnelle à l'épaisseur des milieux biréfringents superposés. Dans les cristaux, cette épaisseur est de l'ordre des distances intermoléculaires; dans les molécules, elle est de l'ordre des distances interatomiques, qui sont sans aucun doute beaucoup plus faibles que les premières.

Il résulte naturellement de là que, pour rendre sensible la polarisation rotatoire produite par l'arrangement atomique, il faudra faire traverser au faisceau un nombre extrêmement considérable de molécules. C'est sans doute pour cette raison que les cristaux des substances actives, qui ne peuvent jamais être observés sous des épaisseurs bien considérables, ne montrent pas de polarisation rotatoire. Lorsque le contraire a lieu, comme pour le sulfate de strychnine, c'est qu'alors les cellules réticulaires des molécules dyssymétriques se groupent entre elles comme celles du quartz et des autres substances actives à l'état cristallisé. Le pouvoir rotatoire des cristaux tels que le sulfate de strychine est ainsi dû à un phénomène de cristallisation entièrement distinct de la forme de la molécule; aussi la grandeur de la polarisation rotatoire des cristaux n'a-t-elle aucun rapport avec celle de la polarisation rotatoire de la dissolution.

Lorsque la substance active est dissoute, fondue ou volatilisée, les molécules ne sont plus orientées parallèlement, et la parfaite identité des propriétés de la matière, suivant toutes les directions, rend nécessaire d'admettre qu'une droite quelconque, menée à travers cette matière, rencontre, sur une très petite longueur, un même nombre de molécules ayant toutes les orientations possibles. Dans ces conditions, il est évident que, lorsqu'un faisceau lumineux traverse un semblable milieu suivant une direction quelconque, les phénomènes biréfringents s'annulent; car si une vibration rectiligne traversant un certain nombre de molécules acquiert un retard égal à $+r$, cette même vibration acquerra le retard $-r$ en traversant un nombre précisément égal de molécules disposées de manière que la section principale normale au faisceau, soit à angle droit sur celle des premières. La biréfringence disparaît donc, et une vibration rectiligne à l'incidence ressort rectiligne à l'émergence.

Il n'en est pas de même de la polarisation rotatoire; la grandeur de la rotation est variable avec l'orientation de la molécule, mais les rotations qui correspondent à toutes les orientations possibles de la molécule ne se compensent pas, au moins en général, et la vibration du faisceau, après la traversée de toutes ces orientations possibles éprouve une rotation moyenne spécifique, qui est la même suivant toutes les directions, et qui est proportionnelle au nombre des molécules traversées.

Cette rotation est d'ailleurs toujours en raison inverse du carré de la longueur d'onde, puisque c'est la loi générale qui régit, au moins approximativement, la rotation produite par la traversée d'un nombre quelconque de milieux biréfringents.

On retrouve donc ainsi, par une hypothèse très vraisemblable, toutes les lois de la polarisation rotatoire moléculaire.

L'explication que nous avons donnée de la polarisation rotatoire, que l'on peut appeler moléculaire, pour la distinguer de celle qui est propre à l'arrangement cristallin, conduit à admettre que les cristaux formés par des molécules à symétrie non superposable devraient manifester un pouvoir rotatoire si on pouvait les observer sur une épaisseur assez considérable. Il est même difficile de comprendre comment il en pourrait être autrement, et comment le pouvoir rotatoire, qui persiste lorsque les molécules font partie d'un liquide ou d'une vapeur, disparaîtrait lorsque les molécules sont régulièrement groupées dans un édifice cristallin. Cela est d'autant plus improbable que la molécule garde entièrement sa forme à travers tous ces changements d'état, puisque la dyssymétrie du cristal traduit celle de la molécule.

En général, en effet, la rotation qu'on pourrait observer avec les épaisseurs ordinaires des lames cristallines est faible. Nous avons déjà vu, pour le sulfate de strychine, que le pouvoir rotatoire des cristaux, en admettant qu'il soit, suivant l'axe des cristaux, le même qu'en dissolution, ne serait que de $0°,4$ pour une lame de 1^{mm} d'épaisseur, ou $4°$ pour 1 centimètre. Une rotation aussi faible serait très malaisée à observer.

Il y a cependant des substances pour lesquelles cette conclusion est peu admissible. Le camphre de patchouli, par exemple, cristallise d'après M. Des Cloizeaux, en prismes hexagonaux réguliers, et des lames de 7^{mm} d'épaisseur ne manifestent pas le pouvoir rotatoire. La densité des cristaux est 1,03. Les dissolutions sont actives et

$$(\alpha)_j = -238°.$$

Si les cristaux possédaient, suivant l'axe principal, un pouvoir rotatoire égal à celui des dissolutions, la rotation serait de $-2°,44$ pour une lame de 1^{mm} d'épaisseur, et de $-17°,08$ pour une lame de 7^{mm}. Il semble difficile qu'une rotation semblable, quoique encore faible, puisqu'elle est à peu près égale à $\frac{1}{10}$ de celle du quartz, échappe complètement à l'observation.

Peut-être n'est-ce pas suivant l'axe sénaire que la rotation moléculaire est la plus grande? suivant cette direction le pouvoir rotatoire pourrait même être plus faible que la rotation moyenne observée dans les dissolutions.

CHAPITRE X.

DOUBLE RÉFRACTION ACCIDENTELLE

Les perturbations que la propagation de la lumière éprouve dans l'intérieur d'un corps dépendent évidemment de la nature et de l'arrangement des particules matérielles qui composent ce corps. Toute action qui altère cette nature ou cet arrangement est donc de nature à altérer aussi le mode de la propagation lumineuse. Lorsque l'action ne s'exerce pas de la même façon suivant les différentes directions de l'espace, le corps peut devenir biréfringent s'il était primitivement isotrope ; ou bien la double réfraction que le corps possédait d'abord peut subir des modifications plus ou moins profondes.

Telle est la cause générale des faits que l'on groupe ordinairement sous le nom de double réfraction accidentelle.

I. DOUBLE RÉFRACTION PRODUITE PAR UNE ACTION MÉCANIQUE.

Verre comprimé. — Parmi toutes les actions qui peuvent produire la double réfraction accidentelle, les plus simples à mettre en jeu sont les actions mécaniques.

Si l'on comprime entre les deux mâchoires d'une presse, un cube de verre homogène et sans action sur la lumière polarisée, et si l'on place le cube ainsi comprimé entre un polariseur et un analyseur croisés à angle droit, on voit l'introduction du cube rétablir la lumière, à moins que la direction suivant laquelle s'exerce la compression ne soit parallèle à la vibration de l'un des nicols. On constate en outre aisément, au moyen d'une lame sensible ou d'une lame quart d'onde, que la vibration parallèle à la direction de la pression est la plus rapide à se propager. L'inverse a lieu si le cube est tiré au lieu d'être comprimé.

Si la pression est exercée au moyen d'un poids, et si l'on mesure, avec un compensateur, la différence de marche qui correspond à une certaine pression, on constate que ces deux quantités varient proportionnellement l'une à l'autre. Cela pouvait se prévoir *a priori*, comme on peut prévoir que cette proportionnalité ne se maintient pas lorsque la pression dépasse certaines limites.

Lorsqu'un parallélipipède de verre dont la hauteur est h, dont la base a pour largeur l et pour épaisseur e, est chargé sur cette base d'un poids P réparti uniformément, la pression exercée sur l'unité de surface est $\frac{P}{le}$. Quand le faisceau lumineux traverse le verre parallèlement au côté e de la base, la différence de marche observée est ed, si d est la différence de marche engendrée par la pression et rapportée à l'unité d'épaisseur. La loi du phénomène est que d est proportionnel à la pression, ou à $\frac{P}{le}$. On a donc

$$d = k\frac{P}{le},$$

k étant une constante.

La différence de marche observée à travers l'épaisseur e est ainsi :

$$ed = k\frac{P}{l};$$

elle est par conséquent indépendante de l'épaisseur e.

Si le faisceau lumineux observé traversait le parallélipipède suivant le côté l de la base, la différence de marche observée serait de même égale à

$$ld = k\frac{P}{e}.$$

Le parallélipipède de verre étant devenu un milieu homogène biréfringent, les propriétés optiques doivent en être représentées par un ellipsoïde. Cet ellipsoïde est nécessairement de révolution autour de la direction de la pression. Le verre comprimé agit donc comme un cristal uniaxe dont le signe est négatif puisque la vitesse de propagation de la vibration dirigée suivant l'axe de compression est la plus grande.

Formules mathématiques représentant la loi du phénomène. — Il est aisé d'obtenir des formules représentant le phénomène que nous venons de décrire sommairement. Quelle que soit en effet la véritable nature de la force que nous avons appelée l'élasticité optique, il nous suffit de savoir qu'elle varie avec la déformation de la substance, pour que nous puissions relier cette force élastique à la déformation par des relations de la même forme que celles qui ont été établies dans le chapitre II entre les forces élastiques mécaniques et la déformation. Dans un cas comme dans l'autre, d'ailleurs, les formules données par la théorie ne seront applicables que dans les limites où l'on peut supposer que l'effet est proportionnel à la cause.

Supposons qu'un corps solide ait subi, sous l'action de forces quelconques, une certaine déformation, et que cette déformation soit définie en chaque point par un certain ellipsoïde. .

Si l'on évalue, suivant un plan quelconque, la force élastique optique qui existait, au point considéré, avant la déformation; la variation que produit cette déformation pour chacune des composantes de la force se déduira des δ et des α correspondant à la direction choisie, au moyen des formules (6) de la page 25. Dans ces formules entrent 21 coefficients, différents bien entendu de ceux qui conviennent à l'élasticité mécanique, et qui devront être, pour chaque corps, déterminés par l'expérience. Lorsque le corps cristallise dans un système symétrique les formules se simplifient et le nombre des coefficients diminue comme il est dit aux pages 38,39 et 40.

Au moyen de ces formules, on pourra déterminer, en chaque point du corps, la forme et l'orientation de l'ellipsoïde d'élasticité optique. En général cet ellipsoïde variera d'un point à un autre, et les phénomènes biréfringents produits par la traversée du corps tout entier s'obtiendront par des calculs analogues à ceux que nous avons appliqués à des milieux non homogènes, tels que ceux qui sont produits par la superposition de lames minces cristallines.

Après avoir indiqué le procédé général qui permettrait de résoudre le problème dans tous les cas, nous nous restreindrons à l'examen de quelques cas particuliers très simples.

Soit un prisme comprimé sur deux de ses bases opposées par une force normale (pression ou traction) égale à p par unité de surface. On aura (Voir page 45):

$$\delta_x = pB'_y, \qquad \delta_y = pB'_x, \qquad \delta_z = pA'_z,$$
$$\alpha_x = pC'_z, \qquad \alpha_y = pD'_z, \qquad \alpha_z = pF'_z,$$

A′, B′, etc., étant les coefficients inverses de l'élasticité mécanique.

Supposons que le corps soit isotrope ou cristallisé dans le système cubique; les C′, D′, F′ sont égaux à zéro; il en est de même par conséquent des α_x, α_y, α_z; on a $B'_y = B_x$, d'où résulte $\delta_x = \delta_y$. L'ellipsoïde de déformation est ainsi de révolution autour de l'axe des z.

Si nous désignons par N_x, N_y, N_z, T_x, T_y, T_z les composantes des forces élastiques optiques qui s'exercent suivant les 3 plans coordonnés, par A et B les coefficients directs de l'élasticité optique, les formules (11) de la page 40 montrent que les T sont nuls, et que $N_x = N_y$, ce qui indique que l'ellipsoïde d'élasticité optique est aussi de révolution autour de l'axe des z. Les mêmes formules donnent

$$N_x = N_0 + (A + B)\delta_x + B\delta_z,$$
$$N_z = N_0 + 2B\delta_x + A\delta_z,$$

en désignant par N_0 la force élastique qui s'exerçait également suivant toutes les directions avant la déformation. Si l'on se rappelle que N_x, N_z, N_0, sont proportionnels aux carrés des vitesses de propagation lumineuse, en appelant V la vitesse de propagation de la vibration perpendiculaire à la direction de la pression, V′ celle de la vibration parallèle à cette direction, v la vitesse de toutes les vibrations avant la déformation, on aura :

$$V^2 = v^2 + (A + B)\delta_x + B\delta_z,$$
$$V'^2 = v^2 + 2B\delta_x + A\delta_z.$$

Telles sont les formules données jadis par Neumann. On peut mesurer expérimentalement V^2, V'^2, v^2, et on en déduira les constantes A et B si l'on connaît en même temps δ_x et δ_z.

Expériences de Neumann. — A l'époque où Neumann a publié ses travaux, on supposait que, dans les corps isotropes, on a toujours $\delta_x = -\frac{1}{4}\delta_z$. Si l'on admettait la réduction à 15 des 21 coefficients de Green (telle qu'elle est exposée pages 56 à 58), on aurait $\delta_y = -0{,}4\delta_z$. Mais l'isotropie que suppose cette dernière réduction semble bien rarement atteinte par les corps solides, et il paraît préférable de laisser indéterminée et de chercher directement par l'expérience la valeur du rapport $\frac{\delta_x}{\delta_z}$. Les expériences de M. Mach conduisent à la valeur $\frac{\delta_x}{\delta_y} = -0{,}239$, assez voisin du nombre $-0{,}25$ qu'admettait Neumann.

Pour mesurer V^2 et V'^2, Neumann se servait d'une expérience due à Brewster, qui consiste à courber un prisme de verre reposant sur deux appuis. Suivant la théorie ordinaire de la flexion, il se trouve dans le prisme une fibre neutre qui ne subit aucune déformation, et qui sépare les fibres allongées des fibres raccourcies.

Si l'on observe le milieu de la verge entre deux nicols croisés, dont les vibrations sont inclinées de 45° sur l'axe de cette verge, on voit la fibre neutre se dessiner par une ligne noire de part et d'autre de laquelle des lignes isochromatiques indiqueront le retard correspondant à chaque partie de la verge. Comme la théorie de la flexion donne pour chaque point l'allongement, ou le raccourcissement δ_z, on connaîtra le retard $\frac{1}{V'} - \frac{1}{V}$ en fonction de δ_z.

Pour trouver l'expression de $\frac{1}{V'} - \frac{1}{V}$ on peut opérer comme suit.

La variation relative produite dans la vitesse de propagation étant toujours faible, on peut extraire les racines carrées de V et V' par approximation, ce qui, en posant :

$$\frac{A}{2v} = q, \qquad \frac{B}{2v} = p,$$

donne :

$$V = v + (p + q)\delta_x + p\delta_z,$$
$$V' = v + 2p\delta_x + q\delta_z.$$

Si l'on pose encore $\delta_x = -k\delta_z$, k étant le rapport de la dilatation transversale à la contraction longitudinale, les formules deviennent

$$V = v + [-kq + (1-k)p]\delta_z \qquad \text{ou} \qquad \frac{V - v}{\delta_z} = (1-k)p - kq,$$

$$V' = v + (q - 2kp)\delta_z \qquad \text{ou} \qquad \frac{V' - v}{\delta_z} = q - 2kp,$$

δ_z étant négatif dans le cas de la compression et positif dans le cas de la traction.

On en déduit, par le même procédé d'approximation :

$$\frac{1}{V}-\frac{1}{V'}=-\frac{p-q}{v^2}(1+k)\delta_z.$$

La compression du verre et de tous les corps solides essayés jusqu'ici donne toujours $\frac{1}{V'}>\frac{1}{V}$; comme δ_z est alors négatif, $\frac{p-q}{v^2}(1+k)$ est positif.

Neumann a trouvé, avec un verre à glaces pour lequel v était égal à 0,654 :

$$\frac{\frac{1}{V}-\frac{1}{V'}}{\delta_z}=-\frac{p-q}{v^2}(1+k)=-0.158.$$

En faisant interférer les rayons qui avaient traversé la partie dilatée de la verge fléchie, avec ceux qui avaient traversé la partie contractée, et observant le déplacement des franges, Neumann a pu déterminer non seulement $\frac{1}{V'}-\frac{1}{V}$, mais encore V et V′, et il a trouvé :

$$\frac{V'-v}{\delta_z}=(1-k)p-kq=-0.029,$$

$$\frac{V-v}{\delta_z}=q-2kp=-0.097.$$

Il résulte de là que, dans le cas de la compression, c'est-à-dire quand δ_z est négatif, V et V′ sont l'un et l'autre plus grands que v.

Il en résulterait que la compression, qui correspond à un accroissement de densité, augmente la vitesse de propagation ou diminue l'indice de réfraction. Ce résultat paraît être en opposition avec la loi de Gladstone, vérifiée il est vrai plutôt pour les liquides que pour les solides.

M. Mach a repris les observations de Neumann par d'autres méthodes d'observation, et il est arrivé à des résultats peu différents.

Expériences de Wertheim. — Dans la série nombreuse d'observations qu'il a faites sur ce sujet, Wertheim observait la différence de marche produite dans un parallélipipède d'une substance isotrope, sous l'influence d'une pression connue. Il se dispensait d'avoir recours au compensateur en opérant comme il suit. Il prenait pour analyseur un prisme de spath donnant les deux images et dont la section principale était croisée à angle droit sur la vibration du polariseur. Avant la compression, l'image extraordinaire apparaissait donc seule. En chargeant de poids le cube de verre, on voyait l'image ordinaire apparaître et l'image extraordinaire diminuer d'intensité, puis disparaître au moment précis où la différence de marche engendrée par la pression était égale à une demi-longueur d'onde, $\frac{\lambda}{2}$. En continuant à ajouter des poids, on arrivait à rétablir l'image extraordinaire, puis à faire disparaître l'image ordinaire lorsque la différence de marche était égale à une longueur d'onde ; et ainsi de suite.

On pouvait aussi, lorsqu'on employait la lumière blanche, évaluer les différences de marche par la succession des teintes observées soit dans l'image extraordinaire, soit dans l'image ordinaire.

Voici les principaux résultats obtenus par Wertheim :

		DENSITÉ	INDICE.	PRESSION EN KIL. PAR MM² produisant un retard de $\frac{\lambda}{2}$ pour 1mm de longueur.	COEFFICIENT D'ÉLASTICITÉ optique C	COEFFICIENT D'ÉLASTICITÉ mécanique E	$\frac{E}{C} = \frac{\frac{1}{V} - \frac{1}{V'}}{-\delta_3}$.
Verres.	Crown Maës et Clémandot. [Borosilicate de potassium et de zinc.]......	2.657	1.532	kilogr. 6.87	26978	5888	0.2182
	Crown Feil et Grimaud. [Borosilicate de potassium et de zinc]......	2.629	1.541	7.62	29923	6397	0.2138
	Flint de Grimaud.......	3.589	1.617	6.60	25917	4976	0.1920
	Verre à glaces.........	2.457	1.543	8.25	32396	6180	0.1908
	Flint Maës et Clémandot..	3.538	1.614	8.30	32593	5323	0.1633
	Borosilicate de plomb (Feil)	4.050	1.676	13.25	52031	5208	0.1001
	Flint lourd Feil.........	4.036	1.624	12.97	50932	5017	0.0985
	Flint Faraday..........	4.358	1.681	14.60	57332	5017?	0.0875?
Fluorine..............		3.183	1.436	14.16	55605	8647	0.1555
Sel gemme..............		2.136	1.557	9.80	38483	3876	0.1007
Alun inactif.............		1.632	1.455	3.87	15197	975	0.0641

On a pris pour longueur d'onde celle du jaune moyen $\frac{\lambda}{2} = 0^{mm},000275$.

Le coefficient d'élasticité optique C est tel que :

$$\frac{1}{V}-\frac{1}{V'}=\frac{P}{C},$$

P étant la pression en Kg par mm^2. Les nombres de la 3e colonne sont les moyennes des expériences faites sur chaque substance sous diverses pressions et avec divers échantillons. Pour calculer C, on a multiplié assez arbitrairement par 1,08 les nombres de la 3e colonne pour tenir compte de l'abaissement qui se manifeste, pour les faibles charges, dans le chiffre de la pression qui donne un retard d'une demi-longueur d'onde. Le coefficient d'élasticité mécanique $E=\frac{P}{\delta_z}$ (P étant la pression qui produit la variation de longueur δ_z) a été observé, pour chaque substance, au moyen des vibrations transversales d'une lame mince et suffisamment longue ; cette lame mise en vibration au moyen d'un archet, les deux bouts étant libres, rendait le son fondamental et quelques-uns de ses harmoniques.

Si l'on compare les expériences de Wertheim à celles de Neumann, qui n'ont porté que sur le verre à glaces, on voit que Wertheim a trouvé $\dfrac{\frac{1}{V}-\frac{1}{V'}}{-\delta_z}=0{,}191$ et Neumann $=0{,}158$. Mais rien ne prouve que les verres employés par les deux observateurs aient été identiques.

Wertheim avait trouvé que la différence de marche engendrée par la pression est, toutes choses égales, indépendante de la longueur d'onde de la lumière employée. En d'autres termes, dans la formule

$$\delta=k\frac{P}{le},$$

k serait indépendant de λ. M. Macé de Lépinay a constaté [1] que cette loi ne s'applique qu'aux verres ordinaires, et que pour le flint extradense, par exemple, le retard croît légèrement du rouge au violet.

Effets des actions mécaniques sur différentes substances. — Comme Brewster l'a depuis longtemps observé, de la colle forte récemment coulée et pressée entre les doigts prend une double réfraction très énergique, tandis que la traction ne produit qu'un effet insignifiant.

1. *Ann. chim. et phys.* (5), XIX, p. 1 (1880).

Les substances à moitié fluides comme le verre fondu, la colophane fondue, le baume de Canada, l'acide phosphorique sirupeux, peuvent montrer la double réfraction par pression. L'acide phosphorique sirupeux, contrairement à ce qui a lieu pour tous les autres corps connus jusqu'ici, devient positif par la pression.

Effets des actions mécaniques sur les cristaux. — Des expériences faites sur les corps isotropes il résulte qu'une compression latérale fait passer l'ellipsoïde inverse de la forme sphérique à celle d'un ellipsoïde de révolution aplati suivant la direction de l'axe qui est celle de la pression. On peut énoncer ce résultat d'une manière mnémonique en disant que l'ellipsoïde inverse se déforme comme s'il cédait à l'influence de la pression. Il est clair que cet énoncé ne suppose pas que l'ellipsoïde inverse primitif soit une sphère, et le même principe pourra servir à prévoir quels seront, en gros, les phénomènes produits par une compression exercée sur un cristal n'appartenant pas au système cubique.

Supposons que l'on comprime un cristal uniaxe suivant la direction de l'axe, l'ellipsoïde inverse sera de révolution et le cristal restera uniaxe. Le retard engendré par une lame parallèle à l'axe sera augmenté si le cristal est négatif et diminué s'il est positif. C'est ce que l'on peut constater en effet très aisément en expérimentant sur le quarz positif et la tourmaline négative.

Si l'on comprime le cristal uniaxe normalement à l'axe, l'ellipsoïde inverse cesse d'être de révolution, et le cristal prend les propriétés biaxes d'un cristal terbinaire. Représentons par n_e l'axe de révolution, par n_o l'axe équatorial de l'ellipsoïde inverse primitif. Suivant la direction de la pression, n_o diminuera et deviendra $n_o - D$. Appelons d la diminution du rayon équatorial n_o perpendiculaire à la pression, et d' celle de n_e. Les quantités d et d' sont en général différentes entre elles, puisque les élasticités, optique ou mécanique, ne sont pas les mêmes suivant les deux directions. Toutefois, de ce qui se passe pour les corps isotropes, nous pouvons conclure que d et d' sont plus petits que D.

Avec un cristal négatif, on a $n_e < n_o$; lorsque la compression ne sera pas trop considérable, les trois indices seront donc rangés comme il suit dans l'ordre de grandeur décroissante :

$$n_o - d, \qquad n_o - D, \qquad n_e - d'.$$

Le plan des axes optiques est ainsi perpendiculaire à la direction de la pression. Si l'on comprime transversalement une lame de tourmaline normale à l'axe, on verra donc, en lumière convergente, les anneaux se changer en lemniscates, la croix noire se disloquer et donner naissance à deux branches d'hyperboles dont l'axe transverse sera perpendiculaire à la direction de la pression.

Avec un cristal positif, on a $n_e > n_o$; les axes de l'ellipsoïde inverse seront, après compression, rangés par ordre de grandeur décroissante comme il suit :

$$n_e - d', \qquad n_o - d, \qquad n_o - D.$$

Le plan des axes optiques passe par la direction de la pression. C'est ce qu'on observe avec des lames de quartz normales à l'axe.

Si V est le demi-angle des axes optiques pendant la compression, on aura sensiblement :

$$\operatorname{tg}^2 V = \pm \frac{D - d}{n_e - n_o + D - d'},$$

le signe + devant être pris quand le cristal est positif, et le signe — quand il est négatif. En négligeant les carrés de D, d et d', on aura

$$\operatorname{tg}^2 V = \pm \frac{D - d}{n_e - n_o}.$$

Comme D et d sont proportionnels à la pression, il en est de même de tg ²V.

Pour les cristaux biaxes, on trouverait des résultats analogues. Considérons une lame taillée dans un cristal biaxe perpendiculairement à la bissectrice aiguë. On peut la presser latéralement soit suivant la direction du plan des axes, soit perpendiculairement.

Nous supposerons d'abord le cristal négatif. On a alors sensiblement :

$$\operatorname{tg}^2 V = \frac{n_c - n_b}{n_b - n_a}.$$

Lorsque la pression est exercée suivant le plan des axes, c'est-à-dire suivant c, c'est n_c qui subit la diminution la plus considérable et V diminue. Si au contraire la pression est exercée perpendiculairement au plan des axes, c'est-à-dire suivant b, c'est n_b qui subit la diminution la plus forte, et V augmente.

Avec un cristal négatif, on voit donc les axes se rapprocher lorsque la pression est dirigée sur le plan des axes, et s'écarter lorsque la pression est dirigée perpendiculairement à ce plan.

Avec un cristal positif, le numérateur de tg ²V est $n_b - n_a$; lorsque n_b subit la plus forte diminution, c'est-à-dire lorsque la pression est perpendiculaire au plan des axes, V diminue ; les phénomènes sont donc inverses de ceux que l'on observe avec un cristal négatif.

Avec une petite presse à comprimer, on vérifie très aisément, en quelques minutes, toutes les conséquences qui précèdent. Mais, jusqu'à présent, on ne possède que très peu de données précises faisant connaître les variations des indices principaux de certaines substances cristallines sous des pressions connues.

M. le Dr Bücking[1] a publié récemment sur ce sujet intéressant quelques observations malheureusement encore fort incomplètes. Nous en extrairons seulement un chiffre qui montrera l'importance des quantités que nous avons appelées D, *d* et *d'*. En comprimant une plaque carrée de quartz ayant 10^{mm} de côté et 4^{mm} d'épaisseur, M. Bücking a observé un écartement d'axes dans l'air égal à 12°. On en déduit pour la pression P par millimètre carré, $P = 1^{Kg},22$, et pour le demi-angle vrai des axes, $V = 3°52'$. En prenant $n_o - n_e = 0,0092$, on en déduit $D - d = 0,0000426$, soit 0,000035 pour une pression de 1^{Kg} par mm^2.

Des expériences de Wertheim citées plus haut, on tire que, pour le verre à glaces, la différence des indices produite par une pression de 1^{Kg} est égale à 0,000031, nombre très voisin de celui que nous venons de trouver pour le quartz. La variation des indices produite par une même pression dans les matières colloïdes et cristallines est donc du même ordre de grandeur.

Les cristaux peuvent-ils subir, sous l'influence de la compression, des déformations permanentes ? — M. Bücking semble surtout s'être préoccupé de la question, d'ailleurs très importante, de savoir si la variation que la compression fait subir à la double réfraction peut rester permanente, au moins partiellement ; si, en d'autres termes, les cristaux sont susceptibles, comme les corps colloïdes, d'être déformés d'une manière permanente par la compression. Avec des cristaux que l'on peut considérer comme régulièrement constitués, tels que l'orthose sanidine et le quartz, M. Bücking n'a pas observé de déformation permanente. Avec des cristaux uniaxes comme le béryl, la tourmaline et l'apatite, il a, au contraire, trouvé des modifications permanentes

1. Neues Jahrb. für Min. und Geol. (1880), p. 199, et Zeitschrift für Kryst, T. VII (1882)

peu considérables. Mais nous verrons plus tard que ces cristaux ne sont pas réellement uniaxes, que leur uniaxie, qui n'est qu'apparente, résulte d'une constitution intérieure très complexe et qui n'est même pas uniforme en tous les points du cristal. Il ne serait pas surprenant que cet enchevêtrement intérieur fût modifié d'une manière permanente sous l'influence de la pression, comme il l'est certainement par l'action de la chaleur. Les expériences de M. Bücking ne sont donc pas contraires à l'idée que les cristaux, formés par des molécules orientées parallèlement entre elles et disposées suivant un réseau régulier, ne peuvent modifier leur arrangement intérieur que sous l'influence de forces extérieures actuellement agissantes. Cette opinion est entièrement d'accord avec la théorie exposée dans le premier volume de cet ouvrage.

Il faut remarquer, en effet, qu'un corps colloïde, comme le verre, peut être considéré comme formé par un assemblage peu régulier de molécules présentant dans un petit espace toutes les orientations possibles. Il ne répugne pas à l'esprit d'admettre qu'un tel assemblage soit susceptible de prendre, sous l'influence de déformations produites par des forces extérieures, diverses positions d'équilibre stable. Mais dans un corps cristallisé, où la position et l'orientation de chaque molécule sont rigoureusement fixées, il semble qu'une seule position d'équilibre soit possible en l'absence de forces extérieures.

Cas où le cristal comprimé jouit de la polarisation rotatoire. — Un cas intéressant à examiner est celui où le cristal jouit de la polarisation rotatoire. En comprimant transversalement une lame de quartz normale à l'axe, MM. Mach et Mertens[1] ont vu la teinte plate, observée en lumière parallèle, changer de manière à correspondre à un faible *accroissement* de rotation.

Cet effet se comprend aisément si, comme nous l'avons fait, on assimile le cristal de quartz à une pile de lames minces régulièrement croisées. En effet, ces lames étant positives, une pression latérale augmente le retard produit par chacune d'elles, et l'on sait que la rotation est proportionnelle à ce retard. Le contraire devrait avoir lieu pour les cristaux négatifs doués de la propriété rotatoire, mais les observations manquent sur ce point.

En observant, dans la lumière convergente, le cristal de quartz comprimé, les cercles se transforment, comme on l'a dit plus haut, en cour-

1. *Pogg. Ann.*, CLVI, p. 639 (1875). *J. Phys.*, V, 33-231.

bes bipolaires. Dans la lumière polarisée circulairement, la spirale fait place pendant la compression à deux spirales tournant dans le même sens que la première et disposées autour de chacun des pôles qui ont pris naissance.

DOUBLE RÉFRACTION PRODUITE PAR LA TREMPE

Tensions intérieures et biréfringence du verre trempé. — Les corps colloïdes, c'est-à-dire dépourvus de structure cristalline, proviennent en général de la solidification d'un corps amené à l'état liquide soit par la chaleur, soit par la dissolution. La solidification se produit, dans le premier cas, par le refroidissement; dans le second cas, par l'évaporation. Dans l'un et l'autre cas, la solidification se produit donc d'abord à la surface et marche progressivement de l'extérieur à l'intérieur; elle est d'ailleurs ordinairement accompagnée d'une variation de densité.

Supposons, pour fixer les idées, qu'on ait affaire à une masse de verre fondue, exposée à un refroidissement brusque. La surface se solidifie rapidement et tend à occuper un volume moindre que celui qu'elle occupait à l'état liquide. Ce dernier effet est combattu par l'influence de la masse intérieure restée liquide et qui a gardé son volume primitif. Il pourrait résulter de là, comme il arrive pour la plupart des corps, un tressaillement de la masse superficielle solidifiée. Pour le verre et probablement aussi pour tous les corps colloïdes qui passent de l'état liquide à l'état solide en prenant l'état pâteux, la surface peut se solidifier sans se briser; mais il est évident que cette surface possède alors une structure analogue à celle qu'elle prendrait, si, en la supposant d'abord régulièrement constituée, on lui faisait prendre sa forme actuelle en la dilatant par une pression intérieure.

Les couches intérieures se solidifient successivement dans des conditions analogues, et, lorsque la solidification est complète, le corps est dans un état semblable à celui où il se trouverait s'il avait été étiré en chaque point, d'une quantité variable avec la position de ce point par rapport à la surface. Le corps se trouve ainsi dans un état anormal de tension intérieure.

Cette répartition intérieure des tensions ne peut subsister que par leur combinaison mutuelle; l'équilibre du corps a quelque analogie avec celui d'une voûte qui ne se tient en équilibre que par l'action mutuelle des voussoirs, et qui s'effondre lorsqu'un seul d'entre eux est supprimé. Aussi les corps qui présentent cet état singulier, et qu'on appelle *trempés*, soint-ils susceptibles de se briser en fragments plus ou moins menus lorsqu'une seule fissure vient à être provoquée dans la masse.

La trempe sera évidemment d'autant plus intense que le refroidissement sera plus brusque, car il y a alors une différence plus grande entre la température de l'intérieur et celle que possède la surface au moment où elle se solidifie. Aussi le verre refroidi très lentement ne présente-t-il que des phénomènes de trempe nuls ou peu sensibles. Par la même raison, la trempe peut être détruite par un recuit convenable suivi d'un refroidissement très lent.

Nous avons d'ailleurs supposé que le corps colloïde partait de l'état liquide pour arriver à l'état solide. Il est clair qu'il suffit qu'il parte de l'état pâteux, s'il est susceptible de prendre cet état, ce qui est le cas du verre.

Il résulte de ce que nous venons de dire qu'un corps trempé doit présenter une double réfraction, variable en chaque point. Une lame de verre trempé placée entre deux nicols croisés présentera donc une distribution de couleurs plus ou moins complexe, mais qui sera toujours en rapport avec la configuration extérieure, puisque c'est la solidification de la surface qui est la cause du phénomène.

Nous n'entrerons pas ici dans l'étude de la double réfraction des corps trempés, étude qui sort évidemment de notre sujet, mais il est nécessaire de faire une remarque importante. Quelle que soit la forme des lignes d'égale teinte que l'on observe dans un semblable corps entre deux nicols croisés, il se produira toujours une transition graduelle dans les teintes de polarisation qui appartiennent à deux points voisins. Il est bien évident en effet que la double réfraction ne peut varier dans le corps que d'une façon continue, puisqu'elle dépend de l'état de tension intérieure, état qui ne saurait être discontinu.

Une autre conséquence, c'est que le corps trempé occupe un volume plus considérable qu'avant la trempe. Aussi MM. Chevandier et Wertheim ont-ils observé qu'un verre trempé de densité 2,515 prenait après le recuit une densité de 2,523.

La trempe est-elle compatible avec l'état cristallin? — En comparant l'état d'un corps trempé à celui d'un corps qui aurait été étiré d'une quantité variable d'un point à l'autre, nous avons fait une comparaison inexacte par un côté important. Un corps ainsi étiré ne pourrait en effet rester en équilibre que sous l'action de forces extérieures, et de semblables forces n'agissent pas sur le corps trempé. Il faut donc que, dans celui-ci, les molécules prennent une certaine position d'équilibre, différente de celle qui caractérise le corps isotrope, plus ou moins déformé par des forces extérieures. Il est ainsi nécessaire que les molécules d'un corps capable d'être trempé puissent prendre les unes par rapport aux autres des positions d'équilibre multiples. Cette condition est réalisée pour les corps colloïdes susceptibles de prendre l'état pâteux, mais rien n'autorise à en faire une propriété générale de la matière.

Dans les corps cristallins en particulier, la trempe n'a jamais été observée et il est très vraisemblable qu'elle y est, en général, impossible. Nous aurions à invoquer ici les mêmes raisons que celles qui nous ont fait considérer toute déformation permanente comme incompatible avec la structure réticulaire des cristaux. On a cru cependant, par une hypothèse tout à fait gratuite, pouvoir attribuer à une espèce de trempe, contractée pendant l'acte même de la cristallisation, certains phénomènes optiques anomaux, tels que l'existence de la double réfraction dans la plupart des cristaux cubiques. Nous verrons plus tard que non seulement ces phénomènes sont dus à une tout autre cause, mais encore que l'hypothèse de la trempe ne les explique en aucune façon.

Biréfringence du verre lorsque toute la masse n'est pas en équilibre de température.— Un phénomène qui présente quelque analogie avec celui de la trempe se manifeste dans un corps colloïde transparent en voie d'échauffement ou de refroidissement.

Supposons un corps à une température uniforme et en un point duquel on applique une source de chaleur. La chaleur se propagera dans la masse autour du point échauffé et, à chaque moment de la durée, l'état thermique du corps sera caractérisé par une certaine succession de surfaces isothermes. L'accroissement de température en chaque point s'accompagnant d'une certaine variation de volume, l'état de tension intérieure du corps et, par conséquent, la biréfringence du milieu varieront d'un point à un autre. Si le milieu était isotrope, comme le verre, il deviendra biréfringent.

Une expérience très simple met ce phénomène en évidence. On prend une lame de verre isotrope et on la place entre deux nicols croisés. On pose ensuite au centre de la lame un petit corps porté à une température élevée. La chaleur se répand dans la lame, et les surfaces isothermes peuvent être considérées comme des sphères décrites du corps chaud comme centre. Dans un très petit rayon autour de chaque point, le milieu biréfringent pourra donc être considéré comme symétrique tout autour d'une droite joignant ce point au centre, et l'ellipsoïde optique correspondant à ce point sera de révolution autour de cette droite. Chaque point de la lame aura ainsi sa section principale dans un plan normal à la lame et passant par le petit corps chaud. Il en résulte évidemment qu'il se produira une croix noire dont les deux branches respectivement parallèles aux vibrations du polariseur et de l'analyseur viendront se couper au centre du petit corps chaud. Comme tous les points également distants de ce centre jouissent de propriétés identiques, il peut aussi se produire des cercles isochromatiques.

Ces phénomènes disparaissent d'ailleurs lorsque tous les points de la lame sont revenus à la même température.

Biréfringence des corps non homogènes. — Toutes les fois qu'un milieu transparent n'est pas homogène et que sa nature intérieure varie d'une manière continue, ce milieu est biréfringent, et le phénomène précédent n'est qu'un cas particulier de ce principe général. Si le corps est analogue à une sphère formée de couches concentriques de nature différente comme les grains d'amidon, les cristallins des yeux de la plupart des animaux, etc., il rétablira la lumière lorsqu'il sera placé entre deux nicols croisés, et montrera une croix noire dont les bras parallèles aux vibrations du polariseur et de l'analyseur viendront se rencontrer au centre de la sphère. La croix sera plus ou moins régulière, suivant que les grains approcheront plus ou moins de la forme sphérique régulière.

Si le corps est, comme une fibre végétale, formé de tubes concentriques de nature différente, il dépolarisera la lumière et s'éteindra lorsque l'axe commun de ces tubes sera parallèle à l'une des vibrations du polariseur ou de l'analyseur. Le phénomène est très brillant avec les fibres de coton ou de lin qui restent souvent attachées à la surface des lames de verre après qu'elles ont été essuyées avec un linge.

CHAPITRE XI

PHÉNOMÈNES D'ABSORPTION LUMINEUSE. — PLÉOCHROÏSME. — COULEURS SUPERFICIELLES. — FLUORESCENCE.

I. PLÉOCHROÏSME.

Couleur d'un corps vue par transmission. — Coefficient d'absorption. — On sait que, lorsque les vibrations lumineuses éthérées traversent un milieu isotrope, l'intensité en est généralement diminuée. Si l'on désigne par I_0 l'intensité incidente, par I l'intensité émergente, après la traversée d'une certaine épaisseur z du milieu, on a

$$I = I_0 e^{-\alpha z},$$

e étant la base des logarithmes népériens, et α une constante spécifique qui est le *coefficient d'absorption.* Dans cette expression, I_0 est une certaine fonction de la longueur d'onde λ qui dépend de la nature de la source lumineuse; α est une autre fonction de λ qui dépend de la nature du corps absorbant.

La couleur du corps *vue par transmission* résulte de l'impression que fait sur notre œil la somme des intensités lumineuses déduites de la formule précédente en donnant successivement à λ toutes les valeurs possibles dans I_0 et α. Cette couleur dépend ainsi, non seulement de la nature du corps, mais encore de son épaisseur et de la nature de la source lumineuse.

Pour une source lumineuse donnée, il suffit de connaître la fonction α de la longueur d'onde λ, pour pouvoir déterminer la couleur du corps correspondant à toutes les épaisseurs z. Nous verrons plus tard comment cette détermination de la fonction α peut être faite expérimentalement.

Distinction entre les couleurs essentielle et accidentelle. — Le pouvoir absorbant d'un corps, c'est-à-dire sa couleur vue par transmission, peut avoir deux causes bien distinctes. Il peut tenir à la nature même de la substance et aux propriétés de ses dernières molécules. On sait que certains corps simples communiquent à leurs composés la propriété de la couleur; tels sont la plupart des métaux proprement dits, sauf le zinc et l'étain. D'autres corps, au contraire, donnent des composés incolores lorsqu'ils ne se combinent pas avec des corps colorants; tels sont les métaux alcalins, terreux et alcalino-terreux.

Les substances ayant une couleur propre ont une poussière colorée.

Des substances, incolores par elles-mêmes, peuvent être colorées par l'interposition, dans les intervalles intermoléculaires, de petites quantités d'un corps coloré. C'est ainsi que des quantités très petites de sels de cobalt peuvent colorer un verre en bleu. La plupart des minéraux et même des gemmes remarquables par leurs belles teintes, comme le rubis, le saphir, l'émeraude, etc., ne doivent leur coloration qu'à des quantités de matières colorantes si petites que la nature ne peut pas le plus souvent en être déterminée par l'analyse chimique.

Les substances ainsi colorées artificiellement peuvent être distinguées de celles qui ont une couleur propre par cette circonstance que leur poussière n'est pas colorée.

Dans les substances cristallisées et colorées accidentellement, la matière colorante s'interpose entre les mailles du réseau cristallin, sans que celui-ci en soit troublé. Dans certains cas, on constate que la répartition intérieure de la matière colorante est jusqu'à un certain point en rapport avec la structure intérieure du cristal. C'est ainsi que, dans les quartz améthystes dont nous avons déjà parlé, la matière colorante violette est exclusivement concentrée dans les parties du cristal formées par la superposition des strates alternativement droites et gauches. Il n'est pas rare de trouver certains minéraux, comme la tourmaline ou la fluorine, ayant des couleurs différentes à l'intérieur ou à l'extérieur.

Sénarmont a reproduit artificiellement des cristaux colorés, en faisant cristalliser différents sels dans de l'eau colorée par des substances tinctoriales.

Toutefois toutes les substances cristallines ne se montrent pas également aptes à s'imprégner de toutes les teintures. Sénarmont est arrivé à produire des cristaux colorés d'une manière particulièrement intense, en faisant cristalliser de l'azotate de strontiane dans une dissolution de campêche.

Pléochroïsme des substances cristallisées. — Les substances isotropes, ayant une couleur propre ou acquise par la teinture, montrent la même couleur, quelles que soient la direction de la propagation et celle de la vibration lumineuse qui les traversent.

Les substances cristallisées, au contraire, au moins celles qui n'appartiennent pas au système cubique, ne présentent pas en général la même couleur dans tous les sens, c'est-à-dire que le pouvoir absorbant qu'elles exercent sur la lumière qui les traverse, varie avec la direction de la propagation ou celle de la vibration.

Le minéral que l'on désigne sous le nom de cordiérite, est aussi appelé dichroïte, parce qu'il paraît *bleu foncé* lorsqu'on le regarde de manière que le faisceau lumineux traverse le cristal normalement à la base p; *blanc grisâtre* perpendiculairement à h^1, et *blanc jaunâtre* perpendiculairement à g.

Cette propriété du dichroïsme, ou plutôt du pléochroïsme, est essentielle à tous les cristaux colorés non cubiques, que leur couleur soit essentielle ou accidentelle. Seulement dans ce dernier cas, qui est celui de la dichroïte, de la tourmaline, etc., etc., le pléochroïsme, comme la coloration, varie considérablement d'un échantillon à un autre.

Il est évident que le pouvoir absorbant des corps et par suite leur couleur uniforme, ou variable avec la direction, dépendent de l'action que les molécules matérielles exercent sur les vibrations éthérées. La cause du phénomène est donc la même que celle de la dispersion et de la double réfraction. Mais sans entrer dans la question fort complexe du mode d'action réciproque des particules matérielles et des molécules éthérées, on peut construire une théorie générale du pléochroïsme cristallin, tout à fait indépendante de la nature de la cause qui le produit.

Loi de la variation du coefficient d'absorption avec la direction de la vibration transmise. — Loi de Babinet. — Ellipsoïde inverse d'absorption. — Lorsque le milieu coloré est isotrope, le cœfficient d'absorption α est évidemment le même, quelle que soit la direction de la vibration. Il n'est plus le même lorsque le milieu est anisotrope, comme le sont les milieux cristallins. Nous allons chercher quelle est, dans ce cas, la loi de variation de α.

De la formule

$$I = I_0 e^{-\alpha z},$$

on tire

$$dI = -\alpha I dz.$$

I est la force vive moyenne du mouvement vibratoire et dI est la force vive absorbée pendant que la vibration, supposée rectiligne, parcourt une longueur égale à dz.

Le milieu est supposé homogène, ou plutôt on remplace le milieu réel, qui est périodique, par un milieu homogène continu produisant les mêmes effets.

L'absorption de force vive qui se produit lorsque l'onde plane, s'avançant avec la vitesse v, a progressé de dz, est donc la même que celle qui s'est exercée pendant le temps $\Delta t = \frac{dz}{v}$, sur la molécule vibrant à l'origine du mouvement.

Quelle que soit la cause de l'absorption, la force vive disparue représente le travail d'une force résistante dont la direction OF (fig. 113) est évidemment déterminée par celle de la vibration OV. La grandeur de cette force n'est pas, comme celle de la force élastique, fonction du déplacement de la molécule; elle n'est pas en effet déterminée par l'action qu'exerce le milieu sur une molécule dérangée de sa position d'équilibre, et elle n'entre en jeu que lorsque la molécule est en mouvement, c'est-à-dire animée d'une certaine vitesse. Elle est donc une fonction de la vitesse vibratoire, et nous pouvons la considérer comme proportionnelle à cette vitesse même. Cette force peut ainsi être représentée à chaque instant par $f\frac{dl}{dt}$; f étant un coefficient indépendant du temps, dl le déplacement de la molécule, et dt la différentielle du temps.

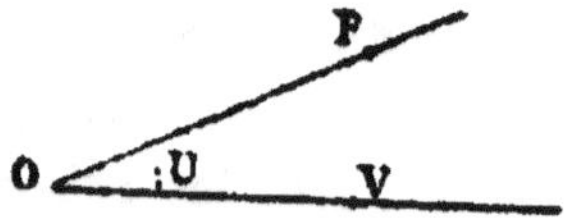

Fig. 113.

La force $f\frac{dl}{dt}$, quelle qu'en soit la raison d'être, représente une certaine action exercée par le milieu tout entier sur la molécule vibrante. On en conclut (Voir Chap. I) que si l'on prend $OV = \frac{dl}{dt}$, et $OF = f$, le point F décrit un ellipsoïde lorsque le point V décrit une sphère.

La force vive absorbée pendant le temps infiniment petit dt, représente le travail de la force $f\frac{dl}{dt}$, travail qui a lui-même pour expression

$$f\frac{dl}{dt}\cdot dl \cos U = f\left(\frac{dl}{dt}\right)^2 \cos U\, dt.$$

U étant l'angle compris entre OF et OV, angle toujours moindre que 90°, puisque la force vive absorbée est toujours positive.

Pendant un temps Δt, petit d'une manière absolue, mais grand par rapport à la durée d'une vibration, le travail effectué a pour expression

$$fu^2 \cos U \Delta t,$$

en appelant u^2 le moyen carré de la vitesse vibratoire.

La force vive absorbée pendant le temps Δt a d'ailleurs pour expression

$$\alpha m u^2 dz = \alpha m u^2 v \Delta t.$$

On a donc

$$\alpha m u^2 v \Delta t = fu^2 \cos U \Delta t,$$

d'où l'on tire

$$\alpha = \frac{f}{mv} \cos U.$$

Si l'on supposait indépendantes de la direction de la vibration les quantités f et U, on voit par cette expression que α n'en varierait pas moins avec v qui est la vitesse de propagation correspondant à cette direction. On voit que α serait d'autant plus grand que v serait plus petit, c'est-à-dire que les vibrations les plus absorbées seraient celles qui se propageraient le plus lentement. Telle est en effet la loi formulée par Babinet, et à laquelle il avait été vraisemblablement conduit par un raisonnement analogue à celui que nous avons employé.

La loi de Babinet, quoique soumise à d'assez nombreuses exceptions, paraît être exacte en général. Mais la cause directe n'en saurait être l'inégale vitesse de propagation des diverses vibrations, car il y aurait alors une certaine proportionnalité entre l'absorption et l'inverse de la vitesse, c'est-à-dire l'indice. Il est bien loin d'en être ainsi, puisque dans la tourmaline la différence des deux indices principaux n'est guère supérieure à $\frac{1}{80}$ de leur valeur, tandis que le rapport des coefficients d'absorption est égal à 5 ou 6 unités et même davantage. Une preuve tout aussi péremptoire se trouve dans ce fait que des substances incolores auxquelles on ajoute des traces de matières colorantes peuvent donner des cristaux énergiquement polychroïques sans que les indices principaux soient notablement modifiés. Si, conformément à la loi de Babinet, les coefficients d'absorption croissent en général avec les indices, ce fait ne peut donc s'expliquer par le plus long séjour que font, dans le milieu cristallin, les vibrations dont la propagation est la plus lente. La coïncidence entre l'accroissement de l'indice et celui du coefficient d'absorption est due sans doute à ce que les deux phénomènes sont dus l'un et l'autre à l'action des molécules pondérables.

En fait, l'expression $\frac{f}{mv}$, dans laquelle v est seul variable, peut être considérée comme constante dans l'immense majorité des cristaux, puisque les variations relatives de v sont toujours très faibles.

Si l'on porte sur OF une longueur ρ_0 telle que

$$\rho_0 = \frac{f}{mv},$$

la surface, dont les ρ_0 sont les rayons vecteurs, est un ellipsoïde que l'on peut appeler d'*absorption*.

Si l'on porte sur OV une longueur

$$\rho' = \frac{1}{\sqrt{\rho_0 \cos U}} = \frac{1}{\sqrt{a}},$$

la surface qui a ρ' pour rayon vecteur est (V. page 16) un autre ellipsoïde que nous pourrons appeler *ellipsoïde inverse d'absorption*.

Nous pourrons d'ailleurs appliquer à cet ellipsoïde toutes les conséquences ordinaires que l'on déduit de la symétrie intérieure du milieu. L'ellipsoïde inverse d'absorption sera donc sphérique dans les cristaux cubiques et de révolution dans les cristaux uniaxes. Dans les cristaux qui ont un ou plusieurs axes de symétrie binaire, ces axes seront des axes de l'ellipsoïde.

Lorsque la direction des axes de l'ellipsoïde inverse d'absorption n'est pas déterminée par la symétrie, on peut conjecturer qu'elle est la même que celle des axes de l'ellipsoïde d'élasticité optique, puisqu'en somme les deux propriétés physiques de l'absorption et de la biréfringence sont dues à une même cause, mais cette conjecture aurait très grand besoin d'être vérifiée par l'expérience.

Lorsque la grandeur et la direction des axes de l'ellipsoïde inverse d'absorption d'un cristal donné sont connues pour chaque λ, les phénomènes de l'absorption lumineuse propre à ce cristal sont entièrement connus.

Couleurs transmises par les diverses directions de vibrations. — Loupe dichroscopique d'Haidinger. — Pour les observations minéralogiques, on se contente en général, d'observations faites avec la loupe dichroscopique ; elles ont pour but de connaître la sensation colorée produite sur l'œil par chacune des vibrations principales que peut transmettre normalement une lame donnée.

La loupe dichroscopique due à Haidinger (fig. 114) se compose essentiellement d'un simple rhomboèdre R de spath, donnant deux images d'une petite ouverture carrée *o* qu'on recouvre avec la lame à essayer *c*.

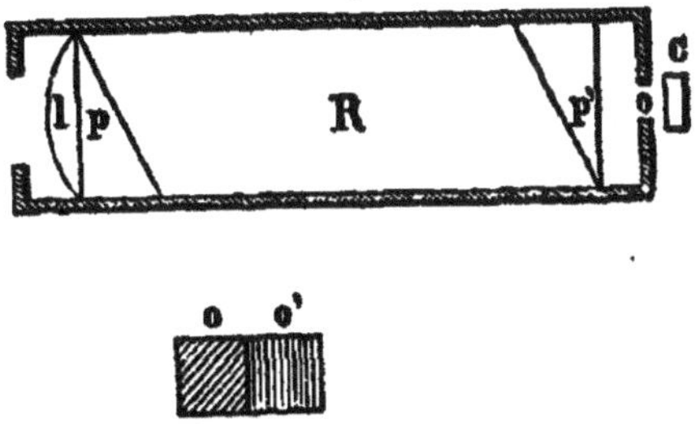

Fig. 114.

Aux deux extrémités du spath sont disposés deux prismes de verre *p* et *p'* dont les faces extérieures sont normales au faisceau lumineux, de manière à éviter la brisure du faisceau. Du côté de l'œil, une lentille *l* donne une image agrandie de l'orifice.

La longueur du spath et la grandeur de l'ouverture sont réglées de telle façon que les deux images de l'ouverture, *o* et *o'*, soient vues contiguës. L'image qui conserve la position centrale correspond à la vibration ordinaire dirigée perpendiculairement à la section principale du spath ; l'image déviée est celle qui correspond à la vibration extraordinaire dirigée dans la section principale du spath.

Si l'on désigne par *s* et *s'* les deux sections principales de la lame, et si *s* est parallèle à la section principale du spath, l'image extraordinaire de l'ouverture est teinte de la couleur qui correspond à la vibration du cristal dirigée suivant *s*; l'image ordinaire est teinte de la couleur qui correspond à la vibration *s'*. La juxtaposition de ces deux teintes fait mieux juger de leur différence.

Lorsque les sections s et s' sont à 45° de la section principale du spath, les deux images ont la même teinte.

Avec un certain échantillon de cordiérite, par exemple, on observe :

Vibration dirigée suivant l'axe cristallographique	*a*.	*Bleu foncé.*
— —	*b*.	*Blanc bleuâtre.*
— —	*c*.	*Blanc jaunâtre.*

Lorsqu'on regarde ce cristal de cordiérite à la lumière naturelle, et perpendiculairement à la base p, on reçoit les vibrations a et b et la teinte paraît bleue. Lorsqu'on l'observe à travers la face g^1, on reçoit les vibrations b et c et le cristal paraît blanc sale. A travers la face h^1, on reçoit les vibrations a et c, et le cristal paraît blanc bleuâtre.

Constatation du pléochroïsme dans les lames cristallisées, vues sous le microscope. — Un autre procédé, très employé pour constater le polychroïsme d'une lame cristalline consiste à la placer sur le porte-objet d'un microscope polarisant dont on a enlevé l'analyseur en conservant le polariseur. La lame cristalline n'est alors éclairée que par de la lumière vibrant rectilignement. Lorsque la vibration rectiligne du polariseur est dirigée suivant la section principale s de la lame, on ne perçoit que la couleur propre à la vibration dirigée suivant s. Lorsque la vibration rectiligne du polariseur est dirigée suivant l'autre section principale s' de la lame, c'est la couleur propre à la vibration dirigée suivant cette section que l'on observe.

En faisant tourner la lame sur le porte-objet, on la verra donc changer de teinte si elle est pléochroïque.

Ce procédé est très usité pour l'examen microscopique des lames minces découpées dans des roches. Il sert par exemple à distinguer l'amphibole, qui est très polychroïque, du pyroxène qui l'est fort peu. Suivant la règle de Babinet, qui est généralement exacte, c'est la vibration la plus lente à se propager qui prend la couleur la plus sombre.

Détermination précise de la valeur du coefficient d'absorption. Spectrophomètres de Glan et de Vierordt. — Pour déterminer le coefficient d'absorption α propre à une vibration de direction donnée se transmettant à travers une lame cristalline, il faut se servir de photomètres spéciaux. Nous ne décrirons que ceux de Glan et de Vierordt. Le photomètre de Glan est un appareil spectroscopique ordinaire dont la fente verticale est divisée en deux parties par une étroite bande horizontale de laiton noirci. En arrière de la lentille du collimateur est un prisme de Wollaston[1], donnant ses deux images dans le plan même de la fente.

Le prisme donne ainsi deux images de cette fente respectivement polarisées à angle droit, l'une est $F_o f_o$ (fig. 116), l'autre $F_e f_e$; chacune de ces images est naturellement divisée en deux parties comme la fente elle-même. F_o et F_e sont les images de la demi-fente inférieure, f_o et f_e celles de la demi-fente supérieure. En disposant, soit de la largeur de la bande de laiton, soit de l'angle de duplication de prisme de Wollaston, on met exactement en contact, suivant une ligne horizontale, la partie supérieure de l'image F_o avec la partie inférieure de l'image f_e.

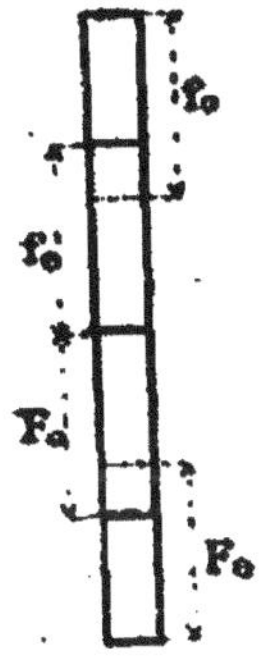

Fig. 116.

Le faisceau lumineux va tomber ensuite sur un prisme dispersif qui donne avec chacune des images F_e et f_e un spectre lumineux. Ces deux spectres sont tangents l'un à l'autre et disposés de manière que les raies du spectre solaire se prolongent de l'un dans l'autre.

On éclaire les deux demi-fentes par une même lumière et on recouvre l'une d'elles par la lame dont on veut connaître le coefficient d'absorption α. On interpose à cet effet, entre le wollaston et le prisme dispersif, un nicol pour lequel on peut connaître à chaque instant l'angle

1. Le prisme de Wollaston se compose de deux prismes de spath PMN et MNQ (fig. 115) collés ensemble.

L'arête MQ du prisme MNQ est parallèle à l'axe du spath ; dans le prisme MNP, l'axe du spath est dirigé suivant la hauteur du prisme et se projette en P. Le faisceau AB entrant normalement à la face MQ se réfracte en arrivant sur la surface MN. La vibration extraordinaire parallèle à MQ est parallèle à l'arête P et par conséquent devient ordinaire en pénétrant dans le prisme MNP, où sa direction de propagation suit le chemin BO. Si α est l'angle QMN, δ' l'angle de BE et δ l'angle du faisceau émergent EE' avec la direction BA, on a

$$\frac{\sin\alpha}{\sin(\alpha+\delta')}=\frac{n_e}{n_o},$$

d'où l'on tire, en faisant $\cos\delta' = 1$ et $\sin\delta' = \delta'$,

$$\delta'=\frac{n_o-n_e}{n_e}\operatorname{tg}\alpha.$$

On a d'ailleurs

$$\delta = n_e\delta' = (n_o - n_e)\operatorname{tg}\alpha.$$

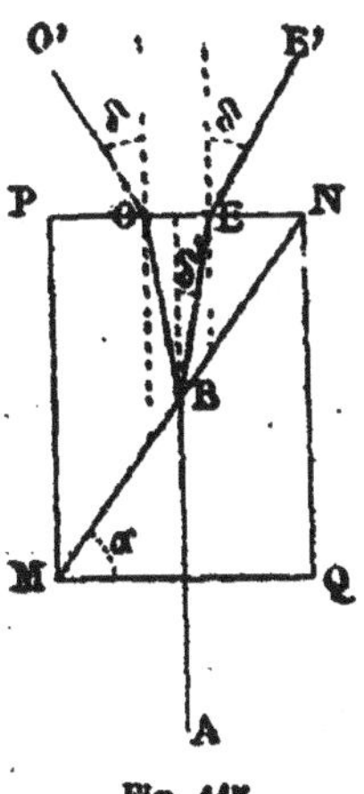

Fig. 115.

La vibration ordinaire du faisceau BA éprouve une déviation de même grandeur, mais en sens contraire.

de la section principale avec celle du wollaston. On tourne ce nicol jusqu'à ce que deux portions correspondantes et étroitement limitées des deux spectres en contact aient la même intensité.

Si l'on appelle I l'intensité de la lumière d'une portion du spectre de F_o, i celle de la même portion du spectre de f_e, a et a' les coefficients d'affaiblissement respectifs dus aux réfractions et aux absorptions, peut-être inégales, que subissent les deux faisceaux dans l'appareil, ω l'angle dont on a tourné le nicol, on a

$$Ia \cos^2 \omega = i a' \sin^2 \omega,$$

ou

$$\frac{I}{i} = \frac{a'}{a} \operatorname{tg}^2 \omega.$$

On peut déterminer le rapport $\frac{a'}{a}$ en laissant les deux demi-fentes nues ; on établit l'égalité des deux mêmes portions du spectre par un azimuth ω du nicol, et l'on a, I étant égal à i :

$$\frac{a'}{a} = \operatorname{cotg}^2 \omega'.$$

Il est indispensable, pour l'exactitude de la comparaison, que les deux spectres F_o et f_e soient exactement en contact dans la portion que l'on examine. Or le contact rigoureux ne peut avoir lieu pour toute l'étendue du spectre, car l'angle de duplication du prisme de Wollaston n'est pas le même pour les diverses couleurs, à cause de la dispersion cristalline du spath. Pour le rouge (raie B), $n_o - n_e = 0,169$, pour le violet (raie H) $n_o - n_e = 0.185$; l'angle de duplication est donc plus grand pour le rouge, et les deux spectres ont une hauteur plus grande dans le violet que dans le rouge. S'ils sont en contact vers le milieu, ils se superposeront sur le bord dans le violet, et ne se toucheront pas dans le rouge. On produit le contact pour la portion du spectre que l'on veut examiner, soit en écartant ou rapprochant la fente de la lentille du collimateur, soit en se servant, pour séparer les deux fentes, d'une bande de laiton dont les deux bords sont légèrement convergents. En faisant mouvoir la lame, perpendiculairement à la fente, on en change la largeur, et par conséquent on augmente ou on diminue l'écartement des deux spectres F_o et f_e.

Pour bien apprécier l'égalité des deux plages contiguës, on dispose dans le plan focal de la lunette une fente qui ne laisse passer que les portions du spectre que l'on veut comparer.

Afin d'annuler l'erreur qui résulterait de ce que la direction du faisceau émergeant du nicol analyseur ne coïncide pas avec l'axe de rotation, on fait deux observations en tournant le nicol de 180° et on prend la moyenne.

Pour juger de l'égalité des deux lumières, obtenue avec un azimut ω convenable de nicol, on peut employer un procédé plus précis que l'appréciation de l'œil. La lumière émise par les deux fentes et transmise par le collimateur est polarisée par un prisme de Foucault, puis reçue sur une lame de quartz qui donne deux rayons polarisés à angle droit et ayant une grande différence de marche. Le faisceau traverse ensuite, comme tout à l'heure, le wollaston et le nicol. Chacun des spectres F_o et f_e porte les cannelures de MM. Fizeau et Foucault, et les cannelures correspondantes sont complémentaires. Si l'on s'arrange pour que les spectres F_o et f_e soient, au moins partiellement, superposés, les cannelures disparaîtront lorsque les intensités seront égales.

Dans le spectrophotomètre de Vierordt, la fente du spectroscope est composée de deux parties, l'une d'ouverture constante, l'autre d'ouverture variable au moyen d'une vis micrométrique. On amène l'égalité du spectre de chacune des deux fentes en réglant l'ouverture de la dernière. Si la fente mobile est nue, la quantité de lumière transmise par la première est IS, I étant l'intensité de la lumière qui travers l'unité de surface de la lame et S la surface de la fente; la quantité de lumière transmise par la fente nue est *is*, et l'on a

$$\frac{I}{i} = \frac{s}{S}.$$

Le procédé n'est commode qu'autant que I et i sont peu différents, car autrement on serait conduit à avoir des fentes de longueurs très inégales et le spectre correspondant à la fente large serait très impur.

Voici quelques nombres déterminés par M. Pulfrich avec le spectrophotomètre de Glan[1].

Longueur d'onde λ	$\frac{\alpha}{2\pi}$ Vibration extraordinaire.	$\frac{\alpha}{2\pi}$ Vibration ordinaire.
	Tourmaline verte.	
0.6365	0.0616	0.224
0.6031	0.0351	0.223
0.5751	0.0293	0.223
0.5514	0.0322	0.223
0.5304	0.0343	0.223
	Tourmaline rouge.	
0.6777	0.592	3.256
0.6376	0.545	3.514
0.6035	0.613	3.589
0.5750	0.752	3.621
0.5509	0.848	3.654

1. *Zeitschrift für Kryst.* VI, 142 (1881).

Houppes des lames cristallines biaxes et colorées, taillées perpendiculairement à un axe optique.— Si l'on examine une lame cristalline colorée en la plaçant près de l'œil, de manière à recevoir des faisceaux provenant de directions très divergentes, chacun de ces faisceaux sera teint en général d'une couleur différente et l'on aura dans le champ de la vision une répartition régulière, plus ou moins apparente, de diverses teintes colorées. Les apparences sont surtout remarquables lorsque la lame est taillée perpendiculairement à l'axe optique d'un cristal biaxe. On voit alors deux houppes de couleur foncée, limitées par des espèces de branches d'hyperbole dont les sommets coïncident avec le pôle P (fig. 117) de la direction de l'axe optique, les tangentes aux sommets étant parallèles à la ligne qui joindrait ce pôle à celui de l'autre axe optique P'. C'est vers le sommet que la teinte est le plus foncée ; elle va ensuite en se dégradant.

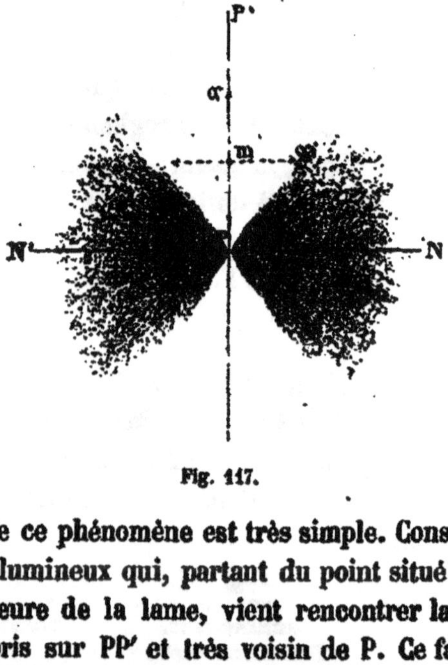

Fig. 117.

L'explication de ce phénomène est très simple. Considérons la direction du faisceau lumineux qui, partant du point situé à l'aplomb de P sur la face inférieure de la lame, vient rencontrer la face supérieure en un point *m* pris sur PP' et très voisin de P. Ce faisceau transmet des vibrations dirigées, les unes suivant PP', correspondant au coefficient d'absorption α ; les autres suivent une direction perpendiculaire et correspondant au coefficient α_1.

Le faisceau émergent au point *m'* pris sur une direction PN normale à PP' et très voisin de P, a ses vibrations dirigées sensiblement à 45° de PN.

Si les points *m* et *m'* sont suffisamment voisins de P, et par conséquent suffisamment proches l'un de l'autre, on peut regarder comme se confondant entre elles les deux sections elliptiques déterminées dans l'ellipsoïde inverse d'absorption par des plans respectivement perpendiculaires aux faisceaux émergeant en m et m'. Cette section elliptique a pour axes $\frac{1}{\sqrt{\alpha}}$ et $\frac{1}{\sqrt{\alpha_1}}$; l'équation en est donc :

$$\alpha x^2 + \alpha_1 y^2 = 1.$$

Les vibrations de m' sont à 45° sur les axes de cette ellipse; la longueur commune des rayons vecteurs qui leur correspondent étant $\frac{1}{\sqrt{\alpha'}}$, on a :

$$\alpha' = \frac{1}{2}(\alpha + \alpha_1).$$

Cela posé, l'intensité du faisceau qui émerge en m est, l'épaisseur de la lame cristalline étant prise pour unité :

$$I = e^{-\alpha} + e^{-\alpha_1};$$

l'intensité du faisceau qui émerge en m' est :

$$I' = 2e^{-\frac{\alpha + \alpha_1}{2}}.$$

Or il est clair que I est toujours plus grand que I', car on a :

$$e^{-\alpha} + e^{-\alpha_1} - 2e^{-\frac{\alpha+\alpha_1}{2}} = \left(e^{-\frac{\alpha}{2}} - e^{-\frac{\alpha_1}{2}}\right)^2$$

et par conséquent, le second membre étant toujours positif :

$$e^{-\alpha} + e^{-\alpha_1} > 2e^{-\frac{\alpha+\alpha_1}{2}}.$$

On aura donc suivant PP' et PQ deux parties claires, suivant PN et PN' deux parties sombres, se raccordant avec les premières de manière à former comme deux houppes sombres perpendiculaires à la ligne des pôles.

Il faut remarquer que la différence d'intensité des deux points m et m' est d'autant plus grande que les deux points sont plus voisins l'un de l'autre, et cette opposition dans l'intensité de deux points contigus rend le phénomène visible même avec des cristaux très peu colorés.

La théorie laisse indéterminée l'intensité de la lumière émergeant en P, puisque, suivant l'axe optique, il peut se propager des vibrations correspondant à toutes les directions perpendiculaires à cet axe. L'observation montre d'une manière très nette qu'en ce point l'absorption est en réalité la plus faible possible, c'est-à-dire qu'elle correspond à la propagation des deux vibrations dirigées suivant PP′ et PN. L'intensité va en décroissant d'une manière continue, à partir de P, suivant les deux directions PP′ et PQ. Dès qu'on s'écarte au contraire de P dans la direction perpendiculaire, on passe subitement de l'intensité maxima à l'intensité minima.

Lorsqu'on observe, non plus avec de la lumière monochromatique, mais avec de la lumière blanche, les houppes sombres sont encore dirigées perpendiculairement à la ligne des pôles des axes optiques; mais ces houppes sont colorées.

Lorsque la dispersion des axes optiques est forte, les houppes correspondant aux diverses couleurs ne se superposent plus et le bord de ces houppes peut être teint de couleurs diverses. C'est ce que l'on observe par exemple avec des lames d'axinite.

Lorsqu'on place en avant de la lame un polariseur dont la vibration est dirigée suivant PP′, les intensités respectives en m et m' sont :

$$I = e^{-\alpha}, \qquad I' = \frac{1}{2} e^{-\frac{\alpha + \alpha_1}{2}}.$$

Si la vibration du polariseur est dirigée suivant PN, I′ ne change pas, mais I devient :

$$I_1 = e^{-\alpha_1}.$$

Pour que les houppes soient visibles, il faut qu'il y ait une assez grande différence entre α et α_1. Supposons que α soit le plus grand et que la vibration du polariseur soit dirigée suivant PP′: I sera très petit, et l'on aura suivant la direction PO un minimum d'intensité; il pourra même être plus marqué que le minimum d'intensité qui continue à s observer le long de PN. Il se produit ainsi deux espèces de houppes perperpendiculaires entre elles. α_1 est plus grand que α; ce phénomène se produit lorsque la vibration du polariseur est dirigée suivant PN.

M. Bertin, qui a observé le premier ces derniers phénomènes, n'a trouvé que l'andalousite rouge du Brésil pour laquelle on ait $\alpha_1 < \alpha$, c'est-à-dire pour laquelle le coefficient d'absorption correspondant à la vibration dirigée suivant l'axe d'élasticité optique moyen b soit plus petit que le coefficient d'absorption correspondant à la vibration, perpendiculaire à celle-là, qui se transmet suivant l'axe optique.

Lames uniaxes taillées perpendiculairement à l'axe.— Lorsque le cristal est uniaxe, l'ellipsoïde inverse d'absorption est de révolution.

Supposons un cristal uniaxe absorbant, pour lequel α_o est le coefficient d'absorption de la vibration ordinaire, et α_e celui de la vibration extraordinaire.

Conformément à la loi de Babinet, on aura en général $\alpha_o > \alpha_e$ dans les cristaux négatifs et $\alpha_o < \alpha_e$ dans les cristaux positifs.

Si l'on place près de l'œil une lame découpée, perpendiculairement à l'axe, dans un cristal uniaxe absorbant, l'intensité I du faisceau normal est

$$I = 2e^{-\alpha_o}.$$

Le faisceau incliné de ω sur la normale a pour intensité

$$I' = e^{-\alpha_o} + e^{-\alpha'},$$

α' étant donné par la formule

$$\alpha' = \alpha_e \sin^2\omega + \alpha_o \cos^2\omega;$$

α' sera en général plus petit que α_o pour les cristaux négatifs, et plus grand que α_e pour les cristaux positifs. On verra donc l'intensité de la lumière aller en croissant à partir du centre de l'image, avec les cristaux négatifs ; et aller en décroissant avec les cristaux positifs. C'est le phénomène signalé pour la première fois par M. Emile Bertrand.

Lorsqu'on met en avant ou en arrière de la lame un polariseur dont la direction de vibration soit PP′, on supprime suivant PP′ la vibration ordinaire et suivant la direction perpendiculaire PN la vibration extraordinaire. Lorsque le cristal est positif (toujours en admettant l'exactitude de la loi de Babinet), on aura donc la direction ON plus sombre que la direction OP, et il se produira une sorte de houppe dirigée suivant NN′. La houppe serait dirigée suivant PP′ avec un cristal négatif comme la tourmaline, la pennine ou la biotite.

Platinocyanure de magnésium. — Ces phénomènes ne sont sensibles qu'avec des substances pour lesquelles l'un des coeficients α_o ou α_e est extrêmement grand, c'est-à-dire qui absorbent presque complètement, même sous de très faibles épaisseurs, l'une ou l'autre espèce de vibrations.

La substance la plus remarquable sous ce rapport est peut-être le platinocyanure de magnésium ($MgCy^2 + PtCy^2 + 3aq$). Ce sel cristallise en cristaux carrés très nets, portant quelquefois des troncatures a^1 sur les angles, et montrant un clivage facile parallèle à la base.

Ces cristaux paraissent d'un beau rouge ; une lame de clivage très mince, examinée au spectroscope avec de la lumière traversant normalement la lame, absorbe presque complètement les rayons jaunes et verts, laisse passer les rayons rouges et affaiblit beaucoup les rayons bleus et violets. Tel est donc le mode d'absorption de la vibration ordinaire. Quant à la vibration extraordinaire, elle ne laisse passer que le rouge, le coefficient d'absorption relatif au bleu est presque infini. Il en résulte que, pour le bleu, l'ellipsoïde inverse d'absorption se réduit presque à son équateur.

Dès que la direction de propagation fait un angle notable (supérieur à 2° d'après M. Lommel) avec l'axe optique, la vibration ordinaire seule continue à transmettre du bleu; la vibration extraordinaire n'en contient plus. Il en résulte que lorsqu'on tient près de l'œil une lame très mince de clivage, on voit au centre un petit espace circulaire où les deux vibrations perpendiculaires entre elles transmettent du bleu et qui paraît *rouge pourpre;* au delà du petit cercle, la vibration ordinaire seule continue à transmettre du bleu, et la teinte paraît rouge, en même temps qu'elle est plus sombre, puisque le bleu manque dans l'une des vibrations.

Lorsqu'on place un polariseur derrière la lame, on voit, sur fond pourpre, deux houppes rouges perpendiculaires à la vibration du polariseur. En regardant le ciel à travers une lame de platinocyanure de magnésium, on observe très bien, par l'existence et la direction des houppes rouges, l'état de la polarisation des rayons qui émergent des divers points de la voûte céleste.

Ces phénomènes ne sont pas visibles dès que la lame de clivage est un peu épaisse, parce qu'alors la vibration ordinaire elle-même arrête le bleu. Ils ne sont pas visibles avec la lumière d'une lampe ni même avec la lumière électrique, parce que les rayons bleus ne sont pas assez intenses dans ces lumières pour être transmis par la vibration ordinaire.

Lorsqu'une lame de clivage de platinocyanure de magnésium est placée sur le porte-objet du microscope polarisant à lumière convergente entre deux nicols croisés à angle droit, et que l'on éclaire avec la lumière bleue à peu près monochromatique obtenue en faisant passer le faisceau à travers une dissolution de sulfate de cuivre ammoniacal, on voit la croix noire sur fond bleu, mais les anneaux ne se produisent pas, puisqu'à une distance un peu notable du centre, les rayons ordinaires sont seuls transmis, et ne peuvent plus interférer avec les rayons extraordinaires supprimés.

En un point quelconque M de l'image (fig. 118), la vibration ordinaire, qui seule est transmise, est perpendiculaire à OM. Lorsque la vibration de l'analyseur AA′ n'est plus perpendiculaire sur celle du polariseur PP′, la vibration ordinaire d'un point quelconque de AA′ ou de PP′ est supprimée par l'analyseur ou par le polariseur; on voit donc deux barres noires, l'une suivant AA′, l'autre suivant PP′, et si l'on fait tourner l'analyseur, le polariseur restant fixe, on voit la barre AA′

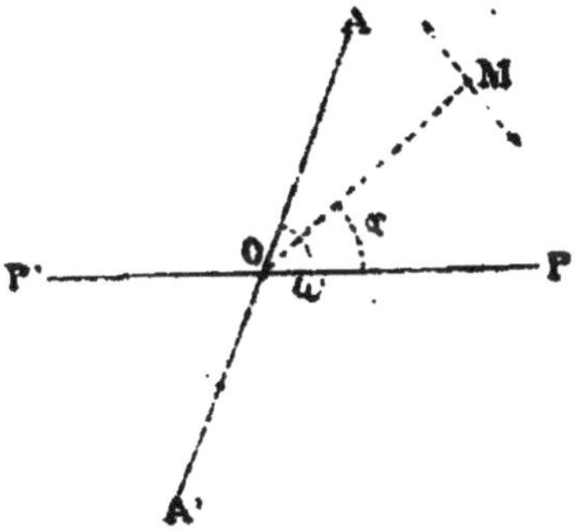

Fig. 118.

tourner avec l'analyseur. Si l'on appelle ω l'angle AOP, α l'angle MOP, l'intensité de la vibration ordinaire qui émerge en M est

$$I = \sin^2\alpha \sin^2(\omega - \alpha).$$

Suivant la bissectrice de l'angle aigu AOP, c'est-à-dire pour $\alpha = \frac{\omega}{2}$, on a

$$I = \sin^4 \frac{\omega}{2}.$$

Suivant la bissectrice de l'angle obtus AOP′, c'est-à-dire pour $\alpha = \frac{\pi}{2} + \frac{\omega}{2}$, on a

$$I' = \cos^4 \frac{\omega}{2}.$$

On aura donc $I < I'$, puisque ω est plus petit que 45°. Les secteurs aigus sont ainsi plus sombres que les secteurs obtus.

Lorsque AA′ est parallèle à PP′, on n'a plus qu'une barre noire à partir de laquelle la lumière va en croissant graduellement.

Avec de la lumière blanche, on verra ainsi, avec les nicols croisés, des anneaux et une croix noire sur fond rouge orangé. Avec les nicols inclinés, la partie comprise dans l'angle aigu POA prendra un rouge plus franc, tandis que la partie AOP′ se teindra davantage de bleu et passera au rouge pourpre.

Platinocyanure d'yttrium. — Le platinocyanure d'yttrium est biaxe avec un clivage perpendiculaire à la bissectrice aiguë positive, autour de laquelle l'angle des axes optiques dans l'air est de 27°5′, soit environ 17°7′ dans le cristal. Les propriétés d'absorption lumineuse sont très analogues à celles du platinocyanure de magnésium ; l'ellipsoïde inverse d'absorption pour le bleu se réduit aussi à une surface lenticulaire très peu épaisse ; la seule différence est que le contour de cette lentille n'est plus circulaire, mais elliptique.

Supposons qu'on observe dans la lumière bleue une lame de clivage, tenue devant l'œil, où C (fig. 119) est le pôle de la bissectrice aiguë, P et P′ les pôles des axes. Le point C donne deux vibrations lumineuses ; les points P et P′ n'en donnent plus qu'une seule ; il en est de même de tous les points de la ligne PP′ et de ceux de la ligne perpendiculaire BB′. Si l'on s'éloigne de P ou de P′ normalement à PP′, on aura, comme on l'a vu plus haut, le noir absolu. On verra donc, en somme, sur un fond noir, deux bandes lumineuses bleues qui seront respectivement parallèles à PP′ et à BB′.

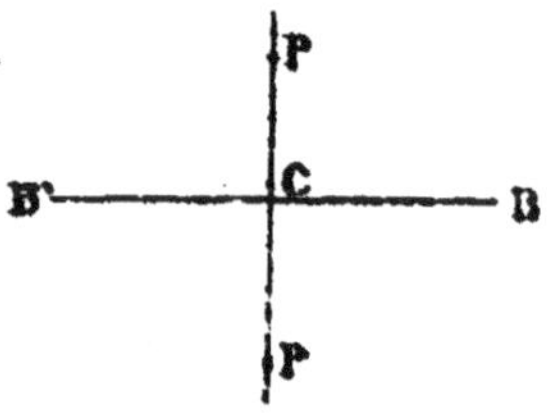

Fig. 119.

Avec un polariseur dont la vibration est dirigée suivant PP′, on éteint la bande PP′ ; avec un polariseur dont la vibration est dirigée suivant BB′, on éteint la bande BB′.

Si l'on opère avec la lumière blanche, les bandes lumineuses de tout à l'heure deviennent des bandes pourpres qui se détachent sur fond rouge.

Sous le microscope polarisant en lumière convergente, on verra en lumière blanche la partie intérieure ou extérieure des hyperboles se teindre de pourpre ou de rouge orangé lorsqu'on tournera l'analyseur par rapport au polariseur. Les faits sont analogues à ceux que l'on observe avec le platinocyanure de magnésium ; ils s'expliquent de la même façon.

II. RÉFLEXION DE LA LUMIÈRE. — COULEURS SUPERFICIELLES.

Réflexion de la lumière sur les corps transparents. — Les lois de la réflexion de la lumière à la surface des corps sont encore fort imparfaitement connues. Lorsque le corps est transparent comme le verre, les lois formulées par Fresnel, d'après des idées théoriques et hypothétiques très originales, mais très discutables, sont suffisamment d'accord avec les phénomènes. On sait que, si un rayon, polarisé rectilignement, tombe sur une surface vitreuse sous l'incidence i, de manière que la vibration incidente, d'amplitude égale à I, fasse avec le plan d'incidence un angle égal à A, et si l'on appelle i et r les angles des rayons incident et réfracté avec la normale, R l'intensité du rayon réfléchi, T celle du rayon réfracté, A_r et A_t les angles que font avec le plan d'incidence les vibrations réfléchie et réfractée, on a

$$R = \frac{\sin^2(i-r)}{\sin^2(i+r)}\sin^2 A + \frac{\operatorname{tg}^2(i-r)}{\operatorname{tg}^2(i+r)}\cos^2 A,$$

$$T = I - R,$$

$$\operatorname{tg} A_r = -\operatorname{tg} A \frac{\cos(i-r)}{\cos(i+r)},$$

$$\operatorname{tg} A_t = \operatorname{tg} A \cos(i-r).$$

Pour les cristaux transparents, les mêmes formules s'appliquent à très peu près, et les différences ne deviennent notables que pour les cristaux, fort peu nombreux, qui sont exceptionnellement biréfringents comme le spath d'Islande. La réflexion cristalline a été l'objet de nombreux et importants travaux de la part de Brewster, Seebeck, Neumann, Mac Cullagh, Sénarmont, Cornu. Les théories proposées pour représenter les phénomènes reposent sur des hypothèses très hasardées, et ces phénomènes sont eux-mêmes si peu considérables que les observations les plus exactes ne suffisent guère à établir l'exactitude des formules. L'intérêt de la réflexion cristalline est donc à peu près nul pour le cristallographe, et nous nous dispenserons de l'étudier ici en détail.

Réflexion sur les métaux et les corps absorbants. — Pour les métaux qui sont à peu près complètement opaques, les lois de la réflexion sont très différentes de celles qui s'appliquent aux substances transparentes, cristallisées ou non. On peut supposer le rayon réfléchi divisé en deux composantes vibrant l'une parallèlement, l'autre perpendiculairement au plan d'incidence. La réflexion métallique donne une *avance* à la vibration qui se trouve dans le plan d'incidence, de sorte que la vibration réfléchie est, non plus rectiligne, mais elliptique. En même temps la quantité de lumière réfléchie ne suit plus les mêmes lois que pour les substances transparentes. Au lieu d'être nulle pour une incidence normale, elle est au contraire considérable, et décroît à mesure que l'angle d'incidence croît, jusque vers 50° ou 60°, pour croître ensuite jusqu'à l'incidence rasante.

Le pouvoir réfléchissant des métaux, pour une incidence donnée, normale par exemple, n'est pas la même pour toutes les couleurs. La lumière réfléchie par les métaux est donc colorée, contrairement à ce qui a lieu pour les substances transparentes qui, même lorsqu'elles sont colorées, réfléchissent de la lumière blanche. Ces particularités que présentent les métaux, de réfléchir beaucoup de lumière, même normalement, et de colorer les rayons réfléchis, produisent l'impression que les minéralogistes traduisent par le mot d'*éclat métallique*.

Mais il n'y a pas un saut brusque entre les substances transparentes et les métaux. En réalité les lois de Fresnel ne sont qu'approximativement exactes, même pour le verre, et l'on constate que cette matière aussi bien que les autres substances transparentes, imprime une avance notable aux vibrations perpendiculaires au plan d'incidence, et réfléchit, dans une proportion différente de celle qu'indique la formule de Fresnel, les vibrations parallèles ou perpendiculaires au plan d'incidence.

Parmi les substances transparentes, il en est quelques-unes qui laissant plus ou moins passer certaines longueurs d'onde, en arrêtent d'autresc omplètement. Lorsqu'on place ces substances, même réduites en lames très minces, devant la fente d'un spectroscope, le spectre manque entièrement d'une ou de plusieurs couleurs, et montre une ou plusieurs bandes noires qui sont dites bandes d'*absorption*. Telle est, par exemple, la fuchsine, qui absorbe complètement le vert.

Or, on a constaté que ces corps jouissent en quelque sorte de la réflexion métallique pour les vibrations qu'ils ne transmettent pas. Il réfléchissent donc la lumière en la colorant, et la teinte qu'ils lui communiquent est très différente de celle que prend un faisceau lumineux après les avoir traversés. Ces corps sont dits avoir une *couleur superficielle* ou *métallique*.

Couleurs superficielles. — Lois de Haidinger. — Les lois qui permettraient de prévoir la nature de ces couleurs superficielles sont bien loin d'être connues avec quelque détail. On peut dire cependant d'une manière générale, avec Haidinger, que la lumière qui est la plus réfléchie est celle qui est la moins transmise. Les deux propriétés de la réflexion et de la transmission sont donc en quelque sorte complémentaires, quoiqu'il ne faille pas prendre ce mot au pied de la lettre.

Ainsi une dissolution de permanganate de potasse absorbe énergiquement certaines longueurs d'onde. Les cristaux de permanganate paraissent opaques pour toutes les couleurs, parce qu'on ne peut pas se procurer de lames assez minces pour n'imposer au faisceau lumineux que la traversée d'un nombre de molécules aussi petit que celui auquel on arrive en diluant celles-ci dans un liquide. Or, Stokes[1] a observé que la lumière réfléchie sur une face parallèle à l'axe du prisme, est colorée et manque précisément des couleurs que laisse passer la dissolution. La loi générale s'applique donc, et la vibration la plus réfléchie est celle qui est la plus absorbée.

Couleurs superficielles du platinocyanure de magnésium et de quelques autres substances.— Une des plus remarquables substances cristallisées à couleurs superficielles est le platinocyanure de magnésium, dont nous avons déjà étudié les curieuses propriétés absorbantes.

Si l'on examine par réflexion un prisme carré de cette matière qui, on le sait, est rouge par transmission et par diffusion, on observe les faits suivants :

Quand la réflexion a lieu sur *une face du prisme* :

a. Le plan d'incidence étant perpendiculaire à l'axe, on voit un éclat métallique et une couleur vert d'herbe sous une incidence presque normale, devenant ensuite, à mesure que l'incidence est plus rasante, vert jaune, jaune, brun tombac, bronzé, enfin sans couleur. La loupe dichroscopique permet de reconnaître que la vibration parallèle à l'axe est d'abord verte, puis devient sans couleur, tandis que la vibration normale à l'axe (c'est-à-dire parallèle à la vibration ordinaire du cristal), est d'abord sans couleur et devient ensuite d'un beau bleu.

b. Le *plan d'incidence étant parallèle à l'axe*, la couleur réfléchie, d'abord vert d'herbe, devient successivement vert émeraude, puis bleue, et enfin sans couleur. La loupe dichroscopique montre encore que la vibration parallèle à l'axe est d'abord verte, puis vert bleu, puis bleue, puis sans couleur, tandis que la vibration perpendiculaire reste sans couleur ou de la couleur rouge du cristal.

Les faces h^1 se comportent exactement comme les faces *m*.

Les faces a^1, lorsque le plan d'incidence contient l'axe du prisme, montrent la vibration extraordinaire contenue dans le plan d'incidence bleu azur, et la vibration ordinaire sans couleur. Lorsque le plan d'incidence est transversal, la vibration extraordinaire est encore bleue, mais la vibration ordinaire est blanc un peu bleuâtre.

1. *Phil. mag.* (4), XLI, p. 393 (1853).

Enfin les faces *p*, rouges sous l'incidence normale, donnent une couleur bleue, vibrant dans le plan d'incidence, lorsque l'angle est celui de la polarisation maximum par réflexion.

Il résulte en somme de ces observations de Haidinger[1] que, sous l'incidence normale, la vibration réfléchie parallèle à la vibration extraordinaire, qui est la plus absorbée, donne seule une couleur superficielle; la couleur est vert d'herbe quand cette vibration est parallèle à l'axe optique. Lorsque la vibration extraordinaire est inclinée sur l'axe, la couleur réfléchie normalement incline vers le bleu. Il en est de même lorsque l'incidence, au lieu d'être normale, devient oblique.

Le *platinocyanure d'yttrium* se comporte à peu près comme celui de magnésium.

Parmi les autres substances cristallisées qui montrent une couleur superficielle, on peut citer :

l'*indigotine*, dont la couleur est rouge de cuivre par réflexion, dans tous les azimuts et pour toutes les directions de vibrations (Haid.);

la *murexide*, qui est rouge grenat par transmission, et d'un beau vert doré par réflexion;

le *sulfate d'iodoquinine* ou sel d'*Hérapath*, qui est blanc verdâtre pour les vibrations transmises perpendiculairement à l'axe, rouge très sombre pour les vibrations extraordinaires transmises parallèlement à l'axe, et qui donne une couleur superficielle vert d'herbe vibrant parallèlement à l'axe;

l'*hydroquinone*, qui est bleu violet sombre pour les vibrations perpendiculaires à l'axe, bleu violet très sombre pour les vibrations parallèles, et dont la couleur superficielle vibrant parallèlament à l'axe est brun tombac;

le *picrate de potasse*, qui cristallise en aiguilles quadratiques, d'un brun jaune, par transmission, pour les vibrations perpendiculaires à l'axe, d'un brun rouge plus sombre pour les vibrations parallèles, et qui est bleu par réflexion pour les vibrations parallèles;

le *chrysammate de potasse*, étudié par Brewster[2], qui cristallise en petites tables rhombiques, et transmet de la lumière rouge jaunâtre, qui se décompose en deux faisceaux polarisés à angle droit, l'un rouge carmin, l'autre jaune pâle. La lumière naturelle réfléchie est jaune d'or vierge pour l'incidence normale, et bleu pâle pour de très grandes incidences; cette lumière se divise en deux faisceaux, l'un vibrant perpendiculai-

1. *Pogg. Ann.* 71, p. 321 (1847).
2. *Phil. Mag.* (3), 29, p. 331 (1846).

rement au plan d'incidence, qui est bleu blanc pâle pour toutes les incidences, et l'autre vibrant dans le plan d'incidence, qui est jaune d'or pour les petites incidences, et bleu pour les fortes incidences.

Anneaux d'interférence observés dans les substances cristallisées colorées sans polariseur ni analyseur. — Toutes les substances que nous venons de passer en revue absorbent complètement, au moins, pour certaines directions de vibrations, une partie plus ou moins considérable du spectre, et c'est à cette absorption complète de certaines radiations que sont dues la réflexion métallique pour ces radiations et la couleur superficielle. Mais il bien vraisemblable qu'une absorption incomplète de certaines vibrations doit produire des faits plus ou moins analogues, quoique naturellement moins intenses, à ceux que produit une absorption complète. On ne sait encore que fort peu de choses sur ce sujet, mais une observation faite par M. Bertin est de nature à donner quelques indications.

Lorsqu'on place devant l'œil une lame cristalline bien colorée, taillée perpendiculairement à un axe optique, outre les houppes dont nous avons parlé dans la première partie de ce chapitre, on voit autour de l'axe les mêmes anneaux d'interférence que l'on observe si nettement lorsque la lame est placée entre un polariseur et un analyseur. Ces anneaux sont d'ailleurs peu nombreux et on en voit seulement la partie qui traverse les houppes sombres; mais ils deviennent très nets et très visibles lorsqu'on place une tourmaline, soit en avant, soit en arrière de la lame.

Comme les anneaux d'interférence ne peuvent se produire que lorsque la lumière est polarisée à l'entrée et à la sortie de la lame cristalline, il faut nécessairement que la surface même de la lame absorbante soit à elle seule un polariseur, et c'est évidemment la réfraction à la surface qui doit produire ce phénomène. On sait en effet que la réfraction polarise partiellement la lumière de manière que l'amplitude de la vibration contenue dans le plan d'incidence soit la plus grande. Toutefois les formules de Fresnel ne donnent pour les incidences peu éloignées de la normale, comme celles dont il s'agit ici, qu'un écart très faible entre l'amplitude des deux vibrations principales du rayon réfléchi ou du rayon réfracté; et en fait on ne voit ainsi, à l'œil nu, sans polariseur ni analyseur, les anneaux d'interférence, que lorsque le cristal est absorbant.

Le phénomène signalé par M. Bertin me semble donc devoir être considéré comme la preuve que, dans des substances très absorbantes et pour certaines couleurs, le pouvoir réfléchissant relatif à ces couleurs, est très notablement accru.

On s'explique alors la production des anneaux d'interférence.

Reportons-nous à la figure 117 de la page 361 ; considérons le faisceau qui émerge en m' et qui est contenu dans un plan passant par le pôle P et normal à la ligne des pôles PP'. Représentons par 2 la lumière incidente, par A^2 et A'^2 les intensités de la lumière réfléchie suivant qu'elle vibre perpendiculairement ou parallèlement au plan d'incidence. On a toujours $A^2 > A'^2$, mais la différence est très faible si le cristal n'est pas absorbant. Les quantités de lumière réfractée sont respectivement $1-A^2$, et $1-A'^2$; il y a donc dans le faisceau réfracté une quantité de lumière naturelle égale à $2(1-A^2)$ et une quantité de lumière vibrant dans le plan d'incidence égale à $A^2-A'^2$. Si A est petit, $2(1-A^2)$ est grand et le rapport $\frac{A^2-A'^2}{2(1-A^2)}$ est trop petit pour que les phénomènes d'interférence soient visibles. Si au contraire le cristal devient très absorbant et si le pouvoir réflecteur augmente en conséquence, $1-A^2$ diminuera et le rapport $\frac{A^2-A'^2}{2(1-A^2)}$ pourra augmenter de manière que la lumière vibrant en excès dans le plan d'incidence puisse produire des effets sensibles.

A la sortie de la lame cristalline un fait analogue se produit et la lumière vibre en excès dans le plan d'incidence. Les phénomènes se passent donc comme si le faisceau émergeant en m' était placé entre un polariseur et un analyseur dont les vibrations seraient parallèles à Pm', c'est-à-dire à 45° des vibrations principales transmises par le cristal. Les phénomènes d'interférence peuvent donc se manifester.

Ils ne se manifestent pas au contraire pour le faisceau émergent en m, car les vibrations du polariseur et de l'analyseur fictifs sont parallèles ou perpendiculaires à celles que transmet le cristal.

Les phénomènes sont naturellement rendus plus nets lorsqu'on dispose, soit devant, soit derrière la lame, un appareil de polarisation dont les vibrations sont parallèles ou perpendiculaires à PP'.

III. FLUORESCENCE.

Définition de la fluorescence. Loi de Stokes. — On sait que certains corps, après avoir été soumis à l'action de la lumière, peuvent en rayonner ensuite pendant un temps plus ou moins long. C'est ce qu'on appelle la *phosphorescence*. On sait aussi que certains corps, pendant qu'ils sont frappés par la lumière, diffusent, à leur surface, une certaine quantité de lumière. Ce phénomène, qui ne se prolonge pas un temps appréciable après que l'action de la lumière a cessé, est ce qu'on appelle la *fluorescence*. Ces deux phénomènes, qui ont entre eux beaucoup d'analogies, sont régis par une loi générale qui est la *loi de Stokes*, en vertu de laquelle ce sont les vibrations absorbées qui sont restituées par la fluorescence ou la phosphorescence. Cette restitution est accompagnée d'une transformation qui a toujours pour résultat d'augmenter la durée de la vibration, et par conséquent de diminuer la réfrangibilité. C'est ainsi que le spectre chimique invisible reçu sur une surface fluorescente, liquide ou solide, comme les dissolutions d'aniline ou le verre d'urane, devient visible par diffusion superficielle, parce que les vibrations chimiques se transforment en vibrations lumineuses de plus longue durée. Nous ne nous occuperons que de celles des substances fluorescentes qui sont cristallisées. De ce nombre sont les platinocyanures, et cela est naturel, puisque l'absorption est intimement liée à la fluorescence.

Fluorescence du platinocyanure de magnésium. — Le platinocyanure de magnésium ne donne dans la lumière blanche qu'une fluorescence faible; mais celle-ci devient nette quand on filtre la lumière solaire par un verre bleu ou violet; la couleur superficielle verte disparait alors et l'on observe une fluorescence jaune rouge.

Lorsqu'on observe spécialement la fluorescence de la face *m* du prisme carré, et qu'on l'analyse par un nicol, elle parait jaune orangé quand la vibration est parallèle à la hauteur, rouge écarlate dans le cas contraire.

La base *p*, éclairée par un faisceau violet non polarisé et normal, donne une fluorescence rouge écarlate dont la nuance ne change pas quand on fait tourner le cristal autour de son axe. Si le faisceau incident est polarisé, la fluorescence n'est pas modifiée. Si, le faisceau incident restant polarisé avec une vibration rectiligne *horizontale*, on lui donne une incidence croissante, la fluorescence n'est pas non plus modifiée. Mais si la vibration rectiligne du faisceau est inclinée sur la base, la teinte de la fluorescence se transforme, à mesure que l'incidence croît, en s'avançant vers le jaune.

On voit en somme que ces observations sont bien d'accord avec la loi de Stokes qui établit une relation entre la vibration absorbée et celle qui est restituée par fluorescence. Dans les cristaux de platinocyanure de magnésium, c'est la vibration extraordinaire qui absorbe le bleu, c'est-à-dire les vibrations les plus réfrangibles; aussi restitue-t-elle par fluorescence les vibrations dont la réfrangibilité s'avance jusqu'à celle du jaune. La vibration ordinaire, au contraire, qui n'absorbe que le vert, ne donne par fluorescence que des vibrations qui ne dépassent pas le rouge.

CHAPITRE XII

PROCÉDÉS PROPRES A OBSERVER ET A MESURER LES PROPRIÉTÉS BIRÉFRINGENTES DES CRISTAUX.

L'observation de la biréfringence des cristaux joue actuellement un rôle considérable dans leur étude. On trouve là en effet des propriétés très caractéristiques, faciles à observer, même sur des fragments très petits et dépourvus de forme extérieure géométrique. C'est en outre le moyen le plus approprié à l'étude des groupements intérieurs, si curieux et si intéressants, que la forme de la surface dissimule le plus souvent à l'observateur.

L'étude d'une substance cristallisée n'est donc plus considérée comme complète lorsqu'on en a déterminé les propriétés cristallographiques; on juge encore nécessaire d'en observer les propriétés optiques. Celles-ci se résument en général, comme on le sait, dans un certain ellipsoïde, variable avec chaque couleur. Il faut donc déterminer cet ellipsoïde pour une ou plusieurs longueurs d'onde. C'est cette détermination importante dont nous allons nous occuper dans ce chapitre.

Moyens d'obtenir des lames cristallines à faces parallèles. — La plupart des observations se font sur des lames à faces parallèles. Ces lames doivent avoir une épaisseur constante, une orientation cristallographique bien déterminée, et il est nécessaire qu'elles portent une ou plusieurs lignes dont l'orientation cristallographique soit également connue. Enfin elles doivent être assez minces pour montrer dans la lumière blanche des couleurs de polarisation dont l'uniformité est un garant de l'homogénéité du cristal et de l'uniformité d'épaisseur. L'emploi des lames épaisses est fertile en erreurs, car il dissimule en général l'effet produit par les groupements cristallins, sur lesquels nous reviendrons avec détail dans une autre partie de cet ouvrage, mais dont nous pouvons signaler dès à présent la très grande fréquence.

On peut, lorsque cela est possible, se servir de lames de clivage. Le plus souvent, on est oblige de tailler artificiellement la lame dans une direction connue. Le cas le plus simple est celui où le plan de la lame doit être parallèle à une face du cristal. On commence par coller le cristal sur une lame de verre en l'appliquant par cette face cristalline. La substance dont on se sert pour effectuer le collage est assez fréquemment le baume du Canada. Cette résine liquide a la propriété de durcir par le refroidissement lorsqu'elle a été chauffée. Il suffit de mettre une goutte de baume sur la lame de verre puis de la chauffer à une douce chaleur, en ayant soin de ne pas pousser la température trop loin, ce qui aurait le double inconvénient de décomposer la résine, qui dégagerait alors des bulles de gaz restant en partie emprisonnées dans le liquide, et de rendre le baume trop sec et trop cassant lorsqu'il serait refroidi. Le liquide étant encore chaud, on y plonge le cristal, et on laisse refroidir.

Il vaut mieux en général se servir du baume qui a été déjà rendu solide par l'application de la chaleur. On peut le préparer soi-même, ou se le procurer, chez les opticiens, sous forme d'une boule adhérant à l'extrémité d'une baguette de verre. Il suffit alors de chauffer en même temps la lame de verre et le baume; lorsque la lame est assez chaude, en la frottant avec le baume on y dépose une couche liquide d'une épaisseur suffisante.

Le baume du Canada a l'avantage d'être parfaitement transparent, mais il a l'inconvénient d'être cassant, ce qui peut entraîner la perte du cristal pendant l'opération de la taille. On préfère donc le plus souvent réserver le baume pour le collage définitif de la lame taillée et fixer le cristal, pour procéder à la taille, par une matière un peu moins transparente, mais plus élastique, et résistant mieux aux secousses que le cristal doit subir pendant le travail. On se sert à cet effet d'un mastic obtenu en faisant fondre ensemble du baume et de la cire. Les proportions du mélange peuvent d'ailleurs varier beaucoup; en augmentant la proportion de cire on diminue la transparence, mais on abaisse le point de fusion et on augmente l'élasticité.

Le cristal étant ainsi fixé par la face à laquelle la lame doit être parallèle, on l'use sur un disque de fonte ou de cuivre sur lequel on dépose de la poudre d'émeri humectée d'eau. On peut user en promenant le cristal sur le disque immobile; il est préférable de se servir d'un tour d'opticien au moyen duquel on donne un mouvement de rotation au disque, la main et le cristal restant immobiles. L'habileté de l'opérateur consiste à user le cristal bien également de manière à produire une face artificielle exactement parallèle à la face naturelle sur laquelle le cristal repose. Pour guider le travail, on peut fixer de part et d'autre du cristal des fragments de verre à faces parallèles et d'égale épaisseur. Ces fragments s'usent en même temps que le cristal; ils donnent une surface de frottement plus large et qu'il est plus aisé de maintenir dans une position identique pendant l'opération.

Lorsque la face artificielle a été poussée assez loin dans l'intérieur du cristal, on la polit en employant successivement des émeris de plus en plus fins. On termine le polissage en substituant au disque en laiton un petit disque sur lequel on a collé du velours; on humecte ce velours en y répandant soit du rouge d'Angleterre, soit une poudre d'oxyde d'étain que les opticiens nomment la *potée d'étain*.

Après ce travail qui donne une face plane et polie ayant l'orientation voulue, on chauffe la lame de verre pour faire fondre la résine, on retourne le cristal et on le colle en le faisant reposer sur la face artificielle, puis on l'use de nouveau en faisant disparaître la face naturelle qui a servi à l'orientation. On peut ainsi se procurer une lame aussi mince qu'on le veut et découpée dans une région quelconque de la masse cristalline, soit au centre, soit près du bord.

Lorsque le cristal doit être taillé parallèlement à un plan qui ne se rencontre pas dans la surface cristalline, l'opération est beaucoup plus délicate. Il faut alors fixer le cristal sur le support de verre, en l'assujettissant par des fragments de verre, de manière que la face artificielle à créer soit parallèle au plan du support. On y arrive par des tâtonnements, et au besoin on s'assure de l'exactitude de l'orientation en mesurant au goniomètre l'angle que fait le plan du support avec deux faces cristallines. Pour rendre ces tâtonnements plus aisés, il est bon de se servir d'un mastic qui reste assez longtemps plastique, ce qu'on obtient en augmentant la quantité de cire mélangée de baume.

Quand on a ainsi fabriqué une face artificielle, on peut s'assurer, par des mesures goniométriques, qu'elle a bien la direction voulue, et au besoin on la corrige en appuyant plus ou moins sur un des côtés du support pendant l'usure. La face artificielle étant obtenue et l'orientation en étant vérifiée, on achève comme avec une face naturelle.

Lorsqu'on a affaire à de gros cristaux ou que l'on veut ménager la matière, on commence à préparer les faces de la lame en sciant le cristal soit avec une scie mince si le cristal est tendre, soit avec un fil de fer tendu sur une sorte d'archet et que l'on arrose avec un liquide contenant de l'émeri en suspension. Si le cristal est assez volumineux, on le colle sur un support fixe horizontal de manière que le plan du trait de scie soit vertical; on dirige le fil qui sert de scie par deux rainures placées en regard l'une de l'autre et convenablement orientées par rapport au cristal.

Pour des cristaux plus petits, on réussit bien en fixant le cristal entre les deux parties d'un bouchon coupé suivant un plan diamétral. On oriente le cristal de manière qu'il fasse saillie à un bout et que le plan du trait de scie soit parallèle à celui qui termine les deux moitiés du bouchon et qui sert à diriger l'instrument.

M. Émile Bertrand, auquel on doit un grand nombre de recherches très intéressantes sur des substances cristallines presque microscopiques, se sert, pour les tailler, du procédé suivant.

Il dépose sur une lame de verre une goutte d'un mastic formé en fondant du baume et de la cire. Pendant que ce mastic est encore pâteux, il y fait adhérer le petit cristal à observer, qui est saisi par une pince délicate. On oriente le cristal suivant la direction qui paraît convenable et on ne l'abandonne qu'au moment où le mastic s'est entièrement solidifié. Cela fait, et pour consolider le cristal, on dépose tout autour, au moyen d'une pointe chaude, de la poix qui fond à une température bien inférieure à celle de la fusion du mastic. Le cristal étant complètement noyé dans la poix, on attend que celle-ci soit bien refroidie; elle prend alors une dureté assez grande pour pouvoir être usée à la meule. On use ensuite à la fois la poix et le cristal de manière à tailler dans celui-ci une face artificielle de direction convenable.

Lorsqu'on juge que l'usure est poussée assez loin, il faut retourner le cristal pour tailler une seconde face. A cet effet, on prend une seconde lame de verre sur laquelle on dépose une goutte de baume du Canada, et qu'on applique sur la face déjà taillée. On laisse refroidir, et on décolle la première lame de verre en la chauffant avec précaution; comme le cristal y adhère par l'intermédiaire d'une substance plus fusible que ne l'est le baume, on arrive assez aisément à faire cette opération sans décoller la seconde lame.

M. Bertrand est parvenu ainsi à observer les propriétés optiques sur des cristaux presque capillaires taillés perpendiculairement à leur longueur. Mais pour accomplir ces tours de force, il faut acquérir préalablement l'habileté que possède ce savant minéralogiste.

Lorsque la lame a été travaillée, il convient, surtout si elle est mince, de la fixer sur une lame de verre. La lame étant décollée et séparée du support qui a servi au polissage, on la nettoie en la lavant avec un pinceau humecté de benzine, puis on la fixe sur une lame de verre bien propre au moyen d'une goutte de baume. Si la face supérieure de la lame cristalline n'est pas très bien polie, on y supplée en la recouvrant d'une de ces lames de verre très minces dont on se sert dans les observations microscopiques et qui sont connues sous le nom de *couvre-objets*. On fait adhérer cette lame au moyen du baume.

Si le cristal est soluble dans l'eau, on se sert, pendant le travail, d'huile ou de benzine. Si, en même temps, ce qui arrive pour presque tous les cristaux artificiels, la substance est très tendre, on peut préparer la face à tailler avec un canif ou une petite scie plate; on use sur une lame de verre dépoli, avec de l'émeri très fin ou sans émeri. Le polissage est généralement difficile à obtenir; si le rouge d'Angleterre ou la potée d'étain ne conviennent pas, on se sert de papier ou de velours.

Beaucoup de substances, notamment la plupart des hydrates, s'altèrent sous l'influence de la chaleur nécessaire pour fondre les mastics ordinaires. Pour les fixer on peut recourir, si cela est possible, à une dissolution de gomme; on peut encore se servir de plâtre ou d'une dissolution de baume dans le chloroforme qui durcit par l'évaporation. Si aucun de ces moyens ne réussit, il faut tenir le cristal à la main ou le fixer dans un bouchon de liège.

I. — PROCÉDÉS PROPRES A DÉTERMINER LES SECTIONS PRINCIPALES D'UNE LAME CRISTALLINE.

Principe de l'observation. — Supposons qu'on ait à sa disposition une lame cristalline d'une épaisseur convenable et d'une orientation connue par rapport aux axes cristallographiques, et voyons quelles sont les observations que l'on peut faire sur cette lame en vue d'arriver à déterminer l'orientation et les dimensions de l'ellipsoïde optique.

La première et la plus importante est celle de l'orientation des sections principales, c'est-à-dire des axes de l'ellipse que le plan de la lame intercepte dans l'ellipsoïde inverse.

Pour cette observation il est nécessaire que la lame montre une ou plusieurs lignes dont l'orientation cristallographique soit connue. Ce seront, par exemple, les directions des fissures provoquées dans la lame par des clivages, ou ceux des bords de cette lame, qui sont déterminés par l'intersection de la surface avec une face cristalline connue. C'est à ces lignes de repère qu'on rapporte l'orientation des sections principales.

Le principe de l'observation est le suivant : on place la lame sur une plaque tournante, entre un polariseur et un analyseur croisés à angle droit et dont on connait les directions de vibration. Lorsqu'en tournant la lame on l'amène à l'extinction complète, les sections principales en sont respectivement parallèles aux deux vibrations du polariseur et de l'analyseur. La lame étant dans cette position d'extinction, l'angle dont il faut la faire tourner pour amener la ligne cristallographique, prise pour ligne de repère, à être parallèle à la vibration du polariseur, par exemple, est l'angle que fait une des sections principales avec cette ligne de repère.

Microscope polarisant de M. Émile Bertrand. — On peut se servir d'un microscope polarisant ordinaire dont le porte-objet doit être disposé d'une façon particulière. La disposition la plus commode est celle qui est due à M. Bertrand et représentée figure 120. Un nicol E est placé au-dessous du porte-objet; un autre nicol A coiffe l'oculaire. Celui-ci porte au foyer un réticule formé de deux fils à angle droit. Le porte-objet est formé d'un limbe gradué tournant en regard d'un vernier fixe[1]. Le limbe tournant supporte un chariot qui, au moyen de deux vis V et V', peut recevoir deux mouvements rectangulaires entre eux et, par construction, respectivement parallèles aux directions 0° et 90° du limbe. On peut fixer au bâti le limbe tournant et donner à celui-ci de petits mouvements au moyen d'une vis de rappel T.

Deux petites vis *v* et *v'* permettent de donner à l'objectif deux mouvements rectangulaires et d'en amener ainsi l'axe optique à coïncider avec l'axe de rotation du limbe. On s'assure que cette condition est remplie en constatant que la rotation du limbe laisse un point de l'image en contact avec le croisement des fils du réticule.

On voit sur la figure qu'au-dessus de l'objectif, le tube du microscope est évidé par une large fente dont les ouvertures sont perpendiculaires à la ligne zéro du vernier. Dans cette fente passe une coulisse F fixée à un tube mobile. Ce tube qui glisse dans celui du microscope est mis en mouvement par une vis P agissant sur une crémaillère. La

1. Il vaudrait mieux que le limbe divisé fût fixe et le vernier porté par la platine tournante. La lecture se ferait toujours commodément, tandis qu'avec la disposition figurée, elle est incommode avec certaines orientations du limbe encombré par le chariot, les vis V, V', etc.

coulisse F porte deux orifices circulaires qui peuvent être mis successivement dans l'axe de l'appareil. L'un de ces orifices est vide et il est placé dans l'axe lorsque le microscope sert à observer dans la lumière

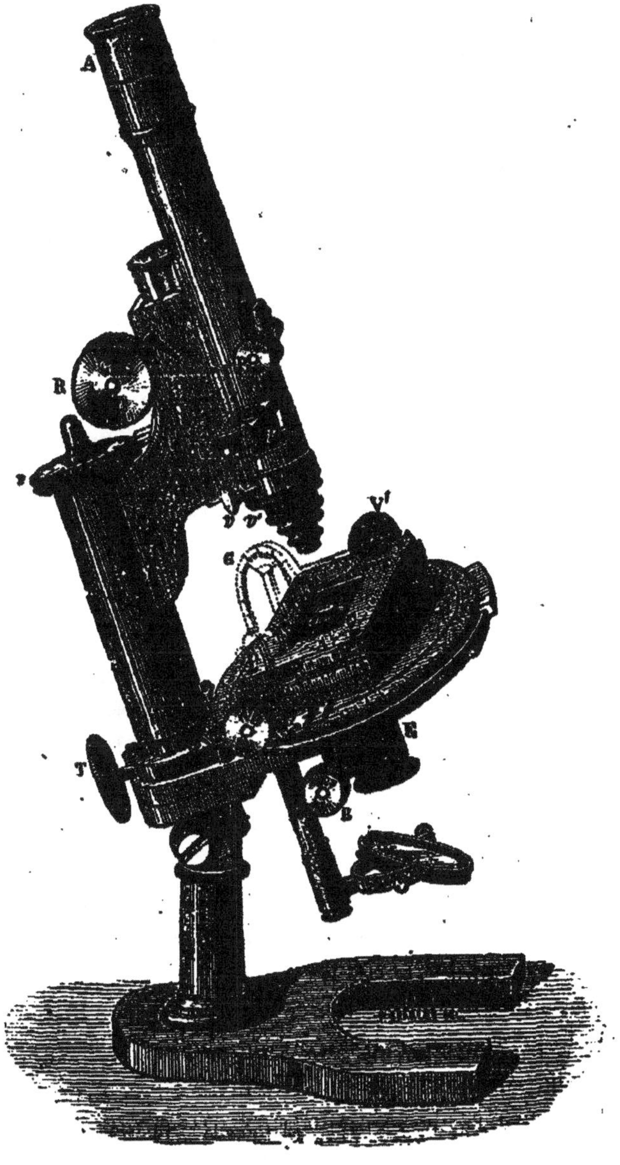

Fig. 120. — Microscope de M. Em. Bertrand.

parallèle. Lorsqu'on veut observer les phénomènes que montre la lumière convergente, on pousse la coulisse de manière à mettre dans l'axe l'orifice muni de la lentille. Nous reviendrons plus tard sur l'utilité de cette disposition.

Au-dessous de la coulisse, même lorsqu'elle est descendue au point le plus bas de sa course, la fente reste vide et permet d'introduire des lames diverses, telles que des prismes de quarz, des lames sensibles, quart d'onde, etc.

Microscope de M. Nachet. — M. Nachet construit aussi pour les besoins de la cristallographie un microscope qui est représenté figure 121. Il est surtout remarquable en ce que l'oculaire T est fixé à la pièce P, laquelle est reliée elle-même au bâti de l'appareil ; il est ainsi immobile. Il en est de même du polariseur. Au contraire, le limbe du porte-objet est relié par la pièce P' avec un tube MT' dans lequel entre celui de l'oculaire. Tout ce système peut recevoir un mouvement de rotation autour de l'axe de l'oculaire.

Grâce à cette disposition, l'oculaire reste fixe tandis que l'objet et l'objectif sont entraînés par le même mouvement de rotation. Lorsqu'on tourne l'appareil, les choses se comportent donc comme si l'oculaire seul recevait un mouvement de rotation. Or, si l'axe de l'oculaire ne coïncide pas exactement avec l'axe de rotation, le déplacement qui en résulte dans la position de l'image par rapport au réticule est beaucoup moindre que celui qui résulterait d'un défaut de centrage de l'objectif laissé immobile en regard de l'objet animé d'un mouvement de rotation. Dans ce cas, en effet, lorsqu'on emploie un grossissement quelque peu considérable, il est presque impossible d'arriver à régler l'appareil d'une façon tellement précise que la rotation de la platine ne fasse pas disparaître l'objet hors du champ.

Dans les anciens appareils de M. Nachet, l'analyseur était placé à l'extrémité inférieure du tube fixe qui porte l'oculaire ; cette disposition a quelquefois son utilité, mais elle est peu commode dans la plupart des observations minéralogiques où l'analyseur doit pouvoir être retiré à chaque instant.

L'appareil que représente la figure ne peut pas servir à observer dans la lumière convergente. M. Nachet a ajouté récemment à ses instruments une disposition analogue à celle de M. Bertrand.

Réglage du microscope. — Avant toute observation, il faut ajuster convenablement son microscope. Nous supposerons, dans ce qui suit, qu'on ait entre les mains le microscope Bertrand.

Il faut d'abord placer l'un des fils du réticule parallèle à la direction zéro du vernier fixe. A cet effet, on commence par amener le zéro du limbe à coïncider avec celui du vernier, et on maintient le limbe dans cette position en serrant la vis de pression. On place ensuite sur le porte-objet une lame de verre, et l'on met au point un objet quelconque tel qu'un petit grain de poussière, que l'on amène, en déplaçant convenablement le cha-

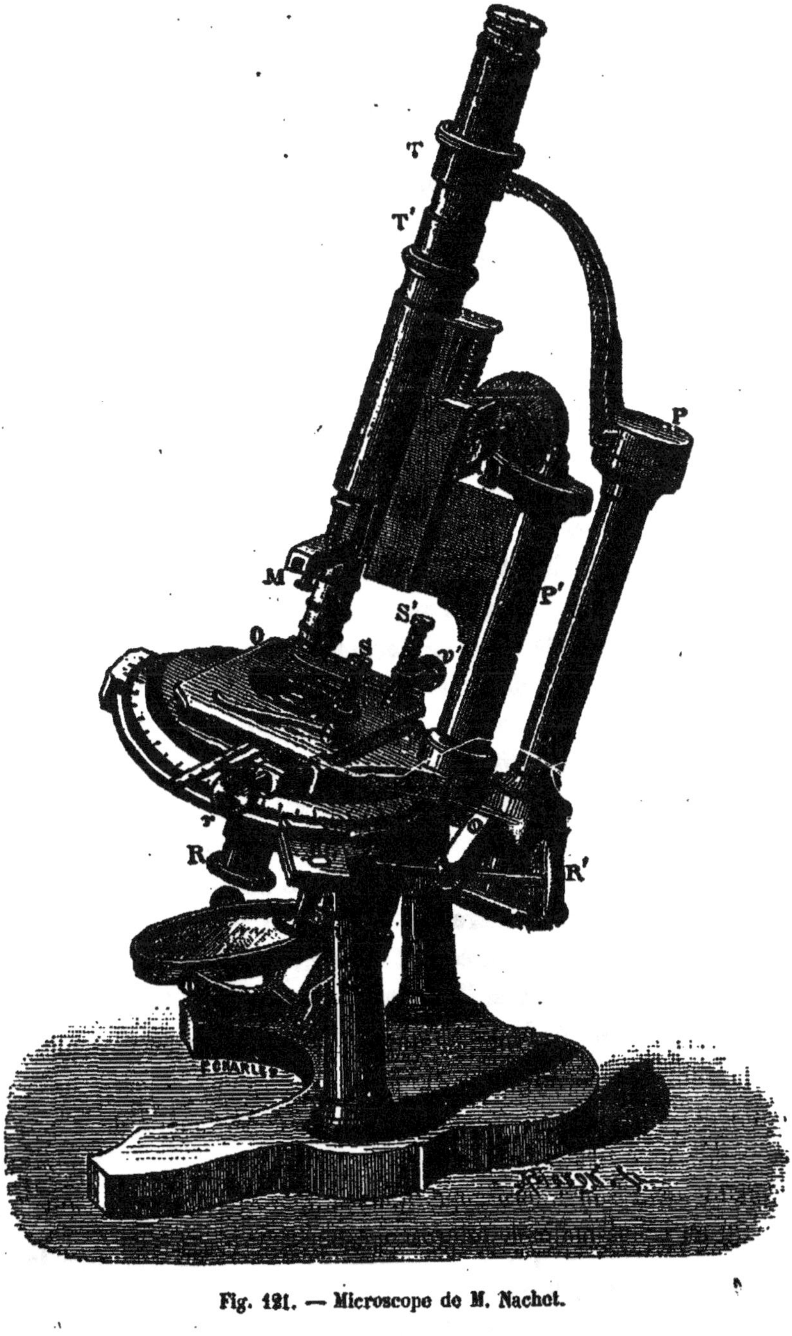

Fig. 121. — Microscope de M. Nachet.

riot porte-objet, à être en contact avec le croisement des fils du réticule. On donne alors au chariot, en agissant sur la vis convenable, un mouvement qui, par construction, est parallèle à la ligne zéro du limbe et du vernier.

Si le fil du réticule était parallèle à cette direction, l'image du grain de poussière se mouvrait sans le quitter. On fait tourner l'oculaire dans le tube jusqu'à ce que cette condition soit réalisée. Pour qu'on puisse le fixer dans cette position, l'oculaire porte à sa partie supérieure une bague dont un appendice entre dans une encoche pratiquée dans le tube du microscope. La bague est ainsi fixée, mais l'oculaire peut tourner dans la bague jusqu'à ce qu'une petite vis de pression rende ce mouvement impossible. Cette disposition a l'avantage que, le réglage opéré et la vis de pression serrée, on peut enlever l'oculaire et le remettre, grâce à la saillie de la bague, exactement dans la position qu'il doit occuper.

Il faut maintenant placer le polariseur de manière que la vibration en soit parallèle à la ligne zéro du vernier ou à la direction perpendiculaire. Le procédé le plus simple, sinon le plus précis, consiste à placer sur le porte-objet une petite lame de tourmaline dont le bord est bien parallèle à la direction de son axe optique. On fait coïncider le bord de la lame avec la ligne zéro du réticule, et on tourne le polariseur jusqu'à ce que la lame de tourmaline ait atteint son extinction maxima. La vibration du polariseur est alors perpendiculaire à l'axe de la tourmaline et par conséquent à la direction zéro du vernier.

On obtient plus d'exactitude en employant le procédé suivant indiqué par M. L. Laurent. On prend une lame cristalline dont la section principale est nettement déterminée, par exemple une lame de quarz parallèle à l'axe dont le bord est parallèle à cette section. On place la lame sur le porte-objet de manière que le bord en soit exactement parallèle au fil du réticule et par conséquent à la direction zéro du vernier.

Le polariseur, la lame et l'analyseur étant placés d'une façon quelconque, l'intensité I de la lumière qui émerge après avoir traversé la lame, est (page 157)

$$I = \sin^2(\alpha + \beta) - \sin 2\beta \sin^2 \pi \frac{o - e}{\lambda},$$

β étant l'angle que forment les vibrations du polariseur et de l'analyseur, α l'angle que la vibration du polariseur fait avec la section principale de la lame.

L'intensité I' de la lumière qui émerge sans avoir traversé la lame est

$$I' = \sin^2(\alpha + \beta).$$

Les intensités I et I' seront donc toujours différentes, sauf dans le cas où $\alpha = 0$, et $\beta = 0$. Dans le cas où $\alpha = 0$, cette égalité subsistera lorsqu'on tournera l'analyseur d'une façon quelconque.

On a donc ainsi un moyen de s'assurer du moment où, en tournant le polariseur, on l'a amené à avoir sa vibration parallèle à la section principale de la lame et par conséquent aussi à la direction zéro du vernier.

Le procédé est très sensible, parce que les deux plages dont on doit constater l'égalité d'intensité sont juxtaposées suivant une ligne qui est sans épaisseur si la lame a été bien travaillée.

Pour que la différence entre I et I' soit aussi grande que possible, lorsque α n'est pas nul, il faut que $\sin^2 \pi \frac{o-e}{\lambda}$ soit égal à 1, c'est-à-dire que le retard engendré par la lame soit égal à une demi-onde ou plus généralement à un nombre impair de demi-onde.

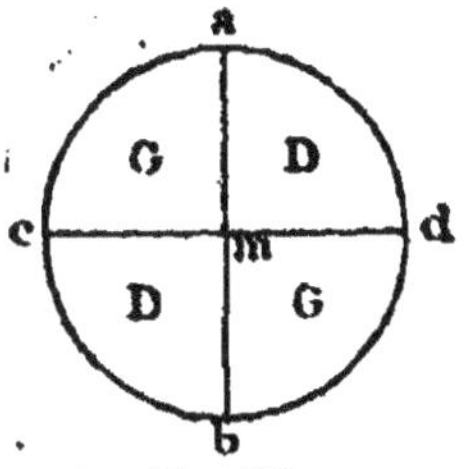

Fig. 122.

On peut encore, avec M. Bertrand, employer le procédé suivant qui donne une assez grande précision. On substitue à l'oculaire qui porte le réticule, un autre oculaire au foyer duquel on a placé quatre lames de quarz d'égale épaisseur, se raccordant suivant deux diamètres rectangulaires, et disposées de telle sorte que deux lames adjacentes sont de rotation contraire (fig. 122). On dispose l'oculaire de manière que, *ab*, par exemple, soit parallèle à la direction zéro du vernier. On superpose ensuite à l'oculaire un prisme de Rochon[1], et on le tourne jusqu'à

1. Le prisme de Rochon est formé de deux prismes de quarz ABC et BCD (fig. 124) collés suivant les faces hypoténuses. BCD est taillé de manière que BD est parallèle à l'axe du quarz, tandis que, dans ABC, AB est parallèle à cet axe. Un rayon MN entrant normalement à CD donne deux vibrations ordinaires ; arrivée en N, la vibration perpendiculaire à CD reste ordinaire et se propage, sans être déviée, suivant NP prolongement de MN. Mais la vibration vibrant parallèlement à CD devient extraordinaire après avoir passé N, et se dévie en faisant avec la normale un angle a donné par la formule

$$\frac{\sin a}{\sin \alpha} = \frac{n_e}{n_0},$$

α étant l'angle BCD.

Si l'on appelle u le petit angle QNP, on aura sensiblement

$$u = \frac{n_e - n_0}{n_0} \sin \alpha,$$

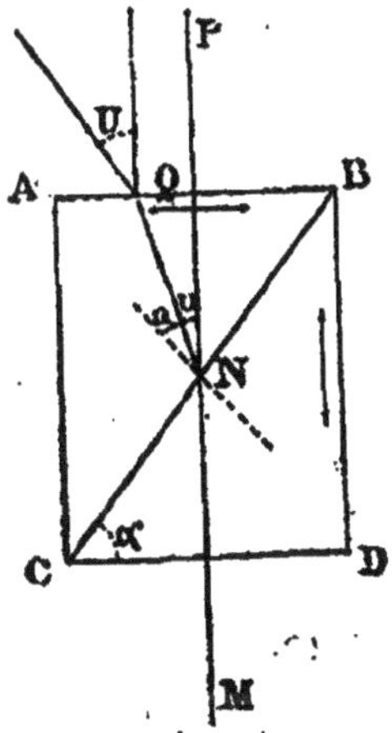

Fig. 124.

et si U est l'angle RQP formé avec l'axe de l'appareil par le rayon extraordinaire

ce qu'on ne voie plus qu'une image de la ligne *ab*. On voit alors deux images de la lame placée dans l'oculaire ; l'une *abcd* (fig. 123) est l'image ordinaire, elle vibre perpendiculairement à *ab* ; l'autre *a'b'c'd'* vibre parallèlement à *ab*. La partie *mc m'c'* de l'image contient la superposition de l'image ordinaire d'un cristal gauche et de l'image extraordinaire d'un cristal droit. La portion *mm' dd'* est au contraire formée par la superposition de l'image ordinaire d'un quarz gauche et de l'image extraordinaire d'un quarz droit. Ces deux plages n'ont donc la même teinte que lorsque la vibration du polariseur est parallèle ou perpendiculaire à *ab*.

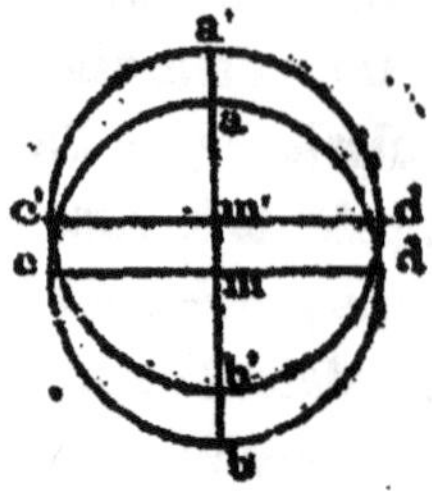

Fig. 123.

Le demi-croissant *aa'c'* est formé par l'image extraordinaire d'une lame gauche ; le demi-croissant *aa'dd'* est formé par l'image extraordinaire d'une lame droite. Ces deux demi-croissants ne sont de la même teinte que lorsque le polariseur est parallèle ou perpendiculaire à *ab*. Il en est de même pour les deux demi-croissants inférieurs.

On contrôle l'observation en la répétant après avoir tourné de 90° le prisme de Rochon, ce qui amène *cd* à ne donner qu'une seule image.

Le polariseur étant réglé, on en rend fixe l'orientation par un procédé analogue à celui qui a servi à rendre fixe celle du réticule.

On règle alors l'analyseur. On peut se contenter de le tourner jusqu'à ce que l'obscurité soit faite, le polariseur étant en place. Ce procédé est peu précis, à cause de la difficulté qu'on éprouve à juger avec exactitude du moment où le maximum d'obscurité est obtenu. Il vaut mieux placer sur le porte-objet la lame *demi-onde* qui a servi à régler le polariseur par le procédé Laurent et l'orienter de manière que le bord en soit parallèle au fil de réticule. On déplace alors le polariseur, en l'abaissant de manière à faire sortir de son encoche la saillie qui

émergeant dans l'air, on aura, aussi sensiblement

$$U = n_e u = \frac{n_e}{n_0}(n_e - n_0) \sin \alpha$$

ou, $\frac{n_e}{n_0}$ étant peu différent de 1,

$$U = (n_e - n_0) \sin \alpha.$$

On voit qu'un point M donne deux images polarisées à angle droit et situées dans le plan principal de l'appareil qui est normal aux faces d'entrée et de sortie et comprend la ligne de plus grande pente du plan BC. La vibration de l'image non déviée est perpendiculaire à ce plan principal ; celle de l'image déviée lui est parallèle.

en fixe l'orientation, puis on règle l'analyseur comme on a réglé le polariseur, en jugeant de l'égalité de teinte des deux plages. On place ainsi la vibration de l'analyseur soit parallèle, soit perpendiculaire à celle du polariseur, mais on fait aisément le choix entre ces deux solutions.

On peut encore placer sur le porte-objet une bilame formée de deux lames de quarz accolées, d'égale épaisseur, l'une droite, l'autre gauche. Le polariseur étant en place, l'analyseur lui sera perpendiculaire lorsque la teinte des deux lames sera exactement la même.

On peut se servir, pour le même objet, de l'oculaire de M. Bertrand contenant les quatre lames de quarz qui devront être amenées à la même teinte.

On peut aussi placer sur le porte-objet la bilame de Bravais (pages 176 et 177), formée de deux lames cristallines adjacentes dont les axes sont croisés à angle droit. Les deux parties de la lame ne sont de la même teinte que lorsque le polariseur et l'analyseur sont croisés à angle droit.

Il est commode, pour cette observation et pour beaucoup d'autres, de fixer une bilame semblable dans un oculaire spécial, ou encore de se servir d'un oculaire fendu latéralement, à la hauteur où se place le réticule. On peut passer dans cette fente, au moment voulu, soit la bilame de Bravais, soit une bilame de quarz, etc.

L'analyseur, après avoir été réglé, est fixé dans sa position par le même procédé que celui qui sert à fixer l'oculaire et le polariseur.

On peut vérifier l'exactitude du réglage du réticule, du polariseur et de l'analyseur, en plaçant sur le porte-objet une lame cristalline dont la section principale soit nettement indiquée par la forme même. On se sert avec avantage, pour cet objet, d'un petit cristal de *mésotype*. La mésotype est un minéral du groupe des zéolites, qui appartient au système orthorhombique et cristallise en petits prismes presque carrés très allongés dans le sens de l'un des axes binaires. Un de ces petits cristaux placés sur le porte-objet s'éteint lorsque la longueur du prisme est parallèle à l'une des vibrations du polariseur ou de l'analyseur. On place un de ces prismes sur le porte-objet, et il doit s'éteindre lorsque la longueur est parallèle à l'un des fils du réticule.

Avec un semblable cristal, on peut au reste, en tournant à la fois le polarisateur et l'analyseur, et après quelques tâtonnements, arriver à régler leur position, en se dispensant ainsi de l'opération, un peu longue, que nous venons de décrire.

Comme on ne juge pas très bien du moment où l'extinction maxima de la mésotype est obtenue, on peut observer avec l'oculaire à quatre lames de quarz. On place la mésotype de manière que son image soit à cheval sur celle des quatre lames. Le cristal ne paraît d'une couleur uniforme qui lorsque le polariseur et l'analyseur sont croisés à angle droit.

On peut, plus simplement, placer sur le porte-objet une bilame de quarz ; on pose la lame cristalline à cheval sur les deux quarz de rotation contraire. On tourne le porte-objet jusqu'à ce que les parties des deux quarz que recouvre la lame soient de même teinte.

On arriverait encore au même but en se servant de l'oculaire à bilame de gypse.

Détermination de l'azimuth des sections principales. — L'appareil étant réglé, il n'y a rien de plus aisé que de déterminer la direction des sections principales d'une lame. On place celle-ci sur le porte-objet ; on fait tourner le limbe, et on déplace le chariot jusqu'à ce que le fil du réticule coïncide avec la ligne cristallographique prise comme repère, on lit la division du limbe qui correspond au zéro du vernier ; puis on tourne le limbe jusqu'à ce que la lame s'éteigne et on fait une nouvelle lecture ; la différence des deux lectures donne l'angle d'une des sections principales avec la ligne de repère.

Nous avons déjà dit qu'on ne pouvait apprécier très exactement l'instant où le maximum d'obscurité de la lame est obtenu. On peut augmenter l'exactitude de l'observation en se servant d'un oculaire contenant soit les 4 lames de quarz de M. Bertrand, soit plus simplement une bilame de quarz, ou une bilame de Bravais. La lame cristalline étant placée sur le porte-objet, on en voit l'image, dans le plan du réticule, se superposer à celle de la bilame qui y est placée. On s'arrange pour que la lame cristalline soit à cheval sur les parties de la bilame et on tourne le porte-objet jusqu'à ce que la lame cristalline ait exactement la même teinte dans toutes ses parties.

On peut encore se servir d'un analyseur spécial. Le nicol qui le forme est scié en long suivant le plan de symétrie qui passe par la diagonale inclinée *ea* (fig. 125) ; on use ensuite le plan des faces de sciage obliquement et d'une quantité exactement égale, de sorte qu'après les avoir recollées, les sections principales de chacune des moitiés du nicol forment un angle de 3° environ l'une avec l'autre. Avec un semblable analyseur, superposé au polariseur, on voit deux portions du champ présentant des intensités différentes ; les intensités deviennent égales entre elles lorsque le plan médian de l'analyseur est perpendiculaire à la vibration du nicol. Si l'on interpose une lame cristalline, l'égalité d'intensité des deux plages est détruite dans toute la partie qu'occupe la lame et elle n'est rétablie que lorsque l'une des sections principales de la lame est parallèle à la vibration du polariseur.

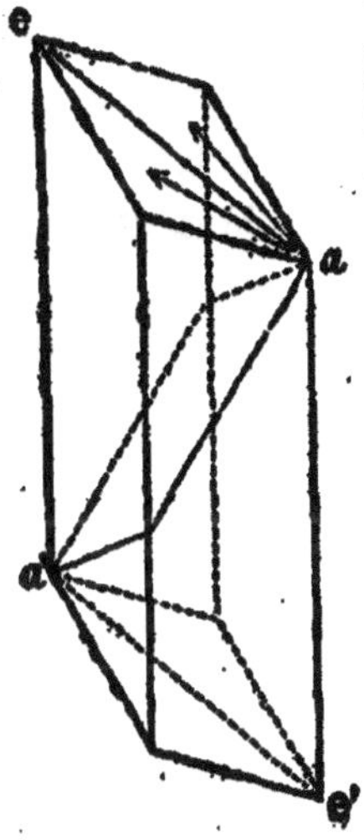

Fig. 125.

Quel que soit le mode d'observation, il faut toujours faire deux lectures diamétralement opposées pour détruire l'erreur d'exentricité. On peut d'ailleurs contrôler l'exactitude en observant successivement les directions des deux sections principales qui doivent être perpendiculaires l'une sur l'autre.

Après avoir fait une première observation, il faut, si l'on veut accroître l'exactitude, en faire une seconde avec la lame retournée sens dessus dessous, et prendre la moyenne des deux observations. On élimine ainsi du même coup les erreurs qui proviennent, soit de ce que le fil du réticule n'est pas exactement parallèle à la ligne zéro, soit de ce que la vibration du polariseur n'est rigoureusement parallèle ni à la direction zéro, ni au fil du réticule.

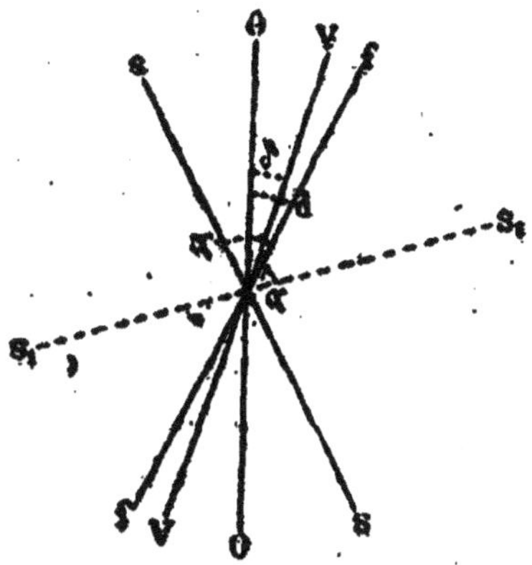

Fig. 126.

Soit en effet OO (fig. 126) la ligne zéro, VV la vibration du polariseur faisant avec OO un angle δ, *ff* le fil du réticule faisant avec OO un angle d. On met en coïncidence avec *ff* la direction cristallographique choisie, et la section principale est dirigée suivant *ss* faisant avec *ff* un angle α; on amène d'abord *ss* en VV et on mesure l'angle $\alpha - d + \delta$.

On retourne la lame sens dessus dessous, en ramenant la direction cristallographique à coïncider avec *ff*, ce qui revient à faire tourner la lame de 180° autour de *ff*; *ss* vient en s_1s_1, et en le ramenant en coïncidence avec VV, on mesure l'angle $\alpha + d - \delta$. La moyenne est égale à α.

Toutes ces observations se font ordinairement avec la lumière blanche; mais, dans certains cas, il est nécessaire d'opérer avec de la lumière monochromatique.

On peut simplement placer sur l'oculaire du microscope un verre coloré ne laissant passer que des rayons qui sont sensiblement de la même couleur. Le verre rouge coloré par l'oxyde de cuivre est le plus propre à cet emploi, il donne une lumière dont la longueur d'onde moyenne est environ $\lambda_r = 0^{mm},000\ 628$. On peut aussi se servir de verres verts; on se sert encore de verres bleus colorés par le cobalt, malheureusement ils sont très loin d'être monochromatiques. On peut les remplacer avantageusement en plaçant devant le microscope une petite cuve en verre remplie d'une dissolution de sulfate de cuivre ammoniacal.

Mais il vaut beaucoup mieux éclairer le microscope par une flamme n'émettant que des rayons d'une seule longueur d'onde. Il suffit de placer dans la flamme d'un bec Bunsen un petit panier à fils de platine dans lequel on place soit du chlorure de sodium, soit du chlorure de lithium, soit du chlorure de thallium.

Le sodium donne une lumière jaune dont la longueur d'onde est $0^{mm},000589$. En réalité elle émet de la lumière qui comprend deux longueur d'onde distinctes, mais très voisines, dont l'une est $0^{mm},0005825$ et l'autre $0^{mm},0005889$.

Le lithium donne une lumière rouge dont la longueur d'onde est $0^{mm},0006707$, et le thallium une lumière verte dont la longueur d'onde est $0^{mm},0005349$.

Stauroscope. — Pour déterminer les sections principales d'une lame, on se sert fréquemment, surtout en Allemagne, d'un instrument spécial, nommé *stauroscope*, Cet appareil se compose d'un polariseur recouvert par une plaque de cuivre horizontale percée d'un orifice. La lame cristalline se place sur ce porte-objet qui peut tourner dans son plan d'angles mesurés par une graduation spéciale et qui est surmonté par un analyseur au-dessous et très près duquel est disposée une lame de calcite perpendiculaire à l'axe.

Lorsque la lame cristalline n'est pas placée sur le porte-objet, l'appareil se comporte comme une pince à tourmaline, et le polariseur et l'analyseur étant croisés à angle droit, on voit les anneaux et la croix noire que produit la lame de calcite.

Si l'on place la lame sur le porte-objet au-dessus de l'orifice, la croix noire est en général disloquée, et ne reprend sa forme première que lorsque l'une des sections principales de la lame est parallèle à l'une des vibrations du polariseur ou de l'analyseur.

Au lieu d'une seule lame de calcite, il est préférable d'en superposer deux légèrement inclinées sur l'axe et en sens contraire. Les figures d'interférence sont assez complexes; la croix n'existe plus, mais elle est remplacée par une raie noire située dans le plan des axes des deux lames. La partie centrale de cette bande tourne par rapport aux parties extrêmes, lorsque les sections principales de la lame cristalline ne coïncident pas avec les vibrations du nicol.

Cet instrument n'est ni plus commode, ni plus exact que le microscope polarisant, qui a d'ailleurs le grand avantage de servir en outre à la plupart des observations que l'on peut faire sur une lame cristalline.

La position des axes optiques déduite de l'observation des sections principales de diverses lames. — La détermination de l'orientation des sections principales sur des lames convenablement choisies peut toujours suffire, au moins en principe, pour fixer l'orientation des axes de l'ellipsoïde et pour donner la grandeur de l'écartement des axes optiques, c'est-à-dire, en un mot, pour fixer la position des axes optiques. On sait, en effet, que l'orientation des sections principales sur un plan quelconque peut être obtenue par une construction très simple, lorsque la position des axes optiques est connue.

Il y a trois cas à distinguer, suivant que le cristal, au point de vue de la symétrie, est ter-binaire, binaire ou asymétrique. Nous n'avons pas, bien entendu, à nous occuper des cristaux uniaxes pour lesquels la cristallographie donne immédiatement la direction de l'axe optique.

1° *Cristal orthorhombique*. — Supposons d'abord le cristal ter-binaire. La direction des axes de l'ellipsoïde est, pour toutes les couleurs, donnée par la cristallographie géométrique, puisque ces axes sont ceux mêmes de symétrie. On peut trouver la position des axes optiques en taillant trois lames successivement perpendiculaires aux trois axes de symétrie. La lame perpendiculaire à l'axe moyen *b* d'élasticité optique ne montre ordinairement ni courbes noires ni courbes colorées sous le microscope à lumière convergente éclairé par de la lumière blanche, mais elle en montre de très nettes lorsque l'on emploie la lumière monochromatique.

Les lames perpendiculaires aux axes extrêmes de l'ellipsoïde *a* et *c*, montrent en lumière convergente les phénomènes que nous avons décrits dans un autre chapitre; ils permettent de mesurer directement l'angle des axes optiques, par un des procédés dont nous parlerons plus loin, en même temps que d'observer le sens et la grandeur de la dispersion cristalline.

On peut jusqu'à un certain point suppléer à ces observations en déterminant, sur une lame, oblique aux trois axes de symétrie, la direction des sections principales. On peut alors calculer les angles que font ces sections principales avec les trois axes a, b, c, de l'ellipsoïde dont la direction est connue, et en déduire l'écartement angulaire des axes optiques.

Soient $m' n' p'$ les cosinus des angles que fait avec ces axes une des deux directions de vibration;

$m'' n'' p''$ les cosinus des angles que fait l'autre direction avec les mêmes axes;

u, v, w les cosinus des angles que fait avec les axes la normale à la lame;

r' et r'' les inverses des rayons de l'ellipsoïde inverse correspondant à chacune des deux directions de vibration.

Reportons-nous à la page 109 où nous trouverons les équations

$$\frac{m'}{r'}(a^2 - r'^2) = -u . A_1'a_1',$$

$$\frac{n'}{r'}(b^2 - r'^2) = -v . A_1'a_1',$$

$$\frac{p'}{r'}(c^2 - r'^2) = -w . A_1'a_1'.$$

Pour la vibration perpendiculaire, on a de même

$$\frac{m''}{r''}(a^2 - r''^2) = -u . A_1''a_1'',$$

$$\frac{n''}{r''}(b^2 - r''^2) = -v . A_1''a_1'',$$

$$\frac{p''}{r''}(c^2 - r''^2) = -w . A_1''a_1''.$$

On tire aisément de ces relations

$$m'm'' \frac{(a^2 - r'^2)(a^2 - r''^2)}{u^2} = n'n'' \frac{(b^2 - r'^2)(b^2 - r''^2)}{v^2} = p'p'' \frac{(c^2 - r'^2)(c^2 - r''^2)}{w^2}$$

Le produit $(a^2 - r'^2)(a^2 - r''^2)$ est toujours positif, car les deux facteurs sont positifs; le produit $(c^2 - r'^2)(c^2 - r''^2)$ est aussi positif parce que les deux facteurs sont négatifs; seul le produit $(b^2 - r'^2)(b^2 - r''^2)$ est négatif, car si $b > r'$ on a $b < r''$ et réciproquement. Des trois produits $m'm''$, $n'n''$, $p'p''$, les deux extrêmes sont donc toujours de même signe, et le moyen de signe contraire à celui des deux autres.

L'équation de la surface des vitesses normales donne

$$\frac{u^2}{a^2-r'^2}+\frac{v^2}{b^2-r'^2}+\frac{w^2}{c^2-r'^2}=0.$$

En y faisant $w^2=1-u^2-v^2$, on en tire

$$\frac{u^2(c^2-a^2)}{a^2-r'^2}+\frac{v^2(c^2-b^2)}{b^2-r'^2}+1=0.$$

On aurait de même

$$\frac{u^2(c^2-a^2)}{a^2-r''^2}+\frac{v^2(c^2-b^2)}{b^2-r''^2}+1=0.$$

Et en retranchant membre à membre ces deux équations

$$\frac{u^2}{(c^2-b^2)(a^2-r'^2)(a^2-r''^2)}=-\frac{v^2}{(c^2-a^2)(b^2-r'^2)(b^2-r''^2)},$$

on aurait de même

$$\frac{u^2}{(b^2-b^2)(a^2-r'^2)(a^2-r''^2)}=-\frac{w^2}{(b^2-a^2)(c-r'^2)(c^2-r''^2)},$$

et par conséquent

$$\frac{u^2}{(b^2-r^2)(a^2-r'^2)(a^2-r''^2)}=-\frac{w^2}{(a^2-c^2)(b^2-r'^2)(b^2-r''^2)}$$
$$=\frac{w^2}{(a^2-b^2)(c^2-r'^2)(c^2-v''^2)}.$$

Substituant ces valeurs dans les expressions en $m'm''$, $n'n''$ et $p'p''$, il vient enfin

$$\frac{m'm''}{b^2-c^2}=-\frac{n'n''}{a^2-c^2}=\frac{p'p''}{a^2-b^2}.$$

Ces deux équations n'en font qu'une en réalité, car on peut tirer l'une d'entre elles de l'autre par les relations

$$m'm''+n'n''+p'p''=9$$

et

$$b^2-c^2-(a^2-c^2)+a^2-b^2=0.$$

Si l'on connaît les directions des axes et celles des sections principales d'un plan quelconque, on pourra calculer les angles de ces sections principales avec les axes et, par conséquent, les cosinus m', n', p',

m'', n'', p'', ainsi que les produits $m'm''$, etc. Celui de ces deux produits dont le signe est contraire au signe des deux autres correspond à l'axe moyen b dont la position est ainsi déterminée.

Si l'on appelle V_m l'angle que fait un des axes optiques avec l'axe auquel se rapportent les cosinus m' et m'', on a

$$\text{tg}^2 V_m = \frac{b^2 - c^2}{a^2 - b^2} = \frac{m'm''}{p'p''}.$$

De même si V_p est l'angle fait par un axe optique avec l'axe auquel se rapportent les cosinus p' et p'', on a

$$\text{tg}^2 V_p = \frac{a^2 - b^2}{b^2 - c^2} = \frac{p'p''}{m'm''}.$$

On pourra voir quel est des deux axes celui qui correspond à la bissectrice aiguë, mais on ne peut pas savoir lequel des deux correspond à l'axe maximum a ou à l'axe minimum c. On résoudrait d'ailleurs aisément cette question en observant une lame parallèle au plan des axes optiques, lequel est connu par ce qui précède, et déterminant quelle est, des deux vibrations transmises par cette lame, celle qui se propage le plus lentement ; elle est parallèle à c, l'autre l'est à a.

2° *Cristal clinorhombique.* — Supposons maintenant que le cristal est clinorhombique. L'axe de symétrie que détermine la cristallographie est, pour toutes les couleurs, un axe de l'ellipsoïde. Les directions des deux autres axes sont aisément déterminées en taillant une lame parallèle au plan de symétrie g^1, et observant les deux sections principales de cette lame qui sont les deux directions cherchées.

Les trois directions des axes étant connues, l'observation des sections principales d'une lame oblique par rapport aux trois axes suffit à faire connaître la direction de l'axe moyen et la grandeur de l'angle vrai des axes.

Pour montrer comment on peut conduire les calculs, nous allons appliquer la théorie au cas de l'amphibole trémolite, minéral qui se présente sous la forme de cristaux allongés suivant l'arête mm [001], avec des clivages faciles parallèles aux faces m (110), lesquelles sont inclinées les unes sur les autres d'un angle égal à 124°,11′.

L'observation d'une lame parallèle à g^1 (010) montre que l'un des axes fait avec $h^1 g^1$ un angle égal à + 75°.

Une lame de clivage parallèle à m montre que, des deux sections principales, l'une fait avec l'arête mg^1 un angle égal à + 77°,8.

Soit, sur la surface d'une sphère (fig. 127), x, y, z les pôles des axes d'élasticité, le diamètre hh' étant parallèle à l'arête mg^1 et le diamètre xx' étant parallèle à l'axe de symétrie. Sur un grand cercle parallèle à la face m, c'est-à-dire passant par hh' et faisant avec le plan de symétrie hzh' un angle égal à 68°,6, les points s' et s'' distants entre eux de 90° seront les pôles des sections principales si s'' fait avec le grand cercle perpendiculaire à hh' un angle à 77°,8. Il est alors très aisé de calculer les cosinus ou plutôt les log. des cosinus des angles que font s' et s'' avec x, y et z. En appelant m', m'' les cosinus des angles de s' et s'' avec x; n', n'' ceux des angles avec y; p', p'' ceux des angles avec z, on constate que les produits $n'n''$, $p'p''$ sont négatifs, le produit $m'm''$ étant positif. On en conclut que l'axe de symétrie xx' est l'axe moyen d'élasticité optique, le plan des axes optiques coïncidant avec le plan de symétrie g^1.

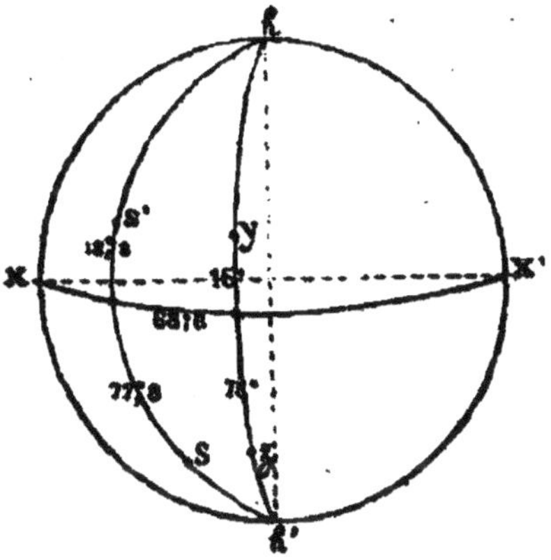

Fig. 127.

On a ainsi, appelant V l'angle que fait un axe optique avec Oy,

$$\text{tg}^2 V = \frac{n'n''}{p'p''}.$$

Or on a trouvé

$$\log n'n'' = \bar{2},8941$$

et

$$\log p'p'' = \bar{2},9208;$$

on a donc

$$\log \text{tg}^2 V = \bar{1},9733,$$

d'où

$$V = 44°,1.$$

La direction Oy est donc celle de la bissectrice aiguë, et les axes optiques, situés dans le plan g^1, sont écartés de 88°,2. C'est, en effet, à peu près ce que donne l'observation directe.

3° *Cristal triclinique.*— Quant aux cristaux tricliniques, l'observation des sections principales sur quatre lames d'une orientation cristallographique connue, suffit bien à donner l'orientation de l'ellipsoïde et la position des axes optiques, et l'on peut théoriquement mettre le problème en équation.

On doit supposer connus les cosinus des angles que font les sections principales des quatre lames avec trois axes coordonnés rectangulaires. Pour la lame 1, ces cosinus seront

$$(m'_1 n'_1 p'_1) \qquad (m''_1 n''_1 p''_1).$$

On prendra pour inconnues les cosinus des angles que font, avec les axes coordonnés, les axes de l'ellipsoïde : ces cosinus

$$(\mathrm{MNP}), \quad (\mathrm{M'N'P'}), \quad (\mathrm{M''N''P''}),$$

sont liés entre eux par 6 relations qui ne laissent que 3 quantités inconnues.

On forme alors, en fonction de ces inconnues, les cosinus des angles que font avec les axes de l'ellipsoïde les sections principales d'une lame, et l'on a, en vertu des relations de la page 305

$$\frac{(\mathrm{M}m_1 + \mathrm{N}n_1 + \mathrm{P}p_1)(\mathrm{M}m'_1 + \mathrm{N}n'_1 + \mathrm{P}p'_1)}{(\mathrm{M''}m_1 + \mathrm{N''}n_1 + \mathrm{P''}p_1)(\mathrm{M''}m'_1 + \mathrm{N''}n'_1 + \mathrm{P''}p'_1)} = \frac{b^2 - c^2}{a^2 - b^2},$$

et trois équations analogues pour chacune des lames 2, 3 et 4. On a ainsi quatre équations déterminant les 4 inconnues qui sont : $\frac{b^2 - c^2}{a^2 - b^2}$ et les 3 données fixant les 9 cosinus (MNP) (M'N'P') (M''N''P'').

Mais la complexité des calculs qu'entraînerait la résolution de ces équations enlève toute valeur à ce procédé.

On en est donc réduit à des tâtonnements. On cherche, par l'observation de diverses lames, à en trouver une où l'on puisse voir, en lumière convergente, les lemniscates et les hyperboles noires formées autour d'une bissectrice. Ces lemniscates seront plus ou moins excentrées, mais elles n'en feront pas moins connaître la direction dans laquelle il faut chercher la bissectrice, et par conséquent l'orientation qu'il faut donner à la surface d'une nouvelle lame pour que celle-ci montre des courbes moins excentrées. On arrive ainsi, après un certain nombre de tâtonnements, à obtenir une lame assez près d'être normale à la bissectrice pour qu'on puisse, par les moyens que nous ferons connaître plus loin, déterminer la position exacte de la bissectrice, et l'orientation des deux plans principaux qui se croisent suivant cette bissectrice.

L'orientation de l'ellipsoïde est alors complètement fixée. La mesure de l'angle des axes, celle du retard de la lame pour un faisceau normal, et enfin celle de son épaisseur achèvent de déterminer d'une façon complète les propriétés biréfringentes de la substance.

Lorsqu'on a à effectuer cet ensemble d'opérations toujours fort délicat, il importe, lors de la taille de la lame perpendiculaire, ou à peu près perpendiculaire à la bissectrice, de conserver quelques-unes des faces cristallographiquement connues, de manière à repérer, par des mesures goniométriques, la face de la lame par rapport aux axes cristallographiques.

Observation du signe de la lame. — Une lame cristalline étant donnée, et les directions des vibrations principales étant connues, il est très utile de déterminer laquelle des deux vibrations se propage le plus lentement. C'est ce qu'on appelle observer le signe de la lame.

On sait qu'à cet effet la lame étant placée entre deux nicols croisés à angle droit, on superpose une lame cristalline de signe connu dont les vibrations principales sont parallèles à celles de la lame.

Pour cette observation et pour d'autres analogues, le microscope de M. Bertrand porte, au-dessus de l'objectif, une ouverture par laquelle on peut introduire une lame de mica fixée sur une lame de verre. Les nicols ayant leurs sections principales parallèles ou perpendiculaires à l'orifice, et la lame cristalline placée sur le porte-objet ayant ses vibrations à 45° des sections des nicols, il suffit que la lame de mica ait ses sections principales à 45° de sa longueur. On marque sur le verre la direction du plan des axes du mica, qui est celle de la vibration la plus lente. Lorsque l'introduction du mica fait monter la teinte de la lame cristalline, la vibration la plus lente de celle-ci est parallèle à la ligne des axes du mica, et inversement.

Lorsque la teinte de la lame est d'ordre élevé, il faut prendre un mica très mince, dont le retard corresponde à un quart d'onde par exemple. Lorsque la teinte de la lame est très faible, on prend pour le mica un retard assez élevé, correspondant par exemple à la teinte sensible. C'est alors la variation de teinte du mica que l'on observe.

II. — MESURE DES DIFFÉRENCES DES INDICES PRINCIPAUX D'UNE LAME CRISTALLINE.

On peut se proposer de mesurer les différences des indices correspondant aux deux vibrations principales que transmet normalement une lame donnée. Si n et n' sont ces indices relatifs à une certaine longueur d'onde λ, on a

$$r = (n - n')e,$$

r étant le retard introduit par la lame entre les deux vibrations principales et ε l'épaisseur. Pour connaître $n - n'$, on doit mesurer successivement le retard r, et l'épaisseur ε.

Appréciation du retard par l'examen de la teinte de polarisation. — Lorsque la substance n'est pas colorée et que la dispersion cristalline n'est pas très considérable, on peut apprécier le retard par la seule inspection de la couleur de polarisation qu'elle prend sous le microscope polarisant entre deux nicols croisés. En comparant cette couleur à celles de l'échelle de Newton que nous avons donnée page 165, on obtient le retard correspondant à peu près à la longueur d'onde du jaune moyen. Ce procédé n'est pas très précis; l'approximation qu'il permet d'atteindre dépend d'ailleurs de la nature de la couleur observée et peut varier de 1/10 à 1/50 de la valeur cherchée. La plus grande difficulté, qui est de savoir à quel ordre appartient la couleur que l'on a sous les yeux, peut être résolue assez aisément en se servant d'une lame prismatique de quarz taillée de manière que l'axe du quarz soit dans le plan de la lame. On la superpose à la lame cristalline, la vibration la plus lente du quarz coïncidant avec la vibration la plus rapide de la lame, et on enfonce graduellement la lame prismatique de manière que l'épaisseur de cette lame superposée à la lame cristalline aille en croissant.

Au commencement, l'épaisseur de la lame prismatique étant presque nulle, la teinte de la lame est peu modifiée; puis elle baisse de plus en plus à mesure que l'on enfonce la lame prismatique jusqu'à devenir grise ou noire. On voit ainsi défiler sous ses yeux toute la série des teintes de l'échelle comprises entre celle qui est propre à la lame, et celle qui correspondrait à un retard nul; si, dans ce défilé, une couleur analogue à celle de la lame reparaît deux fois, la couleur de la lame est du troisième ordre; si elle ne reparaît qu'une seule fois, la couleur de la lame est du deuxième ordre, etc.

Malgré son peu de précision, ce procédé rend de grands services parce qu'il est d'un emploi très facile et qu'il permet d'apprécier à simple vue les légères variations qu'introduisent dans la biréfringence de la lame diverses circonstances, telles que l'inégalité d'épaisseur, l'action de la chaleur, etc.

Emploi du compensateur à franges ou de Babinet. — On peut atteindre une exactitude beaucoup plus grande en se servant des appareils appelés *compensateurs*. Il y en a de deux sortes, les compensateurs à franges et les compensateurs à teintes plates.

Nous avons indiqué (page 178) le principe du compensateur à franges qui se compose de deux prismes de quarz de même angle superposés de manière que les sections principales soient croisées, et que la tête du coin de l'une corresponde au tranchant du biseau de l'autre. Une des lames est immobile, l'autre est mobile et on en mesure le mouvement au moyen d'une vis micrométrique.

On place l'appareil au foyer d'un oculaire spécial que l'on peut à volonté substituer à l'oculaire ordinaire du microscope. On commence d'abord par le tarer. A cet effet, l'oculaire étant surmonté d'un nicol croisé à angle droit sur le polariseur, on éclaire le microscope par de la lumière monochromatique, celle du sodium par exemple. Le compensateur montre une série de franges noires équidistantes ; on fait tourner la vis micrométrique et on note le déplacement d qu'il a fallu donner au prisme mobile pour amener successivement sous le fil central du réticule deux franges voisines. Ce déplacement δ correspond à une longueur d'onde $\lambda_D = 0^{mm},000\,589$.

Le microscope étant éclairé par de la lumière blanche et le compensateur placé au zéro, c'est-à-dire disposé de manière que la frange noire centrale coïncide avec le fil du réticule, on place une lame cristalline sur le porte-objet. Si les vibrations principales de la lame sont parallèles à celles des nicols, l'addition de la lame n'introduit aucun retard dans le faisceau, et la frange incolore du compensateur ne bouge pas. Si on tourne la lame de 45°, la frange incolore vient se placer soit à droite soit à gauche du réticule, suivant le rapport qui existe entre le signe de la lame cristalline et celui de la lame prismatique inférieure du compensateur. Lorsqu'on a fait une observation sur une lame cristalline de signe connu, le sens du déplacement de la frange indique le signe de la lame cristalline qui a produit ce déplacement.

Supposons que la lame cristalline placée dans une certaine position rejette la frange à droite ; lorsqu'on la tournera de 90°, on en aura changé le signe par rapport à celui du compensateur et la frange est rejetée à gauche.

Lorsqu'on veut mesurer le retard de la lame, on la place dans la première position et l'on mesure le déplacement qu'il faut donner à la lame prismatique mobile pour ramener la frange noire au centre ; on fait sur l'échelle une lecture l. On tourne alors de 90° le porte-objet et la lame cristalline, la frange est rejetée à gauche, et pour la ramener au centre, il faut déplacer le prisme mobile de manière à faire une lecture l'. La quantité $\frac{l'-l}{d}\lambda_D$ est le retard engendré par la lame.

On est toujours obligé d'observer d'abord avec la lumière blanche. C'est seulement en effet avec cette lumière que la frange qui correspond à la compensation exacte entre la bissectrice de l'appareil et celle de la lame, se distingue de toutes les autres. Mais si la dispersion cristalline est faible, la frange qui, dans une lumière monochromatique, correspond à la compensation, occupe une position très voisine de celle de la frange centrale dans la lumière blanche. La position de celle-ci étant déterminée, on substitue la lumière monochromatique, et la position de la frange noire pour laquelle il y a compensation se trouve fixée sans ambiguité. On achève alors la mesure et on obtient la différence des indices correspondant à une longueur d'onde connue.

L'exactitude que l'on peut atteindre est évidemment plus grande lorsque la biréfringence est faible, parce que, pour un même retard, l'épaisseur est plus grande. Lorsque la biréfringence est exceptionnellement considérable, comme cela a lieu pour la calcite par exemple, le procédé est défectueux, et il vaut mieux recourir à la méthode du prisme.

Influence de la dispersion cristalline. — Nous avons supposé que la dispersion cristalline était nulle ou sensiblement nulle; lorsqu'il n'en est plus ainsi, l'observation avec la lumière blanche cesse d'être rigoureuse, et il est nécessaire d'étudier l'influence de cet élément perturbateur. Nous prendrons pour guide le mémoire[1] que M. Cornu a publié sur cette question.

Si l'on appelle n et n' les deux indices de la lame d'épaisseur ε; si l'on appelle E l'épaisseur de la lame de quartz traversée dans une certaine section du compensateur, c'est-à-dire la différence des épaisseurs des deux lames de quarz croisées qui se superposent dans cette section, N et N' les indices principaux du quarz, l'intensité I de la partie de l'image correspondant à cette section de compensateur est (v. p. 174)

$$I = \sin^2\pi\left(\varepsilon\frac{n-n'}{\lambda} + E\frac{N-N'}{\lambda}\right),$$

ou, en prenant, pour abréger,

$$\varphi = \varepsilon\frac{n-n'}{\lambda} + E\frac{N-N'}{\lambda},$$

$$I = \sin^2\pi\frac{\varphi}{\lambda}.$$

1. *C. R.* 93-809 (1881) et *J. de phys.* (2), I, 293 (1882).

Supposons d'abord qu'entre le polariseur et l'analyseur, toujours supposés croisés à angle droit, nous interposions le compensateur seul, ce qui revient à supposer $\varepsilon = 0$, nous aurons

$$\varphi = \mathrm{E}\,\frac{\mathrm{N}-\mathrm{N}'}{\lambda}.$$

Si l'on appelle x la distance d'un point de l'image au centre, on a d'ailleurs, p étant une constante,

$$x = p\mathrm{E},$$

si l'on suppose qu'au centre de l'image les prismes de quarz superposés sont de même épaisseur, ce qui donne $\mathrm{E} = 0$ pour $x = 0$.

Pour des valeurs de E donnant

$$\mathrm{E}\,\frac{\mathrm{N}-\mathrm{N}'}{\lambda} = \ldots -3,\ -2,\ -1,\ 0,\ 1,\ 2,\ 3,\ \ldots,$$

on a

$$\varphi = \ldots -3\pi,\ -2\pi,\ -\pi,\ 0,\ \pi,\ 2\pi,\ 3\pi,\ \ldots,$$

et par conséquent autant de franges noires que séparent des longueurs égales à $\frac{p\lambda}{\mathrm{N}-\mathrm{N}'}$. Entre ces minima de I sont comprises des bandes d'intensité maxima qui bissèquent les espaces compris entre les bandes minima et correspondent à

$$\mathrm{E}\,\frac{\mathrm{N}-\mathrm{N}'}{\lambda} = \ldots -\frac{3}{2},\ -\frac{1}{2},\ \frac{1}{2},\ \frac{3}{2},\ \ldots$$

Supposons que nous nous servions de lumière blanche, les minima d'intensité correspondent aux minima d'intensité de celle des radiations qui a, dans le spectre solaire, l'intensité maxima. On admet que cette radiation est jaune et a pour longueur d'onde [$\lambda_j = 0^{\mathrm{mm}},000\,550$] environ. Mais les franges minima, qui, avec une lumière rigoureusement monochromatique, sont toutes semblables entre elles, ne le sont plus du tout dans le cas de la lumière blanche. La frange qui correspond alors à $\varphi = 0$, ou

$$\mathrm{E}\,\frac{\mathrm{N}-\mathrm{N}'}{\lambda_j} = 0,$$

correspond à $\mathrm{E} = 0$, et est par conséquent une frange d'intensité nulle pour toutes les longueurs d'onde, quelles qu'elles soient. Cette frange est donc encore d'intensité nulle et par conséquent complètement noire, avec la lumière blanche.

Quant aux autres franges données par l'équation générale, elles ne sont plus noires, car si elles ne sont plus éclairées par les radiations λ_j, elles le sont par toutes les autres. On peut voir en outre que ces franges ne sont pas achromatiques, mais colorées. En effet, pour qu'il y ait achromatisme en un point de l'image correspondant à l'épaisseur E, il faut que I varie sensiblement d'une manière proportionnelle à λ. Cela exige que la courbe dont l'ordonnée serait I et l'abscisse λ, s'approche autant que possible d'être une droite. Pour cela il faut que $\frac{d^2 I}{d\lambda_j^2}$ soit nul ou sensiblement nul.

Or nous avons

$$I = \sin^2 \pi \frac{\varphi}{\lambda_j},$$

$$\frac{dI}{d\lambda} = 2\pi \left(d\frac{\varphi}{\lambda} \right)_j \sin 2\pi \frac{\varphi}{\lambda_j},$$

$$\frac{d^2 I}{d\lambda^2} = 2\pi d^2 \left(\frac{\varphi}{\lambda} \right)_j \sin 2\pi \frac{\varphi}{\lambda_j} + 4\pi \left(d\frac{\varphi}{\lambda} \right)_j^2 \cos 2\pi \frac{\varphi}{\lambda_j}.$$

Lorsque $\frac{\varphi}{\lambda_j}$ est égal à un nombre entier, $\sin 2\pi \frac{\varphi}{\lambda_j} = 0$, $\cos 2\pi \frac{\varphi}{\lambda_j} = 1$, et pour que $\frac{d^2 I}{d\lambda_j^2} = 0$, il faut, et il suffit qu'on ait

$$\left(d\frac{\varphi}{\lambda} \right)_j = 0,$$

ou, dans le cas actuel

$$-E\frac{n-n'}{\lambda_j} + E\frac{d(n-n')}{d\lambda} = 0.$$

Puisque E est la seule variable de cette équation, il est clair que celle-ci ne peut être satisfaite que pour $E = 0$.

La frange centrale seule est donc achromatique. Il est clair d'ailleurs que I gardant la même valeur pour $+E$ et $-E$, la coloration est symétrique de part et d'autre de cette frange centrale achromatique.

Si, au lieu de supposer les nicols croisés, nous les supposions parallèles, on aurait

$$I = \cos^2 \pi \frac{\varphi}{\lambda},$$

la frange centrale serait encore achromatique dans la lumière blanche, mais au lieu d'être noire, elle serait blanche.

Considérons maintenant le cas où l'on ajoute une lame cristalline, dont les sections principales sont parallèles à celles du quartz. Nous aurons encore, avec les radiations λ_j, des franges noires équidistantes, qui, avec la lumière blanche, seront encore des lignes d'intensité lumineuse minima; mais il s'agit de savoir si, parmi ces franges, il y en aura quelqu'une d'achromatique, et, le cas échéant, laquelle le sera.

La condition d'achromatisme est toujours

$$d^2\left(\frac{\varphi}{\lambda}\right)_j \sin 2\pi\frac{\varphi}{\lambda_j} + 4\pi\left(\frac{d\varphi}{d\lambda}\right)_j^2 \cos 2\pi\frac{\varphi}{\lambda_j} = 0.$$

Cette condition exige

$$\sin 2\pi\frac{\varphi}{\lambda_j} = 0 \qquad \text{et} \qquad \left(\frac{d\varphi}{d\lambda}\right)_j = 0.$$

La première de ces équations est satisfaite pour les franges minima et les franges maxima de la radiation monochromatique λ_j. Si, pour une de ces franges, on a $\left(\frac{d\varphi}{d\lambda}\right)_j = 0$, elle sera la frange achromatique cherchée. Cette frange achromatique sera blanche si elle correspond à une frange maxima; noire, si elle correspond à une frange minima. Dans l'un et l'autre cas, la coloration sera sensiblement symétrique de part et d'autre de cette frange achromatique qu'on peut appeler encore la frange centrale.

Si, pour aucune des franges minima ou maxima de λ_j, on n'a $\left(\frac{d\varphi}{d\lambda}\right)_j = 0$, il n'y a plus, à proprement parler, de frange achromatique, mais celle des franges minima ou maxima qui se rapprochera le plus de la position pour laquelle on aurait $\left(\frac{d\lambda}{d\varphi}\right)_j = 0$, sera sensiblement achromatique; elle sera gris blanc si elle correspond à son maximum, gris noir si elle correspond à un minimum. Dans l'un et l'autre cas, la coloration de part et d'autre de la frange, qu'on pourrait appeler *pseudo-achromatique*, sera dyssymétrique.

On peut admettre que la dispersion est représentée par une formule de la forme $A + \frac{B}{\lambda^2}$.

Nous pouvons donc poser

$$n = a + \frac{b}{\lambda^2}, \qquad n' = a' + \frac{b'}{\lambda^2}, \qquad N = A + \frac{B}{\lambda^2}, \qquad N' = A' + \frac{B'}{\lambda^2}.$$

et la condition d'achromatisme, $\frac{d\varphi}{d\lambda} = 0$, devient

$$\varepsilon(a - a') + E(A - A') + \frac{3\varepsilon}{\lambda^2}(b - b') + \frac{3E}{\lambda^2}(B - B') = 0,$$

équation dans laquelle il faut donner à λ la valeur $\lambda_j = 550$ millioniêmes de millimètre. On en déduit

$$E = -\varepsilon \frac{a - a' + 3\frac{b - b'}{\lambda^2}}{A - A' + 3\frac{B - B'}{\lambda^2}}.$$

ou sensiblement, en négligeant les quantités du second ordre en $b -$ et $B - B'$, qui sont presque toujours petits par rapport à $a - a'$ et $A - A'$,

$$E = -\varepsilon \frac{a - a'}{A - A'}\left[1 + \frac{1}{\lambda^2}\left(\frac{b - b'}{a - a'} - \frac{B - A'}{A - B'}\right)\right].$$

L'épaisseur du quartz qui correspond à la frange noire pour laquelle $\varphi = 0$ avec les radiations λ_j, est donnée par la relation

$$E_1 = -\varepsilon \frac{a - a'}{A - A'}\left[1 + \frac{1}{\lambda^2}\left(\frac{b - b'}{a - a'} - \frac{B - B'}{A - A'}\right)\right].$$

La distance d comprise entre la frange pour laquelle $\varphi = 0$ et le point pour lequel on a $\frac{d\varphi}{d\lambda} = 0$, est donc

$$d = p(E - E_1) = -p\varepsilon \frac{a - a'}{A - A'}\left[1 + \frac{2}{\lambda^2}\left(\frac{b - b'}{a - a'} - \frac{B - B'}{A \quad A'}\right)\right].$$

La distance f qui est comprise entre deux franges noires de la lumière monochromatique λ_j est d'ailleurs égale à

$$f = \frac{p\lambda}{A - A' + \frac{B - B'}{\lambda^2}}.$$

On a donc, toutes réductions faites, et conservant le même système d'approximation

$$\frac{d}{f} = 2\frac{\varepsilon(a-a')}{\lambda}\frac{1}{\lambda^2}\left(\frac{b-b'}{a-a'} - \frac{B-B'}{A-A'}\right).$$

La quantité $\frac{\varepsilon(a-a')}{\lambda}$ est voisine de $\frac{\varepsilon(n-n')}{\lambda}$, et est à peu près égale au nombre N de franges comprises entre le point pour lequel $E=0$, et celui pour lequel $\varphi=0$; c'est le nombre de franges dont se déplacerait la frange achromatique, par l'introduction de la lame cristalline, si l'on ne tenait pas compte de la dispersion.

En partant des données de M. Mascart, on trouve, pour le quarz

$$\frac{B-B'}{\lambda^2(A-A')} = 0.52.$$

Il est assez difficile, faute de données suffisantes, de calculer $\frac{b-b'}{\lambda^2(a-a')}$ pour un nombre un peu grand de substances cristallines. Dans le plus grand nombre de cas, cette quantité, que l'on peut considérer comme une mesure de la dispersion cristalline, est petite. Pour un certain nombre de substances cependant, et particulièrement pour celles qui ont une faible biréfringence, c'est-à-dire pour lesquelles $a - a'$ est petit, cette quantité peut prendre une valeur notable. Voici quelques nombres qui donneront une idée de ces variations.

	$\frac{b-b'}{\lambda^2(a-a')}$	
Gypse	0.014	(V. Lang).
Topaze	0.032	(Rudberg).
Calcite.	0.05	(Mascart).
Barytine.	0.12	(Heusser).
Apatite	0.15	id.
Émétique de potasse	0.16	(Topsoë et Chr.)

Supposons que nous ayons affaire à une lame d'émétique de potasse pour laquelle la dispersion cristalline est très considérable. Nous aurons

$$\frac{d}{f} = 0,28\,N.$$

Si l'on imagine que l'on fasse croître graduellement l'épaisseur de la lame à partir de zéro, la frange achromatique restera gris noir et correspondra à $\varphi = 0$, tant que le point pour lequel $\frac{d\varphi}{d\lambda} = 0$ sera plus voisin de cette frange que de la frange maxima voisine, c'est-à-dire tant que $\frac{d}{f}$ sera plus petit que $\frac{1}{4}$. Lorsque $\frac{d}{f} > \frac{1}{4}$, c'est-à-dire lorsque le retard N de la lame évalué en nombres de franges sera plus grand que $\frac{1}{4 \times 0.28} = 0{,}9$, la frange achromatique deviendra gris blanc et correspondra à la frange maxima $\varphi = \frac{1}{2}$. La frange achromatique restera telle jusqu'à ce que $\frac{d}{f} = \frac{3}{4}$, ou $N = 2{,}7$. Jusque-là nous n'avons aucune incertitude pour désigner la place qu'occupe la frange correspondant à $\varphi = 0$. Si l'épaisseur de la lame augmente, la frange achromatique devient noire et correspond à $\varphi = 1$. L'ambiguité commence alors, car nous ignorerons si la frange achromatique correspond à $\varphi = 0$ ou à $\varphi = 1$.

On voit donc qu'avec presque toutes les substances cristallines, si on prend une lame assez mince pour que le retard, évalué en nombre de franges, ne dépasse pas 2, on pourra être assuré de ne pas commettre d'erreur dans la fixation de la frange qui correspond à $\varphi = 0$. Dans le plus grand nombre de cas, on peut sans inconvénient dépasser beaucoup ce retard. On voit d'ailleurs que c'est pour les substances les moins biréfringentes que l'influence de la dispersion cristalline est la plus considérable. Or pour ces substances, l'épaisseur qui donne une frange est déjà assez considérable et suffit à l'exactitude de la mesure.

Emploi du compensateur à teintes plates ou de Bravais. — On peut substituer au compensateur à franges, le compensateur à teintes plates.

Il se compose de deux lames parallélipipédiques de quarz superposées, dont l'une est fixe et l'autre mobile. Chacune d'elles est formée de deux biseaux de quarz dont les axes sont croisés et qui sont collés au baume. Les biseaux B et B' (fig. 128) des deux lames, qui glissent l'une sur l'autre, ont les axes parallèles. On voit aisément sur la figure que, dans toutes les positions relatives des deux lames, l'épaisseur totale

Fig. 128.

du quarz dont les axes ont l'orientation de B et B' reste la même. L'épaisseur du quarz dont les axes ont l'orientation parallèle de A et A' varie au contraire, avec le déplacement de la lame mobile, et est d'ailleurs constante dans toute la partie où les lames se superposent. Lorsque les deux lames se recouvrent complètement, l'épaisseur totale ε_a du quarz dont les axes ont l'orientation de A est égale à l'épaisseur constante ε_b du quarz dont les axes ont l'orientation de B. Le compensateur ne modifie pas alors la teinte d'une lame cristalline à laquelle il est superposé. Si l'on fait mouvoir la lame de quarz mobile, ε_a diminue, ε_b reste constant, et le compensateur engendre un certain retard proportionnel au déplacement. Si ce retard est de sens contraire à celui de la lame cristalline, il arrive un certain moment où le retard de cette dernière lame est annulé, et où la teinte devient gris noir. Le chemin parcouru par la lame mobile de quarz pour obtenir ce résultat donne le retard correspondant à la lame cristalline si l'on a déterminé une fois pour toutes le retard engendré par un déplacement connu.

Le compensateur à teintes plates est d'un emploi commode lorsqu'il s'agit d'étudier une lame cristalline composée de plages très petites et optiquement différentes. Mais il est assez difficile de saisir avec précision le moment où le retard du compensateur équivaut à celui de la lame cristalline c'est-à-dire celui où le maximum d'obscurité est obtenu. On peut, avec Bravais, remédier à cet inconvénient en plaçant au-dessus du compensateur la lame polariscopique qui a été décrite page 176. On peut avec précision, amener les deux portions de cette lame à avoir la même teinte si l'on emploie la lumière blanche, ou le même degré d'éclairement si l'on emploie la lumière homogène. Malheureusement cet artifice n'est pas d'un emploi très commode lorsqu'on a à faire à une lame composée de plages très petites et de nature différente.

Emploi du spectre cannelé de Fizeau et Foucault. — Supposons un faisceau de lumière blanche traversant normalement une lame cristalline placée entre deux nicols croisés, dont les vibrations sont à 45° des sections principales de la lame. Si le retard r_λ de la lame correspondant à la longueur d'onde λ est tel que l'on ait $r_\lambda = n\lambda$, n étant entier, le faisceau émergent manquera de la lumière dont la longueur d'onde est λ. Si l'on analyse le faisceau émergent en le recevant sur un spectroscope, le spectre montrera à la place que devait occuper cette lumière une raie noire allant en s'estompant de part et d'autre. Appelons r_λ le retard correspondant aux rayons rouges extrêmes, $r_{\lambda'}$, celui qui correspond aux rayons violets extrêmes, on aura

$$\frac{r_\lambda}{\lambda}=N+i, \qquad \frac{r_{\lambda'}}{\lambda'}=N'+i',$$

N et N' étant des nombres entiers, i et i' étant fractionnaires. La fraction $\frac{r}{\lambda}$ croissant d'une manière continue depuis λ jusqu'à λ', il y aura un nombre égal à $N'-N+1$, de valeurs de λ pour lesquelles $\frac{r}{\lambda}$ sera un nombre entier. On verra donc le spectre sillonné par $N'-N+1$ bandes sombres. C'est le phénomène connu sous le nom de spectre cannelé de Fizeau et Foucault.

On peut observer ce spectre de bien des manières différentes. Il suffit, par exemple, de remplacer l'oculaire du microscope par un spectroscope à vision directe en plaçant l'analyseur soit au-dessus du spectroscope, soit au-dessus de l'objectif.

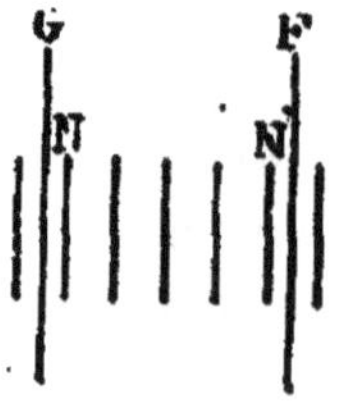

Fig. 129.

On peut connaître l'ordre d'une bande donnée, à condition qu'on puisse repérer le spectre par rapport à un spectre connu, par exemple celui d'un tube de Geisler à hydrogène qui donne les raies C, F. Supposons en effet qu'entre ces raies on observe 5 bandes (fig. 129). La première correspondant au nombre entier N, l'autre au nombre $N'=N+4$, on aura

$$\frac{r_\lambda}{\lambda}=N-i, \qquad \frac{r_{\lambda'}}{\lambda'}=N+4+i',$$

i et i' étant des nombres fractionnaires que l'on peut évaluer ; λ et λ' étant les longueurs d'onde respectives de C et F. On peut, au moins dans une première approximation, supposer l'égalité de r_λ et $r_{\lambda'}$, ce qui donne

$$\lambda(N-i)=\lambda'(N+4+i'),$$

d'où l'on tire

$$N=\frac{4\lambda'+i'\lambda'-i\lambda}{\lambda-\lambda'}.$$

On prendra pour N le nombre entier le plus voisin de la valeur du deuxième membre. Ayant N, on aura

$$r_\lambda = \lambda(N - i), \qquad r_{\lambda'} = \lambda'(N + 1 + i').$$

Le procédé est surtout avantageux pour constater les variations qu'une cause physique, la chaleur par exemple, peut apporter dans la double réfraction et par conséquent dans les retards r_λ d'une même lame. A cet effet la lame cristalline est plongée dans une étuve dont on accroît très lentement la température.

Pour une température t, on observe la coïncidence entre la bande noire de rang N et la raie D; pour une température $t + \Delta t$, c'est la bande N + 1 qui vient en coïncidence avec la raie D; on en conclut que la variation du retard correspondant à cette raie est égal à λ,

$$\frac{\Delta r_\lambda}{\Delta t} = \lambda.$$

Ce procédé a été appliqué par M. Dufet à l'étude des variations que subit la double réfraction du gypse sous l'influence de la chaleur.

1. MESURE DE L'ÉPAISSEUR DE LA LAME

Le retard que produit une lame est égal à son épaisseur multipliée par la différence des indices propres à chacune des vibrations principales. On ne peut donc déduire du retard la valeur de cette différence qu'après avoir mesuré l'épaisseur de la lame.

On peut faire cette mesure au sphéromètre. La disposition de cet instrument est trop connue pour qu'il soit utile de la décrire ici.

On peut encore avec avantage, surtout pour les lames minces, employer le procédé suivant. On colle ensemble, sur la même lame de verre, de part et d'autre de la lame cristalline inconnue, un ou plusieurs fragments d'une substance connue, telles que des clivages de barytine, des clivages de calcite, ou de petites lames de quarz bien parallèles à l'axe. On use toutes ces lames ensemble de manière que l'épaisseur soit la même ou très sensiblement la même pour toutes. On juge fort bien si cette condition est remplie, car les deux lames de même nature entre lesquelles la substance inconnue est placée doivent alors avoir la même teinte de polarisation.

L'épaisseur des lames connues peut être déduite de la mesure du retard qu'elles produisent, et cette épaisseur est la même que celle de la lame inconnue.

Enfin un troisième procédé consiste à placer la lame sur le porte-objet du microscope, de manière qu'elle présente sa tranche à l'objectif. La lame peut être maintenue dans une position exactement verticale en la pinçant entre deux cubes bien dressés. La tranche de la lame étant ainsi vue dans le microscope et mise au point, on en mesure l'épaisseur en substituant à l'oculaire ordinaire un oculaire au réticule duquel est placé un fil immobile et un autre fil exactement parallèle, mais fixé à un cadre mobile auquel on peut imprimer des déplacements exactement mesurés par une vis micrométrique. En se servant d'un millimètre divisé en centièmes que l'on place sur le porte-objet, on commence par déterminer le déplacement qu'il faut donner au réticule mobile pour qu'il parcoure l'image d'un millimètre. Soit *d* ce déplacement.

On met successivement en coïncidence avec le fil mobile les deux bords de la tranche de la lame et on lit le déplacement D qu'il a fallu donner au fil ; le rapport $\frac{D}{d}$ est l'épaisseur de la lame en millimètres.

Ce procédé est d'un emploi très facile ; malheureusement il exige que les bords de la lame soient assez bien dressés ; de plus il ne permet de mesurer que l'épaisseur des bords de la lame qui est généralement un peu plus faible que l'épaisseur centrale moyenne.

2. OBSERVATION DES MODIFICATIONS QU'APPORTE LA CHALEUR DANS LA BIRÉFRINGENCE

Il est souvent intéressant d'observer les modifications que la chaleur introduit dans la valeur des constantes optiques.

Le procédé le plus simple pour se livrer à des observations de ce genre, est de se servir d'un microscope ordinaire, à faible grossissement, de manière à pouvoir placer la lame cristalline assez loin de l'objectif et du polariseur. On se sert comme porte-objet d'une bande métallique percée d'une ouverture correspondant à la ligne de visée. Au-dessus de cette ouverture on place une plaque de verre sur laquelle repose la lame cristalline. La bande métallique portée par une pince spéciale est chauffée, par des lampes ou des becs de gaz, à ses deux extrémités qui doivent être suffisamment écartées de l'axe de l'appareil. On peut ainsi porter aisément le cristal à une température supérieure à 400°.

On ne peut pas mesurer la température de la lame ; on ne peut que constater les variations qui se produisent dans la biréfringence, à mesure que la température s'élève. On peut d'ailleurs apprécier assez exactement ces variations, en observant les changements qu'elles amènent dans la teinte de polarisation, et en rapportant ces changements à l'échelle de Newton.

On peut encore suspendre la lame cristalline au centre d'une étuve. Celle-ci est formée par un vase parallélipipédique, plat et allongé, qui est percé sur les deux parois de deux orifices placés en regard et fermés par des lames de verre. L'axe du microscope est horizontal ; l'étuve est placée entre le polariseur et l'objectif, de manière que la lame cristalline soit verticale. Les extrémités de l'étuve dépassent latéralement et sont chauffées par des lampes ou des becs à gaz. Des thermomètres disposés dans l'étuve de manière que les boules en soient aussi voisines que possible de la lame, peuvent donner quelque idée de la température de celle-ci. Mais on ne peut compter sur aucune exactitude dans la mesure de cet élément ; les thermomètres, placés entre la lame et la source de chaleur, sont toujours très notablement plus chauds que celle-ci, même lorsque les températures sont stationnaires.

Un procédé plus exact consiste à plonger la lame dans un liquide qui n'agisse pas chimiquement sur elle et qu'on puisse porter à des températures élevées. On peut se servir de paraffine qui fond à 79° et dont on peut porter la température jusque vers 200°. On peut encore recourir à un mélange en parties égales d'azotate de potasse et d'azotate de soude qui fond vers 150° et peut être porté à une température très élevée.

Le liquide est placé dans un tube métallique, percé, à une certaine hauteur, de deux orifices placés en regard et fermés par des lames de verre. On y plonge la boule d'un thermomètre à air ou à mercure et la lame cristalline, qui doit être au niveau des ouvertures. Le tube est chauffé à la partie inférieure par un bec de gaz ; il est placé entre le polariseur et l'objectif d'un microscope à axe horizontal. En agitant le thermomètre, ou mieux en se servant d'un agitateur spécial, on rend bien uniforme la température du liquide que le chauffage par le bas tend d'ailleurs à régulariser.

III. — MESURE DE L'ÉCARTEMENT ANGULAIRE DES AXES OPTIQUES

La connaissance de l'écartement des axes optiques donne directement le rapport des indices du cristal. On sait en effet que, si 2V est cet écartement (supposé toujours plus petit que 180°), on a, lorsque le cristal est positif, c étant la bissectrice aiguë,

$$\operatorname{tg}^2 V = \frac{a^2 - b^2}{b^2 - c^2} = \frac{n_c^2}{n_a^2} \cdot \frac{n_b^2 - n_a^2}{n_c^2 - n_b^2},$$

ou sensiblement dans la plupart des cas

$$\operatorname{tg}^2 V = \frac{n_b - n_a}{n_c - n_b}.$$

Lorsque le cristal est négatif, a étant la bissectrice aiguë,

$$\operatorname{tg}^2 V = \frac{b^2 - c^2}{a^2 - b^2} = \frac{n_a^2}{n_c^2} \cdot \frac{n_c^2 - n_b^2}{n_b^2 - n_a^2},$$

ou sensiblement

$$\operatorname{tg}^2 V = \frac{n_c - n_b}{n_b - n_a}.$$

Comme moyen mnémonique on peut se rappeler que le numérateur et le dénominateur étant les différences entre un des indices extrêmes et l'indice moyen, le numérateur est toujours le retard correspondant à la propagation normale à travers une lame perpendiculaire à la bissectrice aiguë.

Si l'on a taillé dans le cristal une lame normale à la bissectrice aiguë, un rayon se propageant suivant la direction d'un axe optique avec la vitesse b, fait, dans l'intérieur de la lame, un angle V avec la normale. Il émerge suivant une direction qui fait avec cette normale un angle E déterminé par la relation

$$\frac{\sin E}{\sin V} = \frac{n_b}{n},$$

n étant l'indice du milieu qui baigne la face de sortie.

Les faisceaux parallèles aux directions des deux axes optiques émergent donc en faisant entre eux un angle égal à 2 E. Cet angle est l'écartement angulaire des axes optiques vus dans le milieu considéré.

Théorie de la formation de l'image. — Avant de décrire les principaux procédés employés pour mesurer 2E, nous reviendrons, pour l'approfondir un peu plus, sur la formation de l'image des phénomènes d'interférence que produit la lumière convergente.

Nous supposons une lame cristalline placée au-dessus d'un éclaireur qui envoie sur la lame des rayons polarisés rectilignement et très divergents. Cet éclaireur est formé par une série de lentilles dont la distance focale va en diminuant, qui reçoivent le faisceau parallèle en le rendant aussi divergent que possible. L'éclaireur se termine par une lentille hémisphérique E (fig. 130) sur la partie plane de laquelle on applique directement, ou par un intermédiaire aussi peu épais que possible, la lame cristalline. Il est important, pour que la lame reçoive des rayons aussi divergents que possible, de faciliter l'émergence des rayons hors de l'éclaireur, en interposant entre ce éclaireur et la lame un liquide très réfringent; on se contente en général de prendre de l'eau; il suffit d'en déposer une goutte sur l'éclaireur; on substitue avec avantage de la benzine à l'eau.

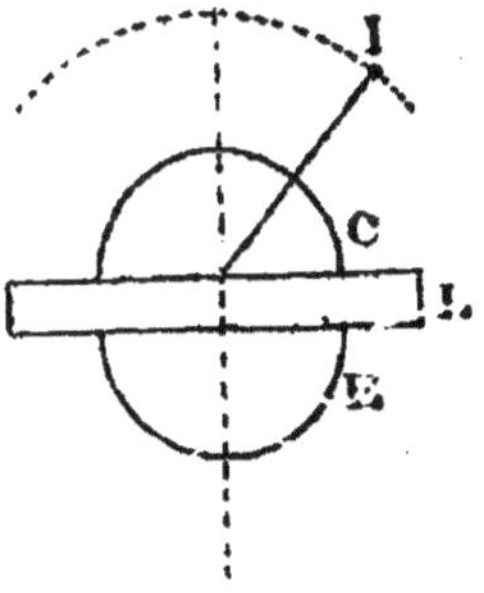

Fig. 130.

Au-dessus de la lame L et le plus près possible de cette lame doit être placée une autre lentille hémisphérique C, à très court foyer et dont la face plane est tournée vers la lame. On facilite l'entrée, dans la lentille, des rayons très inclinés en interposant encore un liquide entre la lame et le collecteur C.

Un faisceau de rayons parallèles, ayant traversé la lame en faisant un angle i avec la normale, traverse le liquide et pénètre dans la lentille sous un angle r tel que $\sin r = \frac{n_b}{n} \sin i$, n_b étant l'indice moyen de la lame et n celui du verre de la lentille. Ce faisceau vient former son image en un certain point I situé sur le rayon de la lentille qui fait un angle r avec la normale à la base de l'hémisphère, et à une distance du centre égale à $\frac{R}{n-1}$, ou pour un verre d'indice $n = 1,5$, à une distance égale à 2R, R étant le rayon de la lentille. L'image des courbes d'interférence viendra donc se former (les rayons émergents étant supposés polarisés par un analyseur) sur une sphère concentrique à celle de la lentille. Si l'on suppose que le faisceau considéré est celui qui traverse la lame parallèlement à l'un des axes optiques, l'angle r est celui que fait, avec la normale à la lame, l'axe optique *vu dans le verre*. Si la normale coïncide avec la bissectrice aiguë, on aura

$$\sin r = \frac{n_b}{n} \sin V.$$

La distance qui sépare de la normale l'image I est égale à

$$\frac{R}{n-1} \sin r = \frac{R}{n-1} \cdot \frac{n_b}{n} \sin V.$$

Pour observer cette image d'interférence, il faut la regarder, avec l'intermédiaire d'un analyseur, soit avec les yeux, soit plutôt avec une loupe ou un autre instrument grossissant, car l'image est en général très petite. La nouvelle image, réelle ou virtuelle, que l'on obtiendra ainsi, sera toujours dans un rapport déterminé avec celle que produit la lentille immédiatement superposée à la lame, de telle sorte que la distance qui sépare de l'axe de l'appareil la nouvelle image du point I est égale à $k \sin r$, k étant un certain nombre qui est constant avec le système optique employé. Il faut seulement remarquer que l'image donnée par la lentille hémisphérique étant sphérique, il faudra en général déplacer le système optique employé à la regarder, pour mettre successivement au point le centre et les bords de l'image[1].

Il est clair d'ailleurs qu'au lieu de placer sur la lame une simple lentille hémisphérique on peut superposer à cette dernière une ou deux autres lentilles convergentes destinées à reprendre l'image de la première.

Il résulte de ce qui précède que, pour produire une image des courbes d'interférence, il suffit de placer la lame entre un éclaireur précédé d'un polariseur et une lentille hémisphérique, puis de regarder l'image avec un système optique quelconque accompagné d'un analyseur.

Appareil Schneider. — Pour mesurer l'angle des axes, on pourrait faire tourner le système optique oculaire autour de l'image, en ayant soin que la rotation se fasse autour d'un axe passant par le centre de la lentille hémisphérique et perpendiculaire au plan des axes. L'angle dont on aurait fait tourner le système optique pour amener successivement en contact chacun des pôles des axes avec le croisement d'un réticule serait l'angle des axes vus dans le verre de la lentille hémisphérique.

On peut, au contraire, maintenir fixe le système oculaire et faire tourner autour d'un axe passant par le centre de la lentille hémisphérique et perpendiculaire au plan des axes, le système de l'éclaireur de la lame et de la lentille hémisphérique.

Comme on serait alors obligé de faire tourner le miroir qui ramène

1. Lorsqu'une lame cristallisée est noyée dans du baume, il se forme quelquefois dans le liquide qui surmonte la lame des bulles hémisphériques qui se remplissent d'air. Ces bulles jouent le rôle d'une lentille divergente et, lorsque la lame est placée sur un éclaireur convergent, donnent une image virtuelle très nette des courbes d'interférence, qu'on peut observer en les regardant avec un microscope ordinaire. Ce phénomène curieux a été signalé par M. Émile Bertrand.

la lumière sur l'éclaireur et dont il serait incommode de changer ainsi la position par rapport à la source lumineuse, on peut composer l'éclaireur de deux parties, l'une fixe comprenant le miroir, le polariseur et une partie des lentilles, l'autre comprenant seulement la lentille hémisphérique fixée à la lame cristalline et tournant avec elle. La lame cristalline est ainsi serrée entre deux lentilles hémisphériques. Tel est le système qui a été indiqué par M. W. G. Adams en 1875 et qui a été réalisé, par un constructeur de Vienne, M. E. Schneider[1].

Appropriation du microscope Bertrand à l'étude des phénomènes produits par la lumière convergente. — L'un des procédés les plus commodes pour observer dans des lames étroites et minces les phénomènes de polarisation qui se produisent autour des axes optiques, et même de mesurer l'écartement angulaire de ceux-ci, est de les observer avec un microscope ordinaire convenablement transformé.

La première transformation qu'il faut faire subir nécessairement au microscope, est de placer au-dessus du polariseur un éclaireur très convergent que l'on peut approcher aussi près que l'on veut de la lame qui repose sur le porte-objet.

Cette condition indispensable réalisée, on a proposé divers procédés pour rendre le microscope apte à l'observation des axes optiques.

On peut munir cet appareil d'un objectif à fort grossissement, descendre le tube jusqu'à ce que l'objectif pose sur le cristal et regarder l'image après avoir enlevé l'oculaire. Ce procédé est mauvais, car l'image est très petite si le champ est grand, et on la regarde de très loin.

Il vaut beaucoup mieux, après avoir placé sur la lame cristalline un jeu de lentilles à fort grossissement, regarder l'image avec le microscope lui-même muni d'un objectif à très faible grossissement. On peut ainsi avoir de bonnes images, avec un champ d'une étendue satisfaisant. Les images, il est vrai, ne sont pas centrées, mais on peut les centrer en faisant mouvoir le porte-objet qui entraîne à la fois la lame et le système de lentilles qu'elle supporte.

Le procédé de M. Emile Bertrand, qui est jusqu'à présent le meilleur, revient au précédent. Le jeu de lentilles, au lieu d'être simplement posé sur la lame, est fixé au tube du microscope; c'est un objectif à très fort grossissement que l'on fixe comme à l'ordinaire et qu'on amène

1. *Carl's Repertorium für Experimental-Physik*, XV (1879). — Becke. *Tschermak's Min. und Petr. Mitth.* 1879, 2-430.
Proceedings of the Roy. Soc, XXVI, p. 386 (1877).

en contact avec la lame en abaissant tout l'appareil. L'image des courbes d'interférence se forme derrière cette lentille et on la regarde avec un microscope dont le véritable objectif est alors une lentille achromatique que l'on dispose dans le tube de l'appareil. Cette lentille est portée par une languette à coulisse I (fig. 120), dans laquelle est aussi ménagé un simple orifice circulaire. Lorsqu'on veut se servir du microscope à la manière ordinaire, on pousse la languette de manière à mettre l'orifice en regard du tube; lorsqu'on veut observer dans la lumière convergente, c'est la lentille qui est amenée dans l'axe du tube. La languette est d'ailleurs portée par un petit chariot qui glisse dans le tube et que l'on fait mouvoir, au moyen d'une pignon et d'une crémaillère pour amener l'image à être vue nettement dans le plan du réticule de l'oculaire.

Il est nécessaire, pour l'observation, que l'axe de l'objectif qui repose sur la lame cristalline coïncide avec l'axe de l'appareil marqué par le croisement des fils du réticule. On y arrive en manœuvrant les deux vis *v* et *v'* dont nous avons déjà plus haut indiqué l'emploi.

L'instrument de M. Bertrand est précieux surtout parce que, en raison du faible diamètre de la lentille collecteur, et de l'étendue relativement petite du diamètre de l'éclaireur, les rayons utilisés dans la formation de l'image ne traversent qu'une plage très restreinte de la lame. On peut ainsi, dans une lame cristalline très hétérogène, étudier successivement les courbes d'interférences que donne chacune des plages distinctes qui la composent.

La même propriété de l'instrument le rend propre à l'observation des courbes d'interférence sur des lamelles vraiment microscopiques.

Lorsqu'on observe des lames composées de plages multiples, il est nécessaire de savoir à chaque instant quelle est la plage qui vient se placer sous l'axe du microscope et qui est elle-même invisible lorsqu'on observe les figures d'interférence. On y arrive très aisément en soulevant légèrement l'appareil, ce qui place la lame un peu au-dessous du foyer de la lentille. La lame vient former une image réelle au-dessus de cette lentille, et on peut regarder cette image en élevant convenablement, par la manœuvre de la coulisse qui la porte, la lentille achromatique additionnelle.

Si les lames cristallines sont suffisamment minces, le champ du microscope de M. Bertrand est égal ou même supérieur à celui des meilleurs appareils à lumière convergente. Avec des lames de moins de 1^{mm} d'épaisseur, et en employant l'objectif à immersion de M. Verick, le champ est suffisant pour montrer avec beaucoup de netteté les axes de la topaze dont l'écartement vrai est de 69°,2, et l'écartement dans le verre (d'indice 1,5) de 75°,6.

Mais le champ diminue beaucoup lorsque les lames prennent une épaisseur notable. Il est aisé d'en voir la raison. La première lentille de l'objectif, placée directement sur la lame, est en effet à très petit rayon et par conséquent sa largeur est très faible, 1mm à 1mm,5 environ. Or, supposons que *ab* soit le diamètre de l'éclaireur, *a'b'* celui de la lentille inférieure de l'objectif, ε l'épaisseur de la lame. Il est clair que les seuls rayons, provenant de l'éclaireur, qui pourront entrer dans la lentille supérieure, seront compris dans l'intérieur d'un cône dont le sommet *s* est compris entre *ab* et *a'b'* à une distance de *ab* égale à $E.\frac{ab}{ab+a'b'}$. Le demi-champ, c'est-à-dire la tangente de l'angle que fait le rayon le plus incliné avec l'axe de l'appareil, est donc $\frac{ab+a'b'}{2E}$. On voit que le champ croît à mesure que *ab* ou *a'b'* croissent, et que E décroît. Pour les lames épaisses, il faut donc que *ab* et *a'b'* soient aussi grands que possible, si l'on veut conserver un champ suffisant.

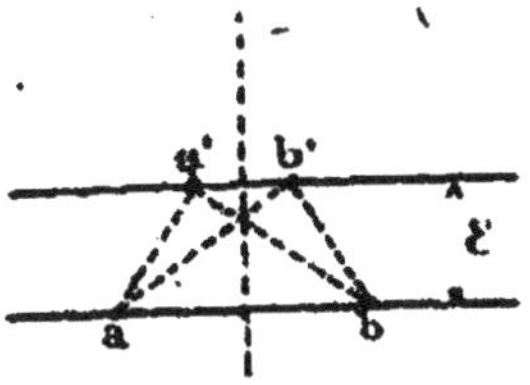

Fig. 131.

On peut, avec l'appareil Bertrand, observer tous les phénomènes de dispersion cristalline dont nous avons déjà parlé plus haut. Il ne faut pas oublier d'ailleurs que les phénomènes d'interférence que montre l'appareil sont, non pas les phénomènes vrais, mais les phénomènes *vus dans le verre*. La symétrie de la dispersion cristalline n'est pas modifiée par cette circonstance, mais la nature même de cette dispersion, et la loi suivant laquelle elle varie avec la longueur d'onde, peuvent au contraire en être assez profondément altérées, parce que la loi de dispersion du verre vient alors se superposer à celle de la dispersion du cristal. Il peut arriver que dans un cristal rhombique, par exemple, l'on ait $\rho > v$ dans le microscope tandis qu'en réalité l'angle vrai des axes rouges est plus petit que l'angle vrai des axes bleus.

Mesure de l'écartement des axes optiques vus dans le microscope Bertrand. — Lorsque les axes sont visibles dans le champ du microscope de M. Bertrand, on peut en mesurer l'écartement d'une manière très simple. Il suffit de remplacer l'oculaire ordinaire par l'oculaire muni d'une réticule à fil mobile et que nous avons décrit plus haut.

On centre l'objectif, on tourne le réticule de manière à faire coïncider la ligne des axes avec le fil immobile, et on mesure le déplacement D qu'il faut donner au fil mobile pour la faire coïncider successivement avec chacun des axes. Si E est le demi-angle des axes vus dans le verre de l'objectif, et E celui des axes vus dans l'air, on a

$$\frac{D}{2} = k' \sin E_v = k \sin E.$$

K étant un certain facteur qui est constant lorsque le système optique reste identique à lui-même, il suffit donc de déterminer *k* une fois pour toutes, en faisant la mesure sur une lame pour laquelle E est connu. Cette détermination faite, l'observation de D fait connaître E pour une lame quelconque.

On peut aussi, comme le fait M. Bertrand, placer simplement dans l'oculaire un micromètre divisé en parties égales qui permet de faire la mesure de D avec moins d'approximation, mais plus rapidement et par une simple lecture.

On peut encore se contenter de dessiner sur une feuille de papier, à l'aide d'une chambre claire, la position des deux axes optiques. On mesure D sur le dessin. Il faut avoir soin, bien entendu, que le papier soit toujours à la même distance de la chambre claire.

Quel que soit le procédé de mesure de D, il est nécessaire, avant de faire l'observation, de mettre bien au point les pôles des deux axes, en manœuvrant convenablement la coulisse qui porte la lentille auxiliaire. Ce n'est qu'à ce prix que la mesure peut être considérée comme rigoureuse.

Lorsque la bissectrice n'est pas exactement normale à la lame, on en est averti par ce fait que le centre du réticule ne coïncide pas avec le milieu de la distance des pôles. Ceci n'est exact, bien entendu, que si l'on a centré l'objectif avec grand soin.

Lorsque les pôles des axes ne sont pas visibles, la mesure micrométrique est impossible. M. Bertrand y supplée en fixant sur la platine du microscope une petite cuve C en laiton (fig. 132 et 133) dont le fond est formé par une plaque de verre.

On remplit la cuve d'un liquide tel que l'huile ; la lame, plongée dans ce liquide, est portée par une tige au moyen de laquelle on peut lui imprimer un mouvement de rotation. La rotation est mesurée sur un petit limbe divisé G. On mesure ainsi l'écartement des axes absolument

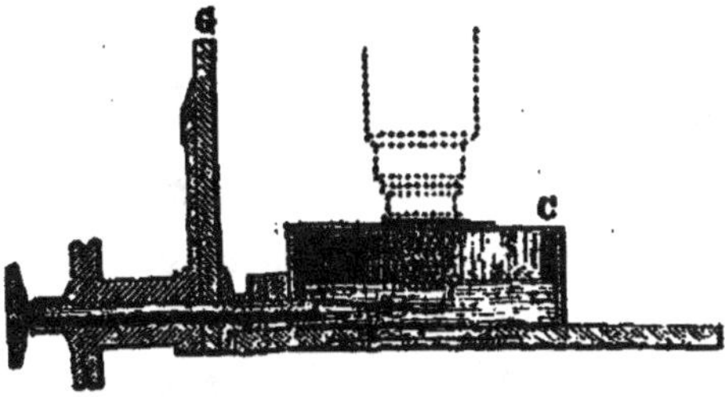

Fig. 132.

de la même manière qu'avec les microscopes polarisants ordinaires à lumière convergente dont nous allons parler maintenant.

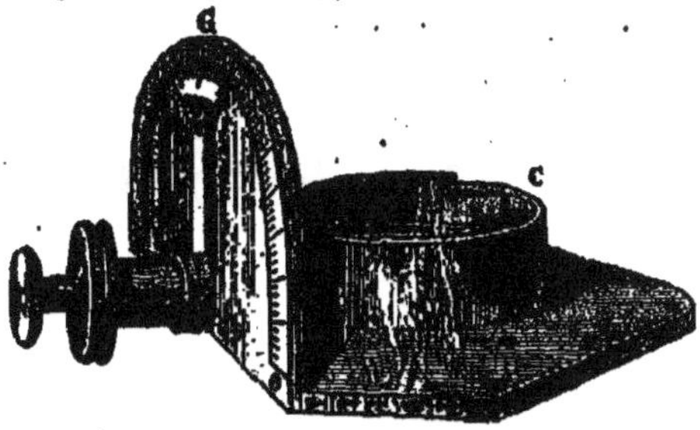

Fig. 133.

Mesure de l'écartement angulaire des axes optiques au moyen du microscope à lumière convergente. — Le microscope à lumière convergente, dont nous avons déjà donné la description (fig. 59 et 60, p. 189 et 190), se compose, on le sait, d'un système de lentilles éclaireur qui précède la lame, et d'un système de lentilles, improprement appelé microscope, qui est, en définitive, une lunette disposée pour la vue à l'infini, avec un champ très considérable. L'éclaireur est précédé d'un polariseur; l'oculaire de l'appareil est suivi d'un analyseur. L'anneau oculaire est assez éloigné de l'oculaire pour qu'on puisse laisser au-dessous de l'analyseur un espace vide assez large dans lequel on peut introduire soit une lame quart d'onde pour déterminer le signe des cristaux uniaxes (page 259), soit un prisme de quartz pour déterminer le signe des cristaux biaxes. Ce dernier signe peut encore être déterminé en faisant tourner dans l'espace vide, autour d'une ligne horizontale, une lame de quartz perpendiculaire à l'axe optique, comme nous l'expliquerons plus loin.

Au milieu du système optique, à l'endroit où se forme l'image recueillie ensuite par l'oculaire, est un réticule.

On peut mettre au point le réticule et l'image en déplaçant l'oculaire, qui est fixé à un tube mobile dans le tube fixe de l'appareil. On ne peut pas déplacer le réticule, bien que l'image ne se forme pas toujours dans le même plan, suivant qu'on a affaire à des courbes voisines ou à des courbes très éloignées du centre ; c'est un des défauts de cet appareil, qu'il serait d'ailleurs aisé de corriger.

Lorsqu'on veut disposer l'appareil pour la mesure de l'écartement

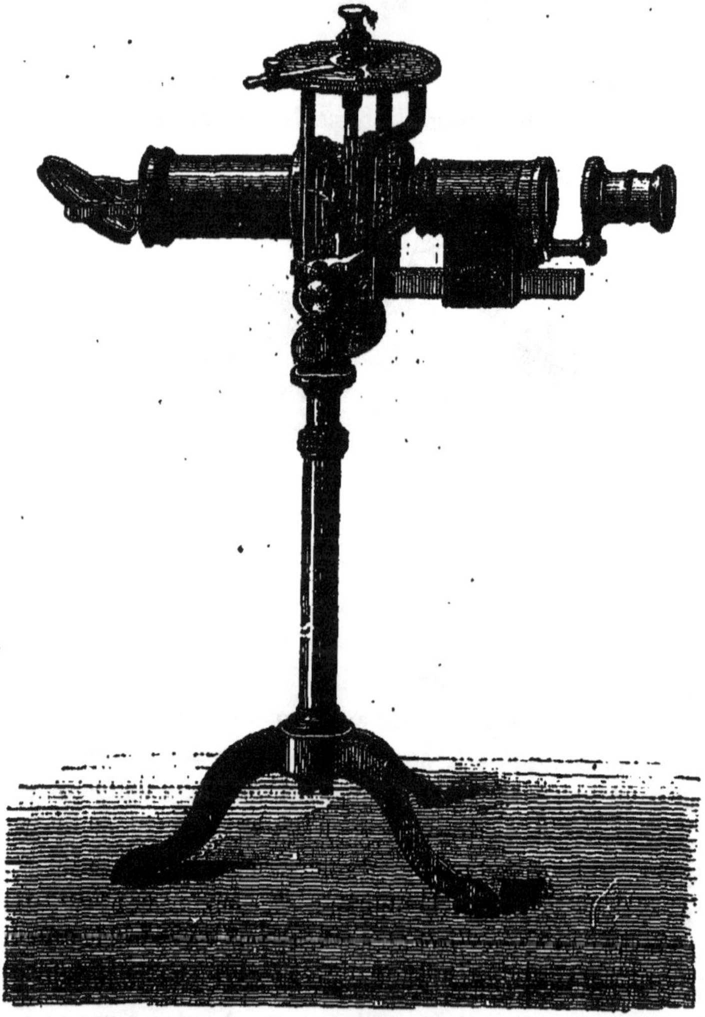

Fig. 134.

angulaire des axes optiques, on en dispose l'axe horizontalement comme le représente la figure 134. La lame cristalline doit alors être verticale, et on la fixe, soit avec une pince, soit avec un peu de cire molle à l'extrémité d'une tige verticale; cette tige peut tourner au centre d'un limbe horizontal auquel elle est suspendue; elle porte une alidade qui marque sur le limbe l'angle dont elle tourne. Cet ensemble du limbe et de la tige se fixe, au moyen d'une vis, sur la pièce horizontale qui porte l'éclaireur et le microscope. La tige qui porte la lame cristalline est rapprochée de l'éclaireur autant que possible; on ne laisse que l'intervalle juste suffisant pour que la lame, dans son mouvement de rotation, ne vienne pas rencontrer l'éclaireur.

La lame cristalline est ainsi placée nécessairement à une distance de la dernière lentille de l'éclaireur plus grande que lorsque l'appareil est vertical. Comme il convient que le foyer des rayons émergeant de l'éclaireur soit contenu dans la face antérieure de la lame cristalline, il faut allonger ce foyer lorsque la lame s'écarte; c'est pourquoi la lentille supérieure de l'éclaireur est en général mobile et peut s'enlever lorsque l'axe de l'appareil est placé horizontalement.

La lame doit être fixée à la tige tournante de manière que le plan des axes optiques soit perpendiculaire à cette tige qui représente l'axe de rotation. Il convient d'ailleurs que les pôles des axes optiques soient les sommets des hyperboles noires, et comme cette condition n'est remplie que lorsque le plan des axes est à 45° des vibrations des nicols, il faut que ces deux vibrations, perpendiculaires l'une à l'autre, soient inclinées de 45° sur l'horizon. On commence donc par faire en sorte que cette condition soit remplie. L'analyseur doit à cet effet porter une marque, tracée une fois pour toutes, de manière qu'il puisse être immédiatement placé dans la position convenable. On s'assure d'ailleurs que cette position a été obtenue en voyant si, lorsque la ligne des axes d'une plaque a été placée en coïncidence avec le fil horizontal du réticule, les hyperboles ont bien leur sommet sur cette ligne.

Cela fait, on place la lame cristalline à l'extrémité de la tige, de manière que la ligne des axes, préalablement déterminée, soit à peu près horizontale. L'examen des courbes d'interférence et des hyperboles noires montre si cette condition a été obtenue, et, dans le cas contraire, quel déplacement il faut faire subir à la lame pour se rapprocher du but. Le champ ayant été beaucoup diminué par la plus grande distance laissée entre la lame et l'éclaireur, il faut faire tourner la tige qui porte la lame, afin d'amener successivement dans le champ les diverses parties de l'image.

Si la lame est simplement fixée par de la cire molle, c'est à la main et par de légers mouvements imprimés à la lame qu'on règle la position de celle-ci. Avec quelque habitude, on arrive assez rapidement à obtenir que, dans le mouvement de rotation de la tige, les pôles des axes optiques restent sur le fil horizontal du réticule. L'appareil est alors réglé pour la mesure.

Au lieu de fixer la lame L avec de la cire, on peut la fixer dans une pince P (fig. 155), qui est reliée à l'axe de rotation d'une façon particulière. Elle se termine à la partie supérieure par deux calottes sphériques C,C′ parallèles entre elles, et entre lesquelles est pincée une autre calotte de même forme D reliée à l'axe B. Grâce à un jeu laissé à cet effet, la calotte D peut glisser dans l'espèce de glissière sphérique qui la maintient, de sorte qu'en appuyant sur la tige P, on peut lui donner, par rapport à l'axe fixe B, une légère inclinaison dans un plan quelconque. Si la surface sphérique de la glissière a son centre à peu près en L, les mouvements ainsi produits ne changent pas la position du centre de la lame et ne modifient que l'orientation de celle-ci.

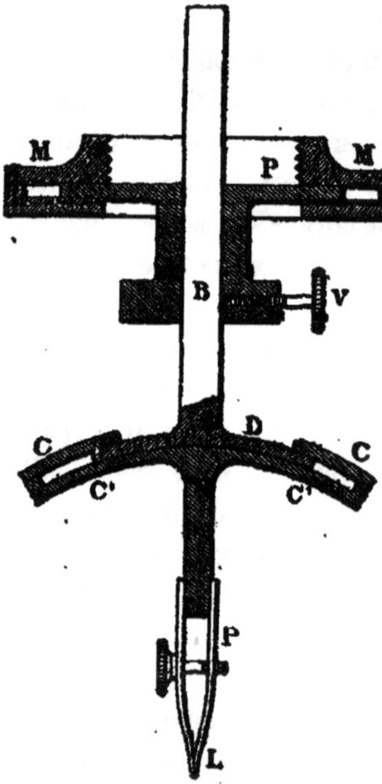

Fig. 155.

Pour pouvoir déplacer le centre de la lame, la tige B est reliée à l'axe de rotation par l'intermédiaire d'une glissière semblable MM, mais à surface plane, de sorte qu'en appuyant sur B on donne à la lame un mouvement de translation sans rotation.

La lame étant convenablement placée, il suffit, pour faire la mesure, d'amener successivement chacun des pôles des axes en contact avec le point de croisement du réticule ; l'angle dont on a tourné l'axe, pour passer de la première position à la seconde, est l'angle 2E cherché.

En vertu de la dispersion cristalline, l'écartement des axes est fonction de la longueur d'onde. On peut se contenter d'observer successivement l'écartement avec un verre rouge et avec un verre bleu. Le verre rouge est sensiblement monochromatique, le verre bleu ne l'est malheureusement jamais.

Pour des mesures exactes il faut éclairer le microscope successivement avec différentes lumières monochromatiques.

On peut encore, comme l'a proposé M. V. von Lang, placer un spectroscope derrière l'éclaireur, et de telle sorte que l'image du spectre soit vue nettement dans le plan du réticule. Il suffit pour cela de former le spectre réel au foyer de l'éclaireur, car le spectre est alors dans la même condition que s'il venait de l'infini, et le système optique qui surmonte la lame cristalline est précisément disposé pour voir les rayons venant de l'infini. On tourne le spectre de telle sorte qu'une raie soit en coïncidence avec le fil du réticule, et on fait, à la manière ordinaire, la mesure de l'angle des axes, en amenant successivement l'image de chaque axe en coïncidence avec le fil du réticule. Il est clair que l'axe est éclairé, au moment de cette coïncidence, par la lumière qui correspond à la raie considérée, et que par conséquent l'écartement mesuré correspond à la longueur d'onde de cette raie.

Il est presque inutile de remarquer que, lorsqu'on a déterminé l'angle des axes 2E vu dans un certain milieu, et correspondant à diverses longueurs d'onde λ, il faut, pour en déduire les valeurs de l'angle vrai 2V correspondant aux mêmes longueurs d'onde, connaître les indices du milieu et les indices du cristal correspondant à ces longueurs d'onde. La loi de la dispersion pour le milieu et le cristal peut d'ailleurs être très notablement différente.

Pour que l'observation soit possible, il faut qu'un rayon puisse entrer dans la lame de manière à prendre la direction de l'axe optique. Or on a

$$\sin E = \frac{n_b}{n} \sin V,$$

E étant l'angle d'émergence ou, ce qui est la même chose, l'angle d'incidence du rayon dirigé suivant l'axe optique. La condition à remplir est donc

$$\frac{n_b}{n} \sin V < 1.$$

Lorsque $n = 1$, c'est-à-dire lorsqu'on opère dans l'air, la condition cesse d'être remplie lorsque V devient un peu grand. Supposons par exemple $n_b = 1,6$, les axes optiques cesseront d'être visibles lorsque

$$\sin V > \frac{1}{1,6} \quad \text{ou} \quad V > 38^\circ \text{ environ.}$$

Pour remédier à cet inconvénient il faut augmenter n, ce qui se fait en plongeant la lame dans un liquide.

Le liquide est placé dans une petite cuve en verre ABCD (fig. 136) dont les parois AB,CD, sont très minces et bien planes. On la dispose sous l'axe de rotation du goniomètre, comme on peut le voir dans la fig. 134, et c'est contre elle que viennent buter les lentilles de l'éclaireur et du collecteur. La lame cristalline tourne ainsi dans le liquide. Les parois de la cuve ne sont écartées que juste autant qu'il faut pour que la lame cristalline puisse tourner librement et sans obstacle.

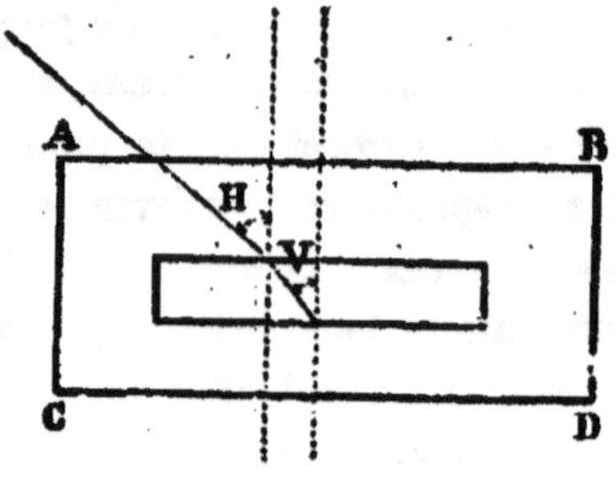

Fig. 136.

Si H est l'angle que fait avec la normale, à sa sortie dans le milieu liquide, le rayon se propageant dans la lame suivant l'un des axes optiques, ce rayon, après sa sortie de la cuve dans l'air, fait avec la normale le même angle E que ferait le rayon émergeant directement de la lame dans l'air. Mais la cuve restant immobile, et la lame ayant tourné d'un angle égal à H, le rayon traverse normalement, et sans se dévier, la paroi de la cuve en venant faire son image au point de croisement des fils du réticule. En mettant successivement en coïncidence, avec ce point de croisement, les sommets de l'hyperbole, on mesure donc bien l'angle 2H des axes vus dans le liquide.

Les principaux liquides dont on peut se servir sont : l'eau, le sulfure de carbone, la benzine, la naphtaline monobromée. Voici les indices de ces liquides pour les principales raies du spectre.

	Temp.	A	B	C	D	E	F	G	H
Eau	15°	1.3284	1.3300	1.3307	1.3324	1.3347	1.3366	1.3402	1.3431
Benzine.	10,5	1.4879	1.4913	1.4931	1.4975	1.5036	1.5089	1.5202	1.5305
	39	1.4703			1.8793				1 5108
Sulfure de carbone .	11	1.6242	1.6207	1.6140	1.6333	1.6465	1.6584	1.6836	1.7090
Naphtaline monobromée					1.6626				

L'eau a un indice peu élevé ; elle dissout un assez grand nombre de sels artificiels. La benzine a l'inconvénient de dissoudre les matières avec lesquelles les lames cristallines sont ordinairement collées. Le même inconvénient se présente pour le sulfure de carbone dont l'odeur est d'ailleurs extrêmement désagréable. La naphtaline monobromée, qui ne bout qu'à 277°, a une odeur moins désagréable, mais elle dissout aussi les résines, quoiqu'en proportion moins considérable que ne le fait le sulfure de carbone.

Le liquide dont on se sert le plus habituellement est l'huile d'œillette. Les indices de cette matière étant peu fixes, il faut, pour les mesures précises, déterminer directement les indices du liquide dont on se sert. Voici, comme exemple, les indices de l'huile employée par M. Des Cloizeaux

Rouge	1.466
Jaune	1.468
Vert	1.4705
Bleu	1.478

entre 15° et 25°.

Les indices des liquides varient beaucoup avec la température, comme on peut le voir par la comparaison des indices de la benzine à 10°,5 et à 39°. Il faut donc, si l'on veut opérer avec rigueur, déterminer la loi de variation des indices du liquide avec la température. Il vaut mieux, pour se mettre à l'abri de toutes les causes d'erreur qui peuvent provenir en outre de l'altération du liquide, comprendre l'observation faite sur la lame inconnue, entre deux observations, aussi rapprochées que possible, faites sur une lame cristalline toujours identique et choisie parmi celles qui n'éprouvent, sous l'influence de la chaleur, qu'une variation très faible dans l'écartement des axes optiques.

Influence de la chaleur sur l'écartement angulaire des axes. — Il est intéressant de suivre les variations que la chaleur apporte dans l'écartement angulaire des axes optiques. M. Des Cloizeaux, qui a fait beaucoup d'observations sur ce sujet intéressant, se sert à cet effet d'une étuve (fig. 137) que l'on dispose entre le polariseur et l'objectif du microscope à lumière convergente, ainsi que le représente la figure 138.

L'étuve se compose d'un vase parallélipipédique plat et allongé percé de deux orifices circulaires en regard l'un de l'autre, et entre lesquels se trouve suspendue la lame. Cette lame est portée par le support ordinaire tournant au centre d'un limbe divisé. Deux thermomètres, dont les boules sont placées aussi près que possible de la lame cristalline, indiquent la température, mais avec une exactitude fort médiocre.

Angle vrai des axes déduit de l'observation de deux lames perpendiculaires aux deux bissectrices. — Lorsqu'on a mesuré l'angle des axes vus dans un certain milieu, on ne peut en déduire l'angle vrai des axes, qui est la donnée réellement importante, que lorsqu'on connaît le rapport de l'indice moyen du cristal à celui du milieu.

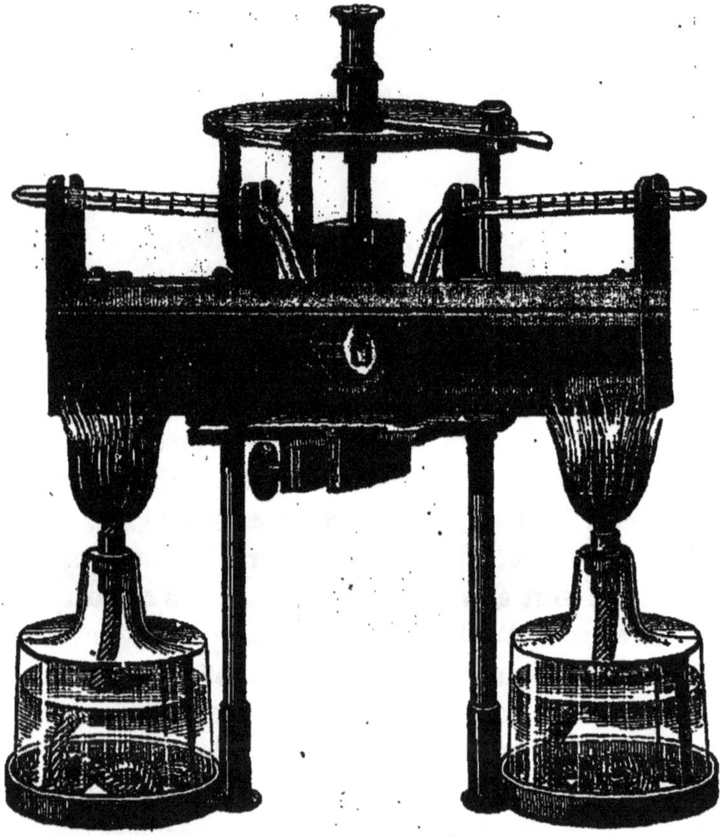

Fig. 137.

On peut cependant suppléer à la connaissance de l'indice du cristal en mesurant l'angle apparent des axes successivement autour de la bissectrice aiguë et autour de la bissectrice obtuse. Supposons qu'on ait ainsi mesuré l'angle $2E_a$ avec une lame taillée perpendiculairement à la bissectrice aiguë, et l'angle $2E_o$ avec une lame taillée perpendiculairement à la bissectrice obtuse.

On a

$$\sin E_a = \frac{n_b}{n} \sin V$$

$$E \sin_o = \frac{n_b}{n} \cos V,$$

et par conséquent

$$\operatorname{tg} V = \frac{\sin E_a}{\sin E_o}.$$

Malheureusement il est souvent difficile, quelquefois même impossible, de mesurer l'angle E_o lorsque n_b est trop grand et V trop petit.

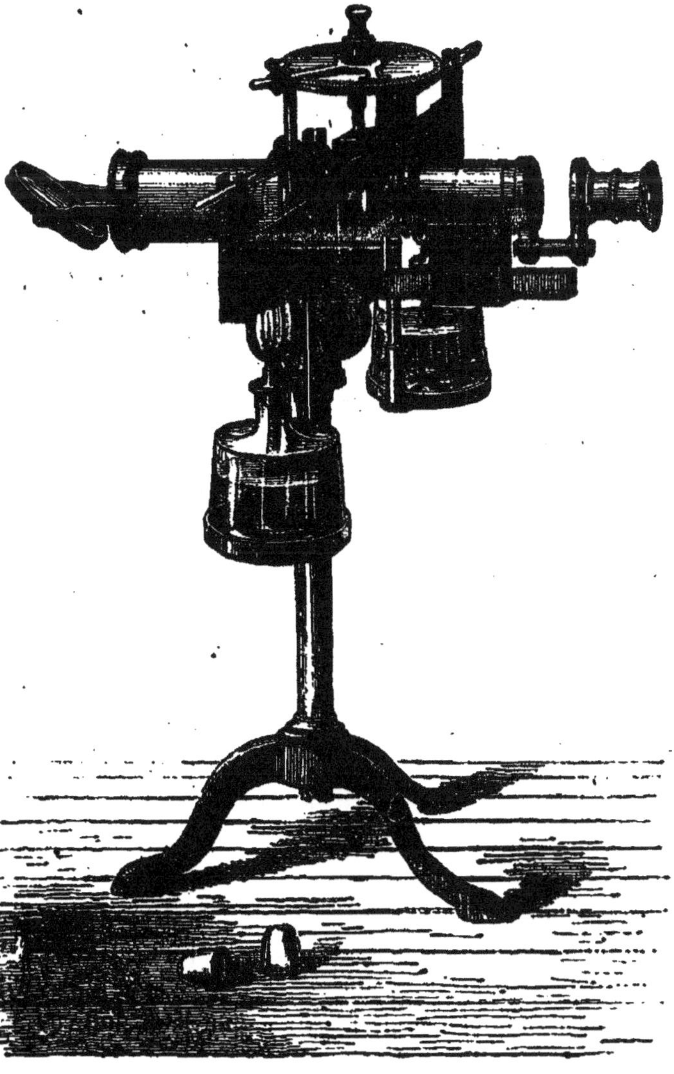

Fig. 138.

Discussion des causes d'erreur dans la mesure de l'écartement angulaire des axes. — L'exactitude de la mesure de l'écartement des axes suppose :

1° Que la lame est perpendiculaire à la bissectrice ;

2° Que la lame est disposée parallèlement à l'axe de rotation ;

3° Que l'axe de rotation est perpendiculaire à l'axe du microscope.

La première condition relative à la forme de la lame ne s'applique qu'à la face par laquelle émergent les rayons. La face de la lame tournée vers l'éclaireur peut d'ailleurs être quelconque. Soit N (fig. 139)

Fig. 139

la trace, sur la surface d'une sphère, de la normale à la face de sortie; V_1 et V_2 les traces sur la même sphère, des directions des axes. Le rayon qui, dans l'intérieur de la lame, a suivi la direction de l'axe V_1 se réfracte à la sortie, et la direction du rayon émergent comprise dans le plan du grand cercle NV_1 vient rencontrer la sphère en E_1. De même, la direction du rayon qui a suivi la direction de l'axe optique V_2 émerge en E_2. Nous poserons, pour simplifier l'écriture, $V_1 = NV_1$ et $E_1 = NE_1$, et de même $V_2 = NV_2$, $E_2 = NE_2$. Nous avons

$$\frac{\sin E_1}{\sin V_1} = \frac{\sin E_2}{\sin V_2} = \frac{n_0}{n} = K.$$

Soit B la trace de la bissectrice de l'angle des axes, et NP le plan mené par la normale à la face, perpendiculairement au plan des axes. Les angles très petits $BP = \delta_x$, que fait la bissectrice avec le plan NP, et $NP = \delta_y$, que la normale à la face fait avec le plan des axes, définissent l'imperfection de la face cristalline.

Nous allons chercher l'expression de l'angle $V_1 V'_1$ en fonction de K, V, δ_x et δ_y, en nous restreignant aux termes du second degré en δ_x et δ_y. Cette expression ne peut évidemment pas changer de valeur lorsqu'on change simplement le signe de δ_x, ou celui de δ_y ; elle ne contient donc que des termes du second ordre en δ_x et δ_y, à l'exclusion de termes en $\delta_x \delta_y$. On pourra donc obtenir les divers termes de cette expression en supposant successivement $\delta_x = 0$ et $\delta_y = 0$, ce qui simplifie notablement le problème.

L'angle E est l'angle théorique donné par la formule.

Supposons d'abord $\delta_y = 0$; le plan des axes passe par la normale, mais la bissectrice est inclinée de δ_x sur cette normale.

Nous avons

$$\sin E_1 = \frac{n_b}{n} \sin(V + \delta_x), \qquad \sin E_2 = \frac{n_b}{n} \sin(V - \delta_x).$$

La mesure nous donne $E_1 + E_2$, et l'erreur consiste à substituer $\frac{E_1 + E_2}{2}$ à l'angle E qui serait égal à

$$\sin E = \frac{n_b}{n} \sin V.$$

Il faut trouver la valeur de l'erreur qui est ainsi commise.

En développant les valeurs de sin E_1 et de sin E_2, dans lesquelles nous remplaçons sin δ_x par δ_x et cos δ_x par $1 - \frac{\delta_x^2}{2}$, nous avons

$$\sin E_1 = \frac{n_b}{n}\left(\sin V + \delta_x \cos V - \frac{\delta_x^2}{2} \sin V\right)$$

$$\sin E_2 = \frac{n_b}{n}\left(\sin V - \delta_x \cos V - \frac{\delta_x^2}{2} \sin V\right).$$

Ajoutant membre à membre, nous aurons

$$\sin E_1 + \sin E_2 = 2\cos\frac{E_1 - E_2}{2}\sin\frac{E_1 + E_2}{2} = 2\,\frac{n_b}{n}\sin V\left(1 - \frac{\delta_x^2}{2}\right) = 2\sin E\left(1 - \frac{\delta_x^2}{2}\right).$$

En posant $E_1 - E_2 = d$ et traitant d comme un petit angle, il viendra, en se bornant toujours aux termes en d^2 et δ_x^2

$$\frac{\sin\frac{E_1 + E_2}{2} - \sin E}{\sin E} = \frac{d^2}{8} - \frac{\delta_x^2}{2}.$$

On a d'ailleurs

$$\sin E_1 - \sin E_2 = 2\sin\frac{E_1 - E_2}{2}\cos\frac{E_1 + E_2}{2} = 2\,\frac{n_b}{n}\,\delta_x \cos V,$$

d'où l'on tire

$$d = E_1 - E_2 = 2\,\frac{n_b}{n}\,\delta_x\,\frac{\cos V}{\cos E} = 2\delta_x\,\frac{\operatorname{tg} E}{\operatorname{tg} V}$$

en se bornant au terme du premier ordre qui suffit ici puisqu'on n'a besoin que du carré de d.

On a donc

$$\sin\frac{E_1+E_2}{2}-\sin E=2\sin\frac{E_1+E_2-2E}{4}\cos\frac{E_1+E_2+2E}{4}=\frac{1}{2}\,\delta_z^2\sin E\left(-1+\frac{\operatorname{tg}^2 E}{\operatorname{tg}^2 V}\right),$$

et enfin

$$E_1+E_2-2E=\delta_z^2\operatorname{tg}E\left(\frac{\operatorname{tg}^2 E}{\operatorname{tg}^2 V}-1\right).$$

L'erreur commise est de l'ordre du carré de δ_z. Elle est positive lorsque $\operatorname{tg}E > \operatorname{tg}V$, c'est-à-dire lorsque le milieu extérieur est moins réfringent que le cristal ; elle serait négative dans le cas contraire. L'erreur s'annulerait si le milieu extérieur avait le même indice que le cristal, ce qui est d'ailleurs évident. Il y aura donc intérêt à faire la mesure dans un milieu dont l'indice s'approche autant que possible de celui du cristal.

Pour donner une idée de la grandeur de l'erreur que l'on commet ainsi, on peut appliquer la formule au pyroxène, pour lequel, d'après M. Des Cloizeaux, on a dans l'air $E=55°\,47'$ avec $V=29°\,29'$.

Si la plaque employée pour la mesure fait un angle de 1° avec le plan perpendiculaire à la bissectrice, l'erreur commise sur 2E est égale à 10′ environ. Elle serait de 40′ si l'angle était de 2°. On voit que cette erreur, qu'il est assez difficile d'éviter complètement, peut n'être pas négligeable.

Supposons enfin $\delta_z=0$; le plan NB est perpendiculaire sur le plan des axes, NV_1 et NV_2 sont égaux entre eux, et NB′ est perpendiculaire sur E_1E_2. On a, dans le triangle $NB'E_1$

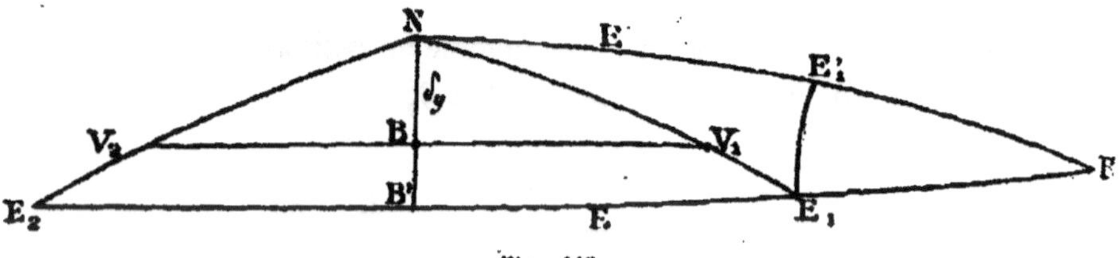

Fig. 140.

$$\frac{\sin B'E_1}{\sin B}=\sin NE_1 ;$$

dans le triangle rectangle NBV_1

$$\frac{\sin BE_1}{\sin B}=\sin NV_1=\frac{\sin V}{\sin B}.$$

On en déduit

$$\frac{\sin B'E_1}{\sin V}=\frac{\sin NE_1}{\sin NV_1}=\frac{n_1}{n}.$$

L'angle $B'E_1$ est donc le même que celui que l'on obtiendrait si δ_y était nul, c'est-à-dire qu'il est égal à E. L'angle $E_1 E_2$ est égal à 2E.

L'influence de δ_y est donc nulle, au second ordre près, lorsqu'on mesure l'angle formé par les axes apparents, ce qui exige que l'on amène le plan de ces axes, c'est-à-dire le plan $E_1 E_2$, à être perpendiculaire à l'axe de rotation, ou à coïncider avec le fil du réticule.

Lorsqu'on laisse l'axe de rotation dans le plan de la lame, on mesure alors non plus $E_1 E_2$, mais la projection de cet axe sur un plan $E'_1 E'_2$ perpendiculaire à l'axe de rotation.

Le plan apparent des axes fait alors l'angle $NB' = \delta_y'$ avec la normale à l'axe de rotation. Dans le triangle NBV_1, on a

$$\cos V \sin \delta_y = \sin NV_1 \cos N,$$

et, dans le triangle $NB'E_1$,

$$\frac{\cos E \sin \delta'_y}{\cos V \sin \delta_y} = \frac{\sin E}{\sin V},$$

ou

$$\delta'_y = \delta_y \frac{\operatorname{tg} E}{\operatorname{tg} V}.$$

Si l'on prolonge E_1E_2 et $E'_1E'_2$ jusqu'à leur rencontre en R, on a, dans le triangle $RE_1E'_1$,

$$\operatorname{tg} E' = \frac{\operatorname{tg} E_1}{\cos \delta'_y}$$

en appelant E' l'angle NE'_1 qui est la moitié de l'angle mesuré.

Les conditions que doit remplir l'appareil, se réduisent à une seule, c'est que l'axe de la lunette soit perpendiculaire à l'axe de rotation. Les instruments dont on se sert habituellement ne permettent pas de modifier la position relative de ces deux axes ; on s'en remet au constructeur du soin de la régler. Pour s'assurer si le réglage est satisfaisant, on peut se servir d'une lame cristalline ; on la fixe au bout de la pince, de manière que l'un des axes soit en coïncidence avec le croisement des fils des réticules ; on tourne de 180° ; si l'axe émergeant de l'autre face de la lame vient se placer sur le croisement des fils, l'appareil est bien construit. Cela suppose, il est vrai, que les deux faces de la lame sont bien parallèles, ce dont on peut s'assurer préalablement par une mesure goniométrique.

IV. — OBSERVATION DES COURBES ISOCHROMATIQUES.

Emploi des courbes isochromatiques pour déterminer le système cristallin. — Les appareils employés pour l'observation des lames cristallines dans la lumière convergente ne servent pas seulement à mesurer l'écartement angulaire des axes optiques. En permettant l'examen des lignes incolores et des courbes isochromatiques, ils sont d'un très grand secours pour déterminer le système cristallin de la lame, pour orienter l'ellipsoïde optique, pour en trouver le signe, et même, quoique plus rarement, pour fixer les grandeurs relatives des axes de cet ellipsoïde.

Si l'on peut découper dans le cristal une lame montrant, en lumière convergente, une croix noire avec des anneaux circulaires isochromatiques ayant pour centre le centre de la croix, on en conclura que le cristal est uniaxe, et partant qu'il appartient à l'un des systèmes à axe principal, sénaire, ternaire ou quadratique. L'axe principal passe par le centre de la croix.

Si l'on trouve une lame montrant des lemniscates, et des hyperboles noires passant par les foyers de ces courbes, le cristal est biaxe et appartient certainement à l'un des trois systèmes orthorhombique, clinorhombique, anorthique.

On peut aussi, avec des cristaux biaxes, trouver des lames montrant des anneaux isochromatiques circulaires ou presque circulaires ; mais alors ces lames sont taillées perpendiculairement à un axe optique, et, au lieu d'une croix noire, on ne voit plus apparaître qu'une hyperbole passant au centre des cercles et se transformant en une droite lorsque le plan des axes est parallèle à l'une des vibrations des nicols.

Lorsqu'on a à faire à un cristal biaxe, il faut arriver à tailler une lame perpendiculairement à une bissectrice, et, préférablement, à la bissectrice aiguë. L'observation de la coloration des hyperboles et des courbes isochromatiques, vues à la lumière blanche, fournit alors des données précieuses relativement au système cristallin.

On se rappelle, en effet (V. pages 231 et suiv.), que si le cristal est orthorhombique, la répartition des couleurs est symétrique à la fois par rapport à la ligne des pôles, par rapport à la ligne perpendiculaire, et par conséquent aussi par rapport au centre.

Si la répartition des couleurs n'obéit qu'à un seul de ces trois modes de symétrie, le cristal est clinorhombique. Enfin, si la répartition des couleurs ne suit aucun de ces trois modes de symétrie, le cristal est anorthique.

Dans le cas où le cristal est clinorhombique, le mode de symétrie de la répartition des couleurs peut obéir à l'un des trois modes suivants :

1° Symétrie par rapport au centre ; la dispersion est dite *croisée* ; la bissectrice normale à la lame coïncide avec l'axe de symétrie cristallographique ;

2° Symétrie par rapport à la perpendiculaire au plan des axes ; la dispersion est dite *horizontale*, et l'axe de symétrie cristallographique coïncide avec la ligne des pôles qui est ainsi *horizontale* dans la position ordinairement assignée aux prismes clinorhombiques ;

3° Symétrie par rapport à la ligne des pôles ; l'axe de symétrie cristallographique est perpendiculaire à cette ligne qui se trouve alors inclinée ; c'est la dispersion *inclinée*.

Orientation de l'ellipsoïde optique. — L'observation des courbes isochromatiques rend aussi de précieux services pour orienter l'ellipsoïde.

Dans les cristaux uniaxes, l'axe de révolution de l'ellipsoïde passe par le centre des anneaux circulaires. Même lorsque, par le hasard de la taille, les anneaux sont excentrés, on peut juger, par la position qu'occupe leur centre, de la direction de l'axe optique, et par conséquent du sens dans lequel on doit diriger les tâtonnements pour arriver à tailler une lame exactement perpendiculaire à l'axe optique.

Il en est de même pour les cristaux biaxes. Lorsqu'on peut observer, même excentrées, les lemniscates et les hyperboles, on peut voir dans quel sens il faut diriger les tâtonnements pour arriver à tailler une lame perpendiculaire à une bissectrice.

Lorsque cette lame est obtenue, on sait qu'elle est perpendiculaire à l'une des bissectrices *a* ou *c*, et le plan de ces deux axes est déterminé par la normale à la lame et la direction de la ligne des pôles.

Il est bon de signaler ici une erreur qui peut se produire lorsqu'on observe des lames très minces. Celles-ci peuvent montrer, lorsqu'elles sont perpendiculaires à l'axe moyen, des courbes isochromatiques hyperboliques faciles à confondre avec des hyperboles et des lambeaux de lemniscates.

Détermination du signe d'un cristal. — L'observation des courbes isochromatiques vues avec une lame perpendiculaire à l'axe, si le cristal est uniaxe, à l'une des bissectrices si le cristal est biaxe, permet de déterminer le *signe* du cristal.

On se rappelle qu'un cristal est dit avoir le signe positif lorsque l'axe optique, s'il est uniaxe, la bissectrice aiguë, s'il est biaxe, coïncide avec l'axe minimum *c*, et le signe négatif lorsqu'il coïncide avec l'axe maximum *a*.

Si le cristal est uniaxe, nous avons déjà vu (page 258) comment, en interposant une lame quart d'onde entre l'analyseur et le cristal, le mode de déformation des cercles isochromatiques détermine le signe de la lame cristalline. Le microscope de M. Bertrand porte, comme nous l'avons déjà fait remarquer, au-dessus de l'objectif, une fente par laquelle la lame quart d'onde peut être introduite. Dans les microscopes à lumière convergente ordinaire, la lame quart d'onde est placée entre l'analyseur et l'oculaire.

On se rappelle d'ailleurs que les deux sections du mica quart d'onde doivent être à 45° des vibrations des nicols ; la ligne des pôles du mica est déterminée, et l'introduction de la lame fait naître deux taches qui sont situées sur cette ligne des pôles (faisant avec cette ligne le signe —) lorsque le cristal est négatif ; et qui sont situées sur une perpendiculaire à la ligne des pôles (faisant avec cette ligne le signe +) lorsque le cristal est positif.

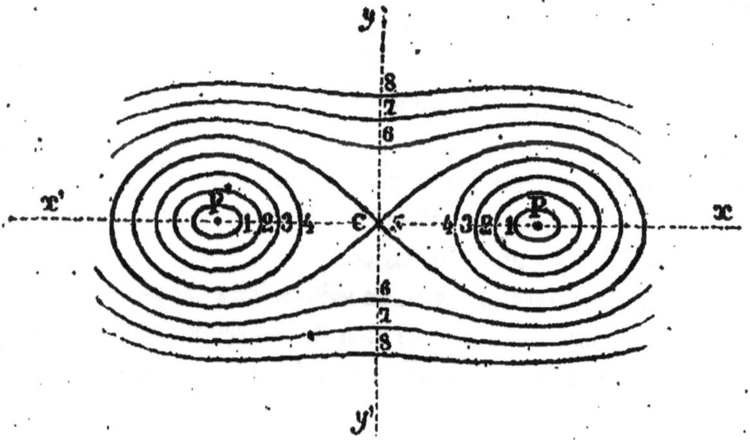

Fig. 141.

S'il s'agit d'un cristal biaxe, on met en usage ce principe que lorsqu'on diminue le retard de tous les rayons issus de la lame, la courbe d'égal retard qui correspond à un retard d'un certain nombre entier *k* de longueurs d'onde s'éloigne de l'axe optique. Les anneaux se dilatent. Supposons par exemple que les courbes d'égal retard présentent l'apparence de la fig. 141, la courbe correspondant au retard 5 λ étant une lmniscate qui a son nœud au centre. Si l'on diminue le retard du rayon qui passe au centre, au lieu d'être égal à 5 λ, ce retard ne sera plus par exemple que de 4 λ ; c'est alors la courbe 4 qui, en se dilatant, vient passer par le centre, la courbe 5 se recule et prend la place occupée primitivement par la courbe 6.

Pour bien juger de cette dilatation des anneaux, il faut la rendre progressive en diminuant le retard de quantités graduellement croissantes. On peut se servir à cet effet d'une lame prismatique de quarz, taillée parallèlement à l'axe, et dont les diverses tranches produisent des retards graduellement croissants avec l'épaisseur.

Supposons que l'arête *ab* (fig. 142) soit perpendiculaire à l'axe optique et corresponde ainsi à la vibration de vitesse *a* (le quarz étant positif).

Fig. 142.

On place la ligne des pôles à 45° des vibrations des nicols, et on enfonce, quelque part entre les deux nicols, la lame de quarz de manière que l'arête *ab* soit parallèle à la perpendiculaire *yy'* à la ligne des pôles de la lame cristalline. Si la bissectrice à laquelle la lame est perpendiculaire est positive c'est-à-dire si elle correspond à l'axe *c*, *xx'* correspond à l'axe *a*, *yy'* à l'axe *b*; la vitesse maxima de la lame de quarz correspondant ainsi à la vitesse minima de la lame cristalline, les deux lames ont des signes contraires et l'introduction de la lame de quarz dilate les anneaux.

Si la bissectrice était négative, le contraire aurait lieu, et il faudrait que l'arête *ab* fût parallèle à la ligne des pôles pour qu'on vît les anneaux se dilater de plus en plus à mesure qu'on enfonce la lame de quarz. On a donc ainsi un moyen simple de connaître le signe de la bissectrice.

Lorsqu'on se sert du microscope de M. Bertrand disposé pour la lumière convergente, on enfonce la lame de quarz dans la fente disposée au-dessus de l'objectif. Mais cette fente étant normale à la direction zéro et par conséquent à l'une des vibrations des nicols, on se sert d'une lame de quarz dont les sections principales sont à 45° de l'arête du biseau *ab* (fig. 142). Dans ce cas, il n'est plus indifférent d'enfoncer la lame de quarz en tenant au-dessus ou au-dessous l'une ou l'autre de ces faces. Il faut donc noter avec soin le haut et le bas de la lame. Ceci fait, pour plus de simplicité, on détermine, une fois pour toutes, en opérant avec une lame cristalline de signe connu, dans lequel des deux quadrants adjacents séparés par la ligne zéro il faut placer la ligne des pôles pour que les anneaux se dilatent, avec une lame positive par exemple, en enfonçant le quarz de droite à gauche.

Lorsqu'on se sert du microscope ordinaire à lumière convergente, il vaut mieux substituer au prisme de quarz une lame de quarz taillée perpendiculairement à l'axe. On la place, en la tenant entre deux doigts, dans l'espace libre laissé à dessein entre le polariseur et l'oculaire, et on fait tourner la lame autour d'un axe horizontal passant par les deux doigts. Le faisceau lumineux traversant obliquement la lame de quarz a l'une de ses vibrations, qui est l'ordinaire et par conséquent la plus rapide, dirigée suivant l'horizontale passant par les deux doigts. Le retard engendré par la lame de quarz va d'ailleurs en croissant avec son obliquité.

On s'arrange pour que l'horizontale passant par les deux doigts soit parallèle à la ligne yy' (fig. 141) et on fait tourner de plus en plus la lame de quarz autour de l'horizontale de manière qu'elle se trouve, par rapport à la lame L, dans la position que représente la figure 143. Si la bissectrice de la lame cristalline est positive, yy' est la vibration la moins rapide, et comme elle correspond à la vibration la plus rapide de la lame de quarz, les deux lames sont croisées, l'introduction de la lame de quarz diminue le retard, et l'on voit les anneaux se dilater de plus en plus à mesure que la lame de quarz fait un angle de plus en plus grand avec l'horizontale. Si au contraire le cristal était négatif, ce serait parallèlement à la ligne des pôles xx' qu'il faudrait placer l'axe de rotation de la lame de quarz pour dilater les anneaux.

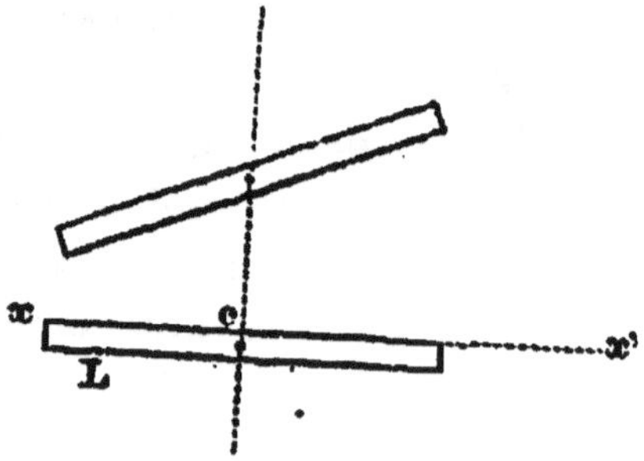

Fig. 143.

De là cette règle mnémonique très simple : Si l'axe de rotation autour duquel il faut faire tourner la lame de quarz pour obtenir la dilatation des anneaux est perpendiculaire à la ligne des pôles (ou fait avec cette ligne le signe +), la bissectrice est positive; si le même axe de rotation est parallèle à la ligne des pôles (ou fait avec cette ligne le signe —), la bissectrice est négative.

Le signe de la bissectrice est celui du cristal, lorsque celle-ci est la bissectrice aiguë.

Emploi des courbes isochromatiques pour déterminer les différences des indices principaux. — On peut utiliser, pour déterminer les différences des indices principaux, les figures d'interférence que l'on aperçoit, en lumière convergente, avec une lame perpendiculaire à l'une des bissectrices.

Appelons en effet R l'angle formé avec la bissectrice par le faisceau, contenu dans le plan des axes, et pour lequel le retard des deux vibrations est égal à $k\lambda$, k étant un nombre entier. Ce faisceau émerge dans le milieu ambiant d'indice n, suivant une direction qui fait un angle I avec la bissectrice, et l'on a sensiblement

$$\sin I = \frac{n_b}{n} \sin R.$$

Nous avons d'ailleurs montré (page 185) que l'on peut admettre, pour des cristaux qui ne sont pas d'une énergie biréfringente exceptionnelle,

$$o - e = k\lambda = \frac{\varepsilon(n_c - n_a)}{\cos R} \sin(V - R) \sin(V + R).$$

On peut mesurer I par l'une des méthodes qui servent à mesure V, soit avec le goniomètre du microscope à lumière convergente, soit avec le micromètre adapté au microscope de M. Bertrand, et l'on en déduit $n_c - n_a$ si l'on a déjà mesuré n_b, n, E et V. Quant au nombre entier k, il est connu par le numéro d'ordre de l'anneau à partir de l'axe optique.

La formule suffit dans la plupart des cas; elle n'est cependant pas rigoureuse, et il est bon de savoir quel degré d'approximation elle donne et comment on peut suppléer, le cas échéant, à son insuffisance.

La formule rigoureuse est donnée page 180 et 181. On a

$$o - e = \varepsilon\left(\frac{\cos R'}{u'} - \frac{\cos R''}{u''}\right)$$

$$\sin R' = u' \sin I, \qquad \sin R'' = u'' \sin I.$$

R', R'' étant les angles que fait avec la bissectrice chacun des rayons polarisés à angle droit qui émergent suivant la même direction; u' et u'' étant les vitesses de propagation correspondantes.

Nous supposons que la bissectrice considérée est négative, c'est-à-dire coïncide avec l'axe a.

L'une des vitesses u', u'' est égale à b, posons $u'' = b$, et par conséquent $\sin R'' = b \sin I$, nous aurons

$$u'^2 = a^2 \sin^2 R' + c^2 \cos^2 R' = c^2 + (a^2 - c^2) \sin^2 R'.$$

et par conséquent

$$\frac{\sin^2 R'}{\sin^2 I} = c^2 + (a^2 - c^2)\sin^2 R',$$

d'où l'on tire

$$\sin^2 R' = \frac{c^2 \sin^2 I}{1 - (a^2 - c^2)\sin^2 I} \quad \text{ou} \quad \cos^2 R' = \frac{1 - a^2 \sin^2 I}{1 - (a^2 - c^2)\sin^2 I},$$

$$n'^2 = \frac{c^2}{1 - (a^2 - c^2)\sin^2 I}.$$

L'équation exacte est donc

$$o - e = k\lambda = \varepsilon\left(\frac{\sqrt{1 - a^2 \sin^2 I}}{c} - \frac{\sqrt{1 - b^2 \sin^2 I}}{b}\right).$$

En multipliant et divisant par

$$\frac{\sqrt{1 - a^2 \sin^2 I}}{c} + \frac{\sqrt{1 - b^2 \sin^2 I}}{b},$$

on transforme cette expression en cette autre

$$k\lambda = \varepsilon \frac{\frac{1}{c^2} - \frac{1}{b^2} - \sin^2 I\left(\frac{a^2}{c^2} - 1\right)}{\frac{1}{c}\sqrt{1 - a^2 \sin^2 I} + \frac{1}{b}\sqrt{1 - b^2 \sin^2 I}}.$$

On a d'ailleurs $\sin I = \frac{\sin R''}{b}$ ou $\frac{\sin R}{b}$ en supprimant le double accent. Le numérateur devient ainsi

$$\frac{a^2 - c^2}{b^2 c^2}\left(\frac{b^2 - c^2}{a^2 - c^2} - \sin^2 R\right),$$

et comme $\frac{b^2 - c^2}{a^2 - c^2} = \sin^2 V$, le numérateur prend la forme

$$\frac{a^2 - c^2}{b^2 c^2}\sin(V + R)\sin(V - R) = (n_c - n_a)\sin(V + R)\sin(V - R)\frac{(a + c)ac}{b^2 c^2}.$$

Quant au dénominateur, nous pouvons remarquer que

$$\frac{1}{c}\sqrt{1 - a^2 \sin^2 I} = \frac{1}{c}\sqrt{1 - b^2 \sin^2 I - (a^2 - b^2)\sin^2 I},$$

et comme $(a^2 - b^2)\sin I$ est une petite quantité, on peut extraire le radical par approximation, en négligeant les quantités du second ordre ou en $(a - b)^2$, ce qui donne

$$\frac{1}{c}\cos R\left(1 - \frac{1}{2}\frac{(a^2 - b^2)\sin^2 I}{1 - b^2 \sin^2 I}\right) = \frac{1}{c}\cos R\left(1 - \frac{a^2 - b^2}{2\, b^2}\,\mathrm{tg}^2 R\right).$$

On a donc

$$\frac{k\lambda}{\varepsilon} = \frac{(n_c - n_a)\sin(V+R)\sin(V-R)}{\cos R} \cdot \frac{a(a+c)}{b(b+c)}\left(1 + \frac{a^2-b^2}{2b(b+c)}\operatorname{tg}^2 R\right)$$

ou encore, en continuant à négliger les termes du 2e degré en $a-b$ et $b-c$

$$n_c - n_a = \frac{k\lambda}{\varepsilon}\frac{\cos R}{\sin(V+R)\sin(V-R)}\left[1 + \frac{3(a-b)}{2b}\left(1 - \frac{1}{3}\operatorname{tg}^2 R\right)\right]$$

Le second terme de la parenthèse représente l'erreur relative commise sur $n_c - n_a$ par l'emploi de la formule approximative donnée au début. Cette erreur est de l'ordre de $\frac{3(a-b)}{2b}$.

Il serait aisé de calculer $n_c - n_a$ par approximations successives.

V. — MESURE DES INDICES DE RÉFRACTION.

Lorsqu'on a déterminé, par les procédés qui ont été exposés plus haut, la position des axes optiques et les différences des trois indices principaux, les propriétés *biréfringentes* du cristal sont connues, mais la manière dont ce cristal réfracte la lumière n'est complètement déterminée que lorsqu'on a obtenu la valeur absolue de l'un des indices. La connaissance de cet indice est d'ailleurs nécessaire pour qu'on puisse tirer parti de l'observation de l'écartement des axes vus dans un milieu ambiant. La mesure directe d'un indice est donc toujours nécessaire; elle peut suffire à elle seule à la détermination des propriétés biréfringentes du cristal, si elle est étendue aux trois indices principaux.

1. OBSERVATION DE L'IMAGE D'UN OBJET VUE A TRAVERS UNE LAME A FACES PARALLÈLES.

Procédé du duc de Chaulnes. — Le procédé le plus simple pour mesurer l'indice d'un corps taillé en lame mince à faces parallèles est celui qui a été indiqué au siècle dernier par le duc de Chaulnes.

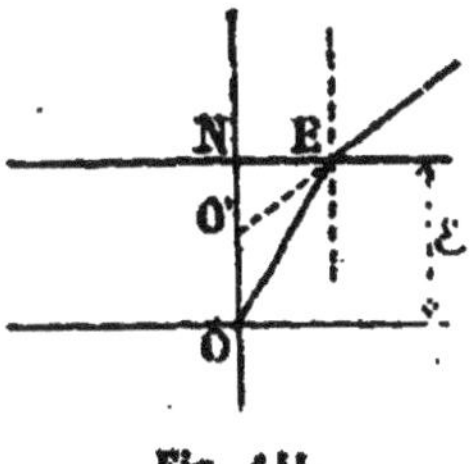

Fig. 144.

On se sert d'un microscope dont la mise au point se fait en tournant une vis micrométrique qui permet de mesurer avec précision le déplacement de l'appareil. On observe, en faisant la mise au point avec soin, sur un trait très fin O (fig. 144), ou tout autre objet délicat, placé sur le porte-objet. On recouvre ensuite ce trait fin ou cet objet par la lame transparente L d'épaisseur ε, dont on veut déterminer l'indice n. L'image de O vient se faire en un point O' qu'il est aisé de déterminer, car, pour le rayon OE, on a

$$O'N = \varepsilon \frac{\operatorname{tg} r}{\operatorname{tg} i},$$

et, par conséquent, si l'on suppose O'E très voisin de la normale ON, ce qui rend i et r très petits,

$$O'N = \frac{\varepsilon}{n}.$$

On tire de là

$$OO' = \varepsilon - \frac{\varepsilon}{n} = \varepsilon \frac{n-1}{n}.$$

Les choses se passeront donc comme si l'objet était relevé d'une longueur égale à $\varepsilon \frac{n-1}{n}$. Il faudra ainsi, pour mettre de nouveau au point l'objet O, relever le microscope d'une hauteur égale à cette quantité. La mesure de cette hauteur, combinée avec celle de l'épaisseur ε, permettra donc de connaître n.

Application du procédé du duc de Chaulnes à la mesure des indices des lames cristallines. — Image d'un objet vu à travers une lame cristalline à faces parallèles. — Pour voir comment le procédé du duc de Chaulnes peut être utilisé pour déterminer l'indice des lames cristallines, il faut étudier la façon dont se forme l'image d'un objet vu à travers une lame cristalline à faces parallèles. On doit s'attendre à ce que la double réfraction produise des effets tout particuliers.

Nous allons indiquer, d'après M. Stokes[1], la solution générale de la question.

Sur la surface antérieure S' de la lame (fig. 145), on donne un point O dont on cherche l'image après que les rayons ont traversé la lame dont la seconde surface est S. Nous imaginons la surface de l'onde dont O est le centre et dont les rayons vecteurs sont égaux aux vitesses de propagation. Nous ne considérons qu'une nappe de cette surface, et nous la réduisons, en la laissant semblable à elle-même, jusqu'à ce que cette nappe vienne à être tangente en N à la surface S.

1. Proceedings of the Roy. Soc. XXVI. P. 386 (1877).

Si v est la vitesse de propagation correspondant à la direction du rayon ON, la surface de l'onde est réduite dans le rapport $\frac{\varepsilon}{v}$.

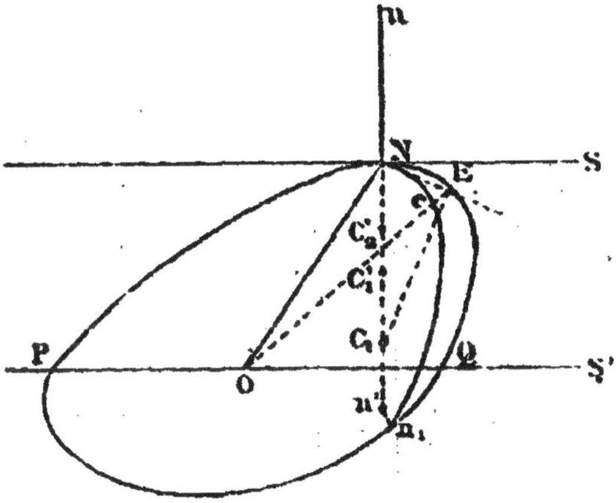

Fig. 145.

Si l'on mène en N une droite Nn normale à la surface S, et par conséquent au plan tangent en N, Nn est la direction de la propagation normale, perpendiculaire aux ondes planes, que transmet le rayon ON. En tombant sur la surface S, la direction de propagation normale, se trouvant dirigée suivant la normale au plan de séparation, continuerait sa route sans déviation, de sorte que le rayon ON émergerait suivant la direction Nn' prolongement de Nn.

Soit C_1 l'un des centres de courbure de la surface de l'onde en N et Nen_1 le plan de courbure principal correspondant. Dans ce plan et dans le voisinage du point N, la courbe Nen_1 peut être considérée comme un cercle. Dans le plan de courbure, et au voisinage de N, on trouvera la direction des rayons émergents en faisant la même construction que si le point lumineux était placé en C_1, l'indice de réfraction de la lame étant $\frac{1}{v}$.

Or on sait que, dans ces conditions, les rayons émergents viennent faire leur image en un point C'_1 situé sur NC_1, à une distance au-dessous de N égale à $v \times C_1N$. Il reste à trouver la valeur de C_1N qui n'est autre chose que le rayon de courbure ρ_1 de la surface de l'onde réduit dans le rapport $\frac{\varepsilon}{v}$.

On a donc

$$C_1N = \rho_1 \frac{\varepsilon}{v}.$$

et

$$NC'_1 = \nu \times C_1N = \rho_1\varepsilon.$$

Si, le point lumineux étant sur la surface S', le milieu était uniréfrigent avec l'indice $\frac{1}{\rho_1}$, l'image serait située au-dessous de S à une distance égale à $\rho_1\varepsilon$. Les choses se passent donc, avec la lame cristalline, pour les rayons correspondants aux vitesses de propagation normales situées dans le plan de courbure de rayon ρ_1, comme si le milieu était isotrope avec un indice apparent égal à $\frac{1}{\rho_1}$.

Si nous supposons une droite tracée, à partir du point O, parallèlement au plan de courbure et par conséquent à nn', tous les rayons émis par les divers points de la droite, et situés dans le plan mené par ON parallèlement à nn', viennent se couper mutuellement et donnent une image passant en C'_1 et parallèle à nn'. On mettra cette image au point, en relevant le microscope d'une longueur égale à C'_1n.

Si nous considérons le second plan de courbure principal passant en N, lequel est perpendiculaire au premier Nen_1, le rayon de courbure qui lui correspond est ρ_2 et nous verrons de même que, si nous menons de O une droite perpendiculaire sur nn', cette droite vient former une image nette en un point C'_2 tel que

$$NC'_2 = \rho_2\varepsilon.$$

On peut donc, par des mises au point différentes, voir successivement, d'une manière nette, deux systèmes de lignes perpendiculaires entre eux et respectivement parallèles aux deux plans principaux de courbure de la surface de l'onde, au point où cette surface est touchée par un plan parallèle à celui de la lame.

Nous ne nous sommes occupés jusqu'ici que d'une seule nappe de l'onde; nous répéterions évidemment pour l'autre nappe ce que nous avons dit pour celle-ci.

Il y a donc en général quatre systèmes de lignes parallèles que l'on peut voir nettement, mais non pas à la fois, par des mises au point convenables, à travers une lame cristalline. Ils se divisent en deux groupes dont chacun se compose de deux systèmes perpendiculaires entre eux. Chacun de ces deux groupes correspond à une nappe différente de la surface de l'onde, et par conséquent à des directions de vibrations perpendiculaires entre elles. Avec un polariseur ou un analyseur, on peut donc à volonté supprimer un des deux groupes. en conservant l'autre.

Toute droite non comprise dans un de ces quatre systèmes ne peut être vue nettement à travers la lame.

1° *Cristaux uniaxes.* Appliquons d'abord la théorie aux cristaux uniaxes. Nous supposerons, pour fixer les idées, que le cristal est uniaxe, l'axe de révolution étant a et le rayon équatorial c.

L'une des nappes de l'onde est une sphère, et pour les vibrations ordinaires, les choses se passeront comme pour un corps isotrope d'indice $\frac{1}{c}$.

Quant à l'autre nappe c'est un ellipsoïde de révolution dont l'axe est a.

Si la lame est taillée perpendiculairement à l'axe optique, l'onde admettant en son sommet une sphère osculatrice de rayon égal à $\frac{c^2}{a}$, les rayons extraordinaires se comporteront, pour tous les systèmes de lignes, comme un corps isotrope d'indice $\frac{a}{c^2}$.

Si la lame est taillée parallèlement à l'axe optique, les deux plans de courbure principaux de l'onde sont le plan équatorial dans lequel le rayon de courbure est c, et le plan méridien dans lequel le rayon de courbure est $\frac{a^2}{c}$.

Si la lame est coupée d'une façon quelconque, et si θ est l'inclinaison de l'axe du cristal sur la normale à la lame, les deux plans de courbure sont le plan passant par l'axe pour lequel le rayon est ρ et le plan perpendiculaire pour lequel le rayon est ρ'. On a

$$\frac{1}{\rho} = \frac{1}{a^2c^2}\left(a^2\cos^2\theta + c^2\sin^2\theta\right)^{\frac{3}{2}}$$

$$\frac{1}{c^2} = \frac{1}{\rho'}\left(a^2\cos^2\theta + c^2\sin^2\theta\right)^{\frac{1}{2}}.$$

Pour une lame de clivage de spath d'Islande, $\theta = 44°37'$, ce qui donne

	Lignes perpendiculaires au plan principal.	Lignes parallèles au plan principal.
Raie C. — Indices apparents	1.5777	1.4094
Raie D. — —	1.5809	1.4104

1° *Cristaux biaxes.* — Pour les cristaux biaxes, le problème est plus complexe encore et nous nous contenterons de supposer la lame parallèle à l'un des plans principaux. Le tableau suivant indique les indices apparents que l'on observerait dans les différents cas.

Direction de la vibration.	Direction de la ligne visée. *a*	*b*	*c*
a	$\frac{1}{a}$	$\frac{a}{c^2}$	$\frac{a}{b^2}$
b	$\frac{b}{c^2}$	$\frac{1}{b}$	$\frac{b}{a^2}$
c	$\frac{c}{b^2}$	$\frac{c}{a^2}$	$\frac{1}{c}$

Il est intéressant de remarquer, avec M. Stokes, qu'au voisinage des axes optiques, les indices apparents doivent changer avec une vitesse extraordinaire, car le rayon de courbure perpendiculaire au plan *ac* est nul à l'ombilic et infini au point de contact du plan tangent qui touche l'onde suivant un cercle.

2. OBSERVATION DE L'IMAGE VUE A TRAVERS UN PRISME.

Description générale du procédé. — Le procédé le plus employé pour mesurer l'indice de réfraction d'une substance est celui du prisme.

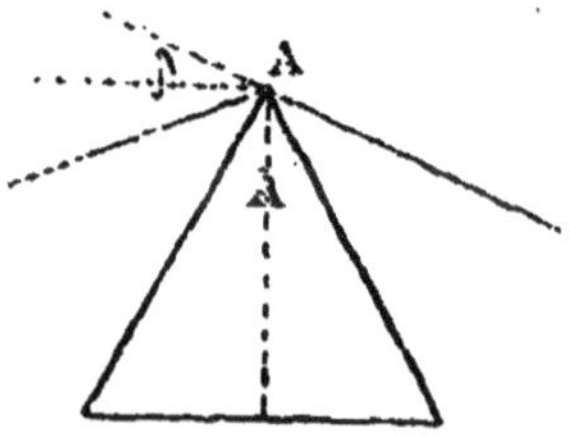

Fig. 146.

On sait que, si A (fig. 146) est l'arête réfringente d'un prisme, l'image virtuelle d'un objet S vu à travers le prisme se trouve en S′ à une distance AS′ = AS, et suivant une direction AS′ telle que l'angle formé par SA et la direction S′A prolongé est divisé en deux parties égales par la bissectrice de l'angle A du prisme. On sait en outre que si δ est l'angle S′AS, et n l'indice de réfraction, par rapport au milieu ambiant de la substance du prisme, on a

$$\sin\frac{A+\delta}{2} = n \sin\frac{A}{2}.$$

Pour connaître n, il suffit donc de mesurer l'angle A du prisme, d'observer l'image d'un objet à travers le prisme et de mesurer l'angle δ.

Pour ces observations, on se sert d'un goniomètre à axe horizontal, semblable à celui qui a été décrit dans le tome Ier.

Le limbe horizontal fixe porte un collimateur composé d'une fente étroite verticale éclairée d'une manière quelconque et disposée au foyer d'une lentille. La fente est l'objet dont on regarde l'image, et sa distance au prisme peut être, d'après cette disposition, regardée comme étant infinie, ce qui empêche l'angle δ de varier par une simple translation du prisme.

Le prisme est porté par un support qui peut recevoir : 1° deux mouvements de translation suivant deux droites rectangulaires; 2° deux mouvements de rotation autour de deux axes rectangulaires; 3° enfin un mouvement dans le sens vertical. Ce support est en outre mobile autour de l'axe vertical de l'appareil.

L'image de la fente est observée au moyen d'une lunette astronomique portant un réticule à fils croisés, et mobile autour de l'axe de l'appareil; une alidade fixée à la lunette et portant deux verniers opposés permet d'observer sur le limbe l'azimuth de la lunette par rapport à la direction du collimateur prise pour zéro.

On commence par disposer la lunette pour la vision à l'infini, en supprimant le prisme et plaçant la lunette dans le prolongement de la direction du collimateur; on regarde la fente et on règle la position de la lentille de manière que la fente soit vue nettement dans la lunette. On est alors assuré que la fente est bien placée au foyer principal de la lentille du collimateur. On dispose l'axe de la lunette horizontal, en mettant en coïncidence, avec le fil horizontal du réticule, l'image d'un fil horizontal divisant la fente en 2 parties et placé, par construction, sur l'axe horizontal du collimateur. On place la lunette de manière que le fil du réticule bissèque l'image de la fente, et on note la lecture des verniers, ce qui fixe le zéro à partir duquel les angles seront comptés.

Ces dispositions prises, on se sert de l'appareil pour mesurer, comme il a été dit au chapitre XIV du tome Ier, l'angle A du prisme. Cette mesure exige que le prisme ait été placé de manière que son arête réfringente soit bien parallèle à l'axe de rotation.

Le prisme restant en place, on observe à travers le prisme l'image de la fente, qui est colorée par la réfraction, et on s'arrange pour que la partie jaune de cette image, par exemple, coïncide avec le fil vertical du réticule. La lecture des verniers donne l'azimuth de la lunette par rapport au zéro déterminé comme il a été dit, c'est-à-dire l'angle $\frac{\pi - \delta}{2}$. On tire de là, au moyen de la formule donnée plus haut, l'indice de réfraction correspondant au jaune moyen.

Lorsqu'on veut déterminer avec précision l'indice de réfraction correspondant à une lumière de longueur d'onde bien déterminée, on éclaire la fente par une lumière monochromatique. On peut se servir de la lumière du sodium qui donne la lumière jaune correspondant à la raie D, ou de la lumière du lithium qui donne de la lumière rouge, ou de celle du thallium qui donne du vert. Pour se procurer ces diverses lumières, on peut se servir d'une lampe à alcool dans le liquide de laquelle on a fait dissoudre une petite quantité de chlorure de ces métaux. Il est préférable à tous égards d'employer un bec Bunsen dans la flamme non éclairante duquel on place, porté par un petit panier en fils de platine, un fragment de chlorure de ces métaux.

On peut encore éclairer la fente par un tube de Geissler à hydrogène, qui donne les raies C et F très lumineuses, et la raie G′ moins brillante; on se sert, pour faire passer la décharge dans le tube, d'une bobine Ruhmkorff et de deux ou trois éléments Bunsen. On vise successivement avec la lunette l'image de chacune de ces raies.

Si l'on peut employer la lumière solaire, on visera successivement chacune des raies du spectre, ce qui donnera successivement les indices correspondant à chacune de ces raies, dont les longueurs d'onde sont données en millioniémes de millimètre dans le tableau suivant, emprunté à l'Annuaire du Bureau des Longitudes.

Rouge	Raie A	760.4	
	» B	686.7	
Orangé	» C	656.2	Hydrogène.
Jaune	» D	589.5 588.9	Sodium.
Vert	» b_1	518.3	Magnésium.
Bleu	» F	486.1	Hydrogène.
Indigo	» G′	434.0	Hydrogène.
	» G	430.7	Fer.
Violet	» h	410.1	Hydrogène.
	» H	396.7	Calcium.
	» K	393.3	Calcium.

Voici, en outre, exprimées avec la même unité, les longueurs d'onde correspondant aux diverses lumières monochromatiques que l'on emploie le plus habituellement.

Sodium	589
Lithium.	670.7
Thallium	539.9

La lumière du sodium n'est pas absolument monochromatique ; elle se compose en réalité de deux lumières dont les longueurs d'onde très voisines sont respectivement égales à 589,5 et 588,9.

Fixateur Ketteler. — Malheureusement on ne dispose pas toujours du soleil ; on peut suppléer à son absence au moyen de l'appareil que M. Ketteler a appelé le fixateur[1]. La fente est remplacée par un réticule formé d'un fil horizontal et de deux fils verticaux très distants. Si l'on éclairait ce réticule, au point de croisement du fil, par une lumière de longueur d'onde connue, on déterminerait, par la méthode ordinaire, l'indice correspondant à cette longueur d'onde. Pour réaliser cette idée, on place le plus près possible du réticule une lame de verre portant des traits horizontaux équidistants de 1/4 de mm., et l'on projette sur cette lame de verre un spectre horizontal en plaçant devant cette lame un prisme à axe horizontal disposé entre deux lentilles convenablement placées et éclairées par une fente horizontale. La lame de verre, les lentilles, le prisme et la fente formant un appareil invariablement lié, chaque trait horizontal de la lame correspond à une couleur donnée du spectre dont on peut déterminer la longueur d'onde par des observations préalables. Tout le système étant mobile par rapport au réticule, on peut mettre en contact le fil horizontal de ce réticule avec un quelconque des traits de la lame, et déterminer ainsi successivement les divers indices des couleurs qui correspondent à chacun de ces traits.

On détermine les longueurs d'onde qui correspondent à ces couleurs en se servant d'un prisme pour lequel la loi de variation des indices avec la longueur d'onde est connue, ou mieux encore d'un réseau.

Application du procédé à des prismes taillés dans des substances cristallisées. — Lorsqu'on a affaire à des substances cristallisées, on peut se servir, comme faces du prisme, de deux faces cristallines inclinées l'une sur l'autre. On peut aussi, et c'est ce qu'on est le plus souvent obligé de faire, tailler artificiellement les faces

1. Wiedem. Ann. 12-488 (1881) et J. Phys. (2), I. 198 (1882).

qui servent à l'observation. Il faut alors que celles-ci aient une orientation cristallographique bien déterminée, ce dont on s'assure en les rattachant, par des observations goniométriques, à des faces cristallines connues. Il faut en outre que les faces soient bien planes et aussi polies que possible ; pour les cristaux artificiels, qui sont en général peu durs et ne prennent qu'un poli très imparfait, on obtient de bons résultats en recouvrant chaque face d'une lame de verre mince bien plane et fixée par une solution épaisse de baume du Canada dans le chloroforme.

Lorsqu'on observe avec un prisme taillé dans un cristal suivant une direction quelconque, il faut, pour déterminer le chemin que suit dans le prisme le faisceau lumineux donnant la déviation minimum, tenir compte de ce que la vitesse de propagation est modifiée par un changement de direction du rayon. Mais la plupart des cristaux sont assez peu biréfringents pour qu'on néglige cette légère variation, et pour qu'on puisse admettre que le rayon qui se propage dans le cristal en donnant le minimum de déviation est, dans tous les cas, normal au plan bissecteur. Suivant cette direction il se propage d'ailleurs deux vibrations rectangulaires, l'une avec une vitesse v_1 et un indice $\frac{1}{v_1}$, l'autre avec une vitesse v_2 et un indice $\frac{1}{v_2}$. Chacune de ces vibrations donne un spectre séparé qui permet de mesurer séparément $\frac{1}{v_1}$ et $\frac{1}{v_2}$. Si les deux spectres ne sont pas assez complètement séparés pour que l'observation soit possible, on intercepte successivement l'un d'entre eux au moyen d'un nicol placé entre le collimateur et le prisme. On a alors :

$$v_1^2 = \frac{1}{2}\left(\frac{1}{a^2} + \frac{1}{c^2}\right) + \frac{1}{2}\left(\frac{1}{a^2} + \frac{1}{c^2}\right)\cos(t_1 + t_2)$$

$$v_2^2 = \frac{1}{2}\left(\frac{1}{a^2} + \frac{1}{c^2}\right) + \frac{1}{2}\left(\frac{1}{a^2} + \frac{1}{c^2}\right)\cos(t_1 + t_2)$$

où t_1 et t_2 sont les angles compris entre les axes optiques et la ligne normale au plan qui bissèque l'angle du prisme, *a*, *b*, *c* étant les axes de l'ellipsoïde optique principal.

Si l'orientation de cet ellipsoïde est connu, deux prismes taillés dans des directions différentes suffisent à donner les 3 quantités *a*, *b*, *c*.

On s'attache, bien entendu, à tailler les prismes, de manière que les calculs soient les plus simples possible.

Si le cristal est uniaxe, on taillera le prisme de manière que l'arête réfringente soit parallèle à l'axe. Une des images correspond alors à la vibration ordinaire, et l'autre à la vibration extraordinaire principale. L'une et l'autre se comportent rigoureusement comme si le milieu était isotrope, car tous les rayons extraordinaires qui se propagent dans la section principale du prisme, vibrent suivant l'arête et ont même indice.

Si le cristal est biaxe, on prend pour arête réfringente l'un des axes d'élasticité, c par exemple. Des deux vibrations qui se propagent suivant la normale au plan bissecteur, l'une est dirigée suivant c et se comporte, par la même raison que précédemment, comme dans un milieu isotrope d'indice $\frac{1}{c}$; l'autre a seule un indice anormal $\frac{1}{v_1}$, et l'on a

$$v_1^2 = \frac{1}{2}\left(\frac{1}{a^2}+\frac{1}{b^2}\right) + \frac{1}{2}\left(\frac{1}{a^2}+\frac{1}{b^2}\right) \cos 2\theta$$

θ étant l'angle de la normale au plan bissecteur avec l'axe b. Deux prismes ayant un angle θ différent et une même arête réfringente suffiraient à donner a et b.

Si, l'arête réfringente étant toujours parallèle à c, le cristal était assez biréfringent pour qu'on ne puisse pas supposer que l'indice anomal correspondant au rayon se propage suivant la normale au plan bissecteur, on calculerait comme suit la direction de propagation de la vibration qui donne le minimum de vibration.

Soit A (fig. 146) l'angle du prisme, i et i' les angles que font, avec les normales aux faces, les rayons incident et émergent, x l'angle que fait

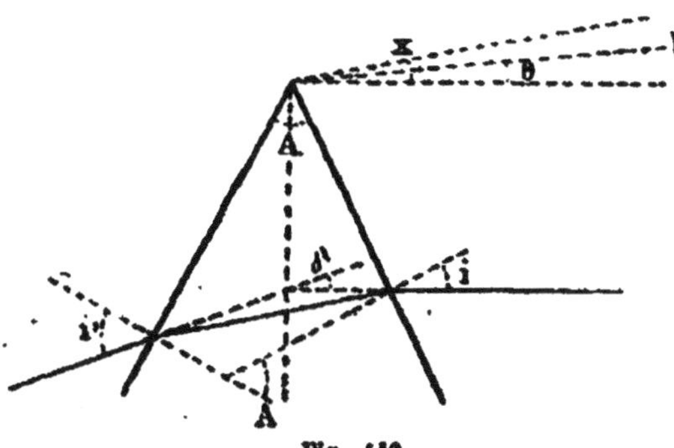

Fig. 146.

avec la normale au plan bissecteur la direction de propagation qui donne le minimum de déviation, θ l'angle que fait la normale au plan bissecteur avec l'un des axes d'élasticité b, enfin l'angle du rayon incident avec le rayon émergent.

Si v est la vitesse de propagation du rayon, on aura

$$v^2 = \frac{1}{2}(a^2 + b^2) + \frac{1}{2}(a^2 - b^2)\cos 2(x - \theta)$$

$$v \sin i = \sin\left(\frac{A}{2} - x\right)$$

$$v \sin i' = \sin\left(\frac{A}{2} + x\right)$$

$$i + i' = A + \delta$$

Éliminant i et i' entre les 3 dernières équations, on aura

$$v^2 = \frac{\sin^2 \frac{A}{2}}{\sin^2 \frac{A+\delta}{2}} \cos^2 x + \frac{\cos^2 \frac{A}{2}}{\cos^2 \frac{A+\delta}{2}} \sin^2 x$$

Si l'on pouvait poser $\sin^2 x = 0$ et $\cos^2 x = 1$, on aurait

$$v = \frac{\sin \frac{A}{2}}{\sin \frac{A+\delta}{2}},$$

c'est-à-dire l'équation ordinaire du minimum de déviation.

Posons

$$P^2 = \frac{\sin^2 \frac{A}{2}}{\sin^2 \frac{A+\delta}{2}} \qquad Q^2 = \frac{\cos^2 \frac{A}{2}}{\cos^2 \frac{A+\delta}{2}}$$

ce qui donne

$$(1) \quad 2v^2 = (P^2 + Q^2) + (P^2 - Q^2)\cos 2x = (a^2 + b^2) + (a^2 - b^2)\cos 2(x - \theta);$$

telle est la relation qui existe entre x et la déviation δ. Différentions par rapport à x, et égalons à zéro pour avoir le minimum de δ, on obtiendra la relation de condition

$$(2) \quad (P^2 - Q^2)\sin 2x = (a^2 - b^2)\sin 2(x - \theta)$$

En éliminant x entre ces deux équations, on aurait une relation entre P, Q, a, b et θ, c'est-à-dire entre la déviation minima observée et les données du prisme.

On peut transformer les relations (1) et (2) de la manière suivante. Éliminons $P^2 - Q^2$, il viendra

$$P^2 + Q^2 + (a^2 - b^2) \sin 2(x - \theta) \cotg 2x = a^2 + b^2 + (a^2 - b^2) \cos 2(x - \theta)$$

ou

$$(3) \qquad (P^2 + Q^2) \sin 2x = (a^2 + b^2) \sin 2x + (a^2 - b^2) \sin 2\theta$$

Les relations (2) et (3) donnent aisément

$$P^2 = \frac{1}{2}(a^2 + b^2) + \frac{1}{1}(a^2 - b^2) \frac{\cos(2\theta - x)}{\cos x}$$

$$Q^2 = \frac{1}{2}(a^2 + b^2) + \frac{1}{2}(a^2 - b^2) \frac{\sin(2\theta - x)}{\sin x}$$

et, en posant

$$V_1^2 = \frac{1}{2}(a^2 + b^2) + \frac{1}{2}(a^2 - b^2) \cos 2\theta$$

$$U^2 = \frac{1}{2}(a^2 + b^2) - \frac{1}{2}(a^2 - b^2) \cos 2\theta$$

on obtient

$$P^2 = V_1^2 + \frac{1}{2}(a^2 - b^2) \sin 2\theta \operatorname{tg} x$$

$$Q^2 = U^2 + \frac{1}{2}(a^2 - b^2) \sin 2\theta \cotg x$$

d'où l'on déduit

$$(P^2 - V_1^2)(Q^2 - U^2) = \frac{1}{4}(a^2 - b^2)^2 \sin 2\theta$$

Si l'on peut négliger $\frac{1}{4}(a^2 - b^2)^2$, on aura $P^2 = V_1^2$, ce qui revient à admettre que le rayon qui donne le minimum de déviation se propage suivant la normale au plan bissecteur.

Approximation que l'on peut atteindre dans la mesure des indices. — Il importe de savoir sur quelle approximation on peut compter lorsqu'on détermine un indice par la mesure du minimum de direction. L'erreur *dn* provient de celle qui est faite sur la mesure de A, et de celle qui est faite sur la mesure de δ.

De la formule :

$$n = \frac{\sin \frac{A + \delta}{2}}{\sin \frac{\delta}{2}}$$

on déduit, par une différentiation,

$$dn = -\frac{\sin\frac{\delta}{2}}{2\sin^2\frac{A}{2}}dA + \frac{\cos\frac{A+\delta}{2}}{2\sin\frac{A}{2}}d\delta.$$

Comme on ne connaît ni le signe de l'erreur dA commise sur la mesure de l'angle A, ni celui de l'erreur $d\delta$ commise sur la mesure de la déviation δ, il faut, pour avoir l'erreur possible dn, ajouter les 2 termes du second membre pris en valeur absolue. Nous pouvons d'ailleurs, ne connaissant pas non plus les valeurs absolues de dA et de $d\delta$, admettre que ces valeurs soient égales. L'erreur possible est alors

$$dn = \left(\frac{\sin\frac{\delta}{2}}{\sin^2\frac{A}{2}} + \frac{\cos\frac{A+\delta}{2}}{\sin\frac{A}{2}}\right)\frac{dA}{2}.$$

Toutes choses égales, l'erreur dn est moindre lorsque A est le plus grand possible. Mais A ne peut pas être fait aussi grand qu'on le veut, car il est soumis à la condition

$$n\sin\frac{A}{2} < 1.$$

Si $n = 2$, la valeur limite de A est de 60°.

Comme on a généralement à mesurer des indices moindres que 2, on peut employer des prismes dont l'angle A est de 60°. Pour fixer les idées, nous supposons qu'on ait effectivement un de ces prismes. Nous supposons en outre $n = 1{,}5$.

On a ainsi

$$dn = \frac{4}{3}dA.$$

Supposons que $dA = 0{,}00001$, soit 2″,06; on aura

$$dn = 0.000013.$$

Ainsi, pour que la valeur de l'indice soit exacte à une unité du 5e ordre près, il est nécessaire qu'on puisse répondre de la mesure de A et de celle de δ à 2 secondes sexagésimales près. Or, en admettant que l'on possède un instrument qui permette de faire cette lecture, il est à peu près impossible d'admettre que, même avec les précautions les plus minutieuses, on puisse répondre d'une pareille exactitude.

Sans parler des conditions multiples de l'observation telles que l'installation du prisme, la perfection de la visée, etc., on rencontrera un obstacle très sérieux dans la difficulté de se procurer un prisme dont les deux surfaces soient parfaitement planes.

Si l'on prend des faces cristallines naturelles, ce qui généralement est le procédé le plus avantageux, on se heurtera aux petites inégalités dont ces faces sont toujours atteintes. Si l'on taille artificiellement les faces du prisme, on rencontrera un obstacle plus grave encore dans le léger arrondissement des faces. Il est clair que cette courbure des faces change l'angle A, et d'une manière inégale avec la portion de prisme qui est traversée par la lumière. Cette cause d'erreur est fort grave, et peut altérer les mesures, comme l'a montré récemment M. Voigt[1], de plusieurs centaines de secondes.

Pour éviter, autant que possible, cette dernière cause d'erreur, MM. Topsoë et Christiansen[2] recommandent de ne pas pousser le travail des faces jusqu'au poli parfait, car c'est surtout dans le polissage, qui exige une assez grande vitesse rotative du cristal et du polissoir, que les faces s'arrondissent. On supplée au défaut de transparence de la face non polie, en la recouvrant, comme nous l'avons déjà indiqué, d'une petite lame de verre mince collée par une dissolution de baume dans le chloroforme.

Il faut remarquer que la double réfraction est déterminée non par la valeur absolue des indices, mais par les différences des trois indices principaux. Or, pour beaucoup de substances, l'une au moins de ces différences a son premier chiffre significatif de l'ordre de la 3e décimale. Lorsqu'on détermine la double réfraction par la mesure des trois indices principaux, il faut, dans ce cas, être sûr de quatre chiffres décimaux des indices pour être sûr des deux premiers chiffres de la différence. Il faudra donc des échantillons exceptionnels et des soins minutieux pour arriver à ne mesurer la double réfraction qu'avec une approximation variant entre $\frac{1}{10}$ et $\frac{1}{100}$. On peut donc dire que, dans des cas fort nombreux, la mesure des trois indices ne donne qu'une mesure illusoire de la double réfraction. On agit alors un peu comme si l'on voulait mesurer la dilatation d'une règle en en mesurant la longueur à deux températures différentes.

1. *Groth. Zeits.*, 5, 113 (1880).
2. *Ann. ch. et phys.* (5) I, 1 (1874).

Le peu d'exactitude avec laquelle la biréfringence se déduit de la mesure des indices est d'ailleurs bien connue. Aussi, pour prendre quelque idée de l'erreur commise, on ne manque jamais de calculer la valeur que les indices observés assigneraient à l'écartement angulaire des axes optiques dans l'air et de la comparer avec celle qui a été directement mesurée. Le désaccord, qui existe toujours, est généralement supérieur à un demi-degré, même avec de très bonnes déterminations.

Il conviendrait, en général, de ne demander au prisme que la valeur de l'indice moyen. Les méthodes que nous avons indiquées plus haut, et qui permettent de mesurer les différences des indices, achèveraient d'une façon beaucoup plus commode et le plus souvent beaucoup plus exacte, de déterminer la biréfringence.

2. — MÉTHODE DE LA RÉFLEXION TOTALE.

Théorie générale du procédé. — Lorsqu'un rayon tend à passer d'un milieu plus réfringent d'indice N, dans un milieu moins réfringent d'indice *n*, il se réfléchit totalement sur la surface de séparation des deux milieux pour toutes les incidences supérieures à l'angle donné par la formule

$$\sin\varphi = \frac{n}{N}.$$

La mesure de φ fait donc connaître le rapport $\frac{n}{N}$, d'où l'on peut tirer l'un des indices si l'on connaît l'autre.

Soit S (fig. 147) la surface de séparation des deux milieux ; supposons des rayons divergents, se mouvant dans le milieu d'indice N et tombant

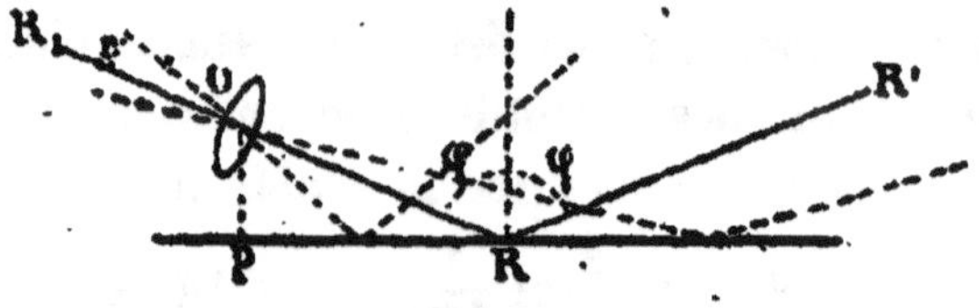

Fig. 147.

sur S, du côté droit ; un rayon RR', dont l'angle d'incidence est égal à φ, se réfléchit totalement suivant RR ; tous les rayons, ayant un angle d'incidence moindre ne se réfléchissent que partiellement ; tous ceux qui ont un angle d'incidence plus grand se réfléchissent totalement.

Soit une lentille L, dont le centre optique est en O ; O*p* est la perpendiculaire abaissée de O sur S. Nous supposons que le plan de la figure est un plan quelconque passant par Op. Tous les rayons parallèles à la ligne RR_1 qui passe en O, viennent former leur image en r, sur RR_1; tous les rayons qui se réfléchissent totalement, et dont l'angle d'incidence est supérieur à φ, forment leur image au-dessous de r, tandis que tous ceux qui ne se réfléchissent pas totalement, ou dont l'angle d'incidence est inférieur à φ, forment leur image au-dessus de r. Si l'on considère successivement tous les plans passant par Op, ce qui revient à faire tourner la figure autour de Op, les rayons tels que RR_1 décrivent un cône circulaire droit ayant Op pour axe, et les points r décrivent un arc de cercle dont la convexité est tournée vers le bas. Cet arc de cercle sépare le plan focal en deux parties : l'une, située vers le haut, c'est-à-dire du côté de la concavité, est relativement sombre, comme n'étant éclairée que par des rayons partiellement réfléchis ; l'autre, située vers le bas, c'est-à-dire du côté de la convexité, a le maximum d'intensité lumineuse.

Si l'axe principal de la lentille est dirigé suivant une des génératrices du cône RR_1, tout est symétrique de part et d'autre du plan qui passe par Op et par cet axe principal ; le sommet de l'arc est donc situé sur l'axe. La lentille L peut être d'ailleurs le cristallin de l'œil, ou l'objectif d'une lunette astronomique, portant un réticule à son foyer, et dont on regarde l'image avec un oculaire.

Lorsque l'axe de la lunette est dirigé suivant l'une des génératrices du cône pOR, on voit le champ de la lunette partagé en deux parties, d'intensités différentes, par un arc de cercle rr' passant en O, comme le représente la figure 148.

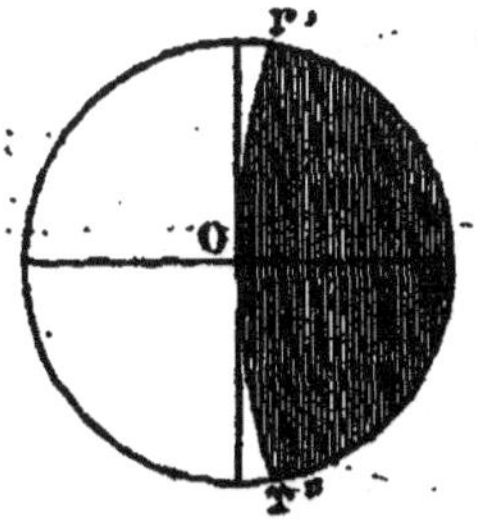

Fig. 148.

Si l'on employait la lumière monochromatique, l'arc $r'r''$ serait unique, mais si l'on employait la lumière blanche, ni les indices n et N, ni le rapport $\frac{n}{N}$ n'étant les mêmes pour les différentes longueurs d'onde, il y aurait pour chaque couleur un cône pOR différent, et l'arc $r'r''$ serait irisé.

Emploi d'un prisme. — Pour rendre l'observation réalisable, supposons que le milieu le plus réfringent d'indice N soit solide et limité par les surfaces d'un prisme SPQ (fig. 149) plongé dans l'air dont l'indice $n = 1$. La lumière incidente diffuse pénètre par SQ, est réfléchie totalement sur PQ, et traverse la surface SP. Soit P l'angle du prisme en P ; le rayon RR_1, qui commence à être réfléchi totalement, rencontre SP sous l'angle d'incidence β, et émerge sous l'angle d'incidence α. La lunette,

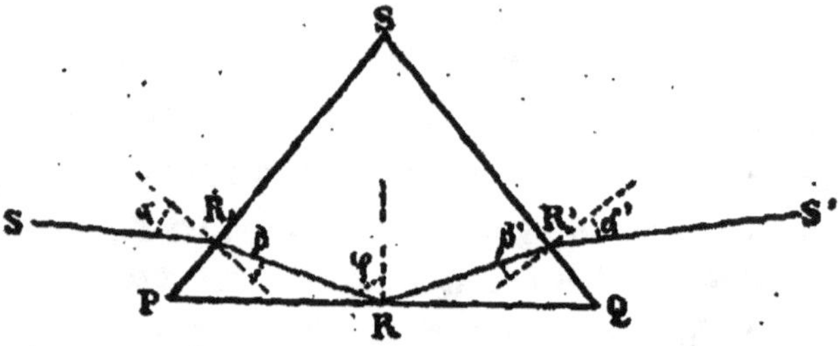

Fig. 149.

qui doit observer les phénomènes que nous avons décrits, doit donc être dirigée, non plus suivant RR_1, mais suivant une droite SR_1, faisant avec la normale à SP un angle α. Cet angle est aisé à calculer, car on a

$$\beta + P = \varphi \quad \frac{1}{N} = \sin(\beta + P) = \frac{\sin\beta}{\sin\alpha}.$$

En éliminant $\sin\beta$, il vient

$$\frac{1}{P} = \frac{\sin P}{\sqrt{1 + \sin^2\alpha - 2\cos P \sin\alpha}}.$$

Il suffit donc de connaître P et α pour en déduire le rapport $\frac{1}{N}$.

Pour réaliser la mesure, on installe le prisme sur le support central d'un goniomètre à axe vertical, sur lequel se trouve une lunette fixe disposée pour la vue à l'infini. On place le prisme de manière que les faces en soient exactement verticales, ce dont on peut s'assurer en choisissant un point qui soit sur un plan horizontal mené par le milieu du prisme, et constatant que l'image de ce point reste dans un plan horizontal, lorsqu'on fait tourner le prisme.

On dirige alors l'axe de la lunette normalement à la face PS. Pour remplir cette condition, il est nécessaire que la lunette présente une disposition spéciale permettant d'en éclairer le réticule. Le réticule vient faire son image par réflexion sur la face PS, et on tourne la lunette jusqu'à ce que l'image du réticule et le réticule lui-même, vu directement, soient en contact.

La lunette ainsi disposée, on fait une lecture, puis on tourne, soit la lunette, soit le prisme jusqu'à ce que la ligne de séparation de la réflexion totale commençante vienne passer par le centre du réticule. On fait alors une nouvelle lecture, et la différence des deux lectures donne l'angle α.

Une mesure goniométrique ordinaire donne l'angle P du prisme.

La face SQ est éclairée par une lumière monochromatique. L'observation, pour être possible, exige que le rayon RR_1 vienne rencontrer la face SP sous une incidence inférieure à celle qui donne au rayon émergent la direction rasante, c'est-à-dire à φ. Lorsque l'incidence de RR_1 sur SP est égale à φ, le triangle RPR_1 est isoscèle, et $P=\pi-2\varphi$. La condition de possibilité de l'observation est donc

$$P<\pi-2\varphi.$$

On peut se dispenser de placer la lunette normalement à SP, ce qui exige l'emploi d'un micromètre éclairé. Il suffit en effet, après avoir placé la lunette dans la direction SR_1, de changer la lumière de côté, de manière à la faire entrer par SP; elle ressort alors par SQ, suivant une direction $S'R'$ faisant un angle α' avec la normale à SQ. Pour faire passer la lunette de la direction SR_1 à la direction $S'R'$, il faudra la tourner d'un angle égal à $\alpha+\pi-S+\alpha'$, qui se trouvera ainsi mesuré. On calculerait facilement α' en fonction de φ et de l'angle Q du prisme dont les trois angles doivent être connus. On aurait ainsi un erelation donnant φ en fonction de l'angle mesuré $\alpha+\pi-S+\alpha'$.

On simplifie cette relation en faisant $P=Q$, et par conséquent $\alpha=\alpha'$. On la simplifie encore davantage en faisant $S=0$, et $\alpha=\alpha'=90°$. Le prisme devient ainsi un rectangle. C'est la disposition employée par M. Feussner (fig. 150). On a alors

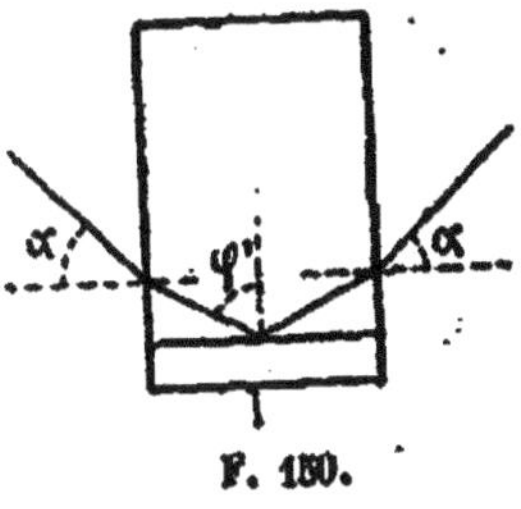

F. 150.

$$N=\sqrt{1+\sin^2\alpha},$$

et l'angle mesuré est égal à 2α.

Quelle que soit la forme donnée au prisme, on peut s'en servir pour mesurer l'indice de réfraction d'un solide quelconque, pourvu que cet indice soit moindre que celui du prisme. A cet effet, on colle sur la face PQ (fig. 151) la face du solide que nous supposerons être sous la forme d'une lame. L'indice du prisme étant N, et n celui de la lame, la réflexion totale aura lieu sur la surface PQ sous un angle φ' donné par la formule

$$\sin\varphi' = \frac{n}{N},$$

à la condition qu'il n'y ait pas d'air interposé entre la face du prisme et celle du solide.

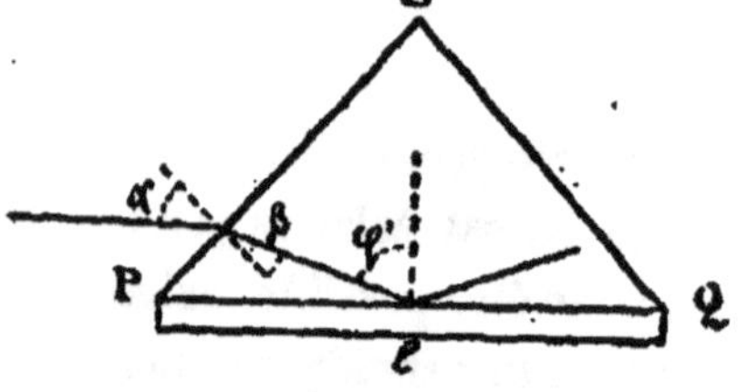

Fig. 151.

Pour réaliser cette condition, on dépose entre les deux faces une goutte d'un liquide plus réfringent que la lame et que le prisme. Cette addition d'un milieu liquide à faces parallèles entre le prisme et la lame, ne change pas, dans ces deux corps, la direction relative du faisceau lumineux qui les traverse. La réflexion totale se produira donc exactement dans les mêmes conditions que si le liquide n'existait pas.

On a toujours

$$\beta + P = \varphi', \qquad \frac{\sin\beta}{\sin\alpha} = \frac{1}{N}$$

et par conséquent

$$\sin(\beta + P) = \frac{n}{N},$$

n étant l'indice de la lame. En éliminant β, il vient

$$n = \sin\alpha\cos P + \sin P\sqrt{N^2 - \sin^2\alpha}.$$

Si l'on mesure α, comme il a été dit plus haut et si l'on suppose connus l'angle P et l'indice N du prisme, on pourra donc calculer n.

Si le prisme est à faces parallèles, on mesure l'angle 2α, et l'on a

$$n = \sqrt{N^2 - \sin^2\alpha}.$$

On peut employer des lames très petites qui ne recouvrent qu'incomplètement la face de prisme sur laquelle on les colle. Il convient alors de noircir toute la partie de la face qui reste libre.

Ce procédé de mesure des indices a le grand avantage de pouvoir s'appliquer à des lames très minces, fort petites, et peu ou même pas transparentes. Il convient donc bien aux recherches cristallographiques.

Malheureusement il ne s'applique qu'aux substances dont l'indice est moindre que celui du prisme. Or, le flint le plus réfringent dont on puisse se servir ne peut guère dépasser un indice de 1,8. On est encore plus limité dans le choix du liquide qui relie la lame au prisme.

On peut employer le sulfure de carbone, dont l'indice est 1,62. M. Andrecas Fock[1] s'est servi de la naphtaline monobromée, qui est beaucoup moins volatile, puisqu'elle ne bout qu'à 277°, dont l'odeur est beaucoup moins désagréable et dont l'emploi est plus commode. L'indice de ce liquide est 1,66 environ.

M. Abbe[2] indique l'emploi du bromure d'arsenic $AsBr^3$, dont l'indice serait, d'après lui, égal à 1,781.

On n'a d'ailleurs besoin que de très petites quantités de ces liquides.

Application à la mesure des indices des lames cristallines. — Si la lame dont on mesure l'indice est cristalline, cet indice varie avec la direction des vibrations. Considérons un faisceau lumineux venant du milieu plus réfringent et tombant sur la lame cristalline. Tant que l'incidence est suffisamment petite, le faisceau traverse le plan de séparation, passe dans la lame et se divise en deux faisceaux polarisés à angle droit dont les indices sont n et n'. Si nous augmentons l'incidence du faisceau, les deux faisceaux réfractés s'éloignent de plus en plus de la normale, jusqu'à ce que l'un d'eux soit réfracté suivant la face de séparation; à ce moment précis la réflexion totale commence pour ce faisceau dont l'indice n satisfait à la formule

$$\frac{n}{N} = \sin\varphi.$$

Lorsqu'on continue à faire croître l'incidence des rayons, l'autre faisceau, polarisé à angle droit sur le premier, émerge à son tour suivant la direction rasante, et la réflexion totale se produit pour ce faisceau d'indice n' sous un angle φ' donné par la formule

$$\frac{n'}{N} = \sin\varphi'.$$

Si donc on considère l'intersection de la lame cristalline avec le plan d'incidence des rayons qui passe par l'axe de la lunette et la normale à la lame, cette droite, considérée comme une direction de propagation des rayons dans l'intérieur du cristal, propage deux vibrations à angle droit d'indices n et n'. Si, au moyen d'un polariseur, on arrête la vi-

1. *Groth. Zeits.*, 4, P. 585.
2. *Groth. Zeits.* (Extrait), 4, P. 157.

bration d'indice n', l'observation de la réflexion totale fait connaître l'indice n; en tournant le polariseur de 90°, on obtient l'indice n'.

Une seule lame peut ainsi servir à déterminer les indices de toutes les vibrations qui peuvent se propager suivant toutes les directions comprises dans le plan de la lame.

Supposons, par exemple, que la lame considérée soit découpée perpendiculairement à l'axe d'un cristal uniaxe. Une observation faite en plaçant la vibration du polariseur dans le plan d'incidence supprime les vibrations dirigées dans le plan de la lame, et la mesure donne l'indice extraordinaire. En tournant le polariseur de manière que sa vibration soit parallèle à la lame, on mesure au contraire l'indice ordinaire.

Supposons la lame taillée perpendiculairement à la bissectrice, négative par exemple, d'un cristal biaxe. On commence d'abord par orienter la lame de manière que la ligne des axes soit dans le plan d'incidence. On mesure alors successivement les indices $\frac{1}{a}$ et $\frac{1}{b}$ des vibrations qui peuvent se propager cette direction. On tourne ensuite la lame de 90° de manière que la trace du plan d'incidence soit normale à la ligne des axes, et l'on mesure les indices $\frac{1}{b}$ et $\frac{1}{c}$. On a ainsi les trois indices principaux[1].

Réfractomètre de M. F. Kohlrausch. — Au lieu de placer la lame cristalline en contact avec un milieu solide, on peut la plonger dans un milieu liquide plus réfringent qu'elle ne l'est. Tel est le procédé qui a été indiqué par M. F. Kohlrausch[2], et qui a rappelé, après un long oubli, l'attention sur l'emploi de la réflexion totale pour mesurer les indices des substances cristallines.

L'appareil de M. Kohlrausch se compose d'un vase cylindrique en

1. La théorie que nous donnons ici ne semble prêter à aucune objection. Cependant M. W. Kohlrausch, à la suite d'observations faites sur une lame d'acide tartrique oblique aux axes principaux, a cru constater que la théorie n'était pas d'accord avec l'observation. Il a rétabli cet accord en supposant que ce que l'on mesurait réellement est, non pas la vitesse correspondant à la direction de propagation normale couchée dans le plan de la lame, mais la vitesse correspondant à la direction du *rayon* contenu dans ce plan, cette vitesse étant elle-même projetée sur le plan d'observation. M. W. Kohlrausch ne donne aucune raison théorique à l'appui de ce théorème qui ne peut être considéré que comme ayant une valeur empirique. Au reste, lorsqu'il s'agit des indices principaux, la difficulté ne se pose pas, puisqu'alors le rayon et la direction de propagation normale se confondent.

2. *Wiedem. Ann.* 4, P. 1 (1878).

verre dépoli, dans lequel est percée une fenêtre fermée par un verre plan bien transparent. Ce vase est rempli d'un liquide très réfringent qui peut être le sulfure de carbone ou la naphtaline monobromée. La lame cristalline, plongée dans le liquide, est fixée à l'extrémité d'une tige verticale qui tourne au centre d'un limbe divisé. Une alidade fixée à la tige mesure l'angle dont la tige a tourné. La lame est placée en regard de la fenêtre, sur laquelle est braquée à l'extérieur une lunette horizontale fixe, disposée pour la vue à l'infini.

On éclaire avec de la lumière monochromatique ; la réflexion totale se produit sur la lame L et le rayon qui commence à éprouver cette réflexion tombe sur le croisement des fils ; on fait une lecture dans cette position, puis on tourne la lame dans la position L′ de manière que le même phénomène ait lieu, la lumière incidente venant non plus de la droite, mais de la gauche. On fait une seconde lecture, et la différence avec la première est évidemment égale à 2φ.

Pour que l'appareil soit réglé, il faut que l'axe de la lunette soit perpendiculaire à l'axe de rotation, et que la lame soit parallèle à cet axe, et à peu près dans son prolongement. Afin de remplir la première condition, on vise à l'œil un objet éloigné placé dans le plan même du limbe, et on installe la lunette sur cet objet.

La lame est reliée à l'axe de rotation par une pince et l'on peut en modifier la position en suspendant la partie supérieure de cette pince par une disposition semblable à celle que nous avons indiquée à l'occasion de la mesure de l'angle des axes optiques.

Pour installer la lame, on juge à l'œil, comme on le fait pour les goniomètres ordinaires, que la lame est bien située dans le prolongement de l'axe. Pour faire en sorte que la lame soit parallèle à l'axe, il suffit de choisir un objet placé à une certaine distance à la même hauteur que la lame et à s'assurer qu'en faisant tourner l'axe, l'image de cet objet se meut dans un plan horizontal. Ces observations se font, bien entendu, avant que la lame soit plongée dans le liquide.

Quand la lame est cristalline, les indices que l'on mesure sont, comme nous l'avons vu, ceux des vibrations que propage la direction cristalline située dans le plan d'incidence, c'est-à-dire dans le réfractomètre de M. Kohlrausch, la direction horizontale. Il est donc très nécessaire de déterminer cette direction avec grand soin. A cet effet on peut fixer la lame sur un disque, mobile dans son plan, que l'on peut tourner à volonté et d'angles connus. La lame peut être fixée sur un bouchon, ou même collée sur une lame non réfléchissante.

Discussion des causes d'erreur dans la mesure des indices au moyen du réfractomètre de M. F. Kohlrausch. — L'exactitude de l'observation exige que la face cristalline soit parallèle à l'axe et que la ligne de visée de la lunette soit perpendiculaire à l'axe de rotation. On peut voir quelle est l'influence qu'exerce sur la mesure la non-réalisation de ces conditions.

Soit, sur la surface d'une sphère N (fig. 152), la trace de la normale à la face; au moment de la mesure, la ligne de visée vient se placer suivant une des génératrices du cône ayant pour axe la normale et pour génératrice une droite inclinée de φ sur cet axe. Soit V la trace de la ligne visée. Soit vn la trace du plan perpendiculaire à l'axe de rotation. Lorsque le réticule passe successivement en V et en N, la lame tourne d'un angle vn qui est la projection, par des arcs de grand cercle perpendiculaires Nn et Vv, sur le plan de rotation. L'angle mesuré est donc $vn = \varphi_1$. L'arc V$v = \delta$ est l'angle que fait l'axe de l'appareil avec le plan perpendiculaire à l'axe de rotation; l'arc N$n = \alpha$ est l'angle que fait la normale à la lame avec le même plan, ou celui que fait la lame avec l'axe de rotation.

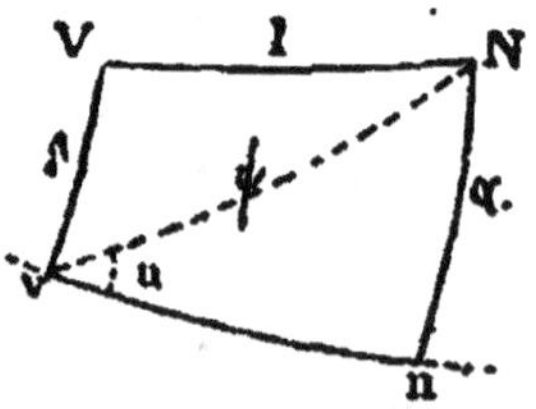

Fig. 152.

Menons l'arc auxiliaire N$v = \psi$, qui fait un angle u avec vn. Nous avons

$$\cos\psi = \cos I_1 \cos\alpha, \qquad \sin\psi = \frac{\sin\alpha}{\sin u}$$

$$\cos\varphi = \cos\delta\cos\psi + \sin\delta\sin\psi\sin u$$

et par conséquent

$$\cos\varphi = \cos\varphi_1\cos\alpha\cos\delta + \sin\delta\sin\alpha.$$

Traitant α et δ comme de petits angles, et négligeant les termes d'ordre supérieur au second, il vient

$$\cos\varphi = \cos\varphi_1\left(1 - \frac{\alpha^2}{2} - \frac{\delta^2}{2}\right) + \alpha\delta$$

On a d'ailleurs

$$\cos\varphi - \cos\varphi_1 = 2\sin\frac{\varphi+\varphi_1}{2}\sin\frac{\varphi_1-\varphi}{2},$$

d'où l'on tire

$$\varphi_1 - \varphi = d\varphi = \operatorname{cotg}\varphi\left(\frac{\alpha^2+\delta^2}{2} - \frac{\alpha\delta}{\sin\varphi}\right).$$

Il faut maintenant voir quelle est l'influence de $d\varphi$ sur la détermination de n. On a

$$n = N \sin \varphi,$$

et par conséquent

$$\frac{dn}{n} = \cot g\, \varphi d\delta.$$

On aura donc en définitive

$$\frac{dn}{n} = \cot g^2 \varphi \left(\frac{\alpha^2 + \delta^2}{2} - \frac{\alpha\delta}{\sin\varphi} \right)$$

L'inclinaison γ de la ligne de visée sur le plan de rotation dépend de de deux quantités qui sont l'inclinaison β de l'axe de la lunette sur ce plan, et l'inclinaison δ sur l'axe de rotation, de la face plane du verre transparent qui ferme la fenêtre.

Soient PP′ (fig. 153) le plan de cette face, LL′ l'axe de la lunette,

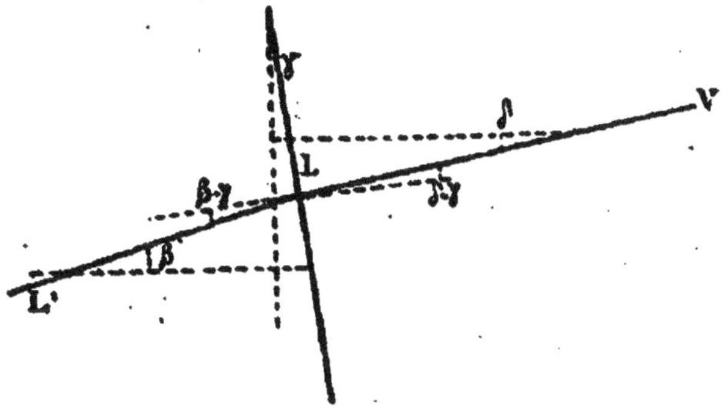

Fig. 153.

LV le rayon réfléchi par la lame, et suivant lequel on est censé faire la visée. On voit aisément sur la figure qu'on a

$$\frac{\sin(\beta-\gamma)}{\sin(\delta-\gamma)} = \frac{\beta-\gamma}{\delta-\gamma} = N$$

et par conséquent

$$\delta = \frac{\beta + \gamma(N-1)}{N}.$$

L'influence isolée, sur le résultat, de chacune des quantités α, β, et γ est donc exprimée par les expressions

$$\frac{\alpha^2}{2} \cot g^2 \varphi, \quad \frac{1}{N^2} \frac{\beta^2}{2} \cot g^2 \varphi, \quad \frac{(N-1)^2}{N^2} \frac{\gamma^2}{2} \cot g^2 \varphi.$$

Supposons, pour fixer les idées, $n = 1{,}5$, $N = 1{,}6$, et par conséquent $\varphi = 67°$. Pour que l'erreur sur n soit moindre qu'une unité décimale du 4e ordre, il faut au plus

$$\alpha = 1°,7 \qquad \beta = 2°,5 \qquad \gamma = 4'.$$

Reste encore à apprécier l'influence qu'une erreur d'observation sur I exerce sur la valeur de n. Nous avons déjà vu que

$$dn = N \cos I dI = \sqrt{N^2 - n^2}\, dI$$

Supposons $N = 1{,}63$, et $dI = 0{,}0017$ ou un dixième de degré ; les indices à mesurer sont compris entre 1,33 et 1,6, et les erreurs commises seront respectivement 0,0016 et 1,0005. Pour avoir la quatrième décimale de n, il suffit donc de pouvoir répondre de un centième de degré dans la lecture.

On voit que les erreurs commises sur la lecture ont, sur le résultat, moins d'influence que dans la méthode du prisme. Mais cet avantage est plus que compensé par la bien moindre netteté de la ligne qu'il s'agit de viser. Il ne paraît guère possible en somme, avec le réfractomètre de M. Kohlrausch, de compter sur la quatrième décimale.

Réfractomètre de M. Soret. — Pour observer la loi de variation de l'indice avec la longueur d'onde, M. Soret[1] a fait construire un réfractomètre spécial dans lequel la lumière qui tombe sur la lame pour y être réfléchie forme un faisceau parallèle de rayons solaires, fourni par un collimateur fixe. L'observation du commencement de la réflexion totale se fait avec une lunette qui est nécessairement mobile autour de l'axe de rotation. Lorsqu'on a amené, en agissant sur la lame et sur la lunette, le faisceau émergeant du collimateur à entrer, après réflexion, dans la lunette, il est commode de pouvoir tourner à la fois la lame et la lunette de manière que celle-ci ne cesse pas de recevoir le faisceau réfléchi. Pour obtenir ce résultat, une disposition spéciale fait tourner la lunette d'un angle double de celui dont tourne la lame.

Quant à la lunette, elle est à proprement parler un spectroscope à vision directe, et le faisceau réfléchi par la lame donne un spectre qui se forme dans le plan du réticule. Lorsque la réflexion totale se produit pour tous les rayons reçus par le spectroscope le spectre est très brillant. Si l'on diminue progressivement l'incidence, on voit, au moment

1. *Archives des sc. phys. et nat. de Genève* (3) IX, p. 1 (1883).

où la réflexion totale commence à cesser, un voile sombre s'avancer sur le spectre, et la ligne de séparation de ce voile vient successivement coïncider avec chacune des raies du spectre. Lorsque la coïncidence a lieu avec la raie D, préalablement amenée elle-même en coïncidence avec le réticule, l'angle I que l'on observe est celui qui correspond à la longueur d'onde de la raie D. On peut ainsi observer les indices de réfraction qui correspondent aux diverses raies du spectre.

Cas où la lame est placée entre la source lumineuse et l'observateur. — La lame cristalline étant plongée dans un milieu plus réfringent qu'elle, on peut placer la source de lumière, non plus du côté où se trouve la lunette, comme dans le réfractomètre de M. Kohlrausch, mais du côté opposé. La lumière doit ainsi traverser la lame pour arriver à la lunette.

Soit L (fig. 154) la lame; par un point quelconque M de la surface tournée vers la source lumineuse, décrivons un cône circulaire CMC′, dont les génératrices fassent avec la normale MN l'angle d'incidence φ correspondant à la réflexion totale. Tous les rayons parallèles aux droites menées de M dans l'intérieur du cône pénètrent dans la lame et en ressortent suivant une direction parallèle à la direction d'incidence, si nous supposons les deux faces de la lame exactement parallèles entre elles. Tous les rayons situés en dehors de ce cône sont réfléchis totalement. Si donc par un point M′ de la surface tournée vers l'observateur, nous menons un cône de même ouverture que le cône CMC′, toutes les directions contenues dans l'intérieur de ce cône correspondent à un faisceau lumineux, tandis que toutes les directions extérieures ne correspondent à aucune propagation lumineuse.

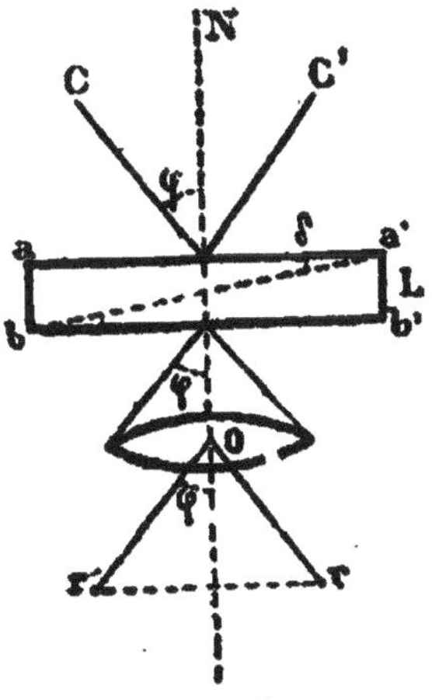

Fig. 154.

Si nous imaginons une lentille susceptible de recevoir toutes les directions de propagation lumineuse émanant de la lame et si, par le centre optique O de cette lentille, on mène un cône dont l'angle d'ouverture soit encore égal à φ, toutes les directions parallèles aux génératrices de ce cône iront former leur image sur un cercle rr dont le rayon sera égal à $f \sin \varphi$, si f est la distance focale de la lentille. L'intérieur de ce cercle sera lumineux, l'extérieur complètement obscur.

Il suffit de tourner la lame cristalline de manière à amener successivement les points *r*, *r* en contact avec l'axe de la lentille marqué par le croisement des fils d'un réticule pour mesurer l'angle 2 φ comme avec le réfractomètre de M. Kohlrausch. Il faut remarquer qu'avec ce dernier appareil l'extérieur du cône est plus sombre que l'intérieur, tandis qu'ici c'est l'intérieur du cône qui est éclairé, l'extérieur étant complètement obscur.

L'observation est très facile; elle peut se faire sans difficulté avec l'appareil à mesurer l'écartement des axes optiques, auquel on peut retrancher le polariseur et l'éclaireur, et dans lequel on utilise la cuve à huile pour la remplir de liquide réfringent.

Malheureusement l'observation ne peut être considérée comme exacte que lorsque l'épaisseur de la lame est très petite. En effet les génératrices du cône CMC′ correspondent à des rayons qui, dans l'intérieur du cristal, se propagent suivant la face d'incidence. Mais si nous menons la droite $a'b$ allant d'un bord de l'une des faces au bord opposé de l'autre aucun des rayons se propageant dans la lame suivant une direction faisant avec $a'a$ un angle moindre que $a'ab = \delta$, ne rencontre la face opposée et par conséquent ne sort de la lame. Le cône qui, à l'émergence, sépare des directions éclairées les directions obscures, a donc non pas l'angle φ mais l'angle $\varphi - \Delta$, si Δ est l'angle que fait avec la génératrice MC′ la direction qui donne dans la lame une direction réfractée parallèle à $a'b$.

Il est clair que l'angle δ et par conséquent l'angle Δ est d'autant plus petit que l'épaisseur de la lame est plus petite.

M. Quincke a indiqué un procédé analogue à celui que nous venons de décrire sommairement, mais d'un emploi qui paraît moins commode, quoiqu'il ne soit pas plus exact. Il consiste à placer la lame L (fig. 155) entre les hypoténuses de deux prismes rectangles. La lumière entre d'un côté et sort de l'autre après s'être réfléchie totalement sur la lame. On tourne l'ensemble devant une lunette et on observe le moment où la réfraction totale commence.

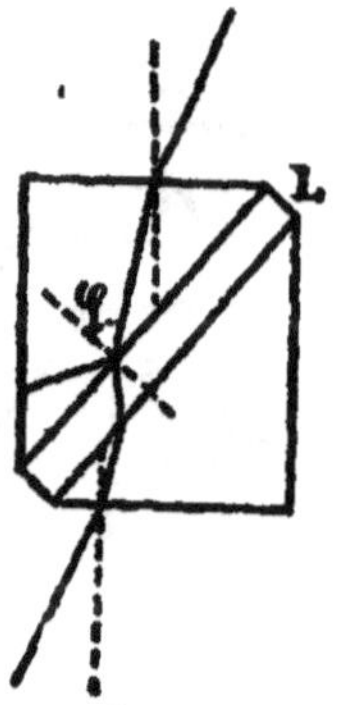

Fig. 155.

4. — EMPLOI DES FRANGES D'INTERFÉRENCE.

Emploi des franges d'interférence de Fresnel. — On sait que lorsque deux faisceaux lumineux sont dans les mêmes conditions que s'ils provenaient de deux points lumineux voisins, et éclairés par la même lumière, ils interfèrent et donnent des franges dans la région voisine de la normale menée sur le milieu de la distance des deux points. On peut aux deux points substituer deux fentes parallèles très étroites éclairées par le soleil. On peut encore se contenter d'une seule fente éclairée par une lumière quelconque, pourvu que l'on en produise, par un appareil convenable, deux images très voisines qui pourront être considérées comme les deux sources de lumière interférant entre elles.

Les appareils connus pour produire ce résultat sont assez nombreux; nous citerons les deux miroirs de Fresnel, le biprisme du même observateur, et la bilentille de Billet dont l'emploi est très commode. Elle se compose d'une lentille convexe divisée en deux parties égales par un plan méridien. En éloignant les deux moitiés de la lentille d'une certaine quantité, les plans méridiens communs restent parallèles, la fente vient former au foyer conjugué deux images dont l'écartement augmente avec celui des deux lentilles.

On peut recevoir les franges sur un écran; on préfère les observer avec une loupe ou un microscope. Un réticule mobile placé au foyer de l'appareil optique permet de mesurer l'écartement des franges. Si l'on opère avec une lumière monochromatique de longueur d'onde λ, les franges lumineuses successives correspondent aux différences de marche

$$0,\ 2\frac{\lambda}{2},\quad 4\frac{\lambda}{2},\quad 6\frac{\lambda}{2},$$

et les franges obscures successives aux différences

$$\frac{\lambda}{2},\quad 3\frac{\lambda}{2},\quad 5\frac{\lambda}{2},\quad 7\frac{\lambda}{2}.$$

La distance de deux franges de même nom est égale à λ.

Si l'on interpose sur l'un des faisceaux une lame d'épaisseur e et d'indice n, elle équivaut, au point de vue de la durée de la propagation, à une lame d'air d'épaisseur en; l'un des faisceaux traverse donc une lame d'air d'épaisseur e, tandis que l'autre en traverse une autre d'épaisseur en, la différence de marche est $e(n-1)$; si l'on a

$$k\lambda = e(n-1),$$

après l'interposition de la lame chaque frange sera déplacée d'une distance égale à k franges. Si l'on mesure préalablement au moyen du micromètre l'espace qui sépare deux franges successives, le rapport, à cet espace, du déplacement d'une frange, donne le nombre k, d'où l'on déduit l'indice n si l'on connait l'épaisseur e. On peut mesurer l'épaisseur e au moyen d'un sphéromètre.

Au lieu de mesurer le déplacement des franges produit par la lame, on peut l'annuler en interposant sur le passage de l'autre faisceau une autre lame d'épaisseur optique équivalente et connue. Le procédé le plus simple consiste à se servir d'une lame de verre à faces bien parallèles, fixée normalement sur l'axe horizontal d'un goniomètre et perpendiculaire à l'axe du faisceau lumineux. En inclinant la lame sur l'horizontale d'un angle variable que mesure le goniomètre, on en augmente l'épaisseur traversée jusqu'à ramener la frange centrale à sa première position.

Nous n'insisterons pas davantage sur ce genre d'observations dont on trouvera le détail dans tous les traités de physique, et qui est d'ailleurs très rarement employé à mesurer les indices des cristaux.

Emploi des franges de Talbot. — Supposons un spectroscope composé d'un collimateur C (fig. 156) dont la fente f est placée au foyer de la lentille L, d'un prisme P, et d'une lunette L. Si l'on place une lame réfringente sur la moitié du faisceau qui traverse l'appareil, soit en l

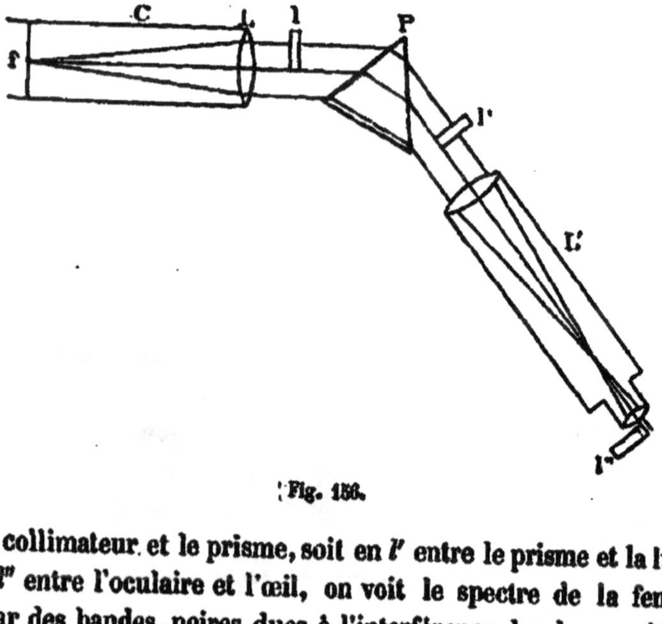

Fig. 156.

entre le collimateur et le prisme, soit en l' entre le prisme et la lunette, soit en l'' entre l'oculaire et l'œil, on voit le spectre de la fente sillonné par des bandes noires dues à l'interférence des deux moitiés des faisceaux qui ont, au point de vue optique, parcouru des chemins inégaux. Toutefois ces bandes n'apparaissent que lorsque, comme dans la figure, la lame réfringente est placée sur celle des deux moitiés du faisceau qui traverse le prisme au voisinage de l'arête réfringente. Ces franges ont reçu le nom du physicien anglais Talbot qui les a signalées le premier.

La théorie complète du phénomène a été donnée par Airy[1]; M. Mascart[2] en a donné une théorie élémentaire que nous allons reproduire.

Il est utile, pour la netteté du phénomène, de donner à la largeur du faisceau une dimension convenable. On installe à cet effet, devant l'objectif, un diaphragme d'ouverture variable. Nous appellerons d cette ouverture, dont la moitié est recouverte par la lame réfringente, d'épaisseur e et d'indice n.

A la sortie du prisme, les rayons de longueur d'onde λ sont tous dirigés suivant une même direction et vont faire leur image en un certain point du plan focal de l'objectif. Nous supposons λ tellement choisi que le retard $(n-1)\,e$ subi par l'une des moitiés du faisceau soit égal à un nombre entier k de fois λ; le faisceau se comportera comme s'il n'y avait pas de lame réfringente, et viendra former, dans le plan focal, une image brillante de la fente en M (fig. 157). Mais, en vertu de la diffraction produite par le diaphragme, il se formera, de part et d'autre de M,

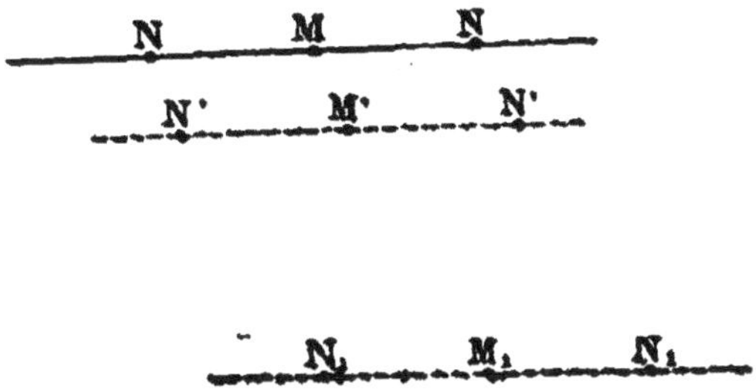

Fig. 157.

des images de la fente de plus en plus pâles, jusqu'à ce que, pour deux points N, N, placés symétriquement de part et d'autre de M, ces images soient minima.

Considérons maintenant une longueur d'onde λ' un peu plus grande que λ; le retard que produit la lame sera pour le faisceau qui

1 *Philosophical Transactions*, 1840 et 1841.
2. *Journal de physique*, t. I, p. 142 et suiv.

propage ces vibrations égal à $k'\lambda'$; k' n'étant plus entier et étant plus grand que k, puisque n a une plus grande valeur. Le faisceau qui propage les vibrations de longueur d'onde λ' n'émerge pas du prisme suivant la même direction que celui qui propage les vibrations λ; nous commençons par négliger cette différence. L'image brillante de la fente ne se produira pas cependant en B; elle sera déviée vers la droite, si la lame est placée à droite, car les franges de diffraction sont reportées du côté de la lame retardatrice, afin que les rayons les plus retardés aient moins de chemin à faire pour rencontrer l'image. Pour éviter la confusion, supposons que nous donnions à l'image du faisceau λ', à partir du plan NN, et suivant une normale à ce plan, une translation proportionnelle à la différence $k'-k$. L'image brillante de la fente se place en M', et de part et d'autre, en N', N', sont les points obscurs. En agissant ainsi pour les longueurs d'onde croissantes, nous rencontrerons une longueur d'onde λ_1, telle que l'image d'intensité minimum N_1 soit située à l'aplomb de M. Cela se produira lorsque l'on aura

$$(n-1)e = \left(k+\frac{1}{2}\right)\lambda_1.$$

Si donc on négligeait, comme nous l'avons fait, la dispersion produite par le prisme, toutes les images NN, N'N', N_1N_1 se superposant dans le plan focal produiraient un éclairement uniforme. Mais le prisme dévie chacune des couleurs, et les dévie du côté de la base du prisme. Si cette base est située à droite, c'est-à-dire du même côté que la lame, l'image restera confuse. Mais si elle est située à gauche, c'est-à-dire du côté opposé à la lame, on pourra faire que N_1 vienne se placer à l'aplomb de N, et on verra alors, dans le champ, des bandes noires alterner avec des bandes lumineuses.

Pour que le phénomène soit le plus net possible, il faut donc que N_1 se place à l'aplomb de N, c'est-à-dire, en d'autres termes, que les bandes noires produites par le retard dû à la lame viennent se superposer aux bandes obscures produites par la diffraction.

Si l'on appelle θ l'angle sous lequel NM est vu de l'objectif, et d la longueur du diaphragme, on a

$$\theta d = \lambda.$$

Il faut régler la largeur d pour que cette condition soit réalisée. On voit que d varie nécessairement avec λ.

Quant à θ qui entre dans cette formule, c'est la moitié de l'angle sous-tendu par les franges d'interférence. Cet angle se déduit des formules suivantes.

Si l'on appelle λ_1 la longueur d'onde qui correspond à une frange noire d'interférence, on a

$$(n-1)e = (2k+1)\frac{\lambda}{2}$$

k étant un nombre entier. Mais cette frange est un peu déplacée dans le spectre, tandis que les franges lumineuses, qui correspondent à des retards d'un nombre entier de longueur d'onde, ne le sont pas.

Soient donc λ et λ' deux longueurs d'onde correspondant à deux franges maxima, nous aurons, m et m' étant deux nombres entiers

$$(n-1)e = m\lambda$$
$$(n'-1)e = m'\lambda'$$

n' étant l'indice de la lame pour la longueur λ'. Le nombre des bandes noires comprises entre les deux lignes du spectre correspondant à λ et λ' est représenté par $m - m'$, et l'on a

$$m - m' = e\left(\frac{n-1}{\lambda} - \frac{n'-1}{\lambda'}\right).$$

Si la lame est plongée dans un liquide dont les indices de réfraction correspondant à λ et λ' sont n_1 et n'_1, on a

$$m - m' = e\left(\frac{n-n_1}{\lambda} - \frac{n'-n'_1}{\lambda}\right).$$

Ces formules définissent la largeur qui sépare deux bandes noires et qui varie avec la région du spectre.

Si la lame retardatrice est oblique à la lumière incidente, le chemin accompli dans l'intérieur de la lame par les ondes planes normales à la propagation est $e\cos r$, tandis que les ondes planes qui se meuvent dans l'air parcourent le chemin $e\cos i$, le retard est donc

$$e(n\cos r - \cos i)$$

ou

$$e(n\cos r - n_1\cos r_1),$$

si la lame est plongée dans un liquide d'indice n_1. Le retard augmente et les bandes se resserrent lorsque i augmente; on se sert de cette particularité pour placer la lame bien exactement normale à la lumière incidente.

Après avoir mesuré l'épaisseur e, on compte le nombre des bandes comprises entre deux raies de longueurs d'onde λ et λ' ; on détermine ainsi $m - m'$ et par conséquent $\frac{n-1}{\lambda} - \frac{n'-1}{\lambda'}$. Si λ et λ' sont suffisamment voisins, on pourra considérer n et n' comme identiques, ce qui donne n.

On peut encore faire tourner la lame d'un angle connu et compter le nombre p de bandes qui passent, pendant cette rotation, sur une raie correspondant à λ. Les deux équations

$$(n-1)\, e = m\lambda$$

$$(n \cos r - \cos i)\, e = (m+p)\lambda$$

donnent

$$(n \cos r - n + 1 - \cos i) = \frac{p\lambda}{e},$$

d'où l'on déduit la valeur de n_λ.

En plongeant la lame dans une cuve remplie de liquide à une température connue, on peut déterminer très exactement la différence entre les indices de la lame et du liquide correspondant à cette température. Si l'on a déterminé préalablement la loi de variation des indices du liquide avec la température, on pourra, en faisant varier la température du liquide, suivre la variation des indices de la lame.

M. Dufet[1] s'est servi de ce procédé pour étudier l'influence que la chaleur exerce sur la réfringence du gypse.

[1] *Bulletin de la Soc. minér.*, t. IV, p. 191 (1881).

CHAPITRE XIII

GÉNÉRALITÉS SUR LES CONSTANTES OPTIQUES DES CRISTAUX

On peut distinguer dans un cristal au point de vue optique :

1° La réfringence moyenne, mesurée par la moyenne des trois indices principaux. Nous donnerons à cette moyenne le nom d'*indice médian*, pour la distinguer de l'indice moyen qui est un des trois indices principaux ;

2° La biréfringence, mesurée par les différences des indices principaux ;

3° La dispersion, mesurée par l'écart qui existe entre les valeurs des indices principaux pour les diverses radiations.

Nous nous proposerons de passer successivement en revue les faits principaux, concernant ces trois propriétés différentes, que l'observation nous a fait connaître.

I. — RÉFRINGENCE DES SUBSTANCES ISOTROPES ET RÉFRINGENCE MOYENNE DES SUBSTANCES CRISTALLISÉES.

Grandeurs des indices de réfraction. — L'indice de réfraction des substances isotropes ou l'indice médian des substances cristallisées ne dépasse 2 que pour un petit nombre de corps solides, parmi lesquels nous citerons :

Cinabre	HgS	2.979	Li	
Proustite.	Ag^3AsS^3	2.9401	D	
Cuprite	Cu^2O	2.849	Li	
Rutile	TiO^2	2.759	D	
Greenockite.	CdS	2.688		Ind. ordinaire.
Anatase	TiO^2	2.524	D	
Crocoïse	$PbCrO^4$	2.421	D	Ind. moyen.
Diamant	C	2.414	ρ	

Blende.	ZnS	2.369	D
Wulfénite	$PbMoO^4$	2.353	ρ
Calomel	Hg^2Cl^2	2.28	ρ
Bromyrite	AgBr	2.253	D
Iodyrite	AgI	2.182	D
Phosgenite	$PbCO^3+PbCl^2$	2.123	Orangé
Sénarmontite.	Sb^2O^3	2.087	D
Soufre.	S	2.079	D

On voit que ces corps sont des composés de mercure, de plomb, d'argent; des oxydes, comme ceux d'antimoine, de titane, de cuivre; des sulfures comme ceux de cadmium et de zinc; enfin quelques corps simples très exceptionnels par toutes leurs propriétés, le diamant et le soufre.

Aucun des nombreux silicates que nous offre le règne minéral n'a un indice médian atteignant 2.

Le nombre des liquides dont l'indice atteint 2 est encore bien plus restreint que celui des solides. L'indice de l'eau à 15° est 1,331 D. (Dale et Gladst.)

Quant aux gaz, leur indice est toujours extrêmement faible. L'indice de l'air, à la pression de 760^{mm} et à la température de 0°, est 1,0001328 (Mascart).

Pouvoir réfringent. Énergie réfractive spécifique. Loi de Gladstone.— L'indice d'un corps varie en même temps que sa densité. Dans la théorie de l'émission, on expliquait le fait de la façon suivante. L'indice étant supposé proportionnel à la vitesse de la lumière, la quantité n^2-1 était proportionnelle à l'accroissement de force vive dû au passage du vide dans le corps. Cet accroissement était attribué à l'attraction des molécules matérielles du corps, attraction qui devait être elle-même proportionnelle à la quantité de matière contenue dans l'unité de volume. On en concluait que n^2-1 est proportionnel à la densité d du corps. Pour un corps donné, la quantité $\frac{n^2-1}{d}$, à laquelle on avait donné le nom de *pouvoir réfringent*, devait ainsi être constante.

Des expériences de Biot et Arago (1806), puis des expériences plus précises de Dulong, montrèrent qu'en effet, pour les gaz, $\frac{n^2-1}{d}$ est presque rigoureusement constant, quelle que soit d'ailleurs la cause, variation de la température, ou variation du volume, qui fasse changer d.

Mais l'indice n est si faible dans les gaz que si $\frac{n^2-1}{d}$ est constant, il en est de même de $\frac{n-1}{d}$.

Au temps de Biot et de Dulong, les connaissances sur les variations de n et de d, dans les corps solides ou liquides, étaient trop imparfaites pour qu'on pût songer à s'assurer si la constance de $\frac{n^2-1}{d}$ s'applique aussi aux liquides ou aux solides. M. Schrauf entreprit, bien plus tard, d'assez nombreux travaux pour montrer qu'il en est réellement ainsi. MM. Gladstone et Dale[1] proposèrent les premiers de substituer à la constance de $\frac{n^2-1}{d}$, celle de la quantité $\frac{n-1}{d}$; et des recherches multipliées, dues à divers observateurs, ont montré que si l'on ne peut regarder $\frac{n-1}{d}$ comme constant pour les liquides, sur lesquels ont porté le plus grand nombre des observations, cette quantité approche au moins d'être constante, et cela notablement plus que ne le fait le pouvoir réfringent $\frac{n^2-1}{d}$.

La quantité $\frac{n-1}{d}$ a reçu le nom d'*énergie réfractive spécifique*.

Signification physique de la loi de Gladstone. — La loi de Gladstone a été d'abord formulée comme simple loi empirique, mais on peut lui donner une signification physique très intéressante, et montrer qu'elle revient à admettre que l'éther lumineux enveloppant les molécules matérielles jouit des mêmes propriétés que l'éther lumineux du vide, et que les modifications apportées par la traversée d'un corps matériel dans la vitesse de propagation d'un rayon lumineux sont dues uniquement à l'influence que les atomes constituant la molécule exercent sur le rayon pendant le temps qu'il met à traverser cette molécule. En d'autres termes, la loi de Gladstone énonce qu'un corps matériel est formé de molécules réfringentes plongées dans un milieu non réfringent.

Soit en effet, sur le chemin de la propagation lumineuse, m la longueur occupée par les molécules, $(1-m)$ la longueur occupée par l'éther libre. Si 1 et ν sont les temps employés par la lumière à traverser

1. *Phil. Trans.* 1883.

respectivement l'unité de longueur de l'éther et celle de la molécule, le temps employé par la lumière à traverser l'unité de longueur du corps, c'est-à-dire l'indice n de ce corps, est donné par l'équation

$$n = m\nu + (1 - m),$$

d'où l'on tire

$$n - 1 = (\nu - 1) m.$$

La longueur m varie avec chacune des lignes parallèles qu'on peut mener à travers le corps, et la moyenne de toutes ces valeurs est évidemment proportionnelle au volume que la molécule occupe dans l'unité de volume du corps; ce volume est lui-même proportionnel à son poids, lequel n'est autre que celui de l'unité de volume du corps. La moyenne des valeurs de m est donc proportionnelle à la densité d, et l'on a

$$\frac{n-1}{d} = k(\nu - 1).$$

Le coefficient k est constant; si l'on admet que ν est constant, c'est-à-dire que la molécule a toujours les mêmes propriétés réfringentes, on conclura de cette égalité que $\frac{n-1}{d}$ est constant, ce qui est l'énoncé même de la loi de Gladstone.

On suppose, dans cette démonstration, que les propriétés réfringentes de la molécule restent les mêmes, malgré la variation de la densité. Une modification moléculaire, du genre de celles, par exemple, qui font varier la chaleur spécifique des gaz avec la température, peut évidemment changer le pouvoir réfringent de la molécule et troubler l'exactitude de la loi de Gladstone.

Loi de Landolt. — M. Landolt [1] a pensé qu'au lieu d'admettre la constance du quotient $\frac{n-1}{d}$, il serait préférable d'admettre celle de $\frac{A-1}{d}$, A étant le terme indépendant de λ dans la formule de Cauchy :

$$n = A + \frac{B}{\lambda^2} + \frac{C}{\lambda^4} + \ldots.$$

M. Wüllner [2], et plus récemment M. B. C. Damien [3], ont cherché à

1. *Pogg. Ann.* 123 (1864).
2. *Pogg. Ann.* 133 (1868).
3. *Journ. Phys.* 10 (1881) p. 394.

montrer que $\frac{A-1}{d}$ s'approche notablement plus de la constance que ne le fait $\frac{n-1}{d}$. Il faudrait en conclure que les modifications intra-moléculaires produites par les variations de la température ont une influence plus marquée sur les termes d'où dépend la dispersion.

Toutefois la différence n'est pas très considérable et, quoiqu'elle donne peut-être une moindre approximation, on peut ordinairement employer la formule, d'ailleurs beaucoup plus commode, qui suppose la constance de $\frac{n-1}{d}$.

Vérification de la loi de Gladstone lorsque la pression varie seule. — On peut vérifier l'exactitude de la loi de Gladstone en se servant de deux ordres de phénomènes très différents, c'est-à-dire en faisant varier la densité du corps, soit par la pression, soit par la chaleur. Nous nous occuperons d'abord du cas où la pression seule varie.

Pour les gaz, lorsqu'on fait varier la pression en laissant la température constante, la loi de Gladstone paraît être presque rigoureusement exacte. C'est ce que l'on peut déduire des observations de Biot et Arago, de celles de Dulong, et plus récemment de celles de M. Ketteler, qui a fait varier la pression jusqu'au delà de deux atmosphères.

M. Jamin a étudié par la méthode des interférences, les variations d'indice de l'eau comprimée, et il a déduit de ces observations que $\frac{n^2-1}{d}$ reste sensiblement constant; mais, dans la limite des expériences, on peut substituer sans erreur sensible $\frac{n-1}{d}$ à $\frac{n^2-1}{d}$, et conclure de la constance d'une des quantités à celle de l'autre.

Les expériences de M. Jamin ont été reprises récemment par M. G. Quincke[1] et étendues à un certain nombre de liquides. Dans le tableau suivant, on trouvera à côté de la compressibilité μ observée (c'est-à-dire la variation de volume pour une pression de 1 atmosphère), la compressibilité μ_a que l'on déduirait de la constance de $\frac{n-1}{d}$, et la compressibilité μ_b qui serait déduite de la constance de $\frac{n^2-1}{d}$. On pourra ainsi constater que μ_b s'éloigne généralement plus de μ que ne le fait μ_a.

1. *Wiedem. Ann.* 19-401 (1883).

	TEMPÉRAT.	INDICES	COMPRESSIBILITÉ observée $\mu \times 10^6$	COMPRESSIBILITÉ déduite de la constance de $\frac{n-1}{d}$ $\mu_a \times 10^6$	COMPRESSIBILITÉ déduite de la constance de $\frac{n^2-1}{d}$ $\mu_b \times 10^6$
Glycérine	20°.53	1.4689	25.09	22.81	27.14
Huile de navet	20.3	1.4753	59.61	57.30	68.30
Huile d'amande	17.0	1.4720	55.19	56.67	67.46
Huile d'olive	20.5	1.4690	63.32	58.34	69.42
Eau	20.42	1.3330	46.14	46.04	52.60
Sulfure de carbone	15.0	1.6710	62.62	64.88	81.17
Essence de térébenthine	19.7	1.4712	79.14	77.76	92.56
Pétrole	19.4	1.4484	74.58	74.96	88.72
Alcool	20.18	1.3616	101.41	100.2	115.4
Éther	18.0	1.3537	142.65	144.3	166.6

Vérification de la loi de Gladstone lorsque la température varie seule. — Lorsque d et n varient sous l'influence de la chaleur, on peut mettre $n-1$ sous la forme $(n_0-1)(1-at)$, n_0 étant l'indice à 0°, et a un certain coefficient qui exprimera la variation relative de n_0-1 pour 1°. D'un autre côté, on a $d=d_0(1-\alpha t)$, α étant le coefficient de dilatation cubique, lorsque t n'est pas très considérable. L'expression $\frac{n-1}{d}$ peut donc se mettre sous la forme

$$\frac{(n_0-1)(1-at)}{d_0(1-\alpha t)},$$

ou sensiblement

$$\frac{n_0-1}{d_0}[1-(a-\alpha)t].$$

La constance de cette expression ne peut avoir lieu que si l'on a $a=\alpha$.

M. Mascart[1] a trouvé, pour différents gaz, avec des variations de température ne dépassant pas 40°, les résultats suivants :

1. *C. R.* 78, p. 617 (1874).

	$1000(n-1)$	$a \times 10^6$	$\alpha \times 10^6$	$(a-\alpha)10^6$	$\frac{a-\alpha}{\alpha}$
Hydrogène	0.1388	3810	3661	149	0.041
Air	0.2923	3830	3670	160	0.044
Azote	0.2972	3820	3668	152	0.041
Protoxyde d'azote .	0.5084	3880	3676	204	0.055
Bioxyde d'azote . .	0.2967	3670	»	»	»
Oxyde de carbone .	0.3336	3670	3667	3	0.00008
Acide carbonique .	0.4494	4060	3688	372	0.101
Acide sulfureux. .	0.6820	4710	3845	865	0.224

Ces nombres montrent que, pour les gaz simples ainsi que pour ceux formés sans condensation, a est très peu différent de α, et par conséquent l'énergie réfractive est très sensiblement constante. Pour les gaz formés avec condensation et qui s'écartent assez sensiblement de la loi de Mariotte (CO^2,SO^2), l'écart est notablement plus considérable. On sait d'ailleurs[1] que pour ces derniers gaz la chaleur spécifique à volume constant s'accroît assez rapidement avec la température, ce qui accuse probablement une variation notable dans le groupement moléculaire. Il est donc assez naturel de penser que la loi de Gladstone s'appliquerait rigoureusement si l'on pouvait éliminer l'influence de ces modifications intramoléculaires.

Pour les liquides nous citerons quelques-uns des chiffres donnés par M. Wüllner[2].

	INDICE	$a \times 10^6$	$\alpha \times 10^6$	$(a-\alpha)\,10^6$	$\frac{a-\alpha}{\alpha}$	
Glycérine	1.45318 C.	585	510	75	0.147	Entre 16° et 26°.
	1.46087 F.	577		67	0.131	
	1.46506 G'.	574		64	0.125	
Eau.	1.33314 C.	297	240	57	0.238	Entre 12° et 36°.
	1.33910 F.	291		51	0.212	
	1.34229 G'.	290		50	0.208	
Alcool.	1.36843 C.	1057	1052	+ 5	0.005	Entre 15° et 25°.
	1.37460 F.	1046		− 6	− 0.006	
	1.37816 G'.	1045		− 7	− 0.007	
Diss. sat. de $ZnCl^2$.	1.50926 C.	566	586	− 20	− 0.034	Entre 19° et 41°.
	1.52126 F.	557		− 29	− 0.040	
	1.52817 G'.	551		− 35	− 0.060	
Sulf. de carbone.	1.63407 C.	1230	1164	66	0.056	Entre 6° et 23°.
	1.66908 F.	1225		61	0.052	
	1.69215 G'.	1227		63	0.054	

1. Mallard et Le Châtelier. *Comptes rendus*, 93, p. 1004 (1881).
2. *Pogg. Ann.* 133, p. 1 (1868).

On voit que $a - \alpha$ est toujours très petit, et même plus petit encore que pour les gaz. Mais le rapport $\frac{a-\alpha}{\alpha}$ est en général plus grand parce que α est beaucoup plus petit. Les variations de $a - \alpha$, que l'on peut toujours supposer produites par les modifications intramoléculaires dues à la variation de température, sont alors presque du même ordre que la variation de volume α.

Pour les corps solides, les expériences sont beaucoup moins nombreuses et moins précises que pour les gaz et les liquides. Voici quelques nombres observés par divers auteurs.

	INDICE	$a \times 10^6$	$\alpha \times 10^6$	$(a-\alpha)10^6$	$\frac{a-\alpha}{\alpha}$	OBSERVATEURS
Verre Saint-Gobain . . .	1.5033 D	— 3.2	25.8	29.0	1.14	Fizeau.
Crown à base de zinc (Moës).	1.5204 D	0	25.5	25.5	1.00	Id.
Flint ordinaire	1.6112 D	— 3.4	24.3	27.7	1.14	Id.
— lourd.	1.682 D	—10.1	19.8	29.9	1.51	Id.
Calcite $CCaO^3$.	1.54385 D	— 7.3	15.4	22.7	1.47	Id.
Aragonite $CCaO^3$.	1.64015 F	18.9	?	»		Rudberg.
Sel gemme (NaCl). . . .	1.543 D	68.7	40.0 Fiz.	— 28.7	—0.72	Stefan.
Sylvite (KCl)	1.482 D	71.6	38.0 Fiz.	— 32.8	—0.86	Id.
Fluorine ($CaFl^2$).	1.435 D	31.3	63	31.7	0.50	Fizeau.
Quartz.	1.5503 D	10.6	36.2	25.6	0.71	Id.
Gypse $CaSO^4 + 2aq$. . . .	1.5243 D	52.0	72.5	19.6	0.27	Dufet
Anglésite (sulf. de plomb).	1.8770 C	28	21.9 Fiz.	6.1	0.28	Arzruni. Entre 20° et 100°.
	1.8843 D	27.0		6.0	0.27	
	1.9031 F	26.4		4.5	0.20	
Célestine (sulf. de stront.).	1.6231 C	19.9	17.5 Fiz.	2.4	0.14	Id.
	1.6252 D	13.4		— 4.1	—0.23	
	1.6315 F	20.5		3.0	0.17	
Barytine (sulf. de baryte).	1.6378 C	27.4	18.1 Fiz.	9.3	0.51	Id.
	1.6404 D	24.4		6.3	0.35	
	1.6409 F	26.3		8.2	0.45	

On voit d'abord que les substances vitreuses, non cristallisées, sont anomales, puisque l'indice croît avec la température. La même anomalie a lieu pour la calcite, mais ne se présente pas pour l'autre forme cristalline du carbonate de chaux, l'aragonite. Il faut remarquer que lorsque a change ainsi de signe, il reste toujours très petit.

La différence $a - \alpha$ est toujours très petite, mais α étant encore plus petit que pour les liquides, le rapport $\frac{a-\alpha}{\alpha}$ peut prendre une assez grande valeur.

En résumé, il paraît résulter de toutes les observations que a et α peuvent être représentées par des expressions de la forme

$$\alpha = A + m \qquad a = A + m'$$

m et m' étant des quantités dépendant des modifications plus ou moins profondes que la chaleur apporte dans les propriétés de la molécule, et A dépendant des variations que la chaleur apporte dans la position mutuelle des molécules. Les quantités m et m' sont toujours petites d'une manière absolue : dans les gaz, elles sont petites par rapport à A, mais il n'en est pas nécessairement ainsi pour les liquides et les solides.

Il suit de là que l'on a

$$a - \alpha = m' - m.$$

La quantité $m' - m$ ne dépend que des variations qui se produisent dans les propriétés de la molécule ; elle est toujours petite et peut d'ailleurs être positive ou négative.

Énergie réfractive spécifique d'un mélange. — Puisque l'énergie réfractive spécifique ne dépend (réserve faite des perturbations intramoléculaires) que de la nature et des propriétés de la molécule, nous sommes amenés à conclure que l'énergie réfractive spécifique d'un mélange doit être la moyenne arithmétique des énergies spécifiques des corps mélangés. Si $p, p', \ldots$ sont les poids, $n, n', \ldots$ les indices de réfraction, $d, d', \ldots$ les densités de chacun des corps mélangés contenus dans le poids 1 du mélange ; N l'indice de réfraction du mélange et D sa densité, on doit avoir

$$p\frac{n-1}{d} + p'\frac{n'-1}{d'} + \cdots = \frac{N-1}{D}.$$

Cette formule se vérifie en effet assez rigoureusement pour les mélanges gazeux et pour les mélanges des liquides entre eux ; elle se vérifie même pour les mélanges (par dissolution) des liquides et des solides, et enfin pour les mélanges des solides entre eux, soit par la fusion, soit par la réunion de molécules de plusieurs natures dans un même édifice cristallin.

Mélanges liquides. — Quelques nombres tirés du mémoire déjà cité de M. Wüllner montreront quel est, pour les mélanges liquides, le degré d'exactitude de la loi. Ces nombres se rapportent non pas à l'indice n, mais au 1er terme A, indépendant de λ, de la formule de Cauchy, $n = A + \frac{B}{\lambda^2}$.

	A observé	A calculé	Différences $\times 10^6$
1 eau, 3.7 glycérine	1.41272	1.41333	− 61
1 — 1 —	1.37801	1.37819	− 18
1 — 0.5 —	1.35887	1.35907	− 20
1 alcool, 4 glycérine	1.42750	1.42749	+ 1
1 — 2 —	1.41337	1.41301	+ 36
1 — 0.998 —	1.39674	1.39659	+ 15
1 — 0.4998 —	1.38321	1.38371	− 50
1 eau, 3.997 dissol. satur. de $ZnCl^2$	1.44262	1.44297	− 35
1 — 1.996 — —	1.41675	1.41559	+ 116
1 — 0 9998 — —	1.38961	1.38887	+ 74
1 alcool, 3.935 sulfure de carbone. .	1.51350	1.51597	− 247
1 — 2.2183 — — . .	1.47917	1.48245	− 328
1 — 1.0311 — — . .	1.43829	1.44127	− 298

Les différences les plus sensibles se rencontrent pour les mélanges d'alcool et de sulfure de carbone. Il est très vraisemblable que l'on doit encore attribuer ces différences, en somme assez peu considérables, à une perturbation intramoléculaire produite par l'acte même de la dissolution.

Il faut remarquer que si, au lieu de comparer les A entre eux, on comparait simplement les indices n pour une même longueur d'onde, les conséquences seraient sensiblement les mêmes.

Mélanges solides. — De semblables mélanges peuvent se faire, soit par la fusion, soit par la cristallisation simultanée dans le même édifice cristallin. Ce dernier cas, sur lequel nous reviendrons avec détail lorsque nous parlerons de l'isomorphisme, est celui sur lequel on possède le plus grand nombre de données. Nous citerons seulement les observations de M. Fock[1] faites au moyen du réfractomètre de Kohlrausch, sur les mélanges isomorphes d'hyposulfates de plomb et de strontiane.

1. *Groth. Zeits.* 4-594 (1880).

$SrS^2O^6,4aq.$	$PbS^2O^6,4aq.$	INDICE MÉDIAN POUR LA RAIE D		DIFFÉRENCES $\times 10^4$
		OBSERVÉ	CALCULÉ	
100 molécul.	0 molécul.	1.5274	»	
85.9 »	14.1 »	1.5441	1.5437	+ 4
69.0 »	21.0 »	1.5519	1.5529	— 10
55.0 »	45 »	1.5798	1.5794	+ 4
21.8 »	78.2 »	1.6179	1.6176	+ 3
0 »	100 »	1.6441		

Les différences sont de l'ordre des erreurs d'observation.

Énergie réfractive spécifique d'un même corps sous différents états. — Lorsqu'un corps change d'état, et passe par exemple de l'état solide à l'état liquide, ou de l'état liquide à l'état gazeux, on peut supposer que les molécules restent identiques à elles-mêmes, et que leur disposition relative dans l'espace ainsi que leur mode de cohésion sont seuls modifiés. S'il en est ainsi, l'énergie réfractive spécifique ne doit pas varier notablement d'un état à un autre. Les variations paraissent en effet assez faibles, si l'on s'en rapporte aux quelques exemples que l'on peut citer.

Eau à l'état gazeux.	$\frac{n-1}{d} = 0.324$
— liquide.	0.332
— de glace	0.337

La différence entre l'état gazeux et l'état solide n'est que de 1/30.

Silice à l'état de quarz cristallisé. . . .	0.206	(rouge)
— fondu	0.197 à 0.201	
Phosphore solide à 37°,5[1].	0.5985	C
— liquide —	0.5982	C

Les corps peuvent éprouver, sans changer d'état physique, des modifications isomériques qui paraissent atteindre la structure moléculaire elle-même. On peut se demander si, sous ces différents états, l'énergie réfractive spécifique reste la même. Les exemples suivants montrent que la différence, en tous cas assez faible, ne peut pas être considérée comme nulle.

1. Damien. *J. Phys.* 10 (1881).

$C^3H^6O^2$ . .	Acide propionique	$\frac{n-1}{d}$ = 0.3860	C	(Landolt).
	Acétate de méthyle.	0.3967		—
	Formiate d'éthyle	0.3944		—
$C^4H^8O^2$ . .	Acide butyrique	0.4116		—
	Acétate d'éthyle	0.4110		—
$C^6H^{12}O^2$. .	Acide caproïque	0.4449		—
	Valérate de méthyle	0.4458		—
	Butyrate d'éthyle	0.4424		—
	Formiate d'amyle	0.4491		—
TiO^2	Rutile	0.411	D	
	Anatase	0.393	D	

Mélange d'un liquide et d'un solide par voie de dissolution. — D'après ce qui précède, lorsqu'un corps solide est amené à l'état liquide par voie de dissolution, son énergie réfractive spécifique ne doit pas varier, et l'énergie réfractive spécifique de la dissolution peut être calculée par la loi des mélanges, si l'on connaît les énergies du dissolvant et du solide dissous. Réciproquement, si l'on mesure l'énergie de la dissolution et celle du dissolvant, on en déduira celle du corps dissous qui devra être identique à celle que l'on observe directement sur le corps à l'état solide. Voici quelques exemples qui montreront que l'exactitude de cette conséquence est seulement approchée.

	ÉNERGIES RÉFRACTIVES SPÉCIFIQUES	
	A L'ÉTAT SOLIDE	DÉDUITES DE CELLE DE LA DISSOLUTION
NaCl	0.2530 D (Haagen).	0.2671 D (W. Schmidt).
KCl	0.2432 B (Stefan).	0.2536 ρ (Kremers).
KBr	0.2082 C (Topsoë).	0.2169 (Kremers).
KI	0.2155 C (Topsoë).	0.2152 (Kremers).
$KAzO^3$	0.2151 D (Schrauf).	0.2181 D (W. Schmidt).

Les différences ne dépassent guère $\frac{1}{20}$ de la valeur. Toutefois il ne semble pas que ces différences puissent être mises sur le compte des erreurs d'observation, et il paraît nécessaire d'admettre que les molécules du sel, en se dissolvant, subissent une modification moléculaire plus ou moins considérable.

L'exemple de l'azotate de potasse est intéressant. Ce sel est isomorphe de l'aragonite et a une biréfringence très élevée, presque égale à celle de ce minéral. Les 3 indices principaux sont en effet 1,5064, 1,5056, 1,3346 (Schrauf). L'indice médian est 1,4488. Or on voit que l'énergie réfractive déduite de cet indice médian est bien celle qui persiste dans la dissolution. Les propriétés biréfringentes de la molécule persistent donc dans la dissolution, mais elles se compensent par l'orientation des molécules dans toutes les directions, de manière à produire le même effet que celui qui serait produit par une molécule uniréfringente douée de l'indice médian.

Énergie réfractive spécifique des combinaisons. — Après avoir constaté que l'énergie réfractive spécifique d'un mélange est à peu près la moyenne arithmétique des énergies des corps mélangés, on peut se demander s'il n'en serait pas encore de même lorsqu'au lieu d'un simple mélange, il y aurait combinaison des corps entre eux.

Si la loi de Gladstone pouvait encore s'appliquer dans ce cas extrême, on devrait en conclure que les propriétés réfringentes d'une molécule résultent en quelque sorte de la somme des propriétés réfringentes de chaque atome.

On pourrait donner à la loi de Gladstone ainsi étendue une forme très simple. Si l'on multiplie l'énergie réfractive spécifique d'un corps quelconque par son poids moléculaire, on aura ce que nous appellerons *l'énergie réfractive moléculaire*. Si deux corps, Cl et H par exemple, dont les énergies de réfraction moléculaire sont respectivement E_{cl} et E_{H} se combinent entre eux pour former un composé ayant ClH pour molécule, l'énergie réfractive moléculaire du composé serait $E_{cl} + E_{H}$. En d'autres termes, l'énergie spécifique moléculaire d'un composé serait la somme des énergies spécifiques moléculaires des atomes composants.

Cette loi serait très analogue à celle qu'a émise M. Wœstin et d'après laquelle la chaleur spécifique moléculaire d'un composé serait égale à la somme des chaleurs spécifiques atomiques des composés.

Ces deux lois paraissent l'une et l'autre s'appliquer approximativement dans un assez grand nombre de cas, mais être tout à fait en défaut dans d'autres. On pourra en juger, pour ce qui concerne les énergies réfractives, par le tableau suivant, se rapportant à des substances qui, presque toutes, se présentent à l'état gazeux.

	$1000(n-1)$	POIDS DU LITRE EN GRAMMES	POIDS MOLÉC. P	$P\frac{n-1}{d}$ OBSERVÉ	$P\frac{n-1}{d}$ CALCULÉ
	—	—	—	—	—
H	0.1588	0.0896	1	1.55	«
O.	0.272	1.430	16	3.04	«
Az	0.297	1.256	14	3.31	«
Cl	2.476	3.18	35.5	8.62	«
S(cristaux).	«	«	32	16.6	«
C(diamant)	«	«	12	4.86	«
CO. . . .	0.334	1.254	28	7.59	7.90
CO^2. . . .	0.449	1.977	44	9.99	10.94
H^2O. . . .	0.261	0.806	18	5.83	6.14
AzO. . . .	0.508	1.971	30	7.65	6.35
AzO^2 . . .	0.297	1.343	46	10.38	9.39
ClH. . . .	0.449	1.635	36.5	10.02	10.17
SO^2. . . .	0.665	2.87	64	14.83	22.70
SH^2 . . .	0.644	1.523	33	13.96	18.10
AzH^3 . . .	0.385	0.761	17	8.60	7.96
C^2AzH. . .	0.451	1.210	39	14.52	13.96
CH^4. . . .	0.443	0.716	16	9.91	10.75
C^2Az . . .	0.820	2.330	38	13.38	13.03

Si les différences, entre le calcul et l'observation, ne sont pas très considérables pour la plupart des gaz composés, il en est autrement pour les composés formés par le soufre. On ne rétablirait pas l'accord en changeant l'énergie réfractive moléculaire de S, car, en partant de SO^2, on trouverait cette énergie réfractive moléculaire égale à 8,75, tandis qu'on la trouverait égale à 12,41 en partant de SH. Il est donc bien certain qu'un même atome n'a pas dans tous les composés la même énergie réfractive moléculaire.

Mais, dans les composés homologues, qui ne diffèrent entre eux que par la substitution à un atome d'un autre atome ou d'un groupe équivalent d'atomes, chaque atome ou groupe d'atomes entre avec une énergie réfractive qui est sensiblement constante. Pour le démontrer, nous ne citerons que quelques exemples.

On trouve dans le tableau suivant les pouvoirs réfringents moléculaires d'un certain nombre de chlorures et de bromures, déterminés par Kremers, d'après les indices des dissolutions.

	Cl	DIFFÉR.	Br	DIFFÉR.	I	
Na.	15.7	6.3	22.0	10.2	32.2	
DIFFÉRENCES. . . .	3.2		3.9		3.5	3.5 moy.
K	18.9	7.0	25.9	9.8	35.7	
DIFFÉRENCES. . . .	3.0		3.7			3.3 moy.
$\frac{1}{2}$Ca	15.9	6.3	22.2			
DIFFÉRENCES. . . .	1.6		1.3			1.4 moy.
$\frac{1}{2}$St.	17.5	6.0	23.5			
DIFFÉRENCES. . . .	2.1		3.1			2.6 moy.
$\frac{1}{2}$Ba	19.6	7.0	26.6	10.4	37.0	
		6.5 moyenne.		10.1 moyenne.		

On voit, en examinant ce tableau avec attention, que

1° Le remplacement de Cl par Br augmente l'énergie mol. de 6.5 en moy.
2° — Br — I — — 10.1 —
3° — Na — K — 3.5 —
4° — K — $\frac{1}{2}$ Ca diminue — 3.3 —
5° — $\frac{1}{2}$ Ca — $\frac{1}{2}$ St augmente — 1.4 —
6° — $\frac{1}{2}$ St — $\frac{1}{2}$ Ba — — 2.6 —

On peut étendre la même comparaison aux sulfates, aux azotates et aux carbonates; c'est l'objet du tableau qui suit.

	Cl	DIFF.	$\frac{1}{2}SO^4$	DIFF.	AzO^3	DIFF.	$\frac{1}{2}CO^3$	
AzH^4.	22.5	2.1	20.4		»		»	
Différences. . .	4.5		4.2					4.3 moy.
K.	18.0	1.8	16.2	5.5	21.7		»	
Différences. . .	3.3		3.7		2.7			3.2 moy.
Na.	14.7	2.2	12.5	6.5	19.0		»	
Différences. . .	4.9		4.1		4.1			4.4 moy.
$\frac{1}{2}$Ba.	19.6	3.0	16.6	7.5	23.1		»	
Différences. . .	2.1		1.2		1.7			1.7 moy.
$\frac{1}{2}$St.	17.5	2.1	15.4	6.0	21.4		»	
Différences. . .			5.8		7.3			6.6 moy.
$\frac{1}{2}$Pb.	»		21.2	7.5	28.7	8.7	20.0	
Différences. . .			8.3				9.8	9.1 moy.
$\frac{1}{2}$Ca.	15.9	3.0	13.3		»		10.2	
Différences. . .			2.1				2.3	2.2 moy.
$\frac{1}{2}$Ag.	»		10.8		»		7.9	
Différences. . .			2.6					2.6 moy.
$\frac{1}{2}$Zn.	15.9	2.5	13.4		»		»	
		2.4 moyen.		6.6 moyen.		8.7 moyen.		

Applications de la loi de Gladstone étendue aux combinaisons. — On peut tirer parti de la loi de Gladstone étendue aux combinaisons pour calculer, au moins approximativement, l'indice médian d'une substance dont on connaît la composition et la densité. On peut ensuite se servir de cet indice approché pour calculer l'angle vrai des axes optiques lorsqu'on a observé l'angle apparent.

Supposons par exemple qu'on veuille calculer l'énergie réfractive d'un silicate de composition connue, on se servira de la table suivante qui comprend les poids atomiques et les énergies réfractives, spécifiques et moléculaires, d'un certain nombre d'oxydes.

	POIDS MOLÉCULAIRE	ÉNERGIES RÉFRACTIVES	
		MOLÉCULAIRE	SPÉCIFIQUE
SiO^2.	60.0	12.4	0.206 tirée du quartz.
CaO.	56.0	13.0 [1]	0.232
MgO.	40.0	7.1	0.177 du péridot.
BaO.	153.2	18.7	0.122
StO.	103.5	16.5	0.159
FeO.	72.0	13.5	0.186
GlO.	29.9	7.1	0.238
ZnO.	81.0	12.5	0.154
Na^2O	62.1	12.5	0.201
K^2O.	94.2	19.1	0.203
Li^2O.	30.0	10.5	0.335
H^2O.	18.0	6.0	0.333 de l'eau.
Al^2O^3	103.0	19.6	0.191 du corindon.
Fe^2O^3	160.0	29.7	0.186
B^2O^3.	70.0	16.7	0.238

Ces nombres permettent de calculer avec une assez grande approximation l'énergie réfractive d'un silicate quelconque comme le montrent les exemples rapportés dans le tableau suivant :

	ÉNERGIE SPÉCIFIQUE	
	OBSERVÉE	CALCULÉE
Diopside ($2SiO^2$,MgO,CaO).	0.207	0.208
Trémolite ($4SiO^2$,3MgO,CaO)	0.207	0.202
Phénakite (SiO^2,2GlO).	0.221	0.222
Méionite ($9SiO^2$,$4Al^2O^3$,6RO).	0.204	0.204
Orthose adulaire ($6SiO^2$,Al^2O^3,K^2O). .	0.204	0.203
Amphigène ($4SiO^2$,Al^2O^3,K^2O)	0.204	0.202
Néphéline ($9SiO^2$,$4Al^2O^3$,$4Na^2O$). . .	0.207	0.201
Axinite ($21SiO^2$,$3Al^2O^3$,$2B^2O^3$,10CaO) . .	0.207	0.205
Disthène (SiO^2,Al^2O^3)	0.198	0.196
Émeraude ($6SiO^2$,Al^2O^3,3GlO)	0.219	0.219
Euclase ($2SiO^2$,Al^2O^3,GlO + H^2O). . .	0.213	0.212
Calamine (SiO^2,2ZnO,H^2O)	0.182	0.181
Apophyllite [$3SiO^2$2(CaO,K^2O) + 4aq] .	0.224	0.229
Harmotome ($6SiO^2$,Al^2O^3,BaO,6aq) . .	0.206	0.207
Mésotype ($3SiO^2Al^2O^3Na^2O$ + 2aq) . .	0.219	0.214

1. Toutes les énergies moléculaires dont l'origine n'est pas indiquée ont été prises dans la table de Gladstone. *Phil. Mag.* (4) 30, p. 232 (1870).

II. — BIRÉFRINGENCE.

1° SYMBOLES USITÉS POUR REPRÉSENTER L'ORIENTATION DE L'ELLIPSOÏDE OPTIQUE.

Symboles désignant les constantes de la double réfraction. — La biréfringence des cristaux est complètement connue lorsqu'on connait la forme et l'orientation de l'ellipsoïde optique. La forme de l'ellipsoïde est suffisamment définie lorsqu'on donne les trois indices principaux. Nous avons ordinairement assigné à ces trois indices les symboles n_a, n_b, n_c; n_a étant le plus petit, et n_c le plus grand. Le plus souvent on les distingue par les lettres grecques α, β, γ. L'accord n'existe pas sur la signification qu'on attribue aux lettres α, γ. Les uns, *comme M. Des Cloizeaux, rangent les lettres* α, β, γ par ordre de grandeur décroissante, de sorte qu'on a $\alpha > \beta > \gamma$. Dans ce cas $\alpha = \frac{1}{c}$ et $\gamma = \frac{1}{a}$; les lettres grecques qui désignent les inverses des vitesses ne correspondent pas aux lettres françaises qui désignent les vitesses et cela peut entraîner quelque confusion. Pour l'éviter, d'autres auteurs, comme M. V. von Lang, posent $\alpha = \frac{1}{a}$ et $\gamma = \frac{1}{c}$, de telle sorte que les indices sont rangés dans l'ordre *croissant* $\alpha < \beta < \gamma$.

Pour les cristaux uniaxes, on s'accorde à appeler ω l'indice ordinaire et ϵ l'indice extraordinaire.

Il est bien entendu qu'un indice ne se rapporte jamais qu'à une longueur d'onde déterminée. On met ordinairement à côté de l'indice une lettre qui désigne la longueur d'onde; cette lettre est celle qui se rapporte à une des raies de Fraunhofer, ou bien c'est la première lettre du mot qui désigne la couleur correspondante.

La double réfraction ne dépend pas directement des indices principaux mais bien des différences de ces indices. Il serait donc bien plus clair et plus commode de définir la forme de l'ellipsoïde en donnant, avec l'indice moyen n_b, les deux différences $(n_b - n_a)$, $(n_c - n_b)$. Ces deux nombres expriment la grandeur des retards produits respectivement par deux lames, épaisses d'un millimètre, et perpendiculaires l'une à l'axe c, l'autre à l'axe a. En les ajoutant, on a $n_c - n_a$ qui est le retard produit par une lame de 1 millim. perpendiculaire à l'axe b.

A l'inspection des deux nombres $(n_b - n_a)$ et $(n_c - n_b)$, on peut lire en quelque sorte toutes les particularités de la biréfringence. Si l'on appelle A l'angle d'un des axes optiques avec l'axe a, nous avons en effet, au moins à très peu près dans la plupart du cas,

$$\text{tg}^2 A = \frac{n_c - n_b}{n_b - n_a}.$$

Si donc $n_c - n_b$ est plus petit que $n_b - n_a$, l'axe a est la bissectrice aigüe et le cristal est négatif. Si $n_c - n_b$ est plus grand que $n_b - n_a$, l'axe c est la bissectrice aigüe et le cristal est positif.

Le rapport de ces deux nombres donne très sensiblement le carré de la tangente du demi-angle des axes optiques.

Dans les tableaux que nous donnerons plus loin, nous adopterons cette manière de représenter les paramètres de l'ellipsoïde inverse. Il est commode de représenter par une lettre unique les différences $n_c - n_b$, $n_b - n_a$, $n_c - n_a$, et nous poserons

$$n_c - n_b = \varpi, \quad n_b - n_a = \nu, \quad n_c - n_a = \sigma.$$

Comme moyen mnémonique, nous pouvons remarquer que ces équations donnent

$$n_c = n_b + \varpi, \quad n_a = n_b - \nu.$$

Les lettres ϖ et ν sont, dans l'alphabet grec, les premières des mots « positif » et « négatif » et rappellent qu'il faut *ajouter* ϖ à n_b pour obtenir l'indice maximum n_c, et *retrancher* ν de n_b pour obtenir l'indice minimum. Lorsque, des deux nombres ϖ et ν, ϖ est le plus grand, le cristal est positif; lorsque c'est ν qui est le plus grand, le cristal est négatif.

Nous appellerons σ la somme $\varpi + \nu$. Enfin nous substituerons à n_b l'expression plus commode β qui ne donne lieu à aucune ambiguïté.

Quant aux cristaux uniaxes, nous donnerons l'indice ordinaire ω, et la quantité $\delta = \varepsilon - \omega$ qu'il faut ajouter à ω pour obtenir ε. Lorsque cette quantité est positive, le cristal est positif; lorsqu'elle est négative, le cristal est négatif.

Symboles servant à indiquer l'orientation cristallographique de l'ellipsoïde optique. — Pour désigner l'orientation de l'ellipsoïde optique, dans le cas d'un ellipsoïde à trois axes inégaux, il faut distinguer trois cas, suivant que le cristal est rhombique, clinorhombique ou anorthique.

1° *Cristaux rhombiques*. Nous adopterons les symboles imaginés par Grailich et qui sont fondés sur les conventions suivantes.

Soient *a*, *b*, *c* les paramètres cristallographiques des axes binaires; *a* est le paramètre de l'axe perpendiculaire à la face $g^1 = (100)$[1], *b* celui de l'axe perpendiculaire à la face $h^1 = (010)$, *c* celui de l'axe vertical perpendiculaire à la face $p = (101)$.

Nous appellerons 𝔞, 𝔟, 𝔠 ou a_o, b_o, c_o, les axes de l'ellipsoïde optique principal, c'est-à-dire les vitesses principales, et nous supposerons 𝔞 > 𝔟 > 𝔠. Nous écrivons alors en premier lieu celui de ces trois axes qui est dirigé suivant l'axe cristallographique *a*, puis celui qui est dirigé suivant *b*, enfin celui qui est dirigé suivant *c*. Ainsi le symbole (𝔟 𝔠 𝔞) ou, si l'on veut éviter la complication typographique $(b_o\ c_o\ a_o)$, indique que l'axe moyen de l'ellipsoïde principal est dirigé suivant *a*, c'est-à-dire est perpendiculaire à g^1, que l'axe minimum est dirigé suivant *b* ou est perpendiculaire à h^1, et enfin que l'axe maximum est dirigé suivant *c* ou est perpendiculaire à *p*.

A l'inspection de ce symbole, pris comme exemple, nous voyons que le plan des axes optiques qui contient les axes maximum et minimum de l'ellipsoïde, est celui qui contient les axes cristallographiques *b* et *c*, et est par conséquent perpendiculaire à *a*.

Ce symbole n'indique pas quelle est, des deux bissectrices 𝔞 et 𝔠, celle qui est la bissectrice aiguë. Pour donner cette indication utile, on met au-dessous de la lettre qui désigne la bissectrice aiguë un signe particulier. Lorsque c'est 𝔠 qui doit porter le signe, cette bissectrice est positive et le signe est +; lorsque c'est 𝔞 qui porte le signe, la bissectrice est négative, et le signe est —. Le symbole (𝔟 𝔠 $\underline{𝔞}$) indique donc que la bissectrice aiguë est négative et perpendiculaire à *p*.

M. Rammelsberg, dans le précieux recueil où il a rassemblé les principales propriétés des substances cristallisées artificielles, indique l'orientation de l'ellipsoïde en donnant l'orientation de la bissectrice aiguë et celle du plan des axes optiques. Le symbole (𝔟 𝔠 $\underline{𝔞}$) serait par lui traduit de la sorte : Plan des axes optiques *bc*, biss. nég. *c*.

Ces divers symboles ne comporteraient aucune ambiguïté, si tous les cristallographes désignaient les mêmes axes binaires par les mêmes lettres. L'accord n'a malheureusement pas lieu. Il est donc toujours

[1] Il ne faut pas oublier que la plupart des cristallographes allemands donnent le symbole (100) à la face h^1 perpendiculaire à la *plus courte* diagonale de la base.

nécessaire de faire suivre ces symboles par les paramètres des axes que désignent les lettres a, b, c.

2° *Cristaux monocliniques*. Il faut indiquer quel est l'axe de l'ellipsoïde principal qui coïncide avec l'axe binaire, quelle est l'orientation de ceux des axes de l'ellipsoïde qui sont compris dans le plan de symétrie, et enfin quelle est la position de la bissectrice. Le symbole employé par la plupart des cristallographes allemands donne l'angle que fait avec une normale à $p = (001)$ ou à $h^1 = (100)$, celui des plans principaux perpendiculaires au plan de symétrie g^1, qui contient la bissectrice aiguë ou l'axe moyen. Supposons, par exemple, que $\mathfrak{b}$ ou b_0 (fig. 158) soit perpendiculaire à g^1, a ou a_0 étant la bissectrice aiguë faisant avec une normale à h^1 un angle égal à 41° 49′ ; on écrit le symbole suivant :

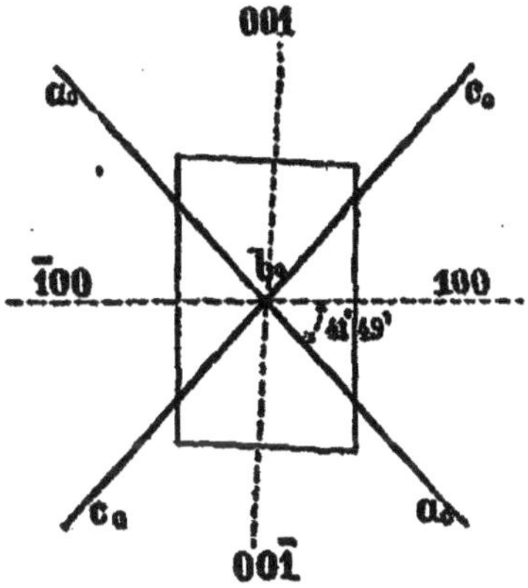

Fig. 158.

$$(100)\,\mathfrak{b}\underline{a} = -41°49'.$$

La lettre qui désigne l'axe perpendiculaire à g^1 est toujours celle qui suit le signe (100) ; la seconde lettre désigne toujours l'axe situé dans le plan de symétrie. L'angle a le signe — lorsqu'il est situé dans l'angle obtus formé par les deux normales à p et à h^1. C'est l'angle des coordonnées négatives du réseau polaire (V. tome I, p. 183). Il serait positif dans l'angle aigu des normales.

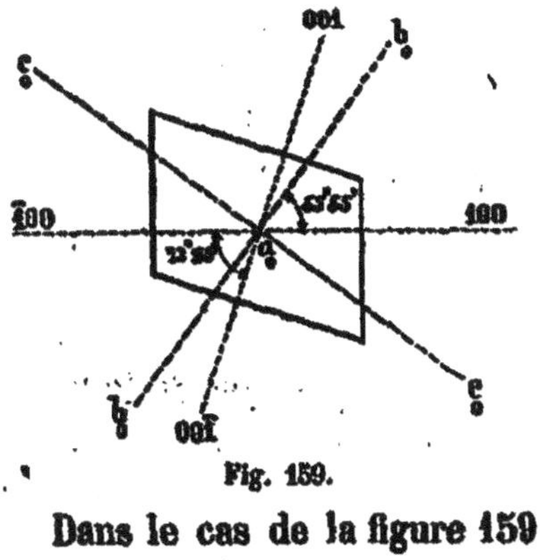

Fig. 159.

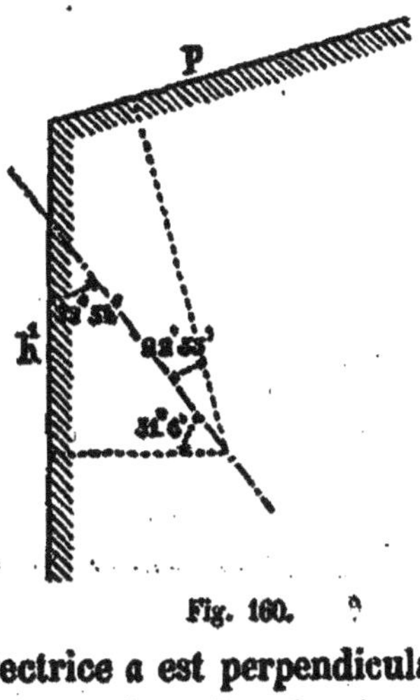

Fig. 160.

Dans le cas de la figure 159 où la bissectrice a est perpendiculaire au plan de symétrie, et où l'axe moyen $\mathfrak{b}$, situé dans l'angle aigu des normales à p et à h^1, fait avec la normale au plan $h^1 = (100)$ un angle égal à 55° 55′, le symbole serait

$$(100)\,\underline{a}b = 55°55'.$$

Si c était perpendiculaire à g^1, a étant la bissectrice, le symbole serait (100) $\underline{c}a = 51°\ 6'$ (fig. 160).

M. Topsoë[1] modifie un peu ses symboles pour éviter le signe —. Il préfère donner l'angle avec la normale à $p = (001)$. Lorsque l'angle est positif (l'axe étant situé dans l'angle aigu des normales), il écrit à la manière ordinaire (001) ba par exemple. Lorsque l'angle est négatif il renverse le symbole en écrivant ba (001).

Il nous semble préférable de donner l'angle de l'axe situé dans le plan g^1 avec l'une des arêtes cristallographiques formées par l'intersection de p ou de h^1 avec g^1. Nous choisirons, en général, l'arête $[pg^1]$. L'angle sera positif s'il est compris dans l'angle positif obtus des axes coordonnés du réseau primitif, négatif, s'il est compris dans l'angle négatif aigu. Dans le cas de la figure 159 par exemple, nous écririons le symbole

$$p\,\underline{a}b = +\,72°30',$$

ou encore

$$h^1\underline{a}b = 34°5'; \quad p\,\underline{a}c = -\,17°30'; \quad h^1\underline{a}c = -\,55°55'.$$

Pour ces symboles, comme pour ceux qui se rapportent au système rhombique, il est nécessaire, afin d'éviter toute ambiguïté, de spécifier explicitement quels axes on a choisis. Il suffit, en général, de donner l'angle de p avec h^1.

3° *Cristaux anorthiques*. Lorsque le cristal est anorthique, l'orientation de l'ellipsoïde est bien plus difficile à énoncer. Aucun symbole court et précis n'est plus applicable. On peut donner l'orientation du plan des axes, et celle de la bissectrice aiguë; ce qui revient à donner l'orientation de l'axe moyen, et celle du plan perpendiculaire à la bissectrice aiguë. Ce dernier plan est particulièrement intéressant à connaître parce que c'est une face artificielle parallèle à ce plan qu'il faut créer pour voir les hyperboles et les lemniscates en lumière convergente.

2° RELATIONS ENTRE LES PARAMÈTRES OPTIQUES ET CRISTALLOGRAPHIQUES.

Indépendance entre la biréfringence et les paramètres cristallographiques. — La loi de Gladstone, dont l'exactitude approchée n'est pas douteuse, démontre clairement qu'un corps réfringent est formé

1. Recherches optiques sur quelques séries de substances isomorphes. — *Ann. de ch. et de phys.* (5), I (1874).

de molécules réfringentes plongées dans un milieu non réfringent, c'est-à-dire dans l'éther lumineux du vide.

Il est clair que la même conséquence doit s'appliquer aux corps biréfringents, et que ceux-ci sont formés de molécules biréfringentes plongées dans l'éther. Chaque molécule doit donc être considérée comme un petit corps biréfringent, dont les propriétés optiques sont déterminées par un certain ellipsoïde. Toutes les molécules du cristal sont orientées de la même façon. On peut ainsi se représenter le cristal comme formé par une superposition de lames biréfringentes du genre de celles dont nous avons calculé les effets dans le chapitre VIII. On en conclut que l'ellipsoïde du cristal est semblable à celui de la molécule.

Dans cette conception des corps biréfringents, on voit que la disposition mutuelle des centres de gravité des molécules est sans influence, au moins notable, sur la double réfraction, qui a pour cause presque unique la structure moléculaire elle-même.

Il doit nécessairement en résulter qu'il n'y a pas de relation directe entre la double réfraction et les paramètres cristallographiques. Or c'est précisément ce que les faits montrent avec la plus entière évidence, ainsi que nous allons le faire voir par quelques exemples.

La boracite est un chloroborate de magnésie qui se trouve dans la nature en petits cristaux parfaitement cubiques. Le réseau de cette substance a donc bien certainement la symétrie cubique; cependant la substance jouit d'une double réfraction énergique, et l'observation montre que la symétrie optique est seulement terbinaire. La double réfraction est donc due *uniquement* à la molécule dont la symétrie doit être certainement rhombique. L'édifice cristallin, composé de l'ensemble du réseau et de la molécule a ainsi seulement la symétrie rhombique. Nous verrons plus tard par quel artifice la nature, malgré cette symétrie imparfaite de l'édifice, parvient à donner la symétrie cubique à la forme extérieure du cristal. Il nous suffit ici de constater qu'une substance peut être énergiquement biréfringente avec un réseau rigoureusement cubique.

Parmi les substances cristallisant dans le système rhombique il en est un très grand nombre dont la maille parallélipipédique du réseau est un prisme droit ayant pour base un rhombe 120° ou voisin de 120°. Le réseau possède alors, rigoureusement ou à peu près, la symétrie sénaire. S'il y avait un rapport direct entre la structure du réseau et la forme de l'ellipsoïde optique, celui-ci devrait être, dans toutes ces substances, rigoureusement ou à peu près, de révolution autour de l'axe sénaire du réseau. Or il n'en est rien; les deux axes de l'ellipsoïde perpendiculaire à cet axe sénaire sont toujours inégaux. Dans bien des cas même, la différence entre ces deux axes de l'ellipsoïde n'est pas la plus petite possible, c'est-à-dire que la bissectrice aiguë ne coïncide pas avec l'axe sénaire du réseau.

On en jugera par le petit tableau suivant qui ne contient que des substances pour lesquelles l'axe vertical c est pseudo-sénaire.

	n_b	$\varpi \times 10^4$ (¹)	$\nu \times 10^4$ (²)	SYMBOLE OPTIQUE	2V	AXES CRISTALLOGRAPHIQUES
Aragonite...... $CCaO^3$.	1.6816	43	1515	cba −	17°83	1 : 0.623 : 0.721
Cérusite....... $CPbO^3$.	2.0763	17	2726	bca −	8.12	1 : 0.610 : 0.730
Azotate de potas. $KAzO^3$.	1.5056	8	1710	cba −	5.73	1 : 0.591 : 0.701
Azotate d'amm. $AmAzO^3$.	»	»	»	cab −	»	1 : 0.610 : 0.730
Sulfate de potas. K^2SO^4.	1.4946	34	14	abc +	67.07	1 : 0.573 : 0.746
Chromate de pot. K^2CO^4.	1.7254	»	x	abc −	51.67	1 : 0.570 : 0.730
Sulfate d'amm. Am^2SO^4.	»	»	»	bca +	»	1 : 0.564 : 0.735
» de rubid. Rb^2SO^4.	»	»	»	bac −	»	1 : 0.578 : 0.747
» de thal. Tl^2SO^4.	»	»	»	bca +	»	1 : 0.554 : 0.732

(¹) $\varpi = n_b - n_a$ (²) $\nu = n_c - n_b$

On peut y voir le degré avec lequel ces diverses substances s'approchent de la forme hexagonale, car le prisme de 120° exige $a : b = 1 : \frac{1}{\sqrt{3}} = 1 : 0,577$. On voit que l'aragonite, la cérusite et l'azotate de potasse s'éloignent assez notablement d'avoir pour forme primitive un prisme de 120°; cependant ce sont, parmi les substances pseudo-sénaires, celles qui s'approchent le plus d'avoir pour ellipsoïde optique un ellipsoïde de révolution, car la bissectrice aiguë est dirigée suivant l'axe pseudo-sénaire et l'angle des axes optiques est très petit.

Au contraire, le sulfate et le chromate de potasse dont le prisme primitif s'approche bien davantage de l'angle de 120°, ont les axes horizontaux de l'ellipsoïde extrêmement inégaux. Pour le chromate de potasse, la bissectrice aiguë ne coïncide même plus avec l'axe pseudo-sénaire, ce qui se rencontre encore dans les sulfates d'ammoniaque, de rubidium et de thallium.

Il y a donc, comme l'indiquait la théorie, une véritable indépendance entre les paramètres cristallographiques et les paramètres optiques, et cela explique suffisamment ce fait déjà signalé, que lorsque la symétrie de la molécule (c'est-à-dire celle de l'édifice cristallin), ne règle pas l'orientation des axes de l'ellipsoïde optique, celle-ci n'a pas de rapport simple avec l'orientation des axes cristallographiques.

Toutefois on ne peut pas dire que l'indépendance entre les paramètres cristallographiques et les paramètres optiques soit absolument complète, car les uns et les autres sont régis par une même cause, qui est la forme et la nature de la molécule. On peut s'expliquer de la sorte certains rapprochements remarquables. C'est ainsi que dans le tableau qui précède, les trois premières substances, dont les formes cristallines sont très voisines, ont des propriétés optiques assez semblables, et cette analogie est d'autant plus remarquable que ces propriétés optiques sont véritablement exceptionnelles par l'énergie tout à fait inaccoutumée de la biréfringence.

3° RELATIONS ENTRE LA BIRÉFRINGENCE ET LA COMPOSITION CHIMIQUE.

Nous avons vu que la réfringence simple est déterminée principalement par la composition chimique de la molécule. On peut se demander s'il n'en est pas ainsi de la biréfringence. Comme celle-ci dépend certainement de la structure du groupement, puisqu'elle peut disparaître par exemple, quelle que soit d'ailleurs la composition, lorsque cette structure possède la symétrie cubique, on ne peut étudier l'influence propre qu'exercent les divers atomes ou groupements atomiques qu'en comparant deux molécules ne différant entre elles que par le remplacement d'un atome par un autre.

Or les substances cristallisées forment des groupes, composés de substances dont les formes cristallines sont, sinon identiques, du moins extrêmement voisines. Les substances comprises dans un de ces groupes sont dites *isomorphes*. Le plus souvent des substances isomorphes ont une composition chimique analogue, et ne diffèrent que par la substitution d'un atome à un autre, ou d'un groupe d'atomes à un autre groupe analogue. Les cinq dernières substances inscrites dans le tableau précédent composent un groupe isomorphe, dans lequel K^2 peut être remplacé successivement par Am^2, Rb^2, Tl^2, tandis que SO^4 peut être remplacé à son tour par CrO^4.

Il est vraisemblable que les corps qui font partie d'un groupe isomorphe sont formés de molécules identiques entre elles par leur structure. Nous pouvons donc, en les comparant entre eux, voir quelle influence exerce sur la biréfringence la substitution d'un atome ou d'un groupe d'atomes à un autre atome ou groupe d'atomes. Malheureusement les propriétés optiques n'ont été observées complètement que pour un nombre comparativement très restreint de substances cristallisées, et l'étude ne peut porter que sur un bien petit nombre de groupes isomorphes. Les trois tableaux suivants comprennent à peu près tous ceux de ces groupes qui sont suffisamment connus.

1° CRISTAUX UNIAXES

	SYSTÈME CRISTALLOGRAPHIQUE (1)	INDICE ORDINAIRE ω	$10^4.\delta = 10^4(\varepsilon - \omega)$	AXE CRISTALLOGRAPHIQUE PRINCIPAL, L'AXE BINAIRE HORIZ. ÉTANT 1	OBSERVATEURS
$CaCO^3$ (Calcite) . .	3	1.6585 D	—1931	0.8543	Mascart.
(Ca,Mg)CO^3	3	1.6117 D	—1091	0.8322	Fizeau.
$NaAzO^3$.	3	1.5860 D	—2500	0.8276	Schrauf.
Ag^3AsS^3 (Proustite).	3	3.0877 D	—2953	0.7851	Fiz. et D. Cl.
Ag^3SbS^3	3	3.0840 ρ	—2030	0.7880	Fizeau.
$CaWO^4$.	4	1.919 ρ	+ 160	1.537	Des Cloiz.
$PbMoO^4$.	4	2.402 ρ	— 80	1.574	Id.
Ti^2O^4.	4	2.6158 D	+2871	0.644	Baerwald.
$ZrSiO^4$	4	1.92 ρ	+ 500	0.640	De Sen.
K H^2AsO^4. . . .	6	1.5674 D	— 495	0.663	Topsoë et Chr. (2)
Am —	6	1.5766 D	— 549	0.710	Id.
K H^2PO^4	6	1.5095 D	— 411	0.664	Id.
Am —	6	1.5246 D	— 454	0.7124	Id.
K^2 S^2O^6.	6	1.4550 D	+ 503	0.647	Id.
Rb^2 —	6	1.4574 D	+ 504	0.681	Id.
Sr S^2O^6 + 4aq . .	6	1.5296 D	— 44	1.502	Id.
Pb — — — . .	6	1.6351 D	+ 180	1.470	Id.
Ni SO^4 + 6aq. . .	4	1.5109 D	— 236	1.906	Id.
Ni SeO^4 + 6aq . .	4	1.5393 D	— 268	1.836	Id.
Zn — — — . .	4	1.5291 D	— 252	1.895	Id.
Ni $SiFl^6$ + 6aq . .	4	1.3910 D	+ 156	0.514	Id.
Zn — — — . .	4	1.3824 D	+ 132	0.517	Id.
Co — — — . .	4	1.3817 C	+ 155	0.522	Id.
Mg — — — . .	4	1.3439 D	+ 163	0.517	Id.
Mn — — — . .	4	1.3570 D	+ 172	0.504	Id.
Cu — — — . .	4	1.4092 D	— 12	0.540	Id.
$MgSnCl^6$ + 6aq. .	4	1.5885 D	— 85	0.508	Id.

(1) Système ternaire = 3. — Système quaternaire = 4. — Système sénaire = 6.
(2) *Ann. de chim. et de phys.* (5), I (1874).

2° CRISTAUX RHOMBIQUES

	$\beta = n_b$	$10^4.\varpi$ (1)	$10^4.\nu$ (2)	$10^4.\sigma$ (3)	SYMBOLE OPTIQUE	ANGLE DES AXES 2V	AXES CRISTALLOGRAPHIQ. $a=1$		OBSERVATEURS
							b	c	
Ca CO³ (Aragonite)	1.6816 D	43	1515	1558	cba −	17°.83	0.623	0.721	Rudb.
Pb —	2.0763 D	17	2726	2743	bca −	8.12	0.610	0.730	D. Cl.
K AzO³.	1.5056 D	8	1710	1718	cba −	6.2	0.591	0.701	Schr.
Am —	»	»	»	»	cab −	»	0.583	0.736	
St SO⁴.	1.6237 D	72	17	89	bca +	51.2	0.777	1.282	Arzruni.
Ba —	1.6375 D	108	12	105	bca +	35.7	0.815	1.313	Id.
Pb —	1.8823 D	114	52	166	bca +	66.8	0.776	1.218	Id.
K²SO⁴.	1.4946 D	34	14	48	abc +	67.07	0.573	0.746	T. et Chr.
K²CrO⁴.	1.7254 D	»	»	»	abc −	51.67	0.570	0.730	Id.
Ni SO⁴ + 7aq . .	1.4888 D	33	252	285	acb −	41.93	0.982	0.566	Id.
Zn — — . .	1.4801 D	35	268	303	acb −	46.23	0.980	0.563	Id.
Mg — — . .	1.4554 D	54	229	283	acb −	51.42	0.990	0.571	Id.
MgCrO⁴ + 7aq . .	1.5300 D	180	289	469	acb −	75.47	0.990	0.574	Id.

(1) $\varpi = n_c - n_b$ (2) $\nu = n_b - n_a$ (3) $\sigma = n_c - n_a$

De l'examen attentif de ces tableaux, on peut déduire les conséquences suivantes :

1° La substitution mutuelle des atomes Mg, Mn, Fe, Ni, Co, Zn, n'apporte, dans les constantes optiques, que des modifications en général peu importantes ;

2° La substitution de Cu à l'un quelconque des atomes du groupe précédent modifie au contraire beaucoup la biréfringence ; puisqu'elle peut faire passer le cristal uniaxe du signe positif au signe négatif (fluosilicates), ou qu'elle peut dans les cristaux biaxes modifier profondément l'orientation et la grandeur des axes de l'ellipsoïde (séléniates doubles) ;

3° La substitution mutuelle des atomes St, Ba, Pb amène des modifications importantes dans la grandeur des axes ; ces modifications paraissent surtout considérables lorsqu'on compare entre eux St et Pb dont les poids atomiques diffèrent le plus ;

4° La substitution de Am (ammonium) à K et Rb, peut donner lieu à des modifications optiques considérables ;

3° CRISTAUX BIAXES CLINORHOMBIQUES[1]

	β	$10^4.\varpi$	$10^4.\nu$	$10^4.\sigma$	SYMBOLES OPTIQUES	2V	AXES CRISTALLOGRAPHIQ. $b=1$		p/h^1
							a	c	
$MgSeO^4 + 6aq.$	1.4892	19	36	55	$\underset{-}{pba} = -54^{\circ}.40$	28°.20	1.385	1.685	81°.47
Co — —	1.5223	»	»	»	$\underset{-}{pba} = -47.07$	71.05	1.371	1.682	81.77
Ni $SeO^4, K^2SeO^4 + 6aq$ . .	1.5248	91	49	140	$\underset{+}{pbc} = 6.95$	72.93	0.745	0.506	75.12
Co — — — — . .	1.5195	161	60	221	$\underset{+}{pbc} = 3.42$	63.87	0.738	0.506	75.83
Zn — — — — . .	1.5177	150	62	212	$\underset{+}{pbc} = 1.68$	66.13	0.744	0.508	75.77
Mg — — — — . .	1.4970	150	20	170	$\underset{+}{pbc} = 2.00$	40.37	0.745	0.501	75.75
Cu — — — — . .	1.5235	152	139	291	$\underset{-}{pba} = -87.57$	88.20	0.749	0.523	76.68
Ni $SeO^4, Am^2SeO^4 + 6aq$. .	1.5372	94	81	175	$\underset{+}{pbc} = 16.9$	86.23	0.738	0.504	73.68
Co — — — — . .	1.5311	85	65	150	$\underset{+}{pbc} = 13.7$	82.02	0.741	0.504	73.58
Mg — — — — . .	1.5075	75	19	94	$\underset{+}{pbc} = 17.12$	53.73	0.741	0 497	73.38
Zn — — — — . .	1.5292	80	59	139	$\underset{+}{pbc} = 13.07$	81.37	0.742	0.506	73.82
Fe — — — — . .	1.5260	96	59	155	$\underset{+}{pbc} = 9.58$	76.8	0.741	0.501	73.78
Cu — — — — . .	1.5355	40	142	182	$\underset{-}{pba} = -58.97$	55.4	0.749	0.513	74.45
Mg $SO^4, Am^2SO^4 + 6aq$. . .	1.4728	63	11	74	$\underset{+}{pbc} = 11.18$	50,67	0.738	0.489	72.90
K^2 — — — — . .	1.4633	135	31	166	$\underset{+}{pbc} = 0.50$	48.02	0.742	0.501	75.08
Fe — — — — . .	1.4832	141	57	198	$\underset{+}{pbc} = 3.73$	67.3	0.751	0.511	75.73

1. Tous les nombres se rapportent à la raie D. — Toutes les observations sont de MM. Topsoë et Chriansen. (*Ann. chim. et phys.* (5), 1, p. 1, 1874.)

5° La substitution de SO^4 et SeO^4 paraît se faire sans troubler notablement les propriétés optiques ;

6° Au contraire la substitution de SO^4 et CrO^4 est accompagnée de modifications optiques très importantes.

Il y a donc des atomes dont l'action sur la biréfringence est presque identique ; on pourrait dire qu'ils sont isomorphes au point de vue optique comme au point de vue cristallographique. D'autres atomes au contraire, dont l'action sur les paramètres cristallographiques est presque la même, exercent des actions très différentes sur la double réfraction.

Nous aurons d'ailleurs l'occasion de revenir sur ce point lorsque nous traiterons de l'isomorphisme.

4° ANOMALIES OPTIQUES DES CRISTAUX.

Il semble que la biréfringence devrait être, les conditions extérieures restant les mêmes, aussi constante, pour une même substance, que l'est la densité ou telle autre propriété physique. Cette constance se retrouve en effet dans un très grand nombre de substances, mais elle manque entièrement dans d'autres.

Dans certains cas, cette variabilité des propriétés optiques paraît tenir à des variations plus ou moins considérables qui, en vertu de l'isomorphisme, peuvent se produire dans la composition chimique sans altérer la forme cristalline et l'aspect extérieur : tel est le cas qui se présente sans doute pour un grand nombre de minéraux.

Mais cette explication est inadmissible quand les variations de la biréfringence se produisent pour des substances préparées artificiellement et de la pureté desquelles on peut être assuré ; ou lorsqu'elles se produisent dans un même cristal, dont les diverses plages présentent ainsi des différences considérables au point de vue de la double réfraction.

Nous verrons plus tard que ces anomalies optiques sont dues à des groupements intérieurs, soumis d'ailleurs à des lois très précises, qui peuvent altérer profondément l'homogénéité du cristal. Nous devons donc reporter l'étude de ces anomalies jusqu'après le moment où nous aurons étudié les modes suivant lesquels les éléments cristallins peuvent se grouper entre eux dans un même individu. Nous ne voulions que signaler ici ces perturbations singulières dont l'étude a pris dans ces dernières années une grande importance.

5° ACTION DE LA CHALEUR SUR LES PROPRIÉTÉS BIRÉFRINGENTES.

La biréfringence est modifiée par la chaleur d'une manière très inégale suivant les différents corps. On ne connaît qu'un petit nombre de substances cristallisées pour lesquelles cette influence soit connue d'une manière complète, et le tableau suivant les comprend presque toutes.

I. — CRISTAUX UNIAXES

	BIRÉFRINGENCE A 20°		VARIATIONS POUR UNE AUGMENTATION DE 1° DE TEMPÉRATURE			
	ω	$10^4.(\epsilon-\omega)$	$10^7.d\omega$	$10^7.d(\epsilon-\omega)$	LIMITES DE TEMPÉRATURE	
Calcite.	1.6585 D	−1719.2	+ 6	+ 102	15° à 80°	Fizeau.
Quartz.	1.5442 D	+ 91.5	−54	− 9	»	Id.

II. — CRISTAUX BIAXES

	BIRÉFRINGENCE A 20°				VARIATIONS POUR UNE AUGMENTATION DE 1° DE TEMPÉRATURE			
	β	$10^4.\varpi$	$10^4.\nu$	$10^4.\sigma$	$10^7.d\beta$	$10^7.d\varpi$	$10^7.d\nu$	$10^7.d\sigma$
Aragonite (¹). . .	1.6906 F	45.7	1565.8	1611.5	−139	− 11	−31	− 42
Sulf. stront. (²). .	1.6237 D	72.5	16.9	89.4	− 97	− 57	+26	− 31(⁵)
					−132	− 58	+20	− 38(⁶)
Sulf. bar. (²). . .	1.6371 D	108.3	10.3	118.6	−135	− 65	− 3.	− 68(⁵)
					−141	− 80	+30	− 50(⁶)
Sulf. plomb. (²). .	1.8823 D	113.9	51.7	165.6	−195	−106	+41	− 65(⁵)
					−250	−134	+23	−111(⁶)
Gypse (³).	1.5227 D	70.8	21.1	91.9	−440	+ 19	−30	−110
Sel Seign. pot. (⁴).	1.4924 ρ	54	18	52	−1410	− 11	+ 7	− 40(⁷)

(¹) Rudberg.
(²) Arzruni.
(³) Dufet.
(⁴) Müttrich.

(⁵) Entre 20° et 100°.
(⁶) Entre 100° et 200°.
(⁷) Entre 16° et 45°.

On voit que, pour toutes les substances inscrites dans ces tableaux, la biréfringence diminue avec la température. La calcite, pour laquelle nous avons signalé plus haut l'anomalie que présente l'indice médian qui croît avec la température, rentre dans la règle générale en ce qui regarde la biréfringence.

A en juger par les observations de M. Arzruni, sur les sulfates de strontiane, de baryte et de plomb, la variation serait pour ces corps un peu irrégulière avec la température. Mais il faut remarquer que les observations, faites par la méthode du prisme, ne semblent pas susceptibles de donner une précision assez grande pour que les différences observées ne puissent être mises sur le compte des erreurs d'observation.

Si la différence entre les indices extrêmes paraît décroître d'une manière générale avec la température, il en est autrement des différences entre l'indice moyen et les indices extrêmes. C'est ainsi que, pour les sulfates de strontiane, de baryte et de plomb, $\varpi = n_c - n_b$, décroît avec la température, tandis que $\nu = n_b - n_a$ croît. La même chose a lieu pour le sel de Seignette potassique, tandis que pour le gypse, c'est ϖ qui croît et ν qui décroît.

Comme $tg^2 V$ est égal à $\frac{\varpi}{\nu}$ ou $\frac{\nu}{\varpi}$ suivant que le cristal est positif ou négatif, on voit que les variations inégales de ϖ et de ν, sous l'influence de l'augmentation de température doivent amener des variations dans l'écartement angulaire des axes optiques.

A l'inspection du tableau, on voit que, la température augmentant, l'écartement angulaire des axes doit diminuer pour l'aragonite et le gypse; augmenter pour les sulfates de strontiane, de baryte et de plomb, ainsi que pour le sel de Seignette potassique. C'est en effet ce que constate l'observation directe.

Variations dans l'écartement angulaire des axes du gypse. — Les variations de l'écartement angulaire des axes optiques du gypse avec la température méritent d'être étudiées avec quelque détail.

Le gypse est positif et l'on a sensiblement :

$$tg^2 V = \frac{\nu}{\varpi}.$$

Or ν diminuant avec la température, V devient nul pour une certaine longueur d'onde λ lorque le ν correspondant à ce λ est nul. Les nombres de M. Dufet montrent que ce résultat doit être obtenu pour une température T donnée par l'équation

$$0,30 (T - 20) = 21,1,$$

soit $T = 90^\circ$ environ pour la raie D.

L'observation confirme cette déduction et l'expérience, très curieuse, est très facile à faire. Il suffit de serrer entre deux plaques métalliques, percées de deux trous en regard, une lame de gypse normale à la bissectrice aiguë et de la poser sur le porte-objet du microscope à lumière convergente. La lame métallique inférieure se prolonge de manière qu'on puisse en chauffer l'extrémité par une lampe à esprit-de-vin ou un bec de gaz. La lame de gypse s'échauffe et l'on voit les axes, qui étaient d'abord écartés de 57° à 58°, se rapprocher de plus en plus jusqu'à se réunir. Cette réunion ne se produit cependant pas en même temps pour toutes les couleurs; l'uniaxie se produit d'abord pour le rouge, puis pour le bleu.

Lorsque la température dépasse celle qui produit l'uniaxie pour une couleur, le jaune par exemple, $n_b - n_a$ est nul pour cette couleur. Si l'on élève encore davantage la température, $n_b - n_a$ devient nul, c'est-à-dire que la direction de l'axe moyen de l'ellipsoïde inverse devient celle de l'axe minimum, et la direction de l'axe minimum devient celle de l'axe moyen. Le plan des axes qui, à la température ordinaire, coïncide avec g^1, se place donc perpendiculairement et, dans cette nouvelle position, l'angle des axes s'accroît régulièrement. L'expérience ne peut d'ailleurs être poussée très loin, car le gypse se décompose, en se déshydratant, à la température de 110° environ.

Observations sur les variations de l'écartement angulaire des axes optiques. — La variation de l'écartement angulaire des axes, qui est une conséquence de celle des axes de l'ellipsoïde optique avec la température, est au reste un phénomène relativement facile à étudier en ayant recours à une disposition du microscope à lumière convergente décrite dans le chapitre précédent. M. Des Cloizeaux, qui a imaginé cette disposition, s'en est servi pour effectuer de nombreuses observations[1].

Parmi les substances étudiées par lui, la plupart ont montré une variation faible ou inappréciable de l'écartement angulaire des axes. Il ne faudrait pas en conclure que, pour ces substances, la biréfringence ne varie pas d'une manière sensible avec la température, car, pour que la grandeur de V reste sans changement, il suffit que les variations de ϖ et de ν laissent à peu près constant le rapport $\frac{\varpi}{\nu}$. Tel est, par exemple, le cas de la Boracite, dont l'écartement angulaire reste presque invariable, tandis que la biréfringence diminue d'une manière très sensible à mesure que la température s'élève.

D'autres substances, au contraire, subissent, sous l'influence de l'accroissement de la température, une variation forte ou notable de

1. Voir surtout : *Mémoires présentés à l'Académie des sciences*, t. XVIII, p. 512, 732.

l'écartement angulaire des axes optiques. Je citerai seulement les suivantes :

	2E =	à
Sulfate de baryte	63°5′	12°
	74°42′	196°
Calamine.	85°21′	9°
	76°32′	121°
Sulfate de strontiane.	89°15′	7°
	95°56′	101°
Carbonate de plomb	16°22′	12°
	22°2′	96°
Sel de Seignette potassique . . .	124°50′	16°
	140°20′	72°
Quercite ($C^{12}H^{12}O^{10}$).	54°49′	22°
	37°12′	121°

Tous ces nombres se rapportent aux rayons rouges. Ceux qui expriment la température ne sont qu'approchés et sont probablement tous trop forts pour les températures élevées.

Variations dans l'orientation des axes de l'ellipsoïde optique.— Dans les cristaux rhombiques, la position des axes de l'ellipsoïde optique est fixée par la symétrie ; elle est donc invariable avec la température. Mais il n'en est plus de même dans les cristaux clinorhombiques pour les deux axes situés dans le plan de symétrie, et dans les cristaux anorthiques pour les trois axes. Dans le gypse, par exemple, le plan des axes coïncide avec le plan de symétrie g^1 à la température ordinaire ; le symbole optique est $h^1\,\underset{+}{\mathfrak{bc}} = -37^\circ 28'$ à la température de 19° (Angström). La dispersion est inclinée, c'est-à-dire que les courbes isochromatiques sont symétriques par rapport au plan des axes. Les phénomènes ne sont pas les mêmes autour des deux axes optiques. Autour de l'un d'entre eux, les anneaux sont plus larges et l'hyperbole offre à l'extérieur une bordure violette ; autour de l'autre axe, les anneaux sont plus rétrécis et l'hyperbole est bordée à l'extérieur par du rouge un peu vineux. Lorsqu'on élève la température, les deux axes se rapprochent l'un de l'autre, mais l'axe à larges anneaux se meut à peu près deux fois plus vite que l'autre, de sorte que la bissectrice marche du côté de l'axe optique à petits anneaux. M. Des Cloizeaux estime que de 20° à 95° la bissectrice s'est ainsi déplacée de 5° 28′ environ.

Le même phénomène se manifeste pour l'azotate double de lanthane et d'ammoniaque qui cristallise dans le système clinorhombique avec

$ph^1 = 113°$, le symbole optique étant $p\underline{ba} = -57°$. A la température ordinaire, les axes sont très rapprochés, $2E = 8°$ à $10°$ environ. La chaleur de la main suffit pour rapprocher les axes optiques et réunir les axes violets, moins écartés que les rouges. Dans ce mouvement, l'un des axes se déplace environ quatre fois plus vite que l'autre.

La quercite est encore dans le même cas; on a pour cette substance $ph^1 = 111°3'$, et $p\underset{+}{bc} = -51°$. L'un des axes, distingué par les couleurs vives de l'hyperbole, se rapproche du centre à peu près deux fois et demie plus vite que l'autre, de sorte qu'entre 19° et 121° la bissectrice se déplace de 1°26′.

Variations permanentes sous l'influence de la chaleur, dans l'écartement angulaire des axes optiques. — Expériences de M. Des Cloizeaux sur l'orthose. — Mais les observations les plus curieuses faites par M. Des Cloizeaux sont celles qui ont montré, pour certaines substances, non seulement que l'écartement angulaire peut varier beaucoup avec la température, mais encore que ces variations peuvent devenir permanentes si l'on porte la température suffisamment haut.

Le feldspath orthose est au nombre de ces substances. Ce minéral, qui joue un rôle si important dans la nature, est un silicate d'alumine et de potasse ($6SiO^2, Al^2O^3, K^2O$) dans lequel un peu de soude peut remplacer la potasse. Il cristallise dans le système clinorhombique avec $m/m = 118°48'$, $p/h^1 = 116°7'$. L'orientation des axes de l'ellipsoïde, non plus que leur grandeur, n'y est pas constante; il est d'ailleurs à remarquer que les substances qui éprouvent des variations permanentes sous l'influence de la chaleur, sont toutes, sous ce rapport, dans le même cas que l'orthose.

On peut distinguer dans l'orthose deux variétés principales qui diffèrent surtout par leurs propriétés optiques.

L'une, qui est la plus répandue, porte le nom d'adulaire; elle a pour symbole optique

$$p\,\underline{ca} = -4°6',$$

avec de légères variations de cet angle. L'écartement angulaire des axes est généralement compris entre 69° et 70°, mais il peut descendre dans certains échantillons jusqu'à 45°.

Quand la température s'élève, les axes optiques de l'adulaire se rapprochent. Pour certaines plaques ce rapprochement n'est que temporaire, et, après refroidissement, elles montrent le même écartement angulaire qu'avant la calcination. Pour d'autres plaques, au contraire, l'écartement angulaire, après le refroidissement, est devenu un peu moindre qu'avant la calcination.

C'est ce que montrent les exemples suivants :

	$2E_\rho$		
	AVANT CALCINATION	APRÈS CALCINATION	
Adulaire du Saint-Gothard. . .	108°	102°25′	Un quart d'heure au rouge vif (fusion de l'argent).
id.	111°23′	90°27′	Une demi-heure sur le chalumeau à gaz.
Adulaire de Ceylan (pierre de lune)	121°15′	117°31′	Un quart d'heure sur le chalumeau à gaz.

Mais les changements permanents les plus considérables se produisent pour les cristaux d'orthose vitreux que l'on trouve accompagnant les roches volcaniques de l'Eifel.

A la température ordinaire, ces cristaux, qui contiennent d'ailleurs une quantité assez notable de soude, ont un symbole optique qui est tantôt celui de l'adulaire $p\underline{\alpha} = -4°6'$ (avec un écartement beaucoup moindre des axes optiques), tantôt le symbole,

$$p\underline{b}\underline{a} = -4°6'$$

avec un écartement des axes très faible; le plan des axes est dans ce dernier cas parallèle à g^1, tandis qu'il lui est perpendiculaire dans l'adulaire. Un même échantillon peut présenter des plages ayant le symbole de l'adulaire, d'autres le symbole nouveau. Pour une même plage, les rayons bleus peuvent avoir le symbole de l'adulaire, tandis que le nouveau s'applique aux rayons rouges, l'uniaxie se produisant pour des rayons intermédiaires.

Sous l'action de la chaleur, l'écartement angulaire croît dans les plages et pour les couleurs qui ont le symbole nouveau; il décroît dans les plages et pour les couleurs qui ont le symbole de l'adulaire. Comme dans ce dernier cas l'écartement angulaire est toujours petit, il arrive un moment où les axes sont réunis; si l'on continue alors à augmenter la température, les axes se séparent de nouveau, mais en s'ouvrant dans un plan parallèle à g^1; le symbole devient alors $p\underline{b}\underline{a}$. A partir de ce moment les axes optiques vont régulièrement en s'écartant.

Pour une plaque qui, à 18°,7, montrait les axes rouges ouverts dans un plan perpendiculaire à g^1, avec un écartement dans l'air $2E_\rho = 16°$, et les axes bleus ouverts dans un plan parallèle à g^1 avec $2E_v = 12°$ à 13°, M. Des Cloizeaux a observé les variations suivantes de $2E_\rho$ sous l'influence des changements de la température :

TEMPÉRATURE	$2E_\rho$
18°,7	—16°
42°,5	0°
100°	30°
200°	46°22′
300°	59°47′
343°	64°.

A la température ordinaire et avant la calcination, on avait mesuré

$$\beta = 1,5239 \qquad 10^4.\varpi = 1 \qquad 10^4.\nu = 69.$$

On peut tirer parti de ces nombres en remarquant que

$$\sin^2 E = \beta^2 \sin^2 V = \beta^2 \frac{\nu}{\varpi}.$$

Si les variations de β, ν, ϖ, sont proportionnelles à la température, il doit en être de même de celle de $\sin^2 E$. Les nombres précédents donnent :

TEMPÉRATURE	$\sin^2 E$	VARIATION DE $\sin^2 E$ POUR 100°
18°,7	—0.0194	
		0.1063
100°	0.0670	
		0.0880
200°	0.1532	
		0.0880
343°	0.2805	

De 100° à 343° la variation est très régulière. De 18°,7 à 100°, elle est un peu plus forte que pour les températures supérieures ; la différence paraît un peu grande pour pouvoir être attribuée à une erreur d'observation, quoique cela ne soit pas impossible.

Voici maintenant des exemples de variations permanentes. On continue à noter par le signe — les angles des axes situés dans le plan perpendiculaire à g^1 ; et par le signe + ceux des axes situés dans le plan g^1.

	$2E_\rho$ avant la calcination	$2E_\rho$ après la calcination	$2E_\upsilon$ avant la calcination	$2E_\upsilon$ après la calcination	
Échantillon I.	− 13°		+ 17°		
		− 10°		+ 21°	Calcination de 1 h. sur lampe à alcool.
		+ 24°		+ 30°	4 h. sur lampe à gaz vers 600°, et refroidissement lent.
		+ 25°30′		+ 31°30′	7 h. sur lampe à gaz et refroidiss. brusque.
II.	+ 14°		+ 24°30′		
		+ 37°		+ 49°	8 jours dans un four de Sèvres, dont 36 h. vers 800°, puis refroidissement.
III.	+ 25°		+ 17°		
		+ 25°		− 17°	Calcination de 1 h. sur lampe à gaz.
		+ 33°30′		+ 38°	5 minutes sur chalumeau à gaz.
		+ 43°		+ 48°	8 jours dans un four de Sèvres au dégourdi.
IV.	+ 17°30′		+ 27°		
		+ 48°		+ 53°	8 j. four de Sèvres au grand feu et refroidissement très lent.

Des phénomènes analogues ont été observés par M. Des Cloizeaux pour la cymophane et la brookite.

Pour ces deux dernières espèces, comme nous le verrons plus tard, ces anomalies s'expliquent par l'influence qu'exerce la chaleur sur les groupements intérieurs qui altèrent souvent l'homogénéité des substances cristallisées. Il est probable que la même explication sera un jour étendue aux modifications permanentes de l'orthose.

III. — DISPERSION.

Formules représentant la dispersion. — Nous avons vu qu'on peut en général représenter la dispersion par la formule de Cauchy à 2 ou 3 termes

$$n = A + \frac{B}{\lambda^2} + \frac{C}{\lambda^4}.$$

On s'en tient ordinairement aux deux premiers termes. Le calcul de

A et B ne nécessite alors que la connaissance de l'indice pour deux longueurs d'onde connues. On prend toujours des longueurs d'onde correspondant à des raies du spectre solaire. Pour ce calcul très simple on peut employer les nombres suivants calculés avec les longueurs d'onde évaluées en millièmes de millimètres.

Raies	λ	$\frac{1}{\lambda^2}=l^2$	Log l^2	$\frac{1}{\lambda^4}=l^4$
A	0.7604	1.730	0.23792	2.9910
B	0.6867	2.123	0.32686	4.5050
C	0.6562	2.322	0.36592	5.3930
D	0.5895	2.878	0.45904	8.2810
	0.5889	2.884	0.45992	8.3150
b_1	0.5183	3.725	0.57084	13.8600
F	0.4861	4.232	0.62654	17.9100
G′	0.4340	5.309	0.72502	28.1900
G	0.4307	5.391	0.73166	19.0600
h	0.4101	5.948	0.77422	35.3500
H	0.3967	6.354	0.80308	40.3800

Lorsqu'on ne calcule que la formule à deux termes, on peut remarquer que

$$n_B = A + Bl_B^2 = A + B \times 2.123$$
$$n_F = A + Bl_F^2 = A + B \times 4.232$$
$$n_H = A + Bl_H^2 = A + B \times 6.354.$$

On aura donc à très peu près

$$n_H - 3(n_F - n_B) = A + B(6.354 - 6.327) = A - 0.027\,B,$$

ou très sensiblement A. Cette relation approchée peut être dans certains cas commode pour le calcul.

Voici quelques exemples qui montreront l'accord de la formule de Cauchy avec l'observation.

RAIES	QUARTZ (MASCART) $\omega = 1.53238 + 0.001058 \frac{1}{\lambda^2}$			CALCITE (MASCART) $\omega = 1.63774 + 0,015221 \frac{1}{\lambda^2}$			APATITE (HEUSSER) $\omega = 1.63063 + 0.00536 \frac{1}{\lambda^2}$		
	OBSERVÉ	CALCULÉ	DIFFÉR. $\times 10^5$	OBSERVÉ	CALCULÉ	DIFFÉR. $\times 10^5$	OBSERVÉ	CALCULÉ	DIFFÉR. $\times 10^5$
A	1.53902	1.53939	— 37	1.65013	1.65014	— 1			
B	4099	4099	0	296	296	0			
C	188	180	+ 8	446	439	+ 7			
D	423	405	+ 18	846	837	+ 9	1.63063	1.63063	0
F	966	955	+ 12	6795	6809	— 16	5332	5332	0
G	5429	5425	+ 4	7620	7640	— 20	953	953	0
H	817	817	0	8330	8330	0			

RAIES	BARYTINE (HEUSSER) $\beta = 1.62333 + 0.004883 \frac{1}{\lambda^2}$			ARAGONITE (RUDBERG) $\beta = 1.66187 + 0.006802 \frac{1}{\lambda^2}$			TOPAZE (RUDBERG) $\beta = 1.60198 + 0.004009 \frac{1}{\lambda^2}$		
	OBSERVÉ	CALCULÉ	DIFFÉR. $\times 10^5$	OBSERVÉ	CALCULÉ	DIFFÉR. $\times 10^5$	OBSERVÉ	CALCULÉ	DIFFÉR. $\times 10^5$
B	1.63370	1.63370	0	1.67631	1.67631	0	1.61049	1.61049	0
C	476	468	+ 8	779	767	+ 12	144	129	+ 15
D	745	739	+ 6	8157	8144	+ 13	375	351	+ 24
F	1.64393	4400	— 7	9053	9066	— 13	914	934	— 20
G	960	966	— 6	836	854	— 18	2365	2359	+ 6
H	5437	5437	0	1.70509	1.70509	0	745	745	0

Sauf pour l'indice du quartz correspondant à la raie A, où il est permis de soupçonner une erreur d'observation, la différence entre les indices observés et calculés dépasse à peine deux unités du quatrième ordre décimal. La précision des mesures ne peut guère être regardée comme beaucoup supérieure.

Il semble résulter des observations de M. V. von Lang que, pour le gypse, il est nécessaire d'ajouter à la formule un terme en $\frac{1}{\lambda^4}$. Si l'on essaye en effet de représenter les valeurs de β en se bornant à deux termes, on obtient le résultat suivant.

RAIES	GYPSE $\beta = 1.51363 + 0.002723 \frac{1}{\lambda^2}$		
	OBSERVÉ	CALCULÉ	DIFFÉRENCE $\times 10^5$
B	1.51941	1.51941	0
C	2037	95	+ 42
D	287	2147	+ 140
F	581	515	+ 66
G	831	831	0

Si, au contraire, on emploie la formule à trois termes

$$n = A + \frac{B}{\lambda^2} - \frac{C}{\lambda^4},$$

en adoptant les valeurs suivantes de A, B, C, à la température de 20° :

	A	$B \times 10^3$	$C \times 10^4$
γ.	1.50799	4.6192	0.68387
β.	1.50962	4.8701	1.04307
α.	1.51808	4.4257	0.40598

la comparaison entre le calcul et l'observation devient naturellement plus satisfaisante, comme cela résulte du tableau qui suit. Toutefois les indices du gypse varient d'une façon si notable avec la température qu'on serait tenté d'attribuer l'anomalie constatée par M. V. Lang au défaut de constance de la température pendant les observations.

RAIES	α			β			γ		
	OBSERVÉ	CALCULÉ	DIFFÉR. $\times 10^6$	OBSERVÉ	CALCULÉ	DIFFÉR. $\times 10^6$	OBSERVÉ	CALCULÉ	DIFFÉR. $\times 10^6$
B	1.527251	1.527264	— 13	1 519407	1.519457	— 50	1.517427	1.517457	— 30
C	8142	8138	+ 4	1.520365	1.520365	0	8525	8545	— 20
D	1.530483	1.530483	0	2870	2772	+ 98	1.520818	1.520717	+101
E	3552	3482	+ 70	5806	5794	+ 12	3695	3726	— 31
F	5994	6074	— 80	8262	8352	+ 10	6269	6303	— 34
G	1.540736	1.540716	+ 20	1.532821	1.532801	+ 20	1.530875	1.530860	+ 15

Dispersion pour les radiations obscures. — Lorsqu'on a déterminé les coefficients de la formule de Cauchy de manière à représenter la dispersion dans l'intervalle des valeurs de λ qui correspondent aux radiations lumineuses, la formule s'applique encore pour les petites valeurs de λ qui correspondent aux radiations ultra-violettes. Mais, d'après d'importantes observations de M. Mouton[1], il n'en est plus de même pour les grandes valeurs de λ qui correspondent aux radiations obscures infra-rouges.

M. Mouton a en effet trouvé pour les indices ordinaires du quartz se rapportant à ces radiations, les nombres suivants :

λ en millièmes de millim.	ω
0.88	1.5571
1.08	1.5338
1.45	1.5289
1.77	1.5247
2.14	1.5191

La courbe ayant pour ordonnées les valeurs de ω et pour abscisses celles de $\frac{1}{\lambda^2}$, a ainsi la forme que représente la figure 161. Cette

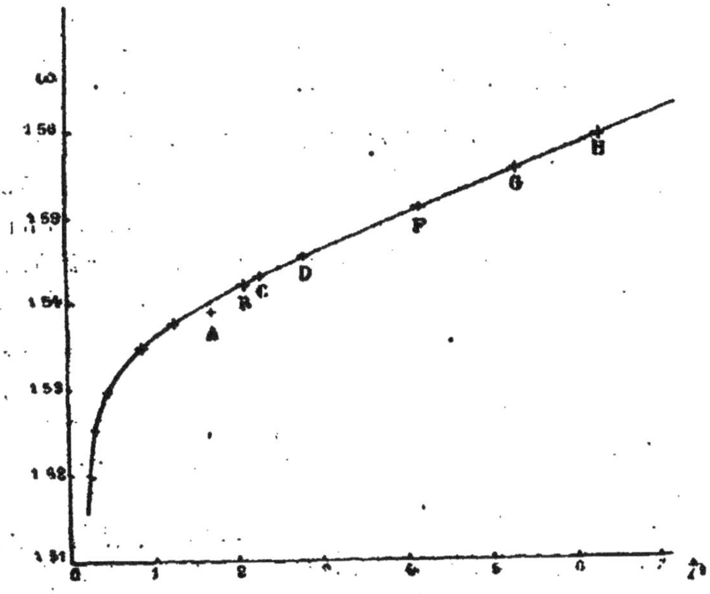

Fig. 161.

forme est manifestement celle d'une hyperbole ; la courbe ne peut donc

1. *Comptes rendus*, 88. — P. 967, 1078 et 1189 (1879).

être représentée ni par la formule de Cauchy à un seul terme qui donnerait une droite, ni par la même formule avec un nombre quelconque de termes qui conduirait à une forme parabolique. Pour arriver à une forme hyperbolique, il faut ajouter un terme en $\frac{1}{x}$ ou en λ^2. On est ainsi conduit à une expression de la forme

$$\omega = A + \frac{B}{\lambda^2} + C\lambda^2.$$

En prenant

$$\omega = 1.53461 + 0.003795\frac{1}{\lambda^2} - 0.00357\lambda^2$$

on représente en effet d'une manière convenable les observations de M. Mascart et celles de M. Mouton.

La formule à laquelle a été conduit M. Mouton avait été précédemment indiquée par Briot comme résultant de calculs théoriques. Elle porte dans la science le nom de ce savant mathématicien. L'addition du terme en λ^2, qui la caractérise, ne paraît nécessaire que lorsqu'on fait entrer en ligne de compte les radiations obscures. Pour les radiations lumineuses et ultra-violettes l'influence de ce terme devient négligeable, à cause de la faible valeur de λ^2.

Dispersion cristalline. — On peut appeler dispersion cristalline les variations que subissent, avec la longueur d'onde, les différences des indices principaux.

On ne possède que pour un très petit nombre de substances cristallisées des données suffisantes pour faire connaître avec précision cette dispersion cristalline. Les nombres inscrits dans les tableaux suivants en donneront quelques exemples.

CRISTAUX UNIAXES

RAIES	ω	$10^5.\delta = 10^5.(\varepsilon-\omega)$	ω	$10^5.\delta$	ω	$10^5.\delta$
	Quartz (Mascart).		Calcite (Mascart).		Apatite (Heusser).	
A	1.53902	+910	1.65013	—16728		
a	4018	01	162	»		
B	099	03	296	887		
C	188	07	446	972		
D	423	15	846	17192	1.64607	—435
E	718	18	1.66354	469	998	55
b	770	24	446	»	»	»
F	966	31	793	709	1.65332	65
G	1.55429	43	1.67620	18150	953	85
H	816	54	1.68330	553		
L	1.56019	55	706	765		
M	150	71	966	912		
N	400	81	1.69441	19185		
O	668	91	955	469		
P	842	80	1.70276	647		
Q			613	833		
R			1.71155	20127		

CRISTAUX BIAXES

RAIES	β	$10^5.\varpi$	$10^5.\nu$	$10^5.\sigma$	β	$10^5.\varpi$	$10^5.\nu$	$10^5.\sigma$
	Barytine (Heusser).				Topaze blanche du Brésil (Rudberg).			
B	1.63370	1045	112	1157	1.61049	742	209	951
C	476	45	14	59	144	36	209	45
D	745	52	15	57	375	34	14	48
E	1.64093	74	21	95	668	40	16	56
F	393	91	27	1208	914	38	13	51
G	960	1100	31	31	1.62365	58	11	69
H	1.65436	24	35	59	745	61	06	67
	Aragonite (Rudberg).				Gypse (von Lang) à 16°,8.			
B	1.67631	430	14882	15312	1.51941	784	198	982
C	779	24	959	83	1.52037	78	204	82
D	1.68157	32	15144	15576	287	61	05	66
E	634	50	370	820	581	75	11	86
F	1.69053	02	574	16036	826	73	199	72
G	836	82	954	436	831	91	196	87
H	1.70509	502	16283	785				

Si l'on néglige quelques anomalies qui paraissent pouvoir être attribuées à des erreurs d'observation, pour toutes ces substances, sauf pour le gypse, les différences des indices principaux vont en croissant, avec ces indices, du rouge au violet.

Lorsque les deux indices principaux sont représentés correctement par des formules de Cauchy à deux termes, $A+\frac{B}{\lambda^2}$ et $A'+\frac{B'}{\lambda^2}$, la différence est exprimée par la formule

$$A-A'+\frac{B-B'}{\lambda^2}.$$

En se reportant à la remarque précédente on voit qu'en général $B-B'$ est du même signe que $A-A'$, c'est-à-dire qu'à la plus grande valeur de A correspond en général la plus grande valeur de B.

Les tableaux suivants donnent la comparaison entre la dispersion cristalline observée et la même dispersion représentée par la formule $A-A'+\frac{B-B'}{\lambda^2}$.

RAIES	QUARTZ $10^5.\delta=882+11.4\frac{1}{\lambda^2}$			CALCITE $10^5.\delta=16062+392.1\frac{1}{\lambda^2}$			APATITE $10^5.\delta=377+19.9\frac{1}{\lambda^2}$		
	OBSERVÉ	CALCULÉ	DIFFÉR.	OBSERVÉ	CALCULÉ	DIFFÉR.	OBSERVÉ	CALCULÉ	DIFFÉR.
A	910	901	+ 9	16728	16740	−12			
B	903	906	− 3	16887	16894	− 7			
C	907	907	0	16972	16972	0			
D	915	914	+ 1	17192	17190	+ 2	435	435	0
b_1	924	924	0						
F	931	930	+ 1	17709	17721	−12	465	462	+ 3
G	943	943	0	18150	18175	−25	485	485	0
H	954	954	0	18555	18553	0			

RAIES	BARYTINE					
	$10^5.\varpi = 1005 + 18.7 \frac{1}{\lambda^2}$			$10^5.\nu = 100 + 5.4 \frac{1}{\lambda^2}$		
	OBSERVÉ	CALCULÉ	DIFFÉRENCE	OBSERVÉ	CALCULÉ	DIFFÉRENCE
B	1045	1045	0	112	112	0
C	1045	1049	— 4	114	113	— 1
D	1052	1059	— 7	115	116	— 1
F	1091	1085	+ 6	127	124	+ 3
G	1100	1106	— 6	131	130	+ 1
H	1124	1124	0	135	135	0

RAIES	ARAGONITE					
	$10^5.\varpi = 379 + 19.4 \frac{1}{\lambda^2}$			$10^5.\nu = 14196 + 328 \frac{1}{\lambda^2}$		
	OBSERVÉ	CALCULÉ	DIFFÉRENCE	OBSERVÉ	CALCULÉ	DIFFÉRENCE
B	430	419	+11	14882	14824	+58
C	424	424	0	14959	14959	0
D	432	435	— 3	15144	15142	+ 2
F	468	461	+ 7	15574	15587	—13
G	482	483	— 1	15954	15967	—13
H	502	502	0	16283	16283	0

RAIES	TOPAZE					
	$10^5.\varpi = 712 + 7.8 \frac{1}{\lambda^2}$			$10^5.\nu = 212$		
	OBSERVÉ	CALCULÉ	DIFFÉRENCE	OBSERVÉ	CALCULÉ	DIFFÉRENCE
B	742	728	+12	209	212	— 4
C	736	730	+ 6	209	212	— 4
D	734	734	0	214	212	+ 2
F	738	745	— 7	213	212	+ 1
G	758	754	+ 4	211	212	— 1
H	761	761	0	206	212	— 6

Les différences entre les nombres observés et calculés sont du même ordre de grandeur que lorsqu'il s'agit des indices eux-mêmes. La formule de Cauchy à deux termes représente donc correctement la dispersion cristalline pour les radiations lumineuses.

Nous avons vu que cette formule ne peut, au moins pour le quartz, représenter à la fois la dispersion des radiations lumineuses et celle des radiations obscures. Il en est autrement pour la dispersion cristalline, comme il résulte du tableau suivant, dans lequel les δ correspondant aux radiations obscures ont été calculés en employant la formule appliquée plus haut aux radiations lumineuses.

λ	QUARTZ $10^6.\delta = 882 + 11.4\frac{1}{\lambda^2}$		
	OBSERVÉ (MOUTON)	CALCULÉ	DIFFÉRENCE
8.884	890	896	— 6
1.08	890	891	— 1
1.45	880	887	+ 7
1.77	880	885	— 5
2.14	870	884	—14

Il résulte de là que si l'on cherchait à représenter l'indice extraordinaire du quartz par la formule de Briot, le coefficient de λ^2 serait sensiblement le même que pour l'indice ordinaire. On trouverait en effet

$$\omega = 1.53461 + 0.003795\frac{1}{\lambda^2} - 0.00357\,\lambda^2$$

$$\varepsilon = 1.54340 + 0.003916\frac{1}{\lambda^2} - 0.00359\,\lambda^2$$

d'où l'on déduirait

$$10^6.\delta = 879 + 12.1\frac{1}{\lambda^2} - 2.3\lambda^2.$$

Le terme en λ^2, dans l'expression de δ, est, on le voit, négligeable.

La formule de Cauchy paraît donc représenter la dispersion cristalline dans une portion de l'échelle des radiations plus étendue que celle dans laquelle elle représente la dispersion ordinaire.

Quant au gypse, d'après les observations de M. von Lang, il fait exception, comme il le faisait déjà pour la dispersion ordinaire, et la dispersion cristalline ne peut être correctement représentée qu'en ajoutant un terme en $\frac{1}{\lambda^4}$. Des nombres donnés plus haut, on déduit

$$10^8.\varpi = 846 - 44.64\frac{1}{\lambda^2} + 6.8387\frac{1}{\lambda^4}$$

$$10^8.\nu = 163 + 25.09\frac{1}{\lambda^2} - 4.592\frac{1}{\lambda^4}$$

Cette anomalie pourrait être mise sur le compte des erreurs d'observation; toutefois M. von Lang en a appuyé la réalité en montrant qu'elle se manifeste aussi dans l'écartement angulaire des axes optiques, comme il résulte des nombres suivants, mesurés à la température de 18° :

2V = 57°18′	Raie B
57°42′	C
58° 8′	D
58° 5′	E
57°28′	F
56°13′	G

L'écartement 2V passe par un maximun pour D.

D'après M. von Lang une anomalie analogue se retrouve encore dans l'orientation de l'ellipsoïde.

Dans le cas, qui paraît être le plus général, où la formule de Cauchy à deux termes suffit à représenter la dispersion cristalline, on peut considérer comme une mesure de la grandeur de ce phénomène le rapport $\frac{B-B'}{A-A'}$. Ce rapport paraît être ordinairement assez petit; pour les substances qu'on vient d'étudier, on a

Quartz	$\frac{A-A'}{B-B'} =$ 0.015
Calcite	0.025
Apatite	0.052
Baryte ϖ	0.019
— ν	0.054
Aragonite ϖ	0.051
— ν	0.025
Topaze ϖ	0.011
— ν	0.0 ?

Nous avons vu, dans le chapitre précédent, quelle importance avait le rapport $\frac{B-B'}{A-A'}$, lorsqu'il s'agit d'employer le compensateur à mesurer la biréfringence des lames cristallines.

Dispersion des axes optiques. — C'est ordinairement par l'observation de la dispersion des axes optiques qu'on apprécie la dispersion cristalline des substances biaxes. Nous avons déjà parlé de ce phénomène et des procédés au moyen desquels on peut l'observer.

Nous avons vu également que si V est le demi-écartement angulaire des axes optiques, on a sensiblement

$$\operatorname{tg}^2 V = \frac{\varpi}{\nu}.$$

Si l'on peut écrire

$$\varpi = g + h\frac{1}{\lambda^2}, \qquad \nu = g' + h'\frac{1}{\lambda^2},$$

on aura

$$\operatorname{tg}^2 V = \frac{g + \frac{h}{\lambda^2}}{g' + \frac{h'}{\lambda^2}},$$

et, si l'on peut considérer $\frac{h}{\lambda^2}$ et $\frac{h'}{\lambda^2}$ comme petits par rapport à g et à g', il viendra sensiblement

$$\operatorname{tg}^2 V = \frac{g}{g'}\left[1 + \left(\frac{h}{g} - \frac{h'}{g'}\right)\frac{1}{\lambda^2}\right].$$

Lorsque $\frac{h}{g} > \frac{h'}{g'}$, le V correspondant aux grandes valeurs de λ, c'est-à-dire au rouge, est plus petit que le V correspondant aux petites valeurs de λ, c'est-à-dire au violet, on a $\rho < v$. L'inverse a lieu lorsque $\frac{h}{g} < \frac{h'}{g'}$.

Dans l'un et l'autre cas, les valeurs de V croissent ou décroissent régulièrement lorsqu'on va du rouge au violet. Cependant nous avons vu dans le paragraphe précédent, que le gypse fait, sous ce rapport, exception, si l'on s'en rapporte aux recherches de M. v. Lang.

Dans les cristaux rhombiques, les axes optiques sont astreints à se trouver dans l'un des trois plans de symétrie, et le plus habituellement, ils sont, pour toutes les couleurs, contenus dans le même plan. Le plus souvent même, leur écartement diffère fort peu, de l'extrémité à l'autre du spectre ; la différence dépasse rarement 1° ou 2°, et est souvent inférieure à ce chiffre.

C'est ainsi qu'on a pour l'aragonite, d'après M. Kirchhof :

2V = 18° 5′23″	B
6′35″	C
11′ 7″	D
16′45″	E
22′14″	F
31′30″	G
40′20″	H

et pour le soufre, d'après M. Des Cloizeaux,

2V = 69° 2′	rouge
5′	jaune
13′	bleu.

Le sulfate de baryte est considéré comme ayant une dispersion considérable avec les nombres suivants :

2V = 36°12′	rouge	D. Cl.
36° 4′	jaune	
37°28′	vert	
38°28′	violet.	

L'hyposulfate de soude ($Na^2O,S^2O^5 + 2aq$) a une dispersion des axes encore plus grande

2V = 73°38′	rouge	D. Cl.
74°46′	jaune	
77°36′	vert.	

Pour la santonine, la dispersion prend une grandeur exceptionnelle :

Écartement dans l'air : 2E = 38°30′	rouge	D. Cl.
42°13′	jaune	
47°46′	vert	
50°37′	bleu.	

Elle est cependant plus grande encore dans le sphène

2E = 55°	à 55°30′	rouge
41°	47°	vert
32°	27′	bleu.

Comme nous l'avons déjà fait remarquer page 252, la dispersion des axes peut se faire de telle manière que les axes soient contenus, pour certaines couleurs, dans un plan principal, et pour d'autres couleurs, dans un plan principal perpendiculaire. Tel est le cas de certains échantillons de brookite (TiO^2 rhombique) dont les axes rouges sont contenus dans le plan p, tandis que les axes verts sont contenus dans le plan g^1.

Action de la chaleur sur la dispersion. — La réfringence est modifiée par la chaleur ; il faudrait donc, pour que la dispersion ne fût pas modifiée par la même influence, que la variation de l'indice avec la température fût la même pour toutes les longueurs d'onde.

D'après quelques observations de M. Stefan[1] la variation de l'indice avec la température est en effet bien près d'être la même avec toutes les couleurs, au moins pour un certain nombre de corps ; c'est ce qui résulte des nombres suivants.

	VARIATIONS DE $n \times 10^5$ POUR 100°			
	B	D	F	H
NCl.	374	370		362
KCl.	349	346	346	
$CaFl^2$.		124	123	124

Pour le verre au contraire, les variations sont très différentes pour les différentes valeurs de λ.

B	C	D	E	F	G
202	206	230	276	290	345

ce qui peut se traduire par la formule

$$105 + \frac{4}{90}\frac{1}{\lambda^2},$$

λ étant exprimé en millièmes de millimètres.

On peut mentionner aussi les expériences de M. Arzruni[2], que nous avons déjà citées (p. 503), sur les trois sulfates isomorphes de strontiane, de baryte et de plomb ; elles montrent que les variations d'un quelconque des indices principaux sont peu différentes, quelle que soit celle des 3 raies C, D, F, auxquelles cet indice correspond.

Influence de la chaleur sur la dispersion cristalline. — Les renseignements que nous possédons touchant l'influence que la chaleur exerce sur la dispersion cristalline sont extrêmement peu nombreux.

Nous citerons cependant les expériences de M. Arzruni qui ont donné les résultats suivants.

1. *Wien. Ak. Ber.* 65, p. 223 (1871).
2. *Groth. Zeit.* I, p. 115 (1877).

	RAIES	VARIATIONS POUR 1° D'AUGMENTATION DE TEMPÉRATURE					
		$10^7.d\varpi$		$10^7.d\nu$		$10^7.d\sigma$	
		ENTRE 20° et 100°	ENTRE 100° et 200°	ENTRE 20° et 100°	ENTRE 100° et 200°	ENTRE 20° et 100°	ENTRE 100° et 200°
Sulfate de strontiane. .	C	— 62	— 51	+ 20	+ 24	— 42	— 27
	D	— 57	— 58	+ 26	+ 20	— 31	— 38
	F	— 57	— 60	+ 30	+ 32	— 27	— 28
Sulfate de baryte	C	— 52	— 84	— 14	+ 35	— 66	— 49
	D	— 52	— 80	— 2	+ 30	— 54	— 50
	F	— 69	— 71	— 1	+ 28	— 70	— 33
Sulfate de plomb.	C	—106	—124	+ 16	+ 27	— 90	— 97
	D	—106	—134	+ 41	+ 23	— 65	—111
	F	—102	—143	+ 36	+ 16	— 65	—127

On voit que les constantes de la biréfringence ϖ, ν et σ varient presque exactement de la même façon pour chacune des 3 raies C, D, F. Les différences, très irrégulières, que l'on observe, paraissant être simplement attribuables à des erreurs d'observation. On peut donc dire que la dispersion cristalline varie tout au moins fort peu, pour ces trois substances, jusqu'à 200°.

M. Laspeyres a publié, au sujet de l'influence de la chaleur sur la glaubérite ($CaSO^4 + K^2SO^4$), un mémoire intéressant[1] où les variations de la dispersion cristalline ont été étudiées.

La glaubérite cristallise dans le système clinorhombique et l'on a $ph^1 = 67°49'$

$$a : b : c = 1.221 : 1 : 1.027$$

$p(c\underline{a}) = 82°\ 1'$	bleu (sulfate de cuivre ammoniacal)	vers — 2°
81°32′	vert Tl	
81°25′	jaune Na	
81° 8′	rouge Li	
81°37′	blanc.	

A — 2°, le plan des axes optiques de toutes les couleurs est ainsi normal à g^1, et l'écartement angulaire des axes dans l'air est

2E = + 9°28′	bleu
+ 12°27′	vert
+ 14°32′	jaune
+ 16°30′	rouge

1. *Groth. Zeit.* I, p. 529 (1877).

A mesure que la température s'élève, l'angle 2E décroît, et il arrive une température, égale à 17°,8, où les axes bleus sont réunis ; au-dessus de cette température, ces axes s'ouvrent de nouveau, mais dans un plan parallèle à g^1 et s'écartent ensuite de plus en plus. Les axes optiques du vert se réunissent lorsque la température est égale à 35°,7 pour s'écarter ensuite dans le plan g^1, et ainsi de suite pour toutes les couleurs jusqu'au rouge. Le phénomène est donc le même que celui qui a été signalé plus haut pour le gypse.

Voici les nombres observés par M. Laspeyres. Les angles comptés dans un plan perpendiculaire à g^1 sont marqués du signe +, ceux qui sont comptés dans le plan g^1 ont le signe —.

VALEURS DE 2E

AUX TEMPÉRATURES	— 1°,7	+ 17°,8	+ 35°,7	+ 45°,8	+ 58°,2	+ 85°,2
Bleu.	+ 9°29′	0	— 8°42′	— 11°8′	— 13°2′	— 17°7
Vert.	+ 12°27′		— 0	— 7°8′	— 10°32′	— 15°15′
Jaune	+ 14°32′		+ 8°9′	.0	— 7°14′	— 13°14′
Rouge.	+ 16°30′		+ 11°1′	+ 8°40′	0	— 10°47′

On voit qu'au-dessus de 60° environ, tous les axes s'ouvrent dans le plan g^1 et que, pour toutes les couleurs, le symbole optique est alors $p(\underline{b}a)$.

Pour tirer parti de ces nombres, nous remarquons qu'à cause de la petitesse de l'angle, on peut admettre $\operatorname{tg} E = \beta \operatorname{tg} V$, et par conséquent

$$\operatorname{tg}^2 E = \beta^2 \frac{\varpi}{\nu}.$$

Les nombres ci-dessus donnent

$$\operatorname{tg}^2 E = 0.0068 - 0.0299t \quad \text{bleu}$$
$$0.0118 - 0.0293t \quad \text{vert}$$
$$0.0164 - 0.0293t \quad \text{jaune}$$
$$0.0207 - 0.0292t \quad \text{rouge.}$$

Ces formules, calculées en partant des observations faites à — 1°,7 et à 85°,2 donnent, pour les températures auxquelles $\operatorname{tg}^2 E$ devient égal à zéro, les nombres ci-dessous :

	CALCULÉ	OBSERVÉ
Bleu.	20°.2	17°.8
Vert	54.7	35.7
Jaune	47.8	45.8
Rouge	60.9	58.2

Les différences ne paraissent pas dépasser les erreurs probables d'observation.

CHAPITRE XIV

PHÉNOMÈNES MAGNÉTIQUES

Magnétisme et diamagnétisme des corps. — On sait, depuis Faraday, que tous les corps de la nature sont sensibles aux actions magnétiques. Les uns sont *paramagnétiques* (ou, pour abréger le langage, *magnétiques*), comme le fer doux, et sont *attirés* par les aimants; les autres, comme le bismuth, sont *diamagnétiques*, et *repoussés* par les aimants. Sauf le sens de l'action, les lois du diamagnétisme sont identiques à celles du paramagnétisme.

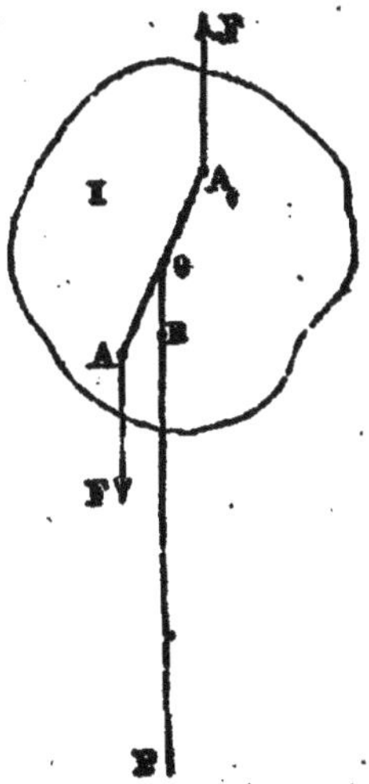

Fig. 162.

Sous l'influence d'un pôle d'aimant, un corps quelconque est soumis à l'action de deux forces de sens contraire, appliqués en des points différents. Ces deux forces se décomposent en un couple et une force. Cette force est attractive, si le corps est magnétique; elle est répulsive, si le corps est diamagnétique. Si le pôle P (fig. 162) est suffisamment éloigné du corps pour qu'on le puisse considérer comme placé à l'infini, les deux forces exercées aux points A et A_1 sont parallèles et dirigées suivant la direction OP qui unit à P un point O du corps: elles sont égales et de signe contraire; le couple subsiste donc seul, et la force, attractive ou répulsive, disparait. Le pôle d'aimant n'exerce plus sur le corps qu'une action directrice.

La terre joue le rôle d'un pôle d'aimant situé à l'infini.

On peut aussi exercer sur un corps une action sensiblement identique à celle d'un pôle situé à l'infini, en le plaçant entre deux pôles d'aimant, du nom contraire, d'égale intensité, et situés à égale distance du corps

Les forces exercées par chacun des deux pôles se détruisent comme égales et de sens contraire, il ne reste plus que les couples qui s'ajoutent comme égaux et de même sens.

Les phénomènes magnétiques sont *particulaires*, en ce sens qu'une *particule* du corps, quelque petite qu'elle soit, est susceptible de prendre deux pôles, comme le corps tout entier.

On représente les particularités diverses du phénomène, en disant que le pôle d'aimant décompose le fluide magnétique, supposé à l'état neutre, de la particule, attire le fluide de nom contraire si le corps est magnétique, le fluide de même nom si le corps est diamagnétique. Avec un certain état de décomposition des deux fluides, les résultantes des actions du pôle d'aimant sur chacun des deux fluides sont appliquées en deux points qui sont les pôles de la particule. Si l'on considère le corps tout entier, les forces positives donnent une résultante appliquée en un certain point A ; les forces négatives donnent une résultante égale appliquée en un certain point A_1. Les deux points A et A_1 sont les pôles du corps. La position de ces pôles change avec l'orientation du corps par rapport au pôle d'aimant P.

Si le corps est filiforme, c'est-à-dire si les particules sont alignées suivant une même droite, les pôles A et A_1 sont toujours situés sur cette droite.

Lorsque le corps filiforme est magnétique, il est clair que, pour être en équilibre en présence du pôle P, il faut que la direction AA_1 soit dirigée suivant OP, le pôle de nom contraire, sollicité par une force attractive, étant dirigé vers P. On dit alors avec Faraday, que l'aiguille se place dans la direction *axiale*.

Si l'aiguille est diamagnétique, le pôle tourné vers P est repoussé, la direction axiale n'est donc plus une position d'équilibre. L'aiguille est en équilibre, lorsque sa direction est perpendiculaire à OP, puisqu'alors les actions exercées par P sur chacune des particules se détruisent. Le corps est dit alors prendre la position *équatoriale*.

Théorie de l'induction magnétique. Ellipsoïde d'induction. — Si le corps, toujours supposé isotrope, a une forme quelconque, il est clair qu'il prendra, en présence d'un pôle d'aimant, une orientation déterminée par la position de ce pôle, par la forme et la nature magnétique du corps, par le mode suivant lequel le corps est forcé de se mouvoir. Nous allons chercher à déterminer cette orientation.

Supposons un corps quelconque soumis à l'influence d'un pôle d'aimant situé à l'infini, de telle sorte qu'en tous les points de l'espace l'action exercée par ce pôle soit égale et parallèle; le corps est dit placé dans un *champ magnétique uniforme* [1]. Sur chacune des particules du corps, l'induction de l'aimant, jointe à celle des particules environnantes, développe une certaine distribution du magnétisme, telle que deux pôles de nom contraire se produisent en deux points séparés par la distance $2l$.

En chacun de ces points se trouve accumulée une certaine quantité m de fluide. La quantité m est la même, mais l'espèce du fluide est opposée pour les deux pôles. L'action exercée par la force magnétique F sur la particule est un couple dont le moment est $F : 2lm. \cos u$, si u est l'angle compris entre les directions de F et de l. Si nous portons sur la direction du bras de levier du couple, une longueur 2μ qui représentera, à une échelle conventionnelle, le produit $2lm$, le moment du couple sera $2\mu F$. La quantité μ est le *moment magnétique* de la particule. On peut encore la désigner sous le nom *d'intensité de la magnétisation*, car il est évident qu'elle sert de mesure à la magnétisation de la particule. Nous adopterons cette dernière dénomination pour ne pas introduire de confusion entre le *moment* magnétique et le *moment* du couple directeur.

On admet comme démontré par l'expérience que l'intensité μ de la magnétisation varie d'une particule à une autre, mais que, pour toutes les particules situées dans un champ magnétique uniforme, elle a la même direction. On admet en outre que, pour une particule donnée, dans un corps donné, elle est proportionnelle à la force magnétique F qui agit dans le champ. Elle varie d'ailleurs avec la direction de F.

Le couple directeur total qui agit sur le corps a pour moment la somme des moments de chacun des couples particulaires dont les plans sont tous parallèles entre eux. Les bras de ces couples étant aussi tous parallèles et la force F étant pour chacun d'eux égale et parallèle, le couple total a pour force F et pour bras de levier une longueur égale à $2\Sigma\mu = 2L$, dont la direction est parallèle à celle de tous les bras des couples particulaires de levier. La longueur 2L représente en grandeur et en direction ce que nous appellerons *l'intensité de la magnétisation* du corps.

Cette quantité varie proportionnellement à F. Si donc par le point O (fig. 162), nous menons une longueur OB égale et parallèle à F, et si OA représente L en grandeur et en direction, nous avons entre OA et OB la relation bien connue qui existe entre la force élastique et le déplacement, etc. La théorie développée dans le chapitre I nous montre alors

1. W. Thomson. *On the theory of magnetic Induction in crystalline and non crystalline substances. Phil. Mag.* (4) I, 177 (1851).

que lorsque le point B décrit une sphère, c'est-à-dire lorsqu'on tourne le corps dans le champ magnétique de manière à lui faire prendre toute les orientations possibles par rapport à F, le point A décrit un ellipsoïde, que nous appellerons *l'ellipsoïde d'induction*.

Si le corps est sphérique, il est clair que lorsque nous le supposerons en outre isotrope, l'action magnétique étant la même dans toutes les directions, l'ellipsoïde d'induction sera une sphère. Mais si le corps est cristallisé, l'action magnétisante pourra s'exercer d'une façon différente suivant des directions cristallographiques différentes, et la surface d'induction sera en général un ellipsoïde dont la grandeur et la direction des axes seront déterminées, pour chaque corps de forme sphérique, par les orientations des axes cristallographiques et les propriétés particulières de la substance.

Cet ellipsoïde sera soumis aux conditions générales de symétrie bien connues. Il est une sphère dans le cas d'un corps isotrope ou cubique; un ellipsoïde de révolution pour les cristaux uniaxes; un ellipsoïde à trois axes inégaux pour les autres systèmes. Dans les cristaux rhombiques, les axes de l'ellipsoïde coïncident avec les axes de symétrie binaire; dans les cristaux clinorhombiques, un axe de l'ellipsoïde coïncide avec un axe de symétrie, les deux autres occupent dans le plan de symétrie une position que la cristallographie ne suffit plus à déterminer; dans les cristaux anorthiques, la cristallographie ne détermine plus l'orientation d'aucun des trois axes.

La théorie mathématique du magnétisme est due à Poisson[1]. Cet illustre savant a envisagé seulement le cas des solides isotropes, mais il avait nettement indiqué l'application possible de ses formules générales au cas des substances cristallisées, en réclamant des expériences qui manquaient encore au moment où il écrivait.

Cet appel à l'expérimentation ne trouva pas d'écho. Les particularités de l'induction magnétique des cristaux ne furent découvertes et publiées qu'en 1847 par Plücker[2]. A la suite de ce premier mémoire parurent successivement sur le même sujet un assez grand nombre de travaux qui eurent pour auteur Plücher lui-même[3], Plücker et Beer[4], Knoblauch et Tyndall[5].

1. *Mém. de l'Inst.*, 1821-22.
2. *Pogg. Ann.*, 72, 315 (1847).
3. *Pogg. Ann.*, 76, 576 (1849). — 77, 447 (1849). — 26, 1 (1852).
4. *Pogg. Ann.*, 81, 114 (1850). — 82, 42 (1851).
5. *Pogg. Ann.*, 79, 232 (1850). — 81, 481 (1850).

Couple directeur agissant sur un corps placé dans un champ magnétique uniforme. — En 1858[1] Plücker publia une théorie des phénomènes d'induction cristalline. Cette théorie se déduit très simplement de l'existence de l'ellipsoïde d'induction. Appelons en effet a^2, b^2, c^2 les axes de cet ellipsoïde; $\frac{1}{a}, \frac{1}{b}, \frac{1}{c}$ seront ceux de l'ellipsoïde inverse.

Supposons une sphère cristalline suspendue par son centre de manière à ne pouvoir tourner qu'autour d'un axe vertical. Nous supposerons la force magnétique horizontale et dirigée suivant un diamètre ρ' de l'ellipse découpée dans l'ellipsoïde inverse par le plan horizontal. Les axes de cette ellipse sont $\frac{1}{r}$ et $\frac{1}{r'}$. La force F est, au moment considéré, dirigée parallèlement à un diamètre de l'ellipsoïde qui a pour longueur ρ'.

On sait que si, par l'extrémité de ρ', on mène le plan tangent à l'ellipsoïde inverse et si on abaisse du centre une perpendiculaire sur ce plan, celle-ci détermine la direction du diamètre ρ_0 de l'ellipsoïde d'induction à l'extrémité duquel la force F, parallèle à ρ', est appliquée et produit le couple directeur. Nous appellerons U l'angle de ρ avec ρ_0.

Le moment du couple directeur est

$$2F\rho_0 \sin U.$$

En se reportant à l'équation (17) de la page 16, (dans laquelle les mêmes notations sont employées), on verra que

$$\rho_0 \cos U = \frac{1}{\rho'^2},$$

ce qui donne pour le moment du couple

$$\frac{2F \operatorname{tg} U}{\rho'^2}.$$

Si nous supposons que la sphère cristalline ne peut se mouvoir qu'autour d'un axe perpendiculaire au plan de l'ellipse dont ρ' est un rayon, elle n'est sollicitée au mouvement que par la projection du couple sur ce plan, soit par le moment

$$\frac{2F}{\rho'^2} \operatorname{tg} U \cos\alpha,$$

α étant l'angle du plan de l'ellipse, avec celui qui contient ρ_0 et ρ'.

1 *Phil. mag.* (4) I, 177 (1851).

Si U' est l'angle que fait avec ρ' la projection de ρ_0, le moment du couple moteur est

$$M = \frac{2F}{\rho'^2} \operatorname{tg} U'.$$

D'après la construction qui donne la direction de ρ_0 lorsqu'on connaît celle de ρ', il est clair que la projection de ρ_0 est la normale à la tangente qui, dans le plan horizontal, touche l'ellipse à l'extrémité de ρ'. L'angle U' est donc, dans cette ellipse, l'angle compris entre le rayon et la normale à la tangente menée à l'extrémité du rayon. Il est aisé de voir qu'on a

$$\operatorname{tg} U' = \rho'^2 (r'^2 - r''^2) \sin\omega \cos\omega,$$

ω et U' étant comptés, à partir de ρ', c'est-à-dire de la direction de la force F, dans le sens des aiguilles d'une montre. Le couple directeur est ainsi

$$M = F(r'^2 - r''^2) \sin 2\omega.$$

Lorsque M est positif, le couple tend à tourner en sens inverse des aiguilles.

Pour qu'il y ait équilibre, il faut que $\omega = 0$ ou $\frac{\pi}{2}$, c'est-à-dire que l'un des deux axes de l'ellipse soit dans la direction de la force magnétique.

Pour que l'équilibre soit stable, il faut que $\frac{dM}{d\varphi}$ soit positif ou que

$$2F(r'^2 - r''^2) \cos 2\omega > 0.$$

Si le corps est magnétique, F est positif, et l'équilibre n'est stable que pour $\omega = 0$, c'est-à-dire lorsque l'axe minimum $\frac{1}{r'}$ de l'ellipse inverse est dans la direction de la force magnétique; r' se place *axialement*.

Si au contraire le corps est diamagnétique, F est négatif et l'équilibre n'est stable que lorsque c'est le plus grand axe de l'ellipse inverse qui coïncide avec la direction de la force; r' se place *équatorialement*.

Lorsque la sphère tourne autour d'un axe quelconque, le couple moteur n'étant pas perpendiculaire à l'axe, il ne peut y avoir équilibre qu'autant que, par des liaisons suffisantes, on oblige la sphère à tourner autour de l'axe. Ces liaisons sont inutiles lorsque le corps tourne autour d'un des trois axes de l'ellipsoïde.

Si, par exemple, l'axe de rotation est l'axe $\frac{1}{c}$ de l'ellipsoïde inverse ou c de l'ellipsoïde principal, l'équilibre est obtenu, avec les substances magnétiques, lorsque l'axe a se place dans la direction de la force ou axialement, l'axe b se plaçant équatorialement. L'inverse a lieu avec une substance diamagnétique.

Si, lorsque la sphère cristalline est obligée de tourner autour d'un axe quelconque, on la laisse osciller autour de sa position d'équilibre, la durée T de l'oscillation est donnée par la relation

$$T^2 = \frac{\pi^2 I}{2F(r'^2 - r''^2)},$$

I étant le moment d'inertie de la sphère.

Si on fait tourner la sphère autour de l'axe a, la durée T_a de l'oscillation est :

$$T_a = \frac{\pi^2 I}{2} \cdot \frac{1}{b^3 c^2}.$$

Autour des axes b et c, les durées d'oscillation sont respectivement

$$T_b^2 = \frac{\pi^2 I}{2F} \cdot \frac{1}{a^2 - c^2},$$

$$T_c^2 = \frac{\pi^2 I}{2F} \cdot \frac{1}{a^2 - b^2},$$

d'où l'on tire

$$\frac{1}{T_b^2} = \frac{1}{T_a} + \frac{1}{T_c^2}.$$

Axes magnétiques. — Nous appellerons *axes magnétiques* les droites analogues aux *axes optiques*, c'est-à-dire les perpendiculaires aux sections circulaires de l'ellipsoïde inverse. Si l'on appelle 2V l'écartement angulaire de ces axes autour de l'axe a, on a :

$$\sin^2 V = \frac{b^2 - c^2}{a^2 - c^2} = \frac{T_b^2}{T_a^2},$$

$$\cos^2 V = \frac{a^2 - b^2}{a^2 - c^2} = \frac{T_b^2}{T^2},$$

$$\operatorname{tg}^2 V = \frac{b^2 - c^2}{a^2 - b^2} = \frac{T_c^2}{T_a^2}.$$

θ' et θ'' sont les angles que fait, avec chacun des axes magnétiques un axe quelconque de rotation, on a :

$$r'^2 - r''^2 = (a^2 - c^2) \sin\theta' \sin\theta'',$$

et par conséquent

$$T^2 = \frac{\pi^2 I}{2F(a^2 - c^2)} \frac{1}{\sin\theta' \sin\theta''} = \frac{T_b^2}{\sin\theta' \sin\theta''}.$$

Expériences de Plücker vérifiant les formules théoriques. — Pour vérifier la théorie et l'appliquer aux faits observés, on suspend le cristal entre deux pôles d'un électro-aimant (fig. 163). Plücker employait un large électro-aimant actionné par 6 éléments Grove, et dont les pôles étaient distants de 1,6 pouces.

Fig. 163.

L'espace qui comprend les pôles et le cristal peut être garanti par une cage de verre contre l'influence des courants d'air. Le cristal, oscillant à égale distance des deux pôles, est suspendu par le double fil de cocon d'une balance de torsion.

Le cristal peut être tourné de manière a former une sphère, mais la taille est difficile, et l'on peut se borner à rendre la section symétrique dans le plan perpendiculaire à l'axe. On forme alors un cylindre à base circulaire dont l'axe est celui de rotation. On peut aussi tailler une lame à contours circulaires qu'on fait tourner soit autour d'un axe perpendiculaire à la lame, soit autour d'un axe situé dans le plan de la lame. Si le pôle de l'aimant n'est pas trop près du cristal, si celui-ci est petit, sa forme n'influe pas beaucoup sur son orientation, et on peut lui laisser sa forme naturelle. Lorsqu'on n'a pour but que de voir suivant laquelle, de deux directions connues, le cristal s'orientera, on peut tailler de petits cubes dont les faces sont perpendiculaires à ces deux directions.

Il est bien entendu que, dans la taille artificielle du cristal, la trace des directions cristallographiques doit toujours être conservée.

L'observation montre que, conformément à la théorie, les cristaux cubiques prennent des orientations qui ne dépendent que de leur forme et nullement des directions de leurs axes cristallographiques.

Les cristaux à un axe principal ne prennent pas non plus d'orientation déterminée lorsqu'ils tournent autour de cet axe. Au contraire lorsque l'axe de rotation est perpendiculaire à l'axe principal, celui-ci se place, suivant les cas, soit axialement, soit équatorialement. Nous aurons à distinguer dans ces cristaux ceux qui sont paramagnétiques et ceux qui sont dimagnétiques. Nous désignerons les premiers par la lettre π, les seconds, par la lettre ∂. Nous noterons les axes de l'ellipsoïde principal magnétique $\mathfrak{a}, \mathfrak{c}$, avec $\mathfrak{a} > \mathfrak{c}$. Lorsque $\mathfrak{a}$ est dirigé suivant l'axe principal, on peut dire, par analogie avec les phénomènes optiques, que le cristal est négatif, on peut donc le noter $-\pi$ ou $-\partial$, suivant le sens du magnétisme. Il sera noté $+\pi$ ou $+\partial$ si c'est l'axe minimum d'induction $\mathfrak{c}$ qui coïncide avec l'axe principal.

Pour les cristaux orthorhombiques, les axes de l'ellipsoïde d'induction coïncident avec ceux de symétrie. Si l'on suspend le cristal de manière que l'un des axes cristallographiques, *c* par exemple, soit vertical, on constate que l'équilibre n'est obtenu que dans la position où l'un des deux axes perpendiculaires se place axialement, et le second équatorialement. Supposons que l'on ait fait successivement les trois observations suivantes :

AXES DE ROTATION	ORIENTATION AXIALE	ORIENTATION ÉQUATORIALE
a	*c*	*b*
b	*a*	*c*
c	*a*	*b*

le cristal étant diamagnétique. On en conclura que l'axe d'induction dirigé suivant *b* est plus grand que celui qui est dirigé suivant *c*, et que celui-ci est plus grand que celui qui est dirigé suivant *a*. Par analogie avec une notation employée pour les propriétés optiques, on pourra donc noter ce cristal

$$\partial(cab).$$

Il serait noté au contraire

$$\pi(bca).$$

si, les observations d'orientation restant les mêmes, le cristal était paramagnétique.

Si le cristal était clinorhombique, on déterminerait les deux directions des axes d'induction situés dans le plan de symétrie en faisant osciller le cristal autour de l'axe de symétrie. Les observations ne peuvent pas avoir, on le conçoit, une grande rigueur.

On peut, comme l'a fait Plücker, pousser un peu plus loin l'observation et la vérification de la théorie, en faisant osciller les cristaux autour de leurs positions d'équilibre, et mesurant, dans chaque cas particulier, la durée T de leurs oscillations.

1° *Formiate de cuivre.* — Supposons d'abord que nous expérimentions avec le *formiate de cuivre*, qui cristallise dans le système clinorhombique. On a $p/h^1 = 78°\,55'$ et $m/m = 89°\,8'$; un clivage facile est parallèle à p. Le cristal est paramagnétique.

On taille une lame circulaire parallèle au plan de symétrie; sur cette lame, on note la direction du clivage p; on suspend la lame horizontalement entre les deux pôles, et on constate que la direction axiale fait un angle de 3° environ avec une normale au clivage (fig. 164). On constate ensuite que l'axe d'induction qui coïncide avec l'axe de symétrie est l'axe moyen, et par conséquent que celui qui est à peu près perpendiculaire à p est l'axe maximum a.

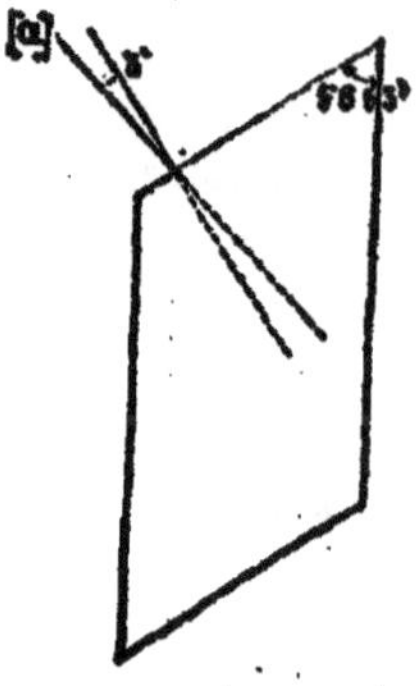

Fig. 164.

On prend alors une sphère de 1 centimètre environ de diamètre taillée dans un beau cristal; on la pose sur un petit anneau de mica très mince, rattaché par trois fils de soie à la balance de torsion, et on la fait osciller successivement autour de chacun des axes d'induction, en comptant le nombre des oscillations, ce qui donne $\frac{1}{T}$. Dans deux séries d'observations, faites l'une avec 6 éléments, l'autre avec 12 éléments de pile, on trouve les résultats suivants :

AXES DE SUSPENSION	AVEC 6 ÉLÉMENTS	AVEC 12 ÉLÉMENTS	
a	22.5 à 23 oscill.	31 à 31.5 oscill.	$\frac{1}{T_a}$
b	53	73	$\frac{1}{T_b}$
c	49	67	$\frac{1}{T}$

On constate qu'on a, avec la première série :

$$\frac{1}{T_a^2} + \frac{1}{T_c^2} = 2918, \qquad \frac{1}{T_b^2} = 2809,$$

avec la seconde

$$\frac{1}{T_a^2} + \frac{1}{T_c^2} = 5166, \qquad \frac{1}{T_b^2} = 5329;$$

ce qui vérifie, avec une exactitude satisfaisante, la relation théorique

$$\frac{1}{T_a^2}+\frac{1}{T_c^2}=\frac{1}{T_b}.$$

On déduit d'ailleurs de ces nombres

$$\operatorname{tg} V=\frac{T_c}{T_a}=\frac{23}{49}=\frac{67}{31}.$$

d'où sensiblement $V=25°,8$.

On peut aussi trouver V, comme on le fait pour les propriétés optiques (V. page 395), en déterminant les *sections principales*, c'est-à-dire les deux directions axiale et équatoriale, d'une lame suspendue de manière que son plan soit horizontal, et taillée obliquement aux axes de l'ellipsoïde. Plücker a trouvé par ce procédé, en se servant d'une lame parallèle au plan $b^{\frac{1}{2}}$, $V=25°,3$.

Il nous reste à savoir quel est le signe de la bissectrice aigüe, c'est-à-dire si l'angle aigu des axes est bissèqué par a (—) ou par c (+).

Soit, dans le plan qui contient les axes magnétiques, Oac (fig. 165) l'ellipse principal, OI la direction d'un des axes magnétiques; Oi le diamètre perpendiculaire à OI est égal à $\mathfrak{b}$. Soit encore OS une direction comprise entre OI et Oa; le diamètre perpendiculaire, Os est plus petit que $\mathfrak{b}$. Si l'on découpe dans le cristal une lame perpendiculaire au plan ac, et passant par Os, cette lame a pour axes *os* et la perpendiculaire à Os qui est égale à $\mathfrak{b}$ et par conséquent plus grande que Os. Si le cristal est magnétique, par exemple, c'est donc la perpendiculaire à Os (c'est-à-dire à la trace du plan des axes sur le plan de la lame) qui se placera axialement.

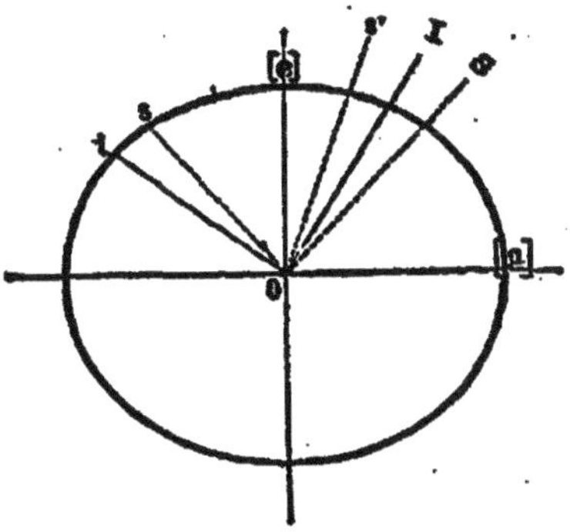

Fig. 165.

Les choses se passeront en sens inverse si la lame est taillée perpendiculairement à une droite OS′ située entre OI et Oc; c'est alors, le cristal étant toujours supposé magnétique, la trace du plan des axes qui se dirigera axialement. On a donc le moyen de s'assurer si une direction donnée est comprise entre a et l'axe ou entre c et l'axe. On peut ainsi voir si la bissectrice aiguë est négative, a, ou positive, c.

En appliquant le procédé au formiate, on constate que la bissectrice aiguë est négative.

2° *Sulfate de fer.* — Le *sulfate de fer* appartient au système clinorhombique; mais, au point de vue magnétique, il peut être considéré comme étant uniaxe, c'est-à-dire que son ellipsoïde d'induction est presque exactement de révolution autour d'une certaine droite, qui est l'axe principal d'induction. Cet axe est situé dans le plan de symétrie, et fait dans l'angle obtus ph^1, un angle de 75° environ avec la face de clivage p. Il paraît se confondre presque exactement avec l'axe maximum d'élasticité optique, car le symbole optique est $p\ \overset{+}{\mathfrak{c}} = -14°\ 45'$.

La substance est très énergiquement magnétique, et, l'axe principal se dirigeant équatorialement, elle est positive.

On taille dans un cristal une sphère qu'on vernit en traçant sur sa surface le grand cercle parallèle au plan g^1 du cristal, qui passe par l'axe principal magnétique.

Cette sphère est d'abord suspendue de manière que l'axe principal d'induction soit incliné de 45° sur l'axe de suspension. On la fait osciller et on trouve en moyenne une durée d'oscillation T représentée par 62,8. La même sphère, oscillant de manière que l'axe principal d'induction soit horizontal donnait une durée d'oscillation T_e représentée par 45.

On doit avoir, d'après une formule donnée plus haut,

$$\frac{T_e}{T} = \sin 45° = 0.707.$$

Or les nombres précédents donnent pour le même rapport le nombre 0,715. La vérification est donc encore très satisfaisante.

3° *Bismuth.* — Plücker a fait une autre série d'expériences avec le *bismuth* cristallisé. Ce métal cristallise en rhomboèdres de 87° 40′ avec un clivage perpendiculaire à l'axe ternaire. On se servait d'une sphère de 2 centimètres de diamètre, sur la surface de laquelle on avait marqué le grand cercle parallèle au clivage. La sphère était posée sur un anneau de fil de cuivre, métal diamagnétique comme le bismuth.

Les oscillations de la sphère en présence de l'aimant auraient développé dans celle-ci des courants induits qui auraient troublé les résultats. On procédait donc comme il suit.

Le grand cercle parallèle au clivage, qui marquait la direction de l'équateur dans l'ellipsoïde d'induction, étant placé verticalement, l'axe, qui était alors horizontal, se plaçait *axialement;* l'ellipsoïde d'induction est donc aplati, et le bismuth est positif. La position d'équilibre étant obtenue, on tordait le fil de la balance de torsion de manière à faire tourner la sphère. Si, pour tourner l'axe d'un angle ω, on est obligé de tourner le fil de δ, le moment du couple directeur fait équilibre au moment de torsion proportionnel à $\delta - \omega$.

On répète cette observation : 1° lorsque l'axe principal est horizontal ; le moment directeur est alors $F(a^2 - c^2)\sin 2\omega$; 2° lorsque l'axe est incliné d'un angle θ, le moment directeur étant $F(a^2 - c^2)\sin^2\theta \sin 2\omega'$.

Si les deux observations correspondent respectivement à des angles de torsion $\delta - \omega$, et $\delta' - \omega'$, on doit avoir

$$\frac{\delta' - \omega}{\delta - \omega'} = \frac{\sin 2\omega}{\sin 2\omega'} \frac{1}{\sin^2\theta}.$$

Si l'on s'arrange pour que $\omega = \omega'$ et $\theta = 45°$, on trouve, conformément à la théorie,

$$\frac{\delta - \omega}{\delta' - \omega'} = 2.$$

Résultats des observations faites par les divers auteurs sur le magnétisme cristallin. — Les tableaux suivants comprennent à peu près toutes les observations que Plücker, Knoblauch, MM. Grailich et von Lang ont faites sur diverses substances cristallisées dans le but de fixer l'orientation des axes de l'ellipsoïde d'induction.

I. — CRISTAUX MAGNÉTIQUEMENT PSEUDOCUBIQUES C'EST-A-DIRE DONT L'ELLIPSOIDE D'INDUCTION EST PRESQUE UNE SPHÈRE.

(D'après Plücker.)

Fer oligiste (Fe^2O^3) . . . . Rhomboèdre de 86°
Ferrocyanure jaune de potassium.
Cyanure de cuivre et de potassium.
Quartz.
Topaze.

II. — CRISTAUX UNIAXES.

	SYST. CRIST.	AXE VERTIC. AXE HOR.=1	CLIVAGE	SIGNE OPTIQUE	SIGNE THERMIQUE[1]	SIGNE MAGNÉTIQUE
Antimoine	3	1.324	a^1	»	+	+ δ
Arsenic	3	1.402	a^1	»		— δ
Bismuth.	3	1.303	a^1	»	+	— δ
Calcite	3	0.854	p	—	—	+ δ
Sidérose.	3	0.817	p	—	+	+ π
Azotate de soude	3	0.828	p	—		+ δ
Glace	3	»		+		— δ

1. On a donné le signe + aux cristaux dont l'axe principal coïncide avec l'axe de plus grande conductibilité.

	SYST. CRIST.	AXE VERTIC. / AXE HOR. = 1	CLIVAGE	SIGNE OPTIQUE	SIGNE THERMIQUE[1]	SIGNE MAGNÉTIQUE
Tourmaline	3	0.447	»	−	+	−π
Émeraude	6	0.500	*p*	−	−	−π
Dioptase	3	0.528	*p*	+		−π
Paranthine	4	0.440	*m*	−	−	+π
Idocrase	4	0.537		−	−	−π
Zircon	4	0.640		+	−	−δ
Mellite	4	0.745		−		−δ
Wulfénite	4	1.574		−		+δ
Mimétèse	6	0.728		−		+δ
Chalcophyllite	3	2.554	a^1	−		+π
$NiSO^4 + 6aq$	4	1.906	*p*	−	+	−π
H^2AmAsO^4	6	0.715	»	−	+	−δ
$HgCy^2$	4	0.460				−δ
$2AmCl + CuCl^2 + 2aq$ . .	4	0.740		+	−	−π

III. — SUBSTANCES CRISTALLOGRAPHIQUEMENT DÉPOURVUES D'AXE PRINCIPAL MAIS MAGNÉTIQUEMENT PRESQUE UNIAXES.

Sulfate de fer $FeSO^4,7aq$	+π très énergique	p^1 axe magn. = + 70°[1]. Symb. $p\underset{+}{b}c = -14°45'$. L'axe magnétique coïncide ainsi presque exactement avec l'axe d'élasticité optique $\mathfrak{a}$.
Borax	−δ	Axe magnétique perpendiculaire à g^1. Symbole optique $pb\underline{a} = -18°35'$.
Cyanure de nickel et de potassium K^2NiCy^4 + aq.	−δ	Axe magnétique coïncide à peu près avec l'axe d'élasticité optique $\mathfrak{c}$ situé dans le plan g^1. Plan des axes optiques g^1.
Acide succinique : . . .	+δ énergique	Axe magnétique coïncide à peu près avec axe d'élasticité optique $\mathfrak{a}$.

1. Plücker se borne à dire que l'axe magnétique coïncide *à peu près* avec l'axe d'él. opt. maximum, qui fait avec *p*, dans l'angle obtus ph^1, un angle égal à 75° environ. Il est à remarquer qu'on peut placer les cristaux de vitriol de manière à être sensiblement orthorhombiques, en faisant du plan de clivage le plan o^1, et de l'ancien plan a^1 le nouveau plan h^3. Les paramètres sont alors 1,042 : 1 : 0,553; $p/h^1 = 88°44'$ (Ramm). Les cristaux sont dans cette position presque carrés, et l'axe magnétique indiqué par Plücker fait, avec l'axe pseudo-quadratique, un angle de 15° seulement. Ne serait-ce pas cet axe pseudo-quadratique qui serait le véritable pseudo-axe principal magnétique ?

	AXES CRISTALLOGR. $a=1$					
	b	*c*	CLIVAGES	SYMB. OPTIQUE	SYMBOLE MAGNÉTIQUE	
Aragonite $CaCO^3$	0.623	0.721	»	cba −	δ (cba)	
Salpêtre	0.591	0.701	g^1, *m* ind.	cba −	δ (cba)	
Anhydrite $CaSO^4$	0.991	0.890	*p*, g^1, h^1	abc +	δ (abc) ?	
Barytine $BaSO^4$	0.621	0.762	*p*, *m*	acb +	δ (bac)	
Célestine $SrSO^4$	0.609	0.779	*p*, *m*	acb +	δ (bac)	
Am^2SO^4	0.564	0.731	*p*	bca +	δ (cba)	faible.
K^2SO^4	0.573	0.746	g^1, *p*	abc +	δ (cba)	très faible.
K^2CrO^4	0.570	0.730	»	abc −	δ (cba)	idem.
$MgSO^4,7aq$	0.990	0.571	g^1	acb −	δ (cba)	
Zn —	0.980	0.563	g^1	acb −	δ (cba) −	2V magn. = 93° environ (Fischer).
Ni —	0.982	0.566	g^1	acb −	δ (cba)	
$MgCrO^4,7aq$	0.990	0.574	g^1	acb −	π (abc)	
$MgCl^2,2CdCl^2,12aq$	0.913	0.304	»	abc +	δ (bac)	
Ni —	0.913	0.343	»	abc +	π (bac)	
CO —	0.913	0.343	»	abc +	π (bac)	
$HKSO^4$	0.861	1.935	»	acb +	δ (bca)	
$UO^2Az^2O^6,6aq$	0.874	0.609	»	bac +	δ (cab)	
$Na^2S^2O^6,2aq$	0.991	0.600	*m*	acb +	δ (acb)	
$CaPtCy^4,3aq$	0.900	0.357	h^1	bac +	δ (bac)	
$Na^4Fe^2Cy^{10},Az^2O^2,4aq$	0.765	0.411	»	abc +	δ (abc)	énergique.
Form. de bar. $BaC^2H^2O^4$	0.765	0.864	*m*	bca +	δ (abc)	
Form. de str. $StC^2H^2O^4,2aq$	0.608	0.595	»	bca −	δ (cab)	
Malate d'amm. $(HAm)C^4H^4O^5$	0.778	0.723	*h*	bac ∓	δ (bac)	
Citrate de soude $Na^3C^6H^5O^7,5aq$	0.629	0.245	g^1, h^1	bac −	δ (abc)	
Acétate de lith. $LiC^2H^3O^2,2aq$	0.626	?	e^1	bac −	δ (cab)	faible.
Sel de Seignette ammoniacal	0.823	0.420	»	cba −	δ (cab)	
Sel de Seignette potassique	0.832	0.430	»	bca +	δ (cab)	
Mica	0.577	?	*p*	»	π (*b* axial)	
Staurotide	0.480	0.676	g^1	abc +	π (acb)	
Topaze	0.529	0.954	*p*	bac +	δ (abc)	
Cordiérite	0.587	0.559	»	bca −	*b* axial	

V. — CRISTAUX CLINORHOMBIQUES.

L'axe de symétrie cristallographique coïncide avec les axes magnétiques	SUBSTANCES PARAMAGN.	SUBSTANCES DIAMAGN.
a	Diopside. . . . . . Ferricyanure de pot.	Hyposulfite de soude.
c	. . . .	Acétate de soude. — plomb.
b	Formiate de cuivre. Acétate de cuivre.	

Ferricyanure de potassium.	1 : 1,288 : 0,801. — $p/h^1 = 89°54'$. — *Clivage* h^1.	
	Symb. magn.	$h^1 a \underset{+}{c} = 0$ presque rigoureusement rhombique au point de vue magnétique.
		2V magn. = 40° environ (Plücker)
Formiate de cuivre	Symb. magn.	$\pi(p\underline{b}a) = 3°$.
		2V magn. = 50° environ (Plücker).
	Symb. optiq.	$(100)\, \underline{b}a = 62°$ 2E = 54 à 55°.

VI. — CRISTAUX ANORTHIQUES.

Dichroïte. — Magnétisme cristallin énergique. — Suspendus à l'extrémité d'un fil, les prismes de cette substance s'orientent même sous l'action de la terre.

Bichromate de potasse. — Paramagnétisme cristallin.

Acide racémique. — Diamagnétisme cristallin.

Il faut remarquer que les expériences dont les résultats sont contenus dans les tableaux qui précèdent sont souvent délicates. D'un côté les forces attractives ou ce qu'on pourrait appeler le magnétisme cristallin est souvent très faible. En outre les impuretés dont les cristaux, surtout les cristaux naturels, sont fréquemment souillés, peuvent troubler les résultats, et même les modifier profondément. C'est ainsi que le spath d'Islande est toujours diamagnétique positif, tandis que des cristaux impurs d'autres localités se montrent magnétiques négatifs.

Expériences de MM. Knoblauch et Tyndall sur les substances amorphes comprimées. — Avant d'étudier les données expérimentales, malheureusement, comme on le voit, bien peu nombreuses, que l'on possède actuellement sur le magnétisme cristallin, il est nécessaire de faire connaître des expériences intéressantes au moyen desquelles MM. Knoblauch et Tyndall ont prétendu l'expliquer.

Un disque circulaire de pâte de farine, traversé par de petits fils de fer perpendiculaires à son plan, se comporte naturellement comme un disque diamagnétique et se place équatorialement. Si l'on remplace les fils de fer magnétiques par des fils de bismuth diamagnétiques, le résultat est inverse, comme on devait s'y attendre.

Un petit cylindre formé d'une pâte de gomme dans laquelle on a incorporé du bismuth réduit en poudre se comporte comme un cylindre de bismuth et se place équatorialement. On le comprime énergiquement, et après cette compression, il se place axialement, bien que la longueur soit encore dix fois plus grande que le diamètre. L'inverse a lieu en substituant à la poudre diamagnétique, une poudre magnétique formée de graines de carbonate de fer.

On déduit de là que si l'on a des grains magnétiques ou diamagnétiques, mais isotropes, et si on les dispose de manière qu'ils ne soient pas également répartis dans l'espace, la masse ainsi constituée se comporte comme un cristal; la direction suivant laquelle la distance qui sépare les grains est la plus petite, étant la ligne d'énergie maxima des forces magnétiques.

C'est là une conséquence naturelle, et qu'on pouvait prévoir, de l'induction mutuelle que les grains de la substance exercent les uns sur les autres.

On arrive à des conséquences analogues en comprimant des cubes de bismuth, qui se placent, après la compression, de manière que la ligne de pression soit axiale. Cette ligne de pression correspond donc au minimum d'induction, le bismuth étant diamagnétique.

MM. Knoblauch et Tyndall concluent de ces observations que la cause qui, dans les cristaux, fait varier la capacité d'induction avec l'orientation, est simplement l'inégalité des distances intermoléculaires. Les molécules seraient magnétiquement isotropes, et la structure seule du réseau cristallin transformerait en un ellipsoïde la sphère d'induction magnétique.

Les deux savants appuient leur manière de voir sur une règle générale qu'ils croient établie par les faits observés avec les substances cristallisées. Cette règle serait analogue à celle que M. Jannettaz a appliquée plus tard aux propriétés thermiques. Elle aurait l'énoncé suivant : Lorsqu'il n'y a qu'un seul clivage, la direction d'induction maxima est parallèle à ce clivage.

La règle serait en effet en accord avec le principe posé plus haut, puisque le plan de clivage doit être considéré comme le plan de densité réticulaire maxima.

On imite d'ailleurs artificiellement les propriétés d'un cristal ne possédant qu'un seul clivage en superposant des feuilles de papier à émeri (substance magnétique). On découpe ensuite, dans la masse des feuillets superposés, un cylindre dont l'axe est perpendiculaire à ces feuillets; ce cylindre se place équatorialement, les feuillets étant alors axiaux.

Avec un papier couvert de poudre de bismuth, le plan des feuillets se dispose au contraire équatorialement.

Cette manière de concevoir les phénomènes magnétiques des cristaux est très simple, et elle a séduit un grand nombre de physiciens. Cependant les expériences sur lesquelles elle est fondée, quelque ingénieuses qu'elles soient, sont bien loin d'en démontrer l'exactitude. Elles sont analogues à celles qui transforment par la pression, en ellipsoïde, les sphères thermique et optique d'un corps isotrope. Elles montrent que, parmi les causes qui donnent à la surface magnétique d'un cristal la forme d'un ellipsoïde, la structure réticulaire de ce cristal doit entrer pour une certaine part; ce résultat est d'ailleurs par lui-même très intéressant. Mais pour démontrer que la forme de l'ellipsoïde dépend *exclusivement* de cette structure réticulaire et que la structure de la molécule n'intervient pas dans le phénomène, les expériences de MM. Knoblauch et Tyndall sont manifestement insuffisantes; la question ne peut être décidée que par l'étude directe des propriétés magnétiques des cristaux. Si cette étude, que nous allons faire, nous apprend qu'il n'y a pas toujours accord entre la structure réticulaire, telle que nous la fait connaître la cristallographie géométrique, et les propriétés magnétiques qui devraient en découler, nous serons forcés de reconnaître l'influence de la structure moléculaire.

Discussion des données fournies par l'observation. — Nous n'insisterons pas sur le rapport qui existe entre le sens du magnétisme et la composition chimique. C'est là un phénomène dans lequel la structure cristalline n'entre pour rien et qui sort par conséquent du cadre de notre étude. Presque toutes les substances qui contiennent un métal magnétique, fer, cobalt ou nickel, sont magnétiques. Il y a cependant des exceptions remarquables. C'est ainsi que le nitroprussiate de soude, dans lequel le fer est engagé dans un radical organique, est énergiquement diamagnétique. Les substances diamagnétiques sont d'ailleurs de beaucoup les plus nombreuses.

Il suffit de jeter les yeux sur les symboles optiques et magnétiques d'une même substance pour voir qu'il n'y a aucune relation directe entre les phénomènes optiques et les phénomènes magnétiques, ce qui n'a d'ailleurs rien de très surprenant. Il y a cependant des coïncidences remarquables, et elles avaient induit Plücker, à la suite de ces premières recherches, à poser en principe que les propriétés optiques et magnétiques étaient en parfait accord.

Le même désaccord réel persiste entre les propriétés thermiques et les propriétés magnétiques, comme cela résulte du tableau qui comprend les cristaux uniaxes, où les signes de la substance, aux trois points de vue optique, thermique et magnétique, ont été mis en regard.

Mais ce qu'il y a de plus intéressant est de rechercher si, conformément aux vues de MM. Knoblauch et Tyndall, il y a toujours accord entre la structure réticulaire et les propriétés magnétiques, c'est-à-dire si la direction d'induction maxima est toujours celle de la rangée dont le paramètre est le plus petit.

Si cela est exact, il faut en premier lieu que les substances qui ont des paramètres cristallographiques sensiblement égaux, c'est-à-dire qui sont *isomorphes*, aient des ellipsoïdes d'induction orientés de la même façon. C'est en effet ce qu'on a trouvé jusqu'à présent dans la plupart des séries isomorphes étudiées, comme le montre le tableau suivant :

$CaCO^3$ (Calcite)		δ	+
Fe—		π	
$NaAzO^3$		δ	
$CaCO^3$ (Aragonite)		δ	(cba)
$KAzO^3$		δ	
Ba	SO^4	δ	(bac)
Sr		δ	
Am^2	SO^4	δ	(cba)
K^2		δ	
$K^2 CrO^4$		δ	
Mg	SO^4,7aq	δ	(cba)
Zn		δ	
Ni		π	
Mg	Cl^2, $2CdCl^2$, 12aq	δ	(bac)
Ni		π	
Co		π	
Am^2	Na^2,$2C^4H^4O^6$,8aq	δ	(cab)
K^2		δ	

On ne peut pas cependant considérer cet accord entre les orientations de l'ellipsoïde magnétique des substances isomorphes comme un argument d'un poids décisif, car dans un très grand nombre de groupes isomorphes, le même accord existe entre les orientations des ellipsoïdes optiques. Les exceptions qu'on connaît pour ce dernier cas se multiplieraient peut-être aussi pour le magnétisme si nos connaissances n'étaient pas aussi bornées en cette matière. On peut cependant citer une exception, dans la série suivante :

Antimoine	$+\delta$
Arsenic.	$-\delta$
Bismuth	$-\delta$.

Quoi qu'il en soit, il faut remarquer qu'il résulte du tableau précédent que deux substances isomorphes, l'une dia, l'autre para-magnétique, ont le même symbole, c'est-à-dire que les axes d'induction maxima sont orientés de la même façon dans les deux substances, quoiqu'ils correspondent à une répulsion maxima dans un cas, à une attraction maxima dans l'autre. Cela est bien d'accord avec les expériences faites sur des cylindres comprimés. Nous en conclurons que, pour comparer, comme nous allons le faire, la structure réticulaire avec l'ellipsoïde d'induction, on peut faire abstraction du sens de l'action magnétique.

D'après la règle de Knoblauch et Tyndall, l'axe de plus petite induction c devrait toujours être perpendiculaire au clivage le plus facile. Voyons quelles sont les substances qui sont d'accord avec cette règle, et celles qui font exception.

SUBSTANCES	
EN ACCORD AVEC LA RÈGLE.	EN DÉSACCORD AVEC LA RÈGLE.
Antimoine.	Arsenic.
Paranthine.	Bismuth.
Chalcophyllite.	Émeraude.
Sulfate de fer.	Sulfate de nickel quadr.
Salpêtre.	Sulfate d'ammoniaque.
Barytine.	Nitrate d'ammoniaque.
Célestine.	
Sulfate de magnésie.	
— de zinc.	
— de nickel rhomb.	
Platinocyanure de calcium.	
Staurotide.	

Les substances qui sont d'accord avec la règle paraissent plus nombreuses que celles qui font exception. L'influence de la structure réticulaire, qui d'ailleurs est théoriquement incontestable, se fait donc sentir d'une manière très nette. Mais les exceptions, qui se multiplieraient dans doute si les données étaient plus nombreuses, suffisent à témoigner que la structure réticulaire n'influe pas seule, et que la molécule, si l'on pouvait l'isoler et l'observer, a, elle aussi, un ellipsoïde d'induction, et ne peut être considérée comme magnétiquement isotrope.

Des conclusions tout à fait analogues se tirent de l'examen des phénomènes de conductibilité thermique. La conductibilité thermique et l'induction magnétique dépendent donc à la fois et de la nature de la molécule et de la structure réticulaire. La raison d'être de cette dernière influence se comprend aisément puisque, pour l'une et pour l'autre propriété, il faut tenir compte de l'action d'une molécule sur sa voisine.

Les phénomènes optiques au contraire paraissent presque uniquement régis par la nature de la molécule et être presque entièrement indépendants de la structure réticulaire. Nous avons vu en effet que chaque molécule pouvait être considérée, au point de vue optique, comme un petit corps réfringent placé dans un milieu non réfringent.

CHAPITRE XV

PHÉNOMÈNES ÉLECTRIQUES.

CONDUCTIBILITÉ ÉLECTRIQUE.

La structure cristalline des corps doit nécessairement intervenir pour modifier les phénomènes électriques dont ils sont le siège. Les premières expériences qui ont eu pour but de constater cette influence d'une manière méthodique ont été entreprises presque à la même époque par Sénarmont[1] et par M. Wiedemann[2]. Chacun des deux savants se proposait de constater que la structure cristalline avait sur la *conductibilité électrique* une influence analogue à celle qu'elle exerce sur la *conductibilité calorifique*, et que Sénarmont venait de découvrir. Ce rapprochement entre les deux conductibilités électrique et calorifique était peu fondé, car la plupart des cristaux ne conduisent pas l'électricité; ils sont, comme le verre, ce qu'on appelle des *diélectriques*. Or, au point de vue de la propagation, les corps diélectriques diffèrent considérablement des corps conducteurs, qui sont les seuls dans lesquels la propagation électrique peut être comparée à la propagation calorifique. Aussi les expériences de Sénarmont et de M. Wiedemann, se rapportant à un phénomène très complexe, n'ont pu conduire à des conclusions théoriques bien nettes.

Sénarmont et Wiedemann se servaient, d'ailleurs, l'un et l'autre d'un procédé expérimental calqué en quelque sorte sur celui que Sénarmont avait appliqué à la conductibilité calorifique.

Expériences de Sénarmont. — Sénarmont enveloppait la plaque cristalline à expérimenter d'une mince feuille de clinquant dans la-

1. *Ann. chim. et phys.* (3) 28, 257 (1850).
2. *Pogg. Ann.* 76,406 (1849) et *Ann. chim. et phys.*, (3) 29, 229.

quelle on avait découpé, sur une des faces, un trou circulaire laissant la lame à nu. Au centre de ce cercle on appuyait la pointe d'un conducteur en communication avec une machine électrique donnant de l'électricité positive. Celle-ci, s'échappant de la pointe, se dirigeait vers le disque de clinquant, mis en communication avec le sol, en suivant une ligne que Sénarmont jugeait être celle de la plus facile conductibilité du cristal. Les expériences se faisaient dans l'obscurité, afin de distinguer plus nettement le trait de feu qui marquait le chemin suivi par l'électricité; elles se faisaient sous une cloche en communication avec une machine pneumatique, parce qu'on avait constaté que les expériences étaient, en général, plus régulières lorsqu'on opérait dans de l'air à basse pression. Les expériences ne réussissaient pas ou étaient fort irrégulières lorsqu'on substituait l'électricité négative à l'électricité positive.

Voici les principaux résultats publiés par Sénarmont.

Lorsqu'on opérait avec une lame découpée dans un cristal cubique ou perpendiculairement à l'axe principal d'un cristal uniaxe, l'électricité, au lieu de gagner les bords du cercle de clinquant en suivant un chemin rectiligne, s'épanouissait en quelque sorte, dans l'espace circulaire libre, suivant une lame à peu près uniforme.

Dans les lames taillées parallèlement à l'axe d'un cristal uniaxe, l'électricité suivait tantôt la direction de l'axe h, tantôt la direction perpendiculaire.

CONDUCTIBILITÉ MAXIMA

Parallèle à l'axe.	Perpendiculaire à l'axe.
Idocrase	Cassitérite
Calcite	Rutile
Apatite	Quartz.
Tourmaline	
Émeraude	
Corindon?	

Avec les cristaux rhombiques, on employait des lames parallèles aux plans cristallographiques p, g^1 ou h^1. La conductibilité maxima était dirigée suivant l'un des axes binaires contenus dans le plan de la lame, c'est-à-dire suivant la plus grande diagonale du rhombe de la base, a, ou la plus petite diagonale de ce rhombe, b, ou la hauteur du prisme, h.

CONDUCTIBILITÉ MAXIMA.

	Avec une lame p.	Avec une lame g^1.	Avec une lame h^1.
Barytine	b		
Célestine.	b		
Soufre.	b		
Topaze.		a	
Stibine.		a	
Aragonite		b	
Staurotide	a	b	a
Sel de Seignette. .	h suivant la face m.		
Muscovite.	perpendiculaire au plan des axes optiques.		

Sénarmont a en outre étudié les substances clinorhombiques suivantes :

Gypse.	Lame de clivage g^1. — Conductibilité maxima perpendiculaire à h^1 (clivage vitreux). — En taillant l'ouverture de la lame de clinquant suivant la forme d'une ellipse dont les axes sont dans le rapport de 1,34 à 1, la lueur électrique s'épanouit régulièrement.		
Borax.	Lame g^1 conductibilité maxima faisant un angle de 83° à 85° avec la hauteur, de 11° à 14° avec la base.		
Borax.	Lame h^1. — Conductibilité maxima, suivant h.		
—	Lame p	—	— a (diag. inclinée).
Orthose.	Lame p	—	— a.
—	Lame g^1	—	— presque perp. à h.
Épidote.	Lame p	—	— a.
Glaubérite.	Lame perp. à la bissectrice optique		— perp. à l'axe de symétrie.

Expériences de M. G. Wiedemann. — Le procédé expérimental de M. G. Wiedemann se rapproche, beaucoup plus que celui de Sénarmont, du procédé qu'avait employé Sénarmont lui-même pour l'étude de la conductibilité calorifique. Il saupoudrait de poudre de lycopode la lame cristalline, et il posait sur celle-ci une pointe en communication avec une source d'électricité positive. L'électricité, en se répandant à la surface de la lame, chassait la poudre, qui allait former, à quelque distance, un bourrelet elliptique. Le plus grand axe de cette ellipse indiquait le sens suivant lequel la propagation électrique était la plus facile.

Les résultats de M. Wiedemann sont, au reste, d'accord avec ceux de Sénarmont, sauf pour le quartz dans lequel M. Wiedemann a indiqué la conductibilité maxima suivant l'axe, et Sénarmont suivant une direction perpendiculaire. Mais M. Wiedemann note que les expériences ont été difficiles.

Avec certaines substances telles que le feldspath et l'asbeste, la poudre de lycopode n'était pas repoussée par la pointe; elle adhérait, au contraire, à la lame cristalline, et en retournant celle-ci, on faisait tomber toute la poudre qui n'avait pas subi l'action électrique, tandis que celle qui avoisinait la pointe restait adhérente et était limitée par une courbe elliptique dont le grand axe était encore considéré comme dirigé suivant la conductibilité maxima. M. Wiedemann attribue cette particularité à la conductibilité notable de l'orthose.

Les phénomènes mis en jeu par Sénarmont et M. G. Wiedemann sont analogues à la production des figures dites de Lichtenberg. Or la production de ces figures, quoiqu'elle ait été l'objet d'assez nombreuses recherches, est encore peu expliquée. On comprend donc qu'il soit impossible de dire, avec précision, quelle est, avec les propriétés électriques de la matière, la relation des directions de plus facile conductibilité superficielle observés par ces deux savants.

II. INDUCTION ÉLECTRIQUE.

Expériences de Knoblauch. — Les expériences de Knoblauch[1], malheureusement fort incomplètes, présentent beaucoup plus d'intérêt que les précédentes. Faites à l'imitation de celles qui avaient été exécutées par Plücker et par Knoblauch lui-même sur les propriétés magnéto-cristallines, elles avaient pour but de chercher comment un cristal s'oriente sous l'influence d'un corps électrisé extérieur.

Le cristal naturel ou artificiellement taillé était suspendu à l'extrémité d'un fil de soie très fin de 1 mètre de longueur, entre les pôles opposés d'une pile sèche formée par 400 couples zinc et papier ou 2000 couples de papier d'argent et d'oxyde de fer. Le corps cristallisé était ordinairement taillé en forme de disque aplati, et on notait quelle était la direction du disque qui se plaçait *axialement*, c'est-à-dire suivant la ligne des pôles, ou *équatorialement*, c'est-à-dire perpendiculairement à cette ligne. Les observations ont été fort peu nombreuses, elles ont donné les résultats suivants :

1. *Pogg. Ann.* 83, 289 (1851).

Calcite.	Disque parallèle à l'axe	Axe équatorial
Sidérose	id.	id.
Tourmaline	id.	Axe axial.
Émeraude	id.	id.
Bismuth	id.	id.
Aragonite.	Disque parallèle à l'axe vertical	*h* équatorial
Salpêtre.	id.	id.
Barytine.	Plan de clivage *p*	*b* équatorial
Gypse.	Plan de clivage g^1.....	Diag. de l'angle obtus des deux clivages à peu près équatoriale.

Knoblauch remarque que le quartz[1], la topaze et la tourmaline restent électrisés après l'influence, ce dont on s'assure en constatant que le cristal, étant retourné de 180°, revient à sa première position d'équilibre. La raison n'est pas péremptoire, et il est bien possible que l'extrémité de la tourmaline qui se tourne vers le pôle positif, par exemple, soit déterminée par la cristallisation même. Ce point qu'il aurait été si curieux de constater ne paraît avoir été l'objet d'aucune observation.

Knoblauch a appliqué à l'orientation électrique des cristaux les mêmes procédés d'explication qu'il avait antérieurement appliqués à l'orientation magnétique. Il admettait que cette orientation était exclusivement due à la position des clivages, un plan de clivage se plaçant toujours perpendiculairement à la ligne des pôles, comme le fait entre les pôles magnétiques un cristal dimagnétique.

Cette explication était appuyée sur les quelques observations que nous avons rapportées. C'est ainsi que l'émeraude et le bismuth ayant un clivage perpendiculaire à l'axe, cet axe dans ces substances se place axialement, le clivage étant équatorial.

De même que pour les propriétés magnétiques, Knoblauch appuyait son explication sur des imitations artificielles de cristaux.

De la poudre de barytine coagulée par de la gomme était soumise à la compression, et, après la solidification, on découpait dans la masse un disque dont le plan contenait la direction de la pression. Ce disque, suspendu horizontalement entre les pôles, s'orientait de telle sorte que cette direction fût *équatoriale*. C'est ce qu'on avait constaté pour l'orientation magnétique de la poudre de bismuth (*diamagnétique*) comprimée.

Nous ferons ici les mêmes réserves qu'à l'occasion des phénomènes magnétiques. Il est certain que l'écartement des molécules, et par

1. Knoblauch n'indique pas quelle a été la direction d'orientation des disques de quartz.

conséquent la structure réticulaire des cristaux, exerce une influence sur l'orientation électrique ainsi que sur l'orientation magnétique, et, comme nous le verrons tout à l'heure, par une raison identique. Mais il n'est nullement prouvé que la forme et la nature de la molécule n'aient pas sur le phénomène leur part d'influence. Il est probable que celle-ci apparaîtrait si les observations étaient plus multipliées. On peut déjà remarquer que, pour satisfaire à la règle, ce n'est pas la bissectrice de l'angle *obtus*, mais celle de l'angle *aigu* des clivages *m* de la barytine qui devrait se placer équatorialement. Il en est de même pour le gypse.

Réflexions générales sur l'induction cristalline. — Ellipsoïde d'induction électrique. — Knoblauch paraît avoir pensé que, dans ses expériences, il mesurait la conductibilité. Si en effet, sur un disque léger non conducteur, on colle une petite bande très mince de clinquant, le disque s'oriente de manière que cette bande, qui représente la direction la plus conductrice de la lame, se place axialement.

Mais la plupart des cristaux n'étant pas conducteurs, on ne voit pas très bien ce que signifie, pour ces corps, l'expression : de plus facile conductibilité. En réalité, l'expérience de Knoblauch met en jeu, au moins pour les cristaux diélectriques, une propriété spéciale sur laquelle on n'est bien fixé que depuis peu de temps.

On admet maintenant que les corps qui sont diélectriques, comme le verre, subissent, lorsqu'ils sont soumis à l'action extérieure d'un corps électrisé, une polarisation analogue de tous points à celle qu'un morceau de fer doux subit sous l'action d'un pôle d'aimant. Dans chaque molécule du diélectrique le fluide neutre (pour employer le langage convenu) se décompose; le fluide de nom contraire à celui du corps extérieur se portant vers l'extrémité de la molécule tournée du côté de ce corps, le fluide de même nom se portant vers l'autre extrémité. Cette polarisation, soumise aux mêmes lois que celle du fer doux, persiste tant que l'influence extérieure persiste; elle cesse instantanément dès que cette influence disparaît.

Lorsqu'un cristal est soumis à l'action directrice d'un pôle électrique situé à l'infini, ou, ce qui équivaut, d'un champ électrique uniforme, il est clair que les lois auxquelles est soumise cette action doivent être les mêmes que celles auxquelles est soumise l'action directrice d'un champ magnétique uniforme. Nous n'aurions qu'à répéter mot pour mot, en changeant *magnétique* en *électrique*, la théorie exposée dans le chapitre précédent. Il y a donc pour chaque cristal un ellipsoïde d'induction électrique analogue à l'ellipsoïde d'induction magnétique, et la connaissance de cet ellipsoïde permettrait de résoudre, comme nous l'avons fait à propos du magnétisme, tous les problèmes que soulève la direction électrique d'un cristal.

Il est malheureux que cette théorie n'ait pas encore été directement vérifiée par l'expérience. Les physiciens trouveraient sans nul doute dans cette étude le moyen de perfectionner et d'étendre les données que l'on possède déjà sur la polarisation des diélectriques.

Une lacune non moins regrettable se rapporte aux cristaux, qui, comme la tourmaline, la calamine, etc., sont dépourvus de centre et présentent deux extrémités distinctes au point de vue des propriétés électriques comme au point de vue des propriétés cristallographiques. Ces cristaux placés dans un champ électrique uniforme et laissés libres de se mouvoir ne s'orientent-ils pas de manière à présenter toujours la même extrémité au pôle positif? Il serait très important qu'on pût répondre à cette question, et l'on doit souhaiter vivement que les expériences de Knoblauch, si intéressantes, mais si incomplètes, soient reprises et considérablement étendues.

Jusqu'ici nous n'avons parlé que des cristaux diélectriques, qui sont les plus nombreux. Quelques-uns cependant, comme le bismuth, sont conducteurs. Il est très remarquable que, d'après Knoblauch, une sphère de bismuth, placée dans un champ magnétique uniforme, s'oriente à la façon d'un cristal diélectrique. On est amené à penser que la distribution de l'électricité, sur une semblable sphère conductrice, mais cristallisée, ne se fait pas suivant la même loi que celle que l'on a observée pour une sphère métallique amorphe. Il y aurait là encore sans doute un sujet d'étude des plus intéressants pour la théorie générale des phénomènes électriques.

III. ÉLECTRICITÉ DÉGAGÉE PAR LES CRISTAUX.

1° ÉLECTRICITÉ DÉGAGÉE PAR UNE ACTION MÉCANIQUE, — PIÉZO-ÉLECTRICITÉ.

Électricité dégagée par le clivage. — Les cristaux peuvent être, dans certaines conditions, de véritables sources d'électricité. Les cristaux non conducteurs peuvent, comme tous les corps analogues, se charger d'électricité par le frottement, mais jusqu'à présent on n'a signalé aucun fait qui fasse penser que ce phénomène puisse être mis en rapport avec la structure cristalline. Il ne serait pas cependant impossible que certaines faces d'un même cristal prissent par le frottement, les unes l'électricité négative, les autres, la positive.

Les cristaux peuvent aussi, d'après Becquerel[1], s'électriser par clivage. Si l'on clive rapidement une lame de mica dans l'obscurité, on observe une lueur phosphorescente, et il se produit en même temps un dégagement d'électricité, chaque lame emportant des électricités contraires. L'intensité électrique est d'autant plus grande que la séparation a été plus rapide. Becquerel recommande, pour que l'experience réussisse, de bien dessècher la surface du mica.

Lorsqu'on rapproche les lames clivées et qu'on les sépare de nouveau après les avoir légèrement pressées jusqu'à les faire adhérer, les lames reprennent la même électricité qu'elles avaient prise au moment du clivage. L'effet est particulièrement marqué, ajoute cependant Becquerel, quand on élève légèrement la température de la lame qui présentait l'état négatif en sortant du clivage.

Cette expérience curieuse mériterait d'être reprise, car elle donne lieu à une grave difficulté. Le plan de clivage du mica étant un plan de symétrie[2], on ne voit pas bien quelle est la raison qui peut donner à l'une des lames une certaine électricité, et à l'autre une électricité contraire. On est obligé d'admettre que ce sont les conditions accidentelles de l'expérience qui règlent le phénomène, et celui-ci perd alors beaucoup de son importance.

Becquerel en tirait la conclusion que le mouvement relatif de deux molécules à l'état libre pouvait développer de l'électricité dans chacune d'elles. Certaines expériences portent à croire qu'il peut en être ainsi, mais seulement lorsque les faces des molécules qui se regardent ne sont pas semblables.

La pression peut aussi développer de l'électricité dans les cristaux. Haüy[3] dit avoir constaté, par exemple, qu'en pressant un rhomboèdre de spath entre les doigts, on lui communique de l'électricité négative qu'il peut garder ensuite pendant très longtemps. L'illustre créateur de la cristallographie dit même s'être servi de cette propriété pour construire un électroscope consistant simplement en une aiguille légère tournant horizontalement sur un pivot, et portant à une extrémité un

1. *Traité d'él.* I, 138 (1855).

2. Il est vrai que M. Tschermak croit avoir démontré qu'il n'en est pas ainsi. Mais alors il faudrait constater que le sens de l'électrisation est toujours en rapport avec l'orientation assignée par M. Tschermak.

3. *Ann. de chim. et de phys.* (2) 5,95.

morceau de spath, à l'autre un contrepoids. D'après Haüy, l'électrisation ne se produirait pas lorsque le corps qui presse le cristal est rigide, comme le bois par exemple.

Les assertions d'Haüy mériteraient d'être vérifiées. Il se pourrait bien que l'électricité développée dans ses expériences dût être simplement attribuée au frottement.

Piézo-électricité de la tourmaline. — Observations de MM. J. et P. Curie. — Nous avons dit (tome I, page 145) que la tourmaline cristallise dans le système ternaire avec un mode d'hémiédrie tel que l'axe ternaire et les trois plans de symétrie qui passent par cet axe étant conservés, le centre et les trois axes binaires perpendiculaires à ces plans sont supprimés. Il en résulte que la tourmaline se présente habituellement (fig. 166) sous la forme de prismes dont l'axe est parallèle à l'axe ternaire, rendus triangulaires par la prédominance des trois faces de l'hémi-prisme hexaèdre e^2 dont les faces sont perpendiculaires aux plans de symétrie, et terminés par des pointements dissemblables aux deux extrémités. A l'une d'entre elles prédominent les faces du rhomboèdre b^1, à l'autre, celles du rhomboèdre e^1.

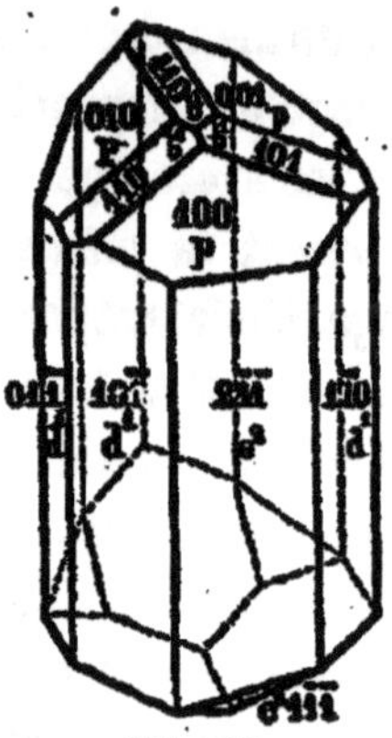
Fig. 166.

Il y a peu de temps, MM. Jacques et Pierre Curie[1] ont fait une découverte très importante et qui a considérablement étendu le cercle de nos connaissances sur les propriétés électriques des cristaux.

Ils ont observé que, lorsqu'on *comprime* une lame de tourmaline parallèlement à l'axe ternaire, les faces normales à cet axe se chargent d'électricités de noms contraires. La face tournée du côté de la forme e^1 se charge d'électricité positive; celle qui est tournée du côté de la forme b^1, d'électricité négative.

Si, après avoir comprimé la lame et l'avoir ramenée à l'état neutre, on la *décomprime*, on produit l'effet inverse. Les pôles e^1 se chargent négativement, les pôles b^1 positivement.

Pour observer ces faits, on taille le prisme de tourmaline de manière qu'il se termine par deux bases planes. On recouvre celles-ci de deux lames d'étain. Pendant la compression l'une de ces lames est mise en communication avec la terre, l'autre avec un électromètre.

1. *C. R.* 91, 294, 383 (1880); 92, 186, 350 (1881). *Bull. de la Soc. des min.* 3, 90 (1880) et *Journ. de phys.* (2) 1,245 (1882).

La quantité d'électricité dégagée sur une des faces doit être naturellement, dans des limites convenables, proportionnelle, pour un cristal donné, au poids P qui la produit. Si nous mettons côte à côte deux cristaux dont les bases soient identiques, et si nous produisons sur l'ensemble des deux cristaux la même variation de poids P, les choses se passeront comme si chaque cristal était pressé par le poids $\frac{P}{2}$, et dans chacun d'eux la quantité d'électricité doit être moitié moindre; mais comme nous avons deux cristaux au lieu d'un, la quantité d'électricité totale n'est pas changée. Si q est la quantité, positive ou négative, d'électricité qui se dégage sur la base d'un cristal quelconque de tourmaline sous l'influence d'un poids P, nous pouvons donc écrire :

$$q = kP,$$

k étant une fonction, positive pour la base tournée du côté des faces e^1, négative pour l'autre, indépendante de la surface s de la base, et qui ne peut dépendre que de la hauteur du prisme de tourmaline, ou de sa nature.

MM. Curie ont vérifié l'exactitude de cette formule. Ils ont établi, en outre, que k est indépendant de la hauteur du prisme, de sorte que q est indépendant des dimensions de celui-ci et ne dépend que du

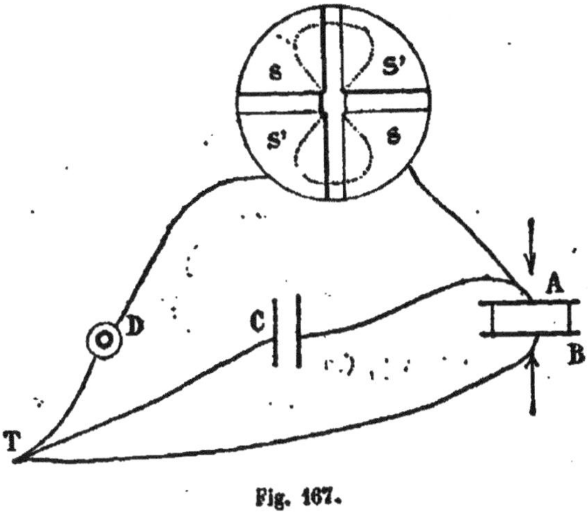

Fig. 167.

poids P. Ils ont enfin trouvé que, pour toutes les tourmalines, le coefficient k est le même et a ainsi une valeur spécifique. Cette valeur est telle que, pour une variation de poids égale à 1 kilogramme, la quantité d'électricité dégagée q est susceptible de porter une sphère de 14^{cm},3 au potentiel d'un daniell, c'est-à-dire qu'elle est égale à 0,055 unité C. G. S. électrostatique.

Pour obtenir ces résultats, MM. Curie ont employé la disposition expérimentale suivante. Une des lames d'étain A (fig. 167) qui couvrent les bases de la tourmaline, est reliée à la terre, l'autre lame B est reliée à l'une des lames d'un condensateur C dont la capacité est connue et dont l'autre lame communique avec le sol; elle est en même temps reliée avec l'un des couples de quadrants S de l'électromètre Thomson-Mascart[1]. L'autre couple de quadrants est relié à l'un des pôles d'une pile Daniell dont l'autre pôle est mis en communication avec le sol.

La lame B et les conducteurs qui la touchent étant isolés, l'aiguille de l'électromètre est déviée sous l'influence de la pile Daniell; on charge alors de poids le cristal, et, si l'on s'est arrangé pour que l'électricité développée ainsi agisse sur l'aiguille de l'électromètre en sens inverse de celle de la pile, on peut, en ajoutant des poids en quantité suffisante, ramener l'aiguille à zéro. A ce moment la lame B, le condensateur C et l'électromètre ont un potentiel égal à celui d'un Daniell.

On répète la même opération après avoir supprimé le condensateur, et, pour ramener l'aiguille au zéro, il faudra une charge moindre sur le cristal; la différence de poids représente la charge nécessaire pour porter le condensateur au potentiel d'un Daniell et pour dégager, par conséquent, une quantité d'électricité connue.

Piézo-électricité de la calamine. — La tourmaline n'est pas le seul cristal dans lequel on puisse constater, sous l'influence de la pression, la production de deux pôles électriques opposés.

1. L'électromètre de sir W. Thomson, modifié par M. Mascart, contient une aiguille plate et très légère en aluminium, portée par une suspension bifilaire. L'aiguille, en forme de 8 pour que des légers déplacements n'influent pas notablement sur la symétrie de l'ensemble, oscille à l'intérieur d'une sorte de boîte métallique formée de quatre quadrants ou secteurs *ss*, *s's'*, (fig. 167). L'aiguille supporte un fil de platine plongeant dans une cuvette remplie d'acide sulfurique, et ce liquide communique avec les pôles d'une batterie formée par un grand nombre de petits éléments zinc et cuivre. On charge ainsi l'aiguille à un potentiel constant et assez élevé. Les déviations de l'aiguille sont observées par le procédé de Gauss au moyen d'une fente lumineuse réfléchie par un petit miroir que porte le fil de suspension.

On peut mettre le couple de secteurs *s* en communication avec une même source électrique; l'autre couple *s'* avec une source différente. Lorsque ces deux sources sont égales, l'aiguille est au zéro; dans le cas contraire, elle est déviée dans le sens de la plus forte.

Tout l'appareil, placé au centre d'un vase métallique, percé de fenêtres convenables et en communication avec le sol, est ainsi soustrait à toute influence électrique extérieure.

La calamine cristallise dans le système rhombique avec une antihémiédrie spéciale qui lui fait perdre deux de ses axes binaires, ainsi que le plan de symétrie perpendiculaire au troisième, tandis que ce troisième axe binaire et les plans de symétrie qui le contiennent sont conservés. A l'une des extrémités de cet axe binaire persistant, que l'on prend pour la hauteur du prisme, domine la base p; à l'autre extrémité dominent les faces de l'octaèdre e_3 (fig. 168). Lorsqu'on comprime un prisme perpendiculaire à l'axe binaire conservé, la base tournée vers le sommet où dominent les faces e_3 prend l'électricité positive, l'autre, l'électricité négative.

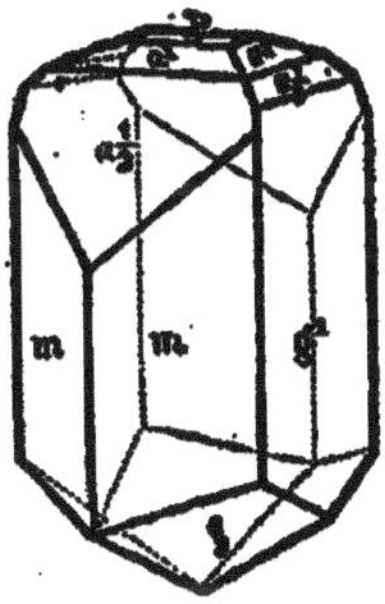

Fig. 168.

Piézo-électricité du quartz. — Mais tous les cristaux piézo-électriques n'acquièrent pas des pôles de noms contraires situés sur la direction de la pression.

On sait que le quartz cristallise dans le système rhomboédrique avec l'hémiédrie holoaxe. Il est donc dépourvu de centre et de plans de symétrie. Soit $A_1 A'_2$ (fig. 169) la coupe hexagonale, perpendiculaire à l'axe ternaire, d'un cristal de quartz; les diagonales telles que $A_1 A'_1$ sont les axes binaires. Nous supposerons que les sommets A_1, A_2, A_3 sont ceux qui ne portent pas les faces $s = (41\bar{2})$ (fig. 170). (Voir t. I,

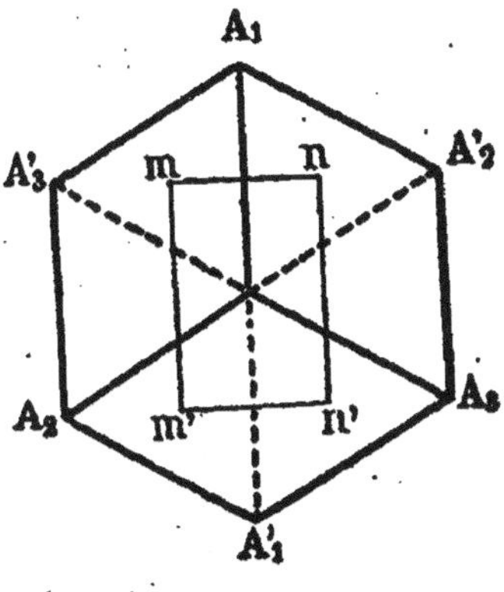

Fig. 169.

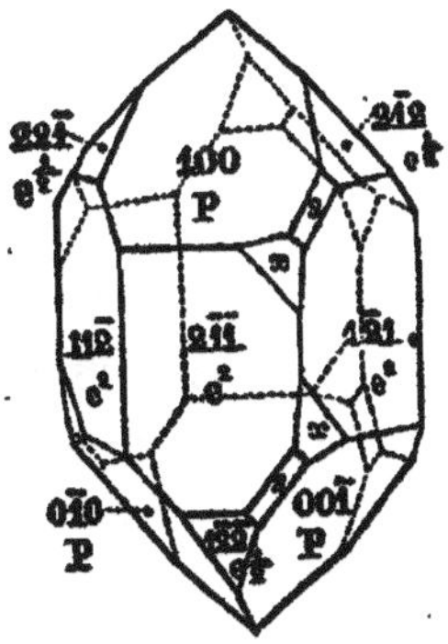

Fig. 170.

p. 143.) On taille dans ce cristal un prisme droit dont les côtés de la base rectangle sont respectivement parallèles ou perpendiculaires à l'axe binaire $A_1 A'_1$.

On comprime ce prisme normalement à la base, et aucune électricité ne se manifeste en aucun point de sa surface. On exerce la pression sur les faces latérales *mn*, *m'n'*, perpendiculaires à l'axe binaire, et l'on observe un dégagement d'électricité, positive sur *mn*, négative sur *m'n'*. Nous dirons que l'extrémité A_1 de l'axe est positive, l'extrémité A'_1 négative, par compression.

On comprime maintenant suivant une direction normale aux faces *mm'*, *nn'* qui sont parallèles à $A_1 A'_1$; on n'observe aucun dégagement sur les faces comprimées *mm'*, *nn'*, mais on constate que la face *mn* dégage de l'électricité *négative*, et la face *m'n'*, de l'électricité *positive*.

Dans ce dernier cas, la formule qui donne la quantité d'électricité dégagée en fonction de la pression reste théoriquement la même, mais elle subit une modification importante. La quantité d'électricité q est toujours, en effet, en principe, indépendante de la distance comprise entre les deux faces pressées; elle est toujours proportionnelle à $\frac{P}{s'}$ (s' étant la surface pressée), et à la surface s qui dégage l'électricité. Seulement dans ce cas s' n'est plus nécessairement égale à s; si nous appelons m la longueur *mm'*, n la longueur *nn'* et h la dimension du prisme parallèle à l'axe ternaire, on a $s' = m.h$ et $s = n.h$, on a donc

$$q = k.n.h.\frac{P}{m.h} = k.P.\frac{n}{m}.$$

La quantite d'électricité est proportionnelle au poids comprimant et au rapport de celle des dimensions du prisme qui est parallèle à l'axe binaire à la dimension qui lui est perpendiculaire.

Dans le cas où la pression est exercée suivant la face *mn* normale à l'axe, on a

$$q' = k'P.$$

MM. Curie ont vérifié ces deux formules, et ont constaté de plus que $k = -k'$. Lorsque la face du prisme est carrée, c'est-à-dire lorsque $m = n$, on a donc $q = -q'$. Les quantités d'électricité dégagées par un même poids s'exerçant soit parallèlement, soit perpendiculairement à l'axe binaire sont, dans ce cas, égales et de signe contraire.

Pour une pression de 1 kilogramme exercée dans la direction de l'axe binaire, la quantité d'électricité dégagée est susceptible de porter une sphère de $16^{cm},8$ au potentiel d'un daniell, c'est-à-dire qu'elle est égale à 0,063 unité C. G. S. électrostatique. La piézo-électricité du quartz est donc plus grande que celle de la tourmaline.

Pour expliquer l'opposition des signes dans le cas d'une pression dirigée suivant l'axe binaire et dans celui d'une pression dirigée perpendiculairement à cet axe, on peut remarquer que lorsqu'on comprime normalement à *mn*, les molécules sont rapprochées suivant la direction de l'axe binaire, tandis qu'elles sont écartées suivant la même direction, lorsqu'on comprime normalement à *mn'*.

Toutefois, cette règle ne peut pas être regardée comme générale, car MM. Curie ont observé que lorsqu'on comprime un prisme de tourmaline normalement à l'axe ternaire, l'électricité se dégage encore, comme dans le cas de la compression suivant l'axe, sur les faces normales à cet axe, mais la face qui est positive dans un cas l'est encore dans l'autre.

Lois générales de la piézo-électricité. — Des faits qui précèdent, comme de tous ceux qui ont été observés par MM. Curie, il résulte qu'on peut admettre, d'une manière générale, que tous les cristaux non conducteurs dépourvus de centre de symétrie, et ceux-là seulement, sont piézo-électriques, c'est-à-dire sont susceptibles de prendre deux pôles électriques de nom contraire lorsqu'on les comprime ou qu'on les décomprime.

La loi générale de la quantité d'électricité est, dans tous les cas, celle que nous avons donnée plus haut :

$$q = ks. \frac{P}{s'}$$

P étant le poids, s l'aire de la face qui dégage l'électricité, s' celle de la face qui reçoit la pression. Mais, dans un même cristal, k varie à la fois et avec la direction de la pression, et avec la direction de la surface sur laquelle on exerce la pression. La loi des variations de k est sans doute fort complexe, et elle est très loin d'être connue. Il est probable que, dans chaque cas particulier, il faudrait connaître, en chaque point du cristal, la déformation, ou le déplacement relatif des molécules, produite par la pression piézo-électrique, et connaître aussi le coefficient électrique par lequel il faudrait multiplier cette déformation.

Mais en l'absence d'une théorie générale, on peut tout au moins tirer parti des relations de symétrie qui existent dans le cristal.

Remarquons d'abord que la piézo-électricité a pour résultat de produire à la surface une répartition des deux fluides identique à celle qu'on obtiendrait en plaçant ce cristal dans un champ magnétique uniforme. Le phénomène serait complètement connu si nous connaissions dans chaque cas particulier la direction de la force électrique de ce champ, en donnant à ce mot de direction son sens géométrique précis, qui distingue dans une même droite deux directions opposées. Si cette direction était connue et si l'ellipsoïde d'induction l'était aussi, nous en déduirions la ligne des pôles électriques. Cette ligne ne se confond pas en général avec la direction de la force, mais il est à présumer qu'elle ne fait jamais avec elle un bien grand angle, et nous négligerons la différence.

La ligne des pôles étant connue, il y aura un plan, que nous pourrons supposer perpendiculaire à cette ligne, séparant la partie négative de la partie positive du cristal, et que nous appellerons le plan de nulle électricité.

Toute face taillée dans le cristal suivant une direction oblique ou parallèle au plan de nulle électricité, dégage de la piézo-électricité. Toute face normale au plan de nulle électricité ne dégage d'électricité ni par compression ni par décompression.

Si nous taillons le cristal sous la forme d'une sphère, et si nous exerçons la pression aux deux extrémités d'un diamètre, le plan de nulle électricité partagera la surface de cette sphère en deux hémisphères de signes opposés ; la ligne des pôles sera perpendiculaire à ce plan et ses extrémités seront les points de dégagement électrique maximum.

Si nous restreignons expressément la piézo-électricité au cas où *la pression s'exerce sur des faces égales* et opposées, la pression est un phénomène symétrique par rapport à un point. Si le cristal est symétrique par rapport à un centre, la pression symétrique que nous imaginons ne peut développer aucun phénomène dyssymétrique. Or, comme la production d'un champ électrique uniforme, qui a une direction déterminée, est un phénomène essentiellement dyssymétrique, nous en conclurons que tous les cristaux dans lesquels on observera la piézo-électricité seront nécessairement dépourvus de centre, soit que cette particularité de la structure intérieure se dévoile dans la forme extérieure, soit que cette forme reste impuissante à la déceler.

Le même raisonnement nous permettra de conclure que, dans un cristal qui manifeste la piézo-électricité, et qui possède des axes avec des plans de symétrie, la ligne des pôles électriques, dont les deux directions sont physiquement distinctes, doit être dirigée suivant une droite dont les deux directions sont cristallographiquement différentes. Là aussi, il peut arriver que cette dyssymétrie de la direction existe dans la structure intérieure, mais ne se décèle pas dans la forme extérieure. Les phénomènes électriques concourront alors, avec l'observation de la forme extérieure, à nous dévoiler la structure intérieure du cristal.

Il résulte de cette règle la conséquence suivante : Lorsqu'un cristal piézo-électrique possède des axes ou des plans de symétrie la ligne des pôles électriques ne peut jamais être perpendiculaire ni à un axe pair, ni à un plan de symétrie.

D'ailleurs, si la pression est exercée suivant un axe de symétrie, ou perpendiculairement à un axe de symétrie binaire, ou bien si elle est comprise dans un plan de symétrie, ces éléments de symétrie persistent dans le phénomène.

Un axe de symétrie persistant coïncide nécessairement avec la ligne des pôles électriques.

Un plan de symétrie persistant passe par la ligne des pôles électriques ou coïncide avec le plan de nulle électricité.

Si ces règles qui déterminent la position de la ligne des pôles électriques sont contradictoires, il n'y a pas d'électricité développée par la pression.

Tel est, par exemple, le cas où la pression s'exerce suivant un axe d'ordre supérieur à 2, perpendiculaire à un plan contenant plusieurs axes binaires. Dans ce cas, en effet, tous les axes de symétrie persistent et chacun d'eux devrait coïncider avec la ligne des pôles.

Ces règles ne s'appliquent qu'au cas où la pression exercée sur le cristal est un phénomène s'exerçant suivant une droite et symétrique par rapport à un centre. Si cela n'avait pas lieu, non seulement ces règles n'auraient plus aucune raison d'être, mais il est très vraisemblable qu'on observerait des phénomènes piézo-électriques dans toutes les substances cristallisées, quelles qu'elles soient, et peut-être même aussi dans les corps amorphes. Les expériences manquent encore sur ce point. Il serait intéressant, à ce point de vue, d'examiner, par exemple, ce qui se passerait dans un cristal non hémiédré, ayant la forme d'un tétraèdre et soumis à la compression.

Expériences de M. W. Röntgen sur la piézo-électricité d'une sphère de quartz. — Nous allons appliquer la théorie précédente au cas, qui a été réalisé expérimentalement par M. W. C. Röntgen[1], d'une sphère de quartz pressée aux deux extrémités d'un même diamètre.

Comme nous l'avons déjà dit, le quartz conserve les axes de symétrie et a perdu les plans de symétrie. Supposons une sphère de quartz projetée sur un plan perpendiculaire à l'axe ternaire, O sera le pôle de cet axe; a_1, a_2, a_3 (fig. 171) ceux des pôles des axes binaires qui sont

1. *Wiedem Ann.* 19,319 (1883).

tournés vers les angles non modifiés par les faces rhombiques s; nous appellerons ces pôles *positifs*, parce qu'ils prennent l'électricité positive lorsqu'on comprime suivant la direction d'un axe binaire. Les pôles a'_1, a'_2, a'_3 sont les pôles négatifs des axes binaires. Nous menons les grands cercles tels que $p_1 p_4$, qui représentent les plans de symétrie supprimés par l'hémiédrie et sont respectivement perpendiculaires sur les axes binaires. Ces grands cercles partagent la surface de la sphère en six fu-

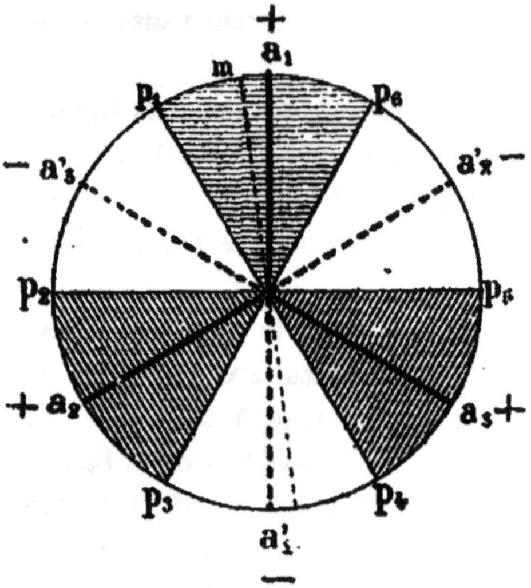

Fig. 171.

seaux qui renferment alternativement un pôle positif et un pôle négatif. Dans la figure on a haché les fuseaux positifs et laissé blancs les fuseaux négatifs.

On isole la sphère de quartz, d'un diamètre de 3 centimètres environ; on la place sur le porte-objet d'un microscope, de manière que le diamètre passant par le point d'appui soit exactement dans la direction de l'axe du microscope, et on exerce une pression sur la sphère en abaissant le tube de l'appareil qui a été chargé de poids; l'objectif a été remplacé par une pièce isolante, portant une petite pièce métallique qui vient presser la sphère. On peut à volonté faire reposer la sphère soit sur un disque métallique, soit sur un disque isolant. Pendant que la sphère est pressée, on en explore électriquement les diverses parties avec un fil terminé par un petit plan d'épreuve et relié à un électromètre. On observe ainsi les faits suivants :

1° Compression suivant l'axe ternaire. — Aucun signe électrique dans la sphère, ou traces faibles et irrégulières.

2° Compression suivant un axe binaire $a_1 a'_1$. — a_1 est le pôle positif, a'_1 le pôle négatif, puisque cet axe binaire est conservé dans le phénomène.

3° Compression suivant la trace horizontale $p_1 p_4$ d'un plan de symétrie supprimé. — L'axe binaire perpendiculaire $a_1 a'_1$ est conservé, donc il est encore la ligne des pôles. Mais a_1 est le pôle *négatif*, et non plus le pôle positif, inversion que les considérations précédentes étaient impuissantes à faire prévoir.

4° Compression suivant un point quelconque du grand cercle $p_1 p_4$. — La ligne des pôles est toujours $a_1 a'_1$, mais l'intensité de l'électricité dégagée doit aller en diminuant lorsque le point sur lequel la pression est exercée va de p_1, où elle est maximum, à 0, où elle est nulle.

5° Compression appliquée en un point m situé entre l'extrémité d'un axe binaire a' et la trace d'un plan de symétrie supprimé. — Dans ce cas, les règles de symétrie sont insuffisantes, mais on doit considérer comme vraisemblable, et l'expérience confirme en effet, que la ligne des pôles est située dans le plan horizontal. Lorsque la pression est en a_1, le pôle positif est en a_1; lorsque la pression est en p_1, le pôle positif est en a'_2, se déplaçant ainsi de 60° dans le sens droit lorsque le point de pression se déplace de 30° dans le sens gauche. Pour un point de pression situé en m, le pôle positif doit être quelque part entre a_1 et p_6. Si le déplacement angulaire du pôle positif était proportionnel à celui du point de pression, lorsque m serait à égale distance de p_1 et de a_1, le pôle positif serait en p_6, à égale distance de a_1 et de a'_2; la ligne des pôles serait alors à 45° de la ligne de pression. Le pôle positif se trouve à 45° du point de pression en tournant du côté où se trouve le pôle positif développé par le premier suivant la trace la plus voisine du plan de symétrie déficient. L'observation confirme ces résultats.

6° Compression suivant un point quelconque de la sphère. — Si le point de pression se trouve dans le fuseau positif qui comprend un pôle binaire positif a_1, la ligne des pôle est inclinée d'une certaine manière sur la ligne de pression; le pôle le plus rapproché de a_1 est le pôle positif. — Lorsque le point de pression est situé dans le grand cercle qui passe par un axe binaire et l'axe ternaire, le plan de nulle électricité est perpendiculaire à ce grand cercle qui contient, par conséquent, la ligne des pôles électriques.

Piézo-électricité du sel de Seignette. — Nous prendrons encore comme exemple un cristal du système rhombique, le sel de Seignette, par exemple, qui est hémiédrique holoaxe.

Les extrémités des axes binaires ne sont pas distinctes l'une de l'autre, et il en est de même de toutes les lignes comprises dans les plans principaux passant par deux de ces axes. Si a_1a_3, a_2a_4, $a_1a_2a_3a_4$ (*fig.* 171) sont les projections de ces trois plans principaux, une pression exercée en un point quelconque de ces trois grands cercles ne développe aucune électricité dans l'un quelconque d'entre eux, et par conséquent aucune électricité dans la sphère. Au contraire, les deux octants opposés suivant le sommet d'un des axes binaires correspondent aux deux faces du tétraèdre, et les octants adjacents aux sommets du même tétraèdre. Ces derniers deviennent positifs lorsqu'on exerce une pression en un point quelconque de leur surface; les autres deviennent négatifs. Le maximum d'électricité obtenue est évidemment quelque part vers le milieu de l'octant.

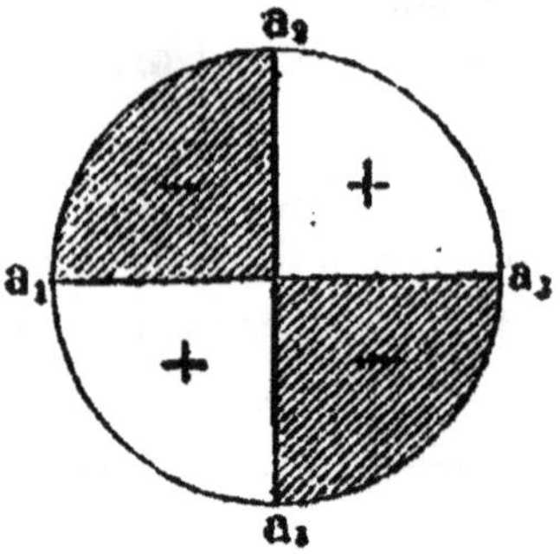

Fig. 171.

Ces déductions théoriques ont été vérifiées par les observations de MM. Curie.

Piézo-électricité d'un cristal cubique. — Les cristaux cubiques sont susceptibles de deux modes d'hémiédrie non centrés, tous deux caractérisés par la persistance de quatre axes ternaires et de trois axes binaires.

La surface d'un hémisphère se divise donc en quatre octants; deux d'entre eux, opposés par le sommet, contiennent les extrémités des axes ternaires positifs par compression, les deux autres contiennent les sommets ternaires négatifs. Une compression suivant une direction quelconque comprise dans un des plans passant par les axes perpendiculaires aux faces du cube, est dirigée perpendiculairement à un axe binaire; cet axe devrait donc être la ligne des pôles; mais comme les deux extrémités en sont identiques, il n'y aura pas d'électricité dégagée. Il n'y aura d'électricité dégagée que par une compression appliquée en un point situé dans l'intérieur d'un octant. Le pôle est alors du même signe que celui du pôle de l'octant.

Le chlorate de soude peut être pris comme exemple.

Phénomène réciproque de la piézo-électricité. — Loi de M. Lippmann. — Vérification de MM. Curie. — M. Lippmann, dans un travail très intéressant pour la philosophie de la science[1], a fait remarquer que l'énergie électrique, c'est-à-dire le produit de la masse électrique par le potentiel, est une forme d'énergie entièrement analogue à celles que mesurent la masse multipliée par la hauteur de chute ou l'entropie calorifique multipliée par la température; que dans chacune de ces formes d'énergie, l'un des facteurs du produit, la masse matérielle, l'entropie ou la masse électrique, reste invariable en quantité. La théorie des deux fluides repose, en effet, sur ce fait que les quantités d'électricité dégagées dans un phénomène sont toujours égales et de signes opposés, de sorte que la somme algébrique en reste constante. Il en résulte que l'on peut appliquer à l'électricité, *mutatis mutandis*, tout ce qui a été démontré pour la chaleur, et en particulier le principe de Carnot, sous la forme que lui a donnée M. Clausius.

Lorsqu'on comprime un corps, il se développe de la chaleur; en partant du principe de la conservation de l'énergie et de celui de Carnot, on démontre que ce phénomène en implique un autre, à savoir, que le même corps échauffé doit se dilater. Les deux phénomènes sont *réciproques*.

Le phénomène réciproque, dans ce cas, et dans tous les cas analogues, est de sens tel qu'il tend à s'opposer au phénomène primitif. Si dans le premier cas, en effet, le corps transforme en chaleur le travail mécanique qui lui est appliqué, il doit restituer en travail mécanique la chaleur qui lui est communiquée. La loi de Lenz, relative à l'induction dynamo-électrique, n'est qu'un cas particulier de cette loi générale.

Quoi qu'il en soit, en appliquant cette conséquence aux phénomènes électriques, nous aurons le droit de dire que puisqu'un cristal hémièdre dépourvu de centre dégage de l'électricité par la compression, le même cristal, électrisé dans le même sens, doit se dilater. Si les pôles électriques produits de force dans le cristal occupent la même place que celle qu'ils occuperaient dans le phénomène de compression, la dilatation qu'amène cette électrisation aura la même direction que celle de la compression.

Cette conséquence théorique a été vérifiée par MM. Curie au moyen de la disposition expérimentale suivante.

Entre deux plaques de bronze massives maintenues par des colonnes en fer et serrées par une vis, on place un parallélipipède de quartz reposant sur une face taillée perpendiculairement à un axe binaire. Aux

1. *Ann. de ch. et de phys.* (5), 24,135.

deux extrémités de ce parallélipipède sur lesquelles on recueillerait l'électricité produite par compression, on applique deux lames de cuivre en communication avec chacun des deux pôles d'une machine de Holtz; le pôle positif étant appliqué à la face qui, par compression, donnerait de l'électricité positive. Le quartz étant soumis à cette induction doit faire effort pour se dilater entre les deux plaques de bronze entre lesquelles il est serré, et comme la dilatation est impossible, celle-ci doit se traduire par une augmentation de pression. MM. Curie la constataient en plaçant, au-dessous du quartz soumis à l'induction, un autre quartz sur lequel la compression donnait lieu à un dégagement électrique; ce dégagement était observé au moyen d'un électromètre.

On aurait pu tout aussi bien apprécier l'augmentation de pression et même en mesurer la grandeur en plaçant au-dessous du quartz induit un cube de verre sur lequel on aurait observé la biréfringence produite par la compression.

Vérification de la loi de M. Lippmann par l'emploi des phénomènes optiques biréfringents. — Expériences de M. Kundt. — MM. Kundt[1] et Röntgen ont eu l'idée d'observer, sur le quartz même soumis à l'induction, les effets de la dilatation ou de la contraction produits par l'induction électrique. Nous n'indiquerons que le mode d'observation de M. Kundt, qui est le plus simple. On taille un cube de quartz dont deux faces telles que *abcd* (*fig.* 172) sont perpendiculaires à l'axe ternaire. Les faces latérales sont, les unes perpendiculaires, les autres parallèles à un axe binaire 1 1′. Nous supposerons que la face *ab* est celle qui devient positive par la pression. On couvre les faces *ab* et *cd* de deux plaques de cuivre que l'on met en communication avec les deux pôles d'une machine de Holtz, et l'on observe, au moyen d'un microscope polarisant à lumière convergente, les anneaux produits, entre deux nicols croisés à angle droit, à travers les deux faces perpendiculaires à l'axe ternaire. Lorsqu'il n'y a pas d'induction, ces anneaux sont circulaires; lorsque l'induction se produit, le cristal se contracte ou se dilate suivant un sens déterminé, et les anneaux s'aplatissent suivant

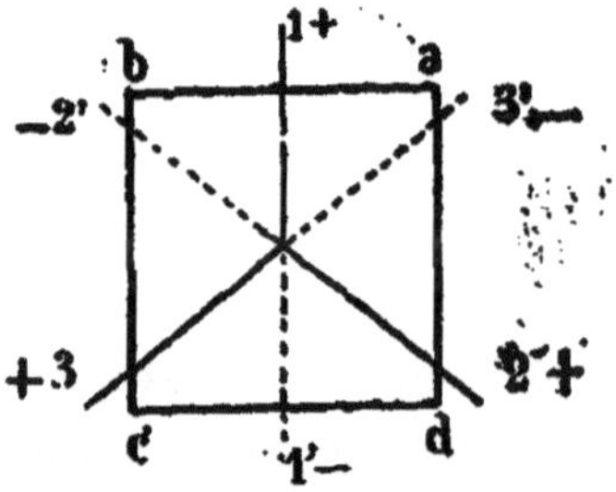

Fig. 172.

1. *Wiedem. Ann.* 18,228 (1883).

la direction de la pression en s'allongeant suivant une direction perpendiculaire. On fait ainsi les observations suivantes :

1° face *ab* électrisée +, face *cd* électrisée —. Dilatation suivant 11′ (fig. 173)
2° face *ab*......... —, face *cd*......... +. Contraction suivant 11′ (fig. 174)

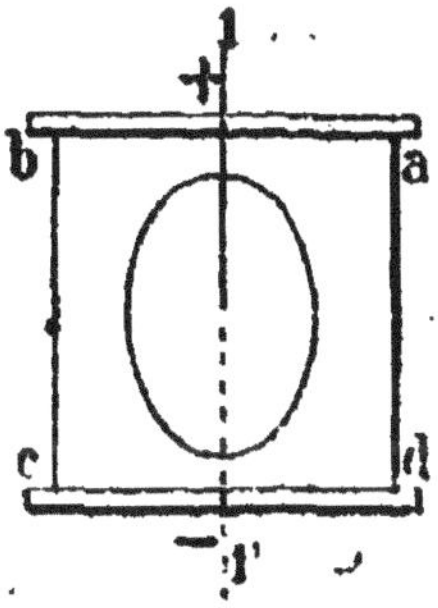

Fig. 173.

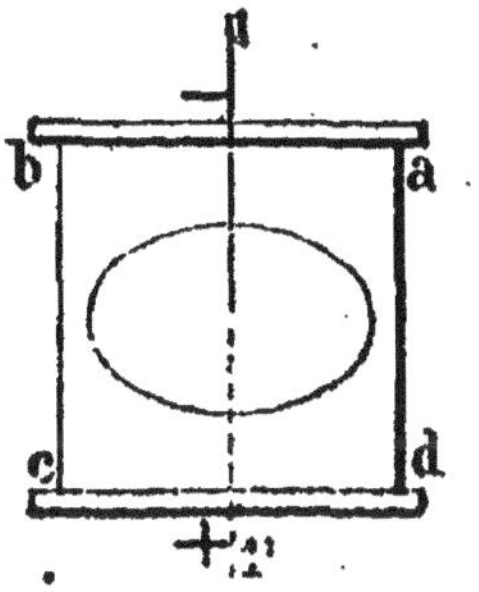

Fig. 174.

On applique ensuite les lames de cuivre sur les faces latérales *bc* et *ad*; nous avons vu que, pour obtenir de l'électricité suivant une direction telle que p_2p_3 perpendiculaire à un axe binaire, il faut comprimer suivant une direction *mm′* inclinée de 45° sur p_2p_3. On en conclut que lorsqu'on électrise les extrémités de p_2p_3, on doit avoir une dilatation ou une compression suivant une direction inclinée de 45° sur p_2p_3.

On observe, en effet, les faits suivants :

Face *bc* +, face *cd* —. Compression suivant 22′, dilatation suivant 33′ (fig. 175).
Face *bc* —, face *cd* +. Dilatation suivant 22′, compression suivant 33′ (fig. 175).

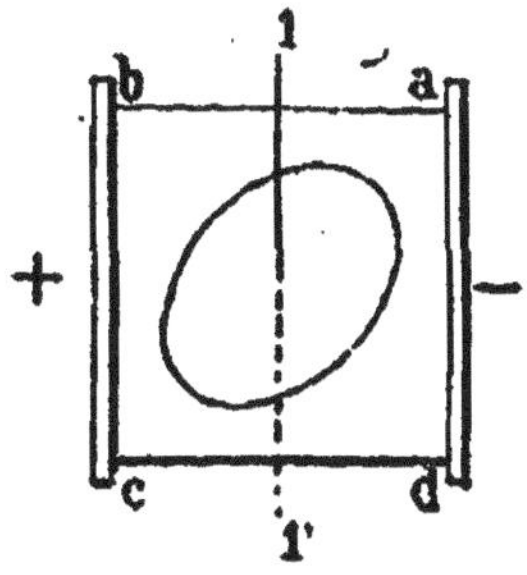

Fig. 175.

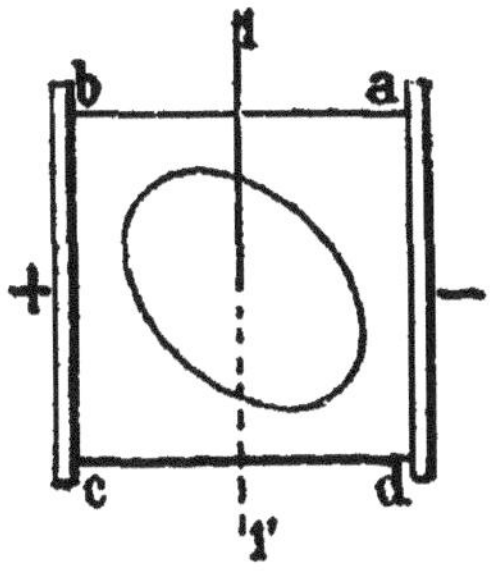

Fig. 176.

2° ÉLECTRICITÉ DÉGAGÉE PAR UNE ACTION THERMIQUE. — PYRO-ÉLECTRICITÉ.

Pyro-électricité de la tourmaline. — L'influence que la chaleur exerce sur les cristaux de tourmaline en les chargeant d'électricité de noms contraires aux deux extrémités de l'axe ternaire est connue depuis fort longtemps. Leymerie en fait mention dans son Histoire de l'Académie des sciences en 1717[1]. Cette propriété, à laquelle on a donné le nom de *pyro-électricité*, a été étudiée par Æpinus en 1756, et depuis cette époque de nombreux observateurs se sont succédé soit pour en toutes les particularités, éclaircir davantage, soit pour l'étendre à d'autres substances cristallisées.

Voyons d'abord en quoi consiste le phénomène.

Si l'on prend un prisme de tourmaline et si on le saisit en son milieu par une petite pince isolée, on observe qu'en chauffant le cristal, et pendant tout le temps que dure l'échauffement, l'extrémité qui porte les faces b^1 prend l'électricité positive, tandis que celle qui porte les faces e^1 prend l'électricité négative. On peut s'assurer de cette circonstance, soit en essayant l'action exercée par chaque extrémité sur une aiguille mobile autour d'un axe vertical et chargée d'électricité de signe connu; soit en mettant une des extrémités du prisme en contact avec le sol, ce qui met en liberté l'électricité accumulée à l'autre pôle et permet de charger avec le cristal l'une des lames d'un condensateur. On peut encore suspendre le prisme de tourmaline en voie d'échauffement par un fil de soie, de manière que le prisme placé horizontalement puisse osciller dans un sens ou dans l'autre; on constate alors qu'un bâton de résine frotté attire une des extrémités et repousse l'autre.

Lorsque le cristal, après avoir été échauffé, est abandonné au refroidissement, et pendant tout le temps que dure ce refroidissement, on observe des phénomènes inverses des précédents; le pôle b^1 devient négatif, le pôle e^1 positif.

Dans tous les cas, lorsque toute la masse du cristal est en équilibre de température, on ne constate aucune action électrique.

Un phénomène très important est le suivant : Quand on brise un prisme de tourmaline en voie d'échauffement ou de refroidissement, et possédant deux pôles de nom contraire, chacun des fragments possède deux pôles, comme cela aurait lieu pour les fragments d'un aimant. La polarité des extrémités d'un prisme est donc liée à la polarité de chacune des molécules du cristal.

Lois établies par M. Gaugain. — M. Gaugain, dans un travail des plus remarquables[2], a le premier établi, sur des bases expérimentales

1. Jamin et Bouty. — *Traité de physique*. T. I, 200.
2 *Ann. de ch. et de phys.* (3), 57.

précises, les lois de la pyro-électricité de la tourmaline, obscurcies par l'imperfection des travaux antérieurs.

Le prisme de tourmaline était taillé à ses deux extrémités suivant deux bases planes perpendiculaires à l'axe ternaire. Sur chacune de ses bases, on appliquait une feuille d'étain dont l'une était mise en contact avec le sol, et l'autre avec un électromètre à feuilles d'or. Pendant l'échauffement, par exemple, l'électricité s'accumulant sur la lame du condensateur de l'électromètre, les feuilles divergeaient jusqu'à ce qu'elles vinssent à se décharger en touchant les boules extrêmes. Chaque décharge correspondait à l'écoulement d'une certaine quantité d'électricité, et le nombre des décharges pouvait ainsi devenir une mesure des quantités d'électricité dégagées à l'extrémité du cristal.

Les lois établies par M. Gaugain peuvent se résumer dans la formule suivante. Si q représente la quantité d'électricité pendant une variation ∂t de la température, si s est la surface de la base à travers laquelle l'électricité se dégage, on a

$$q = k.s.\partial t.$$

L'électricité est positive ou négative suivant le signe de q; k est indépendant du signe de ∂t, il est de signe contraire pour les deux extrémités du cristal.

On voit que la quantité q est indépendante de la distance des deux bases; elle est la même lorsque le prisme est réduit à quelques fractions de millimètre, ou lorsqu'il a une longueur de plusieurs centimètres. Si l'on ajoute que q est proportionnel à s, on en déduira que la quantité d'électricité dégagée ne dépend que de la variation de température qui se produit entre deux molécules contiguës et placées sur une même droite parallèle à la hauteur.

En résumé, on peut dire que le cristal de tourmaline, en voie d'échauffement ou de refroidissement, se comporte comme s'il était placé dans un champ électrique uniforme dont la force, dirigée dans le sens de l'axe ternaire, changerait de sens avec le signe de la variation de température.

Analogies entre la piézo- et la pyro-électricité. — Il faut remarquer la parfaite analogie que les phénomènes pyro-électriques présentent avec les phénomènes piézo-électriques. Les lois sont les mêmes en substituant la variation de température à la variation de pression. Bien plus, non seulement dans la tourmaline, mais encore dans toutes les autres substances connues, le signe de l'électricité développée sur une face par la *compression* est toujours le même que celui de l'électricité développée sur la même face par *refroidissement*. C'est-à-dire que, dans l'un et l'autre cas, le *développement de l'électricité se fait de la même façon que s'il était simplement lié à la variation de la distance qui sépare les molécules*. Lorsque l'une des propriétés pyro- ou piézo-électriques a été constatée sur un cristal, on peut non seulement conclure à l'existence de l'autre, mais dire encore le sens dans lequel cette dernière se produit.

Définition précise de la pyro-électricité. — Cette analogie si instructive entre les phénomènes électriques développés par la pression et par le refroidissement ne doit pas cependant faire oublier la différence très grande qui sépare les deux modes d'action.

Dans un cristal comprimé, nous avons dû éliminer tous les cas dans lesquels la pression n'est pas appliquée sur des faces égales et parallèles. Une règle analogue doit être posée dans la pyro-électricité pour éliminer toutes les particularités du phénomène qui ne seraient pas réellement spécifiques pour le corps et varieraient avec chaque condition particulière de l'expérience. Nous nous restreindrons donc au cas où une sphère cristalline se refroidit ou s'échauffe en gardant à chaque instant une température égale pour tous les points de la surface.

Ce serait là une condition difficile à réaliser dans la pratique, mais nous pourrons en approcher en taillant le cristal suivant une forme parfaitement définie, et en faisant en sorte que tous les points de la surface restent à une température qui soit la même pour tous pendant toute la durée du réchauffement ou du refroidissement.

Déductions tirées des lois de symétrie. — Avec ce point de départ, nous pouvons appliquer les règles de symétrie dont nous avons fait usage dans l'étude de la piézo-électricité. Seulement, comme ici nous supposons le refroidissement identique suivant toutes les directions, il est clair que tous les éléments de symétrie du cristal régiront le phénomène, et qu'aucun d'eux ne disparaîtra. On en conclut qu'il n'y a de cristaux pyro-électriques que ceux qui sont dépourvus de centre; mais ceux-ci ne satisfont pas tous aux données du problème.

En effet, s'il y a un axe de symétrie dans le cristal, la ligne des pôles sera dirigée suivant cet axe. Il n'y aura donc pas de pyro-électricité, c'est-à-dire qu'une sphère cristalline se refroidissant régulièrement ne développera pas d'électricité à sa surface, dans tous les cristaux non centrés qui possèdent plusieurs axes de symétrie. Il faut qu'il n'y ait qu'un seul axe de symétrie aux deux extrémités duquel l'absence du centre donne des propriétés différentes. Les cristaux qui satisfont à cette condition sont ceux auxquels les cristallographes allemands donnent le nom d'*hémimorphes*.

Il ne peut pas y avoir de cristaux hémimorphes dans le système cubique.

Dans le système sénaire, on aurait les hémiédries

$$A^6 \; 0L^2 \; 0C' \; 3P \; 3P',$$

et la tétartoédrie[1]

$$A^6 \; 0L^2 \; 0C \; 0P;$$

mais aucun de ces modes cristallins n'est réalisé dans la nature.

Dans le système *ternaire*, on a le mode hémiédrique

$$A^3 \; 0L^2 \; 0C \; 3P$$

qui est celui de la tourmaline; ou le mode tétartoédrique

$$A^3 \; 0L^2 \; 0C \; 0P$$

qui n'est pas connu dans la nature.

Dans le système *quadratique*, on aurait le mode hémiédrique

$$A^4 \; 0L^2 \; 0L'^2 \; 0C \; 0\Pi \; 2P \; 2P'$$

et le mode tétartoédrique dérivé de celui-ci par la suppression des plans de symétrie. Aucun d'eux n'est connu dans la nature.

Dans le système terbinaire, on a le mode hémiédrique

$$L^2 \; 0L'^2 \; 0L''^2 \; 0C \; P' \; P''$$

qui est celui de la calamine.

Dans le système binaire, on a le mode hémiédrique et holoaxe

$$A^2 \; 0C \; 0\Pi$$

qui est celui du sucre et d'un très grand nombre de cristaux organiques. Le mode d'hémiédrie

$$0A^2 \; 0C \; \Pi$$

1. L'hémitétartoédrie $A^3 \, 0L^2 \, 0C, \Pi$, qui n'est pas davantage connue dans la nature, ne satisferait pas à la condition, car le plan de symétrie Π étant perpendiculaire à l'axe ternaire, les deux extrémités de celui-ci seraient identiques entre elles.

pourrait satisfaire à la condition, mais il ne s'est encore jamais rencontré.

Dans le système anorthique enfin, l'hémiédrie qui supprime le centre satisferait à la condition de la pyro-électricité, mais elle n'est pas non plus connue dans la nature.

Les substances que l'on a reconnues avec certitude être pyro-électriques au sens précis que nous attachons à ce mot, sont en somme assez peu nombreuses. Nous citerons la tourmaline qui est ternaire, la calamine et la topaze qui sont terbinaires, l'acide tartrique et le sucre qui sont binaires. Toutes ces substances, à l'exception de la topaze, manifestent extérieurement d'une manière très nette leur dyssymétrie interne. Dans la topaze, l'hémimorphisme est prouvé surtout par la pyro-électricité. Cependant on a trouvé certains cristaux de ce minéral qui ne montraient qu'à une seule de leurs extrémités les faces a^1, e^1, $e^{1/3}$, $e_{1/3}$. (Des Cloizeaux.)

Expériences de Riess, de G. Rose et de M. Hankel. — Le nombre des substances que l'on a considérées, d'après certaines expériences, comme pyro-électriques, est beaucoup plus considérable que celui qui semblerait résulter de la courte liste qui précède et qui, d'ailleurs, est loin d'être complète. Mais on avait été induit en erreur par une définition imparfaite des conditions de refroidissement et de réchauffement nécessaires pour donner naissance à la pyro-électricité. Si on ne se limite pas strictement au cas où la surface qui s'échauffe ou se refroidit est dans tous ses points à la même température, il est clair que le phénomène changera avec les conditions de refroidissement, variables avec le mode d'expérience, avec la forme du corps, etc., et n'aura ainsi plus rien de spécifique pour le corps soumis à l'observation.

C'est ainsi que Riess et G. Rose, en expérimentant avec l'axinite, qui cristallise dans le système anorthique, ont annoncé que cette substance possède deux axes de pyro-électricité distincts ; l'un serait dirigé de la face e^1 de gauche à l'angle trièdre aigu de droite, formé par les plans p, t, a^1; le second, parallèle au premier, joindrait la face inférieure droite à l'angle trièdre aigu gauche. On aurait donc deux axes distincts, parallèles entre eux, ne passant pas par le milieu du cristal, et dont les pôles situés du même côté seraient de nom contraire. Il est clair qu'un semblable énoncé ne présente de sens que pour un cristal d'axinite donné et des conditions de refroidissement données. Ce n'est donc pas une propriété de l'axinite, mais une particularité accidentelle manifestée par un échantillon spécial dans des conditions spéciales. Une propriété, spécifique pour un cristal régulièrement formé, est nécessairement commune à toutes les directions parallèles menées à travers ce cristal.

On peut en dire autant, avec autant de raison, des expériences des mêmes observateurs sur la topaze. Suivant eux, si l'on coupe un prisme de topaze par le plan de symétrie qui passe par l'axe vertical et la grande diagonale de la base, on partage le cristal en deux moitiés dont les pôles pyro-électriques sont tournés en sens contraire, de sorte que le cristal, au lieu d'être analogue à un aimant bipolaire, le serait à un aimant à pôle central. Il est clair que l'existence d'un plan jouissant de propriétés particulières et distinctes de tous les autres plans parallèles est incompatible avec la notion même de la cristallisation et doit être rejetée, malgré l'autorité qui s'attache si justement aux noms des observateurs.

Des critiques analogues peuvent être adressées à la longue série d'observations sur la pyro-électricité des cristaux, due à M. Hankel. Ce savant se servait de cristaux ayant leur forme naturelle ; il les plongeait dans une boîte métallique remplie de limaille de fer en laissant seulement à découvert les parties sur lesquelles devait porter l'observation et dont on étudiait l'état électrique des diverses parties au moyen d'un fil mis en communication avec un électromètre. Dans ces conditions, il est clair, et MM. Friedel et Curie ont montré[1] que cela avait lieu réellement, que le refroidissement des diverses parties du cristal n'est pas du tout le même, que la marche de ce refroidissement dépend non seulement de la nature du cristal, mais encore de sa forme extérieure et des conditions de l'expérience. On n'observe donc en aucune façon la vraie pyro-électricité du corps soumis à l'expérience.

Quoi qu'il en soit, les expériences de M. Hankel ainsi que celles de Riess et G. Rose ont montré ce fait en lui-même fort important que, si tous les cristaux ne sont point, dans le vrai sens qu'on doit attacher à ce mot, pyro-électriques, ils sont du moins susceptibles (et il en serait peut-être de même de tous les corps diélectriques) de se charger superficiellement d'électricité, soit positive, soit négative, toutes les fois qu'il se produit des variations de température inégalement réparties dans la masse du cristal.

Procédé d'expérimentation de M. Friedel. — Intérêt qu'il présente. — Avant d'être arrivé, au sujet de la vraie définition de la pyro-

1. *C. R.*, mai 1883.

électricité, à des conclusions analogues à celles qui précèdent, M. Friedel avait employé[1], pour constater la pyro-électricité des corps, un procédé qui donne prise aux critiques précédentes, mais qui est très intéressant, parce que les conditions de réchauffement du cristal y sont définies avec précision, et qu'il permet ainsi d'acquérir des données réellement spécifiques pour les cristaux expérimentés.

Le procédé consiste à découper une lame dans le cristal, à le placer sur une lame d'étain en communication avec le sol, et à faire reposer sur lui la base d'une demi-sphère métallique en communication avec un électromètre. La base de l'hémisphère a une surface notablement plus petite que celle de la lame ; elle forme donc comme une source de chaleur qui se propage dans le cristal suivant des cercles dont le centre de l'hémisphère était le centre. Lorsqu'on place alors la lame sur le porte-objet d'un microscope polarisant, on constate très bien, par la dépolarisation de la lumière, la propagation de la chaleur et la répartition incessamment variable de la température qui en est la conséquence. Dans ces conditions, les surfaces isothermes étant sensiblement des cylindres circulaires dont l'axe est normal à la lame, il est clair que cet axe jouit de propriétés spéciales à l'exclusion de tous les autres.

On peut aller plus loin et remarquer que, par suite de la propagation autour d'un axe central, et pendant cette propagation, les couches cylindriques intérieures étant plus chaudes que les extérieures, les premières ne peuvent pas se dilater librement et sont comprimées. Un cylindre très délié ayant pour axe une normale à la lame est donc comprimé, et si le phénomène pyro-électrique est possible suivant la direction de cette normale, celle-ci devient la ligne des pôles électriques. Le procédé imaginé par M. Friedel permet donc de reconnaître dans un cristal, qui n'est pas pyro-électrique au sens propre du mot, les directions particulières qui, sous l'influence d'une compression ou d'une traction perpendiculaire, peuvent prendre des pôles électriques. On pourrait donner au phénomène particulier découvert par M. Friedel le nom de pyro-électricité *axiale*.

Par son procédé, M. Friedel a pu reconnaître, avant la découverte de MM. Curie, qu'une lame de *quartz* taillée perpendiculairement à un axe binaire et échauffée par un point central prend des pôles opposés sur les deux faces.

1. *Bull. de la Soc. minér.*, 2,31 (1879).

Avec la *blende* qui cristallise dans le système cubique en présentant l'hémiédrie tétartoèdrique, M. Friedel a montré que l'axe ternaire est un axe de pyro-électricité.

Il en est de même pour la *helvine*, aussi tétraédrique, et pour le *chlorate de soude*, qui est tétartoédrique.

Lorsque l'hémisphère, que M. Friedel place sur la lame pour l'échauffer a une surface égale ou supérieure à celle de la lame cristalline, il est clair que la marche de la température se fait suivant des surfaces isothermes parallèles à la surface, et toute trace de pyro-électricité disparait sur la face qui porte l'hémisphère.

Pyro-électricité de la boracite. — La boracite présente des phénomènes pyro-électriques particuliers qui ont été tout dernièrement étudiés par MM. Friedel et Curie[1]. Cette substance cristallise dans le système cubique, au moins à en juger par sa forme extérieure, et nous avons déjà dit dans le tome Ier que cette substance pouvait être considérée comme un type de l'hémiédrie tétraédrique. On a reconnu depuis longtemps que la boracite est pyro-électrique au vrai sens du mot, et qu'une lame taillée perpendiculairement à un axe ternaire se charge, par refroidissement, d'électricité positive du côté où ne se trouvent pas les faces du tétraèdre. MM. Friedel et Curie ont constaté d'une manière positive la pyro-électricité de la boracite, qui paraît contraire à la règle formulée plus haut.

Mais j'ai montré, il y a un certain nombre d'années[2], que la boracite n'est pas réellement cubique. Les phénomènes optiques démontrent péremptoirement que chaque cristal de boracite est formé par la juxtaposition de douze pyramides ayant pour sommet commun le centre du cristal, et pour bases respectives les faces du dodécaèdre rhomboïdal. Chacune de ces pyramides est un cristal terbinaire dont les axes binaires sont dirigés l'un suivant la normale à la base, et les deux autres suivant les deux diagonales de la face rhombe. De plus ces cristaux terbinaires sont hémimorphes et l'axe d'hémimorphisme est dirigé suivant la petite diagonale du rhombe. En un sommet du pseudo-dodécaèdre rhomboïdal viennent aboutir trois de ces axes hémimorphes qui se réunissent par leurs extrémités de même nom. Il en résulte que les droites qui vont d'un angle ternaire à l'autre du pseudo-dodécaèdre joignent un point de croisement des extrémités des axes binaires de même

1. *Comptes rendus.* — Juillet 1883.

2. *Ann. des mines* (7), X. (1876).

nom à un point de croisement des extrémités de nom contraire. Cette droite peut donc être et est en effet un axe de piézo- et de pyro-électricité.

J'ai fait voir[1] plus tard que la boracite devient subitement cubique à la température de 265°. A cette température elle doit donc cesser subitement d'être pyro-électrique, et c'est en effet ce que MM. Friedel et J. Curie ont constaté de la manière la plus nette[2]. Ils ont vu en même temps qu'au moment du changement d'état la pyro-électricité est particulièrement intense, c'est-à-dire qu'au moment où change la symétrie de la molécule, il se produit un dégagement très considérable d'électricité polaire. Il faut espérer que les savants observateurs qui l'ont découvert nous feront connaître bientôt dans tous les détails ce phénomène particulièrement intéressant.

Pyro-électricité des cristaux conducteurs. — Cuivre gris et pyrite cuivreuse. — La pyro-électricité a été recherchée surtout sur les cristaux non conducteurs qui sont les plus nombreux. Il y avait lieu de se demander si elle pouvait se rencontrer dans les cristaux conducteurs.

M. Friedel[3] l'a recherchée dans les cristaux tétraédriques de cuivre gris. Le corps étant conducteur, l'électricité dégagée aux deux pôles était susceptible d'engendrer un courant. En conséquence les expériences se faisaient en mettant les deux faces d'une lame taillée perpendiculairement à un axe ternaire, en communication avec les extrémités des fils d'un galvanomètre. Lorsque la lame est chauffée, l'électricité positive se dégage sur la face tournée du côté de la base du tétraèdre.

La chalcopyrite, qui est aussi conductrice, cristallise dans le système quadratique, et en tétraèdres. M. Friedel a, par le même procédé, constaté aussi la pyro-électricité sur cette substance. Mais le sens du courant était inverse de celui qui se produit dans le cuivre gris.

Or on avait constaté, dans des expériences préalables, que lorsqu'on fabrique un tétraèdre de cuivre, et qu'on applique les deux extrémités des fils de platine du galvanomètre, l'un au sommet, l'autre à la base du tétraèdre, il se produit, pendant l'échauffement de ce tétraèdre, un courant dont le sens correspond à l'échauffement de la soudure du sommet. Cette soudure est en effet plus chaude, parce que la pointe du tétraèdre s'échauffe plus vite que la base.

1. *Bull. de la Soc. de Minér.*, 1882.
2. *C. R.* Juillet 1883.
3. *Ann. de ch. et de phys.* (4), 16 (1869).

Avec un tétraèdre de cuivre gris, le résultat est le même qu'avec le cuivre.

Avec un tétraèdre de chalcopyrite, le sens est inverse, ce qui prouve que le signe thermo-électrique de la chalcopyrite est, par rapport au platine, contraire à celui du cuivre gris.

Avec les *lames* de cuivre gris et de chalcopyrite, le sens des courants pyro-électriques est donc le même que celui qu'on aurait si on remplaçait les lames par des tétraèdres ayant leurs sommets dirigés vers celui du cristal dont la lame était détachée. On expliquerait donc les phénomènes observés en supposant que les molécules de ces deux matières ont une forme tétraédrique semblable à celle du cristal. La face placée du côté des pointes moléculaires se refroidirait ou s'échaufferait plus vite que celle qui serait tournée du côté des bases.

On voit que dans ces phénomènes la pyro-électricité paraît se compliquer de la thermo-électricité, et peut-être même celle-ci est-elle seule en jeu.

Règle déterminant celui des sommets du cristal qui est positif par compression ou par refroidissement. — En comparant entre elles toutes les substances sur lesquelles on a, jusqu'à ce jour, constaté la pyro-électricité, ou, ce qui est la même chose, la piézo-électricité, MM. Curie sont arrivés à formuler une loi curieuse et intéressante.

Lorsqu'on considère une droite susceptible de prendre à ses deux extrémités, par compression suivant sa direction, des électricités de noms contraires, ces deux extrémités sont cristallographiquement différentes. Or, l'extrémité qui prend par compression (ou par refroidissement) l'électricité positive, est toujours tournée du côté où les faces du cristal donnent le sommet le plus pointu.

Ainsi le sommet positif par compression est tourné, dans la tourmaline, du côté du pointement e^1 ; dans la calamine, du côté du pointement e_3 ; dans les tétraèdres de blende et de chlorate de soude, du côté du sommet du tétraèdre. Il paraît d'abord y avoir une exception pour la boracite, dont le sommet positif est tourné du côté de la base du tétraèdre. Mais cette exception confirme ici la règle, car nous venons de voir que la boracite est réellement terbinaire et que la droite qui joint deux sommets pseudo-ternaires est l'axe d'hémimorphisme. Or il est facile de voir que les faces tétraédriques sont, dans le cristal terbinaire, des faces du biseau a^1. Le pôle positif par compression, étant tourné du côté de cette face pseudo-ternaire, est donc en réalité tourné, suivant la règle, du côté du biseau a^1.

Cette règle ayant ainsi un haut degré de généralité, on peut conjecturer qu'elle a sa raison d'être dans la forme même de la molécule, qui serait plus pointue du côté du pôle positif.

Phénomène réciproque de la pyro-électricité. — De même que l'électrisation produite par la compression entraîne la dilatation produite par l'électrisation, l'électrisation par le réchauffement doit entraîner le refroidissement par l'électrisation. Un cristal de tourmaline qui, par échauffement, prend à une certaine extrémité un pôle positif, doit donc se refroidir lorsqu'on communique à la même extrémité de l'électricité positive. Cette conséquence de la théorie, qui a été formulée par M. Lippmann, peut être considérée comme certaine, quoiqu'elle n'ait pas encore été vérifiée par l'expérience.

Essais d'explication théorique de la piézo et de la pyro-électricité. — M. Gaugain[1], à la suite de ses remarquables travaux sur la pyro-électricité de la tourmaline, avait émis, pour expliquer ce phénomène, la théorie suivante. Il supposait que, dans la tourmaline, la dyssymétrie de la molécule est due à ce que deux portions opposées de cette molécule ont des pouvoirs thermo-électriques différents, et s'échauffent ou se refroidissent inégalement quand la température du corps varie. La variation de température constitue alors la molécule à l'état de tension opposée à ses deux extrémités.

On peut matérialiser en quelque sorte cette conception, comme l'a fait M. Gaugain, en soudant ensemble alternativement, par la base et par le sommet, de petits cônes de cuivre et de bismuth. Lorsqu'on plonge le tout dans une étuve, les pointes s'échauffent plus vite que les bases, et, jusqu'à ce que l'équilibre de température soit obtenu, il se produit un courant attesté par un galvanomètre. Le courant change de sens lorsque la variation de température change de signe; la quantité d'électricité dégagée est indépendante de la longueur de la chaîne; elle est proportionnelle à la variation de température. On retrouve donc les principales lois de la pyro-électricité.

Mais cette ingénieuse idée ne rend pas compte de la piézo-électricité, et les deux phénomènes paraissent si intimement liés que l'explication de l'un doit aussi convenir à l'autre.

Sir W. Thomson a cherché de son côté à expliquer la pyro-électricité en admettant qu'un cristal pyro-électrique est toujours à l'état de polarisation électrique, les deux extrémités dissemblables de la molécule

1. *Ann. de ch. et de phys.* (4) 6,51 (1865).

étant, à l'état de repos, l'une positive, l'autre négative. La chaleur modifie cet état d'équilibre, et change la charge électrique des deux extrémités du cristal.

MM. Curie, tout en trouvant cette hypothèse vraisemblable, la modifient pour l'adapter à la fois à la pyro- et à la piézo-électricité. Ils considèrent les deux pôles contraires d'une même molécule placés en regard comme les deux lames d'un condensateur. La variation de distance des deux lames fait varier la quantité d'électricité condensée.

Un système propre à faire comprendre cette conception serait une pile de lames dont chacune serait formée d'un couple zinc-cuivre soudé, et serait séparée par une lame d'air de celle qui la suivrait et de celle qui la précéderait. Si s est la surface d'un élément, e l'épaisseur, égale en tous les points de la pile, de la lame d'air, v la force électromotrice de contact, il y a une quantité

$$q = \frac{vs}{4\pi e}$$

d'électricité condensée sur chaque face opposée entre deux couches successives. Lorsque la distance varie, la quantité

$$\Delta = q - \frac{vs}{4\pi} \frac{\Delta e}{e^2}$$

s'échappe aux deux extrémités sous forme d'électricités de noms contraires. Dans l'intérieur, les électricités se neutralisent, de sorte que les phénomènes sont indépendants de la hauteur de la pile.

On ne pourrait, d'ailleurs, se représenter la molécule comme un conducteur chargé d'électricité contraire aux deux extrémités. Il est plus vraisemblable que chacun des atomes de la molécule a son électricité propre. Ces électricités se neutralisent lorsque la molécule est symétrique autour d'un point et que les distances intermoléculaires sont toutes égales entre elles; elles cessent de se neutraliser lorsque la molécule est dépourvue de centre ou lorsque les distances intermoléculaires varient d'une extrémité à l'autre du cristal. Dans ce dernier cas, en effet, l'influence, sur une molécule, de deux molécules situées de part et d'autre, n'est plus égale et contraire et par conséquent ne se détruit plus.

On voit que l'étude des phénomènes électriques des cristaux conduit à des conséquences très importantes, soit au point de vue de la physique des cristaux, soit aussi au point de vue de la théorie générale des phénomènes électriques.

1. THERMO-ÉLECTRICITÉ.

Expériences de MM. Marbach et Friedel sur la thermo-électricité de la pyrite. — On désigne sous le nom de thermo-électricité la propriété que possèdent deux corps qui se touchent en *c* (*fig.* 177) de prendre aux deux extrémités libres A et B des électricités de noms contraires lorsque le point de contact *c* est à une température différente de celle des extrémités. Le signe des électricités accumulées à un pôle change de sens avec celui de la différence des températures entre *c* et les extrémités A et B.

Fig. 177.

Cette propriété exige, pour se manifester, que les corps soient conducteurs; aussi ne la connait-on dans les cristaux que pour certaines substances notablement conductrices comme le sont en général les sulfures sulfoarséniure ou sulfoantimoniure des métaux, fer, cobalt, nickel et cuivre.

M. Marbach[1] a le premier signalé que les cristaux de pyrite cubique et de cobalt gris présentent, les uns et les autres, deux variétés jouissant de propriétés thermo-électriques opposées. Avec un couple formé par chacune des deux variétés de pyrite, on peut former un couple thermo-électrique plus énergique que celui du couple bismuth-antimoine.

M. Friedel[2] a substitué un procédé d'expérimentation plus simple à celui qu'employait Marbach. Deux fils de platine ou de cuivre sont reliés à un galvanomètre; une des extrémités est échauffée à la lampe, et l'autre reste froide.

Les deux extrémités du fil étant rapprochées l'une de l'autre, mais non pas en coïncidence, sont tenues par une pince isolante et promenées à la surface d'un cristal de pyrite. On observe que, dans certaines plages, le courant va, dans le point de contact le plus chaud, du fil au cristal, tandis que, dans d'autres plages, l'inverse se produit.

Dans un même cristal les plages des signes thermo-électriques opposées n'ont pas le même aspect; les unes sont lisses tandis que les autres sont finement striées. Mais, ce qu'il y a de surprenant, c'est que les parties, lisses par exemple, sont positives dans un cristal et négatives dans un autre.

1. *C. R.* 45,707 (1857).
2. *Ann. de ch. et de phys.* (4), 16 (1869).

Les cristaux de pyrite sont donc formés par l'enchevêtrement de parties positives et de parties négatives, absolument comme les cristaux de quartz le sont par l'enchevêtrement de parties droites et de parties gauches.

Le quartz est un cristal hémiédrique holoaxe, et les deux variétés qui se rencontrent à la fois dans un même cristal correspondent aux deux formes conjuguées hémièdres. Ces deux formes, n'étant pas superposables entre elles, sont réellement distinctes l'une de l'autre; ce sont en réalité deux substances différentes, quoique ayant entre elles des liens étroits, et on ne s'étonne pas de les voir présenter des propriétés différentes.

Ce cas n'est pas celui de la pyrite, qui est parahémiédrique, et dont les formes conjuguées sont parfaitement superposables entre elles. Il est difficile de comprendre comment ces deux formes conjuguées peuvent manifester des propriétés physiques distinctes. On ne possède pas encore de solution satisfaisante de ce problème.

CHAPITRE XVI

CORROSION DES CRISTAUX

Figures de corrosion. — En 1807, Widmanstätten avait signalé les figures régulières qu'on observe en corrodant par un acide étendu la surface polie d'un fer météorique. Leydolt[1] fit connaître en 1855 les apparences qu'on obtient en corrodant la surface de l'agate, de l'aragonite, du quartz. Mais c'est surtout M. H. Baumhauer[2] qui, par une longue suite de travaux sur les phénomènes que produit la corrosion des substances cristallines, a montré tout l'intérêt de cette étude et tout le parti qu'on en peut tirer dans les recherches cristallographiques.

Lorsqu'on attaque la surface d'un cristal par un acide faible, il se produit de petits canaux distribués régulièrement, ou, bien plus souvent, de petites cavités assez irrégulièrement disséminées. Ces cavités ont un contour curviligne ou rectiligne; elles sont limitées en profondeur par des pyramides à surfaces planes ou courbes. La forme de ces *figures de corrosion* (*Œtz figuren*) dépend à la fois de la nature de l'acide, de la nature du corps, et, pour un même corps, de la face, naturelle ou artificielle sur laquelle elles se produisent. Cette forme est, en général, la même, toutes choses égales, pour les diverses faces d'une même forme simple. La symétrie de ces figures est toujours en rapport avec celle du cristal.

L'examen des figures de corrosion produites sur les faces d'un cristal nous permettra donc, avec plus ou moins de certitude d'ailleurs suivant

1. *Wien. Akad. Ber.* 15,59. T. 9, 10.
2. *Pogg. Ann.* 138,563 (1869); 140,271; 142,324; 145,460; 150,619. *Groth Zeitschr.* depuis 1876. — Voir aussi Exner, *Pogg. Ann.* 153.

les cas, de distinguer les faces qui appartiennent ou non à la même forme simple. Bien plus, lorsque le cristal ne présentera qu'un petit nombre de faces naturelles, nous pourrons en provoquer d'artificielles, et étudier la forme des figures de corrosion qu'on y peut produire.

Si le cristal a une structure intérieure complexe, comme il arrive souvent, l'examen des figures de corrosion provoquées dans les différentes plages d'une même lame naturelle ou taillée artificiellement pourra concourir, avec l'examen optique, à dévoiler la nature des enchevêtrements intérieurs. Si les renseignements qu'on obtient ainsi sont toujours moins précis et moins faciles à acquérir que ceux qui sont donnés par l'étude optique, ils n'en sont pas moins précieux comme confirmation de ceux-ci.

Les règles qu'il faut suivre pour conclure de la symétrie du cristal à celle des figures de corrosion, ou inversement, sont d'ailleurs très simples et peuvent s'énoncer comme il suit.

S'il y a un plan de symétrie perpendiculaire à la face corrodée, les figures de corrosion seront symétriques par rapport à la trace de cet axe sur le plan.

Tout axe de symétrie d'ordre *n* perpendiculaire au plan de la lame est un axe de symétrie d'ordre *n* pour les figures de corrosion.

Toute droite tracée dans le plan de la face corrodée et dont les deux directions peuvent être cristallographiquement distinguées l'une de l'autre, sera en général terminée de façon différente aux deux extrémités d'une figure de corrosion.

Exemples divers de figures de corrosion. — Calcite. — Barytine. — Mica. — Quartz. — Calamine. — Sulfate de strychnine. — Les figures suivantes, empruntées au Manuel de minéralogie que publie en ce moment le savant minéralogiste de Vienne, M. G. Tschermak, donneront quelques exemples de l'application de ces règles.

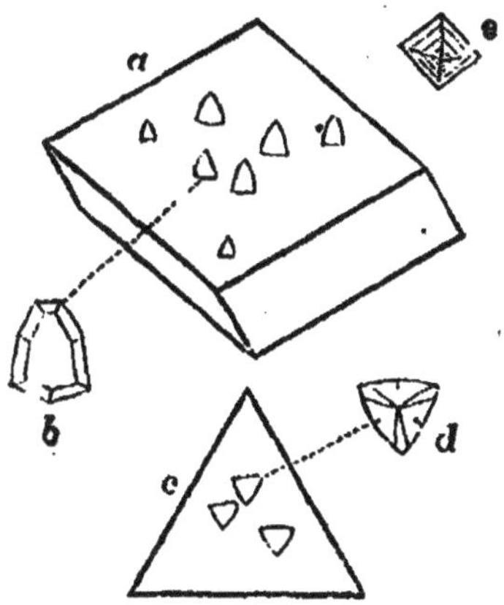

Fig. 178.

La figure 178 représente des figures de corrosion de la calcite par l'acide chlorhydrique; *a* est le rhomboèdre *p* sur les faces duquel les figures de corrosion ont la forme représentée agrandie en *b*; ces figures sont symétriques par rapport à la trace du plan de symétrie vertical passant par l'axe ternaire, elles tournent leur pointe vers le sommet culminant.

La figure *e* représente les figures de corrosion produites par l'acide sulfurique; la forme est différente, mais la symétrie est la même. En *c* est représenté un plan taillé artificiellement dans une direction perpendiculaire à l'axe ternaire; les figures de corrosion représentées agrandies en *d* ont une symétrie ternaire autour de la normale au plan.

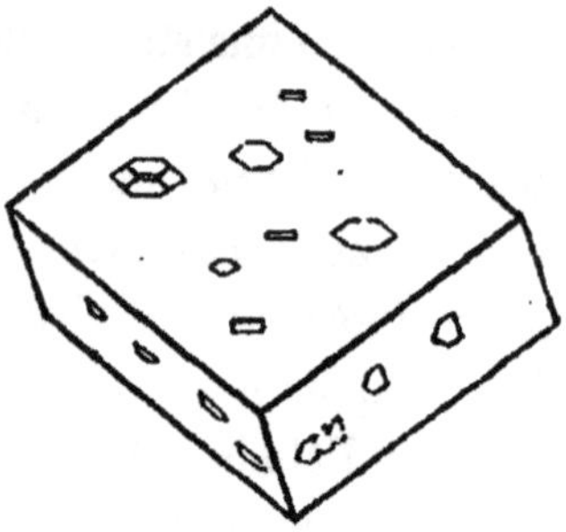

Fig. 179.

La figure 179 représente les figures de corrosion sur un cristal rhombique de barytine. Les figures de la base *p* sont symétriques par rapport aux deux diagonales du rhombe. Les figures des faces latérales du prisme *m* ne sont plus symétriques que par rapport à la trace du plan de symétrie parallèle à la base.

La figure 180 représente un cristal de quartz droit, et la figure 181 un cristal de quartz gauche. Il suffit de jeter les yeux sur les figures de corrosion relatives aux diverses faces pour voir que celles qui se rapportent aux faces *p* ne sont pas semblables à celles qui existent sur les faces $e^{\frac{1}{2}}$ et que les faces e^2 ne sont semblables que de deux en deux. De l'examen de ces figures on peut ainsi déduire sans peine que le cristal ne possède aucun plan de symétrie, mais qu'il possède un axe ternaire et trois axes binaires. La nature de l'hémiédrie est donc complètement dévoilée. On peut même distinguer les cristaux droits des cristaux gauches, par le sens de l'inclinaison des figures de corrosion qui se trouvent sur les faces $e^{\frac{1}{2}}$ de part et d'autre d'une face *p*.

Fig. 180.

Fig. 181.

La figure 182 représente les figures de corrosion sur la face g^1 d'un cristal de calamine; elles sont symétriques par rapport à la trace du plan h^1, et ne le sont pas par rapport à un plan parallèle à *p*, puisque les deux extrémités ne sont pas semblables. L'hémiédrie spéciale de cette substance est ainsi accusée.

La figure 183 représente les figures de corrosion sur une lame de mica muscovite. On voit qu'il n'y a de symétrie que par rapport à un plan perpendiculaire à la lame et allant de l'angle obtus antérieur à l'angle obtus postérieur. Le cristal n'est donc pas hexagonal, il n'est même pas terbinaire, car alors les figures de corrosion seraient symétriques par rapport à un second plan de symétrie perpendiculaire au premier et à la face du clivage. La symétrie binaire de la muscovite, que M. Tschermak a confirmée par l'examen des figures de choc, se trouve ainsi établie d'une façon certaine. Si l'on s'en tenait aux phénomènes cristallographiques, on devrait conclure à la symétrie hexagonale; si l'on y ajou-

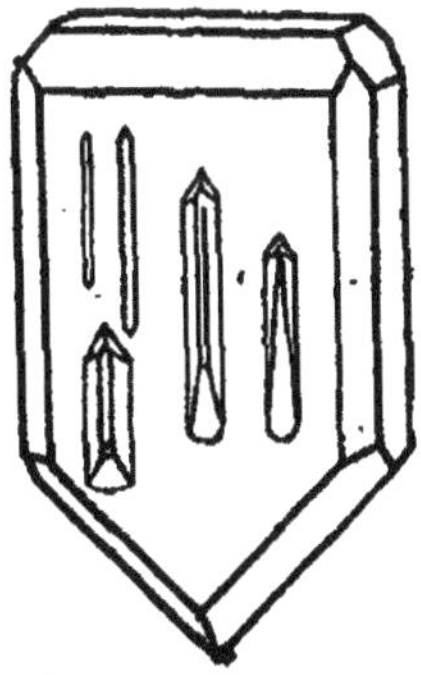

Fig. 182.

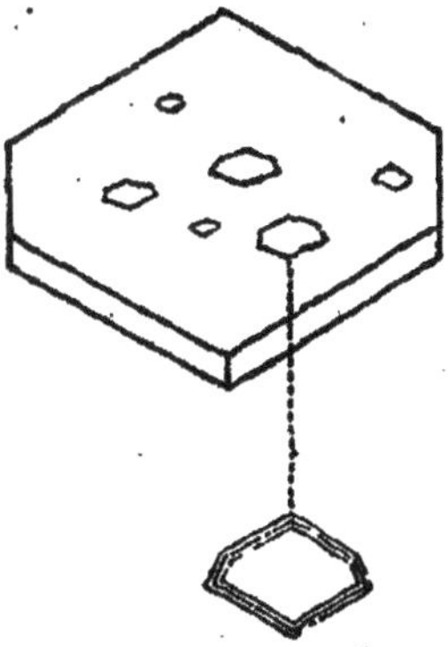

Fig. 183.

tait seulement les phénomènes optiques, c'est la symétrie terbinaire qu'il faudrait adopter.

En observant les figures de corrosion sur des rhomboèdres de dolomie ($CaO,MgO,2CO^2$) de giobertite (MgO,CO^2) de sidérose (FeO,CO^2), M. Tschermak[1] a remarqué que ces figures ne sont pas symétriques par rapport au plan passant par l'axe ternaire et normal aux faces du rhomboèdre. Il en a conclu que ces substances ont une hémiédrie holoaxe analogue à celle du quartz, tandis que la calcite et l'azotate de soude sont holoédriques.

Le sulfate de strychnine présente, comme nous l'avons dit plus haut, la polarisation rotatoire, bien que les cristaux paraissent holoédriques. M. Baumhauer[2], en provoquant avec de l'eau ou de l'alcool la production des figures de corrosion sur la base, a trouvé qu'elles ont la forme de carrés dont les côtés sont parallèles à ceux de la base. Mais si l'on attaque avec l'acide chlorhydrique étendu, on voit alors apparaître subi-

1. *Tschrem. Min. und Petrogr. Mitt.*, 4,99 (1881).
2. *Groth Zeit.*, 5,577 (1881).

tement sous le microscope une série de petits canaux inclinés sur les côtés de la base, quoique formant un petit angle avec ceux-ci. Si l'on attaque de même la face inférieure, et si on observe en même temps, grâce à la transparence, les lignes de corrosion de la face supérieure et celles de la face inférieure, on voit qu'elles sont obliques les unes sur les autres, comme le montre la figure 184, où les lignes pleines se rapportent à la base supérieure et les lignes ponctuées à la base inférieure. Le cristal n'a donc pas de plan de symétrie, et comme il a un axe quaternaire et quatre axes binaires, il est hémiédrique holoaxe, ce qui est d'accord avec son pouvoir rotatoire.

Fig. 184.

Ces exemples suffisent à montrer le vif intérêt que présente l'étude des figures de corrosion, et les ressources précieuses qu'elle offre aux recherches cristallographiques.

TABLE DES MATIÈRES

DU SECOND VOLUME

DEUXIÈME PARTIE

CRISTALLOGRAPHIE PHYSIQUE

Phénomènes qui se rapportent à la cohésion.

1. Cette seconde partie du chap. II a été appelée par erreur *Chap. III.*
2. Cette troisième partie du chap. II a été appelée par erreur *Chap. IV.*

21761. — Imprimerie A. Lahure, rue de Fleurus, 9, à Paris.

ERRATA DU PREMIER VOLUME.

Pages	*Lignes*	*Au lieu de*	*Lisez*
17	12 en remontant	rangée $m\,n\,p$	rangée $[m\,n\,p]$
25	3 en descendant	OT_1'	OT_1
25	7 en descendant	OT^1	$OT^{\prime}$
28	7 en remontant	$ab \sin yz$	$ab \sin xy$
45	3 en remontant	$q > b$	$q > 6$
45	4 en remontant	$q = b$	$q = 6$
65	dans la fig. 27 à gauche du cadre et en haut	$\bar{1}4\bar{2}$	$\bar{1}\bar{4}2$
	à droite du cadre et en bas	$\bar{1}4\bar{2}$	$\bar{1}\bar{4}2$
66	10 en remontant	$\bar{1}4\bar{2}$	$\bar{1}\bar{4}2$
102	6 en descendant	$(\bar{r}\,qp)$	$(\bar{r}\,pq)$
113	9 en descendant	fig. 114	fig. 113
117	12 en remontant	$\frac{3a^2}{\bar{2}\,\overline{d^2}}$	$\frac{3a^2}{\bar{2}\,\overline{h^2}}$
122	1 en haut	$12\bar{1}$	$1\bar{2}1$
131	fig. 125 et 126	001	111
136	2 en remontant	$e_3 = \{311\}$	$e_3 = \{31\bar{1}\}$
158	12 en descendant	ternaire	binaire
187	18 en descendant	(001)	$(00\bar{1})$
223	2 en descendant	division BA′	direction BA′
241	3 en remontant	$tg\,PZY = \frac{m \sin Z}{1 + m \sin PZY}$	$tg\,PZY = \frac{m \sin Z}{1 + m \cos Z}$
248	5 en descendant	les triangles	les angles
249	9 en descendant	$\gamma = \ldots = \frac{\sin a^1 h^1}{\sin (ph^1 - a^1 h^1)}$	$\gamma = \ldots = \alpha \frac{\sin a^1 h^1}{\sin (ph^1 - a^1 h^1)}$
251	11 en descendant	g^1 (110)	g^1 (010)
284	8 en remontant	Pz	PZ
315	9 en descendant	Idiocrase	Idocrase
316	12 en descendant	$m, h^1, a^1, h^3\ a_3, b^{\frac{1}{3}}, b^1, p$	$m, a^1, h^1, a_3, h^3, p, a^{\frac{1}{3}}, b^1$

ERRATA DU SECOND VOLUME.

Pages	*Lignes*	*Au lieu de*	*Lisez*
4	3 en remontant	$OB = \theta$	$OB = O$
14	1 en bas	$\frac{x^2}{A} + \frac{y^2}{B} - \frac{z^2}{B} = 1$	$\frac{x^2}{A} + \frac{y^2}{B} + \frac{z^2}{C} = 1$
20	11 en remontant	point B	point B_1
22	12 en descendant	O_x est y	Ox est y_x
35	8 en remontant	$N_z\, d_z +$	$N_z\, d\,\delta_z +$
38	14 en descendant	$F_z\, \delta$	$F_z\, \delta z$
44	10 en remontant	équations (7)	équations (6, page 35)
45	12 en descendant	$\delta_z = p\, B'_x,$	$\delta_z = p\, A'_x,$
45	13 en descendant	$\alpha_x = p\, C'$	$\alpha_x = p\, C'_z$
62		CHAPITRE III.	CHAPITRE II. — SECONDE PARTIE.
71		CHAPITRE IV.	CHAPITRE II. — TROISIÈME PARTIE.
72	11 en remontant	plateau E	plateau l
75	17 en descendant	B*n* (fig. 9)	B*n* (fig. 12)
75	11 en remontant	figure 9	figure 12
75	Dans la figure 12, substituer la lettre *n* à la lettre P pour le pied de la hauteur du triangle équilatéral.		
76	3 en descendant	figure 10	figure 13
76	8 en remontant	figure 11	figure 14
131	13 en descendant	nouveaux	nouvelles
145	8 en descendant	$\cos v = \cos \theta' \cos \theta'' -$	$\cos 2v = \cos (\theta' - \theta'') -$
166	13 en remontant	$0^{mm},605$	$0^{mm},0605$
179	7 en remontant	§ 3.	III
325	10 en descendant	de dissolution	des dissolutions

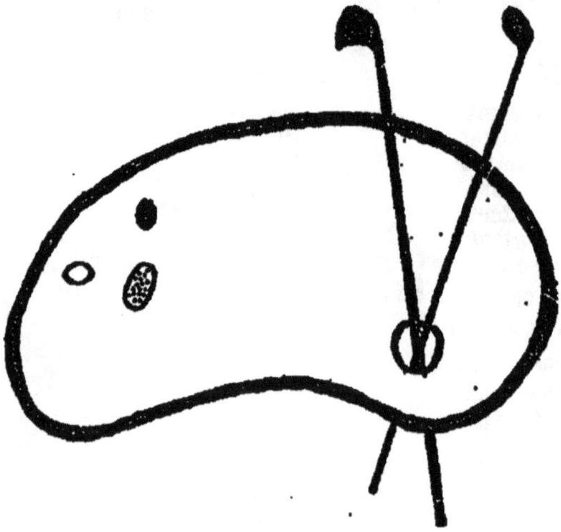

DEBUT D'UNE SERIE DE DOCUMENTS
EN COULEUR

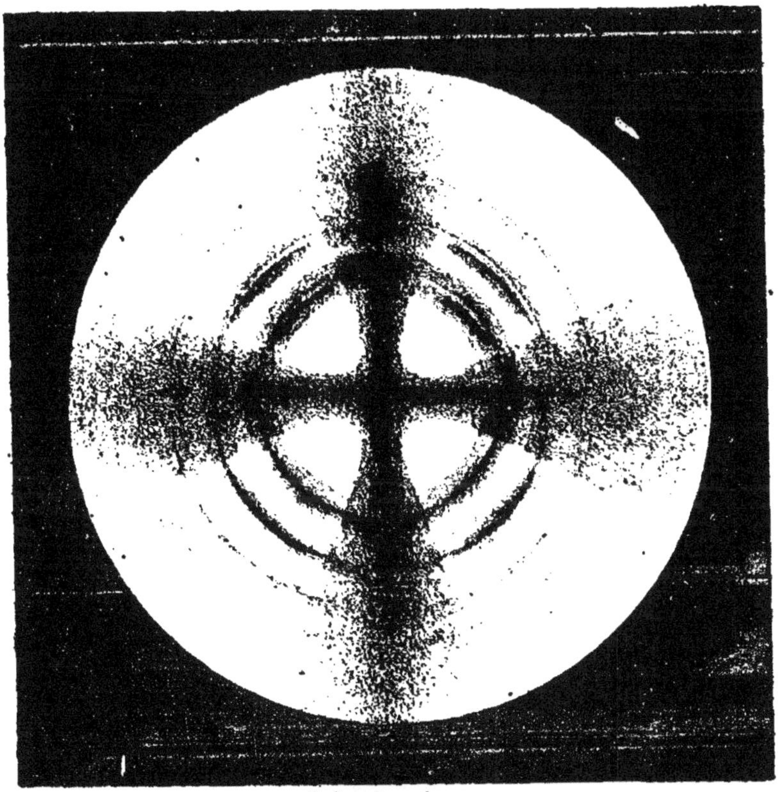

Fig. 1. **Cristal uniaxe**
taillé perpendiculairement à l'axe,
et vu entre deux nicols croisés à angle droit.

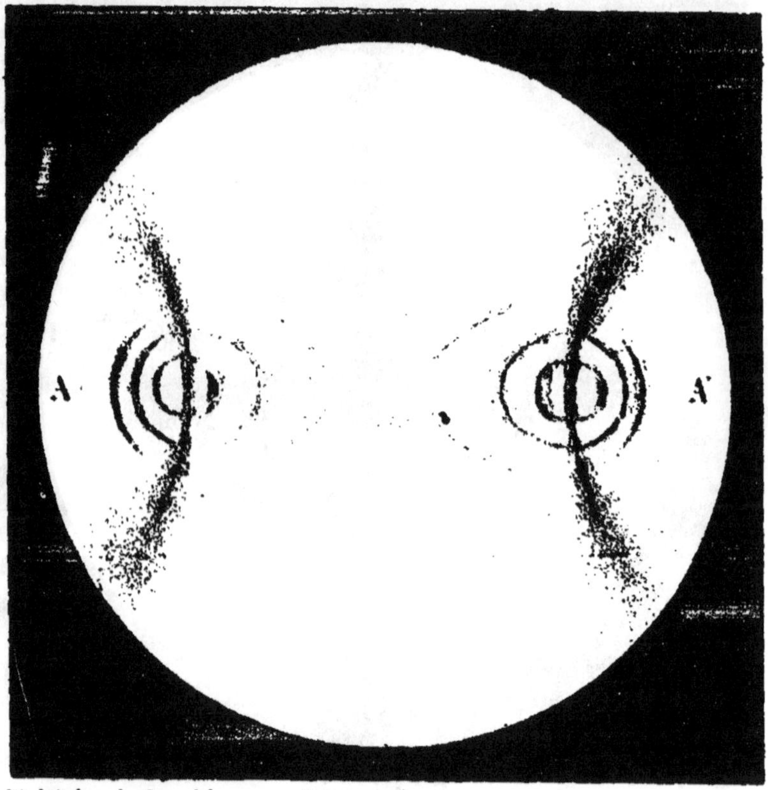

Fig.1 Cristal rhombique, taillé perpendiculairement à la bissectrice aiguë entre deux nicols croisés, le plan des axes AA' étant à 45° de la vibration de polarisation.

Dispersion $\rho < v$

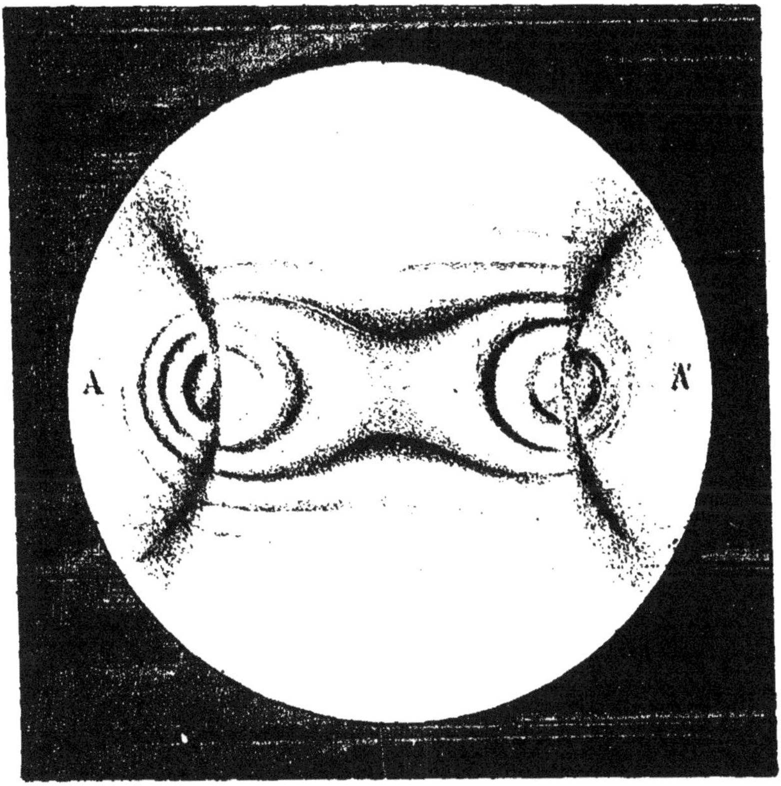

Fig. 1. **Dispersion croisée.**

Lame taillée perpendiculairement à la bissectrice aigüe, placée de manière que AA' soit à 45° de la vibration du polariseur.

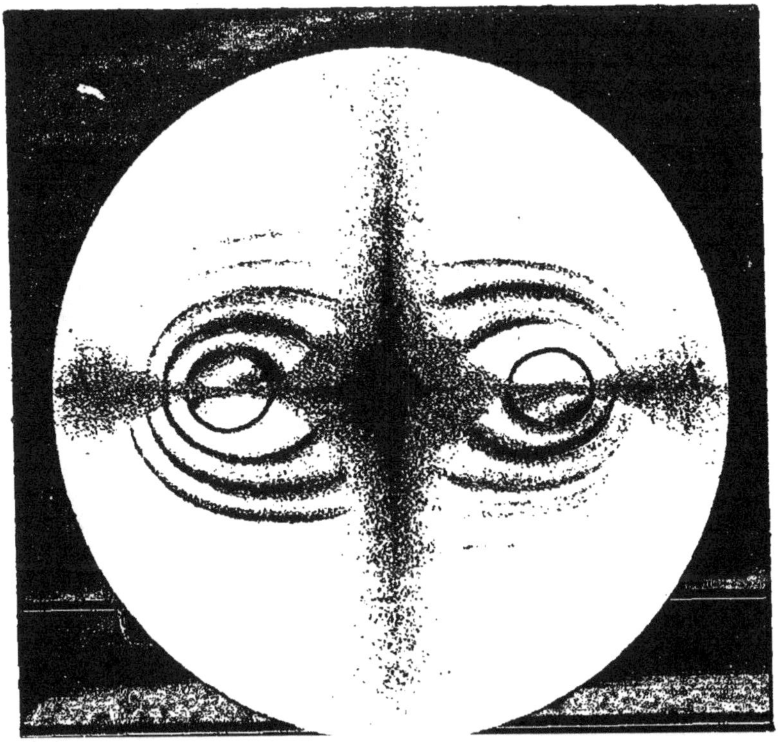

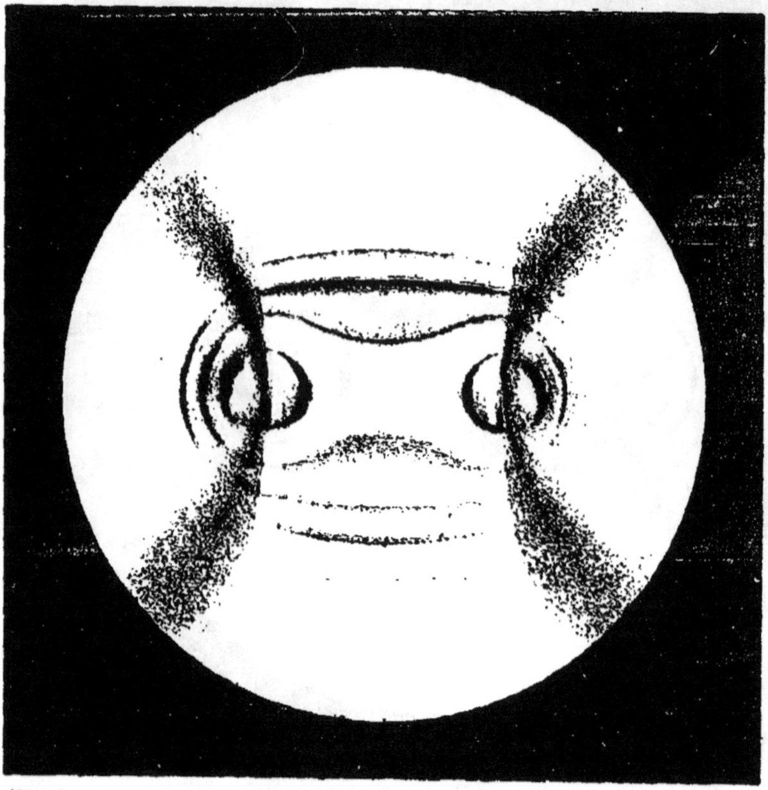

Fig. 1. **Dispersion horizontale.**

Lame taillée perpendiculairement à la bissectrice aigüe, placée à 45° de la vibration du polariseur.

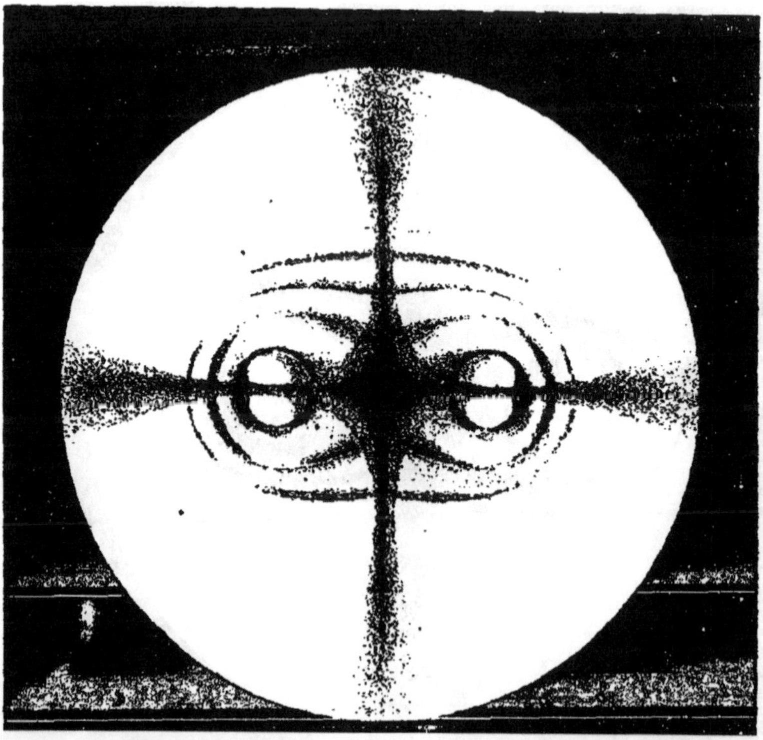

Planche V.

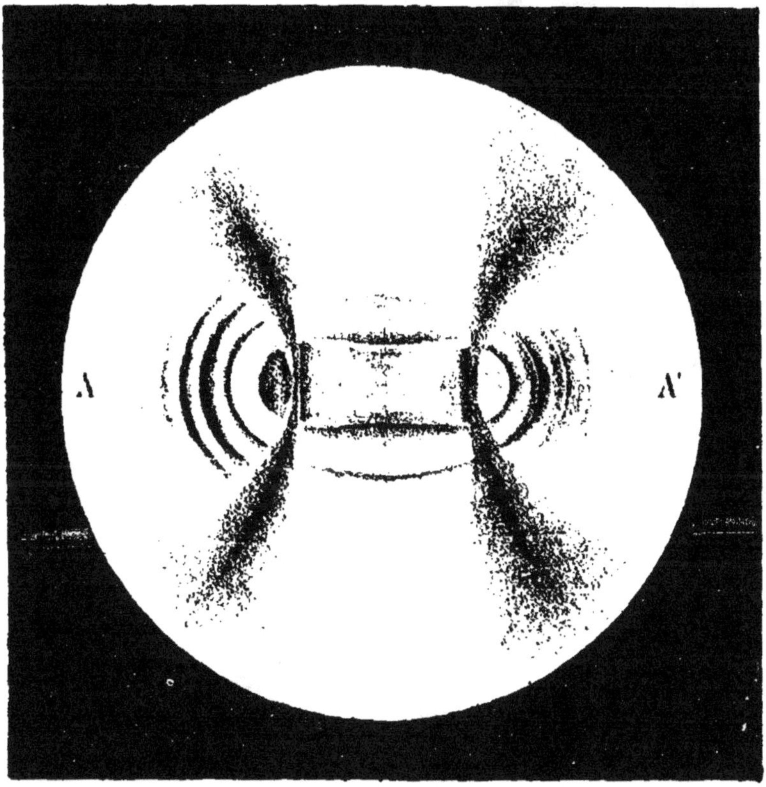

Fig. 1. **Dispersion inclinée.**

Lame taillée perpendiculairement à la bissectrice aiguë,
placée de manière que AA' soit à 45° de la vibration du polariseur

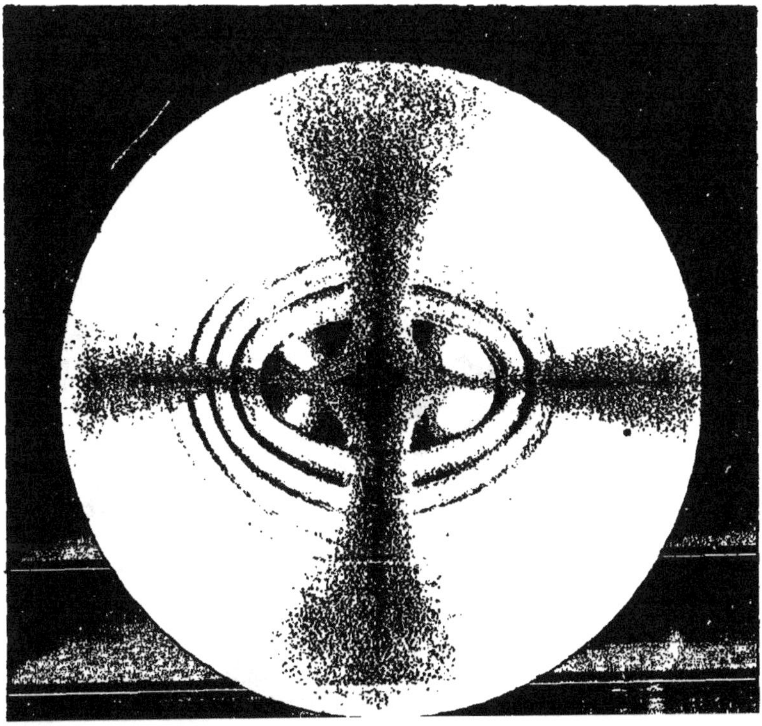

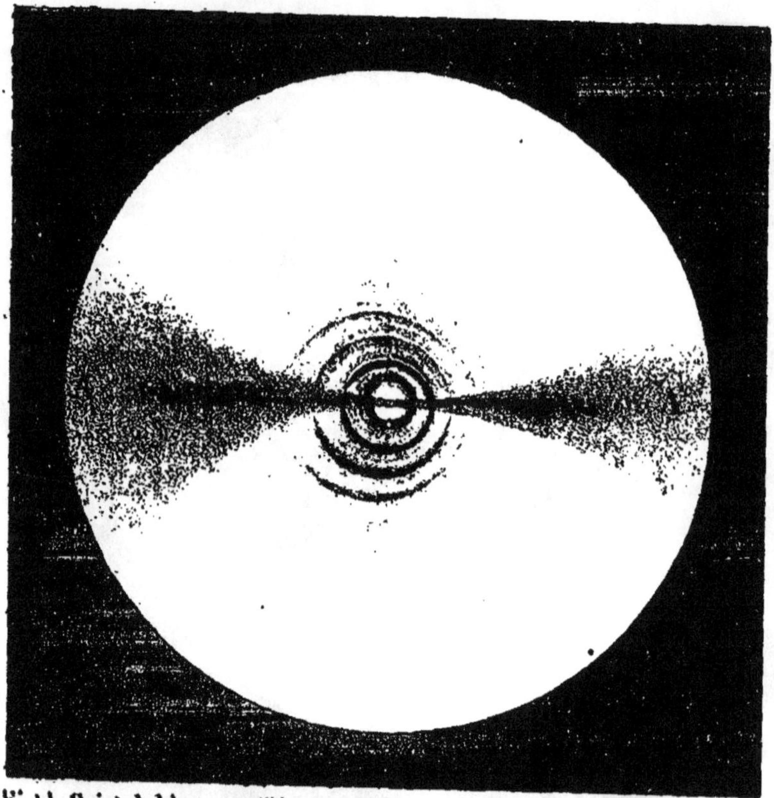

Fig. 1. Cristal biaxe, taillé perpendiculairement à un axe optique, vu entre deux nicols croisés, la ligne des pôles AA' étant parallèle à l'une des vibrations du polariseur ou de l'analyseur.

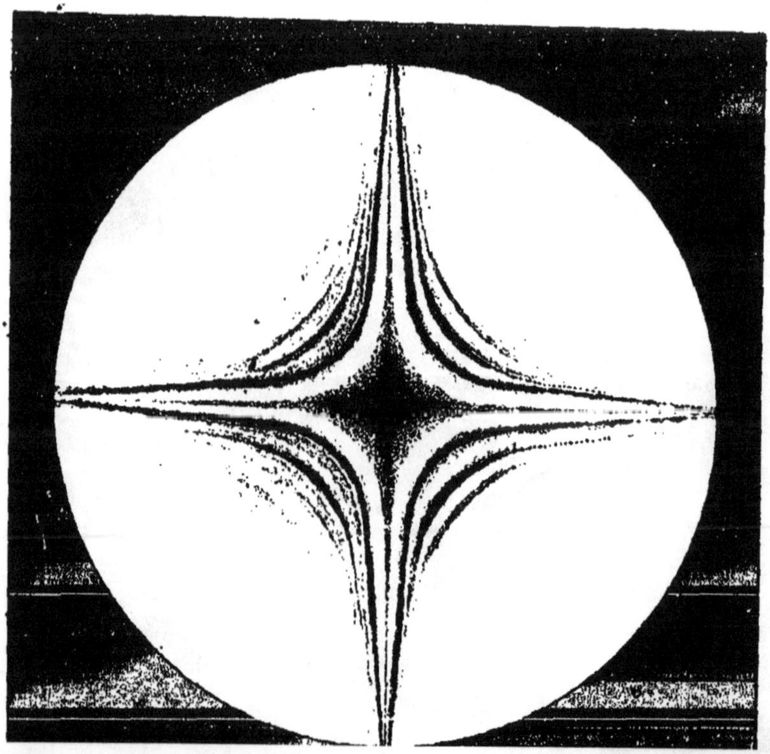

Planche VII.

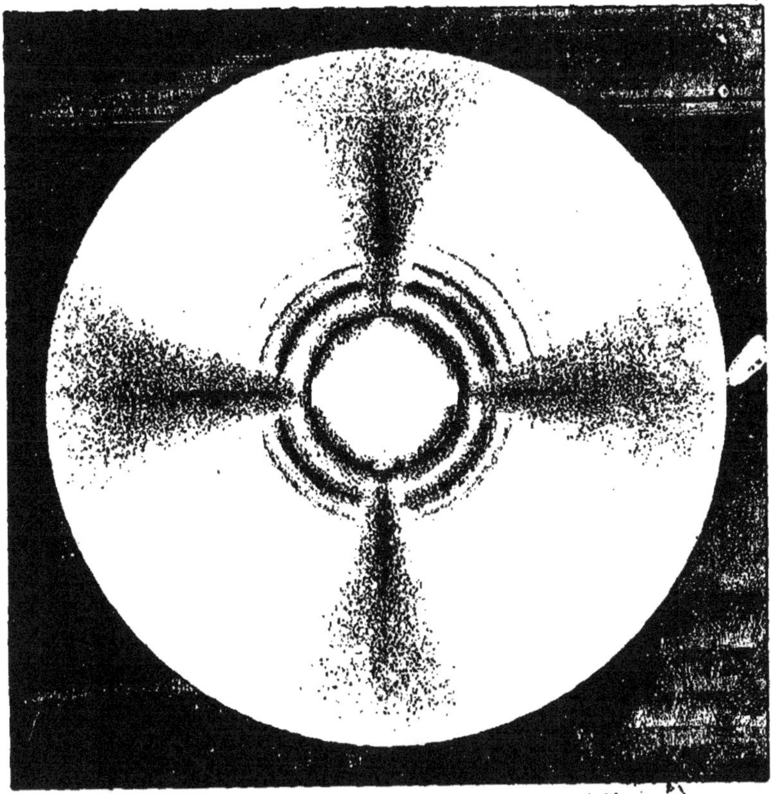

Lame de quarz taillée perpendiculairement à l'axe,
et vue entre deux nicols à angle droit.

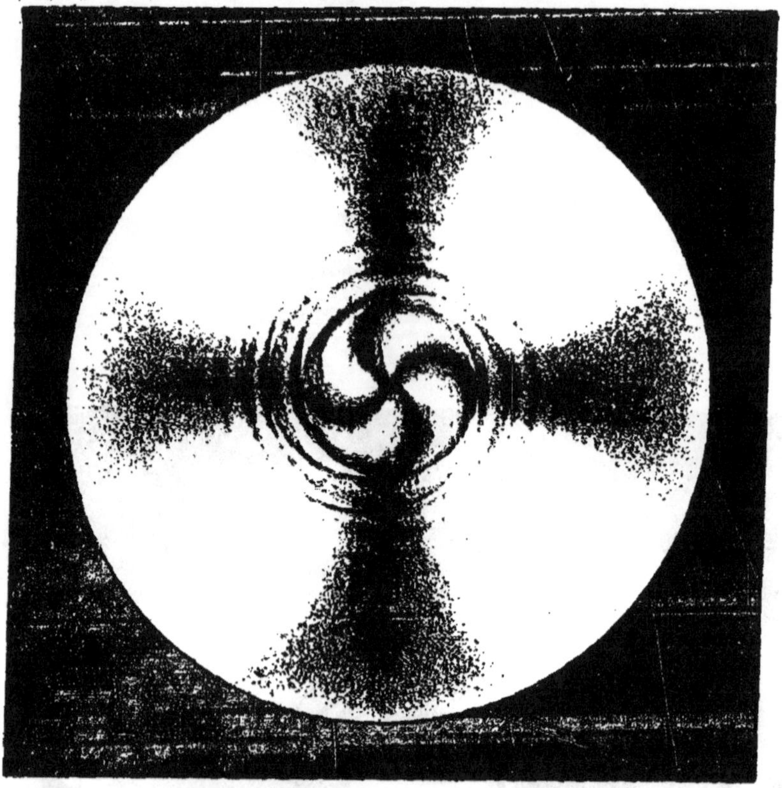

Fig. 1. Deux lames de quarz superposées, d'égale épaisseur et de rotation inverse la lame dextrogyre étant au-dessous

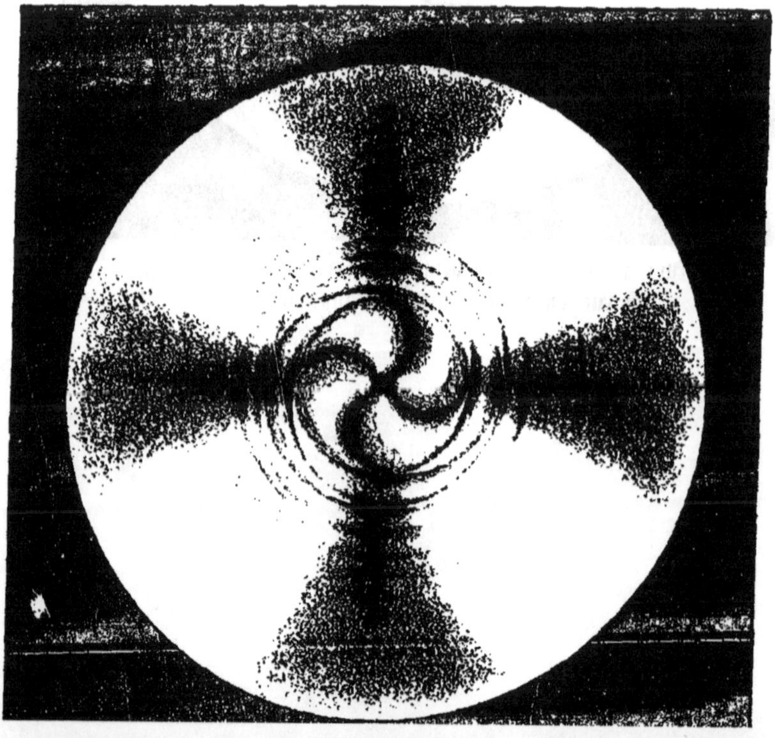

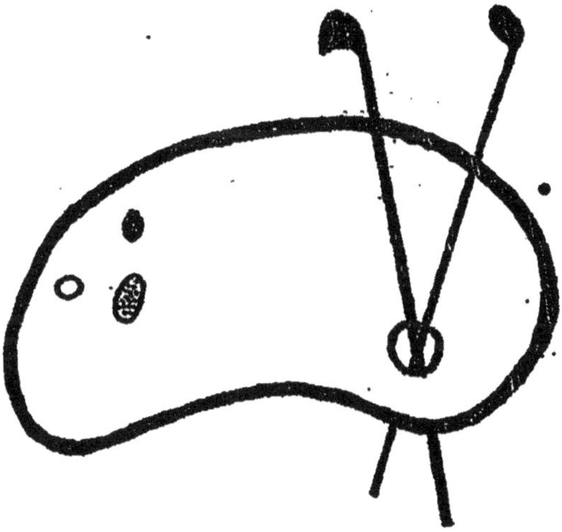

FIN D'UNE SERIE DE DOCUMENTS
EN COULEUR

www.ingramcontent.com/pod-product-compliance
Lightning Source LLC
Chambersburg PA
CBHW031716210326
41599CB00018B/2412
* 9 7 8 2 0 1 2 7 7 3 3 3 2 *